人工智能技术丛书

Neural Networks and Deep Learning

神经网络与深度学习

邱锡鹏 ◎ 著

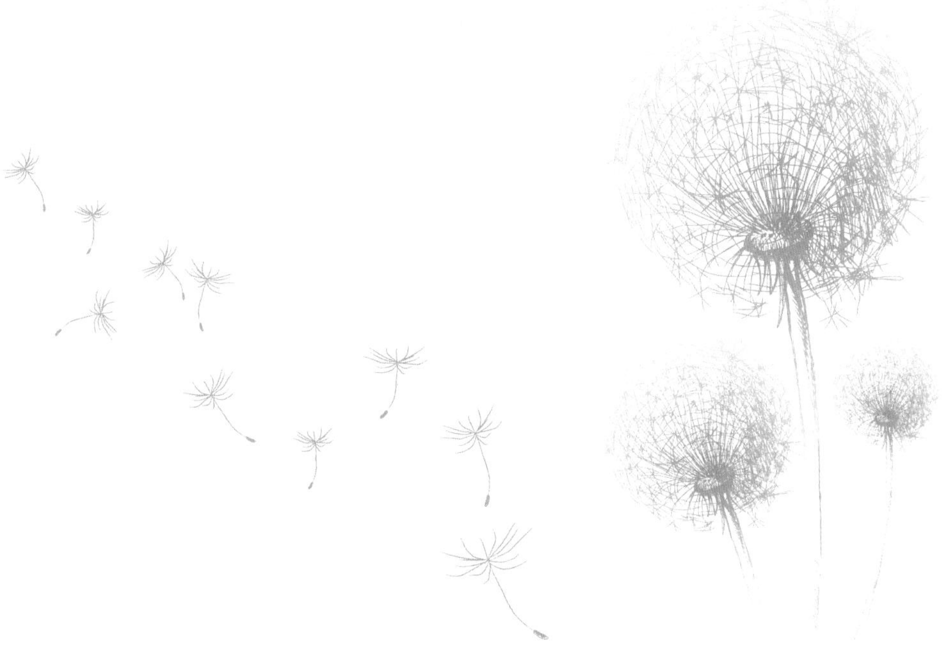

机械工业出版社
China Machine Press

图书在版编目（CIP）数据

神经网络与深度学习 / 邱锡鹏著 . —北京：机械工业出版社，2020.3（2024.11 重印）
（人工智能技术丛书）

ISBN 978-7-111-64968-7

I. 神… II. 邱… III. ①人工神经网络－研究 ②机器学习－研究 IV. ① TP183
② TP181

中国版本图书馆 CIP 数据核字（2020）第 039612 号

本书是深度学习领域的入门教材，系统地整理了深度学习的知识体系，由浅入深地阐述了深度学习的基础知识、主要模型以及前沿研究热点，使得读者能有效地掌握深度学习的相关知识，并具备以深度学习技术来处理和解决大数据问题的能力。

全书共 15 章，分为三个部分。第一部分为机器学习基础：第 1 章是绪论，概要介绍人工智能、机器学习、深度学习；第 2 ~ 3 章介绍机器学习的基础知识。第二部分是基础模型：第 4 ~ 6 章分别讲述三种主要的神经网络模型：前馈神经网络、卷积神经网络和循环神经网络；第 7 章介绍神经网络的优化与正则化方法；第 8 章介绍神经网络中的注意力机制和外部记忆；第 9 章简要介绍一些无监督学习方法；第 10 章介绍一些模型独立的机器学习方法，包括集成学习、自训练、协同训练、多任务学习、迁移学习、终身学习、元学习等。第三部分是进阶模型：第 11 章介绍概率图模型的基本概念；第 12 章介绍两种早期的深度学习模型——玻尔兹曼机和深度信念网络；第 13 章介绍深度生成模型，包括变分自编码器和生成对抗网络；第 14 章介绍深度强化学习；第 15 章介绍应用十分广泛的序列生成模型。

本书可作为高等院校人工智能、计算机、自动化、电子和通信等相关专业的研究生或本科生教材，也可供相关领域的研究人员和工程技术人员参考。

神经网络与深度学习

出版发行：机械工业出版社（北京市西城区百万庄大街 22 号 邮政编码：100037）
责任编辑：姚 蕾 责任校对：李秋荣
印 刷：北京宝隆世纪印刷有限公司 版 次：2024 年 11 月第 1 版第 16 次印刷
开 本：186mm×240mm 1/16 印 张：29
书 号：ISBN 978-7-111-64968-7 定 价：149.00 元

客服电话：（010）88361066 68326294

序

很高兴为邱锡鹏教授的《神经网络与深度学习》一书写序.

近年来由于阿尔法围棋战胜人类顶级高手新闻的轰动效应，让人工智能一下子进入了寻常百姓家，成为家喻户晓的热词. 阿尔法围棋能取得如此成功的关键技术之一，正是所谓的深度学习. 而其实在阿尔法围棋出现之前，以深度学习为代表的人工智能技术已经在模式识别、计算机视觉、语音识别与生成、自然语言处理、机器翻译等方面取得了重要的进步. 也因此，2018年有计算机领域诺贝尔奖之称的图灵奖颁给了对深度学习作出重要贡献的三位科学家：Yoshua Bengio、Geoffrey Hinton 和 Yann LeCun.

邱锡鹏教授的《神经网络与深度学习》一书较全面地介绍了神经网络、机器学习和深度学习的基本概念、模型和方法，同时也涉及深度学习中许多最新进展. 书后还提供了相关数学分支的简要介绍，以供读者需要时参考.

本书电子版已在 GitHub 上开放共享，得到广泛好评，相信此书的出版可以给有意了解或进入这一颇有前途领域的读者提供一本很好的参考书. 基本的深度学习相当于函数逼近问题，即函数或曲面的拟合，所不同的是，这里用作基函数的是非线性的神经网络函数，而原来数学中用的则是多项式、三角多项式、B-spline、一般 spline 以及小波函数等的线性组合.

由于神经网络的非线性和复杂性（要用许多结构参数和连接权值来描述），它有更强的表达能力，即从给定的神经网络函数族中可能找到对特定数据集拟合得更好的神经网络. 相信这正是深度学习方法能得到一系列很好结果的重要原因. 直观上很清楚，当你有更多的选择时，你有可能作出更好的选择. 当然，要从非常非常多的选择中找到那个更好的选择并不容易.

这里既涉及设计合适的神经网络类型，也涉及从该类型的神经网络中找出好的（即拟合误差小的）特定神经网络的方法. 后者正是数学中最优化分支所研究的问题. 从数学角度看，目前深度学习中所用的优化算法还是属于比较简单的梯度下降法. 许多数学中已有的更复杂的算法，由于高维数问题都还没有得到应用. 本书中对这两方面都有很好的介绍. 相信随着研究的不断发展，今后一定会提出更多新的神经网络和新的优化算法.

所谓成也萧何败也萧何，神经网络的非线性和复杂性（即要用大量参数来描述,在深度网络场合其个数动辄上万、百万甚至更多）使得虽然通过大量的标注数据经过深度学习可以得到一个结果误差很小的神经网络，但要用它来进行解释却十分困难. 其实这也是长期困扰神经网络方法的一个问题,使用深度神经网络的深度学习方法也概莫能外.

难于解释相当于知其然不知其所以然. 这对有些应用而言是可以的，但对有些可能造成严重后果的应用而言则有很大问题. 一般而言，人们除了希望知其然,也会希望能知其所以然.

近来也有学者发现，一个精度很高的神经网络，去改变它的几个（甚至一个）参数，就会使该网络的性能下降许多. 换言之，深度学习方法的鲁棒性也有待研究.

总之，本书介绍的基于神经网络的深度学习方法是近年来经过大量实践并取得很好成果的一种很通用的方法，也是近年来人工智能领域中最活跃的分支之一. 相信无论在方法本身的发展上，抑或在新领域应用的研发上，都会呈现出一派欣欣向荣的气象.

吴立德
于上海·复旦大学
2019年8月17日

前　言

近年来，以机器学习、知识图谱为代表的人工智能技术逐渐变得普及. 从车牌识别、人脸识别、语音识别、智能助手、推荐系统到自动驾驶，人们在日常生活中都可能有意无意地用到了人工智能技术. 这些技术的背后都离不开人工智能领域研究者的长期努力. 特别是最近这几年，得益于数据的增多、计算能力的增强、学习算法的成熟以及应用场景的丰富，越来越多的人开始关注这个"崭新"的研究领域：深度学习. 深度学习以神经网络为主要模型，一开始用来解决机器学习中的表示学习问题. 但是由于其强大的能力，深度学习越来越多地用来解决一些通用人工智能问题，比如推理、决策等. 目前，深度学习技术在学术界和工业界取得了广泛的成功，受到高度重视，并掀起新一轮的人工智能热潮.

然而，我们也应充分意识到目前以深度学习为核心的各种人工智能技术和"人类智能"还不能相提并论. 深度学习需要大量的标注数据，和人类的学习方式差异性很大. 虽然深度学习取得了很大的成功，但是深度学习还不是一种可以解决一系列复杂问题的通用智能技术，而是可以解决单个问题的一系列技术. 比如可以打败人类的AlphaGo只能下围棋，而不会做简单的算术运算. 想要达到通用人工智能依然困难重重.

本书的写作目的是使得读者能够掌握神经网络与深度学习技术的基本原理，知其然还要知其所以然. 全书共15章. 第1章是绪论，概要介绍人工智能、机器学习和深度学习，使读者全面了解相关知识. 第2、3章介绍机器学习的基础知识. 第4~6章分别讲述三种主要的神经网络模型：前馈神经网络、卷积神经网络和循环神经网络. 第7章介绍神经网络的优化与正则化方法. 第8章介绍神经网络中的注意力机制和外部记忆. 第9章简要介绍一些无监督学习方法. 第10章介绍一些模型独立的机器学习方法：集成学习、自训练和协同训练、多任务学习、迁移学习、终身学习、元学习等，这些都是目前深度学习的难点和热点问题. 第11章介绍概率图模型的基本概念，为后面的章节进行铺垫. 第12章介绍两种早期的深度学习模型：玻尔兹曼机和深度信念网络. 第13章介绍最近两年发展十分迅速的深度生成模型：变分自编码器和生成对抗网络. 第14章介绍深度强化学习的知识.

第15章介绍应用十分广泛的序列生成模型.

2015年复旦大学计算机学院开设了"神经网络与深度学习"课程. 讲好深度学习课程并不是一件容易的事,当时还没有关于深度学习的系统介绍,而且课程涉及的知识点非常多并且比较杂乱,和实践结合也十分紧密. 作为任课教师,我尝试梳理了深度学习的知识体系,并写了一本讲义放在网络上. 虽然现在看起来当时对深度学习的理解仍然十分粗浅,且讲义存在很多错误,但依然受到了很多热心网友的鼓励. 2016年年初,机械工业出版社的姚蕾编辑多次拜访并希望我能将这个讲义整理成书. 我一方面被姚蕾编辑的诚意打动,另一方面也确实感到应该有一本面向在校学生和相关从业人员的关于深度学习的专门书籍,因此最终有了正式出版的意愿. 但我依然低估了写书的难度,一方面是深度学习的发展十分迅速,而自己关于深度学习的认知也在不断变化,导致已写好的内容经常需要修改;另一方面是平时的科研工作十分繁忙,很难抽出大段的时间来静心写作,因此断断续续的写作一直拖延至今.

我理想中著书立说的境界是在某一个领域有自己的理论体系,将各式各样的方法都统一到自己的体系下,并可以容纳大多数技术,从新的角度来重新解释这些技术. 本书显然还达不到这样的水平,但希望能结合自身的经验,对神经网络和深度学习的相关知识进行梳理、总结,通过写书这一途径,也促使自己能够更加深入地理解深度学习这一领域,提高自身的理论水平.

本书能够完成,首先感谢我的导师吴立德教授,他对深度学习的独到见解和深入浅出的讲授,使得我对深度学习有了更深层次的认识,也感谢复旦大学计算机学院的黄萱菁教授和薛向阳教授的支持和帮助. 本书在写作时将书稿放在网络上,也得到很多网友的帮助,特别感谢王利锋、林同茂、张钧瑞、李浩、胡可鑫、韦鹏辉、徐国海、侯宇蓬、任强、王少敬、肖耀、李鹏等人指出了本书初稿的错误或提出了富有建设性的意见. 此外,本书在写作过程中参考了互联网上大量的优秀资料,如维基百科、知乎、Quora等网站.

另外,我也特别感谢我的家人. 本书的写作占用了大量的业余时间,没有家人的理解和支持,这本书不可能完成.

最后,因为个人能力有限,书中难免有不当和错误之处,还望读者海涵和指正,不胜感激.

邱锡鹏
于上海·复旦大学
2020年3月31日

常用符号表

x, y, m, n, t	标量,通常为变量
K, L, D, M, N, T	标量,通常为超参数
$\boldsymbol{x} \in \mathbb{R}^D$	D 维列向量
$[x_1, \cdots, x_D]$	D 维行向量
$[x_1, \cdots, x_D]^\top$ or $[x_1; \cdots; x_D]$	D 维列向量
$\mathbf{0}$ or $\mathbf{0}_D$	(D 维) 全 0 向量
$\mathbf{1}$ or $\mathbf{1}_D$	(D 维) 全 1 向量
$\mathbb{I}_i$ or $\mathbb{I}_i(x)$	第 i 维为 1 (或 x),其余为 0 的 one-hot 列向量
$\boldsymbol{x}^\top$	向量 $\boldsymbol{x}$ 的转置
$\boldsymbol{A} \in \mathbb{R}^{K \times D}$	大小为 $K \times D$ 的矩阵
$\boldsymbol{x} \in \mathbb{R}^{KD}$	(KD) 维的向量
$\mathbb{M}_i$ or $\mathbb{M}_i(\boldsymbol{x})$	第 i 列为 $\mathbf{1}$ (或 $\boldsymbol{x}$),其余为 0 的矩阵
$\mathrm{diag}(\boldsymbol{x})$	对角矩阵,其对角线元素为 $\boldsymbol{x}$
$\boldsymbol{I}_N$ or $\boldsymbol{I}$	($N \times N$ 的) 单位阵
$\mathrm{diag}(\boldsymbol{A})$	列向量,其元素为 $\boldsymbol{A}$ 的对角线元素
$\mathcal{A} \in \mathbb{R}^{D_1 \times D_2 \times \cdots \times D_K}$	大小为 $D_1 \times D_2 \times \cdots \times D_K$ 的张量
$\mathcal{C}$ or $\{x^{(n)}\}_{n=1}^N$	集合
$\mathcal{D}$ or $\{(\boldsymbol{x}^{(n)}, y^{(n)})\}_{n=1}^N$	数据集
$\mathbb{R}^D$	D 维实数空间
$\mathcal{N}(\mu, \Sigma)$ or $\mathcal{N}(\boldsymbol{x}; \mu, \Sigma)$	(变量 $\boldsymbol{x}$ 服从) 均值为 μ 、方差为 Σ 的正态 (高斯) 分布
$\mathbb{E}_{\boldsymbol{x} \sim p(\boldsymbol{x})}[f(\boldsymbol{x})]$	期望
$\mathrm{var}_{\boldsymbol{x} \sim p(\boldsymbol{x})}[f(\boldsymbol{x})]$	方差
$\exp(x)$	指数函数,默认指以自然常数 e 为底的自然指数函数
$\log(x)$	对数函数,默认指以自然常数 e 为底的自然对数函数
$\triangleq$	定义符号
$I(x)$	指示函数. 当 x 为真时, $I(x) = 1$; 否则 $I(x) = 0$

目　录

第二部分 基础模型 **79**

| 第一部分 |

机器学习基础

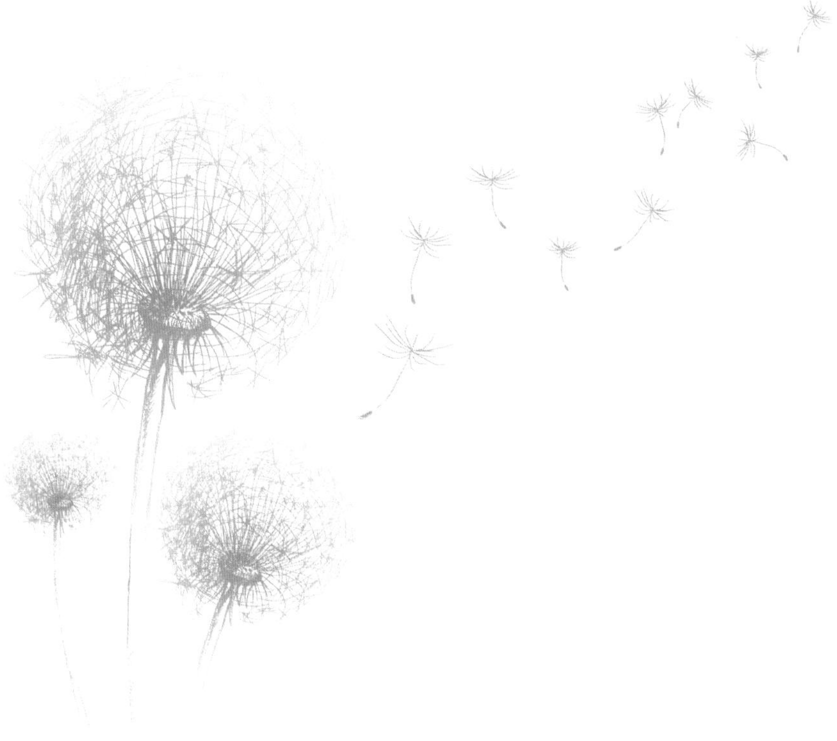

第1章　绪论

一个人在不接触对方的情况下，通过一种特殊的方式，和对方进行一系列的问答. 如果在相当长时间内，他无法根据这些问题判断对方是人还是计算机，那么就可以认为这个计算机是智能的.

——阿兰·图灵（Alan Turing）
《Computing Machinery and Intelligence》

深度学习（Deep Learning）是近年来发展十分迅速的研究领域，并且在人工智能的很多子领域都取得了巨大的成功. 从根源来讲，深度学习是机器学习的一个分支，是指一类问题以及解决这类问题的方法.

首先，深度学习问题是一个机器学习问题，指从有限样例中通过算法总结出一般性的规律，并可以应用到新的未知数据上. 比如，我们可以从一些历史病例的集合中总结出症状和疾病之间的规律. 这样当有新的病人时，我们可以利用总结出来的规律，来判断这个病人得了什么疾病.

其次，深度学习采用的模型一般比较复杂，指样本的原始输入到输出目标之间的数据流经过多个线性或非线性的组件（component）. 因为每个组件都会对信息进行加工，并进而影响后续的组件，所以当我们最后得到输出结果时，我们并不清楚其中每个组件的贡献是多少. 这个问题叫作贡献度分配问题（Credit Assignment Problem，CAP）[Minsky, 1961]. 在深度学习中，贡献度分配问题是一个很关键的问题，这关系到如何学习每个组件中的参数.

贡献度分配问题也经常翻译为信用分配问题或功劳分配问题.

目前，一种可以比较好解决贡献度分配问题的模型是人工神经网络（Artificial Neural Network，ANN）. 人工神经网络，也简称神经网络，是一种受人脑神经系统的工作方式启发而构造的数学模型. 和目前计算机的结构不同，人脑神经系统是一个由生物神经元组成的高度复杂网络，是一个并行的非线性信息处理系统. 人脑神经系统可以将声音、视觉等信号经过多层的编码，从最原始的低层特征不断加工、抽象，最终得到原始信号的语义表示. 和人脑神经网络类似，人工神经网络是由人工神经元以及神经元之间的连接构成，其中有两类特殊的神经元：一类用来接收外部的信息，另一类用来输出信息. 这样，神经网络可以看作信息从输入到输出的信息处理系统. 如果我们把神经网络看作由一组参数控制的复杂函数，并用来处理一些模式识别任务（比如语音识别、人脸识别等），神经网络的参数可以通过机器学习的方式来从数据中学习. 因为神经网络模型一般比较复杂，从输入到输出的信息传递路径一般比较长，所以复杂神经网络的学习可以看成是一种深度的机器学习，即深度学习.

神经网络和深度学习并不等价. 深度学习可以采用神经网络模型，也可以采用其他模型（比如深度信念网络是一种概率图模型）. 但是，由于神经网络模型可以比较容易地解决贡献度分配问题，因此神经网络模型成为深度学习中主要采用的模型. 虽然深度学习一开始用来解决机器学习中的表示学习问题，但是由于其强大的能力，深度学习越来越多地用来解决一些通用人工智能问题，比如推理、决策等.

表示学习参见第1.3节.

在本书中，我们主要介绍有关神经网络和深度学习的基本概念、相关模型、学习方法以及在计算机视觉、自然语言处理等领域的应用. 在本章中，我们先介绍人工智能的基础知识，然后再介绍神经网络和深度学习的基本概念.

1.1 人工智能

智能（Intelligence）是现代生活中很常见的一个词，比如智能手机、智能家居、智能驾驶等. 在不同使用场合中，智能的含义也不太一样. 比如“智能手机”中的“智能”一般是指由计算机控制并具有某种智能行为. 这里的“计算机控制”+“智能行为”隐含了对人工智能的简单定义.

“智能”可以理解为“智力”和“能力”. 前者是智能的基础，后者是指获取和运用知识求解的能力.

简单地讲，人工智能（Artificial Intelligence，AI）就是让机器具有人类的智能，这也是人们长期追求的目标. 这里关于什么是“智能”并没有一个很明确的定义，但一般认为智能（或特指人类智能）是知识和智力的总和，都和大脑的思维活动有关. 人类大脑是经过了上亿年的进化才形成了如此复杂的结构，但我们至今仍然没有完全了解其工作机理. 虽然随着神经科学、认知心理学等学科的发展，人们对大脑的结构有了一定程度的了解，但对大脑的智能究竟是怎么产生的还知道得很少. 我们并不理解大脑的运作原理，以及如何产生意识、情感、记忆等功能. 因此，通过“复制”人脑来实现人工智能在目前阶段是不切实际的.

1950年，阿兰·图灵（Alan Turing）发表了一篇有着重要影响力的论文《Computing Machinery and Intelligence》，讨论了创造一种“智能机器”的可能性. 由于“智能”一词比较难以定义，他提出了著名的图灵测试：“一个人在不接触对方的情况下，通过一种特殊的方式和对方进行一系列的问答. 如果在相当长时间内,他无法根据这些问题判断对方是人还是计算机,那么就可以认为这个计算机是智能的”.图灵测试是促使人工智能从哲学探讨到科学研究的一个重要因素,引导了人工智能的很多研究方向.因为要使得计算机能通过图灵测试,计算机就必须具备理解语言、学习、记忆、推理、决策等能力.这样,人工智能就延伸出了很多不同的子学科,比如机器感知(计算机视觉、语音信息处理)、学习(模式识别、机器学习、强化学习)、语言(自然语言处理)、记忆(知识表示)、决策(规划、数据挖掘)等.所有这些研究领域都可以看成是人工智能的研究范畴.

人工智能是计算机科学的一个分支,主要研究、开发用于模拟、延伸和扩展人类智能的理论、方法、技术及应用系统等.和很多其他学科不同,人工智能这个学科的诞生有着明确的标志性事件,就是1956年的达特茅斯(Dartmouth)会议.在这次会议上,“人工智能”被提出并作为本研究领域的名称.同时,人工智能研究的使命也得以确定.John McCarthy提出了人工智能的定义:人工智能就是要让机器的行为看起来就像是人所表现出的智能行为一样.

John McCarthy(1927~2011),人工智能学科奠基人之一,1971年图灵奖得主.

目前,人工智能的主要领域大体上可以分为以下几个方面:

(1)感知:模拟人的感知能力,对外部刺激信息(视觉和语音等)进行感知和加工.主要研究领域包括语音信息处理和计算机视觉等.

(2)学习:模拟人的学习能力,主要研究如何从样例或从与环境的交互中进行学习.主要研究领域包括监督学习、无监督学习和强化学习等.

(3)认知:模拟人的认知能力,主要研究领域包括知识表示、自然语言理解、推理、规划、决策等.

1.1.1 人工智能的发展历史

人工智能从诞生至今,经历了一次又一次的繁荣与低谷,其发展历程大体上可以分为“推理期”“知识期”和“学习期”[周志华, 2016].

人工智能低谷,也叫人工智能冬天(AI Winter),指人工智能史上研究资金及学术界研究兴趣都大幅减少的时期.人工智能领域经历过好几次低谷期.每次狂热高潮之后,紧接着是失望、批评以及研究资金断绝,然后在几十年后又重燃研究兴趣.1974~1980年及1987~1993年是两个主要的低谷时期,其他还有几个较小的低谷.

1.1.1.1 推理期

1956年达特茅斯会议之后,研究者对人工智能的热情高涨,之后的十几年是人工智能的黄金时期.大部分早期研究者都通过人类的经验,基于逻辑或者事实归纳出来一些规则,然后通过编写程序来让计算机完成一个任务.这个时期中,研究者开发了一系列的智能系统,比如几何定理证明器、语言翻译器等.这些初步的研究成果也使得研究者对开发出具有人类智能的机器过于乐观,低估了实现人工智能的难度.有些研究者甚至认为:“二十年内,机器将能完成人能做到的一切工作”,“在三到八年的时间里可以研发出一台具有人类平均智能的机器”.但随着研究的深入,研究者意识到这些推理规则过于简单,对项目难度评估不足，原来的乐观预期受到严重打击. 人工智能的研究开始陷入低谷，很多人工智能项目的研究经费也被消减.

1.1.1.2 知识期

到了20世纪70年代，研究者意识到知识对于人工智能系统的重要性. 特别是对于一些复杂的任务，需要专家来构建知识库. 在这一时期，出现了各种各样的专家系统（Expert System），并在特定的专业领域取得了很多成果. 专家系统可以简单理解为“知识库+推理机”，是一类具有专门知识和经验的计算机智能程序系统. 专家系统一般采用知识表示和知识推理等技术来完成通常由领域专家才能解决的复杂问题，因此专家系统也被称为基于知识的系统. 一个专家系统必须具备三要素：1）领域专家级知识；2）模拟专家思维；3）达到专家级的水平. 在这一时期，Prolog（Programming in Logic）语言是主要的开发工具，用来建造专家系统、智能知识库以及处理自然语言理解等.

Prolog是一种基于逻辑学理论而创建的逻辑编程语言，最初被运用于自然语言、逻辑推理等研究领域.

1.1.1.3 学习期

对于人类的很多智能行为（比如语言理解、图像理解等），我们很难知道其中的原理，也无法描述这些智能行为背后的“知识”. 因此，我们也很难通过知识和推理的方式来实现这些行为的智能系统. 为了解决这类问题，研究者开始将研究重点转向让计算机从数据中自己学习. 事实上，“学习”本身也是一种智能行为. 从人工智能的萌芽时期开始，就有一些研究者尝试让机器来自动学习，即机器学习（Machine Learning，ML）. 机器学习的主要目的是设计和分析一些学习算法，让计算机可以从数据（经验）中自动分析并获得规律，之后利用学习到的规律对未知数据进行预测，从而帮助人们完成一些特定任务，提高开发效率. 机器学习的研究内容也十分广泛，涉及线性代数、概率论、统计学、数学优化、计算复杂性等多门学科. 在人工智能领域，机器学习从一开始就是一个重要的研究方向. 但直到1980年后，机器学习因其在很多领域的出色表现，才逐渐成为热门学科.

图1.1给出了人工智能发展史上的重要事件.

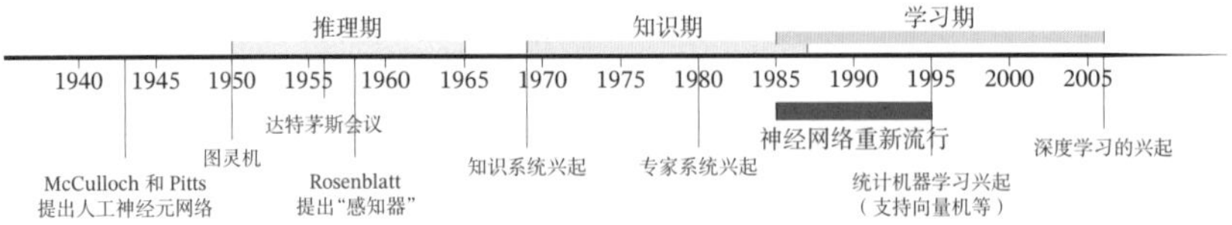

图 1.1 人工智能发展史

在发展了60多年后，人工智能虽然可以在某些方面超越人类，但想让机器真正通过图灵测试，具备真正意义上的人类智能，这个目标看上去仍然遥遥无期.

1.1.2 人工智能的流派

目前我们对人类智能的机理依然知之甚少，还没有一个通用的理论来指导如何构建一个人工智能系统. 不同的研究者都有各自的理解，因此在人工智能的研究过程中产生了很多不同的流派. 比如一些研究者认为人工智能应该通过研究人类智能的机理来构建一个仿生的模拟系统，而另外一些研究者则认为可以使用其他方法来实现人类的某种智能行为. 一个著名的例子是让机器具有飞行能力不需要模拟鸟的飞行方式，而是应该研究空气动力学.

尽管人工智能的流派非常多，但主流的方法大体上可以归结为以下两种：

关于人工智能的流派并没有严格的划分定义，也不严格对立.
有很多文献将人工智能流派分为符号主义、连接主义和行为主义三种，其中行为主义（Actionism）主要从生物进化的角度考虑，主张从和外界环境的互动中获取智能.

（1）符号主义（Symbolism），又称逻辑主义、心理学派或计算机学派，是指通过分析人类智能的功能，然后用计算机来实现这些功能的一类方法. 符号主义有两个基本假设：a）信息可以用符号来表示；b）符号可以通过显式的规则（比如逻辑运算）来操作. 人类的认知过程可以看作符号操作过程. 在人工智能的推理期和知识期，符号主义的方法比较盛行，并取得了大量的成果.

（2）连接主义（Connectionism），又称仿生学派或生理学派，是认知科学领域中的一类信息处理的方法和理论. 在认知科学领域，人类的认知过程可以看作一种信息处理过程. 连接主义认为人类的认知过程是由大量简单神经元构成的神经网络中的信息处理过程，而不是符号运算. 因此，连接主义模型的主要结构是由大量简单的信息处理单元组成的互联网络，具有非线性、分布式、并行化、局部性计算以及自适应性等特性.

符号主义方法的一个优点是可解释性，而这也正是连接主义方法的弊端. 深度学习的主要模型神经网络就是一种连接主义模型. 随着深度学习的发展，越来越多的研究者开始关注如何融合符号主义和连接主义，建立一种高效并且具有可解释性的模型.

1.2 机器学习

机器学习（Machine Learning，ML）是指从有限的观测数据中学习（或"猜测"）出具有一般性的规律，并利用这些规律对未知数据进行预测的方法. 机器学习是人工智能的一个重要分支，并逐渐成为推动人工智能发展的关键因素.

机器学习的详细介绍参见第2章.

传统的机器学习主要关注如何学习一个预测模型. 一般需要首先将数据表示为一组特征（Feature），特征的表示形式可以是连续的数值、离散的符号或其他形式. 然后将这些特征输入到预测模型，并输出预测结果. 这类机器学习可以看作浅层学习（Shallow Learning）. 浅层学习的一个重要特点是不涉及特征学习，其特征主要靠人工经验或特征转换方法来抽取.

当我们用机器学习来解决实际任务时，会面对多种多样的数据形式，比如声音、图像、文本等. 不同数据的特征构造方式差异很大. 对于图像这类数据，我们可以很自然地将其表示为一个连续的向量. 而对于文本数据，因为其一般由离散符号组成，并且每个符号在计算机内部都表示为无意义的编码，所以通常很难找到合适的表示方式. 因此，在实际任务中使用机器学习模型一般会包含以下几个步骤（如图1.2所示）：

将图像数据表示为向量的方法有很多种，比如直接将一幅图像的所有像素值（灰度值或RGB值）组成一个连续向量.

（1） 数据预处理：对数据的原始形式进行初步的数据清理（比如去掉一些有缺失特征的样本，或去掉一些冗余的数据特征等）和加工（对数值特征进行缩放和归一化等），并构建成可用于训练机器学习模型的数据集.

（2） 特征提取：从数据的原始特征中提取一些对特定机器学习任务有用的高质量特征. 比如在图像分类中提取边缘、尺度不变特征变换（Scale Invariant Feature Transform，SIFT）特征，在文本分类中去除停用词等.

很多特征转换方法也都是机器学习方法.

主成分分析参见第9.1.1节.

（3） 特征转换：对特征进行进一步的加工，比如降维和升维. 降维包括特征抽取（Feature Extraction）和特征选择（Feature Selection）两种途径. 常用的特征转换方法有主成分分析（Principal Components Analysis，PCA）、线性判别分析（Linear Discriminant Analysis，LDA）等.

（4） 预测：机器学习的核心部分，学习一个函数并进行预测.

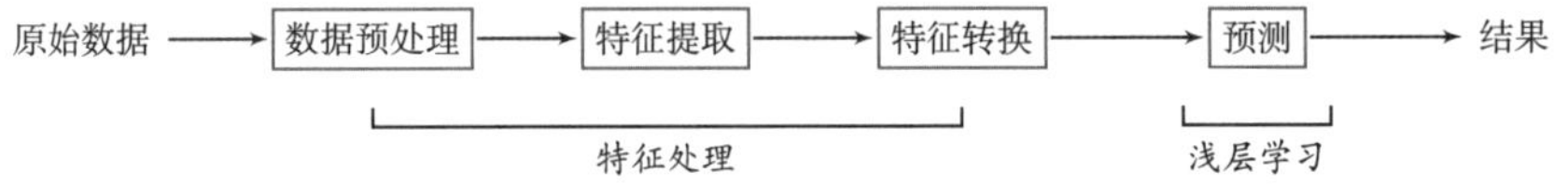

图 1.2 传统机器学习的数据处理流程

上述流程中，每步特征处理以及预测一般都是分开进行的. 传统的机器学习模型主要关注最后一步，即构建预测函数. 但是实际操作过程中，不同预测模型的性能相差不多，而前三步中的特征处理对最终系统的准确性有着十分关键的作用. 特征处理一般都需要人工干预完成，利用人类的经验来选取好的特征，并最终提高机器学习系统的性能. 因此，很多的机器学习问题变成了特征工程（Feature Engineering）问题. 开发一个机器学习系统的主要工作量都消耗在了预处理、特征提取以及特征转换上.

1.3 表示学习

为了提高机器学习系统的准确率，我们就需要将输入信息转换为有效的特征，或者更一般性地称为表示（Representation）. 如果有一种算法可以自动地学习出有效的特征，并提高最终机器学习模型的性能，那么这种学习就可以叫作表示学习（Representation Learning）.

语义鸿沟 表示学习的关键是解决语义鸿沟(Semantic Gap)问题. 语义鸿沟问题是指输入数据的底层特征和高层语义信息之间的不一致性和差异性. 比如给定一些关于"车"的图片,由于图片中每辆车的颜色和形状等属性都不尽相同,因此不同图片在像素级别上的表示(即底层特征)差异性也会非常大. 但是我们理解这些图片是建立在比较抽象的高层语义概念上的. 如果一个预测模型直接建立在底层特征之上,会导致对预测模型的能力要求过高. 如果可以有一个好的表示在某种程度上能够反映出数据的高层语义特征,那么我们就能相对容易地构建后续的机器学习模型.

在表示学习中,有两个核心问题:一是"什么是一个好的表示";二是"如何学习到好的表示".

1.3.1 局部表示和分布式表示

"好的表示"是一个非常主观的概念,没有一个明确的标准. 但一般而言,一个好的表示具有以下几个优点:

(1) 一个好的表示应该具有很强的表示能力,即同样大小的向量可以表示更多信息.

(2) 一个好的表示应该使后续的学习任务变得简单,即需要包含更高层的语义信息.

(3) 一个好的表示应该具有一般性,是任务或领域独立的. 虽然目前的大部分表示学习方法还是基于某个任务来学习,但我们期望其学到的表示可以比较容易地迁移到其他任务上.

在机器学习中,我们经常使用两种方式来表示特征:局部表示(Local Representation)和分布式表示(Distributed Representation).

以颜色表示为例,我们可以用很多词来形容不同的颜色[1],除了基本的"红""蓝""绿""白""黑"等之外,还有很多以地区或物品命名的,比如"中国红""天蓝色""咖啡色""琥珀色"等. 如果要在计算机中表示颜色,一般有两种表示方法.

一种表示颜色的方法是以不同名字来命名不同的颜色,这种表示方式叫作局部表示,也称为离散表示或符号表示. 局部表示通常可以表示为one-hot向量的形式. 假设所有颜色的名字构成一个词表 $\mathcal{V}$,词表大小为 $|\mathcal{V}|$. 我们可以用一个 $|\mathcal{V}|$ 维的one-hot向量来表示每一种颜色. 在第 i 种颜色对应的one-hot向量中,第 i 维的值为1,其他都为0.

one-hot向量参见第A.1.4节.

局部表示有两个优点:1)这种离散的表示方式具有很好的解释性,有利于人工归纳和总结特征,并通过特征组合进行高效的特征工程;2)通过多种特征

[1] 据不完全统计,现有的颜色命名已经有1 300多种. https://en.wikipedia.org/wiki/Lists_of_colors

组合得到的表示向量通常是稀疏的二值向量，当用于线性模型时计算效率非常高. 但局部表示有两个不足之处：1）one-hot向量的维数很高，且不能扩展. 如果有一种新的颜色，我们就需要增加一维来表示；2）不同颜色之间的相似度都为0，即我们无法知道“红色”和“中国红”的相似度要高于“红色”和“黑色”的相似度.

另一种表示颜色的方法是用RGB值来表示颜色，不同颜色对应到R、G、B三维空间中一个点，这种表示方式叫作分布式表示. 分布式表示通常可以表示为低维的稠密向量.

将分布式表示叫作分散式表示可能更容易理解，即一种颜色的语义分散到语义空间中的不同基向量上.

和局部表示相比，分布式表示的表示能力要强很多，分布式表示的向量维度一般都比较低. 我们只需要用一个三维的稠密向量就可以表示所有颜色. 并且，分布式表示也很容易表示新的颜色名. 此外，不同颜色之间的相似度也很容易计算.

表1.1列出了4种颜色的局部表示和分布式表示.

表 1.1 局部表示和分布式表示示例

颜色	局部表示	分布式表示
琥珀色	$[1, 0, 0, 0]^{\top}$	$[1.00, 0.75, 0.00]^{\top}$
天蓝色	$[0, 1, 0, 0]^{\top}$	$[0.00, 0.5, 1.00]^{\top}$
中国红	$[0, 0, 1, 0]^{\top}$	$[0.67, 0.22, 0.12]^{\top}$
咖啡色	$[0, 0, 0, 1]^{\top}$	$[0.44, 0.31\ 0.22]^{\top}$

我们可以使用神经网络来将高维的局部表示空间 $\mathbb{R}^{|\mathcal{V}|}$ 映射到一个非常低维的分布式表示空间 $\mathbb{R}^{D}, D \ll |\mathcal{V}|$. 在这个低维空间中，每个特征不再是坐标轴上的点，而是分散在整个低维空间中. 在机器学习中，这个过程也称为嵌入（Embedding）. 嵌入通常指将一个度量空间中的一些对象映射到另一个低维的度量空间中，并尽可能保持不同对象之间的拓扑关系. 比如自然语言中词的分布式表示，也经常叫作词嵌入.

图1.3展示了一个3维one-hot向量空间和一个2维嵌入空间的对比. 图中有三个样本 w_1，w_2 和 w_3. 在one-hot向量空间中，每个样本都位于坐标轴上，每个坐标轴上一个样本. 而在低维的嵌入空间中，每个样本都不在坐标轴上，样本之间可以计算相似度.

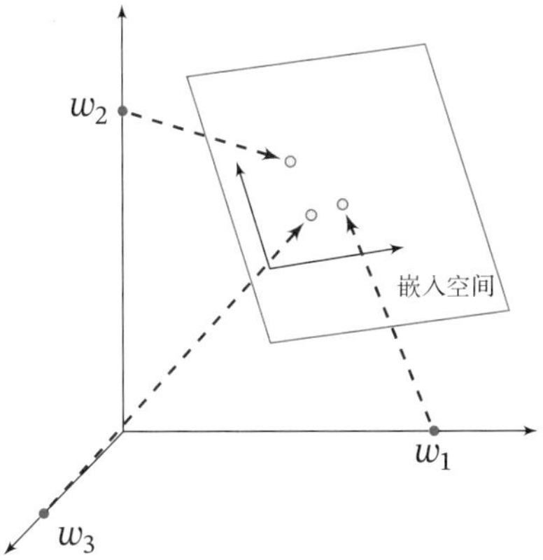

图 1.3 one-hot 向量空间与嵌入空间

1.3.2 表示学习

要学习到一种好的高层语义表示（一般为分布式表示），通常需要从底层特征开始，经过多步非线性转换才能得到. 深层结构的优点是可以增加特征的重用性，从而指数级地增加表示能力. 因此，表示学习的关键是构建具有一定深度的多层次特征表示 [Bengio et al., 2013].

连续多次的线性转换等价于一次线性转换.

在传统的机器学习中，也有很多有关特征学习的方法，比如主成分分析、线性判别分析、独立成分分析等. 但是，传统的特征学习一般是通过人为地设计一些准则，然后根据这些准则来选取有效的特征. 特征的学习是和最终预测模型的学习分开进行的，因此学习到的特征不一定可以提升最终模型的性能.

参见第2.6.1节.

1.4 深度学习

为了学习一种好的表示，需要构建具有一定"深度"的模型，并通过学习算法来让模型自动学习出好的特征表示（从底层特征，到中层特征，再到高层特征），从而最终提升预测模型的准确率. 所谓"深度"是指原始数据进行非线性特征转换的次数. 如果把一个表示学习系统看作一个有向图结构，深度也可以看作从输入节点到输出节点所经过的最长路径的长度.

这样我们就需要一种学习方法可以从数据中学习一个"深度模型"，这就是深度学习（Deep Learning, DL）. 深度学习是机器学习的一个子问题，其主要目的是从数据中自动学习到有效的特征表示.

深度学习虽然早期主要用来进行表示学习，但后来越来越多地用来处理更加复杂的推理、决策等问题.

图1.4给出了深度学习的数据处理流程. 通过多层的特征转换，把原始数据变成更高层次、更抽象的表示. 这些学习到的表示可以替代人工设计的特征，从而避免"特征工程".

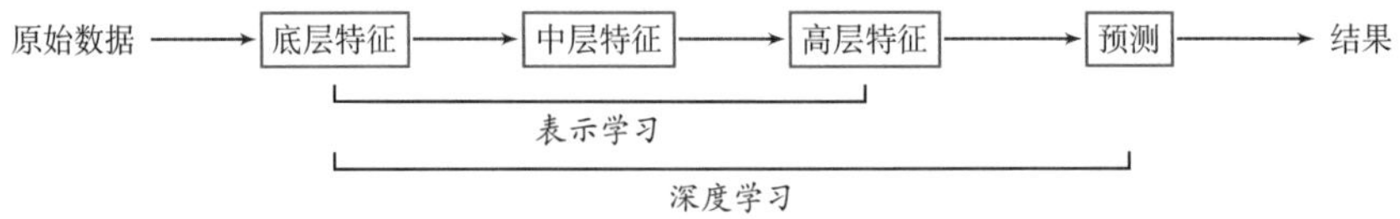

图 1.4 深度学习的数据处理流程

深度学习是将原始的数据特征通过多步的特征转换得到一种特征表示，并进一步输入到预测函数得到最终结果. 和“浅层学习”不同，深度学习需要解决的关键问题是贡献度分配问题（Credit Assignment Problem，CAP）[Minsky, 1961]，即一个系统中不同的组件（component）或其参数对最终系统输出结果的贡献或影响. 以下围棋为例，每当下完一盘棋，最后的结果要么赢要么输. 我们会思考哪几步棋导致了最后的胜利，或者又是哪几步棋导致了最后的败局. 如何判断每一步棋的贡献就是贡献度分配问题，这是一个非常困难的问题. 从某种意义上讲，深度学习可以看作一种强化学习（Reinforcement Learning，RL），每个内部组件并不能直接得到监督信息，需要通过整个模型的最终监督信息（奖励）得到，并且有一定的延时性.

强化学习参见第14章.

目前，深度学习采用的模型主要是神经网络模型，其主要原因是神经网络模型可以使用误差反向传播算法，从而可以比较好地解决贡献度分配问题. 只要是超过一层的神经网络都会存在贡献度分配问题，因此可以将超过一层的神经网络都看作深度学习模型. 随着深度学习的快速发展，模型深度也从早期的 5 ~ 10 层增加到目前的数百层. 随着模型深度的不断增加，其特征表示的能力也越来越强，从而使后续的预测更加容易.

1.4.1 端到端学习

在一些复杂任务中，传统机器学习方法需要将一个任务的输入和输出之间人为地切割成很多子模块（或多个阶段），每个子模块分开学习. 比如一个自然语言理解任务，一般需要分词、词性标注、句法分析、语义分析、语义推理等步骤. 这种学习方式有两个问题：一是每一个模块都需要单独优化，并且其优化目标和任务总体目标并不能保证一致；二是错误传播，即前一步的错误会对后续的模型造成很大的影响. 这样就增加了机器学习方法在实际应用中的难度.

端到端学习（End-to-End Learning），也称端到端训练，是指在学习过程中不进行分模块或分阶段训练，直接优化任务的总体目标. 在端到端学习中，一般不需要明确地给出不同模块或阶段的功能，中间过程不需要人为干预. 端到端学习的训练数据为“输入-输出”对的形式，无须提供其他额外信息. 因此，端到端学习和深度学习一样，都是要解决贡献度分配问题. 目前，大部分采用神经网络模型的深度学习也可以看作一种端到端的学习.

1.5 神经网络

随着神经科学、认知科学的发展,我们逐渐知道人类的智能行为都和大脑活动有关. 人类大脑是一个可以产生意识、思想和情感的器官. 受到人脑神经系统的启发,早期的神经科学家构造了一种模仿人脑神经系统的数学模型,称为人工神经网络,简称神经网络. 在机器学习领域,神经网络是指由很多人工神经元构成的网络结构模型,这些人工神经元之间的连接强度是可学习的参数.

1.5.1 人脑神经网络

人类大脑是人体最复杂的器官,由神经元、神经胶质细胞、神经干细胞和血管组成. 其中,神经元(Neuron),也叫神经细胞(Nerve Cell),是携带和传输信息的细胞,是人脑神经系统中最基本的单元. 人脑神经系统是一个非常复杂的组织,包含近860亿个神经元 [Azevedo et al., 2009],每个神经元有上千个突触和其他神经元相连接. 这些神经元和它们之间的连接形成巨大的复杂网络,其中神经连接的总长度可达数千公里. 我们人造的复杂网络,比如全球的计算机网络,和大脑神经网络相比要"简单"得多.

早在1904年,生物学家就已经发现了神经元的结构. 典型的神经元结构大致可分为细胞体和细胞突起.

(1) 细胞体(Soma)中的神经细胞膜上有各种受体和离子通道,胞膜的受体可与相应的化学物质神经递质结合,引起离子通透性及膜内外电位差发生改变,产生相应的生理活动:兴奋或抑制.

(2) 细胞突起是由细胞体延伸出来的细长部分,又可分为树突和轴突.

> *a*) 树突(Dendrite)可以接收刺激并将兴奋传入细胞体. 每个神经元可以有一或多个树突.
>
> *b*) 轴突(Axon)可以把自身的兴奋状态从胞体传送到另一个神经元或其他组织. 每个神经元只有一个轴突.

神经元可以接收其他神经元的信息,也可以发送信息给其他神经元. 神经元之间没有物理连接,两个"连接"的神经元之间留有20纳米左右的缝隙,并靠突触(Synapse)进行互联来传递信息,形成一个神经网络,即神经系统. 突触可以理解为神经元之间的连接"接口",将一个神经元的兴奋状态传到另一个神经元. 一个神经元可被视为一种只有两种状态的细胞:兴奋和抑制. 神经元的状态取决于从其他的神经细胞收到的输入信号量,以及突触的强度(抑制或加强). 当信号量总和超过了某个阈值时,细胞体就会兴奋,产生电脉冲. 电脉冲沿着轴突并通过突触传递到其他神经元. 图1.5给出了一种典型的神经元结构.

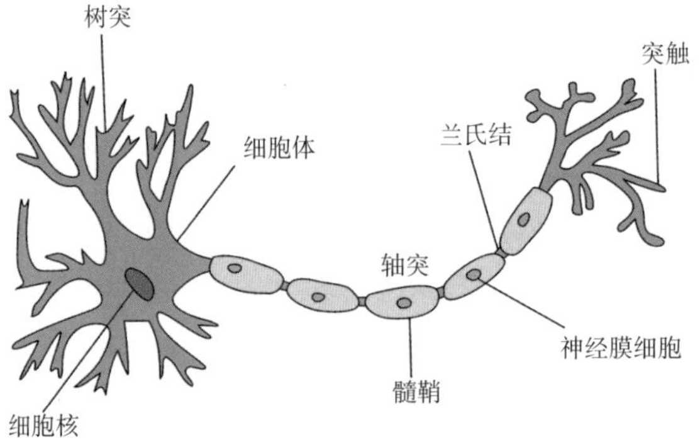

图 1.5 典型神经元结构[1]

我们知道，一个人的智力不完全由遗传决定，大部分来自于生活经验. 也就是说人脑神经网络是一个具有学习能力的系统. 那么人脑神经网络是如何学习的呢？在人脑神经网络中，每个神经元本身并不重要，重要的是神经元如何组成网络. 不同神经元之间的突触有强有弱，其强度是可以通过学习（训练）来不断改变的，具有一定的可塑性. 不同的连接形成了不同的记忆印痕. 1949 年，加拿大心理学家 Donald Hebb 在《行为的组织》（The Organization of Behavior）一书中提出突触可塑性的基本原理，“当神经元 A 的一个轴突和神经元 B 很近，足以对它产生影响，并且持续地、重复地参与了对神经元 B 的兴奋，那么在这两个神经元或其中之一会发生某种生长过程或新陈代谢变化，以致神经元 A 作为能使神经元 B 兴奋的细胞之一，它的效能加强了.”这个机制称为赫布理论（Hebbian Theory）或赫布规则（Hebbian Rule，或 Hebb's Rule）. 如果两个神经元总是相关联地受到刺激，它们之间的突触强度增加. 这样的学习方法被称为赫布型学习（Hebbian learning）. Hebb 认为人脑有两种记忆：长期记忆和短期记忆. 短期记忆持续时间不超过一分钟. 如果一个经验重复足够的次数，此经验就可储存在长期记忆中. 短期记忆转化为长期记忆的过程就称为凝固作用. 人脑中的海马区为大脑结构凝固作用的核心区域.

Donald Hebb（1904～1985），加拿大神经心理学家，认知心理生理学的开创者.

1.5.2 人工神经网络

人工神经网络是为模拟人脑神经网络而设计的一种计算模型，它从结构、实现机理和功能上模拟人脑神经网络. 人工神经网络与生物神经元类似，由多个节点（人工神经元）互相连接而成，可以用来对数据之间的复杂关系进行建模. 不同节点之间的连接被赋予了不同的权重，每个权重代表了一个节点对另一个节点的影响大小. 每个节点代表一种特定函数，来自其他节点的信息经过其相应的

[1] 图片来源：https://commons.wikimedia.org/wiki/File:Neuron_Hand-tuned.svg

权重综合计算，输入到一个激活函数中并得到一个新的活性值（兴奋或抑制）．从系统观点看，人工神经元网络是由大量神经元通过极其丰富和完善的连接而构成的自适应非线性动态系统．

虽然我们可以比较容易地构造一个人工神经网络，但是如何让人工神经网络具有学习能力并不是一件容易的事情．早期的神经网络模型并不具备学习能力．首个可学习的人工神经网络是赫布网络，采用一种基于赫布规则的无监督学习方法．感知器是最早的具有机器学习思想的神经网络，但其学习方法无法扩展到多层的神经网络上．直到1980年左右，反向传播算法才有效地解决了多层神经网络的学习问题，并成为最为流行的神经网络学习算法．

感知器参见第3.4节．

人工神经网络诞生之初并不是用来解决机器学习问题．由于人工神经网络可以用作一个通用的函数逼近器（一个两层的神经网络可以逼近任意的函数），因此我们可以将人工神经网络看作一个可学习的函数，并将其应用到机器学习中．理论上，只要有足够的训练数据和神经元数量，人工神经网络就可以学到很多复杂的函数．我们可以把一个人工神经网络塑造复杂函数的能力称为网络容量（Network Capacity），这与可以被储存在网络中的信息的复杂度以及数量相关．

在本书中，人工神经网络主要是作为一种映射函数，即机器学习中的模型．

1.5.3 神经网络的发展历史

神经网络的发展大致经过五个阶段．

第一阶段：模型提出 第一阶段为1943年~1969年，是神经网络发展的第一个高潮期．在此期间，科学家们提出了许多神经元模型和学习规则．

1943年，心理学家Warren McCulloch和数学家Walter Pitts最早提出了一种基于简单逻辑运算的人工神经网络，这种神经网络模型称为MP模型，至此开启了人工神经网络研究的序幕．1948年，Alan Turing提出了一种“B型图灵机”．“B型图灵机”可以基于Hebbian法则来进行学习．1951年，McCulloch和Pitts的学生Marvin Minsky建造了第一台神经网络机SNARC．[Rosenblatt, 1958]提出了一种可以模拟人类感知能力的神经网络模型，称为感知器（Perceptron），并提出了一种接近于人类学习过程（迭代、试错）的学习算法．

Hebbian法则参见第8.6.1节．

Marvin Minsky（1927~2016），人工智能领域最重要的领导者和创新者之一，麻省理工学院人工智能实验室的创始人之一．因其在人工智能领域的贡献，于1969年获得图灵奖．

在这一时期，神经网络以其独特的结构和处理信息的方法，在许多实际应用领域（自动控制、模式识别等）中取得了显著的成效．

第二阶段：冰河期 第二阶段为1969年~1983年，是神经网络发展的第一个低谷期．在此期间，神经网络的研究处于长年停滞及低潮状态．

1969年，Marvin Minsky出版《感知器》一书，指出了神经网络的两个关键缺陷：一是感知器无法处理“异或”回路问题；二是当时的计算机无法支持处理大型神经网络所需要的计算能力. 这些论断使得人们对以感知器为代表的神经网络产生质疑,并导致神经网络的研究进入了十多年的"冰河期".

但在这一时期, 依然有不少学者提出了很多有用的模型或算法. 1974年, 哈佛大学的Paul Werbos发明反向传播算法(BackPropagation, BP)[Werbos, 1974],但当时未受到应有的重视. 1980年,福岛邦彦提出了一种带卷积和子采样操作的多层神经网络:新知机(Neocognitron)[Fukushima, 1980]. 新知机的提出是受到了动物初级视皮层简单细胞和复杂细胞的感受野的启发. 但新知机并没有采用反向传播算法,而是采用了无监督学习的方式来训练,因此也没有引起足够的重视.

第三阶段:反向传播算法引起的复兴　第三阶段为1983年~1995年,是神经网络发展的第二个高潮期. 这个时期中,反向传播算法重新激发了人们对神经网络的兴趣.

1983年, 物理学家John Hopfield提出了一种用于联想记忆(Associative Memory)的神经网络, 称为Hopfield网络. Hopfield网络在旅行商问题上取得了当时最好结果,并引起了轰动. 1984年,Geoffrey Hinton提出一种随机化版本的Hopfield网络,即玻尔兹曼机(Boltzmann Machine).

Hopfield网络参见第8.6.1节.
玻尔兹曼机参见第12.1节.

真正引起神经网络第二次研究高潮的是反向传播算法. 20世纪80年代中期, 一种连接主义模型开始流行, 即分布式并行处理(Parallel Distributed Processing, PDP)模型[McClelland et al., 1986]. 反向传播算法也逐渐成为PDP模型的主要学习算法. 这时, 神经网络才又开始引起人们的注意, 并重新成为新的研究热点. 随后,[LeCun et al., 1989]将反向传播算法引入了卷积神经网络,并在手写体数字识别上取得了很大的成功[LeCun et al., 1998]. 反向传播算法是迄今最为成功的神经网络学习算法. 目前在深度学习中主要使用的自动微分可以看作反向传播算法的一种扩展.

自动微分参见第4.5.3节.

然而, 梯度消失问题(Vanishing Gradient Problem)阻碍神经网络的进一步发展,特别是循环神经网络. 为了解决这个问题,[Schmidhuber, 1992]采用两步来训练一个多层的循环神经网络:1)通过无监督学习的方式来逐层训练每一层循环神经网络,即预测下一个输入;2)通过反向传播算法进行精调.

第四阶段:流行度降低　第四阶段为1995年~2006年, 在此期间, 支持向量机和其他更简单的方法(例如线性分类器)在机器学习领域的流行度逐渐超过了神经网络.

虽然神经网络可以很容易地增加层数、神经元数量, 从而构建复杂的网络, 但其计算复杂性也会随之增长. 当时的计算机性能和数据规模不足以支持训练大规模神经网络. 在20世纪90年代中期, 统计学习理论和以支持向量机为代表的机器学习模型开始兴起. 相比之下,神经网络的理论基础不清晰、优化困难、可解释性差等缺点更加凸显，因此神经网络的研究又一次陷入低潮.

第五阶段：深度学习的崛起 第五阶段为从2006年开始至今，在这一时期研究者逐渐掌握了训练深层神经网络的方法，使得神经网络重新崛起.

[Hinton et al., 2006] 通过逐层预训练来学习一个深度信念网络，并将其权重作为一个多层前馈神经网络的初始化权重，再用反向传播算法进行精调. 这种"预训练＋精调"的方式可以有效地解决深度神经网络难以训练的问题. 随着深度神经网络在语音识别 [Hinton et al., 2012] 和图像分类 [Krizhevsky et al., 2012] 等任务上的巨大成功，以神经网络为基础的深度学习迅速崛起. 近年来，随着大规模并行计算以及GPU设备的普及，计算机的计算能力得以大幅提高. 此外，可供机器学习的数据规模也越来越大. 在强大的计算能力和海量的数据规模支持下，计算机已经可以端到端地训练一个大规模神经网络，不再需要借助预训练的方式. 各大科技公司都投入巨资研究深度学习，神经网络迎来第三次高潮.

深度信念网络参见第12.3节.

1.6 本书的知识体系

本书主要对神经网络和深度学习所涉及的知识提出一个较全面的基础性介绍. 本书的知识体系如图1.6所示，可以分为三大块：机器学习、神经网络和概率图模型.

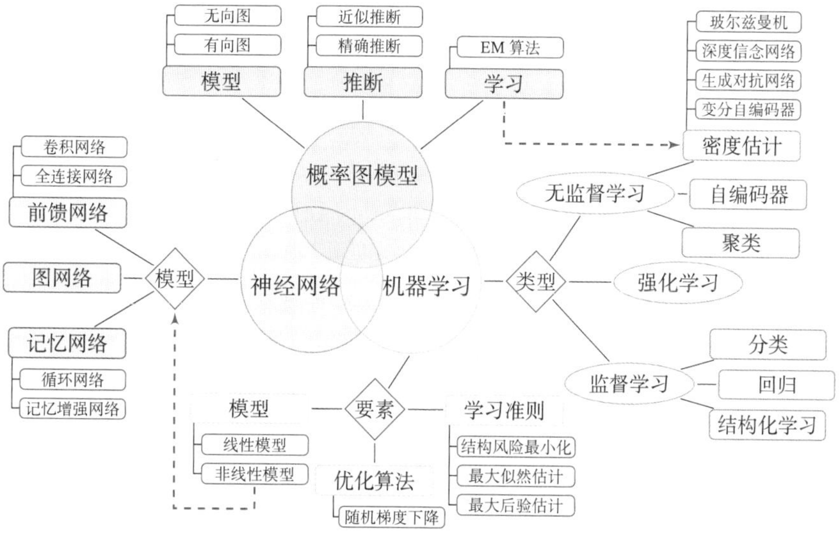

图 1.6 本书的知识体系

本书的知识体系在各章节中的安排如下：

机器学习 机器学习可以分为监督学习、无监督学习和强化学习. 第2章对机器学习进行概述，使读者能够了解机器学习的基本概念以及三要素：模型、学习准则和优化算法，并以线性回归为例来讲述不同学习算法之间的关联. 第3章主要介绍一些基本的线性模型. 这两章都以监督学习为主进行介绍. 第9章介绍了一些无监督学习方法，包括无监督特征学习和概率密度估计. 第10章中介绍了一些和模型无关的机器学习方法. 第14章介绍了深度强化学习的知识.

虽然这里将神经网络结构大体上分为三种类型，但是大多数网络都是复合型结构，即一个神经网络中包括多种网络结构.

神经网络　神经网络作为一类非线性的机器学习模型，可以更好地实现输入和输出之间的映射. 第4章到第6章分别讲述三种主要的神经网络模型：前馈神经网络、卷积神经网络和循环神经网络. 第6章也简单介绍了一种更一般性的网络：图网络. 第7章介绍神经网络的优化与正则化方法. 第8章介绍神经网络中的注意力机制和外部记忆.

概率图模型　概率图模型为机器学习提供了一个更加便捷的描述框架. 第11章介绍了概率图模型的基本概念，包括模型表示、学习和推断. 目前深度学习和概率图模型的融合已经十分流行. 第12章介绍了两种概率图模型：玻尔兹曼机和深度信念网络. 第13章和第15章分别介绍两种概率生成模型：深度生成模型和序列生成模型.

由于深度学习涉及非常多的研究领域，因此很多知识无法进行追根溯源并深入介绍. 每章最后一节都提供了一些参考文献，读者可根据需要通过深入阅读来了解这些知识. 此外，本书的附录中介绍了一些深度学习涉及的数学知识，包括线性代数、微积分、数学优化、概率论和信息论等.

1.7　常用的深度学习框架

在深度学习中，一般通过误差反向传播算法来进行参数学习. 采用手工方式来计算梯度再写代码实现的方式会非常低效，并且容易出错. 此外，深度学习模型需要的计算机资源比较多，一般需要在CPU和GPU之间不断进行切换，开发难度也比较大. 因此，一些支持自动梯度计算、无缝CPU和GPU切换等功能的深度学习框架就应运而生. 比较有代表性的框架包括：Theano、Caffe、TensorFlow、Pytorch、飞桨（PaddlePaddle）、Chainer和MXNet等[1].

自动梯度计算参见第4.5节.

Theano项目目前已停止维护.

（1）Theano[2]：由蒙特利尔大学的Python工具包，用来高效地定义、优化和计算张量数据的数学表达式. Theano可以透明地使用GPU和高效的符号微分.

（2）Caffe[3]：由加州大学伯克利分校开发的针对卷积神经网络的计算框架，

1 更全面的深度学习框架介绍可以参考https://en.wikipedia.org/wiki/Comparison_of_deep_learning_software.

2 http://www.deeplearning.net/software/theano

3 全称为Convolutional Architecture for Fast Feature Embedding，http://caffe.berkeleyvision.org

主要用于计算机视觉. Caffe用C++和Python实现, 但可以通过配置文件来实现所要的网络结构,不需要编码.

Caffe2已经被并入PyTorch中.

（3） TensorFlow[1]：由Google公司开发的深度学习框架，可以在任意具备CPU或者GPU的设备上运行. TensorFlow的计算过程使用数据流图来表示. TensorFlow的名字来源于其计算过程中的操作对象为多维数组, 即张量（Tensor）. TensorFlow 1.0版本采用静态计算图,2.0版本之后也支持动态计算图.

计算图参见第4.5.3节.

（4） PyTorch[2]：由Facebook、NVIDIA、Twitter等公司开发维护的深度学习框架, 其前身为Lua语言的Torch[3]. PyTorch也是基于动态计算图的框架, 在需要动态改变神经网络结构的任务中有着明显的优势.

（5） 飞桨（PaddlePaddle）[4]：由百度开发的一个高效和可扩展的深度学习框架, 同时支持动态图和静态图. 飞桨提供强大的深度学习并行技术, 可以同时支持稠密参数和稀疏参数场景的超大规模深度学习并行训练, 支持千亿规模参数和数百个节点的高效并行训练.

（6） MindSpore[5]：由华为开发的一种适用于端边云场景的新型深度学习训练/推理框架. MindSpore为Ascend AI处理器提供原生支持,以及软硬件协同优化.

（7） Chainer[6]：一个最早采用动态计算图的深度学习框架，其核心开发团队为来自日本的一家机器学习创业公司Preferred Networks. 和Tensorflow、Theano、Caffe等框架使用的静态计算图相比,动态计算图可以在运行时动态地构建计算图,因此非常适合进行一些复杂的决策或推理任务.

（8） MXNet[7]：由亚马逊、华盛顿大学和卡内基·梅隆大学等开发维护的深度学习框架. MXNet支持混合使用符号和命令式编程来最大化效率和生产率, 并可以有效地扩展到多个GPU和多台机器.

在这些基础框架之上, 还有一些建立在这些框架之上的高度模块化的神经网络库,使得构建一个神经网络模型就像搭积木一样容易. 其中比较有名的模块化神经网络框架有：1）基于TensorFlow和Theano的Keras[8]；2）基于Theano的Lasagne[9]；3）面向图结构数据的DGL[10].

目前, Keras已经被集成到TensorFlow 2.0版本中.

1 https://www.tensorflow.org

2 http://pytorch.org

3 http://torch.ch

4 Parallel Distributed Deep Learning, http://paddlepaddle.org/

5 https://www.mindspore.cn/

6 https://chainer.org

7 https://mxnet.apache.org

8 http://keras.io/

9 https://github.com/Lasagne/Lasagne

10 Deep Graph Library, 支持PyTorch、MXNet和TensorFlow, https://www.dgl.ai/.

1.8 总结和深入阅读

要理解深度学习的意义或重要性，就得从机器学习或者是人工智能的更广的视角来分析. 在传统机器学习中，除了模型和学习算法外，特征或表示也是影响最终学习效果的重要因素，甚至在很多的任务上比算法更重要. 因此，要开发一个实际的机器学习系统，人们往往需要花费大量的精力去尝试设计不同的特征以及特征组合，来提高最终的系统能力，这就是所谓的特征工程问题.

如何自动学习有效的数据表示成为机器学习中的关键问题. 早期的表示学习方法，比如特征抽取和特征选择，都是人工引入一些主观假设来进行学习的. 这种表示学习不是端到端的学习方式，得到的表示不一定对后续的机器学习任务有效. 而深度学习是将表示学习和预测模型的学习进行端到端的学习，中间不需要人工干预. 深度学习所要解决的问题是贡献度分配问题，而神经网络恰好是解决这个问题的有效模型. 套用马克思的一句名言，"金银天然不是货币，但货币天然是金银"，我们可以说，神经网络天然不是深度学习，但深度学习天然是神经网络.

目前，深度学习主要以神经网络模型为基础，研究如何设计模型结构，如何有效地学习模型的参数，如何优化模型性能以及在不同任务上的应用等. [Bengio et al., 2013] 给出了一个很好的表示学习综述. 若希望全面了解人工神经网络和深度学习的知识，可以参考《Deep Learning》[Goodfellow et al., 2016] 以及文献 [Bengio, 2009]. 关于神经网络的历史可以参考文献 [Anderson et al., 2000]. 斯坦福大学的 CS231n[1] 和 CS224n[2] 是两门非常好的深度学习入门课程，分别从计算机视觉和自然语言处理两个角度来讲授深度学习的基础知识和最新进展.

深度学习的研究进展非常迅速. 因此，最新的文献一般会发表在学术会议上. 和深度学习相关的学术会议主要有：

（1） 国际表示学习会议[3]（International Conference on Learning Representations, ICLR）：主要聚焦于深度学习.

（2） 神经信息处理系统年会[4]（Annual Conference on Neural Information Processing Systems, NeurIPS）：交叉学科会议，但偏重于机器学习. 主要包括神经信息处理、统计方法、学习理论以及应用等.

（3） 国际机器学习会议[5]（International Conference on Machine Learning, ICML）：机器学习顶级会议，深度学习作为近年来的热点，也占据了 ICML

[1] http://cs231n.stanford.edu

[2] http://web.stanford.edu/class/cs224n/

[3] http://www.iclr.cc

[4] https://nips.cc

[5] https://icml.cc

的很大比例.

（4）国际人工智能联合会议[1]（International Joint Conference on Artificial Intelligence，IJCAI）：人工智能领域最顶尖的综合性会议. 历史悠久，从1969年开始举办.

（5）美国人工智能协会年会[2]（AAAI Conference on Artificial Intelligence，AAAI）：人工智能领域的顶级会议，每年二月份左右召开，地点一般在北美.

另外，人工智能的很多子领域也都有非常好的专业学术会议. 在计算机视觉领域，有计算机视觉与模式识别大会（IEEE Conference on Computer Vision and Pattern Recognition，CVPR）和国际计算机视觉会议（International Conference on Computer Vision，ICCV）. 在自然语言处理领域，有计算语言学年会（Annual Meeting of the Association for Computational Linguistics，ACL）和自然语言处理实证方法大会（Conference on Empirical Methods in Natural Language Processing，EMNLP）等.

参考文献

周志华, 2016. 机器学习[M]. 北京: 清华大学出版社.

Anderson J A, Rosenfeld E, 2000. Talking nets: An oral history of neural networks[M]. MIT Press.

Azevedo F A, Carvalho L R, Grinberg L T, et al., 2009. Equal numbers of neuronal and nonneuronal cells make the human brain an isometrically scaled-up primate brain[J]. Journal of Comparative Neurology, 513(5):532-541.

Bengio Y, 2009. Learning deep architectures for AI[J]. Foundations and trends in Machine Learning, 2(1):1-127.

Bengio Y, Courville A, Vincent P, 2013. Representation learning: A review and new perspectives[J]. IEEE transactions on pattern analysis and machine intelligence, 35(8):1798-1828.

Fukushima K, 1980. Neocognitron: A self-organizing neural network model for a mechanism of pattern recognition unaffected by shift in position[J]. Biological cybernetics, 36(4):193-202.

Goodfellow I J, Bengio Y, Courville A C, 2016. Deep learning[M/OL]. MIT Press. http://www.deeplearningbook.org/.

Hinton G, Deng L, Yu D, et al., 2012. Deep neural networks for acoustic modeling in speech recognition: The shared views of four research groups[J]. IEEE Signal Processing Magazine, 29(6):82-97.

Hinton G E, Salakhutdinov R R, 2006. Reducing the dimensionality of data with neural networks[J]. Science, 313(5786):504-507.

Krizhevsky A, Sutskever I, Hinton G E, 2012. ImageNet classification with deep convolutional neural networks[C]//Advances in Neural Information Processing Systems 25. 1106-1114.

LeCun Y, Boser B, Denker J S, et al., 1989. Backpropagation applied to handwritten zip code recognition[J]. Neural computation, 1(4):541-551.

[1] https://www.ijcai.org

[2] http://www.aaai.org

LeCun Y, Bottou L, Bengio Y, et al., 1998. Gradient-based learning applied to document recognition [J]. Proceedings of the IEEE, 86(11):2278-2324.

McClelland J L, Rumelhart D E, Group P R, 1986. Parallel distributed processing: Explorations in the microstructure of cognition. volume i: foundations & volume ii: Psychological and biological models[M]. MIT Press.

Minsky M, 1961. Steps toward artificial intelligence[J]. Proceedings of the IRE, 49(1):8-30.

Rosenblatt F, 1958. The perceptron: a probabilistic model for information storage and organization in the brain.[J]. Psychological review, 65(6):386.

Schmidhuber J, 1992. Learning complex, extended sequences using the principle of history compression[J]. Neural Computation, 4(2):234-242.

Werbos P, 1974. Beyond regression: New tools for prediction and analysis in the behavioral sciences [D]. Harvard University.

第2章 机器学习概述

机器学习是对能通过经验自动改进的计算机算法的研究.

——*汤姆·米切尔*(Tom Mitchell)[Mitchell, 1997]

通俗地讲,机器学习(Machine Learning, ML)就是让计算机从数据中进行自动学习,得到某种知识(或规律). 作为一门学科,机器学习通常指一类问题以及解决这类问题的方法,即如何从观测数据(样本)中寻找规律,并利用学习到的规律(模型)对未知或无法观测的数据进行预测.

在早期的工程领域,机器学习也经常称为模式识别(Pattern Recognition, PR),但模式识别更偏向于具体的应用任务,比如光学字符识别、语音识别、人脸识别等. 这些任务的特点是,对于我们人类而言,这些任务很容易完成,但我们不知道自己是如何做到的,因此也很难人工设计一个计算机程序来完成这些任务. 一个可行的方法是设计一个算法可以让计算机自己从有标注的样本上学习其中的规律,并用来完成各种识别任务. 随着机器学习技术的应用越来越广,现在机器学习的概念逐渐替代模式识别,成为这一类问题及其解决方法的统称.

以手写体数字识别为例,我们需要让计算机能自动识别手写的数字. 比如图2.1中的例子,将识别为数字5,将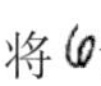识别为数字6. 手写数字识别是一个经典的机器学习任务,对人来说很简单,但对计算机来说却十分困难. 我们很难总结每个数字的手写体特征,或者区分不同数字的规则,因此设计一套识别算法是一项几乎不可能的任务. 在现实生活中,很多问题都类似于手写体数字识别这类问题,比如物体识别、语音识别等. 对于这类问题,我们不知道如何设计一个计算机程序来解决,即使可以通过一些启发式规则来实现,其过程也是极其复杂的. 因此,人们开始尝试采用另一种思路,即让计算机"看"大量的样本,并从中学习到一些经验,然后用这些经验来识别新的样本. 要识别手写体数字,首先通过人工标注大量的手写体数字图像(即每张图像都通过人工标记了它是什么数字),这些图像作为训练数据,然后通过学习算法自动生成一套模型,并依靠它来识别新的手写体数字. 这个过程和人类学习过程也比较类似，我们教小孩子识别数字也是这样的过程. 这种通过数据来学习的方法就称为机器学习的方法.

图 2.1 手写体数字识别示例（图片来源：[LeCun et al., 1998]）

本章先介绍机器学习的基本概念和基本要素，并较详细地描述一个简单的机器学习例子——线性回归.

2.1 基本概念

首先我们以一个生活中的例子来介绍机器学习中的一些基本概念：样本、特征、标签、模型、学习算法等. 假设我们要到市场上购买芒果，但是之前毫无挑选芒果的经验，那么如何通过学习来获取这些知识？

特征也可以称为属性（Attribute）.

首先，我们从市场上随机选取一些芒果，列出每个芒果的特征（Feature），包括颜色、大小、形状、产地、品牌，以及我们需要预测的标签（Label）. 标签可以是连续值（比如关于芒果的甜度、水分以及成熟度的综合打分），也可以是离散值（比如"好""坏"两类标签）. 这里，每个芒果的标签可以通过直接品尝来获得，也可以通过请一些经验丰富的专家来进行标记.

我们可以将一个标记好特征以及标签的芒果看作一个样本（Sample），也经常称为示例（Instance）.

在很多领域，数据集也经常称为语料库（Corpus）.

一组样本构成的集合称为数据集（Data Set）. 一般将数据集分为两部分：训练集和测试集. 训练集（Training Set）中的样本是用来训练模型的，也叫训练样本（Training Sample），而测试集（Test Set）中的样本是用来检验模型好坏的，也叫测试样本（Test Sample）.

并不是所有的样本特征都是数值型，需要通过转换表示为特征向量，参见第2.6节.

我们通常用一个 D 维向量 $\boldsymbol{x} = [x_1, x_2, \cdots, x_D]^{\top}$ 表示一个芒果的所有特征构成的向量，称为特征向量（Feature Vector），其中每一维表示一个特征. 而芒果的标签通常用标量 y 来表示.

假设训练集 $\mathcal{D}$ 由 N 个样本组成，其中每个样本都是独立同分布的（Identically and Independently Distributed，IID），即独立地从相同的数据分布中抽取的，记为

$$\mathcal{D} = \{(\boldsymbol{x}^{(1)}, y^{(1)}), (\boldsymbol{x}^{(2)}, y^{(2)}), \cdots, (\boldsymbol{x}^{(N)}, y^{(N)})\}. \tag{2.1}$$

给定训练集 $\mathcal{D}$，我们希望让计算机从一个函数集合 $\mathcal{F} = \{f_1(\boldsymbol{x}), f_2(\boldsymbol{x}), \cdots\}$ 中自动寻找一个"最优"的函数 $f^*(\boldsymbol{x})$ 来近似每个样本的特征向量 $\boldsymbol{x}$ 和标签 y 之间的真实映射关系. 对于一个样本 $\boldsymbol{x}$，我们可以通过函数 $f^*(\boldsymbol{x})$ 来预测其标签的值

$$\hat{y} = f^*(\boldsymbol{x}), \tag{2.2}$$

或标签的条件概率

$$\hat{p}(y|\boldsymbol{x}) = f_y^*(\boldsymbol{x}). \tag{2.3}$$

如何寻找这个"最优"的函数 $f^*(\boldsymbol{x})$ 是机器学习的关键，一般需要通过学习算法（Learning Algorithm）$\mathcal{A}$ 来完成. 这个寻找过程通常称为学习（Learning）或训练（Training）过程.

在有些文献中，学习算法也叫作学习器（Learner）.

这样，下次从市场上买芒果（测试样本）时，可以根据芒果的特征，使用学习到的函数 $f^*(\boldsymbol{x})$ 来预测芒果的好坏. 为了评价的公正性，我们还是独立同分布地抽取一组芒果作为测试集 $\mathcal{D}'$，并在测试集中所有芒果上进行测试，计算预测结果的准确率

第2.7节中会介绍更多的评价方法.

$$Acc(f^*(\boldsymbol{x})) = \frac{1}{|\mathcal{D}'|} \sum_{(\boldsymbol{x},y)\in\mathcal{D}'} I\big(f^*(\boldsymbol{x}) = y\big), \tag{2.4}$$

其中 $I(\cdot)$ 为指示函数，$|\mathcal{D}'|$ 为测试集大小.

图2.2给出了机器学习的基本流程. 对一个预测任务，输入特征向量为 $\boldsymbol{x}$，输出标签为 y，我们选择一个函数集合 $\mathcal{F}$，通过学习算法 $\mathcal{A}$ 和一组训练样本 $\mathcal{D}$，从 $\mathcal{F}$ 中学习到函数 $f^*(\boldsymbol{x})$. 这样对新的输入 $\boldsymbol{x}$，就可以用函数 $f^*(\boldsymbol{x})$ 进行预测.

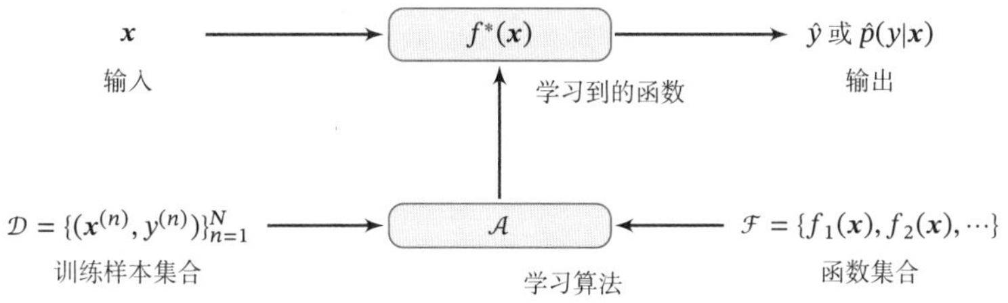

图 2.2 机器学习系统示例

2.2 机器学习的三个基本要素

机器学习是从有限的观测数据中学习（或“猜测”）出具有一般性的规律，并可以将总结出来的规律推广应用到未观测样本上. 机器学习方法可以粗略地分为三个基本要素：模型、学习准则、优化算法.

2.2.1 模型

对于一个机器学习任务，首先要确定其输入空间 $\mathcal{X}$ 和输出空间 $\mathcal{Y}$. 不同机器学习任务的主要区别在于输出空间不同. 在二分类问题中 $\mathcal{Y}=\{+1,-1\}$，在 C 分类问题中 $\mathcal{Y}=\{1,2,\cdots,C\}$，而在回归问题中 $\mathcal{Y}=\mathbb{R}$.

这里，输入空间默认为样本的特征空间.

输入空间 $\mathcal{X}$ 和输出空间 $\mathcal{Y}$ 构成了一个样本空间. 对于样本空间中的样本 $(\boldsymbol{x},y)\in\mathcal{X}\times\mathcal{Y}$，假定 $\boldsymbol{x}$ 和 y 之间的关系可以通过一个未知的真实映射函数 $y=g(\boldsymbol{x})$ 或真实条件概率分布 $p_r(y|\boldsymbol{x})$ 来描述. 机器学习的目标是找到一个模型来近似真实映射函数 $g(\boldsymbol{x})$ 或真实条件概率分布 $p_r(y|\boldsymbol{x})$.

映射函数 $g:\mathcal{X}\to\mathcal{Y}$.

由于我们不知道真实的映射函数 $g(\boldsymbol{x})$ 或条件概率分布 $p_r(y|\boldsymbol{x})$ 的具体形式，因而只能根据经验来假设一个函数集合 $\mathcal{F}$，称为假设空间（Hypothesis Space），然后通过观测其在训练集 $\mathcal{D}$ 上的特性，从中选择一个理想的假设（Hypothesis）$f^*\in\mathcal{F}$.

假设空间 $\mathcal{F}$ 通常为一个参数化的函数族

$$\mathcal{F}=\{f(\boldsymbol{x};\theta)|\theta\in\mathbb{R}^D\}, \tag{2.5}$$

其中 $f(\boldsymbol{x};\theta)$ 是参数为 θ 的函数，也称为模型（Model），D 为参数的数量.

常见的假设空间可以分为线性和非线性两种，对应的模型 f 也分别称为线性模型和非线性模型.

2.2.1.1 线性模型

对于分类问题，一般为广义线性函数，参见公式(3.3).

线性模型的假设空间为一个参数化的线性函数族，即

$$f(\boldsymbol{x};\theta)=\boldsymbol{w}^\top\boldsymbol{x}+b, \tag{2.6}$$

其中参数 θ 包含了权重向量 $\boldsymbol{w}$ 和偏置 b.

2.2.1.2 非线性模型

广义的非线性模型可以写为多个非线性基函数 $\phi(\boldsymbol{x})$ 的线性组合

$$f(\boldsymbol{x};\theta)=\boldsymbol{w}^\top\phi(\boldsymbol{x})+b, \tag{2.7}$$

其中$\phi(\boldsymbol{x}) = [\phi_1(\boldsymbol{x}), \phi_2(\boldsymbol{x}), \cdots, \phi_K(\boldsymbol{x})]^{\mathsf{T}}$为$K$个非线性基函数组成的向量，参数$\theta$包含了权重向量$\boldsymbol{w}$和偏置$b$.

如果$\phi(\boldsymbol{x})$本身为可学习的基函数，比如

$$\phi_k(\boldsymbol{x}) = h(\boldsymbol{w}_k^{\mathsf{T}}\phi'(\boldsymbol{x}) + b_k), \forall 1 \le k \le K, \tag{2.8}$$

其中$h(\cdot)$为非线性函数，$\phi'(\boldsymbol{x})$为另一组基函数，$\boldsymbol{w}_k$和b_k为可学习的参数，则$f(\boldsymbol{x};\theta)$就等价于神经网络模型.

2.2.2 学习准则

令训练集$\mathcal{D} = \{(\boldsymbol{x}^{(n)}, y^{(n)})\}_{n=1}^N$是由$N$个独立同分布的（Independent and Identically Distributed，IID）样本组成，即每个样本$(\boldsymbol{x}, y) \in \mathcal{X} \times \mathcal{Y}$是从$\mathcal{X}$和$\mathcal{Y}$的联合空间中按照某个未知分布$p_r(\boldsymbol{x}, y)$独立地随机产生的. 这里要求样本分布$p_r(\boldsymbol{x}, y)$必须是固定的（虽然可以是未知的），不会随时间而变化. 如果$p_r(\boldsymbol{x}, y)$本身可变的话，就无法通过这些数据进行学习.

一个好的模型$f(\boldsymbol{x}, \theta^*)$应该在所有$(\boldsymbol{x}, y)$的可能取值上都与真实映射函数$y = g(\boldsymbol{x})$一致，即

$$|f(\boldsymbol{x}, \theta^*) - y| < \epsilon, \qquad \forall (\boldsymbol{x}, y) \in \mathcal{X} \times \mathcal{Y}, \tag{2.9}$$

或与真实条件概率分布$p_r(y|\boldsymbol{x})$一致，即

这里两个分布相似性的定义不太严谨，更好的方式为KL散度或交叉熵.

$$|f_y(\boldsymbol{x}, \theta^*) - p_r(y|\boldsymbol{x})| < \epsilon, \qquad \forall (\boldsymbol{x}, y) \in \mathcal{X} \times \mathcal{Y}, \tag{2.10}$$

其中ϵ是一个很小的正数，$f_y(\boldsymbol{x}, \theta^*)$为模型预测的条件概率分布中$y$对应的概率.

模型$f(\boldsymbol{x};\theta)$的好坏可以通过期望风险（Expected Risk）$\mathcal{R}(\theta)$来衡量，其定义为

期望风险也经常称为期望错误（Expected Error）.

$$\mathcal{R}(\theta) = \mathbb{E}_{(\boldsymbol{x},y)\sim p_r(\boldsymbol{x},y)}[\mathcal{L}(y, f(\boldsymbol{x};\theta))], \tag{2.11}$$

其中$p_r(\boldsymbol{x}, y)$为真实的数据分布，$\mathcal{L}(y, f(\boldsymbol{x};\theta))$为损失函数，用来量化两个变量之间的差异.

2.2.2.1 损失函数

损失函数是一个非负实数函数，用来量化模型预测和真实标签之间的差异. 下面介绍几种常用的损失函数.

0-1 损失函数 最直观的损失函数是模型在训练集上的错误率，即0-1 损失函数（0-1 Loss Function）：

$$\mathcal{L}\big(y, f(\boldsymbol{x};\theta)\big) = \begin{cases} 0 & \text{if } y = f(\boldsymbol{x};\theta) \\ 1 & \text{if } y \neq f(\boldsymbol{x};\theta) \end{cases} \tag{2.12}$$

$$= I\big(y \neq f(\boldsymbol{x};\theta)\big), \tag{2.13}$$

其中$I(\cdot)$是指示函数.

虽然0-1 损失函数能够客观地评价模型的好坏，但其缺点是数学性质不是很好：不连续且导数为0，难以优化. 因此经常用连续可微的损失函数替代.

平方损失函数 平方损失函数（Quadratic Loss Function）经常用在预测标签y为实数值的任务中，定义为

$$\mathcal{L}\big(y, f(\boldsymbol{x};\theta)\big) = \frac{1}{2}\Big(y - f(\boldsymbol{x};\theta)\Big)^2. \tag{2.14}$$

参见习题2-1.

平方损失函数一般不适用于分类问题.

交叉熵损失函数 交叉熵损失函数（Cross-Entropy Loss Function）一般用于分类问题. 假设样本的标签$y \in \{1, \cdots, C\}$为离散的类别，模型$f(\boldsymbol{x};\theta) \in [0,1]^C$的输出为类别标签的条件概率分布，即

$$p(y = c|\boldsymbol{x};\theta) = f_c(\boldsymbol{x};\theta), \tag{2.15}$$

$f_c(\boldsymbol{x};\theta)$表示$f(\boldsymbol{x};\theta)$的输出向量的第$c$维.

并满足

$$f_c(\boldsymbol{x};\theta) \in [0,1], \qquad \sum_{c=1}^{C} f_c(\boldsymbol{x};\theta) = 1. \tag{2.16}$$

我们可以用一个C维的one-hot向量$\boldsymbol{y}$来表示样本标签. 假设样本的标签为k，那么标签向量$\boldsymbol{y}$只有第k维的值为1，其余元素的值都为0. 标签向量$\boldsymbol{y}$可以看作样本标签的真实条件概率分布$p_r(\boldsymbol{y}|\boldsymbol{x})$，即第$c$维（记为$y_c$，$1 \leq c \leq C$）是类别为$c$的真实条件概率. 假设样本的类别为$k$，那么它属于第$k$类的概率为1，属于其他类的概率为0.

交叉熵参见第E.3.1节.

对于两个概率分布，一般可以用交叉熵来衡量它们的差异. 标签的真实分布$\boldsymbol{y}$和模型预测分布$f(\boldsymbol{x};\theta)$之间的交叉熵为

$$\mathcal{L}(\boldsymbol{y}, f(\boldsymbol{x};\theta)) = -\boldsymbol{y}^{\mathsf{T}} \log f(\boldsymbol{x};\theta) \tag{2.17}$$

$$= -\sum_{c=1}^{C} y_c \log f_c(\boldsymbol{x};\theta). \tag{2.18}$$

比如对于三分类问题，一个样本的标签向量为 $\boldsymbol{y}=[0,0,1]^{\mathrm{T}}$，模型预测的标签分布为 $f(\boldsymbol{x};\theta)=[0.3,0.3,0.4]^{\mathrm{T}}$，则它们的交叉熵为 $-\big(0\times\log(0.3)+0\times\log(0.3)+1\times\log(0.4)\big)=-\log(0.4)$.

因为 $\boldsymbol{y}$ 为 one-hot 向量，公式(2.18)也可以写为

$$\mathcal{L}\big(y,f(\boldsymbol{x};\theta)\big)=-\log f_y(\boldsymbol{x};\theta), \tag{2.19}$$

其中 $f_y(\boldsymbol{x};\theta)$ 可以看作真实类别 y 的似然函数. 因此，交叉熵损失函数也就是负对数似然函数（Negative Log-Likelihood）.

Hinge 损失函数 对于二分类问题，假设 y 的取值为 $\{-1,+1\}$，$f(\boldsymbol{x};\theta)\in\mathbb{R}$. Hinge 损失函数（Hinge Loss Function）为

参见第3.5.3节.

$$\mathcal{L}\big(y,f(\boldsymbol{x};\theta)\big)=\max\big(0,1-yf(\boldsymbol{x};\theta)\big) \tag{2.20}$$

$$\triangleq[1-yf(\boldsymbol{x};\theta)]_+, \tag{2.21}$$

其中 $[x]_+=\max(0,x)$.

2.2.2.2 风险最小化准则

一个好的模型 $f(\boldsymbol{x};\theta)$ 应当有一个比较小的期望错误，但由于不知道真实的数据分布和映射函数，实际上无法计算其期望风险 $\mathcal{R}(\theta)$. 给定一个训练集 $\mathcal{D}=\{(\boldsymbol{x}^{(n)},y^{(n)})\}_{n=1}^N$，我们可以计算的是经验风险（Empirical Risk），即在训练集上的平均损失：

经验风险也称为经验错误（Empirical Error）.

$$\mathcal{R}_{\mathcal{D}}^{emp}(\theta)=\frac{1}{N}\sum_{n=1}^{N}\mathcal{L}(y^{(n)},f(\boldsymbol{x}^{(n)};\theta)). \tag{2.22}$$

因此，一个切实可行的学习准则是找到一组参数 θ^* 使得经验风险最小，即

$$\theta^*=\underset{\theta}{\arg\min}\,\mathcal{R}_{\mathcal{D}}^{emp}(\theta), \tag{2.23}$$

这就是经验风险最小化（Empirical Risk Minimization，ERM）准则.

过拟合 根据大数定理可知，当训练集大小 $|\mathcal{D}|$ 趋向于无穷大时，经验风险就趋向于期望风险. 然而通常情况下，我们无法获取无限的训练样本，并且训练样本往往是真实数据的一个很小的子集或者包含一定的噪声数据，不能很好地反映全部数据的真实分布. 经验风险最小化原则很容易导致模型在训练集上错误率很低，但是在未知数据上错误率很高. 这就是所谓的过拟合（Overfitting）.

如何选择训练样本个数可以参考PAC学习理论，参见第2.8.1节.

> **定义 2.1 – 过拟合：** 给定一个假设空间 $\mathcal{F}$，一个假设 f 属于 $\mathcal{F}$，如果存在其他的假设 f' 也属于 $\mathcal{F}$，使得在训练集上 f 的损失比 f' 的损失小，但在整个样本空间上 f' 的损失比 f 的损失小，那么就说假设 f 过度拟合训练数据 [Mitchell, 1997].

更多的正则化方法参见第7.7节.

过拟合问题往往是由于训练数据少和噪声以及模型能力强等原因造成的. 为了解决过拟合问题，一般在经验风险最小化的基础上再引入参数的正则化（Regularization）来限制模型能力，使其不要过度地最小化经验风险. 这种准则就是结构风险最小化（Structure Risk Minimization, SRM）准则：

$$\theta^* = \arg\min_{\theta} \mathcal{R}_{\mathcal{D}}^{struct}(\theta) \tag{2.24}$$

$$= \arg\min_{\theta} \mathcal{R}_{\mathcal{D}}^{emp}(\theta) + \frac{1}{2}\lambda\|\theta\|^2 \tag{2.25}$$

$$= \arg\min_{\theta} \frac{1}{N}\sum_{n=1}^{N} \mathcal{L}(y^{(n)}, f(x^{(n)};\theta)) + \frac{1}{2}\lambda\|\theta\|^2, \tag{2.26}$$

其中$\|\theta\|$是ℓ_2范数的正则化项，用来减少参数空间，避免过拟合；λ用来控制正则化的强度.

ℓ_1范数的稀疏性参见第7.7.1节.

正则化的贝叶斯解释参见第2.3.1.4节.

正则化项也可以使用其他函数，比如ℓ_1范数. ℓ_1范数的引入通常会使得参数有一定稀疏性，因此在很多算法中也经常使用. 从贝叶斯学习的角度来讲，正则化是引入了参数的先验分布，使其不完全依赖训练数据.

和过拟合相反的一个概念是欠拟合（Underfitting），即模型不能很好地拟合训练数据，在训练集上的错误率比较高. 欠拟合一般是由于模型能力不足造成的. 图2.3给出了欠拟合和过拟合的示例.

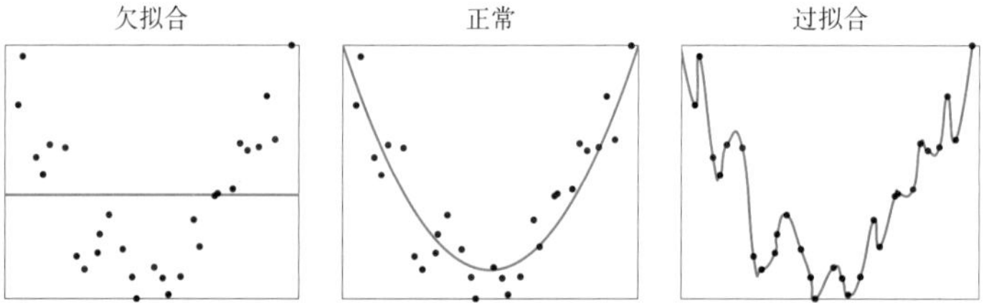

图 2.3 欠拟合和过拟合示例

总之，机器学习中的学习准则并不仅仅是拟合训练集上的数据，同时也要使得泛化错误最低. 给定一个训练集，机器学习的目标是从假设空间中找到一个泛化错误较低的“理想”模型，以便更好地对未知的样本进行预测，特别是不在训练集中出现的样本. 因此，我们可以将机器学习看作一个从有限、高维、有噪声的数据上得到更一般性规律的泛化问题.

2.2.3 优化算法

在确定了训练集 $\mathcal{D}$、假设空间 $\mathcal{F}$ 以及学习准则后，如何找到最优的模型 $f(\boldsymbol{x}, \theta^*)$ 就成了一个最优化（Optimization）问题. 机器学习的训练过程其实就是最优化问题的求解过程.

参数与超参数 在机器学习中，优化又可以分为参数优化和超参数优化. 模型 $f(\boldsymbol{x};\theta)$ 中的 θ 称为模型的参数，可以通过优化算法进行学习. 除了可学习的参数 θ 之外，还有一类参数是用来定义模型结构或优化策略的，这类参数叫作超参数（Hyper-Parameter）.

在贝叶斯方法中，超参数可以理解为参数的参数，即控制模型参数分布的参数.

常见的超参数包括：聚类算法中的类别个数、梯度下降法中的步长、正则化项的系数、神经网络的层数、支持向量机中的核函数等. 超参数的选取一般都是组合优化问题，很难通过优化算法来自动学习. 因此，超参数优化是机器学习的一个经验性很强的技术，通常是按照人的经验设定，或者通过搜索的方法对一组超参数组合进行不断试错调整.

超参数的优化参见第7.6节.

2.2.3.1 梯度下降法

为了充分利用凸优化中一些高效、成熟的优化方法，比如共轭梯度、拟牛顿法等，很多机器学习方法都倾向于选择合适的模型和损失函数，以构造一个凸函数作为优化目标. 但也有很多模型（比如神经网络）的优化目标是非凸的，只能退而求其次找到局部最优解.

梯度下降法参见第C.2.2节.

在机器学习中，最简单、常用的优化算法就是梯度下降法，即首先初始化参数 θ_0，然后按下面的迭代公式来计算训练集 $\mathcal{D}$ 上风险函数的最小值：

$$\theta_{t+1} = \theta_t - \alpha \frac{\partial \mathcal{R}_{\mathcal{D}}(\theta)}{\partial \theta} \tag{2.27}$$

$$= \theta_t - \alpha \frac{1}{N} \sum_{n=1}^{N} \frac{\partial \mathcal{L}\Big(y^{(n)}, f(\boldsymbol{x}^{(n)};\theta)\Big)}{\partial \theta}, \tag{2.28}$$

其中 θ_t 为第 t 次迭代时的参数值，α 为搜索步长. 在机器学习中，α 一般称为学习率（Learning Rate）.

2.2.3.2 提前停止

针对梯度下降的优化算法，除了加正则化项之外，还可以通过提前停止来防止过拟合.

在梯度下降训练的过程中，由于过拟合的原因，在训练样本上收敛的参数，并不一定在测试集上最优. 因此，除了训练集和测试集之外，有时也会使用一个验证集（Validation Set）来进行模型选择，测试模型在验证集上是否最优. 在每次迭代时，把新得到的模型 $f(\boldsymbol{x};\theta)$ 在验证集上进行测试，并计算错误率. 如果在验证集上的错误率不再下降，就停止迭代. 这种策略叫提前停止（Early Stop）. 如果没有验证集，可以在训练集上划分出一个小比例的子集作为验证集. 图2.4给出了提前停止的示例.

验证集也叫作开发集（Development Set）.

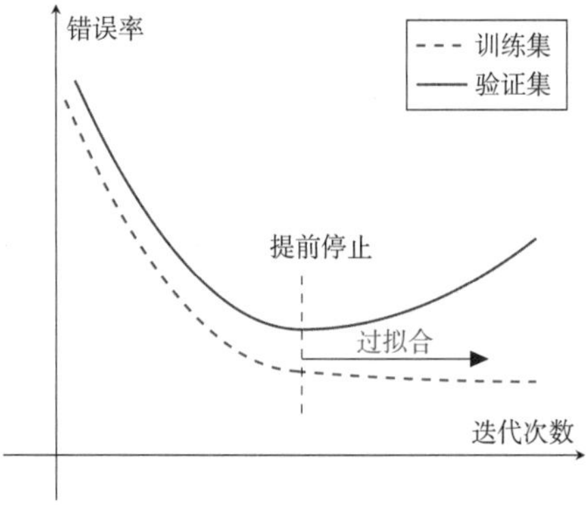

图 2.4 提前停止的示例

2.2.3.3 随机梯度下降法

在公式(2.27)的梯度下降法中，目标函数是整个训练集上的风险函数，这种方式称为批量梯度下降法（Batch Gradient Descent，BGD）. 批量梯度下降法在每次迭代时需要计算每个样本上损失函数的梯度并求和. 当训练集中的样本数量 N 很大时，空间复杂度比较高，每次迭代的计算开销也很大.

在机器学习中，我们假设每个样本都是独立同分布地从真实数据分布中随机抽取出来的，真正的优化目标是期望风险最小. 批量梯度下降法相当于是从真实数据分布中采集 N 个样本，并由它们计算出来的经验风险的梯度来近似期望风险的梯度. 为了减少每次迭代的计算复杂度，我们也可以在每次迭代时只采集一个样本，计算这个样本损失函数的梯度并更新参数，即随机梯度下降法（Stochastic Gradient Descent，SGD）. 当经过足够次数的迭代时，随机梯度下降也可以收敛到局部最优解 [Nemirovski et al., 2009].

随机梯度下降法也叫作增量梯度下降法.

随机梯度下降法的训练过程如算法2.1所示.

算法 2.1 随机梯度下降法

输入: 训练集 $\mathcal{D}=\{(\boldsymbol{x}^{(n)}, y^{(n)})\}_{n=1}^{N}$，验证集 $\mathcal{V}$，学习率 α

随机初始化 θ;
repeat
  对训练集 $\mathcal{D}$ 中的样本随机排序;
  for $n = 1 \cdots N$ **do**
    从训练集 $\mathcal{D}$ 中选取样本 $(\boldsymbol{x}^{(n)}, y^{(n)})$;
    $\theta \leftarrow \theta - \alpha \frac{\partial \mathcal{L}(\theta; x^{(n)}, y^{(n)})}{\partial \theta}$;   // 更新参数
  end
until 模型 $f(\boldsymbol{x}; \theta)$ 在验证集 $\mathcal{V}$ 上的错误率不再下降;

输出: θ

批量梯度下降和随机梯度下降之间的区别在于，每次迭代的优化目标是对所有样本的平均损失函数还是对单个样本的损失函数. 由于随机梯度下降实现简单，收敛速度也非常快，因此使用非常广泛. 随机梯度下降相当于在批量梯度下降的梯度上引入了随机噪声. 在非凸优化问题中，随机梯度下降更容易逃离局部最优点.

2.2.3.4 小批量梯度下降法

随机梯度下降法的一个缺点是无法充分利用计算机的并行计算能力. 小批量梯度下降法（Mini-Batch Gradient Descent）是批量梯度下降和随机梯度下降的折中. 每次迭代时，我们随机选取一小部分训练样本来计算梯度并更新参数，这样既可以兼顾随机梯度下降法的优点，也可以提高训练效率.

第 t 次迭代时，随机选取一个包含 K 个样本的子集 $\mathcal{S}_t$，计算这个子集上每个样本损失函数的梯度并进行平均，然后再进行参数更新：

K 通常不会设置很大，一般在 $1 \sim 100$ 之间. 在实际应用中为了提高计算效率，通常设置为 2 的幂 2^n.

$$\theta_{t+1} \leftarrow \theta_t - \alpha \frac{1}{K} \sum_{(\boldsymbol{x},y)\in\mathcal{S}_t} \frac{\partial \mathcal{L}\Big(y, f(\boldsymbol{x};\theta)\Big)}{\partial \theta}. \tag{2.29}$$

在实际应用中，小批量随机梯度下降法有收敛快、计算开销小的优点，因此逐渐成为大规模的机器学习中的主要优化算法 [Bottou, 2010].

2.3 机器学习的简单示例——线性回归

在本节中，我们通过一个简单的模型（线性回归）来具体了解机器学习的一般过程，以及不同学习准则（经验风险最小化、结构风险最小化、最大似然估计、最大后验估计）之间的关系.

线性回归（Linear Regression）是机器学习和统计学中最基础和最广泛应用的模型，是一种对自变量和因变量之间关系进行建模的回归分析. 自变量数量为 1 时称为简单回归，自变量数量大于 1 时称为多元回归.

从机器学习的角度来看，自变量就是样本的特征向量 $\boldsymbol{x} \in \mathbb{R}^D$（每一维对应一个自变量），因变量是标签 y，这里 $y \in \mathbb{R}$ 是连续值（实数或连续整数）. 假设空间是一组参数化的线性函数

$$f(\boldsymbol{x};\boldsymbol{w},b) = \boldsymbol{w}^{\top}\boldsymbol{x} + b, \tag{2.30}$$

其中权重向量 $\boldsymbol{w} \in \mathbb{R}^D$ 和偏置 $b \in \mathbb{R}$ 都是可学习的参数，函数 $f(\boldsymbol{x};\boldsymbol{w},b) \in \mathbb{R}$ 也称为线性模型.

为简单起见，我们将公式(2.30)写为

$$f(\boldsymbol{x};\hat{\boldsymbol{w}}) = \hat{\boldsymbol{w}}^{\top}\hat{\boldsymbol{x}}, \tag{2.31}$$

其中 $\hat{\boldsymbol{w}}$ 和 $\hat{\boldsymbol{x}}$ 分别称为增广权重向量和增广特征向量：

$$\hat{\boldsymbol{x}} = \boldsymbol{x} \oplus 1 \triangleq \begin{bmatrix} \\ \boldsymbol{x} \\ \\ 1 \end{bmatrix} = \begin{bmatrix} x_1 \\ \vdots \\ x_D \\ 1 \end{bmatrix}, \tag{2.32}$$

$$\hat{\boldsymbol{w}} = \boldsymbol{w} \oplus b \triangleq \begin{bmatrix} \\ \boldsymbol{w} \\ \\ b \end{bmatrix} = \begin{bmatrix} w_1 \\ \vdots \\ w_D \\ b \end{bmatrix}, \tag{2.33}$$

其中 $\oplus$ 定义为两个向量的拼接操作.

不失一般性，在本章后面的描述中我们采用简化的表示方法，直接用 $\boldsymbol{w}$ 和 $\boldsymbol{x}$ 分别表示增广权重向量和增广特征向量. 这样，线性回归的模型简写为 $f(\boldsymbol{x};\boldsymbol{w}) = \boldsymbol{w}^{\top}\boldsymbol{x}$.

2.3.1 参数学习

给定一组包含 N 个训练样本的训练集 $\mathcal{D} = \{(\boldsymbol{x}^{(n)}, y^{(n)})\}_{n=1}^{N}$，我们希望能够学习一个最优的线性回归的模型参数 $\boldsymbol{w}$.

我们介绍四种不同的参数估计方法：经验风险最小化、结构风险最小化、最大似然估计、最大后验估计.

2.3.1.1 经验风险最小化

平方损失函数参见第2.2.2.1节.

由于线性回归的标签 y 和模型输出都为连续的实数值，因此平方损失函数非常合适衡量真实标签和预测标签之间的差异.

根据经验风险最小化准则，训练集 $\mathcal{D}$ 上的经验风险定义为

为了简化起见，这里的风险函数省略了 $\frac{1}{N}$.

$$\mathcal{R}(\boldsymbol{w}) = \sum_{n=1}^{N} \mathcal{L}(y^{(n)}, f(\boldsymbol{x}^{(n)};\boldsymbol{w})) \tag{2.34}$$

$$= \frac{1}{2}\sum_{n=1}^{N}\left(y^{(n)} - \boldsymbol{w}^{\top}\boldsymbol{x}^{(n)}\right)^2 \tag{2.35}$$

$$= \frac{1}{2}\|\boldsymbol{y} - \boldsymbol{X}^{\top}\boldsymbol{w}\|^2, \tag{2.36}$$

其中 $\boldsymbol{y} = [y^{(1)}, \cdots, y^{(N)}]^{\top} \in \mathbb{R}^N$ 是由所有样本的真实标签组成的列向量，而 $\boldsymbol{X} \in \mathbb{R}^{(D+1)\times N}$ 是由所有样本的输入特征 $\boldsymbol{x}^{(1)}, \cdots, \boldsymbol{x}^{(N)}$ 组成的矩阵：

$$\boldsymbol{X} = \begin{bmatrix} x_1^{(1)} & x_1^{(2)} & \cdots & x_1^{(N)} \\ \vdots & \vdots & \ddots & \vdots \\ x_D^{(1)} & x_D^{(2)} & \cdots & x_D^{(N)} \\ 1 & 1 & \cdots & 1 \end{bmatrix}. \tag{2.37}$$

风险函数 $\mathcal{R}(\boldsymbol{w})$ 是关于 $\boldsymbol{w}$ 的凸函数，其对 $\boldsymbol{w}$ 的偏导数为

参见习题2-2.

$$\frac{\partial \mathcal{R}(\boldsymbol{w})}{\partial \boldsymbol{w}} = \frac{1}{2} \frac{\partial \|\boldsymbol{y} - \boldsymbol{X}^{\top}\boldsymbol{w}\|^2}{\partial \boldsymbol{w}} \tag{2.38}$$

$$= -\boldsymbol{X}(\boldsymbol{y} - \boldsymbol{X}^{\top}\boldsymbol{w}), \tag{2.39}$$

令 $\frac{\partial}{\partial \boldsymbol{w}}\mathcal{R}(\boldsymbol{w}) = 0$，得到最优的参数 $\boldsymbol{w}^*$ 为

$(\boldsymbol{X}\boldsymbol{X}^{\top})^{-1}\boldsymbol{X}$ 也称为 $\boldsymbol{X}^{\top}$ 的伪逆矩阵.

$$\boldsymbol{w}^* = (\boldsymbol{X}\boldsymbol{X}^{\top})^{-1}\boldsymbol{X}\boldsymbol{y} \tag{2.40}$$

$$= \Big(\sum_{n=1}^{N} \boldsymbol{x}^{(n)} \big(\boldsymbol{x}^{(n)}\big)^{\top} \Big)^{-1} \Big(\sum_{n=1}^{N} \boldsymbol{x}^{(n)} y^{(n)} \Big). \tag{2.41}$$

这种求解线性回归参数的方法也叫最小二乘法（Least Square Method，LSM）. 图2.5给出了用最小二乘法来进行线性回归参数学习的示例.

在古代汉语中“平方”称为“二乘”.

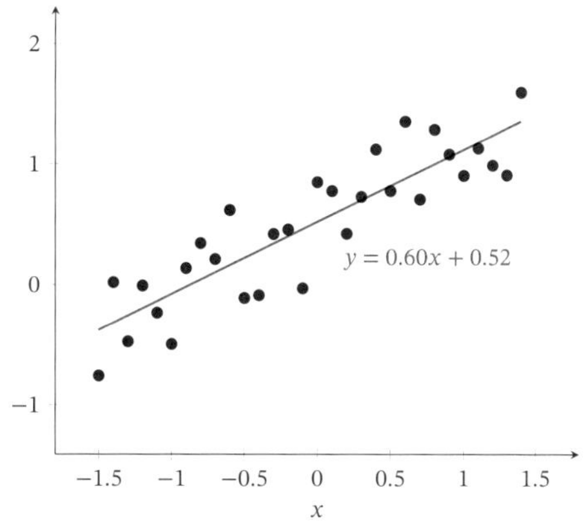

图 2.5 用最小二乘法来进行线性回归参数学习的示例

在最小二乘法中，$\boldsymbol{X}\boldsymbol{X}^{\top} \in \mathbb{R}^{(D+1)\times(D+1)}$ 必须存在逆矩阵，即 $\boldsymbol{X}\boldsymbol{X}^{\top}$ 是满秩的（$\text{rank}(\boldsymbol{X}\boldsymbol{X}^{\top}) = D + 1$）. 也就是说，$\boldsymbol{X}$ 中的行向量之间是线性不相关的，即每一个

特征都和其他特征不相关. 一种常见的 $\boldsymbol{X}\boldsymbol{X}^{\top}$ 不可逆情况是样本数量 N 小于特征数量 $(D+1)$,$\boldsymbol{X}\boldsymbol{X}^{\top}$ 的秩为 N. 这时会存在很多解 $\boldsymbol{w}^*$,可以使得 $\mathcal{R}(\boldsymbol{w}^*)=0$.

参见习题2-3.

当 $\boldsymbol{X}\boldsymbol{X}^{\top}$ 不可逆时,可以通过下面两种方法来估计参数:1)先使用主成分分析等方法来预处理数据,消除不同特征之间的相关性,然后再使用最小二乘法来估计参数;2)使用梯度下降法来估计参数. 先初始化 $\boldsymbol{w}=0$,然后通过下面公式进行迭代:

$$\boldsymbol{w} \leftarrow \boldsymbol{w} + \alpha \boldsymbol{X}(\boldsymbol{y} - \boldsymbol{X}^{\top}\boldsymbol{w}), \tag{2.42}$$

其中 α 是学习率. 这种利用梯度下降法来求解的方法也称为最小均方(Least Mean Squares,LMS)算法.

2.3.1.2 结构风险最小化

共线性(Collinearity)是指一个特征可以通过其他特征的线性组合来较准确地预测.

最小二乘法的基本要求是各个特征之间要互相独立,保证 $\boldsymbol{X}\boldsymbol{X}^{\top}$ 可逆. 但即使 $\boldsymbol{X}\boldsymbol{X}^{\top}$ 可逆,如果特征之间有较大的多重共线性(Multicollinearity),也会使得 $\boldsymbol{X}\boldsymbol{X}^{\top}$ 的逆在数值上无法准确计算. 数据集 $\boldsymbol{X}$ 上一些小的扰动就会导致 $(\boldsymbol{X}\boldsymbol{X}^{\top})^{-1}$ 发生大的改变,进而使得最小二乘法的计算变得很不稳定. 为了解决这个问题,[Hoerl et al., 1970] 提出了岭回归(Ridge Regression),给 $\boldsymbol{X}\boldsymbol{X}^{\top}$ 的对角线元素都加上一个常数 λ 使得 $(\boldsymbol{X}\boldsymbol{X}^{\top}+\lambda I)$ 满秩,即其行列式不为0. 最优的参数 $\boldsymbol{w}^*$ 为

$$\boldsymbol{w}^* = (\boldsymbol{X}\boldsymbol{X}^{\top} + \lambda I)^{-1}\boldsymbol{X}\boldsymbol{y}, \tag{2.43}$$

其中 $\lambda > 0$ 为预先设置的超参数,I 为单位矩阵.

岭回归的解 $\boldsymbol{w}^*$ 可以看作结构风险最小化准则下的最小二乘法估计,其目标函数可以写为

参见习题2-4.

$$\mathcal{R}(\boldsymbol{w}) = \frac{1}{2}\|\boldsymbol{y} - \boldsymbol{X}^{\top}\boldsymbol{w}\|^2 + \frac{1}{2}\lambda\|\boldsymbol{w}\|^2, \tag{2.44}$$

其中 $\lambda > 0$ 为正则化系数.

2.3.1.3 最大似然估计

机器学习任务可以分为两类:一类是样本的特征向量 $\boldsymbol{x}$ 和标签 y 之间存在未知的函数关系 $y=h(\boldsymbol{x})$,另一类是条件概率 $p(y|\boldsymbol{x})$ 服从某个未知分布. 第2.3.1.1节中介绍的最小二乘法是属于第一类,直接建模 $\boldsymbol{x}$ 和标签 y 之间的函数关系. 此外,线性回归还可以从建模条件概率 $p(y|\boldsymbol{x})$ 的角度来进行参数估计.

这里把 $\boldsymbol{x}$ 看作确定值的参数.

假设标签 y 为一个随机变量,并由函数 $f(\boldsymbol{x};\boldsymbol{w})=\boldsymbol{w}^{\top}\boldsymbol{x}$ 加上一个随机噪声 ϵ 决定,即

$$y = f(\boldsymbol{x};\boldsymbol{w}) + \epsilon, \tag{2.45}$$

$$= \boldsymbol{w}^{\mathsf{T}}\boldsymbol{x} + \epsilon, \tag{2.46}$$

其中 ϵ 服从均值为 0、方差为 σ^2 的高斯分布. 这样，y 服从均值为 $\boldsymbol{w}^{\mathsf{T}}\boldsymbol{x}$、方差为 σ^2 的高斯分布：

$$p(y|\boldsymbol{x};\boldsymbol{w},\sigma) = \mathcal{N}(y;\boldsymbol{w}^{\mathsf{T}}\boldsymbol{x},\sigma^2) \tag{2.47}$$

$$= \frac{1}{\sqrt{2\pi}\sigma}\exp\Big(-\frac{(y-\boldsymbol{w}^{\mathsf{T}}\boldsymbol{x})^2}{2\sigma^2}\Big). \tag{2.48}$$

参数 $\boldsymbol{w}$ 在训练集 $\mathcal{D}$ 上的似然函数（Likelihood）为

似然函数是关于统计模型的参数的函数.

似然 $p(x|w)$ 和概率 $p(x|w)$ 之间的区别在于：概率 $p(x|w)$ 是描述固定参数 w 时随机变量 x 的分布情况，而似然 $p(x|w)$ 则是描述已知随机变量 x 时不同的参数 w 对其分布的影响.

$$p(\boldsymbol{y}|\boldsymbol{X};\boldsymbol{w},\sigma) = \prod_{n=1}^{N} p(y^{(n)}|\boldsymbol{x}^{(n)};\boldsymbol{w},\sigma) \tag{2.49}$$

$$= \prod_{n=1}^{N} \mathcal{N}(y^{(n)};\boldsymbol{w}^{\mathsf{T}}\boldsymbol{x}^{(n)},\sigma^2), \tag{2.50}$$

其中 $\boldsymbol{y} = [y^{(1)},\cdots,y^{(N)}]^{\mathsf{T}}$ 为所有样本标签组成的向量，$\boldsymbol{X} = [\boldsymbol{x}^{(1)},\cdots,\boldsymbol{x}^{(N)}]$ 为所有样本特征向量组成的矩阵.

为了方便计算，对似然函数取对数得到对数似然函数（Log Likelihood）：

$$\log p(\boldsymbol{y}|\boldsymbol{X};\boldsymbol{w},\sigma) = \sum_{n=1}^{N} \log \mathcal{N}(y^{(n)};\boldsymbol{w}^{\mathsf{T}}\boldsymbol{x}^{(n)},\sigma^2). \tag{2.51}$$

最大似然估计（Maximum Likelihood Estimation，MLE）是指找到一组参数 $\boldsymbol{w}$ 使得似然函数 $p(\boldsymbol{y}|\boldsymbol{X};\boldsymbol{w},\sigma)$ 最大，等价于对数似然函数 $\log p(\boldsymbol{y}|\boldsymbol{X};\boldsymbol{w},\sigma)$ 最大.

令 $\frac{\partial \log p(\boldsymbol{y}|\boldsymbol{X};\boldsymbol{w},\sigma)}{\partial \boldsymbol{w}} = 0$，得到

参见习题2-5.

$$\boldsymbol{w}^{ML} = (\boldsymbol{X}\boldsymbol{X}^{\mathsf{T}})^{-1}\boldsymbol{X}\boldsymbol{y}. \tag{2.52}$$

可以看出，最大似然估计的解和最小二乘法的解相同.

最小二乘法参见公式(2.40).

2.3.1.4 最大后验估计

最大似然估计的一个缺点是当训练数据比较少时会发生过拟合，估计的参数可能不准确. 为了避免过拟合，我们可以给参数加上一些先验知识.

假设参数 $\boldsymbol{w}$ 为一个随机向量，并服从一个先验分布 $p(\boldsymbol{w};\nu)$. 为简单起见，一般令 $p(\boldsymbol{w};\nu)$ 为各向同性的高斯分布：

$$p(\boldsymbol{w};\nu) = \mathcal{N}(\boldsymbol{w};\boldsymbol{0},\nu^2 I), \tag{2.53}$$

其中ν^2为每一维上的方差.

贝叶斯公式参见公式(D.32).

根据贝叶斯公式,参数$\boldsymbol{w}$的后验分布(Posterior Distribution)为

分母为和$\boldsymbol{w}$无关的常量.

$$p(\boldsymbol{w}|\boldsymbol{X},\boldsymbol{y};\nu,\sigma)=\frac{p(\boldsymbol{w},\boldsymbol{y}|\boldsymbol{X};\nu,\sigma)}{\sum_{\boldsymbol{w}}p(\boldsymbol{w},\boldsymbol{y}|\boldsymbol{X};\nu,\sigma)} \tag{2.54}$$

$$\propto p(\boldsymbol{y}|\boldsymbol{X},\boldsymbol{w};\sigma)p(\boldsymbol{w};\nu), \tag{2.55}$$

似然函数的定义参见公式(2.49).

其中$p(\boldsymbol{y}|\boldsymbol{X},\boldsymbol{w};\sigma)$为$\boldsymbol{w}$的似然函数,$p(\boldsymbol{w};\nu)$为$\boldsymbol{w}$的先验.

统计推断参见第11.3节.

这种估计参数$\boldsymbol{w}$的后验概率分布的方法称为贝叶斯估计(Bayesian Estimation),是一种统计推断问题. 采用贝叶斯估计的线性回归也称为贝叶斯线性回归(Bayesian Linear Regression).

贝叶斯估计是一种参数的区间估计,即参数在一个区间上的分布. 如果我们希望得到一个最优的参数值(即点估计),可以使用最大后验估计. 最大后验估计(Maximum A Posteriori Estimation, MAP)是指最优参数为后验分布$p(\boldsymbol{w}|\boldsymbol{X},\boldsymbol{y};\nu,\sigma)$中概率密度最高的参数:

$$\boldsymbol{w}^{MAP}=\underset{\boldsymbol{w}}{\arg\max}\, p(\boldsymbol{y}|\boldsymbol{X},\boldsymbol{w};\sigma)p(\boldsymbol{w};\nu), \tag{2.56}$$

令似然函数$p(\boldsymbol{y}|\boldsymbol{X},\boldsymbol{w};\sigma)$为公式(2.50)中定义的高斯密度函数,则后验分布$p(\boldsymbol{w}|\boldsymbol{X},\boldsymbol{y};\nu,\sigma)$的对数为

$$\log p(\boldsymbol{w}|\boldsymbol{X},\boldsymbol{y};\nu,\sigma)\propto \log p(\boldsymbol{y}|\boldsymbol{X},\boldsymbol{w};\sigma)+\log p(\boldsymbol{w};\nu) \tag{2.57}$$

$$\propto -\frac{1}{2\sigma^2}\sum_{n=1}^{N}\left(y^{(n)}-\boldsymbol{w}^{\top}\boldsymbol{x}^{(n)}\right)^2-\frac{1}{2\nu^2}\boldsymbol{w}^{\top}\boldsymbol{w}, \tag{2.58}$$

$$=-\frac{1}{2\sigma^2}\|\boldsymbol{y}-\boldsymbol{X}^{\top}\boldsymbol{w}\|^2-\frac{1}{2\nu^2}\boldsymbol{w}^{\top}\boldsymbol{w}. \tag{2.59}$$

可以看出,最大后验概率等价于平方损失的结构风险最小化,其中正则化系数$\lambda=\sigma^2/\nu^2$.

最大似然估计和贝叶斯估计可以分别看作频率学派和贝叶斯学派对需要估计的参数$\boldsymbol{w}$的不同解释. 当$\nu\to\infty$时,先验分布$p(\boldsymbol{w};\nu)$退化为均匀分布,称为无信息先验(Non-Informative Prior),最大后验估计退化为最大似然估计.

2.4 偏差-方差分解

为了避免过拟合,我们经常会在模型的拟合能力和复杂度之间进行权衡. 拟合能力强的模型一般复杂度会比较高,容易导致过拟合. 相反,如果限制模型的复杂度,降低其拟合能力,又可能会导致欠拟合. 因此,如何在模型的拟合能力和

复杂度之间取得一个较好的平衡，对一个机器学习算法来讲十分重要. 偏差-方差分解（Bias-Variance Decomposition）为我们提供了一个很好的分析和指导工具.

本节介绍的偏差-方差分解以回归问题为例，但其结论同样适用于分类问题.

以回归问题为例，假设样本的真实分布为 $p_r(\boldsymbol{x}, y)$，并采用平方损失函数，模型 $f(\boldsymbol{x})$ 的期望错误为

为简单起见，省略了模型 $f(\boldsymbol{x}, \theta)$ 的参数 θ.

$$\mathcal{R}(f) = \mathbb{E}_{(\boldsymbol{x},y)\sim p_r(\boldsymbol{x},y)}\Big[\big(y - f(\boldsymbol{x})\big)^2\Big]. \tag{2.60}$$

那么最优的模型为

参见习题2-8.

$$f^*(\boldsymbol{x}) = \mathbb{E}_{y\sim p_r(y|\boldsymbol{x})}[y]. \tag{2.61}$$

其中 $p_r(y|\boldsymbol{x})$ 为样本的真实条件分布，$f^*(\boldsymbol{x})$ 为使用平方损失作为优化目标的最优模型，其损失为

$$\epsilon = \mathbb{E}_{(\boldsymbol{x},y)\sim p_r(\boldsymbol{x},y)}\Big[\big(y - f^*(\boldsymbol{x})\big)^2\Big]. \tag{2.62}$$

损失 ϵ 通常是由于样本分布以及噪声引起的，无法通过优化模型来减少.

期望错误可以分解为

$$\mathcal{R}(f) = \mathbb{E}_{(\boldsymbol{x},y)\sim p_r(\boldsymbol{x},y)}\Big[\big(y - f^*(\boldsymbol{x}) + f^*(\boldsymbol{x}) - f(\boldsymbol{x})\big)^2\Big] \tag{2.63}$$

$$= \mathbb{E}_{\boldsymbol{x}\sim p_r(\boldsymbol{x})}\Big[\big(f(\boldsymbol{x}) - f^*(\boldsymbol{x})\big)^2\Big] + \epsilon, \tag{2.64}$$

根据公式(2.61)可知，$\mathbb{E}_{\boldsymbol{x}}\mathbb{E}_y[y - f^*(\boldsymbol{x})] = 0$.

其中第一项是当前模型和最优模型之间的差距，是机器学习算法可以优化的真实目标.

在实际训练一个模型 $f(\boldsymbol{x})$ 时，训练集 $\mathcal{D}$ 是从真实分布 $p_r(\boldsymbol{x}, y)$ 上独立同分布地采样出来的有限样本集合. 不同的训练集会得到不同的模型. 令 $f_{\mathcal{D}}(\boldsymbol{x})$ 表示在训练集 $\mathcal{D}$ 上学习到的模型，一个机器学习算法（包括模型以及优化算法）的能力可以用不同训练集上的模型的平均性能来评价.

对于单个样本 $\boldsymbol{x}$，不同训练集 $\mathcal{D}$ 得到模型 $f_{\mathcal{D}}(\boldsymbol{x})$ 和最优模型 $f^*(\boldsymbol{x})$ 的期望差距为

$$\mathbb{E}_{\mathcal{D}}\Big[\big(f_{\mathcal{D}}(\boldsymbol{x}) - f^*(\boldsymbol{x})\big)^2\Big]$$

$$= \mathbb{E}_{\mathcal{D}}\Big[\big(f_{\mathcal{D}}(\boldsymbol{x}) - \mathbb{E}_{\mathcal{D}}[f_{\mathcal{D}}(\boldsymbol{x})] + \mathbb{E}_{\mathcal{D}}[f_{\mathcal{D}}(\boldsymbol{x})] - f^*(\boldsymbol{x})\big)^2\Big] \tag{2.65}$$

$$= \underbrace{\big(\mathbb{E}_{\mathcal{D}}[f_{\mathcal{D}}(\boldsymbol{x})] - f^*(\boldsymbol{x})\big)^2}_{(\text{bias.x})^2} + \underbrace{\mathbb{E}_{\mathcal{D}}\Big[\big(f_{\mathcal{D}}(\boldsymbol{x}) - \mathbb{E}_{\mathcal{D}}[f_{\mathcal{D}}(\boldsymbol{x})]\big)^2\Big]}_{\text{variance.x}}, \tag{2.66}$$

参见习题2-10.

其中第一项为偏差(Bias),是指一个模型在不同训练集上的平均性能和最优模型的差异,可以用来衡量一个模型的拟合能力.第二项是方差(Variance),是指一个模型在不同训练集上的差异,可以用来衡量一个模型是否容易过拟合.

用$\mathbb{E}_{\mathcal{D}}\Big[\big(f_{\mathcal{D}}(\boldsymbol{x}) - f^*(\boldsymbol{x})\big)^2\Big]$来代替公式(2.64)中的$\Big(f(\boldsymbol{x}) - f^*(\boldsymbol{x})\Big)^2$,期望错误可以进一步写为

$$\mathcal{R}(f) = \mathbb{E}_{\boldsymbol{x}\sim p_r(\boldsymbol{x})}\bigg[\mathbb{E}_{\mathcal{D}}\Big[\big(f_{\mathcal{D}}(\boldsymbol{x}) - f^*(\boldsymbol{x})\big)^2\Big]\bigg] + \epsilon, \tag{2.67}$$

$$= (\text{bias})^2 + \text{variance} + \epsilon. \tag{2.68}$$

其中

$$(\text{bias})^2 = \mathbb{E}_{\boldsymbol{x}}\bigg[\Big(\mathbb{E}_{\mathcal{D}}\big[f_{\mathcal{D}}(\boldsymbol{x})\big] - f^*(\boldsymbol{x})\Big)^2\bigg], \tag{2.69}$$

$$\text{variance} = \mathbb{E}_{\boldsymbol{x}}\bigg[\mathbb{E}_{\mathcal{D}}\Big[\big(f_{\mathcal{D}}(\boldsymbol{x}) - \mathbb{E}_{\mathcal{D}}\big[f_{\mathcal{D}}(\boldsymbol{x})\big]\big)^2\Big]\bigg]. \tag{2.70}$$

最小化期望错误等价于最小化偏差和方差之和.

图2.6给出了机器学习模型的四种偏差和方差组合情况.每个图的中心点为最优模型$f^*(\boldsymbol{x})$,蓝点为不同训练集D上得到的模型$f_{\mathcal{D}}(\boldsymbol{x})$.图2.6a给出了一种理想情况,方差和偏差都比较低.图2.6b为高偏差低方差的情况,表示模型的泛化能力很好,但拟合能力不足.图2.6c为低偏差高方差的情况,表示模型的拟合能力很好,但泛化能力比较差.当训练数据比较少时会导致过拟合.图2.6d为高偏差高方差的情况,是一种最差的情况.

参见习题2-9.

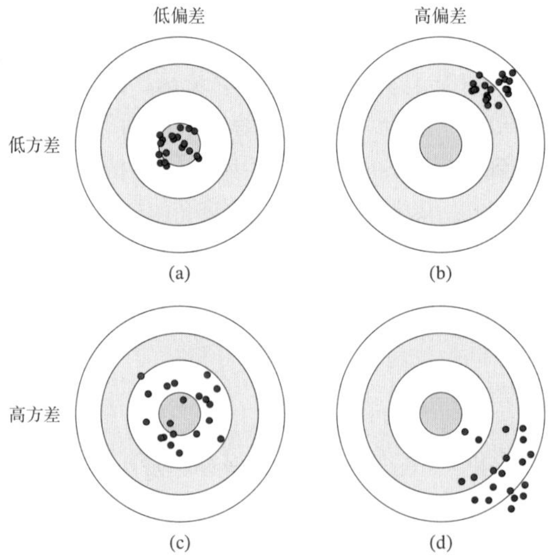

图 2.6 机器学习模型的四种偏差和方差组合情况

方差一般会随着训练样本的增加而减少. 当样本比较多时, 方差比较少, 这时可以选择能力强的模型来减少偏差. 然而在很多机器学习任务上, 训练集往往都比较有限, 最优的偏差和最优的方差就无法兼顾.

随着模型复杂度的增加, 模型的拟合能力变强, 偏差减少而方差增大, 从而导致过拟合. 以结构风险最小化为例, 我们可以调整正则化系数 λ 来控制模型的复杂度. 当 λ 变大时, 模型复杂度会降低, 可以有效地减少方差, 避免过拟合, 但偏差会上升. 当 λ 过大时, 总的期望错误反而会上升. 因此, 一个好的正则化系数 λ 需要在偏差和方差之间取得比较好的平衡. 图2.7给出了机器学习模型的期望错误、偏差和方差随复杂度的变化情况, 其中红色虚线表示最优模型. 最优模型并不一定是偏差曲线和方差曲线的交点.

结构风险最小化参见公式(2.26).

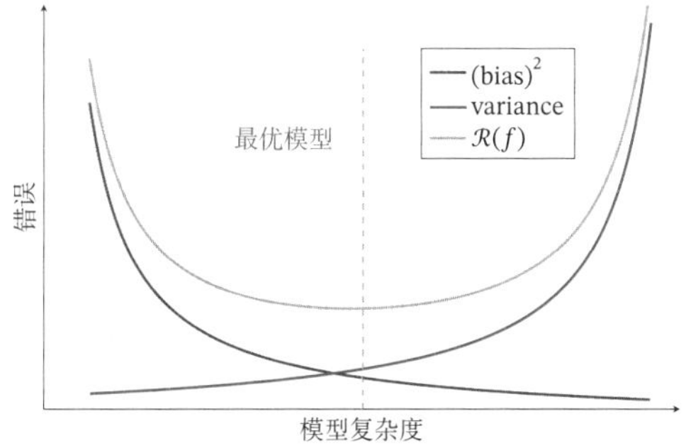

图 2.7 机器学习模型的期望错误、偏差和方差随复杂度的变化情况

偏差和方差分解给机器学习模型提供了一种分析途径, 但在实际操作中难以直接衡量. 一般来说, 当一个模型在训练集上的错误率比较高时, 说明模型的拟合能力不够, 偏差比较高. 这种情况可以通过增加数据特征、提高模型复杂度、减小正则化系数等操作来改进. 当模型在训练集上的错误率比较低, 但验证集上的错误率比较高时, 说明模型过拟合, 方差比较高. 这种情况可以通过降低模型复杂度、加大正则化系数、引入先验等方法来缓解. 此外, 还有一种有效降低方差的方法为集成模型, 即通过多个高方差模型的平均来降低方差.

集成模型可以降低方差的原理参见第10.1节.

2.5 机器学习算法的类型

机器学习算法可以按照不同的标准来进行分类. 比如按函数 $f(\boldsymbol{x};\theta)$ 的不同, 机器学习算法可以分为线性模型和非线性模型; 按照学习准则的不同, 机器学习算法也可以分为统计方法和非统计方法.

但一般来说, 我们会按照训练样本提供的信息以及反馈方式的不同, 将机器学习算法分为以下几类:

监督学习 如果机器学习的目标是建模样本的特征 $\boldsymbol{x}$ 和标签 y 之间的关系：$y = f(\boldsymbol{x};\theta)$ 或 $p(y|\boldsymbol{x};\theta)$，并且训练集中每个样本都有标签，那么这类机器学习称为监督学习（Supervised Learning）. 根据标签类型的不同，监督学习又可以分为回归问题、分类问题和结构化学习问题.

（1）回归（Regression）问题中的标签 y 是连续值（实数或连续整数），$f(\boldsymbol{x};\theta)$ 的输出也是连续值.

（2）分类（Classification）问题中的标签 y 是离散的类别（符号）. 在分类问题中，学习到的模型也称为分类器（Classifier）. 分类问题根据其类别数量又可分为二分类（Binary Classification）和多分类（Multi-class Classification）问题.

一种基于感知器的结构化学习参见第3.4.4节.

（3）结构化学习（Structured Learning）问题是一种特殊的分类问题. 在结构化学习中，标签 $\boldsymbol{y}$ 通常是结构化的对象，比如序列、树或图等. 由于结构化学习的输出空间比较大，因此我们一般定义一个联合特征空间，将 $\boldsymbol{x}, \boldsymbol{y}$ 映射为该空间中的联合特征向量 $\phi(\boldsymbol{x},\boldsymbol{y})$，预测模型可以写为

$$\hat{\boldsymbol{y}} = \underset{\boldsymbol{y}\in \mathtt{Gen}(\boldsymbol{x})}{\arg\max} f\Big(\phi(\boldsymbol{x},\boldsymbol{y});\theta\Big), \tag{2.71}$$

其中 $\mathtt{Gen}(\boldsymbol{x})$ 表示输入 $\boldsymbol{x}$ 的所有可能的输出目标集合. 计算 arg max 的过程也称为解码（Decoding）过程，一般通过动态规划的方法来计算.

无监督学习参见第9章.

无监督学习 无监督学习（Unsupervised Learning，UL）是指从不包含目标标签的训练样本中自动学习到一些有价值的信息. 典型的无监督学习问题有聚类、密度估计、特征学习、降维等.

强化学习参见第14章.

强化学习 强化学习（Reinforcement Learning，RL）是一类通过交互来学习的机器学习算法. 在强化学习中，智能体根据环境的状态做出一个动作，并得到即时或延时的奖励. 智能体在和环境的交互中不断学习并调整策略，以取得最大化的期望总回报.

监督学习需要每个样本都有标签，而无监督学习则不需要标签. 一般而言，监督学习通常需要大量的有标签数据集，这些数据集一般都需要由人工进行标注，成本很高. 因此，也出现了很多弱监督学习（Weakly Supervised Learning）和半监督学习（Semi-Supervised Learning，SSL）的方法，希望从大规模的无标注数据中充分挖掘有用的信息，降低对标注样本数量的要求. 强化学习和监督学习的不同在于，强化学习不需要显式地以“输入/输出对”的方式给出训练样本，是一种在线的学习机制.

表2.1给出了三种机器学习类型的比较.

表 2.1 三种机器学习类型的比较

	监督学习	无监督学习	强化学习
训练样本	训练集 $\{(\boldsymbol{x}^{(n)}, y^{(n)})\}_{n=1}^N$	训练集 $\{\boldsymbol{x}^n\}_{n=1}^N$	智能体和环境交互的轨迹 τ 和累积奖励 G_τ
优化目标	$y = f(\boldsymbol{x})$ 或 $p(y\|\boldsymbol{x})$	$p(\boldsymbol{x})$ 或带隐变量 $\boldsymbol{z}$ 的 $p(\boldsymbol{x}\|\boldsymbol{z})$	期望总回报 $\mathbb{E}_\tau[G_\tau]$
学习准则	期望风险最小化 最大似然估计	最大似然估计 最小重构错误	策略评估 策略改进

2.6 数据的特征表示

在实际应用中,数据的类型多种多样,比如文本、音频、图像、视频等. 不同类型的数据,其原始特征(Raw Feature)的空间也不相同. 比如一张灰度图像(像素数量为 D)的特征空间为 $[0, 255]^D$,一个自然语言句子(长度为 L)的特征空间为 $|\mathcal{V}|^L$,其中 $\mathcal{V}$ 为词表集合. 而很多机器学习算法要求输入的样本特征是数学上可计算的,因此在机器学习之前我们需要将这些不同类型的数据转换为向量表示.

也有一些机器学习算法(比如决策树)不需要向量形式的特征.

图像特征 在手写体数字识别任务中,样本 x 为待识别的图像. 为了识别 x 是什么数字,我们可以从图像中抽取一些特征. 如果图像是一张大小为 $M \times N$ 的图像,其特征向量可以简单地表示为 $M \times N$ 维的向量,每一维的值为图像中对应像素的灰度值. 为了提高模型准确率,也会经常加入一个额外的特征,比如直方图、宽高比、笔画数、纹理特征、边缘特征等. 假设我们总共抽取了 D 个特征,这些特征可以表示为一个向量 $\boldsymbol{x} \in \mathbb{R}^D$.

文本特征 在文本情感分类任务中,样本 x 为自然语言文本,类别 $y \in \{+1, -1\}$ 分别表示正面或负面的评价. 为了将样本 x 从文本形式转为向量形式,一种简单的方式是使用词袋(Bag-of-Words, BoW)模型. 假设训练集合中的词都来自一个词表 $\mathcal{V}$,大小为 $|\mathcal{V}|$,则每个样本可以表示为一个 $|\mathcal{V}|$ 维的向量 $\boldsymbol{x} \in \mathbb{R}^{|\mathcal{V}|}$. 向量 $\boldsymbol{x}$ 中第 i 维的值表示词表中的第 i 个词是否在 x 中出现. 如果出现,值为 1,否则为 0.

词袋模型在信息检索中也叫作向量空间模型(Vector Space Model, VSM).

比如两个文本"我 喜欢 读书"和"我 讨厌 读书"中共有"我""喜欢""讨厌""读书"四个词,它们的 BoW 表示分别为

单独一个单词的 BoW 表示为 one-hot 向量.

$$\boldsymbol{x}_1 = [1\ 1\ 0\ 1]^\top,$$
$$\boldsymbol{x}_2 = [1\ 0\ 1\ 1]^\top.$$

词袋模型将文本看作词的集合，不考虑词序信息，不能精确地表示文本信息。一种改进方式是使用N元特征（N-Gram Feature），即每N个连续词构成一个基本单元，然后再用词袋模型进行表示。以最简单的二元特征（即两个词的组合特征）为例，上面的两个文本中共有“\$我”“我喜欢”“我讨厌”“喜欢读书”“讨厌读书”“读书#”六个特征单元，它们的二元特征BoW表示分别为

$和#分别表示文本的开始和结束.

参见习题2-11.

$$\boldsymbol{x}_1 = [1\,1\,0\,1\,0\,1]^{\mathrm{T}},$$
$$\boldsymbol{x}_2 = [1\,0\,1\,0\,1\,1]^{\mathrm{T}}.$$

随着N的增长，N元特征的数量会指数上升，上限为$|\mathcal{V}|^N$. 因此，在实际应用中，文本特征维数通常在十万或百万级别以上.

表示学习 如果直接用数据的原始特征来进行预测，对机器学习模型的能力要求比较高. 这些原始特征可能存在以下几种不足：1）特征比较单一，需要进行（非线性的）组合才能发挥其作用；2）特征之间冗余度比较高；3）并不是所有的特征都对预测有用；4）很多特征通常是易变的；5）特征中往往存在一些噪声.

为了提高机器学习算法的能力，我们需要抽取有效、稳定的特征. 传统的特征提取是通过人工方式进行的，需要大量的人工和专家知识. 一个成功的机器学习系统通常需要尝试大量的特征，称为特征工程（Feature Engineering）. 但即使这样，人工设计的特征在很多任务上也不能满足需要. 因此，如何让机器自动地学习出有效的特征也成为机器学习中的一项重要研究内容，称为特征学习（Feature Learning），也叫表示学习（Representation Learning）. 特征学习在一定程度上也可以减少模型复杂性、缩短训练时间、提高模型泛化能力、避免过拟合等.

表示学习可以看作一个特殊的机器学习任务，即有自己的模型、学习准则和优化方法.

2.6.1 传统的特征学习

传统的特征学习一般是通过人为地设计一些准则，然后根据这些准则来选取有效的特征，具体又可以分为两种：特征选择和特征抽取.

2.6.1.1 特征选择

特征选择（Feature Selection）是选取原始特征集合的一个有效子集，使得基于这个特征子集训练出来的模型准确率最高. 简单地说，特征选择就是保留有用特征，移除冗余或无关的特征.

子集搜索 一种直接的特征选择方法为子集搜索（Subset Search）. 假设原始特征数为D，则共有2^D个候选子集. 特征选择的目标是选择一个最优的候选子集. 最暴力的做法是测试每个特征子集，看机器学习模型哪个子集上的准确率最高. 但是这种方式效率太低. 常用的方法是采用贪心的策略：由空集合开始，每一轮

添加该轮最优的特征，称为前向搜索（Forward Search）；或者从原始特征集合开始，每次删除最无用的特征，称为反向搜索（Backward Search）.

子集搜索方法可以分为过滤式方法和包裹式方法.

（1）过滤式方法（Filter Method）是不依赖具体机器学习模型的特征选择方法. 每次增加最有信息量的特征，或删除最没有信息量的特征 [Hall, 1999]. 特征的信息量可以通过信息增益（Information Gain）来衡量，即引入特征后条件分布 $p_\theta(y|\boldsymbol{x})$ 的不确定性（熵）的减少程度.

（2）包裹式方法（Wrapper Method）是使用后续机器学习模型的准确率作为评价来选择一个特征子集的方法. 每次增加对后续机器学习模型最有用的特征，或删除对后续机器学习任务最无用的特征. 这种方法是将机器学习模型包裹到特征选择过程的内部.

ℓ_1 正则化　此外，我们还可以通过 ℓ_1 正则化来实现特征选择. 由于 ℓ_1 正则化会导致稀疏特征，因此间接实现了特征选择.

ℓ_1 正则化参见第7.7.1节.

2.6.1.2 特征抽取

特征抽取（Feature Extraction）是构造一个新的特征空间，并将原始特征投影在新的空间中得到新的表示. 以线性投影为例，令 $\boldsymbol{x} \in \mathbb{R}^D$ 为原始特征向量，$\boldsymbol{x}' \in \mathbb{R}^K$ 为经过线性投影后得到的在新空间中的特征向量，有

$$\boldsymbol{x}' = \boldsymbol{W}\boldsymbol{x}, \tag{2.72}$$

其中 $\boldsymbol{W} \in \mathbb{R}^{K \times D}$ 为映射矩阵.

特征抽取又可以分为监督和无监督的方法. 监督的特征学习的目标是抽取对一个特定的预测任务最有用的特征，比如线性判别分析（Linear Discriminant Analysis，LDA）. 而无监督的特征学习和具体任务无关，其目标通常是减少冗余信息和噪声，比如主成分分析（Principal Component Analysis，PCA）和自编码器（Auto-Encoder，AE）.

主成分分析参见第9.1.1节. 自编码器参见第9.1.3节.

表2.2列出了一些传统的特征选择和特征抽取方法.

表 2.2 传统的特征选择和特征抽取方法

	监督学习	无监督学习
特征选择	标签相关的子集搜索、ℓ_1 正则化、决策树	标签无关的子集搜索
特征抽取	线性判别分析	主成分分析、独立成分分析、流形学习、自编码器

特征选择和特征抽取的优点是可以用较少的特征来表示原始特征中的大部分相关信息，去掉噪声信息，并进而提高计算效率和减小维度灾难（Curse of Dimensionality）. 对于很多没有正则化的模型，特征选择和特征抽取非常必要. 经过特征选择或特征抽取后，特征的数量一般会减少，因此特征选择和特征抽取也经常称为维数约减或降维（Dimension Reduction）.

正则化参见第7.7节.

2.6.2 深度学习方法

传统的特征抽取一般是和预测模型的学习分离的. 我们会先通过主成分分析或线性判别分析等方法抽取出有效的特征，然后再基于这些特征来训练一个具体的机器学习模型.

如果我们将特征的表示学习和机器学习的预测学习有机地统一到一个模型中，建立一个端到端的学习算法，就可以有效地避免它们之间准则的不一致性. 这种表示学习方法称为深度学习（Deep Learning, DL）. 深度学习方法的难点是如何评价表示学习对最终系统输出结果的贡献或影响，即贡献度分配问题. 目前比较有效的模型是神经网络，即将最后的输出层作为预测学习，其他层作为表示学习.

参见第1.3节.

2.7 评价指标

为了衡量一个机器学习模型的好坏，需要给定一个测试集，用模型对测试集中的每一个样本进行预测，并根据预测结果计算评价分数.

对于分类问题，常见的评价标准有准确率、精确率、召回率和F值等. 给定测试集 $\mathcal{T} = \{(\boldsymbol{x}^{(1)}, y^{(1)}), \cdots, (\boldsymbol{x}^{(N)}, y^{(N)})\}$，假设标签 $y^{(n)} \in \{1, \cdots, C\}$，用学习好的模型 $f(\boldsymbol{x}; \theta^*)$ 对测试集中的每一个样本进行预测，结果为 $\{\hat{y}^{(1)}, \cdots, \hat{y}^{(N)}\}$.

由于中文的模糊性，关于准确率和下文提到的精确率的定义在有些文献中刚好相反，具体含义需要根据上下文进行判断.

准确率 最常用的评价指标为准确率（Accuracy）：

$$\mathcal{A} = \frac{1}{N} \sum_{n=1}^{N} I(y^{(n)} = \hat{y}^{(n)}), \tag{2.73}$$

其中 $I(\cdot)$ 为指示函数.

错误率 和准确率相对应的就是错误率（Error Rate）：

$$\mathcal{E} = 1 - \mathcal{A} \tag{2.74}$$

$$= \frac{1}{N} \sum_{n=1}^{N} I(y^{(n)} \neq \hat{y}^{(n)}). \tag{2.75}$$

精确率和召回率 准确率是所有类别整体性能的平均，如果希望对每个类都进行性能估计，就需要计算精确率（Precision）和召回率（Recall）. 精确率和召回率是广泛用于信息检索和统计学分类领域的两个度量值，在机器学习的评价中也被大量使用.

对于类别c来说，模型在测试集上的结果可以分为以下四种情况：

（1）真正例（True Positive, TP）：一个样本的真实类别为c并且模型正确地预测为类别c. 这类样本数量记为

$$TP_c = \sum_{n=1}^{N} I(y^{(n)} = \hat{y}^{(n)} = c). \tag{2.76}$$

（2）假负例（False Negative, FN）：一个样本的真实类别为c，模型错误地预测为其他类. 这类样本数量记为

$$FN_c = \sum_{n=1}^{N} I(y^{(n)} = c \wedge \hat{y}^{(n)} \neq c). \tag{2.77}$$

（3）假正例（False Positive, FP）：一个样本的真实类别为其他类，模型错误地预测为类别c. 这类样本数量记为

$$FP_c = \sum_{n=1}^{N} I(y^{(n)} \neq c \wedge \hat{y}^{(n)} = c). \tag{2.78}$$

（4）真负例（True Negative, TN）：一个样本的真实类别为其他类，模型也预测为其他类. 这类样本数量记为TN_c. 对于类别c来说，这种情况一般不需要关注.

这四种情况的关系可以用如表2.3所示的混淆矩阵（Confusion Matrix）来表示.

表 2.3 类别c的预测结果的混淆矩阵

		预测类别	
		$\hat{y} = c$	$\hat{y} \neq c$
真实类别	$y = c$	TP_c	FN_c
	$y \neq c$	FP_c	TN_c

根据上面的定义，我们可以进一步定义查准率、查全率和F值.

精确率(Precision),也叫精度或查准率,类别c的查准率是所有预测为类别c的样本中预测正确的比例:

$$\mathcal{P}_c = \frac{TP_c}{TP_c + FP_c}. \tag{2.79}$$

召回率(Recall),也叫查全率,类别c的查全率是所有真实标签为类别c的样本中预测正确的比例:

$$\mathcal{R}_c = \frac{TP_c}{TP_c + FN_c}. \tag{2.80}$$

F值(F Measure)是一个综合指标,为精确率和召回率的调和平均:

$$\mathcal{F}_c = \frac{(1+\beta^2) \times \mathcal{P}_c \times \mathcal{R}_c}{\beta^2 \times \mathcal{P}_c + \mathcal{R}_c}, \tag{2.81}$$

其中β用于平衡精确率和召回率的重要性,一般取值为1. $\beta = 1$时的F值称为F1值,是精确率和召回率的调和平均.

宏平均和微平均 为了计算分类算法在所有类别上的总体精确率、召回率和F1值,经常使用两种平均方法,分别称为宏平均(Macro Average)和微平均(Micro Average)[Yang, 1999].

宏平均是每一类的性能指标的算术平均值:

$$\mathcal{P}_{macro} = \frac{1}{C}\sum_{c=1}^{C} \mathcal{P}_c, \tag{2.82}$$

$$\mathcal{R}_{macro} = \frac{1}{C}\sum_{c=1}^{C} \mathcal{R}_c, \tag{2.83}$$

$$\mathcal{F}1_{macro} = \frac{2 \times \mathcal{P}_{macro} \times R_{macro}}{P_{macro} + R_{macro}}. \tag{2.84}$$

值得注意的是,在有些文献上F1值的宏平均为$\mathcal{F}1_{macro} = \frac{1}{C}\sum_{c=1}^{C}\mathcal{F}1_c$.

微平均是每一个样本的性能指标的算术平均值. 对于单个样本而言,它的精确率和召回率是相同的(要么都是1,要么都是0). 因此精确率的微平均和召回率的微平均是相同的. 同理,F1值的微平均指标是相同的. 当不同类别的样本数量不均衡时,使用宏平均会比微平均更合理些. 宏平均会更关注小类别上的评价指标.

关于更详细的模型评价指标,可以参考《机器学习》[周志华, 2016]的第2章.

在实际应用中,我们也可以通过调整分类模型的阈值来进行更全面的评价,比如AUC(Area Under Curve)、ROC(Receiver Operating Characteristic)曲线、PR(Precision-Recall)曲线等. 此外,很多任务还有自己专门的评价方式,比如TopN准确率.

交叉验证 交叉验证（Cross-Validation）是一种比较好的衡量机器学习模型的统计分析方法，可以有效避免划分训练集和测试集时的随机性对评价结果造成的影响. 我们可以把原始数据集平均分为K组不重复的子集，每次选$K-1$组子集作为训练集，剩下的一组子集作为验证集. 这样可以进行K次试验并得到K个模型，将这K个模型在各自验证集上的错误率的平均作为分类器的评价.

K一般大于3.

2.8 理论和定理

在机器学习中，有一些非常有名的理论或定理，对理解机器学习的内在特性非常有帮助.

2.8.1 PAC学习理论

当使用机器学习方法来解决某个特定问题时，通常靠经验或者多次试验来选择合适的模型、训练样本数量以及学习算法收敛的速度等. 但是经验判断或多次试验往往成本比较高，也不太可靠，因此希望有一套理论能够分析问题难度、计算模型能力，为学习算法提供理论保证，并指导机器学习模型和学习算法的设计. 这就是计算学习理论. 计算学习理论（Computational Learning Theory）是机器学习的理论基础，其中最基础的理论就是可能近似正确（Probably Approximately Correct，PAC）学习理论.

机器学习中一个很关键的问题是期望错误和经验错误之间的差异，称为泛化错误（Generalization Error）. 泛化错误可以衡量一个机器学习模型f是否可以很好地泛化到未知数据.

泛化错误在有些文献中也指期望错误，指在未知样本上的错误.

$$\mathcal{G}_{\mathcal{D}}(f)=\mathcal{R}(f)-\mathcal{R}_{\mathcal{D}}^{emp}(f). \tag{2.85}$$

根据大数定律，当训练集大小$|\mathcal{D}|$趋向于无穷大时，泛化错误趋向于0，即经验风险趋近于期望风险.

$$\lim_{|\mathcal{D}|\to\infty}\mathcal{R}(f)-\mathcal{R}_{\mathcal{D}}^{emp}(f)=0. \tag{2.86}$$

由于我们不知道真实的数据分布$p(\boldsymbol{x},y)$，也不知道真实的目标函数$g(\boldsymbol{x})$，因此期望从有限的训练样本上学习到一个期望错误为0的函数$f(\boldsymbol{x})$是不切实际的. 因此，需要降低对学习算法能力的期望，只要求学习算法可以以一定的概率学习到一个近似正确的假设，即PAC学习（PAC Learning）. 一个PAC可学习（PAC-Learnable）的算法是指该学习算法能够在多项式时间内从合理数量的训练数据中学习到一个近似正确的$f(\boldsymbol{x})$.

PAC学习可以分为两部分：

（1）近似正确（Approximately Correct）：一个假设 $f \in \mathcal{F}$ 是“近似正确”的，是指其在泛化错误 $\mathcal{G}_{\mathcal{D}}(f)$ 小于一个界限 ϵ. ϵ 一般为0到 $\frac{1}{2}$ 之间的数，$0 < \epsilon < \frac{1}{2}$. 如果 $\mathcal{G}_{\mathcal{D}}(f)$ 比较大，说明模型不能用来做正确的“预测”.

（2）可能（Probably）：一个学习算法 $\mathcal{A}$ 有“可能”以 $1-\delta$ 的概率学习到这样一个“近似正确”的假设. δ 一般为0到 $\frac{1}{2}$ 之间的数，$0 < \delta < \frac{1}{2}$.

PAC学习可以下面公式描述：

$$P\Big((\mathcal{R}(f) - \mathcal{R}_{\mathcal{D}}^{emp}(f)) \le \epsilon\Big) \ge 1 - \delta, \tag{2.87}$$

其中 ϵ,δ 是和样本数量 N 以及假设空间 $\mathcal{F}$ 相关的变量. 如果固定 ϵ,δ，可以反过来计算出需要的样本数量

$$N(\epsilon, \delta) \ge \frac{1}{2\epsilon^2}(\log|\mathcal{F}| + \log\frac{2}{\delta}), \tag{2.88}$$

参见[Blum et al., 2016]中定理5.3.

正则化参见第7.7节.

其中 $|\mathcal{F}|$ 为假设空间的大小. 从上面公式可以看出，模型越复杂，即假设空间 $\mathcal{F}$ 越大，模型的泛化能力越差. 要达到相同的泛化能力，越复杂的模型需要的样本数量越多. 为了提高模型的泛化能力，通常需要正则化（Regularization）来限制模型复杂度.

PAC学习理论也可以帮助分析一个机器学习方法在什么条件下可以学习到一个近似正确的分类器. 从公式(2.88)可以看出，如果希望模型的假设空间越大，泛化错误越小，其需要的样本数量越多.

2.8.2 没有免费午餐定理

没有免费午餐定理（No Free Lunch Theorem，NFL）是由Wolpert和Macerday在最优化理论中提出的. 没有免费午餐定理证明：对于基于迭代的最优化算法，不存在某种算法对所有问题（有限的搜索空间内）都有效. 如果一个算法对某些问题有效，那么它一定在另外一些问题上比纯随机搜索算法更差. 也就是说，不能脱离具体问题来谈论算法的优劣，任何算法都有局限性. 必须要“具体问题具体分析”.

没有免费午餐定理对于机器学习算法也同样适用. 不存在一种机器学习算法适合于任何领域或任务. 如果有人宣称自己的模型在所有问题上都好于其他模型，那么他肯定是在吹牛.

2.8.3 奥卡姆剃刀原理

奥卡姆剃刀（Occam's Razor）原理是由14世纪逻辑学家William of Occam提出的一个解决问题的法则：“如无必要，勿增实体”. 奥卡姆剃刀的思想和机器

学习中的正则化思想十分类似:简单的模型泛化能力更好.如果有两个性能相近的模型,我们应该选择更简单的模型.因此,在机器学习的学习准则上,我们经常会引入参数正则化来限制模型能力,避免过拟合.

奥卡姆剃刀的一种形式化是最小描述长度(Minimum Description Length, MDL)原则,即对一个数据集 $\mathcal{D}$,最好的模型 $f \in \mathcal{F}$ 会使得数据集的压缩效果最好,即编码长度最小.

最小描述长度也可以通过贝叶斯学习的观点来解释[MacKay, 2003].模型 f 在数据集 $\mathcal{D}$ 上的对数后验概率为

$$\max_f \log p(f|\mathcal{D}) = \max_f \log p(\mathcal{D}|f) + \log p(f) \tag{2.89}$$

$$= \min_f -\log p(\mathcal{D}|f) - \log p(f), \tag{2.90}$$

其中 $-\log p(f)$ 和 $-\log p(\mathcal{D}|f)$ 可以分别看作模型 f 的编码长度和在该模型下数据集 $\mathcal{D}$ 的编码长度.也就是说,我们不但要使得模型 f 可以编码数据集 $\mathcal{D}$,也要使得模型 f 尽可能简单.

2.8.4 丑小鸭定理

丑小鸭定理(Ugly Duckling Theorem)是1969年由渡边慧提出的[Watanabe, 1969].“丑小鸭与白天鹅之间的区别和两只白天鹅之间的区别一样大”.这个定理初看好像不符合常识,但是仔细思考后是非常有道理的.因为世界上不存在相似性的客观标准,一切相似性的标准都是主观的.如果从体型大小或外貌的角度来看,丑小鸭和白天鹅的区别大于两只白天鹅的区别;但是如果从基因的角度来看,丑小鸭与它父母的差别要小于它父母和其他白天鹅之间的差别.

这里的“丑小鸭”是指白天鹅的幼雏,而不是“丑陋的小鸭子”.

渡边慧(1910~1993),美籍日本学者,理论物理学家,也是模式识别的最早研究者之一.

2.8.5 归纳偏置

在机器学习中,很多学习算法经常会对学习的问题做一些假设,这些假设就称为归纳偏置(Inductive Bias)[Mitchell, 1997].比如在最近邻分类器中,我们会假设在特征空间中,一个小的局部区域中的大部分样本同属一类.在朴素贝叶斯分类器中,我们会假设每个特征的条件概率是互相独立的.

归纳偏置在贝叶斯学习中也经常称为先验(Prior).

2.9 总结和深入阅读

本章简单地介绍了机器学习的基础知识,并为后面介绍的神经网络进行一些简单的铺垫.机器学习算法虽然种类繁多,但其中三个基本的要素为:模型、学

习准则、优化算法. 大部分的机器学习算法都可以看作这三个基本要素的不同组合. 相同的模型也可以有不同的学习算法. 比如线性分类模型有感知器、Logistic 回归和支持向量机,它们之间的差异在于使用了不同的学习准则和优化算法.

如果需要快速全面地了解机器学习的基本概念和体系，可以阅读《Pattern Classification》[Duda et al., 2001]、《Machine Learning: a Probabilistic Perspective》[Murphy, 2012]、《机器学习》[周志华, 2016] 和《统计学习方法》[李航, 2019].

目前机器学习中最主流的一类方法是统计学习方法，将机器学习问题看作统计推断问题,并且又可以进一步分为频率学派和贝叶斯学派. 频率学派将模型参数 θ 看作固定常数;而贝叶斯学派将参数 θ 看作随机变量,并且存在某种先验分布. 想进一步深入了解统计学习的知识，可以阅读《Pattern Recognition and Machine Learning》[Bishop, 2007] 和《The Elements of Statistical Learning: Data Mining, Inference, and Prediction》[Hastie et al., 2009]. 关于统计学习理论的知识可以参考《Statistical Learning Theory》[Vapnik, 1998].

此外,机器学习中一个重要内容是表示学习. [Bengio et al., 2013] 系统地给出了关于表示学习的全面综述. 传统的表示学习方法，即特征选择和特征抽取，可以参考《机器学习》[周志华, 2016] 中的第10章和第11章.

习题

习题 2-1 分析为什么平方损失函数不适用于分类问题.

习题 2-2 在线性回归中,如果我们给每个样本 $(\boldsymbol{x}^{(n)}, y^{(n)})$ 赋予一个权重 $r^{(n)}$，经验风险函数为

$$\mathcal{R}(\boldsymbol{w}) = \frac{1}{2}\sum_{n=1}^{N} r^{(n)}\Big(y^{(n)} - \boldsymbol{w}^{\top}\boldsymbol{x}^{(n)}\Big)^2, \tag{2.91}$$

计算其最优参数 $\boldsymbol{w}^*$,并分析权重 $r^{(n)}$ 的作用.

习题 2-3 证明在线性回归中,如果样本数量 N 小于特征数量 $D+1$,则 $\boldsymbol{X}\boldsymbol{X}^{\top}$ 的秩最大为 N.

习题 2-4 在线性回归中，验证岭回归的解为结构风险最小化准则下的最小二乘法估计,见公式(2.44).

习题 2-5 在线性回归中,若假设标签 $y \sim \mathcal{N}(\boldsymbol{w}^{\top}\boldsymbol{x}, \beta)$,并用最大似然估计来优化参数,验证最优参数为公式(2.52)的解.

习题 2-6 假设有 N 个样本 $x^{(1)}, x^{(2)}, \cdots, x^{(N)}$ 服从正态分布 $\mathcal{N}(\mu, \sigma^2)$，其中 μ 未知. 1）使用最大似然估计来求解最优参数 μ^{ML}；2）若参数 μ 为随机变量，并服从正态分布 $\mathcal{N}(\mu_0, \sigma_0^2)$，使用最大后验估计来求解最优参数 μ^{MAP}.

习题 2-7 在习题2-6中，证明当 $N \to \infty$ 时，最大后验估计趋向于最大似然估计.

习题 2-8 验证公式(2.61).

习题 2-9 试分析什么因素会导致模型出现图2.6所示的高偏差和高方差情况.

习题 2-10 验证公式(2.66).

习题 2-11 分别用一元、二元和三元特征的词袋模型表示文本“我打了张三”和“张三打了我”，并分析不同模型的优缺点.

习题 2-12 对于一个三分类问题，数据集的真实标签和模型的预测标签如下：

真实标签	1	1	2	2	2	3	3	3	3
预测标签	1	2	2	2	3	3	3	1	2

分别计算模型的精确率、召回率、F1 值以及它们的宏平均和微平均.

参考文献

李航, 2019. 统计学习方法[M]. 2 版. 北京: 清华大学出版社.

周志华, 2016. 机器学习[M]. 北京: 清华大学出版社.

Bengio Y, Courville A, Vincent P, 2013. Representation learning: A review and new perspectives[J]. IEEE transactions on pattern analysis and machine intelligence, 35(8):1798-1828.

Bishop C M, 2007. Pattern recognition and machine learning[M]. 5th edition. Springer.

Blum A, Hopcroft J, Kannan R, 2016. Foundations of data science[J]. Vorabversion eines Lehrbuchs.

Bottou L, 2010. Large-scale machine learning with stochastic gradient descent[M]//Proceedings of COMPSTAT. Springer: 177-186.

Duda R O, Hart P E, Stork D G, 2001. Pattern classification[M]. 2nd edition. Wiley.

Hall M A, 1999. Correlation-based feature selection for machine learning[D]. University of Waikato Hamilton.

Hastie T, Tibshirani R, Friedman J H, 2009. The elements of statistical learning: data mining, inference, and prediction[M]. 2nd edition. Springer.

Hoerl A E, Kennard R W, 1970. Ridge regression: Biased estimation for nonorthogonal problems [J]. Technometrics, 12(1):55-67.

LeCun Y, Cortes C, Burges C J, 1998. MNIST handwritten digit database[EB/OL]. http://yann.lecun.com/exdb/mnist.

MacKay D J C, 2003. Information theory, inference, and learning algorithms[M]. Cambridge University Press.

Mitchell T M, 1997. Machine learning[M]. McGraw-Hill.

Murphy K P, 2012. Machine learning - a probabilistic perspective[M]. MIT Press.

Nemirovski A, Juditsky A, Lan G, et al., 2009. Robust stochastic approximation approach to stochastic programming[J]. SIAM Journal on optimization, 19(4):1574-1609.

Vapnik V, 1998. Statistical learning theory[M]. New York: Wiley.

Watanabe S, 1969. Knowing and guessing: A quantitative study of inference and information[M]. Wiley.

Yang Y, 1999. An evaluation of statistical approaches to text categorization[J]. Information retrieval, 1(1-2):69-90.

第3章　线性模型

正确的判断来自于经验,而经验来自于错误的判断.

——弗雷德里克·布鲁克斯(Frederick P. Brooks)

1999年图灵奖获得者

线性模型(Linear Model)是机器学习中应用最广泛的模型,指通过样本特征的线性组合来进行预测的模型. 给定一个 D 维样本 $\boldsymbol{x} = [x_1, \cdots, x_D]^{\top}$, 其线性组合函数为

$$f(\boldsymbol{x};\boldsymbol{w}) = w_1 x_1 + w_2 x_2 + \cdots + w_D x_D + b \tag{3.1}$$

$$= \boldsymbol{w}^{\top}\boldsymbol{x} + b, \tag{3.2}$$

为简单起见,这里我们用 $f(\boldsymbol{x};\boldsymbol{w})$ 来表示 $f(\boldsymbol{x};\boldsymbol{w},b)$.

其中 $\boldsymbol{w} = [w_1, \cdots, w_D]^{\top}$ 为 D 维的权重向量, b 为偏置. 上一章中介绍的线性回归就是典型的线性模型,直接用 $f(\boldsymbol{x};\boldsymbol{w})$ 来预测输出目标 $y = f(\boldsymbol{x};\boldsymbol{w})$.

在分类问题中,由于输出目标 y 是一些离散的标签,而 $f(\boldsymbol{x};\boldsymbol{w})$ 的值域为实数,因此无法直接用 $f(\boldsymbol{x};\boldsymbol{w})$ 来进行预测,需要引入一个非线性的决策函数(Decision Function) $g(\cdot)$ 来预测输出目标

$$y = g\big(f(\boldsymbol{x};\boldsymbol{w})\big), \tag{3.3}$$

其中 $f(\boldsymbol{x};\boldsymbol{w})$ 也称为判别函数(Discriminant Function).

对于二分类问题, $g(\cdot)$ 可以是符号函数(Sign Function),定义为

$$g\big(f(\boldsymbol{x};\boldsymbol{w})\big) = \operatorname{sgn}\big(f(\boldsymbol{x};\boldsymbol{w})\big) \tag{3.4}$$

$$\triangleq \begin{cases} +1 & \text{if} \quad f(\boldsymbol{x};\boldsymbol{w}) > 0, \\ -1 & \text{if} \quad f(\boldsymbol{x};\boldsymbol{w}) < 0. \end{cases} \tag{3.5}$$

当 $f(\boldsymbol{x};\boldsymbol{w}) = 0$ 时不进行预测. 公式(3.5)定义了一个典型的二分类问题的决策函数,其结构如图3.1所示.

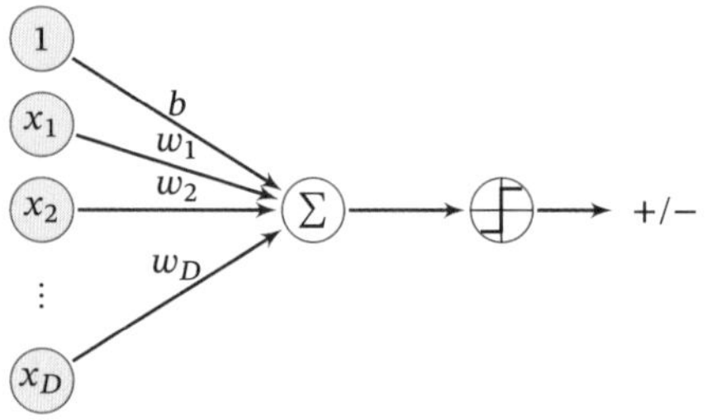

图 3.1 二分类的线性模型

在本章,我们主要介绍四种不同线性分类模型:Logistic回归、Softmax回归、感知器和支持向量机,这些模型的区别主要在于使用了不同的损失函数.

3.1 线性判别函数和决策边界

从公式(3.3)可知,一个线性分类模型(Linear Classification Model)或线性分类器(Linear Classifier),是由一个(或多个)线性的判别函数 $f(\boldsymbol{x};\boldsymbol{w}) = \boldsymbol{w}^{\top}\boldsymbol{x} + b$ 和非线性的决策函数 $g(\cdot)$ 组成. 我们首先考虑二分类的情况,然后再扩展到多分类的情况.

3.1.1 二分类

二分类(Binary Classification)问题的类别标签 y 只有两种取值,通常可以设为 $\{+1,-1\}$ 或 $\{0,1\}$. 在二分类问题中,常用正例(Positive Sample)和负例(Negative Sample)来分别表示属于类别 $+1$ 和 -1 的样本.

超平面就是三维空间中的平面在更高维空间的推广. D 维空间中的超平面是 $D-1$ 维的. 在二维空间中,决策边界为一个直线;在三维空间中,决策边界为一个平面;在高维空间中,决策边界为一个超平面.

在二分类问题中,我们只需要一个线性判别函数 $f(\boldsymbol{x};\boldsymbol{w}) = \boldsymbol{w}^{\top}\boldsymbol{x} + b$. 特征空间 $\mathbb{R}^D$ 中所有满足 $f(\boldsymbol{x};\boldsymbol{w}) = 0$ 的点组成一个分割超平面(Hyperplane),称为决策边界(Decision Boundary)或决策平面(Decision Surface). 决策边界将特征空间一分为二,划分成两个区域,每个区域对应一个类别.

所谓"线性分类模型"就是指其决策边界是线性超平面. 在特征空间中,决策平面与权重向量 $\boldsymbol{w}$ 正交. 特征空间中每个样本点到决策平面的有向距离(Signed Distance)为

参见习题3-2.

$$\gamma = \frac{f(\boldsymbol{x};\boldsymbol{w})}{\|\boldsymbol{w}\|}. \tag{3.6}$$

γ 也可以看作点 $\boldsymbol{x}$ 在 $\boldsymbol{w}$ 方向上的投影.

图3.2给出了一个二分类问题的线性决策边界示例,其中样本特征向量 $\boldsymbol{x} = [x_1, x_2]$,权重向量 $\boldsymbol{w} = [w_1, w_2]$.

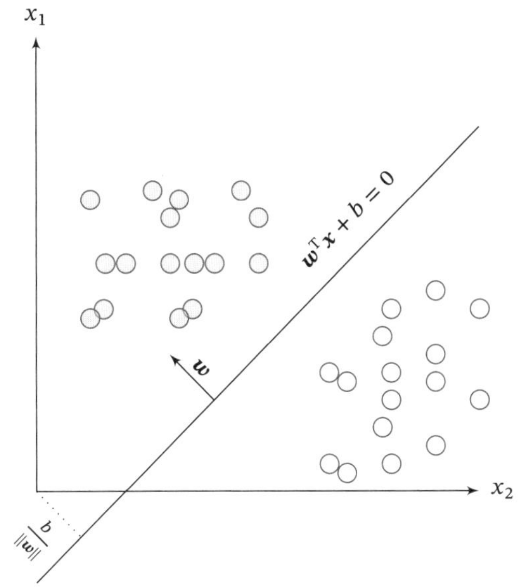

图 3.2 二分类的决策边界示例

给定 N 个样本的训练集 $\mathcal{D}=\{(\boldsymbol{x}^{(n)},y^{(n)})\}_{n=1}^{N}$，其中 $y^{(n)}\in\{+1,-1\}$，线性模型试图学习到参数 $\boldsymbol{w}^*$，使得对于每个样本 $(\boldsymbol{x}^{(n)},y^{(n)})$ 尽量满足

$$
\begin{aligned}
f(\boldsymbol{x}^{(n)};\boldsymbol{w}^*)>0 \qquad & \text{if} \quad y^{(n)}=1,\\
f(\boldsymbol{x}^{(n)};\boldsymbol{w}^*)<0 \qquad & \text{if} \quad y^{(n)}=-1.
\end{aligned} \tag{3.7}
$$

上面两个公式也可以合并，即参数 $\boldsymbol{w}^*$ 尽量满足

$$
y^{(n)}f(\boldsymbol{x}^{(n)};\boldsymbol{w}^*)>0, \qquad \forall n\in[1,N]. \tag{3.8}
$$

定义 3.1 – 两类线性可分： 对于训练集 $\mathcal{D}=\left\{(\boldsymbol{x}^{(n)},y^{(n)})\right\}_{n=1}^{N}$，如果存在权重向量 $\boldsymbol{w}^*$，对所有样本都满足 $yf(\boldsymbol{x};\boldsymbol{w}^*)>0$，那么训练集 $\mathcal{D}$ 是线性可分的.

为了学习参数 $\boldsymbol{w}$，我们需要定义合适的损失函数以及优化方法. 对于二分类问题，最直接的损失函数为 0-1 损失函数，即

$$
\mathcal{L}_{01}\big(y,f(\boldsymbol{x};\boldsymbol{w})\big)=I\big(yf(\boldsymbol{x};\boldsymbol{w})<0\big), \tag{3.9}
$$

其中 $I(\cdot)$ 为指示函数. 但 0-1 损失函数的数学性质不好，其关于 $\boldsymbol{w}$ 的导数为 0，从而导致无法优化 $\boldsymbol{w}$.

3.1.2 多分类

多分类（Multi-class Classification）问题是指分类的类别数 C 大于 2. 多分类一般需要多个线性判别函数，但设计这些判别函数有很多种方式.

假设一个多分类问题的类别为 $\{1, 2, \cdots, C\}$，常用的方式有以下三种：

（1）"一对其余"方式：把多分类问题转换为 C 个"一对其余"的二分类问题. 这种方式共需要 C 个判别函数，其中第 c 个判别函数 f_c 是将类别 c 的样本和不属于类别 c 的样本分开.

（2）"一对一"方式：把多分类问题转换为 $C(C-1)/2$ 个"一对一"的二分类问题. 这种方式共需要 $C(C-1)/2$ 个判别函数，其中第 (i, j) 个判别函数是把类别 i 和类别 j 的样本分开.

$1 \le i < j \le C$

（3）"argmax"方式：这是一种改进的"一对其余"方式，共需要 C 个判别函数

$$f_c(\boldsymbol{x}; \boldsymbol{w}_c) = \boldsymbol{w}_c^{\top} \boldsymbol{x} + b_c, \qquad c \in \{1, \cdots, C\} \tag{3.10}$$

对于样本 $\boldsymbol{x}$，如果存在一个类别 c，相对于所有的其他类别 $\tilde{c}(\tilde{c} \neq c)$ 有 $f_c(\boldsymbol{x}; \boldsymbol{w}_c) > f_{\tilde{c}}(\boldsymbol{x}, \boldsymbol{w}_{\tilde{c}})$，那么 $\boldsymbol{x}$ 属于类别 c. "argmax"方式的预测函数定义为

$$y = \arg\max_{c=1}^{C} f_c(\boldsymbol{x}; \boldsymbol{w}_c). \tag{3.11}$$

参见习题3-3.

"一对其余"方式和"一对一"方式都存在一个缺陷：特征空间中会存在一些难以确定类别的区域，而"argmax"方式很好地解决了这个问题. 图3.3给出了用这三种方式进行多分类的示例，其中红色直线表示判别函数 $f(\cdot) = 0$ 的直线，不同颜色的区域表示预测的三个类别的区域（ω_1、ω_2 和 ω_3）和难以确定类别的区域（'?'）. 在"argmax"方式中，相邻两类 i 和 j 的决策边界实际上是由 $f_i(\boldsymbol{x}; \boldsymbol{w}_i) - f_j(\boldsymbol{x}; \boldsymbol{w}_j) = 0$ 决定，其法向量为 $\boldsymbol{w}_i - \boldsymbol{w}_j$.

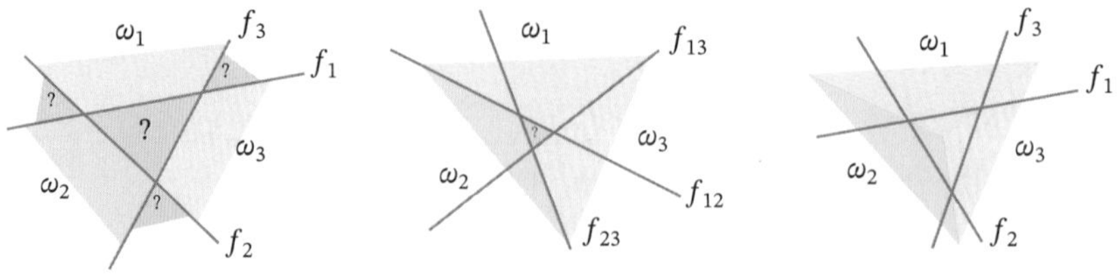

(a) "一对其余"方式　(b) "一对一"方式　(c) "argmax"方式

图 3.3 多分类问题的三种方式

定义 3.2 – 多类线性可分： 对于训练集 $\mathcal{D} = \{(\boldsymbol{x}^{(n)}, y^{(n)})\}_{n=1}^{N}$，如果存在 C 个权重向量 $\boldsymbol{w}_1^*, \cdots, \boldsymbol{w}_C^*$，使得第 $c(1 \le c \le C)$ 类的所有样本都满足 $f_c(\boldsymbol{x}; \boldsymbol{w}_c^*) > f_{\tilde{c}}(\boldsymbol{x}, \boldsymbol{w}_{\tilde{c}}^*), \forall \tilde{c} \ne c$，那么训练集 $\mathcal{D}$ 是线性可分的.

从上面定义可知，如果数据集是多类线性可分的，那么一定存在一个 “argmax” 方式的线性分类器可以将它们正确分开.

参见习题3-4.

3.2 Logistic 回归

Logistic 回归（Logistic Regression，LR）是一种常用的处理二分类问题的线性模型. 在本节中，我们采用 $y \in \{0, 1\}$ 以符合 Logistic 回归的描述习惯.

为了解决连续的线性函数不适合进行分类的问题，我们引入非线性函数 $g : \mathbb{R}^D \to (0, 1)$ 来预测类别标签的后验概率 $p(y = 1|\boldsymbol{x})$.

$$p(y = 1|\boldsymbol{x}) = g(f(\boldsymbol{x}; \boldsymbol{w})), \tag{3.12}$$

其中 $g(\cdot)$ 通常称为激活函数（Activation Function），其作用是把线性函数的值域从实数区间“挤压”到了 $(0, 1)$ 之间，可以用来表示概率. 在统计文献中，$g(\cdot)$ 的逆函数 $g^{-1}(\cdot)$ 也称为联系函数（Link Function）.

在 Logistic 回归中，我们使用 Logistic 函数来作为激活函数. 标签 $y = 1$ 的后验概率为

Logistic 函数参见第B.4.2.1节.

$$p(y = 1|\boldsymbol{x}) = \sigma(\boldsymbol{w}^{\mathsf{T}}\boldsymbol{x}) \tag{3.13}$$

$$\triangleq \frac{1}{1 + \exp(-\boldsymbol{w}^{\mathsf{T}}\boldsymbol{x})}, \tag{3.14}$$

为简单起见，这里 $\boldsymbol{x} = [x_1, \cdots, x_D, 1]^{\mathsf{T}}$ 和 $\boldsymbol{w} = [w_1, \cdots, w_D, b]^{\mathsf{T}}$ 分别为 $D + 1$ 维的增广特征向量和增广权重向量.

标签 $y = 0$ 的后验概率为

$$p(y = 0|\boldsymbol{x}) = 1 - p(y = 1|\boldsymbol{x}) \tag{3.15}$$

$$= \frac{\exp(-\boldsymbol{w}^{\mathsf{T}}\boldsymbol{x})}{1 + \exp(-\boldsymbol{w}^{\mathsf{T}}\boldsymbol{x})}. \tag{3.16}$$

将公式 (3.14) 进行变换后得到

$$\boldsymbol{w}^{\mathsf{T}}\boldsymbol{x} = \log \frac{p(y = 1|\boldsymbol{x})}{1 - p(y = 1|\boldsymbol{x})} \tag{3.17}$$

$$= \log \frac{p(y=1|\boldsymbol{x})}{p(y=0|\boldsymbol{x})}, \tag{3.18}$$

其中 $\frac{p(y=1|\boldsymbol{x})}{p(y=0|\boldsymbol{x})}$ 为样本 $\boldsymbol{x}$ 为正反例后验概率的比值，称为几率（Odds），几率的对数称为对数几率（Log Odds，或Logit）. 公式(3.17)中等号的左边是线性函数，这样Logistic回归可以看作预测值为"标签的对数几率"的线性回归模型. 因此，Logistic回归也称为对数几率回归（Logit Regression）.

图3.4给出了使用线性回归和Logistic回归来解决一维数据的二分类问题的示例.

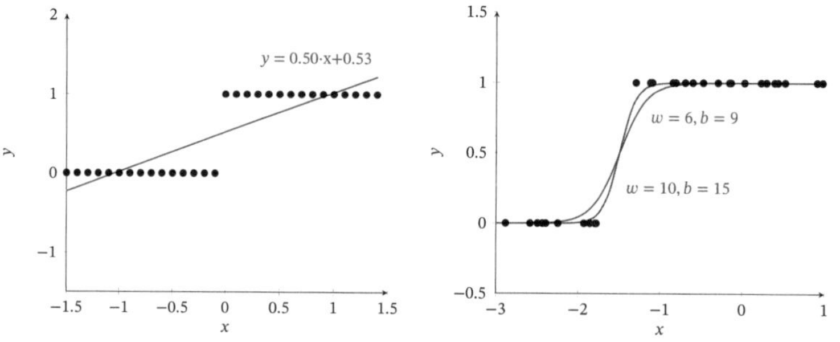

(a) 线性回归 (b) Logistic 回归

图 3.4 一维数据的二分类问题示例

3.2.1 参数学习

Logistic回归采用交叉熵作为损失函数，并使用梯度下降法来对参数进行优化.

给定 N 个训练样本 $\{(\boldsymbol{x}^{(n)}, y^{(n)})\}_{n=1}^{N}$，用Logistic回归模型对每个样本 $\boldsymbol{x}^{(n)}$ 进行预测，输出其标签为1的后验概率，记为 $\hat{y}^{(n)}$，

$$\hat{y}^{(n)} = \sigma(\boldsymbol{w}^{\mathsf{T}}\boldsymbol{x}^{(n)}), \qquad 1 \le n \le N. \tag{3.19}$$

由于 $y^{(n)} \in \{0,1\}$，样本 $(\boldsymbol{x}^{(n)}, y^{(n)})$ 的真实条件概率可以表示为

$$p_r(y^{(n)} = 1|\boldsymbol{x}^{(n)}) = y^{(n)}, \tag{3.20}$$

$$p_r(y^{(n)} = 0|\boldsymbol{x}^{(n)}) = 1 - y^{(n)}. \tag{3.21}$$

为简单起见，这里忽略了正则化项.

使用交叉熵损失函数，其风险函数为

$$\mathcal{R}(\boldsymbol{w}) = -\frac{1}{N}\sum_{n=1}^{N}\Big(p_r(y^{(n)}=1|\boldsymbol{x}^{(n)})\log\hat{y}^{(n)} + p_r(y^{(n)}=0|\boldsymbol{x}^{(n)})\log(1-\hat{y}^{(n)})\Big) \tag{3.22}$$

$$= -\frac{1}{N}\sum_{n=1}^{N}\Big(y^{(n)}\log\hat{y}^{(n)} + (1-y^{(n)})\log(1-\hat{y}^{(n)})\Big). \tag{3.23}$$

风险函数 $\mathcal{R}(\boldsymbol{w})$ 关于参数 $\boldsymbol{w}$ 的偏导数为

$$\frac{\partial \mathcal{R}(\boldsymbol{w})}{\partial \boldsymbol{w}} = -\frac{1}{N}\sum_{n=1}^{N}\left(y^{(n)}\frac{\hat{y}^{(n)}(1-\hat{y}^{(n)})}{\hat{y}^{(n)}}\boldsymbol{x}^{(n)} - (1-y^{(n)})\frac{\hat{y}^{(n)}(1-\hat{y}^{(n)})}{1-\hat{y}^{(n)}}\boldsymbol{x}^{(n)}\right) \tag{3.24}$$

$$= -\frac{1}{N}\sum_{n=1}^{N}\Big(y^{(n)}(1-\hat{y}^{(n)})\boldsymbol{x}^{(n)} - (1-y^{(n)})\hat{y}^{(n)}\boldsymbol{x}^{(n)}\Big) \tag{3.25}$$

$$= -\frac{1}{N}\sum_{n=1}^{N}\boldsymbol{x}^{(n)}(y^{(n)} - \hat{y}^{(n)}). \tag{3.26}$$

$\hat{y}$ 为 Logistic 函数，因此有 $\frac{\partial \hat{y}}{\partial \boldsymbol{w}^{\top}\boldsymbol{x}} = \hat{y}^{(n)}(1-\hat{y}^{(n)})$. 参见第B.4.2.1节.

采用梯度下降法，Logistic 回归的训练过程为：初始化 $\boldsymbol{w}_0 \leftarrow 0$，然后通过下式来迭代更新参数：

$$\boldsymbol{w}_{t+1} \leftarrow \boldsymbol{w}_t + \alpha\frac{1}{N}\sum_{n=1}^{N}\boldsymbol{x}^{(n)}\Big(y^{(n)} - \hat{y}_{\boldsymbol{w}_t}^{(n)}\Big), \tag{3.27}$$

其中 α 是学习率，$\hat{y}_{\boldsymbol{w}_t}^{(n)}$ 是当参数为 $\boldsymbol{w}_t$ 时，Logistic 回归模型的输出.

从公式 (3.23) 可知，风险函数 $\mathcal{R}(\boldsymbol{w})$ 是关于参数 $\boldsymbol{w}$ 的连续可导的凸函数. 因此除了梯度下降法之外，Logistic 回归还可以用高阶的优化方法（比如牛顿法）来进行优化.

3.3 Softmax 回归

Softmax 回归（Softmax Regression），也称为多项（Multinomial）或多类（Multi-Class）的 Logistic 回归，是 Logistic 回归在多分类问题上的推广.

Softmax 回归也可以看作一种条件最大熵模型，参见第11.1.5.1节.

对于多类问题，类别标签 $y \in \{1, 2, \cdots, C\}$ 可以有 C 个取值. 给定一个样本 $\boldsymbol{x}$，Softmax 回归预测的属于类别 c 的条件概率为

$$p(y=c|\boldsymbol{x}) = \mathrm{softmax}(\boldsymbol{w}_c^{\top}\boldsymbol{x}) \tag{3.28}$$

$$= \frac{\exp(\boldsymbol{w}_c^{\top}\boldsymbol{x})}{\sum_{c'=1}^{C}\exp(\boldsymbol{w}_{c'}^{\top}\boldsymbol{x})}, \tag{3.29}$$

Softmax 函数参见第B.4.2.2节.

其中 $\boldsymbol{w}_c$ 是第 c 类的权重向量.

Softmax 回归的决策函数可以表示为

$$\hat{y} = \underset{c=1}{\overset{C}{\arg\max}}\; p(y=c|\boldsymbol{x}) \tag{3.30}$$

$$= \underset{c=1}{\overset{C}{\arg\max}}\; \boldsymbol{w}_c^{\top}\boldsymbol{x}. \tag{3.31}$$

与 Logistic 回归的关系 当类别数 $C = 2$ 时,Softmax 回归的决策函数为

$$\hat{y} = \underset{y \in \{0,1\}}{\arg\max}\ \boldsymbol{w}_y^\top \boldsymbol{x} \tag{3.32}$$

$$= I\left(\boldsymbol{w}_1^\top \boldsymbol{x} - \boldsymbol{w}_0^\top \boldsymbol{x} > 0\right) \tag{3.33}$$

$$= I\left((\boldsymbol{w}_1 - \boldsymbol{w}_0)^\top \boldsymbol{x} > 0\right), \tag{3.34}$$

其中 $I(\cdot)$ 是指示函数. 对比公式(3.5)中的二分类决策函数,可以发现二分类中的权重向量 $\boldsymbol{w} = \boldsymbol{w}_1 - \boldsymbol{w}_0$.

向量表示 公式(3.29)用向量形式可以写为

$$\hat{\boldsymbol{y}} = \text{softmax}(\boldsymbol{W}^\top \boldsymbol{x}) \tag{3.35}$$

$$= \frac{\exp(\boldsymbol{W}^\top \boldsymbol{x})}{\boldsymbol{1}_C^\top \exp(\boldsymbol{W}^\top \boldsymbol{x})}, \tag{3.36}$$

其中 $\boldsymbol{W} = [\boldsymbol{w}_1, \cdots, \boldsymbol{w}_C]$ 是由 C 个类的权重向量组成的矩阵,$\boldsymbol{1}_C$ 为 C 维的全1向量,$\hat{\boldsymbol{y}} \in \mathbb{R}^C$ 为所有类别的预测条件概率组成的向量,第 c 维的值是第 c 类的预测条件概率.

3.3.1 参数学习

给定 N 个训练样本 $\{(\boldsymbol{x}^{(n)}, y^{(n)})\}_{n=1}^N$,Softmax 回归使用交叉熵损失函数来学习最优的参数矩阵 $\boldsymbol{W}$.

为了方便起见,我们用 C 维的 one-hot 向量 $\boldsymbol{y} \in \{0,1\}^C$ 来表示类别标签. 对于类别 c,其向量表示为

$$\boldsymbol{y} = [I(1=c), I(2=c), \cdots, I(C=c)]^\top, \tag{3.37}$$

其中 $I(\cdot)$ 是指示函数.

为简单起见,这里忽略了正则化项.

采用交叉熵损失函数,Softmax 回归模型的风险函数为

$$\mathcal{R}(\boldsymbol{W}) = -\frac{1}{N}\sum_{n=1}^{N}\sum_{c=1}^{C} \boldsymbol{y}_c^{(n)} \log \hat{\boldsymbol{y}}_c^{(n)} \tag{3.38}$$

$$= -\frac{1}{N}\sum_{n=1}^{N} (\boldsymbol{y}^{(n)})^\top \log \hat{\boldsymbol{y}}^{(n)}, \tag{3.39}$$

其中 $\hat{\boldsymbol{y}}^{(n)} = \text{softmax}(\boldsymbol{W}^\top \boldsymbol{x}^{(n)})$ 为样本 $\boldsymbol{x}^{(n)}$ 在每个类别的后验概率.

风险函数 $\mathcal{R}(\boldsymbol{W})$ 关于 $\boldsymbol{W}$ 的梯度为

$$\frac{\partial \mathcal{R}(\boldsymbol{W})}{\partial \boldsymbol{W}} = -\frac{1}{N}\sum_{n=1}^{N} \boldsymbol{x}^{(n)} \left(\boldsymbol{y}^{(n)} - \hat{\boldsymbol{y}}^{(n)}\right)^\top. \tag{3.40}$$

证明. 计算公式(3.40)中的梯度,关键在于计算每个样本的损失函数 $\mathcal{L}^{(n)}(\boldsymbol{W}) = -(\boldsymbol{y}^{(n)})^{\top}\log\hat{\boldsymbol{y}}^{(n)}$ 关于参数 $\boldsymbol{W}$ 的梯度,其中需要用到的两个导数公式为

(1) 若 $\boldsymbol{y} = \mathrm{softmax}(\boldsymbol{z})$,则 $\frac{\partial \boldsymbol{y}}{\partial \boldsymbol{z}} = \mathrm{diag}(\boldsymbol{y}) - \boldsymbol{y}\boldsymbol{y}^{\top}$.

Softmax 函数的导数参见第B.4.2.2节.

(2) 若 $\boldsymbol{z} = \boldsymbol{W}^{\top}\boldsymbol{x} = [\boldsymbol{w}_1^{\top}\boldsymbol{x}, \boldsymbol{w}_2^{\top}\boldsymbol{x}, \cdots, \boldsymbol{w}_C^{\top}\boldsymbol{x}]^{\top}$,则 $\frac{\partial \boldsymbol{z}}{\partial \boldsymbol{w}_c}$ 为第 c 列为 $\boldsymbol{x}$,其余为0的矩阵.

$$\frac{\partial \boldsymbol{z}}{\partial \boldsymbol{w}_c} = [\frac{\partial \boldsymbol{w}_1^{\top}\boldsymbol{x}}{\partial \boldsymbol{w}_c}, \frac{\partial \boldsymbol{w}_2^{\top}\boldsymbol{x}}{\partial \boldsymbol{w}_c}, \cdots, \frac{\partial \boldsymbol{w}_C^{\top}\boldsymbol{x}}{\partial \boldsymbol{w}_c}] \tag{3.41}$$

$$= [\boldsymbol{0}, \boldsymbol{0}, \cdots, \boldsymbol{x}, \cdots, \boldsymbol{0}] \tag{3.42}$$

$$\triangleq \mathbb{M}_c(\boldsymbol{x}). \tag{3.43}$$

根据链式法则,$\mathcal{L}^{(n)}(\boldsymbol{W}) = -(\boldsymbol{y}^{(n)})^{\top}\log\hat{\boldsymbol{y}}^{(n)}$ 关于 $\boldsymbol{w}_c$ 的偏导数为

$$\frac{\partial \mathcal{L}^{(n)}(\boldsymbol{W})}{\partial \boldsymbol{w}_c} = -\frac{\partial\left((\boldsymbol{y}^{(n)})^{\top}\log\hat{\boldsymbol{y}}^{(n)}\right)}{\partial \boldsymbol{w}_c} \tag{3.44}$$

$$= -\frac{\partial \boldsymbol{z}^{(n)}}{\partial \boldsymbol{w}_c}\frac{\partial \hat{\boldsymbol{y}}^{(n)}}{\partial \boldsymbol{z}^{(n)}}\frac{\partial \log\hat{\boldsymbol{y}}^{(n)}}{\partial \hat{\boldsymbol{y}}^{(n)}}\boldsymbol{y}^{(n)} \tag{3.45}$$

$$= -\mathbb{M}_c(\boldsymbol{x}^{(n)})\left(\mathrm{diag}\left(\hat{\boldsymbol{y}}^{(n)}\right) - \hat{\boldsymbol{y}}^{(n)}(\hat{\boldsymbol{y}}^{(n)})^{\top}\right)\left(\mathrm{diag}(\hat{\boldsymbol{y}}^{(n)})\right)^{-1}\boldsymbol{y}^{(n)} \tag{3.46}$$

$\boldsymbol{y}^{\top}\mathrm{diag}(\boldsymbol{y})^{-1} = \boldsymbol{1}_C^{\top}$ 为全1的行向量.

$$= -\mathbb{M}_c(\boldsymbol{x}^{(n)})\left(\boldsymbol{I} - \hat{\boldsymbol{y}}^{(n)}\boldsymbol{1}_C^{\top}\right)\boldsymbol{y}^{(n)} \tag{3.47}$$

$$= -\mathbb{M}_c(\boldsymbol{x}^{(n)})\left(\boldsymbol{y}^{(n)} - \hat{\boldsymbol{y}}^{(n)}\boldsymbol{1}_C^{\top}\boldsymbol{y}^{(n)}\right) \tag{3.48}$$

$\boldsymbol{y}$ 为 one-hot 向量,所以 $\boldsymbol{1}_C^{\top}\boldsymbol{y} = 1$.

$$= -\mathbb{M}_c(\boldsymbol{x}^{(n)})\left(\boldsymbol{y}^{(n)} - \hat{\boldsymbol{y}}^{(n)}\right) \tag{3.49}$$

$$= -\boldsymbol{x}^{(n)}\left[\boldsymbol{y}^{(n)} - \hat{\boldsymbol{y}}^{(n)}\right]_c. \tag{3.50}$$

公式(3.50)也可以表示为非向量形式,即

$$\frac{\partial \mathcal{L}^{(n)}(\boldsymbol{W})}{\partial \boldsymbol{w}_c} = -\boldsymbol{x}^{(n)}\left(I(y^{(n)} = c) - \hat{\boldsymbol{y}}_c^{(n)}\right), \tag{3.51}$$

其中 $I(\cdot)$ 是指示函数.

根据公式(3.50)可以得到

$$\frac{\partial \mathcal{L}^{(n)}(\boldsymbol{W})}{\partial \boldsymbol{W}} = -\boldsymbol{x}^{(n)}\left(\boldsymbol{y}^{(n)} - \hat{\boldsymbol{y}}^{(n)}\right)^{\top}. \tag{3.52}$$

□

采用梯度下降法,Softmax 回归的训练过程为:初始化 $\boldsymbol{W}_0 \leftarrow 0$,然后通过下式进行迭代更新:

$$\boldsymbol{W}_{t+1} \leftarrow \boldsymbol{W}_t + \alpha\left(\frac{1}{N}\sum_{n=1}^{N}\boldsymbol{x}^{(n)}\left(\boldsymbol{y}^{(n)} - \hat{\boldsymbol{y}}_{\boldsymbol{W}_t}^{(n)}\right)^{\top}\right), \tag{3.53}$$

其中 α 是学习率,$\hat{\boldsymbol{y}}_{\boldsymbol{W}_t}^{(n)}$ 是当参数为 $\boldsymbol{W}_t$ 时,Softmax 回归模型的输出.

要注意的是,Softmax回归中使用的C个权重向量是冗余的,即对所有的权重向量都减去一个同样的向量$\boldsymbol{v}$,不改变其输出结果. 因此,Softmax回归往往需要使用正则化来约束其参数. 此外,我们还可以利用这个特性来避免计算Softmax函数时在数值计算上溢出问题.

3.4 感知器

Frank Rosenblatt(1928~1971),美国心理学家,人工智能领域开拓者.
最早发明的感知器是一台机器而不是一种算法,后来才被实现为IBM 704机器上可运行的程序.

感知器(Perceptron)由Frank Roseblatt于1957年提出,是一种广泛使用的线性分类器. 感知器可谓是最简单的人工神经网络,只有一个神经元.

感知器是对生物神经元的简单数学模拟,有与生物神经元相对应的部件,如权重(突触)、偏置(阈值)及激活函数(细胞体),输出为$+1$或-1.

感知器是一种简单的两类线性分类模型,其分类准则与公式(3.5)相同,即

$$\hat{y} = \operatorname{sgn}(\boldsymbol{w}^{\top}\boldsymbol{x}). \tag{3.54}$$

3.4.1 参数学习

感知器学习算法也是一个经典的线性分类器的参数学习算法.

给定N个样本的训练集:$\{(\boldsymbol{x}^{(n)}, y^{(n)})\}_{n=1}^{N}$,其中$y^{(n)} \in \{+1, -1\}$,感知器学习算法试图找到一组参数$\boldsymbol{w}^*$,使得对于每个样本$(\boldsymbol{x}^{(n)}, y^{(n)})$有

$$y^{(n)}\boldsymbol{w}^{*\top}\boldsymbol{x}^{(n)} > 0, \qquad \forall n \in \{1, \cdots, N\}. \tag{3.55}$$

感知器的学习算法是一种错误驱动的在线学习算法[Rosenblatt, 1958]. 先初始化一个权重向量$\boldsymbol{w} \leftarrow 0$(通常是全零向量),然后每次分错一个样本$(\boldsymbol{x}, y)$时,即$y\boldsymbol{w}^{\top}\boldsymbol{x} < 0$,就用这个样本来更新权重.

$$\boldsymbol{w} \leftarrow \boldsymbol{w} + y\boldsymbol{x}. \tag{3.56}$$

具体的感知器参数学习策略如算法3.1所示.

根据感知器的学习策略,可以反推出感知器的损失函数为

$$\mathcal{L}(\boldsymbol{w}; \boldsymbol{x}, y) = \max(0, -y\boldsymbol{w}^{\top}\boldsymbol{x}). \tag{3.57}$$

采用随机梯度下降,其每次更新的梯度为

$$\frac{\partial \mathcal{L}(\boldsymbol{w}; \boldsymbol{x}, y)}{\partial \boldsymbol{w}} = \begin{cases} 0 & \text{if} \quad y\boldsymbol{w}^{\top}\boldsymbol{x} > 0, \\ -y\boldsymbol{x} & \text{if} \quad y\boldsymbol{w}^{\top}\boldsymbol{x} < 0. \end{cases} \tag{3.58}$$

算法 3.1 两类感知器的参数学习算法

输入: 训练集 $\mathcal{D}=\{(\boldsymbol{x}^{(n)},y^{(n)})\}_{n=1}^{N}$，最大迭代次数 T

初始化：$\boldsymbol{w}_0 \leftarrow 0, k \leftarrow 0, t \leftarrow 0$；
repeat
  对训练集 $\mathcal{D}$ 中的样本随机排序;
  for $n=1\cdots N$ **do**
    选取一个样本 $(\boldsymbol{x}^{(n)},y^{(n)})$;
    if $\boldsymbol{w}_k^{\top}(y^{(n)}\boldsymbol{x}^{(n)})\le 0$ **then**
      $\boldsymbol{w}_{k+1}\leftarrow \boldsymbol{w}_k + y^{(n)}\boldsymbol{x}^{(n)}$;
      $k \leftarrow k+1$;
    end
    $t \leftarrow t+1$;
    if $t=T$ **then** break; // 达到最大迭代次数
  end
until $t=T$;

输出: $\boldsymbol{w}_k$

图3.5给出了感知器参数学习的更新过程，其中红色实心点为正例，蓝色空心点为负例. 黑色箭头表示当前的权重向量，红色虚线箭头表示权重的更新方向.

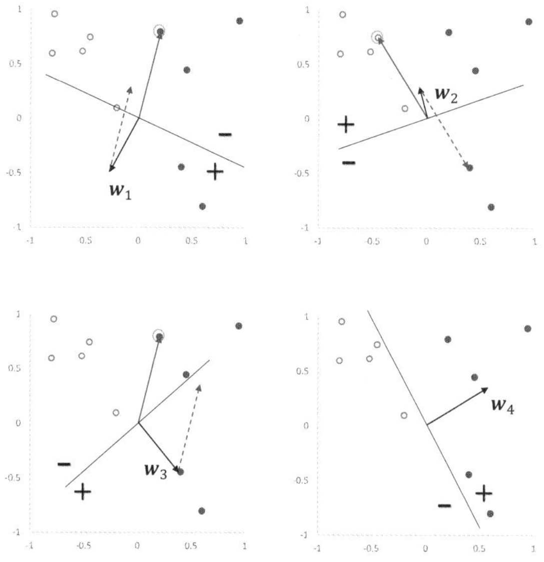

图 3.5 感知器参数学习的更新过程

3.4.2 感知器的收敛性

[Novikoff, 1963] 证明对于两类问题,如果训练集是线性可分的,那么感知器算法可以在有限次迭代后收敛. 然而,如果训练集不是线性可分的,那么这个算法则不能确保会收敛.

参见定义3.1.

当数据集是两类线性可分时,对于训练集 $\mathcal{D} = \{(\boldsymbol{x}^{(n)}, y^{(n)})\}_{n=1}^{N}$,其中 $\boldsymbol{x}^{(n)}$ 为样本的增广特征向量,$y^{(n)} \in \{-1, 1\}$,那么存在一个正的常数 $\gamma(\gamma > 0)$ 和权重向量 $\boldsymbol{w}^*$,并且 $\|\boldsymbol{w}^*\| = 1$,对所有 n 都满足 $(\boldsymbol{w}^*)^{\mathrm{T}}(y^{(n)}\boldsymbol{x}^{(n)}) \geq \gamma$. 我们可以证明如下定理.

> **定理 3.1 – 感知器收敛性:** 给定训练集 $\mathcal{D} = \{(\boldsymbol{x}^{(n)}, y^{(n)})\}_{n=1}^{N}$,令 R 是训练集中最大的特征向量的模,即
>
> $$R = \max_n \|x^{(n)}\|.$$
>
> 如果训练集 $\mathcal{D}$ 线性可分,两类感知器的参数学习算法3.1的权重更新次数不超过 $\frac{R^2}{\gamma^2}$.

证明. 感知器的权重向量的更新方式为

$$\boldsymbol{w}_k = \boldsymbol{w}_{k-1} + y^{(k)}\boldsymbol{x}^{(k)}, \tag{3.59}$$

其中 $\boldsymbol{x}^{(k)}, y^{(k)}$ 表示第 k 个错误分类的样本.

因为初始权重向量为0,在第 K 次更新时感知器的权重向量为

$$\boldsymbol{w}_K = \sum_{k=1}^{K} y^{(k)}\boldsymbol{x}^{(k)}. \tag{3.60}$$

分别计算 $\|\boldsymbol{w}_K\|^2$ 的上下界:

(1) $\|\boldsymbol{w}_K\|^2$ 的上界为

$y_k \boldsymbol{w}_{K-1}^{\mathrm{T}}\boldsymbol{x}^{(K)} \leq 0.$

$$\|\boldsymbol{w}_K\|^2 = \|\boldsymbol{w}_{K-1} + y^{(K)}\boldsymbol{x}^{(K)}\|^2 \tag{3.61}$$

$$= \|\boldsymbol{w}_{K-1}\|^2 + \|y^{(K)}\boldsymbol{x}^{(K)}\|^2 + 2y^{(K)}\boldsymbol{w}_{K-1}^{\mathrm{T}}\boldsymbol{x}^{(K)} \tag{3.62}$$

$$\leq \|\boldsymbol{w}_{K-1}\|^2 + R^2 \tag{3.63}$$

$$\leq \|\boldsymbol{w}_{K-2}\|^2 + 2R^2 \tag{3.64}$$

$$\leq KR^2. \tag{3.65}$$

（2）$\|\boldsymbol{w}_K\|^2$ 的下界为

$$
\begin{aligned}
\|\boldsymbol{w}_K\|^2 &= \boxed{\|\boldsymbol{w}^*\|}^2 \cdot \|\boldsymbol{w}_K\|^2 & (3.66)\\
&\geq \|\boldsymbol{w}^{*\top}\boldsymbol{w}_K\|^2 & (3.67)\\
&= \|\boldsymbol{w}^{*\top}\sum_{k=1}^{K}(y^{(k)}\boldsymbol{x}^{(k)})\|^2 & (3.68)\\
&= \|\sum_{k=1}^{K}\boldsymbol{w}^{*\top}(y^{(k)}\boldsymbol{x}^{(k)})\|^2 & (3.69)\\
&\geq K^2\gamma^2. & (3.70)
\end{aligned}
$$

$\|\boldsymbol{w}^*\| = 1$. 两个向量内积的平方一定小于等于这两个向量的模的乘积.

$\boldsymbol{w}^{*\top}(y^{(n)}\boldsymbol{x}^{(n)})\geq\gamma, \forall n$.

由公式(3.65)和公式(3.70)，得到

$$
K^2\gamma^2 \leq \|\boldsymbol{w}_K\|^2 \leq KR^2. \tag{3.71}
$$

取最左和最右的两项，进一步得到，$K^2\gamma^2 \leq KR^2$. 然后两边都除K，最终得到 $K \leq \frac{R^2}{\gamma^2}$. 因此，在线性可分的条件下，算法3.1会在 $\frac{R^2}{\gamma^2}$ 步内收敛. □

虽然感知器在线性可分的数据上可以保证收敛，但其存在以下不足：

（1）在数据集线性可分时，感知器虽然可以找到一个超平面把两类数据分开，但并不能保证其泛化能力.

（2）感知器对样本顺序比较敏感. 每次迭代的顺序不一致时，找到的分割超平面也往往不一致.

（3）如果训练集不是线性可分的，就永远不会收敛.

3.4.3 参数平均感知器

根据定理3.1，如果训练数据是线性可分的，那么感知器可以找到一个判别函数来分割不同类的数据. 如果间隔γ越大，收敛越快. 但是感知器并不能保证找到的判别函数是最优的（比如泛化能力高），这样可能导致过拟合.

感知器学习到的权重向量和训练样本的顺序相关. 在迭代次序上排在后面的错误样本比前面的错误样本，对最终的权重向量影响更大. 比如有1 000个训练样本，在迭代100个样本后，感知器已经学习到一个很好的权重向量. 在接下来的899个样本上都预测正确，也没有更新权重向量. 但是，在最后第1 000个样本时预测错误，并更新了权重. 这次更新可能反而使得权重向量变差.

K 为感知器在训练中权重向量的总更新次数.

为了提高感知器的鲁棒性和泛化能力，我们可以将在感知器学习过程中的所有 K 个权重向量保存起来，并赋予每个权重向量 $\boldsymbol{w}_k$ 一个置信系数 c_k（$1 \leq$

$k \le K$). 最终的分类结果通过这 K 个不同权重的感知器投票决定，这个模型也称为投票感知器 (Voted Perceptron) [Freund et al., 1999].

令 τ_k 为第 k 次更新权重 $\boldsymbol{w}_k$ 时的迭代次数（即训练过的样本数量），τ_{k+1} 为下次权重更新时的迭代次数，则权重 $\boldsymbol{w}_k$ 的置信系数 c_k 设置为从 τ_k 到 τ_{k+1} 之间间隔的迭代次数，即 $c_k = \tau_{k+1} - \tau_k$. 置信系数 c_k 越大，说明权重 $\boldsymbol{w}_k$ 在之后的训练过程中正确分类样本的数量越多，越值得信赖.

这样，投票感知器的形式为

投票感知器是一种集成模型，参见第10.1节.

$$\hat{y} = \mathrm{sgn}\Big(\sum_{k=1}^{K} c_k \,\mathrm{sgn}(\boldsymbol{w}_k^{\mathsf{T}}\boldsymbol{x})\Big), \tag{3.72}$$

其中 $\mathrm{sgn}(\cdot)$ 为符号函数.

投票感知器虽然提高了感知器的泛化能力，但是需要保存 K 个权重向量. 在实际操作中会带来额外的开销. 因此，人们经常会使用一个简化的版本，通过使用“参数平均”的策略来减少投票感知器的参数数量，也叫作平均感知器 (Averaged Perceptron) [Collins, 2002]. 平均感知器的形式为

$$\hat{y} = \mathrm{sgn}\Big(\frac{1}{T}\sum_{k=1}^{K} c_k(\boldsymbol{w}_k^{\mathsf{T}}\boldsymbol{x})\Big) \tag{3.73}$$

$$= \mathrm{sgn}\Big(\frac{1}{T}(\sum_{k=1}^{K} c_k\boldsymbol{w}_k)^{\mathsf{T}}\boldsymbol{x}\Big) \tag{3.74}$$

$$= \mathrm{sgn}\Big((\frac{1}{T}\sum_{t=1}^{T} \boldsymbol{w}_t)^{\mathsf{T}}\boldsymbol{x}\Big) \tag{3.75}$$

$$= \mathrm{sgn}(\bar{\boldsymbol{w}}^{\mathsf{T}}\boldsymbol{x}), \tag{3.76}$$

其中 T 为迭代总回合数，$\bar{\boldsymbol{w}}$ 为 T 次迭代的平均权重向量. 这个方法非常简单，只需要在算法3.1中增加一个 $\bar{\boldsymbol{w}}$，并且在每次迭代时都更新 $\bar{\boldsymbol{w}}$：

$$\bar{\boldsymbol{w}} \leftarrow \bar{\boldsymbol{w}} + \boldsymbol{w}_t. \tag{3.77}$$

但这个方法需要在处理每一个样本时都要更新 $\bar{\boldsymbol{w}}$. 因为 $\bar{\boldsymbol{w}}$ 和 $\boldsymbol{w}_t$ 都是稠密向量，所以更新操作比较费时. 为了提高迭代速度，有很多改进的方法，让这个更新只需要在错误预测发生时才进行更新.

参见习题3-7.

算法3.2给出了一个改进的平均感知器算法的训练过程 [Daumé III, 2012].

算法 3.2 一种改进的平均感知器参数学习算法

输入: 训练集 $\{(\boldsymbol{x}^{(n)}, y^{(n)})\}_{n=1}^{N}$，最大迭代次数 T

初始化：$\boldsymbol{w} \leftarrow 0, \boldsymbol{u} \leftarrow 0, t \leftarrow 0$；
repeat
　对训练集 $\mathcal{D}$ 中的样本随机排序;
　for $n = 1 \cdots N$ **do**
　　选取一个样本 $(\boldsymbol{x}^{(n)}, y^{(n)})$;
　　计算预测类别 $\hat{y}_t$;
　　if $\hat{y}_t \neq y_t$ **then**
　　　$\boldsymbol{w} \leftarrow \boldsymbol{w} + y^{(n)}\boldsymbol{x}^{(n)}$;
　　　$\boldsymbol{u} \leftarrow \boldsymbol{u} + t y^{(n)}\boldsymbol{x}^{(n)}$;
　　end
　　$t \leftarrow t + 1$;
　　if $t = T$ **then** break; // 达到最大迭代次数
　end
until $t = T$;
$\bar{\boldsymbol{w}} = \boldsymbol{w}_T - \frac{1}{T}\boldsymbol{u}$；

输出: $\bar{\boldsymbol{w}}$

3.4.4 扩展到多分类

原始的感知器是一种二分类模型，但也可以很容易地扩展到多分类问题，甚至是更一般的结构化学习问题 [Collins, 2002].

之前介绍的分类模型中，分类函数都是在输入 $\boldsymbol{x}$ 的特征空间上. 为了使得感知器可以处理更复杂的输出，我们引入一个构建在输入输出联合空间上的特征函数 $\phi(\boldsymbol{x}, \boldsymbol{y})$，将样本对 $(\boldsymbol{x}, \boldsymbol{y})$ 映射到一个特征向量空间.

通过引入特征函数 $\phi(\boldsymbol{x}, \boldsymbol{y})$，感知器不但可以用于多分类问题，也可以用于结构化学习问题，比如输出是序列形式.

在联合特征空间中，我们可以建立一个广义的感知器模型，

$$\hat{\boldsymbol{y}} = \underset{\boldsymbol{y} \in \text{Gen}(\boldsymbol{x})}{\arg\max}\, \boldsymbol{w}^{\top}\phi(\boldsymbol{x}, \boldsymbol{y}), \tag{3.78}$$

其中 $\boldsymbol{w}$ 为权重向量，$\text{Gen}(\boldsymbol{x})$ 表示输入 $\boldsymbol{x}$ 所有的输出目标集合.

广义感知器模型一般用来处理结构化学习问题. 当用广义感知器模型来处理 C 分类问题时，$\boldsymbol{y} \in \{0, 1\}^C$ 为类别的 one-hot 向量表示. 在 C 分类问题中，一种常用的特征函数 $\phi(\boldsymbol{x}, \boldsymbol{y})$ 是 $\boldsymbol{x}$ 和 $\boldsymbol{y}$ 的外积，即

外积的定义参见公式(A.28).

$$\phi(\boldsymbol{x}, \boldsymbol{y}) = \text{vec}(\boldsymbol{x}\boldsymbol{y}^{\top}) \in \mathbb{R}^{(D \times C)}, \tag{3.79}$$

其中 $\text{vec}(\cdot)$ 是向量化算子，$\phi(\boldsymbol{x}, \boldsymbol{y})$ 为 $(D \times C)$ 维的向量.

给定样本 $(\boldsymbol{x}, \boldsymbol{y})$,若 $\boldsymbol{x} \in \mathbb{R}^D$,$\boldsymbol{y}$ 为第 c 维为1的one-hot向量,则

$$
\phi(\boldsymbol{x}, \boldsymbol{y}) = \begin{bmatrix} \vdots \\ 0 \\ x_1 \\ \vdots \\ x_D \\ 0 \\ \vdots \end{bmatrix}. \quad \begin{matrix} \\ \\ \leftarrow 第 (c-1) \times D + 1 行 \\ \\ \leftarrow 第 (c-1) \times D + D 行 \\ \\ \\ \end{matrix} \tag{3.80}
$$

广义感知器算法的训练过程如算法3.3所示.

算法 3.3 广义感知器参数学习算法

输入: 训练集:$\{(\boldsymbol{x}^{(n)}, \boldsymbol{y}^{(n)})\}_{n=1}^{N}$,最大迭代次数 T

```
初始化:w_0 ← 0, k ← 0, t ← 0 ;
repeat
    对训练集 D 中的样本随机排序;
    for n = 1 ··· N do
        选取一个样本 (x^(n), y^(n));
        用公式(3.78)计算预测类别 ŷ^(n);
        if ŷ^(n) ≠ y^(n) then
            w_{k+1} ← w_k + (φ(x^(n), y^(n)) − φ(x^(n), ŷ^(n)));
            k = k + 1 ;
        end
        t = t + 1 ;
        if t = T then break;                          // 达到最大迭代次数
    end
until t = T;
```

输出: $\boldsymbol{w}_k$

3.4.4.1 广义感知器的收敛性

广义感知器在满足广义线性可分条件时,也能够保证在有限步骤内收敛. 广义线性可分条件的定义如下:

定义 3.3 – 广义线性可分：对于训练集 $\mathcal{D} = \left\{(\boldsymbol{x}^{(n)}, \boldsymbol{y}^{(n)})\right\}_{n=1}^{N}$，如果存在一个正的常数 $\gamma(\gamma > 0)$ 和权重向量 $\boldsymbol{w}^*$，并且 $\|\boldsymbol{w}^*\| = 1$，对所有 n 都满足 $\langle \boldsymbol{w}^*, \phi(\boldsymbol{x}^{(n)}, \boldsymbol{y}^{(n)})\rangle - \langle \boldsymbol{w}^*, \phi(\boldsymbol{x}^{(n)}, \boldsymbol{y})\rangle \geq \gamma, \boldsymbol{y} \neq \boldsymbol{y}^{(n)}$（$\phi(\boldsymbol{x}^{(n)}, \boldsymbol{y}^{(n)}) \in \mathbb{R}^D$ 为样本 $\boldsymbol{x}^{(n)}, \boldsymbol{y}^{(n)}$ 的联合特征向量），那么训练集 $\mathcal{D}$ 在联合特征向量空间中是线性可分的.

广义线性可分是多类线性可分的扩展，参见定义3.2.

广义感知器的收敛性定义如下：

定理 3.2 – 广义感知器收敛性：如果训练集 $\mathcal{D} = \left\{(\boldsymbol{x}^{(n)}, \boldsymbol{y}^{(n)})\right\}_{n=1}^{N}$ 是广义线性可分的，并令 R 是所有样本中真实标签和错误标签在特征空间 $\phi(\boldsymbol{x}, \boldsymbol{y})$ 最远的距离，即

$$R = \max_{n} \max_{\boldsymbol{z} \neq \boldsymbol{y}^{(n)}} \|\phi(\boldsymbol{x}^{(n)}, \boldsymbol{y}^{(n)}) - \phi(\boldsymbol{x}^{(n)}, \boldsymbol{z})\|, \tag{3.81}$$

那么广义感知器参数学习算法3.3的权重更新次数不超过 $\frac{R^2}{\gamma^2}$.

[Collins, 2002] 给出了广义感知器在广义线性可分的收敛性证明，具体推导过程和两类感知器比较类似.

参见习题3-8.

3.5 支持向量机

支持向量机（Support Vector Machine，SVM）是一个经典的二分类算法，其找到的分割超平面具有更好的鲁棒性，因此广泛使用在很多任务上，并表现出了很强优势.

给定一个二分类器数据集 $\mathcal{D} = \{(\boldsymbol{x}^{(n)}, y^{(n)})\}_{n=1}^{N}$，其中 $y_n \in \{+1, -1\}$，如果两类样本是线性可分的，即存在一个超平面

本节中不使用增广的特征向量和特征权重.

$$\boldsymbol{w}^{\mathsf{T}}\boldsymbol{x} + b = 0 \tag{3.82}$$

将两类样本分开，那么对于每个样本都有 $y^{(n)}(\boldsymbol{w}^{\mathsf{T}}\boldsymbol{x}^{(n)} + b) > 0$.

数据集 $\mathcal{D}$ 中每个样本 $\boldsymbol{x}^{(n)}$ 到分割超平面的距离为：

$$\gamma^{(n)} = \frac{|\boldsymbol{w}^{\mathsf{T}}\boldsymbol{x}^{(n)} + b|}{\|\boldsymbol{w}\|} = \frac{y^{(n)}(\boldsymbol{w}^{\mathsf{T}}\boldsymbol{x}^{(n)} + b)}{\|\boldsymbol{w}\|}. \tag{3.83}$$

我们定义间隔（Margin）γ 为整个数据集 D 中所有样本到分割超平面的最短距离：

$$\gamma = \min_n \gamma^{(n)}. \tag{3.84}$$

如果间隔 γ 越大，其分割超平面对两个数据集的划分越稳定，不容易受噪声等因素影响. 支持向量机的目标是寻找一个超平面 $(\boldsymbol{w}^*, b^*)$ 使得 γ 最大，即

$$\begin{aligned} \max_{\boldsymbol{w},b} \quad & \gamma \\ \text{s.t.} \quad & \frac{y^{(n)}(\boldsymbol{w}^\top \boldsymbol{x}^{(n)} + b)}{\|\boldsymbol{w}\|} \geq \gamma, \forall n \in \{1, \cdots, N\}. \end{aligned} \tag{3.85}$$

间隔为 $\gamma = \frac{1}{\|\boldsymbol{w}\|}$.

由于同时缩放 $\boldsymbol{w} \to k\boldsymbol{w}$ 和 $b \to kb$ 不会改变样本 $\boldsymbol{x}^{(n)}$ 到分割超平面的距离，我们可以限制 $\|\boldsymbol{w}\| \cdot \gamma = 1$，则公式(3.85)等价于

$$\begin{aligned} \max_{\boldsymbol{w},b} \quad & \frac{1}{\|\boldsymbol{w}\|^2} \\ \text{s.t.} \quad & y^{(n)}(\boldsymbol{w}^\top \boldsymbol{x}^{(n)} + b) \geq 1, \forall n \in \{1, \cdots, N\}. \end{aligned} \tag{3.86}$$

数据集中所有满足 $y^{(n)}(\boldsymbol{w}^\top \boldsymbol{x}^{(n)} + b) = 1$ 的样本点，都称为支持向量（Support Vector）.

对于一个线性可分的数据集，其分割超平面有很多个，但是间隔最大的超平面是唯一的. 图3.6给定了支持向量机的最大间隔分割超平面的示例，其中轮廓线加粗的样本点为支持向量.

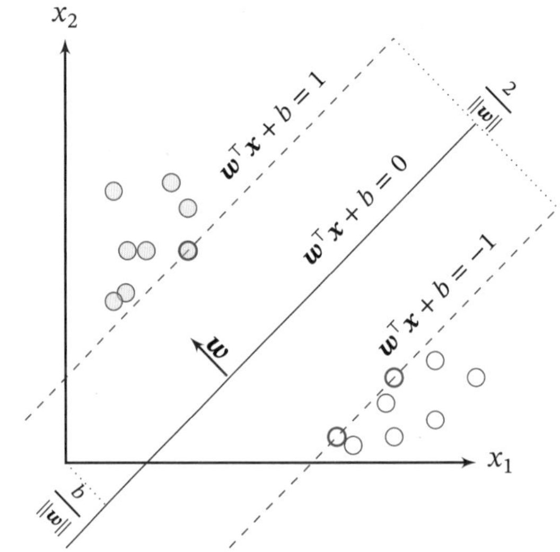

图 3.6 支持向量机示例

3.5.1 参数学习

为了找到最大间隔分割超平面，将公式(3.86)的目标函数写为凸优化问题

$$\min_{\boldsymbol{w},b} \quad \frac{1}{2}\|\boldsymbol{w}\|^2 \tag{3.87}$$
$$\text{s.t.} \quad 1-y^{(n)}(\boldsymbol{w}^{\top}\boldsymbol{x}^{(n)}+b)\leq 0, \qquad \forall n\in\{1,\cdots,N\}.$$

使用拉格朗日乘数法，公式(3.87)的拉格朗日函数为

参见第C.3节.

$$\Lambda(\boldsymbol{w},b,\lambda)=\frac{1}{2}\|\boldsymbol{w}\|^2+\sum_{n=1}^{N}\lambda_n\Big(1-y^{(n)}(\boldsymbol{w}^{\top}\boldsymbol{x}^{(n)}+b)\Big), \tag{3.88}$$

其中 $\lambda_1\geq 0,\cdots,\lambda_N\geq 0$ 为拉格朗日乘数. 计算 $\Lambda(\boldsymbol{w},b,\lambda)$ 关于 $\boldsymbol{w}$ 和 b 的导数，并令其等于0，得到

$$\boldsymbol{w}=\sum_{n=1}^{N}\lambda_n y^{(n)}\boldsymbol{x}^{(n)}, \tag{3.89}$$

$$0=\sum_{n=1}^{N}\lambda_n y^{(n)}. \tag{3.90}$$

将公式(3.89)代入公式(3.88)，并利用公式(3.90)，得到拉格朗日对偶函数

$$\Gamma(\lambda)=-\frac{1}{2}\sum_{n=1}^{N}\sum_{m=1}^{N}\lambda_m\lambda_n y^{(m)}y^{(n)}(\boldsymbol{x}^{(m)})^{\top}\boldsymbol{x}^{(n)}+\sum_{n=1}^{N}\lambda_n. \tag{3.91}$$

支持向量机的主优化问题为凸优化问题，满足强对偶性，即主优化问题可以通过最大化对偶函数 $\max_{\lambda\geq 0}\Gamma(\lambda)$ 来求解. 对偶函数 $\Gamma(\lambda)$ 是一个凹函数，因此最大化对偶函数是一个凸优化问题，可以通过多种凸优化方法来进行求解，得到拉格朗日乘数的最优值 λ^*. 但由于其约束条件的数量为训练样本数量，一般的优化方法代价比较高，因此在实践中通常采用比较高效的优化方法，比如序列最小优化（Sequential Minimal Optimization，SMO）算法[Platt, 1998]等.

根据KKT条件中的互补松弛条件，最优解满足 $\lambda_n^*\big(1-y^{(n)}(\boldsymbol{w}^{*\top}\boldsymbol{x}^{(n)}+b^*)\big)=0$. 如果样本 $\boldsymbol{x}^{(n)}$ 不在约束边界上，$\lambda_n^*=0$，其约束失效；如果样本 $\boldsymbol{x}^{(n)}$ 在约束边界上，$\lambda_n^*\geq 0$. 这些在约束边界上的样本点称为支持向量（Support Vector），即离决策平面距离最近的点.

参见公式(C.26).

在计算出 λ^* 后，根据公式(3.89)计算出最优权重 $\boldsymbol{w}^*$，最优偏置 b^* 可以通过任选一个支持向量 $(\tilde{\boldsymbol{x}},\tilde{y})$ 计算得到：

$$b^*=\tilde{y}-\boldsymbol{w}^{*\top}\tilde{\boldsymbol{x}}. \tag{3.92}$$

最优参数的支持向量机的决策函数为

$$f(\boldsymbol{x}) = \text{sgn}(\boldsymbol{w}^{*\top}\boldsymbol{x} + b^*) \tag{3.93}$$

$$= \text{sgn}\left(\sum_{n=1}^{N} \lambda_n^* y^{(n)} (\boldsymbol{x}^{(n)})^\top \boldsymbol{x} + b^*\right). \tag{3.94}$$

支持向量机的决策函数只依赖于$\lambda_n^* > 0$的样本点,即支持向量.

支持向量机的目标函数可以通过SMO等优化方法得到全局最优解,因此比其他分类器的学习效率更高. 此外,支持向量机的决策函数只依赖于支持向量,与训练样本总数无关,分类速度比较快.

3.5.2 核函数

支持向量机还有一个重要的优点是可以使用核函数(Kernel Function)隐式地将样本从原始特征空间映射到更高维的空间,并解决原始特征空间中的线性不可分问题. 比如在一个变换后的特征空间ϕ中,支持向量机的决策函数为

$$f(\boldsymbol{x}) = \text{sgn}(\boldsymbol{w}^{*\top}\phi(\boldsymbol{x}) + b^*) \tag{3.95}$$

$$= \text{sgn}\left(\sum_{n=1}^{N} \lambda_n^* y^{(n)} k(\boldsymbol{x}^{(n)}, \boldsymbol{x}) + b^*\right), \tag{3.96}$$

其中$k(\boldsymbol{x}, \boldsymbol{z}) = \phi(\boldsymbol{x})^\top\phi(\boldsymbol{z})$为核函数. 通常我们不需要显式地给出$\phi(\boldsymbol{x})$的具体形式,可以通过核技巧(Kernel Trick)来构造. 比如以$\boldsymbol{x}, \boldsymbol{z} \in \mathbb{R}^2$为例,我们可以构造一个核函数:

参见习题3-10.

$$k(\boldsymbol{x}, \boldsymbol{z}) = (1 + \boldsymbol{x}^\top\boldsymbol{z})^2 = \phi(\boldsymbol{x})^\top\phi(\boldsymbol{z}), \tag{3.97}$$

来隐式地计算$\boldsymbol{x}, \boldsymbol{z}$在特征空间$\phi$中的内积,其中

$$\phi(\boldsymbol{x}) = [1, \sqrt{2}x_1, \sqrt{2}x_2, \sqrt{2}x_1x_2, x_1^2, x_2^2]^\top. \tag{3.98}$$

3.5.3 软间隔

在支持向量机的优化问题中,约束条件比较严格. 如果训练集中的样本在特征空间中不是线性可分的,就无法找到最优解. 为了能够容忍部分不满足约束的样本,我们可以引入松弛变量(Slack Variable)ξ,将优化问题变为

$$\min_{\boldsymbol{w},b} \quad \frac{1}{2}\|\boldsymbol{w}\|^2 + C\sum_{n=1}^{N}\xi_n \tag{3.99}$$

$$\text{s.t.} \quad 1 - y^{(n)}(\boldsymbol{w}^{\top}\boldsymbol{x}^{(n)} + b) - \xi_n \leq 0, \qquad \forall n \in \{1, \cdots, N\}$$
$$\xi_n \geq 0, \qquad \forall n \in \{1, \cdots, N\}$$

其中参数 $C > 0$ 用来控制间隔和松弛变量惩罚的平衡. 引入松弛变量的间隔称为软间隔(Soft Margin). 公式(3.99)也可以表示为经验风险+正则化项的形式:

$$\min_{\boldsymbol{w},b} \quad \sum_{n=1}^{N} \max\Big(0, 1 - y^{(n)}(\boldsymbol{w}^{\top}\boldsymbol{x}^{(n)} + b)\Big) + \frac{1}{2C}\|\boldsymbol{w}\|^2, \tag{3.100}$$

其中可以把 $\max\Big(0, 1 - y^{(n)}(\boldsymbol{w}^{\top}\boldsymbol{x}^{(n)} + b)\Big)$ 看作损失函数,称为Hinge损失函数(Hinge Loss Function),把 $\frac{1}{2C}\|\boldsymbol{w}\|^2$ 看作正则化项, $\frac{1}{C}$ 是正则化系数.

参见公式(2.20).

软间隔支持向量机的参数学习和原始支持向量机类似,其最终决策函数也只和支持向量有关,即满足 $1 - y^{(n)}(\boldsymbol{w}^{\top}\boldsymbol{x}^{(n)} + b) - \xi_n = 0$ 的样本.

参见习题3-11.

3.6 损失函数对比

本章介绍了三种二分类模型:Logistic回归、感知器和支持向量机. 虽然它们的决策函数相同,但由于使用了不同的损失函数以及相应的优化方法,导致它们在实际任务上的表现存在一定的差异.

为了比较这些损失函数,我们统一定义类别标签 $y \in \{+1, -1\}$,并定义 $f(\boldsymbol{x}; \boldsymbol{w}) = \boldsymbol{w}^{\top}\boldsymbol{x} + b$. 这样对于样本 $(\boldsymbol{x}, y)$,若 $yf(\boldsymbol{x}; \boldsymbol{w}) > 0$,则分类正确;若 $yf(\boldsymbol{x}; \boldsymbol{w}) < 0$,则分类错误. 这样,为了方便比较这些模型,我们可以将它们的损失函数都表述为定义在 $yf(\boldsymbol{x}; \boldsymbol{w})$ 上的函数.

Logistic回归的损失函数可以改写为

$$\mathcal{L}_{LR} = -I(y = 1)\log\sigma\big(f(\boldsymbol{x}; \boldsymbol{w})\big) - I(y = -1)\log\Big(1 - \sigma\big(f(\boldsymbol{x}; \boldsymbol{w})\big)\Big) \tag{3.101}$$

$I(\cdot)$ 为指示函数.

$$= -I(y = 1)\log\sigma\big(f(\boldsymbol{x}; \boldsymbol{w})\big) - I(y = -1)\log\sigma\big(-f(\boldsymbol{x}; \boldsymbol{w})\big) \tag{3.102}$$

$1 - \sigma(x) = \sigma(-x)$.

$$= -\log\sigma\big(yf(\boldsymbol{x}; \boldsymbol{w})\big) \tag{3.103}$$

$y \in \{+1, -1\}$.

$$= \log\Big(1 + \exp\big(-yf(\boldsymbol{x}; \boldsymbol{w})\big)\Big). \tag{3.104}$$

感知器的损失函数为

$$\mathcal{L}_p = \max\big(0, -yf(\boldsymbol{x}; \boldsymbol{w})\big). \tag{3.105}$$

软间隔支持向量机的损失函数为

$$\mathcal{L}_{hinge} = \max\big(0, 1 - yf(\boldsymbol{x}; \boldsymbol{w})\big). \tag{3.106}$$

平方损失可以重写为

$y^2 = 1.$

$$\mathcal{L}_{squared} = \big(y - f(\boldsymbol{x};\boldsymbol{w})\big)^2 \tag{3.107}$$

$$= 1 - 2yf(\boldsymbol{x};\boldsymbol{w}) + (yf(\boldsymbol{x};\boldsymbol{w}))^2 \tag{3.108}$$

$$= \big(1 - yf(\boldsymbol{x};\boldsymbol{w})\big)^2. \tag{3.109}$$

图3.7给出了不同损失函数的对比. 对于二分类来说，当 $yf(\boldsymbol{x};\boldsymbol{w}) > 0$ 时，分类器预测正确，并且 $yf(\boldsymbol{x};\boldsymbol{w})$ 越大，模型的预测越正确；当 $yf(\boldsymbol{x};\boldsymbol{w}) < 0$ 时，分类器预测错误，并且 $yf(\boldsymbol{x};\boldsymbol{w})$ 越小，模型的预测越错误. 因此，一个好的损失函数应该随着 $yf(\boldsymbol{x};\boldsymbol{w})$ 的增大而减少. 从图3.7中看出，除了平方损失，其他损失函数都比较适合于二分类问题.

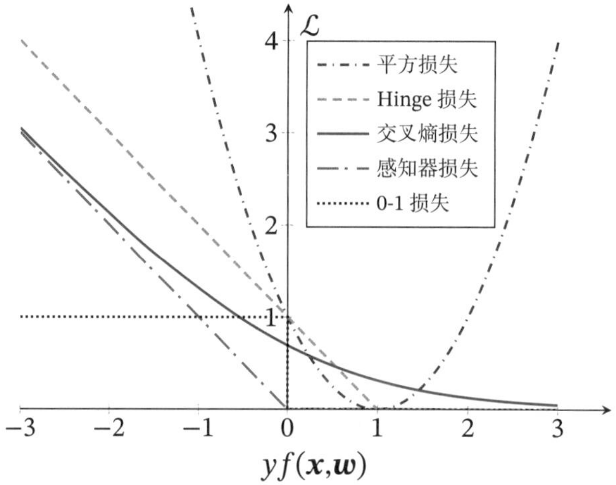

图 3.7 不同损失函数的对比

3.7 总结和深入阅读

和回归问题不同，分类问题中的目标标签 y 是离散的类别标签，因此分类问题中的决策函数需要输出离散值或是标签的后验概率. 线性分类模型一般是一个广义线性函数，即一个或多个线性判别函数加上一个非线性激活函数. 所谓"线性"是指决策边界由一个或多个超平面组成.

表3.1给出了几种常见的线性模型的比较. 在 Logistic 回归和 Softmax 回归中，$\boldsymbol{y}$ 为类别的 one-hot 向量表示；在感知器和支持向量机中，y 为 $\{+1, -1\}$.

表 3.1 几种常见的线性模型对比

线性模型	激活函数	损失函数	优化方法
线性回归	-	$(y-\boldsymbol{w}^{\top}\boldsymbol{x})^2$	最小二乘、梯度下降
Logistic 回归	$\sigma(\boldsymbol{w}^{\top}\boldsymbol{x})$	$\boldsymbol{y}\log\sigma(\boldsymbol{w}^{\top}\boldsymbol{x})$	梯度下降
Softmax 回归	$\mathrm{softmax}(\boldsymbol{W}^{\top}\boldsymbol{x})$	$\boldsymbol{y}\log\mathrm{softmax}(\boldsymbol{W}^{\top}\boldsymbol{x})$	梯度下降
感知器	$\mathrm{sgn}(\boldsymbol{w}^{\top}\boldsymbol{x})$	$\max(0,-y\boldsymbol{w}^{\top}\boldsymbol{x})$	随机梯度下降
支持向量机	$\mathrm{sgn}(\boldsymbol{w}^{\top}\boldsymbol{x})$	$\max(0,1-y\boldsymbol{w}^{\top}\boldsymbol{x})$	二次规划、SMO 等

Logistic 回归是一种概率模型，其通过使用 Logistic 函数来将一个实数值映射到 $[0,1]$ 之间. 事实上，还有很多函数也可以达到此目的，比如正态分布的累积概率密度函数，即 probit 函数. 这些知识可以参考《Pattern Recognition and Machine Learning》[Bishop, 2007] 的第 4 章.

感知器作为一种最简单的神经网络，其学习算法也非常直观有效 [Rosenblatt, 1958]. [Freund et al., 1999] 提出了使用核技巧改进感知器学习算法，并用投票感知器来提高泛化能力. [Collins, 2002] 将感知器算法扩展到结构化学习，给出了相应的收敛性证明，并且提出一种更加有效并且实用的参数平均化策略.

要深入了解支持向量机以及核方法，可以参考文献《Learning with Kernels: Support Vector Machines, Regularization, Optimization, and Beyond》[Scholkopf et al., 2001].

习题

习题 3-1 证明在两类线性分类中，权重向量 $\boldsymbol{w}$ 与决策平面正交.

习题 3-2 在线性空间中，证明一个点 $\boldsymbol{x}$ 到平面 $f(\boldsymbol{x};\boldsymbol{w})=\boldsymbol{w}^{\top}\boldsymbol{x}+b=0$ 的距离为 $|f(\boldsymbol{x};\boldsymbol{w})|/\|\boldsymbol{w}\|$.

习题 3-3 在线性分类中，决策区域是凸的. 即若点 $\boldsymbol{x}_1$ 和 $\boldsymbol{x}_2$ 被分为类别 c，则点 $\rho\boldsymbol{x}_1+(1-\rho)\boldsymbol{x}_2$ 也会被分为类别 c，其中 $\rho\in(0,1)$.

习题 3-4 给定一个多分类的数据集，证明：1）如果数据集中每个类的样本都和除该类之外的样本是线性可分的，则该数据集一定是线性可分的；2）如果数据集中每两个类的样本是线性可分的，则该数据集不一定是线性可分的.

习题 3-5 在 Logistic 回归中，是否可以用 $\hat{y}=\sigma(\boldsymbol{w}^{\top}\boldsymbol{x})$ 去逼近正确的标签 y，并用平方损失 $(y-\hat{y})^2$ 最小化来优化参数 $\boldsymbol{w}$？

习题 3-6 在 Softmax 回归的风险函数（公式 (3.39)）中，如果加上正则化项会有什么影响？

习题 3-7 验证平均感知器训练算法3.2中给出的平均权重向量的计算方式和公式(3.77)等价.

习题 3-8 证明定理3.2.

习题 3-9 若数据集线性可分，证明支持向量机中将两类样本正确分开的最大间隔分割超平面存在且唯一.

习题 3-10 验证公式 (3.97).

习题 3-11 在软间隔支持向量机中，试给出原始优化问题的对偶问题，并列出其 KKT 条件.

参考文献

Bishop C M, 2007. Pattern recognition and machine learning[M]. 5th edition. Springer.

Collins M, 2002. Discriminative training methods for hidden markov models: Theory and experiments with perceptron algorithms[C]//Proceedings of the conference on Empirical methods in natural language processing. 1-8.

Daumé III H, 2012. A course in machine learning[EB/OL]. http://ciml.info/.

Freund Y, Schapire R E, 1999. Large margin classification using the perceptron algorithm[J]. Machine learning, 37(3):277-296.

Novikoff A B, 1963. On convergence proofs for perceptrons[R]. DTIC Document.

Platt J, 1998. Sequential minimal optimization: A fast algorithm for training support vector machines[R]. 21.

Rosenblatt F, 1958. The perceptron: a probabilistic model for information storage and organization in the brain.[J]. Psychological review, 65(6):386.

Scholkopf B, Smola A J, 2001. Learning with kernels: support vector machines, regularization, optimization, and beyond[M]. MIT press.

| 第二部分 |

基础模型

第4章　前馈神经网络

> 神经网络是一种大规模的并行分布式处理器，天然具有存储并使用经验知识的能力. 它从两个方面上模拟大脑：（1）网络获取的知识是通过学习来获取的；（2）内部神经元的连接强度，即突触权重，用于储存获取的知识.
>
> ——西蒙·赫金（Simon Haykin）[Haykin, 1994]

人工神经网络（Artificial Neural Network，ANN）是指一系列受生物学和神经科学启发的数学模型. 这些模型主要是通过对人脑的神经元网络进行抽象，构建人工神经元，并按照一定拓扑结构来建立人工神经元之间的连接，来模拟生物神经网络. 在人工智能领域，人工神经网络也常常简称为神经网络（Neural Network，NN）或神经模型（Neural Model）.

神经网络最早是作为一种主要的连接主义模型. 20世纪80年代中后期，最流行的一种连接主义模型是分布式并行处理（Parallel Distributed Processing，PDP）模型 [McClelland et al., 1986]，其有3个主要特性：1）信息表示是分布式的（非局部的）；2）记忆和知识是存储在单元之间的连接上；3）通过逐渐改变单元之间的连接强度来学习新的知识.

连接主义的神经网络有着多种多样的网络结构以及学习方法，虽然早期模型强调模型的生物学合理性（Biological Plausibility），但后期更关注对某种特定认知能力的模拟，比如物体识别、语言理解等. 尤其在引入误差反向传播来改进其学习能力之后，神经网络也越来越多地应用在各种机器学习任务上. 随着训练数据的增多以及（并行）计算能力的增强，神经网络在很多机器学习任务上已经取得了很大的突破，特别是在语音、图像等感知信号的处理上，神经网络表现出了卓越的学习能力.

后面我们会介绍一种用来进行记忆存储和检索的神经网络，参见第8.6节.

在本章中，我们主要关注采用误差反向传播来进行学习的神经网络，即作为一种机器学习模型的神经网络. 从机器学习的角度来看，神经网络一般可以看作一个非线性模型，其基本组成单元为具有非线性激活函数的神经元，通过大量神经元之间的连接，使得神经网络成为一种高度非线性的模型. 神经元之间的连接权重就是需要学习的参数，可以在机器学习的框架下通过梯度下降方法来进行学习.

4.1 神经元

人工神经元（Artificial Neuron），简称神经元（Neuron），是构成神经网络的基本单元，其主要是模拟生物神经元的结构和特性，接收一组输入信号并产生输出.

生物学家在20世纪初就发现了生物神经元的结构. 一个生物神经元通常具有多个树突和一条轴突. 树突用来接收信息，轴突用来发送信息. 当神经元所获得的输入信号的积累超过某个阈值时，它就处于兴奋状态，产生电脉冲. 轴突尾端有许多末梢可以给其他神经元的树突产生连接（突触），并将电脉冲信号传递给其他神经元.

1943年，心理学家McCulloch和数学家Pitts根据生物神经元的结构，提出了一种非常简单的神经元模型，MP神经元[McCulloch et al., 1943]. 现代神经网络中的神经元和MP神经元的结构并无太多变化. 不同的是，MP神经元中的激活函数 f 为0或1的阶跃函数，而现代神经元中的激活函数通常要求是连续可导的函数.

净输入也叫净活性值（Net Activation）.

假设一个神经元接收 D 个输入 $x_1, x_2, \cdots, x_D$，令向量 $\boldsymbol{x} = [x_1; x_2; \cdots; x_D]$ 来表示这组输入，并用净输入（Net Input）$z \in \mathbb{R}$ 表示一个神经元所获得的输入信号 $\boldsymbol{x}$ 的加权和，

$$z = \sum_{d=1}^{D} w_d x_d + b \tag{4.1}$$

$$= \boldsymbol{w}^{\top} \boldsymbol{x} + b, \tag{4.2}$$

其中 $\boldsymbol{w} = [w_1; w_2; \cdots; w_D] \in \mathbb{R}^D$ 是 D 维的权重向量，$b \in \mathbb{R}$ 是偏置.

净输入 z 在经过一个非线性函数 $f(\cdot)$ 后，得到神经元的活性值（Activation）a，

$$a = f(z), \tag{4.3}$$

其中非线性函数 $f(\cdot)$ 称为激活函数（Activation Function）.

图4.1给出了一个典型的神经元结构示例.

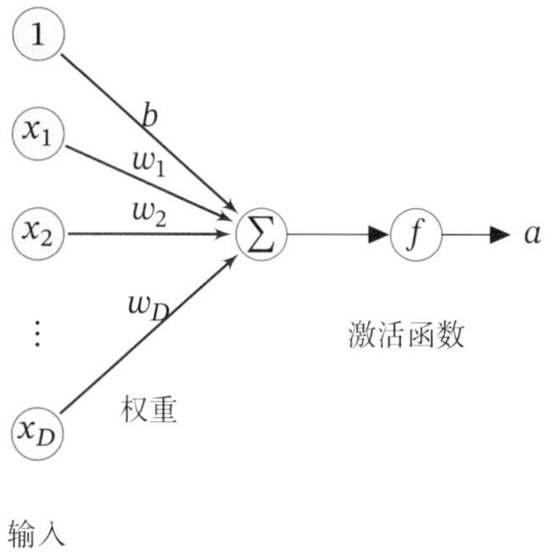

图 4.1 典型的神经元结构

激活函数 激活函数在神经元中非常重要的. 为了增强网络的表示能力和学习能力,激活函数需要具备以下几点性质:

（1） 连续并可导（允许少数点上不可导）的非线性函数. 可导的激活函数可以直接利用数值优化的方法来学习网络参数.

（2） 激活函数及其导函数要尽可能的简单,有利于提高网络计算效率.

（3） 激活函数的导函数的值域要在一个合适的区间内,不能太大也不能太小,否则会影响训练的效率和稳定性.

下面介绍几种在神经网络中常用的激活函数.

4.1.1 Sigmoid型函数

Sigmoid 型函数是指一类 S 型曲线函数, 为两端饱和函数. 常用的 Sigmoid 型函数有 Logistic 函数和 Tanh 函数.

数学小知识 | 饱和

对于函数 $f(x)$, 若 $x \to -\infty$ 时, 其导数 $f'(x) \to 0$, 则称其为左饱和. 若 $x \to +\infty$ 时, 其导数 $f'(x) \to 0$, 则称其为右饱和. 当同时满足左、右饱和时, 就称为两端饱和.

Logistic 函数 Logistic 函数定义为

$$\sigma(x) = \frac{1}{1 + \exp(-x)}. \tag{4.4}$$

Logistic函数可以看成是一个"挤压"函数，把一个实数域的输入"挤压"到(0,1). 当输入值在0附近时，Sigmoid型函数近似为线性函数；当输入值靠近两端时，对输入进行抑制. 输入越小，越接近于0；输入越大，越接近于1. 这样的特点也和生物神经元类似，对一些输入会产生兴奋（输出为1），对另一些输入产生抑制（输出为0）. 和感知器使用的阶跃激活函数相比，Logistic函数是连续可导的，其数学性质更好.

因为Logistic函数的性质，使得装备了Logistic激活函数的神经元具有以下两点性质：1）其输出直接可以看作概率分布，使得神经网络可以更好地和统计学习模型进行结合. 2）其可以看作一个软性门（Soft Gate），用来控制其他神经元输出信息的数量.

参见第6.6节.

Tanh函数 Tanh函数也是一种Sigmoid型函数. 其定义为

$$\tanh(x) = \frac{\exp(x) - \exp(-x)}{\exp(x) + \exp(-x)}. \tag{4.5}$$

Tanh函数可以看作放大并平移的Logistic函数，其值域是$(-1, 1)$.

$$\tanh(x) = 2\sigma(2x) - 1. \tag{4.6}$$

图4.2给出了Logistic函数和Tanh函数的形状. Tanh函数的输出是零中心化的（Zero-Centered），而Logistic函数的输出恒大于0. 非零中心化的输出会使得其后一层的神经元的输入发生偏置偏移（Bias Shift），并进一步使得梯度下降的收敛速度变慢.

参见第7.4节.

参见习题4-1.

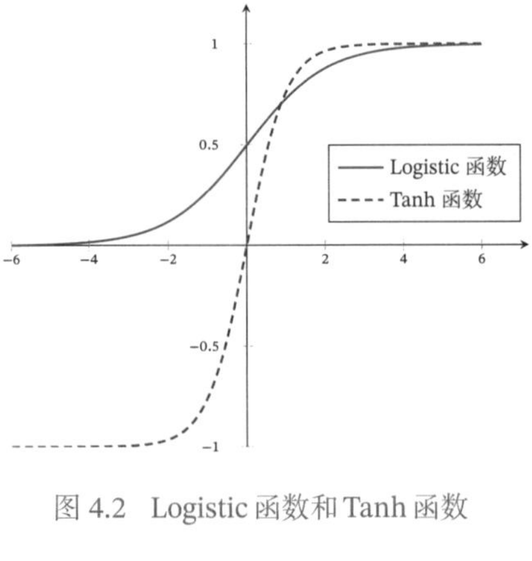

图4.2 Logistic函数和Tanh函数

4.1.1.1 Hard-Logistic函数和Hard-Tanh函数

Logistic函数和Tanh函数都是Sigmoid型函数，具有饱和性，但是计算开销较大. 因为这两个函数都是在中间（0附近）近似线性，两端饱和. 因此，这两个函数可以通过分段函数来近似.

以 Logistic 函数 $\sigma(x)$ 为例，其导数为 $\sigma'(x) = \sigma(x)(1-\sigma(x))$. Logistic 函数在 0 附近的一阶泰勒展开（Taylor expansion）为

$$g_l(x) \approx \sigma(0) + x \times \sigma'(0) \tag{4.7}$$
$$= 0.25x + 0.5. \tag{4.8}$$

这样 Logistic 函数可以用分段函数 hard-logistic(x) 来近似.

$$\text{hard-logistic}(x) = \begin{cases} 1 & g_l(x) \geq 1 \\ g_l & 0 < g_l(x) < 1 \\ 0 & g_l(x) \leq 0 \end{cases} \tag{4.9}$$
$$= \max\big(\min(g_l(x), 1), 0\big) \tag{4.10}$$
$$= \max\big(\min(0.25x + 0.5, 1), 0\big). \tag{4.11}$$

同样，Tanh 函数在 0 附近的一阶泰勒展开为

$$g_t(x) \approx \tanh(0) + x \times \tanh'(0) \tag{4.12}$$
$$= x, \tag{4.13}$$

这样 Tanh 函数也可以用分段函数 hard-tanh(x) 来近似.

$$\text{hard-tanh}(x) = \max\big(\min(g_t(x), 1), -1\big) \tag{4.14}$$
$$= \max\big(\min(x, 1), -1\big). \tag{4.15}$$

图4.3给出了 Hard-Logistic 函数和 Hard-Tanh 函数的形状.

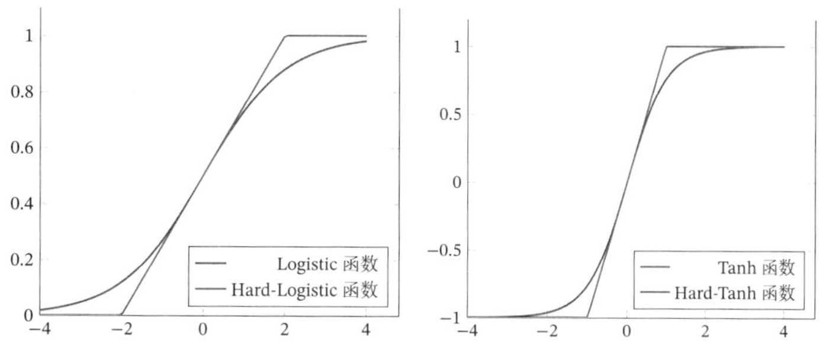

(a) Hard Logistic 函数 (b) Hard Tanh 函数

图 4.3 Hard Sigmoid 型激活函数

4.1.2 ReLU函数

ReLU（Rectified Linear Unit，修正线性单元）[Nair et al., 2010]，也叫Rectifier函数[Glorot et al., 2011]，是目前深度神经网络中经常使用的激活函数. ReLU实际上是一个斜坡（ramp）函数，定义为

$$\mathrm{ReLU}(x) = \begin{cases} x & x \geq 0 \\ 0 & x < 0 \end{cases} \tag{4.16}$$

$$= \max(0, x). \tag{4.17}$$

优点 采用ReLU的神经元只需要进行加、乘和比较的操作，计算上更加高效. ReLU函数也被认为具有生物学合理性（Biological Plausibility），比如单侧抑制、宽兴奋边界（即兴奋程度可以非常高）. 在生物神经网络中，同时处于兴奋状态的神经元非常稀疏. 人脑中在同一时刻大概只有1% ~ 4%的神经元处于活跃状态. Sigmoid型激活函数会导致一个非稀疏的神经网络，而ReLU却具有很好的稀疏性，大约50%的神经元会处于激活状态.

在优化方面，相比于Sigmoid型函数的两端饱和，ReLU函数为左饱和函数，且在$x > 0$时导数为1，在一定程度上缓解了神经网络的梯度消失问题，加速梯度下降的收敛速度.

参见第4.6.2节.

ReLU神经元指采用ReLU作为激活函数的神经元.

缺点 ReLU函数的输出是非零中心化的，给后一层的神经网络引入偏置偏移，会影响梯度下降的效率. 此外，ReLU神经元在训练时比较容易"死亡". 在训练时，如果参数在一次不恰当的更新后，第一个隐藏层中的某个ReLU神经元在所有的训练数据上都不能被激活，那么这个神经元自身参数的梯度永远都会是0，在以后的训练过程中永远不能被激活. 这种现象称为死亡ReLU问题（Dying ReLU Problem），并且也有可能会发生在其他隐藏层.

参见公式(4.66).

参见习题4-3.

在实际使用中，为了避免上述情况，有几种ReLU的变种也会被广泛使用.

4.1.2.1 带泄露的ReLU

带泄露的ReLU（Leaky ReLU）在输入$x < 0$时，保持一个很小的梯度γ. 这样当神经元非激活时也能有一个非零的梯度可以更新参数，避免永远不能被激活[Maas et al., 2013]. 带泄露的ReLU的定义如下：

$$\mathrm{LeakyReLU}(x) = \begin{cases} x & \text{if } x > 0 \\ \gamma x & \text{if } x \leq 0 \end{cases} \tag{4.18}$$

$$= \max(0, x) + \gamma \min(0, x), \tag{4.19}$$

其中 γ 是一个很小的常数，比如0.01. 当 $\gamma < 1$ 时，带泄露的ReLU也可以写为

$$\text{LeakyReLU}(x) = \max(x, \gamma x), \tag{4.20}$$

相当于是一个比较简单的maxout单元.

参见第4.1.5节.

4.1.2.2 带参数的ReLU

带参数的ReLU（Parametric ReLU，PReLU）引入一个可学习的参数，不同神经元可以有不同的参数 [He et al., 2015]. 对于第 i 个神经元，其PReLU的定义为

$$\begin{aligned}\text{PReLU}_i(x) &= \begin{cases} x & \text{if } x > 0 \\ \gamma_i x & \text{if } x \le 0 \end{cases} \quad (4.21)\\ &= \max(0, x) + \gamma_i \min(0, x), \quad (4.22)\end{aligned}$$

其中 γ_i 为 $x \le 0$ 时函数的斜率. 因此，PReLU是非饱和函数. 如果 $\gamma_i = 0$，那么PReLU就退化为ReLU. 如果 γ_i 为一个很小的常数，则PReLU可以看作带泄露的ReLU. PReLU可以允许不同神经元具有不同的参数，也可以一组神经元共享一个参数.

4.1.2.3 ELU函数

ELU（Exponential Linear Unit，指数线性单元）[Clevert et al., 2015] 是一个近似的零中心化的非线性函数，其定义为

$$\begin{aligned}\text{ELU}(x) &= \begin{cases} x & \text{if } x > 0 \\ \gamma(\exp(x) - 1) & \text{if } x \le 0 \end{cases} \quad (4.23)\\ &= \max(0, x) + \min(0, \gamma(\exp(x) - 1)), \quad (4.24)\end{aligned}$$

其中 $\gamma \ge 0$ 是一个超参数，决定 $x \le 0$ 时的饱和曲线，并调整输出均值在0附近.

参见第7.5.1节.

4.1.2.4 Softplus函数

Softplus函数[Dugas et al., 2001] 可以看作Rectifier函数的平滑版本，其定义为

$$\text{Softplus}(x) = \log(1 + \exp(x)). \tag{4.25}$$

Softplus函数其导数刚好是Logistic函数. Softplus函数虽然也具有单侧抑制、宽兴奋边界的特性，却没有稀疏激活性.

图4.4给出了ReLU、Leaky ReLU、ELU以及Softplus函数的示例.

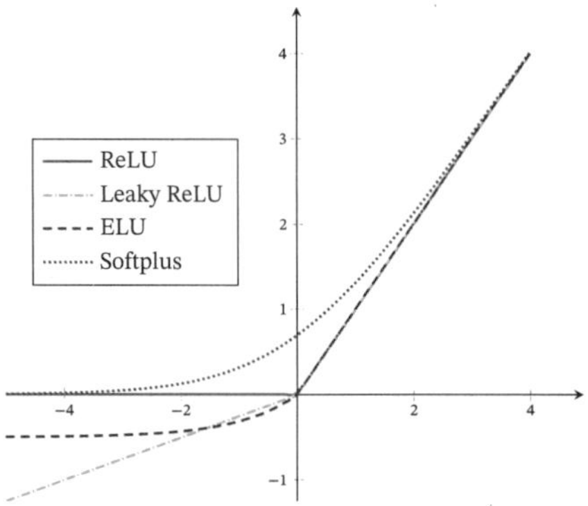

图 4.4 ReLU、Leaky ReLU、ELU 以及 Softplus 函数

4.1.3 Swish 函数

Swish 函数[Ramachandran et al., 2017] 是一种自门控（Self-Gated）激活函数，定义为

$$\text{swish}(x) = x\sigma(\beta x), \tag{4.26}$$

其中 $\sigma(\cdot)$ 为 Logistic 函数，β 为可学习的参数或一个固定超参数. $\sigma(\cdot) \in (0,1)$ 可以看作一种软性的门控机制. 当 $\sigma(\beta x)$ 接近于 1 时，门处于"开"状态，激活函数的输出近似于 x 本身；当 $\sigma(\beta x)$ 接近于 0 时，门的状态为"关"，激活函数的输出近似于 0.

图4.5给出了 Swish 函数的示例.

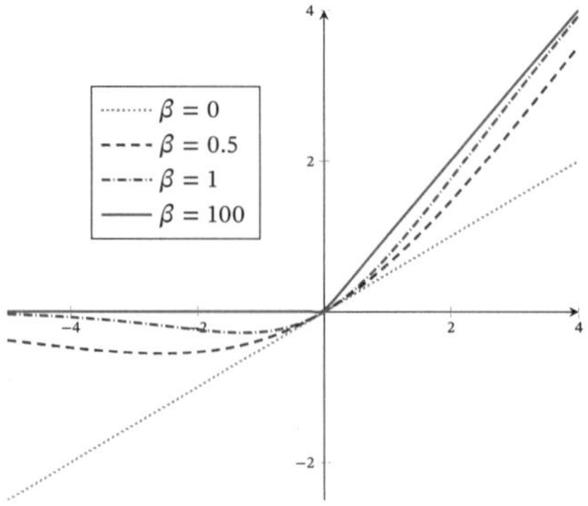

图 4.5 Swish 函数

当 $\beta = 0$ 时，Swish 函数变成线性函数 $x/2$. 当 $\beta = 1$ 时，Swish 函数在 $x > 0$ 时近似线性，在 $x < 0$ 时近似饱和，同时具有一定的非单调性. 当 $\beta \to +\infty$ 时，$\sigma(\beta x)$ 趋向于离散的 0-1 函数，Swish 函数近似为 ReLU 函数. 因此，Swish 函数可

以看作线性函数和 ReLU 函数之间的非线性插值函数,其程度由参数 β 控制.

4.1.4 GELU 函数

GELU(Gaussian Error Linear Unit,高斯误差线性单元)[Hendrycks et al., 2016] 也是一种通过门控机制来调整其输出值的激活函数,和 Swish 函数比较类似.

$$\text{GELU}(x) = xP(X \le x), \tag{4.27}$$

其中 $P(X \le x)$ 是高斯分布 $\mathcal{N}(\mu, \sigma^2)$ 的累积分布函数,其中 μ, σ 为超参数,一般设 $\mu = 0, \sigma = 1$ 即可. 由于高斯分布的累积分布函数为 S 型函数,因此 GELU 函数可以用 Tanh 函数或 Logistic 函数来近似,

$$\text{GELU}(x) \approx 0.5x\Big(1 + \tanh\Big(\sqrt{\frac{2}{\pi}}(x + 0.044715x^3)\Big)\Big), \tag{4.28}$$

或

$$\text{GELU}(x) \approx x\sigma(1.702x). \tag{4.29}$$

当使用 Logistic 函数来近似时,GELU 相当于一种特殊的 Swish 函数.

4.1.5 Maxout 单元

Maxout 单元[Goodfellow et al., 2013] 也是一种分段线性函数. Sigmoid 型函数、ReLU 等激活函数的输入是神经元的净输入 z,是一个标量. 而 Maxout 单元的输入是上一层神经元的全部原始输出,是一个向量 $\boldsymbol{x} = [x_1; x_2; \cdots; x_D]$.

这里 $\boldsymbol{x}$ 为列向量,其元素按分号隔开.

每个 Maxout 单元有 K 个权重向量 $\boldsymbol{w}_k \in \mathbb{R}^D$ 和偏置 b_k $(1 \le k \le K)$. 对于输入 $\boldsymbol{x}$,可以得到 K 个净输入 $z_k, 1 \le k \le K$.

$$z_k = \boldsymbol{w}_k^{\top}\boldsymbol{x} + b_k, \tag{4.30}$$

其中 $\boldsymbol{w}_k = [w_{k,1}, \cdots, w_{k,D}]^{\top}$ 为第 k 个权重向量.

Maxout 单元的非线性函数定义为

$$\text{maxout}(\boldsymbol{x}) = \max_{k \in [1,K]}(z_k). \tag{4.31}$$

Maxout 单元不单是净输入到输出之间的非线性映射,而是整体学习输入到输出之间的非线性映射关系. Maxout 激活函数可以看作任意凸函数的分段线性近似,并且在有限的点上是不可微的.

采用 Maxout 单元的神经网络也叫作Maxout 网络.

4.2 网络结构

一个生物神经细胞的功能比较简单，而人工神经元只是生物神经细胞的理想化和简单实现，功能更加简单．要想模拟人脑的能力，单一的神经元是远远不够的，需要通过很多神经元一起协作来完成复杂的功能．这样通过一定的连接方式或信息传递方式进行协作的神经元可以看作一个网络，就是神经网络．

虽然这里将神经网络结构大体上分为三种类型，但是大多数网络都是复合型结构，即一个神经网络中包括多种网络结构．

到目前为止，研究者已经发明了各种各样的神经网络结构．目前常用的神经网络结构有以下三种：

4.2.1 前馈网络

前馈网络中各个神经元按接收信息的先后分为不同的组．每一组可以看作一个神经层．每一层中的神经元接收前一层神经元的输出，并输出到下一层神经元．整个网络中的信息是朝一个方向传播，没有反向的信息传播，可以用一个有向无环路图表示．前馈网络包括全连接前馈网络（本章中的第4.3节）和卷积神经网络（第5章）等．

前馈网络可以看作一个函数，通过简单非线性函数的多次复合，实现输入空间到输出空间的复杂映射．这种网络结构简单，易于实现．

4.2.2 记忆网络

记忆网络，也称为反馈网络，网络中的神经元不但可以接收其他神经元的信息，也可以接收自己的历史信息．和前馈网络相比，记忆网络中的神经元具有记忆功能，在不同的时刻具有不同的状态．记忆神经网络中的信息传播可以是单向或双向传递，因此可用一个有向循环图或无向图来表示．记忆网络包括循环神经网络（第6章）、Hopfield 网络（第8.6.1节）、玻尔兹曼机（第12.1节）、受限玻尔兹曼机（第12.2节）等．

记忆网络可以看作一个程序，具有更强的计算和记忆能力．

为了增强记忆网络的记忆容量，可以引入外部记忆单元和读写机制，用来保存一些网络的中间状态，称为记忆增强神经网络（Memory Augmented Neural Network，MANN）（第8.5节），比如神经图灵机 [Graves et al., 2014] 和记忆网络 [Sukhbaatar et al., 2015] 等．

4.2.3 图网络

前馈网络和记忆网络的输入都可以表示为向量或向量序列．但实际应用中很多数据是图结构的数据，比如知识图谱、社交网络、分子（Molecular）网络等．

前馈网络和记忆网络很难处理图结构的数据.

图网络是定义在图结构数据上的神经网络（第6.8节）. 图中每个节点都由一个或一组神经元构成. 节点之间的连接可以是有向的，也可以是无向的. 每个节点可以收到来自相邻节点或自身的信息.

图网络是前馈网络和记忆网络的泛化，包含很多不同的实现方式，比如图卷积网络（Graph Convolutional Network，GCN）[Kipf et al., 2016]、图注意力网络（Graph Attention Network，GAT）[Veličković et al., 2017]、消息传递神经网络（Message Passing Neural Network，MPNN）[Gilmer et al., 2017]等.

图4.6给出了前馈网络、记忆网络和图网络的网络结构示例，其中圆形节点表示一个神经元，方形节点表示一组神经元.

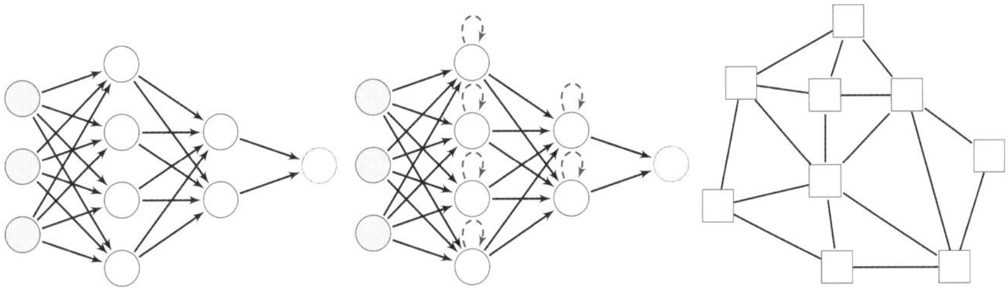

(a) 前馈网络　(b) 记忆网络　(c) 图网络

图 4.6　三种不同的网络结构示例

4.3 前馈神经网络

给定一组神经元，我们可以将神经元作为节点来构建一个网络. 不同的神经网络模型有着不同网络连接的拓扑结构. 一种比较直接的拓扑结构是前馈网络. 前馈神经网络（Feedforward Neural Network，FNN）是最早发明的简单人工神经网络. 前馈神经网络也经常称为多层感知器（Multi-Layer Perceptron，MLP）. 但多层感知器的叫法并不是十分合理，因为前馈神经网络其实是由多层的Logistic回归模型（连续的非线性函数）组成，而不是由多层的感知器（不连续的非线性函数）组成 [Bishop, 2007].

在前馈神经网络中，各神经元分别属于不同的层. 每一层的神经元可以接收前一层神经元的信号，并产生信号输出到下一层. 第0层称为输入层，最后一层称为输出层，其他中间层称为隐藏层. 整个网络中无反馈，信号从输入层向输出层单向传播，可用一个有向无环图表示.

图4.7给出了前馈神经网络的示例.

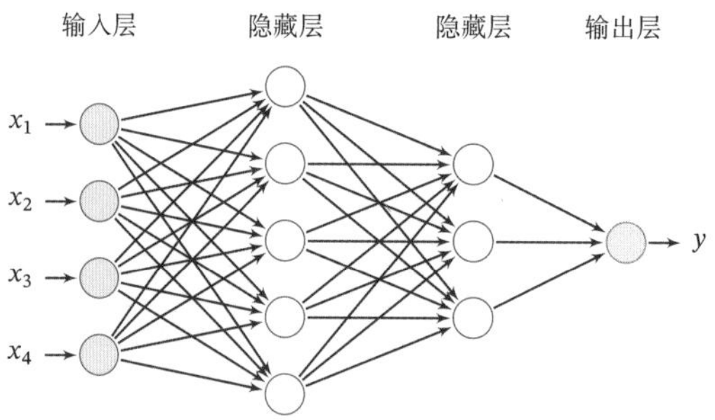

图 4.7 多层前馈神经网络

表4.1给出了描述前馈神经网络的记号.

表 4.1 前馈神经网络的记号

记号	含义
L	神经网络的层数
M_l	第 l 层神经元的个数
$f_l(\cdot)$	第 l 层神经元的激活函数
$\boldsymbol{W}^{(l)} \in \mathbb{R}^{M_l \times M_{l-1}}$	第 $l-1$ 层到第 l 层的权重矩阵
$\boldsymbol{b}^{(l)} \in \mathbb{R}^{M_l}$	第 $l-1$ 层到第 l 层的偏置
$\boldsymbol{z}^{(l)} \in \mathbb{R}^{M_l}$	第 l 层神经元的净输入(净活性值)
$\boldsymbol{a}^{(l)} \in \mathbb{R}^{M_l}$	第 l 层神经元的输出(活性值)

层数 L 一般只考虑隐藏层和输出层.

令 $\boldsymbol{a}^{(0)} = \boldsymbol{x}$,前馈神经网络通过不断迭代下面公式进行信息传播:

$$\boldsymbol{z}^{(l)} = \boldsymbol{W}^{(l)}\boldsymbol{a}^{(l-1)} + \boldsymbol{b}^{(l)}, \tag{4.32}$$

$$\boldsymbol{a}^{(l)} = f_l(\boldsymbol{z}^{(l)}). \tag{4.33}$$

首先根据第 $l-1$ 层神经元的活性值(Activation)$\boldsymbol{a}^{(l-1)}$ 计算出第 l 层神经元的净活性值(Net Activation)$\boldsymbol{z}^{(l)}$,然后经过一个激活函数得到第 l 层神经元的活性值. 因此,我们也可以把每个神经层看作一个仿射变换(Affine Transformation)和一个非线性变换.

仿射变换参见第A.2.2节.

公式(4.32)和公式(4.33)也可以合并写为:

$$\boldsymbol{z}^{(l)} = \boldsymbol{W}^{(l)} f_{l-1}(\boldsymbol{z}^{(l-1)}) + \boldsymbol{b}^{(l)}, \tag{4.34}$$

或者

$$\boldsymbol{a}^{(l)} = f_l(\boldsymbol{W}^{(l)}\boldsymbol{a}^{(l-1)} + \boldsymbol{b}^{(l)}). \tag{4.35}$$

这样，前馈神经网络可以通过逐层的信息传递，得到网络最后的输出 $\boldsymbol{a}^{(L)}$. 整个网络可以看作一个复合函数 $\phi(\boldsymbol{x};\boldsymbol{W},\boldsymbol{b})$，将向量 $\boldsymbol{x}$ 作为第1层的输入 $\boldsymbol{a}^{(0)}$，将第 L 层的输出 $\boldsymbol{a}^{(L)}$ 作为整个函数的输出.

$$\boldsymbol{x}=\boldsymbol{a}^{(0)} \rightarrow \boldsymbol{z}^{(1)} \rightarrow \boldsymbol{a}^{(1)} \rightarrow \boldsymbol{z}^{(2)} \rightarrow \cdots \rightarrow \boldsymbol{a}^{(L-1)} \rightarrow \boldsymbol{z}^{(L)} \rightarrow \boldsymbol{a}^{(L)}=\phi(\boldsymbol{x};\boldsymbol{W},\boldsymbol{b}), \tag{4.36}$$

其中 $\boldsymbol{W},\boldsymbol{b}$ 表示网络中所有层的连接权重和偏置.

4.3.1 通用近似定理

前馈神经网络具有很强的拟合能力，常见的连续非线性函数都可以用前馈神经网络来近似.

> **定理 4.1 – 通用近似定理（Universal Approximation Theorem）[Cybenko, 1989; Hornik et al., 1989]**：令 $\phi(\cdot)$ 是一个非常数、有界、单调递增的连续函数，$\mathcal{I}_D$ 是一个 D 维的单位超立方体 $[0,1]^D$，$C(\mathcal{I}_D)$ 是定义在 $\mathcal{I}_D$ 上的连续函数集合. 对于任意给定的一个函数 $f \in C(\mathcal{I}_D)$，存在一个整数 M，和一组实数 $v_m, b_m \in \mathbb{R}$ 以及实数向量 $\boldsymbol{w}_m \in \mathbb{R}^D$，$m=1,\cdots,M$，以至于我们可以定义函数
>
> $$F(\boldsymbol{x})=\sum_{m=1}^{M} v_m \phi(\boldsymbol{w}_m^{\top}\boldsymbol{x}+b_m), \tag{4.37}$$
>
> 作为函数 f 的近似实现，即
>
> $$|F(\boldsymbol{x})-f(\boldsymbol{x})|<\epsilon, \forall \boldsymbol{x} \in \mathcal{I}_D, \tag{4.38}$$
>
> 其中 $\epsilon>0$ 是一个很小的正数.

通用近似定理在实数空间 $\mathbb{R}^D$ 中的有界闭集上依然成立.

定义在实数空间 $\mathbb{R}^D$ 中的有界闭集上的任意连续函数，也称为Borel可测函数.

根据通用近似定理，对于具有线性输出层和至少一个使用“挤压”性质的激活函数的隐藏层组成的前馈神经网络，只要其隐藏层神经元的数量足够，它可以以任意的精度来近似任何一个定义在实数空间 $\mathbb{R}^D$ 中的有界闭集函数 [Funahashi et al., 1993; Hornik et al., 1989]. 所谓“挤压”性质的函数是指像Sigmoid函数的有界函数，但神经网络的通用近似性质也被证明对于其他类型的激活函数，比如ReLU，也都是适用的.

参见习题4-6.

通用近似定理只是说明了神经网络的计算能力可以去近似一个给定的连续函数，但并没有给出如何找到这样一个网络，以及是否是最优的. 此外，当应用到

机器学习时,真实的映射函数并不知道,一般是通过经验风险最小化和正则化来进行参数学习. 因为神经网络的强大能力,反而容易在训练集上过拟合.

4.3.2 应用到机器学习

根据通用近似定理,神经网络在某种程度上可以作为一个"万能"函数来使用,可以用来进行复杂的特征转换,或逼近一个复杂的条件分布.

在机器学习中,输入样本的特征对分类器的影响很大. 以监督学习为例,好的特征可以极大提高分类器的性能. 因此,要取得好的分类效果,需要将样本的原始特征向量 $\boldsymbol{x}$ 转换到更有效的特征向量 $\phi(\boldsymbol{x})$,这个过程叫作特征抽取.

参见第2.6.1.2节.

多层前馈神经网络可以看作一个非线性复合函数 $\phi: \mathbb{R}^D \to \mathbb{R}^{D'}$,将输入 $\boldsymbol{x} \in \mathbb{R}^D$ 映射到输出 $\phi(\boldsymbol{x}) \in \mathbb{R}^{D'}$. 因此,多层前馈神经网络也可以看成是一种特征转换方法,其输出 $\phi(\boldsymbol{x})$ 作为分类器的输入进行分类.

给定一个训练样本 $(\boldsymbol{x}, y)$,先利用多层前馈神经网络将 $\boldsymbol{x}$ 映射到 $\phi(\boldsymbol{x})$,然后再将 $\phi(\boldsymbol{x})$ 输入到分类器 $g(\cdot)$,即

$$\hat{y} = g(\phi(\boldsymbol{x}); \theta), \tag{4.39}$$

其中 $g(\cdot)$ 为线性或非线性的分类器,θ 为分类器 $g(\cdot)$ 的参数,$\hat{y}$ 为分类器的输出.

反之,Logistic 回归或 Softmax 回归也可以看作只有一层的神经网络.

特别地,如果分类器 $g(\cdot)$ 为 Logistic 回归分类器或 Softmax 回归分类器,那么 $g(\cdot)$ 也可以看成是网络的最后一层,即神经网络直接输出不同类别的条件概率 $p(y|\boldsymbol{x})$.

Logistic 回归参见第3.2节.

对于二分类问题 $y \in \{0, 1\}$,并采用 Logistic 回归,那么 Logistic 回归分类器可以看成神经网络的最后一层. 也就是说,网络的最后一层只用一个神经元,并且其激活函数为 Logistic 函数. 网络的输出可以直接作为类别 $y = 1$ 的条件概率,

$$p(y = 1|\boldsymbol{x}) = a^{(L)}, \tag{4.40}$$

其中 $a^{(L)} \in \mathbb{R}$ 为第 L 层神经元的活性值.

Softmax 回归参见第3.3节.

对于多分类问题 $y \in \{1, \cdots, C\}$,如果使用 Softmax 回归分类器,相当于网络最后一层设置 C 个神经元,其激活函数为 Softmax 函数. 网络最后一层(第 L 层)的输出可以作为每个类的条件概率,即

$$\hat{\boldsymbol{y}} = \text{softmax}(\boldsymbol{z}^{(L)}), \tag{4.41}$$

其中 $\boldsymbol{z}^{(L)} \in \mathbb{R}^C$ 为第 L 层神经元的净输入;$\hat{\boldsymbol{y}} \in \mathbb{R}^C$ 为第 L 层神经元的活性值,每一维分别表示不同类别标签的预测条件概率.

4.3.3 参数学习

如果采用交叉熵损失函数,对于样本 $(\boldsymbol{x}, y)$,其损失函数为

$$\mathcal{L}(\boldsymbol{y}, \hat{\boldsymbol{y}}) = -\boldsymbol{y}^{\mathrm{T}} \log \hat{\boldsymbol{y}}, \tag{4.42}$$

其中 $\boldsymbol{y} \in \{0,1\}^C$ 为标签 y 对应的 one-hot 向量表示.

给定训练集为 $\mathcal{D} = \{(\boldsymbol{x}^{(n)}, y^{(n)})\}_{n=1}^N$,将每个样本 $\boldsymbol{x}^{(n)}$ 输入给前馈神经网络,得到网络输出为 $\hat{\boldsymbol{y}}^{(n)}$,其在数据集 $\mathcal{D}$ 上的结构化风险函数为

$$\mathcal{R}(\boldsymbol{W}, \boldsymbol{b}) = \frac{1}{N}\sum_{n=1}^{N}\mathcal{L}(\boldsymbol{y}^{(n)}, \hat{\boldsymbol{y}}^{(n)}) + \frac{1}{2}\lambda\|\boldsymbol{W}\|_F^2, \tag{4.43}$$

其中 $\boldsymbol{W}$ 和 $\boldsymbol{b}$ 分别表示网络中所有的权重矩阵和偏置向量;$\|\boldsymbol{W}\|_F^2$ 是正则化项,用来防止过拟合;$\lambda > 0$ 为超参数. λ 越大,$\boldsymbol{W}$ 越接近于 0. 这里的 $\|\boldsymbol{W}\|_F^2$ 一般使用 Frobenius 范数:

注意这里的正则化项只包含权重参数 $\boldsymbol{W}$,而不包含偏置 $\boldsymbol{b}$.

$$\|\boldsymbol{W}\|_F^2 = \sum_{l=1}^{L}\sum_{i=1}^{M_l}\sum_{j=1}^{M_{l-1}}(w_{ij}^{(l)})^2. \tag{4.44}$$

有了学习准则和训练样本,网络参数可以通过梯度下降法来进行学习. 在梯度下降方法的每次迭代中,第 l 层的参数 $\boldsymbol{W}^{(l)}$ 和 $\boldsymbol{b}^{(l)}$ 参数更新方式为

$$\boldsymbol{W}^{(l)} \leftarrow \boldsymbol{W}^{(l)} - \alpha\frac{\partial\mathcal{R}(\boldsymbol{W}, \boldsymbol{b})}{\partial\boldsymbol{W}^{(l)}} \tag{4.45}$$

$$= \boldsymbol{W}^{(l)} - \alpha\left(\frac{1}{N}\sum_{n=1}^{N}\left(\frac{\partial\mathcal{L}(\boldsymbol{y}^{(n)}, \hat{\boldsymbol{y}}^{(n)})}{\partial\boldsymbol{W}^{(l)}}\right) + \lambda\boldsymbol{W}^{(l)}\right), \tag{4.46}$$

$$\boldsymbol{b}^{(l)} \leftarrow \boldsymbol{b}^{(l)} - \alpha\frac{\partial\mathcal{R}(\boldsymbol{W}, \boldsymbol{b})}{\partial\boldsymbol{b}^{(l)}} \tag{4.47}$$

$$= \boldsymbol{b}^{(l)} - \alpha\left(\frac{1}{N}\sum_{n=1}^{N}\frac{\partial\mathcal{L}(\boldsymbol{y}^{(n)}, \hat{\boldsymbol{y}}^{(n)})}{\partial\boldsymbol{b}^{(l)}}\right), \tag{4.48}$$

其中 α 为学习率.

梯度下降法需要计算损失函数对参数的偏导数,如果通过链式法则逐一对每个参数进行求偏导比较低效. 在神经网络的训练中经常使用反向传播算法来高效地计算梯度.

4.4 反向传播算法

假设采用随机梯度下降进行神经网络参数学习,给定一个样本 $(\boldsymbol{x}, \boldsymbol{y})$,将其输入到神经网络模型中,得到网络输出为 $\hat{\boldsymbol{y}}$. 假设损失函数为 $\mathcal{L}(\boldsymbol{y}, \hat{\boldsymbol{y}})$,要进行参数学习就需要计算损失函数关于每个参数的导数.

这里使用向量或矩阵来表示多变量函数的偏导数，并使用分母布局表示，参见第B.3节.

参见公式(B.18).

不失一般性，对第l层中的参数$\boldsymbol{W}^{(l)}$和$\boldsymbol{b}^{(l)}$计算偏导数. 因为$\frac{\partial \mathcal{L}(\boldsymbol{y},\hat{\boldsymbol{y}})}{\partial \boldsymbol{W}^{(l)}}$的计算涉及向量对矩阵的微分，十分繁琐，因此我们先计算$\mathcal{L}(\boldsymbol{y},\hat{\boldsymbol{y}})$关于参数矩阵中每个元素的偏导数$\frac{\partial \mathcal{L}(\boldsymbol{y},\hat{\boldsymbol{y}})}{\partial w_{ij}^{(l)}}$. 根据链式法则，

$$\frac{\partial \mathcal{L}(\boldsymbol{y},\hat{\boldsymbol{y}})}{\partial w_{ij}^{(l)}} = \frac{\partial \boldsymbol{z}^{(l)}}{\partial w_{ij}^{(l)}} \frac{\partial \mathcal{L}(\boldsymbol{y},\hat{\boldsymbol{y}})}{\partial \boldsymbol{z}^{(l)}}, \tag{4.49}$$

$$\frac{\partial \mathcal{L}(\boldsymbol{y},\hat{\boldsymbol{y}})}{\partial \boldsymbol{b}^{(l)}} = \frac{\partial \boldsymbol{z}^{(l)}}{\partial \boldsymbol{b}^{(l)}} \frac{\partial \mathcal{L}(\boldsymbol{y},\hat{\boldsymbol{y}})}{\partial \boldsymbol{z}^{(l)}}. \tag{4.50}$$

公式(4.49)和公式(4.50)中的第二项都是目标函数关于第l层的神经元$\boldsymbol{z}^{(l)}$的偏导数，称为误差项，可以一次计算得到. 这样我们只需要计算三个偏导数，分别为$\frac{\partial \boldsymbol{z}^{(l)}}{\partial w_{ij}^{(l)}}$，$\frac{\partial \boldsymbol{z}^{(l)}}{\partial \boldsymbol{b}^{(l)}}$和$\frac{\partial \mathcal{L}(\boldsymbol{y},\hat{\boldsymbol{y}})}{\partial \boldsymbol{z}^{(l)}}$.

下面分别来计算这三个偏导数.

这里的矩阵微分采用分母布局，即一个列向量关于标量的偏导数为行向量，参见第B.3节.

（1）计算偏导数$\frac{\partial \boldsymbol{z}^{(l)}}{\partial w_{ij}^{(l)}}$　因$\boldsymbol{z}^{(l)} = \boldsymbol{W}^{(l)}\boldsymbol{a}^{(l-1)} + \boldsymbol{b}^{(l)}$，偏导数

$$\frac{\partial \boldsymbol{z}^{(l)}}{\partial w_{ij}^{(l)}} = \left[\frac{\partial z_1^{(l)}}{\partial w_{ij}^{(l)}}, \cdots, \boxed{\frac{\partial z_i^{(l)}}{\partial w_{ij}^{(l)}}}, \cdots, \frac{\partial z_{M_l}^{(l)}}{\partial w_{ij}^{(l)}}\right] \tag{4.51}$$

$$= \left[0, \cdots, \boxed{\frac{\partial (\boldsymbol{w}_{i:}^{(l)}\boldsymbol{a}^{(l-1)} + b_i^{(l)})}{\partial w_{ij}^{(l)}}}, \cdots, 0\right] \tag{4.52}$$

$$= \left[0, \cdots, a_j^{(l-1)}, \cdots, 0\right] \tag{4.53}$$

$$\triangleq \mathbb{I}_i(a_j^{(l-1)}) \quad \in \mathbb{R}^{1\times M_l}, \tag{4.54}$$

其中$\boldsymbol{w}_{i:}^{(l)}$为权重矩阵$\boldsymbol{W}^{(l)}$的第$i$行，$\mathbb{I}_i(a_j^{(l-1)})$表示第$i$个元素为$a_j^{(l-1)}$，其余为0的行向量.

（2）计算偏导数$\frac{\partial \boldsymbol{z}^{(l)}}{\partial \boldsymbol{b}^{(l)}}$　因为$\boldsymbol{z}^{(l)}$和$\boldsymbol{b}^{(l)}$的函数关系为$\boldsymbol{z}^{(l)} = \boldsymbol{W}^{(l)}\boldsymbol{a}^{(l-1)} + \boldsymbol{b}^{(l)}$，因此偏导数

$$\frac{\partial \boldsymbol{z}^{(l)}}{\partial \boldsymbol{b}^{(l)}} = \boldsymbol{I}_{M_l} \quad \in \mathbb{R}^{M_l\times M_l}, \tag{4.55}$$

为$M_l \times M_l$的单位矩阵.

（3）计算偏导数$\frac{\partial \mathcal{L}(\boldsymbol{y},\hat{\boldsymbol{y}})}{\partial \boldsymbol{z}^{(l)}}$　偏导数$\frac{\partial \mathcal{L}(\boldsymbol{y},\hat{\boldsymbol{y}})}{\partial \boldsymbol{z}^{(l)}}$表示第$l$层神经元对最终损失的影响，也反映了最终损失对第$l$层神经元的敏感程度，因此一般称为第$l$层神经元的误差项，用$\delta^{(l)}$来表示.

$$\delta^{(l)} \triangleq \frac{\partial \mathcal{L}(\boldsymbol{y},\hat{\boldsymbol{y}})}{\partial \boldsymbol{z}^{(l)}} \quad \in \mathbb{R}^{M_l}. \tag{4.56}$$

误差项$\delta^{(l)}$也间接反映了不同神经元对网络能力的贡献程度，从而比较好地解决了贡献度分配问题（Credit Assignment Problem，CAP）.

根据$\boldsymbol{z}^{(l+1)} = \boldsymbol{W}^{(l+1)}\boldsymbol{a}^{(l)} + \boldsymbol{b}^{(l+1)}$，有

$$\frac{\partial \boldsymbol{z}^{(l+1)}}{\partial \boldsymbol{a}^{(l)}} = (\boldsymbol{W}^{(l+1)})^{\top} \quad \in \mathbb{R}^{M_l \times M_{l+1}}. \tag{4.57}$$

根据$\boldsymbol{a}^{(l)} = f_l(\boldsymbol{z}^{(l)})$，其中$f_l(\cdot)$为按位计算的函数，因此有

$$\frac{\partial \boldsymbol{a}^{(l)}}{\partial \boldsymbol{z}^{(l)}} = \frac{\partial f_l(\boldsymbol{z}^{(l)})}{\partial \boldsymbol{z}^{(l)}} \tag{4.58}$$

$$= \mathrm{diag}(f_l'(\boldsymbol{z}^{(l)})) \quad \in \mathbb{R}^{M_l \times M_l}. \tag{4.59}$$

因此，根据链式法则，第l层的误差项为

$$\delta^{(l)} \triangleq \frac{\partial \mathcal{L}(\boldsymbol{y}, \hat{\boldsymbol{y}})}{\partial \boldsymbol{z}^{(l)}} \tag{4.60}$$

$$= \frac{\partial \boldsymbol{a}^{(l)}}{\partial \boldsymbol{z}^{(l)}} \cdot \frac{\partial \boldsymbol{z}^{(l+1)}}{\partial \boldsymbol{a}^{(l)}} \cdot \frac{\partial \mathcal{L}(\boldsymbol{y}, \hat{\boldsymbol{y}})}{\partial \boldsymbol{z}^{(l+1)}} \tag{4.61}$$

$$= \mathrm{diag}(f_l'(\boldsymbol{z}^{(l)})) \cdot (\boldsymbol{W}^{(l+1)})^{\top} \cdot \delta^{(l+1)} \tag{4.62}$$

$$= f_l'(\boldsymbol{z}^{(l)}) \odot \Big((\boldsymbol{W}^{(l+1)})^{\top} \delta^{(l+1)} \Big) \quad \in \mathbb{R}^{M_l}, \tag{4.63}$$

其中$\odot$是向量的Hadamard积运算符，表示每个元素相乘.

Hadamard积参见第A.2.3节.

从公式(4.63)可以看出，第l层的误差项可以通过第$l+1$层的误差项计算得到，这就是误差的反向传播（BackPropagation，BP）. 反向传播算法的含义是：第l层的一个神经元的误差项（或敏感性）是所有与该神经元相连的第$l+1$层的神经元的误差项的权重和. 然后，再乘上该神经元激活函数的梯度.

在计算出上面三个偏导数之后，公式(4.49)可以写为

$$\frac{\partial \mathcal{L}(\boldsymbol{y}, \hat{\boldsymbol{y}})}{\partial w_{ij}^{(l)}} = \mathbb{I}_i(a_j^{(l-1)})\delta^{(l)} \tag{4.64}$$

$$= \big[0, \cdots, a_j^{(l-1)}, \cdots, 0\big]\big[\delta_1^{(l)}, \cdots, \delta_i^{(l)}, \cdots, \delta_{M_l}^{(l)}\big]^{\top} \tag{4.65}$$

$$= \delta_i^{(l)} a_j^{(l-1)}, \tag{4.66}$$

其中$\delta_i^{(l)} a_j^{(l-1)}$相当于向量$\delta^{(l)}$和向量$\boldsymbol{a}^{(l-1)}$的外积的第$i, j$个元素. 上式可以进一步写为

外积参见公式(A.28).

$$\left[\frac{\partial \mathcal{L}(\boldsymbol{y}, \hat{\boldsymbol{y}})}{\partial \boldsymbol{W}^{(l)}}\right]_{ij} = \big[\delta^{(l)}(\boldsymbol{a}^{(l-1)})^{\top}\big]_{ij}. \tag{4.67}$$

因此，$\mathcal{L}(\boldsymbol{y}, \hat{\boldsymbol{y}})$关于第$l$层权重$\boldsymbol{W}^{(l)}$的梯度为

$$\frac{\partial \mathcal{L}(\boldsymbol{y}, \hat{\boldsymbol{y}})}{\partial \boldsymbol{W}^{(l)}} = \delta^{(l)}(\boldsymbol{a}^{(l-1)})^{\top} \quad \in \mathbb{R}^{M_l \times M_{l-1}}. \tag{4.68}$$

同理，$\mathcal{L}(\boldsymbol{y}, \hat{\boldsymbol{y}})$ 关于第 l 层偏置 $\boldsymbol{b}^{(l)}$ 的梯度为

$$\frac{\partial \mathcal{L}(\boldsymbol{y}, \hat{\boldsymbol{y}})}{\partial \boldsymbol{b}^{(l)}} = \delta^{(l)} \quad \in \mathbb{R}^{M_l}. \tag{4.69}$$

在计算出每一层的误差项之后，我们就可以得到每一层参数的梯度. 因此，使用误差反向传播算法的前馈神经网络训练过程可以分为以下三步：

（1）前馈计算每一层的净输入 $\boldsymbol{z}^{(l)}$ 和激活值 $\boldsymbol{a}^{(l)}$，直到最后一层；

（2）反向传播计算每一层的误差项 $\delta^{(l)}$；

（3）计算每一层参数的偏导数，并更新参数.

算法4.1给出使用反向传播算法的随机梯度下降训练过程.

算法 4.1　使用反向传播算法的随机梯度下降训练过程

输入: 训练集 $\mathcal{D} = \{(\boldsymbol{x}^{(n)}, y^{(n)})\}_{n=1}^{N}$，验证集 $\mathcal{V}$，学习率 α，正则化系数 λ，网络层数 L，神经元数量 M_l，$1 \le l \le L$.

随机初始化 $\boldsymbol{W}, \boldsymbol{b}$；
repeat
　　对训练集 $\mathcal{D}$ 中的样本随机重排序；
　　for $n = 1 \cdots N$ **do**
　　　　从训练集 $\mathcal{D}$ 中选取样本 $(\boldsymbol{x}^{(n)}, y^{(n)})$；
　　　　前馈计算每一层的净输入 $\boldsymbol{z}^{(l)}$ 和激活值 $\boldsymbol{a}^{(l)}$，直到最后一层；
　　　　反向传播计算每一层的误差 $\delta^{(l)}$；　　// 公式 (4.63)
　　　　// 计算每一层参数的导数
　　　　$\forall l, \quad \frac{\partial \mathcal{L}(\boldsymbol{y}^{(n)}, \hat{\boldsymbol{y}}^{(n)})}{\partial \boldsymbol{W}^{(l)}} = \delta^{(l)} (\boldsymbol{a}^{(l-1)})^{\mathsf{T}}$；　　// 公式 (4.68)
　　　　$\forall l, \quad \frac{\partial \mathcal{L}(\boldsymbol{y}^{(n)}, \hat{\boldsymbol{y}}^{(n)})}{\partial \boldsymbol{b}^{(l)}} = \delta^{(l)}$；　　// 公式 (4.69)
　　　　// 更新参数
　　　　$\boldsymbol{W}^{(l)} \leftarrow \boldsymbol{W}^{(l)} - \alpha(\delta^{(l)} (\boldsymbol{a}^{(l-1)})^{\mathsf{T}} + \lambda \boldsymbol{W}^{(l)})$；
　　　　$\boldsymbol{b}^{(l)} \leftarrow \boldsymbol{b}^{(l)} - \alpha \delta^{(l)}$；
　　end
until 神经网络模型在验证集 $\mathcal{V}$ 上的错误率不再下降；

输出: $\boldsymbol{W}, \boldsymbol{b}$

4.5　自动梯度计算

神经网络的参数主要通过梯度下降来进行优化. 当确定了风险函数以及网络结构后，我们就可以手动用链式法则来计算风险函数对每个参数的梯度，并用代码进行实现. 但是手动求导并转换为计算机程序的过程非常琐碎并容易出错，

导致实现神经网络变得十分低效. 实际上，参数的梯度可以让计算机来自动计算. 目前，主流的深度学习框架都包含了自动梯度计算的功能，即我们可以只考虑网络结构并用代码实现，其梯度可以自动进行计算，无须人工干预，这样可以大幅提高开发效率.

自动计算梯度的方法可以分为以下三类：数值微分、符号微分和自动微分.

4.5.1 数值微分

数值微分（Numerical Differentiation）是用数值方法来计算函数 $f(x)$ 的导数. 函数 $f(x)$ 的点 x 的导数定义为

$$f'(x) = \lim_{\Delta x \to 0} \frac{f(x + \Delta x) - f(x)}{\Delta x}. \tag{4.70}$$

要计算函数 $f(x)$ 在点 x 的导数，可以对 x 加上一个很少的非零的扰动 Δx，通过上述定义来直接计算函数 $f(x)$ 的梯度. 数值微分方法非常容易实现，但找到一个合适的扰动 Δx 却十分困难. 如果 Δx 过小，会引起数值计算问题，比如舍入误差；如果 Δx 过大，会增加截断误差，使得导数计算不准确. 因此，数值微分的实用性比较差.

舍入误差（Round-off Error）是指数值计算中由于数字舍入造成的近似值和精确值之间的差异，比如用浮点数来表示实数.

截断误差（Truncation Error）是数学模型的理论解与数值计算问题的精确解之间的误差.

在实际应用，经常使用下面公式来计算梯度，可以减少截断误差.

$$f'(x) = \lim_{\Delta x \to 0} \frac{f(x + \Delta x) - f(x - \Delta x)}{2\Delta x}. \tag{4.71}$$

数值微分的另外一个问题是计算复杂度. 假设参数数量为 N，则每个参数都需要单独施加扰动，并计算梯度. 假设每次正向传播的计算复杂度为 $O(N)$，则计算数值微分的总体时间复杂度为 $O(N^2)$.

4.5.2 符号微分

符号微分（Symbolic Differentiation）是一种基于符号计算的自动求导方法. 符号计算也叫代数计算，是指用计算机来处理带有变量的数学表达式. 这里的变量被看作符号（Symbols），一般不需要代入具体的值. 符号计算的输入和输出都是数学表达式，一般包括对数学表达式的化简、因式分解、微分、积分、解代数方程、求解常微分方程等运算.

和符号计算相对应的概念是数值计算，即将数值代入数学表示中进行计算.

比如数学表达式的化简：

$$\text{输入：} 3x - x + 2x + 1 \tag{4.72}$$

$$\text{输出：} 4x + 1. \tag{4.73}$$

符号计算一般来讲是对输入的表达式，通过迭代或递归使用一些事先定义的规则进行转换. 当转换结果不能再继续使用变换规则时，便停止计算.

符号微分可以在编译时就计算梯度的数学表示，并进一步利用符号计算方法进行优化. 此外，符号计算的一个优点是符号计算和平台无关，可以在CPU或GPU上运行. 符号微分也有一些不足之处：1）编译时间较长，特别是对于循环，需要很长时间进行编译；2）为了进行符号微分，一般需要设计一种专门的语言来表示数学表达式，并且要对变量（符号）进行预先声明；3）很难对程序进行调试.

4.5.3 自动微分

自动微分（Automatic Differentiation，AD）是一种可以对一个（程序）函数进行计算导数的方法. 符号微分的处理对象是数学表达式，而自动微分的处理对象是一个函数或一段程序.

自动微分可以直接在原始程序代码进行微分，因此自动微分成为目前大多数深度学习框架的首选.

自动微分的基本原理是所有的数值计算可以分解为一些基本操作，包含 $+, -, \times, /$ 和一些初等函数 exp, log, sin, cos 等，然后利用链式法则来自动计算一个复合函数的梯度.

为简单起见，这里以一个神经网络中常见的复合函数的例子来说明自动微分的过程. 令复合函数 $f(x; w, b)$ 为

$$f(x; w, b) = \frac{1}{\exp\big(-(wx + b)\big) + 1}, \tag{4.74}$$

其中 x 为输入标量，w 和 b 分别为权重和偏置参数.

首先，我们将复合函数 $f(x; w, b)$ 分解为一系列的基本操作，并构成一个计算图（Computational Graph）. 计算图是数学运算的图形化表示. 计算图中的每个非叶子节点表示一个基本操作，每个叶子节点为一个输入变量或常量. 图4.8给出了当 $x = 1, w = 0, b = 0$ 时复合函数 $f(x; w, b)$ 的计算图，其中连边上的红色数字表示前向计算时复合函数中每个变量的实际取值.

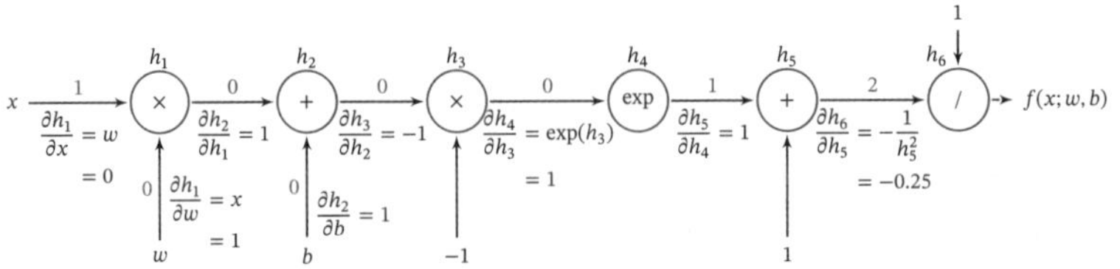

图 4.8 复合函数 $f(x; w, b)$ 的计算图

从计算图上可以看出，复合函数 $f(x; w, b)$ 由6个基本函数 $h_i, 1 \le i \le 6$ 组成. 如表4.2所示，每个基本函数的导数都十分简单，可以通过规则来实现.

表 4.2 复合函数 $f(x;w,b)$ 的 6 个基本函数及其导数

函数	导数	
$h_1 = x \times w$	$\frac{\partial h_1}{\partial w} = x$	$\frac{\partial h_1}{\partial x} = w$
$h_2 = h_1 + b$	$\frac{\partial h_2}{\partial h_1} = 1$	$\frac{\partial h_2}{\partial b} = 1$
$h_3 = h_2 \times -1$	$\frac{\partial h_3}{\partial h_2} = -1$	
$h_4 = \exp(h_3)$	$\frac{\partial h_4}{\partial h_3} = \exp(h_3)$	
$h_5 = h_4 + 1$	$\frac{\partial h_5}{\partial h_4} = 1$	
$h_6 = 1/h_5$	$\frac{\partial h_6}{\partial h_5} = -\frac{1}{h_5^2}$	

整个复合函数 $f(x;w,b)$ 关于参数 w 和 b 的导数可以通过计算图上的节点 $f(x;w,b)$ 与参数 w 和 b 之间路径上所有的导数连乘来得到，即

$$\frac{\partial f(x;w,b)}{\partial w} = \frac{\partial f(x;w,b)}{\partial h_6}\frac{\partial h_6}{\partial h_5}\frac{\partial h_5}{\partial h_4}\frac{\partial h_4}{\partial h_3}\frac{\partial h_3}{\partial h_2}\frac{\partial h_2}{\partial h_1}\frac{\partial h_1}{\partial w}, \tag{4.75}$$

$$\frac{\partial f(x;w,b)}{\partial b} = \frac{\partial f(x;w,b)}{\partial h_6}\frac{\partial h_6}{\partial h_5}\frac{\partial h_5}{\partial h_4}\frac{\partial h_4}{\partial h_3}\frac{\partial h_3}{\partial h_2}\frac{\partial h_2}{\partial b}. \tag{4.76}$$

以 $\frac{\partial f(x;w,b)}{\partial w}$ 为例，当 $x = 1, w = 0, b = 0$ 时，可以得到

$$\frac{\partial f(x;w,b)}{\partial w}\Big|_{x=1,w=0,b=0} = \frac{\partial f(x;w,b)}{\partial h_6}\frac{\partial h_6}{\partial h_5}\frac{\partial h_5}{\partial h_4}\frac{\partial h_4}{\partial h_3}\frac{\partial h_3}{\partial h_2}\frac{\partial h_2}{\partial h_1}\frac{\partial h_1}{\partial w} \tag{4.77}$$

$$= 1 \times -0.25 \times 1 \times 1 \times -1 \times 1 \times 1 \tag{4.78}$$

$$= 0.25. \tag{4.79}$$

如果函数和参数之间有多条路径，可以将这多条路径上的导数再进行相加，得到最终的梯度.

按照计算导数的顺序，自动微分可以分为两种模式：前向模式和反向模式.

前向模式 前向模式是按计算图中计算方向的相同方向来递归地计算梯度. 以 $\frac{\partial f(x;w,b)}{\partial w}$ 为例，当 $x = 1, w = 0, b = 0$ 时，前向模式的累积计算顺序如下：

$$\frac{\partial h_1}{\partial w} = x = 1, \tag{4.80}$$

$$\frac{\partial h_2}{\partial w} = \frac{\partial h_2}{\partial h_1}\frac{\partial h_1}{\partial w} = 1 \times 1 = 1, \tag{4.81}$$

$$\frac{\partial h_3}{\partial w} = \frac{\partial h_3}{\partial h_2}\frac{\partial h_2}{\partial w} = -1 \times 1, \tag{4.82}$$

$$\vdots \qquad\qquad \vdots$$

$$\frac{\partial h_6}{\partial w}=\frac{\partial h_6}{\partial h_5}\frac{\partial h_5}{\partial w}=-0.25\times-1=0.25, \tag{4.83}$$

$$\frac{\partial f(x;w,b)}{\partial w}=\frac{\partial f(x;w,b)}{\partial h_6}\frac{\partial h_6}{\partial w}=1\times0.25=0.25. \tag{4.84}$$

反向模式 反向模式是按计算图中计算方向的相反方向来递归地计算梯度. 以$\frac{\partial f(x;w,b)}{\partial w}$为例，当$x=1,w=0,b=0$时，反向模式的累积计算顺序如下：

$$\frac{\partial f(x;w,b)}{\partial h_6}=1, \tag{4.85}$$

$$\frac{\partial f(x;w,b)}{\partial h_5}=\frac{\partial f(x;w,b)}{\partial h_6}\frac{\partial h_6}{\partial h_5}=1\times-0.25, \tag{4.86}$$

$$\frac{\partial f(x;w,b)}{\partial h_4}=\frac{\partial f(x;w,b)}{\partial h_5}\frac{\partial h_5}{\partial h_4}=-0.25\times1=-0.25, \tag{4.87}$$

$$\vdots \qquad\qquad \vdots \tag{4.88}$$

$$\frac{\partial f(x;w,b)}{\partial w}=\frac{\partial f(x;w,b)}{\partial h_1}\frac{\partial h_1}{\partial w}=0.25\times1=0.25. \tag{4.89}$$

前向模式和反向模式可以看作应用链式法则的两种梯度累积方式. 从反向模式的计算顺序可以看出，反向模式和反向传播的计算梯度的方式相同.

对于一般的函数形式$f:\mathbb{R}^N\rightarrow\mathbb{R}^M$，前向模式需要对每一个输入变量都进行一遍遍历，共需要N遍. 而反向模式需要对每一个输出都进行一个遍历，共需要M遍. 当$N>M$时，反向模式更高效. 在前馈神经网络的参数学习中，风险函数为$f:\mathbb{R}^N\rightarrow\mathbb{R}$，输出为标量，因此采用反向模式为最有效的计算方式，只需要一遍计算.

在目前深度学习框架里，Theano和Tensorflow采用的是静态计算图，而DyNet、Chainer和PyTorch采用的是动态计算图. Tensorflow 2.0也支持了动态计算图.

静态计算图和动态计算图 计算图按构建方式可以分为静态计算图（Static Computational Graph）和动态计算图（Dynamic Computational Graph）. 静态计算图是在编译时构建计算图，计算图构建好之后在程序运行时不能改变，而动态计算图是在程序运行时动态构建. 两种构建方式各有优缺点. 静态计算图在构建时可以进行优化，并行能力强，但灵活性比较差. 动态计算图则不容易优化，当不同输入的网络结构不一致时，难以并行计算，但是灵活性比较高.

符号微分和自动微分 符号微分和自动微分都利用计算图和链式法则来自动求解导数. 符号微分在编译阶段先构造一个复合函数的计算图，通过符号计算得到导数的表达式，还可以对导数表达式进行优化，在程序运行阶段才代入变量的具体数值来计算导数. 而自动微分则无须事先编译，在程序运行阶段边计算边记录计算图，计算图上的局部梯度都直接代入数值进行计算，然后用前向或反向模式来计算最终的梯度.

图4.9给出了符号微分与自动微分的对比.

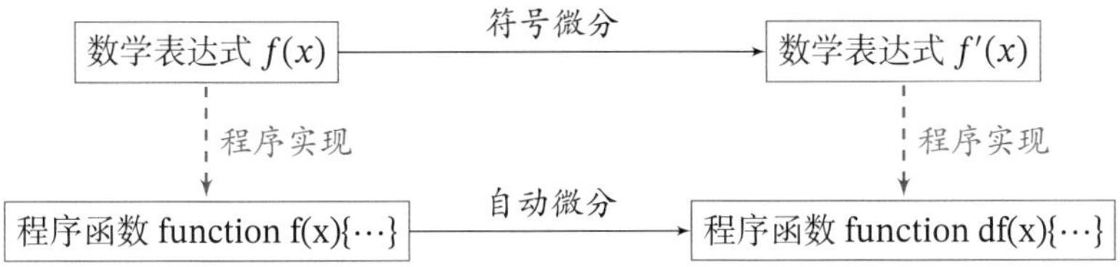

图 4.9 符号微分与自动微分对比

4.6 优化问题

神经网络的参数学习比线性模型要更加困难，主要原因有两点：1）非凸优化问题和 2）梯度消失问题.

4.6.1 非凸优化问题

神经网络的优化问题是一个非凸优化问题. 以一个最简单的 1-1-1 结构的两层神经网络为例，

$$y = \sigma(w_2\sigma(w_1 x)), \tag{4.90}$$

其中 w_1 和 w_2 为网络参数，$\sigma(\cdot)$ 为 Logistic 函数.

给定一个输入样本 $(1, 1)$，分别使用两种损失函数，第一种损失函数为平方误差损失：$\mathcal{L}(w_1, w_2) = (1 - y)^2$，第二种损失函数为交叉熵损失 $\mathcal{L}(w_1, w_2) = \log y$. 当 $x = 1, y = 1$ 时，其平方误差和交叉熵损失函数分别为：$\mathcal{L}(w_1, w_2) = (1 - y)^2$ 和 $\mathcal{L}(w_1, w_2) = \log y$. 损失函数与参数 w_1 和 w_2 的关系如图4.10所示，可以看出两种损失函数都是关于参数的非凸函数.

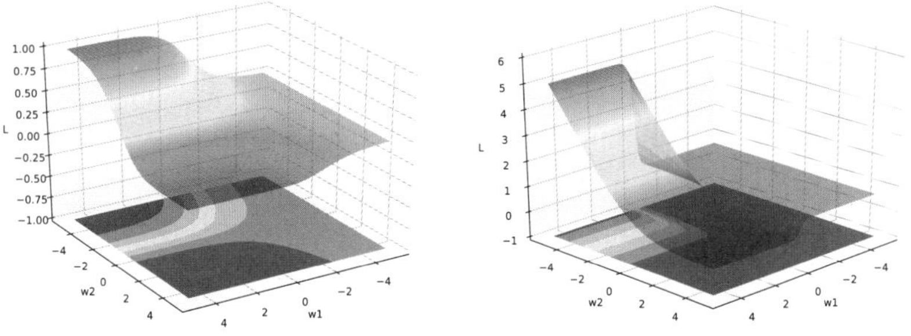

(a) 平方误差损失 (b) 交叉熵损失

图 4.10 神经网络 $y = \sigma(w_2\sigma(w_1 x))$ 的损失函数

4.6.2 梯度消失问题

在神经网络中误差反向传播的迭代公式为

$$\delta^{(l)} = f_l'(\boldsymbol{z}^{(l)}) \odot \left(\boldsymbol{W}^{(l+1)}\right)^{\mathrm{T}} \delta^{(l+1)}. \tag{4.91}$$

误差从输出层反向传播时,在每一层都要乘以该层的激活函数的导数. 当我们使用Sigmoid型函数:Logistic函数$\sigma(x)$或Tanh函数时,其导数为

$$\sigma'(x) = \sigma(x)\big(1-\sigma(x)\big) \in [0, 0.25], \tag{4.92}$$

$$\tanh'(x) = 1 - \big(\tanh(x)\big)^2 \in [0, 1]. \tag{4.93}$$

Sigmoid型函数的导数的值域都小于或等于1,如图4.11所示.

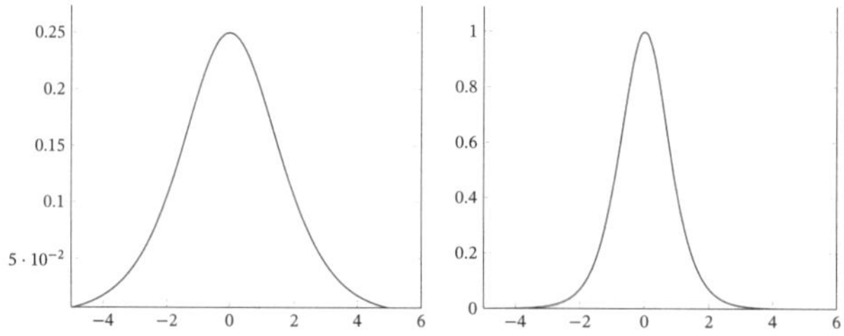

(a) Logistic函数的导数　(b) Tanh函数的导数

图4.11 Sigmoid型函数的导数

梯度消失问题在过去的二三十年里一直没有得到有效解决,是阻碍神经网络发展的重要原因之一.

更多的优化方法参见第7.1节.

由于Sigmoid型函数的饱和性, 饱和区的导数更是接近于0. 这样, 误差经过每一层传递都会不断衰减. 当网络层数很深时, 梯度就会不停衰减, 甚至消失, 使得整个网络很难训练. 这就是所谓的梯度消失问题(Vanishing Gradient Problem),也称为梯度弥散问题.

在深度神经网络中,减轻梯度消失问题的方法有很多种. 一种简单有效的方式是使用导数比较大的激活函数,比如ReLU等.

4.7 总结和深入阅读

神经网络是一种典型的分布式并行处理模型, 通过大量神经元之间的交互来处理信息,每一个神经元都发送兴奋和抑制的信息到其他神经元[McClelland et al., 1986]. 和感知器不同,神经网络中的激活函数一般为连续可导函数. 在一个神经网络中选择合适的激活函数十分重要. [Ramachandran et al., 2017]设计了不同形式的函数组合方式,并通过强化学习来搜索合适的激活函数,在多个任务上发现Swish函数具有更好的性能.

表4.3给出了常见激活函数及其导数.

表 4.3 常见激活函数及其导数

激活函数	函数	导数
Logistic 函数	$f(x)=\frac{1}{1+\exp(-x)}$	$f'(x)=f(x)\big(1-f(x)\big)$
Tanh 函数	$f(x)=\frac{\exp(x)-\exp(-x)}{\exp(x)+\exp(-x)}$	$f'(x)=1-f(x)^2$
ReLU 函数	$f(x)=\max(0,x)$	$f'(x)=I(x>0)$
ELU 函数	$f(x)=\max(0,x)+\min\big(0,\gamma(\exp(x)-1)\big)$	$f'(x)=I(x>0)+I(x\leq 0)\cdot\gamma\exp(x)$
SoftPlus 函数	$f(x)=\log\big(1+\exp(x)\big)$	$f'(x)=\frac{1}{1+\exp(-x)}$

本章介绍的前馈神经网络是一种类型最简单的网络，相邻两层的神经元之间为全连接关系，也称为全连接神经网络（Fully Connected Neural Network，FCNN）或多层感知器. 前馈神经网络作为一种机器学习方法在很多模式识别和机器学习的教材中都有介绍，比如《Pattern Recognition and Machine Learning》[Bishop, 2007] 和《Pattern Classification》[Duda et al., 2001] 等.

前馈神经网络作为一种能力很强的非线性模型，其能力可以由通用近似定理来保证. 关于通用近似定理的详细介绍可以参考 [Haykin, 2009].

前馈神经网络在 20 世纪 80 年代后期就已被广泛使用，但是大部分都采用两层网络结构（即一个隐藏层和一个输出层），神经元的激活函数基本上都是 Sigmoid 型函数，并且使用的损失函数也大多数是平方损失. 虽然当时前馈神经网络的参数学习依然有很多难点，但其作为一种连接主义的典型模型，标志人工智能从高度符号化的知识期向低符号化的学习期开始转变.

TensorFlow 游乐场[1] 提供了一个非常好的神经网络训练过程可视化系统.

习题

习题 4-1 对于一个神经元 $\sigma(\boldsymbol{w}^{\top}\boldsymbol{x}+b)$，并使用梯度下降优化参数 $\boldsymbol{w}$ 时，如果输入 $\boldsymbol{x}$ 恒大于 0，其收敛速度会比零均值化的输入更慢.

习题 4-2 试设计一个前馈神经网络来解决 XOR 问题，要求该前馈神经网络具有两个隐藏神经元和一个输出神经元，并使用 ReLU 作为激活函数.

习题 4-3 试举例说明“死亡 ReLU 问题”，并提出解决方法.

---

1 http://playground.tensorflow.org

参见第4.1.3节.

习题 4-4 计算 Swish 函数和 GELU 函数的导数.

习题 4-5 如果限制一个神经网络的总神经元数量（不考虑输入层）为 $N+1$，输入层大小为 M_0，输出层大小为 1，隐藏层的层数为 L，每个隐藏层的神经元数量为 $\frac{N}{L}$，试分析参数数量和隐藏层层数 L 的关系.

参见定理4.1.

习题 4-6 证明通用近似定理对于具有线性输出层和至少一个使用 ReLU 激活函数的隐藏层组成的前馈神经网络，也都是适用的.

习题 4-7 为什么在神经网络模型的结构化风险函数中不对偏置 $\boldsymbol{b}$ 进行正则化？

习题 4-8 为什么在用反向传播算法进行参数学习时要采用随机参数初始化的方式而不是直接令 $\boldsymbol{W}=0, \boldsymbol{b}=0$？

习题 4-9 梯度消失问题是否可以通过增加学习率来缓解？

参考文献

Bishop C M, 2007. Pattern recognition and machine learning[M]. 5th edition. Springer.

Clevert D A, Unterthiner T, Hochreiter S, 2015. Fast and accurate deep network learning by exponential linear units (elus)[J]. arXiv preprint arXiv:1511.07289.

Cybenko G, 1989. Approximations by superpositions of a sigmoidal function[J]. Mathematics of Control, Signals and Systems, 2:183-192.

Duda R O, Hart P E, Stork D G, 2001. Pattern classification[M]. 2nd edition. Wiley.

Dugas C, Bengio Y, Bélisle F, et al., 2001. Incorporating second-order functional knowledge for better option pricing[J]. Advances in Neural Information Processing Systems:472-478.

Funahashi K i, Nakamura Y, 1993. Approximation of dynamical systems by continuous time recurrent neural networks[J]. Neural networks, 6(6):801-806.

Gilmer J, Schoenholz S S, Riley P F, et al., 2017. Neural message passing for quantum chemistry[J]. arXiv preprint arXiv:1704.01212.

Glorot X, Bordes A, Bengio Y, 2011. Deep sparse rectifier neural networks[C]//Proceedings of International Conference on Artificial Intelligence and Statistics. 315-323.

Goodfellow I J, Warde-Farley D, Mirza M, et al., 2013. Maxout networks[C]//Proceedings of the International Conference on Machine Learning. 1319-1327.

Graves A, Wayne G, Danihelka I, 2014. Neural turing machines[J]. arXiv preprint arXiv:1410.5401.

Haykin S, 1994. Neural networks: A comprehensive foundation: Macmillan college publishing company[M]. New York.

Haykin S, 2009. Neural networks and learning machines[M]. 3rd edition. Pearson.

He K, Zhang X, Ren S, et al., 2015. Delving deep into rectifiers: Surpassing human-level performance on imagenet classification[C]//Proceedings of the IEEE International Conference on Computer Vision. 1026-1034.

Hendrycks D, Gimpel K, 2016. Gaussian error linear units (GELUs)[J]. arXiv preprint arXiv:1606.08415.

Hornik K, Stinchcombe M, White H, 1989. Multilayer feedforward networks are universal approximators[J]. Neural networks, 2(5):359-366.

Kipf T N, Welling M, 2016. Semi-supervised classification with graph convolutional networks[J]. arXiv preprint arXiv:1609.02907.

Maas A L, Hannun A Y, Ng A Y, 2013. Rectifier nonlinearities improve neural network acoustic models[C]//Proceedings of the International Conference on Machine Learning.

McClelland J L, Rumelhart D E, Group P R, 1986. Parallel distributed processing: Explorations in the microstructure of cognition. volume i: foundations & volume ii: Psychological and biological models[M]. MIT Press.

McCulloch W S, Pitts W, 1943. A logical calculus of the ideas immanent in nervous activity[J]. The bulletin of mathematical biophysics, 5(4):115-133.

Nair V, Hinton G E, 2010. Rectified linear units improve restricted boltzmann machines[C]// Proceedings of the International Conference on Machine Learning. 807-814.

Ramachandran P, Zoph B, Le Q V, 2017. Searching for activation functions[J]. arXiv preprint arXiv:1710.05941.

Sukhbaatar S, Weston J, Fergus R, et al., 2015. End-to-end memory networks[C]//Advances in Neural Information Processing Systems. 2431-2439.

Veličković P, Cucurull G, Casanova A, et al., 2017. Graph attention networks[J]. arXiv preprint arXiv:1710.10903.

第5章 卷积神经网络

一切都应该尽可能地简单,但不能过于简单.

——艾伯特·爱因斯坦(Albert Einstein)

卷积神经网络(Convolutional Neural Network,CNN或ConvNet)是一种具有局部连接、权重共享等特性的深层前馈神经网络.

卷积神经网络最早主要是用来处理图像信息. 在用全连接前馈网络来处理图像时,会存在以下两个问题:

(1) 参数太多:如果输入图像大小为100×100×3(即图像高度为100,宽度为100以及RGB 3个颜色通道),在全连接前馈网络中,第一个隐藏层的每个神经元到输入层都有100×100×3 = 30 000个互相独立的连接,每个连接都对应一个权重参数. 随着隐藏层神经元数量的增多,参数的规模也会急剧增加. 这会导致整个神经网络的训练效率非常低,也很容易出现过拟合.

(2) 局部不变性特征:自然图像中的物体都具有局部不变性特征,比如尺度缩放、平移、旋转等操作不影响其语义信息. 而全连接前馈网络很难提取这些局部不变性特征,一般需要进行数据增强来提高性能.

卷积神经网络是受生物学上感受野机制的启发而提出的. 感受野(Receptive Field)机制主要是指听觉、视觉等神经系统中一些神经元的特性,即神经元只接受其所支配的刺激区域内的信号. 在视觉神经系统中,视觉皮层中的神经细胞的输出依赖于视网膜上的光感受器. 视网膜上的光感受器受刺激兴奋时,将神经冲动信号传到视觉皮层,但不是所有视觉皮层中的神经元都会接受这些信号. 一个神经元的感受野是指视网膜上的特定区域,只有这个区域内的刺激才能够激活该神经元.

目前的卷积神经网络一般是由卷积层、汇聚层和全连接层交叉堆叠而成的前馈神经网络. 卷积神经网络有三个结构上的特性:局部连接、权重共享以及汇

全连接层一般在卷积网络的最顶层.

聚. 这些特性使得卷积神经网络具有一定程度上的平移、缩放和旋转不变性. 和前馈神经网络相比,卷积神经网络的参数更少.

卷积神经网络主要使用在图像和视频分析的各种任务(比如图像分类、人脸识别、物体识别、图像分割等)上,其准确率一般也远远超出了其他的神经网络模型. 近年来卷积神经网络也广泛地应用到自然语言处理、推荐系统等领域.

5.1 卷积

5.1.1 卷积的定义

卷积(Convolution),也叫褶积,是分析数学中一种重要的运算. 在信号处理或图像处理中,经常使用一维或二维卷积.

这里我们只考虑离散序列的情况.

5.1.1.1 一维卷积

一维卷积经常用在信号处理中,用于计算信号的延迟累积. 假设一个信号发生器每个时刻 t 产生一个信号 x_t,其信息的衰减率为 w_k,即在 $k-1$ 个时间步长后,信息为原来的 w_k 倍. 假设 $w_1=1, w_2=1/2, w_3=1/4$,那么在时刻 t 收到的信号 y_t 为当前时刻产生的信息和以前时刻延迟信息的叠加,

$$y_t = 1\times x_t + 1/2\times x_{t-1} + 1/4\times x_{t-2} \tag{5.1}$$

$$= w_1\times x_t + w_2\times x_{t-1} + w_3\times x_{t-2} \tag{5.2}$$

$$= \sum_{k=1}^{3} w_k x_{t-k+1}. \tag{5.3}$$

我们把 $w_1, w_2, \cdots$ 称为滤波器(Filter)或卷积核(Convolution Kernel). 假设滤波器长度为 K,它和一个信号序列 $x_1, x_2, \cdots$ 的卷积为

$$y_t = \sum_{k=1}^{K} w_k x_{t-k+1}. \tag{5.4}$$

为了简单起见,这里假设卷积的输出 y_t 的下标 t 从 K 开始.

信号序列 $\boldsymbol{x}$ 和滤波器 $\boldsymbol{w}$ 的卷积定义为

$$\boldsymbol{y} = \boldsymbol{w} * \boldsymbol{x}, \tag{5.5}$$

其中 $*$ 表示卷积运算. 一般情况下滤波器的长度 K 远小于信号序列 $\boldsymbol{x}$ 的长度.

移动平均(Moving Average, MA)是在分析时间序列数据时的一种简单平滑技术,能有效地消除数据中的随机波动.

我们可以设计不同的滤波器来提取信号序列的不同特征. 比如,当令滤波器 $\boldsymbol{w}=[1/K,\cdots,1/K]$ 时,卷积相当于信号序列的简单移动平均(窗口大小为 K);

当令滤波器 $\boldsymbol{w} = [1, -2, 1]$ 时，可以近似实现对信号序列的二阶微分，即

$$x''(t) = x(t+1) + x(t-1) - 2x(t). \tag{5.6}$$

这里将 $x(t) = x_t$ 看作关于时间 t 的函数. 参见习题5-1.

图5.1给出了两个滤波器的一维卷积示例. 可以看出，两个滤波器分别提取了输入序列的不同特征. 滤波器 $\boldsymbol{w} = [1/3, 1/3, 1/3]$ 可以检测信号序列中的低频信息，而滤波器 $\boldsymbol{w} = [1, -2, 1]$ 可以检测信号序列中的高频信息.

这里的高频和低频指信号变化的强烈程度.

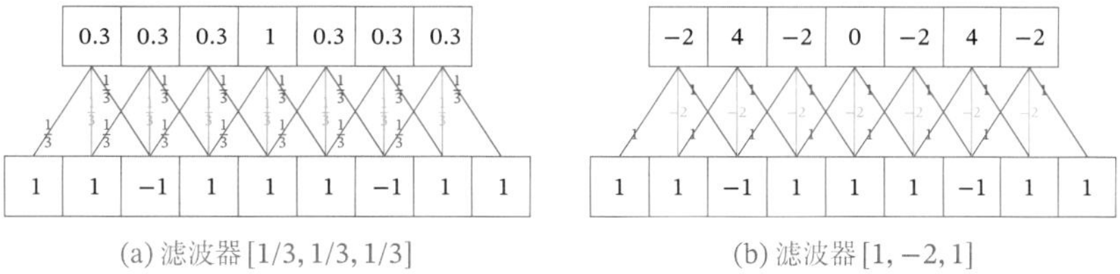

图 5.1 一维卷积示例

下层为输入信号序列，上层为卷积结果. 连接边上的数字为滤波器中的权重.
左图的卷积结果为近似值.

5.1.1.2 二维卷积

卷积也经常用在图像处理中. 因为图像为一个二维结构，所以需要将一维卷积进行扩展. 给定一个图像 $\boldsymbol{X} \in \mathbb{R}^{M\times N}$ 和一个滤波器 $\boldsymbol{W} \in \mathbb{R}^{U\times V}$，一般 $U << M, V << N$，其卷积为

$$y_{ij} = \sum_{u=1}^{U}\sum_{v=1}^{V} w_{uv} x_{i-u+1, j-v+1}. \tag{5.7}$$

为了简单起见，这里假设卷积的输出 y_{ij} 的下标 (i, j) 从 (U, V) 开始.

输入信息 $\boldsymbol{X}$ 和滤波器 $\boldsymbol{W}$ 的二维卷积定义为

$$\boldsymbol{Y} = \boldsymbol{W} * \boldsymbol{X}, \tag{5.8}$$

其中 $*$ 表示二维卷积运算. 图5.2给出了二维卷积示例.

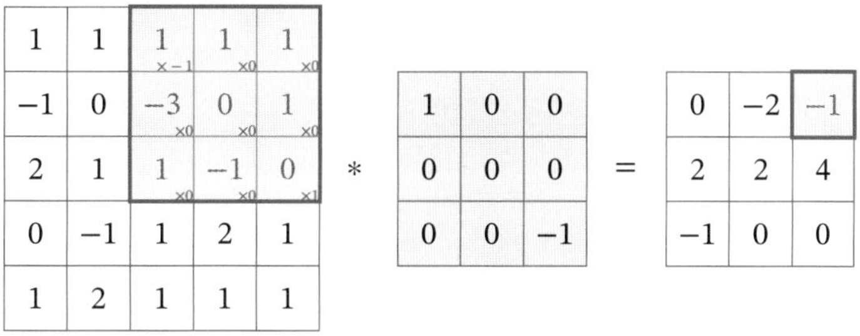

图 5.2 二维卷积示例

根据卷积定义，左图的计算需要进行卷积核翻转.

在图像处理中常用的均值滤波（Mean Filter）就是一种二维卷积，将当前位置的像素值设为滤波器窗口中所有像素的平均值，即 $w_{uv} = \frac{1}{UV}$.

在图像处理中，卷积经常作为特征提取的有效方法. 一幅图像在经过卷积操作后得到结果称为特征映射（Feature Map）. 图5.3给出在图像处理中几种常用的滤波器，以及其对应的特征映射. 图中最上面的滤波器是常用的高斯滤波器，可以用来对图像进行平滑去噪；中间和最下面的滤波器可以用来提取边缘特征.

图 5.3　图像处理中几种常用的滤波器示例

5.1.2　互相关

在机器学习和图像处理领域，卷积的主要功能是在一个图像（或某种特征）上滑动一个卷积核（即滤波器），通过卷积操作得到一组新的特征. 在计算卷积的过程中，需要进行卷积核翻转. 在具体实现上，一般会以互相关操作来代替卷积，从而会减少一些不必要的操作或开销. 互相关（Cross-Correlation）是一个衡量两个序列相关性的函数，通常是用滑动窗口的点积计算来实现. 给定一个图像 $\boldsymbol{X} \in \mathbb{R}^{M\times N}$ 和卷积核 $\boldsymbol{W} \in \mathbb{R}^{U\times V}$，它们的互相关为

翻转指从两个维度（从上到下、从左到右）颠倒次序，即旋转180度.

$$y_{ij} = \sum_{u=1}^{U}\sum_{v=1}^{V} w_{uv} x_{i+u-1,j+v-1}. \tag{5.9}$$

和公式(5.7)对比可知，互相关和卷积的区别仅仅在于卷积核是否进行翻转. 因此互相关也可以称为不翻转卷积.

互相关和卷积的区别也可以理解为图像是否进行翻转.

公式(5.9)可以表述为

$$\boldsymbol{Y} = \boldsymbol{W} \otimes \boldsymbol{X} \tag{5.10}$$

$$= \text{rot180}(\boldsymbol{W}) * \boldsymbol{X}, \tag{5.11}$$

其中 $\otimes$ 表示互相关运算，rot180(·) 表示旋转 180 度，$\boldsymbol{Y} \in \mathbb{R}^{M-U+1,N-V+1}$ 为输出矩阵.

在神经网络中使用卷积是为了进行特征抽取，卷积核是否进行翻转和其特征抽取的能力无关. 特别是当卷积核是可学习的参数时，卷积和互相关在能力上是等价的. 因此，为了实现上（或描述上）的方便起见，我们用互相关来代替卷积. 事实上，很多深度学习工具中卷积操作其实都是互相关操作.

在本书之后描述中，除非特别声明，卷积一般指“互相关”. 卷积符号用 $\otimes$ 来表示，即不翻转卷积. 真正的卷积用 $*$ 来表示.

5.1.3 卷积的变种

在卷积的标准定义基础上，还可以引入卷积核的滑动步长和零填充来增加卷积的多样性，可以更灵活地进行特征抽取.

步长（Stride）是指卷积核在滑动时的时间间隔. 图5.4a给出了步长为 2 的卷积示例.

步长也可以小于1，即微步卷积，参见第5.5.1节.

零填充（Zero Padding）是在输入向量两端进行补零. 图5.4b给出了输入的两端各补一个零后的卷积示例.

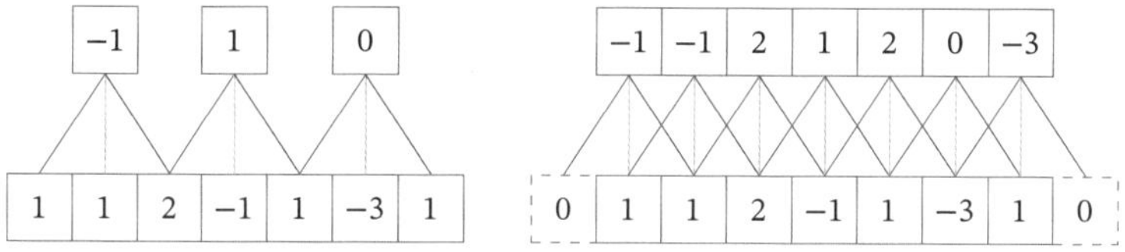

图 5.4 卷积的步长和零填充（滤波器为 $[-1, 0, 1]$）

假设卷积层的输入神经元个数为 M，卷积大小为 K，步长为 S，在输入两端各填补 P 个 0（zero padding），那么该卷积层的神经元数量为 $(M - K + 2P)/S + 1$.

通常可以通过选择合适的卷积大小以及步长来使得 $(M - K + 2P)/S + 1$ 为整数.

一般常用的卷积有以下三类：

（1）窄卷积（Narrow Convolution）：步长 $S = 1$，两端不补零 $P = 0$，卷积后输出长度为 $M - K + 1$.

（2）宽卷积（Wide Convolution）：步长 $S = 1$，两端补零 $P = K - 1$，卷积后输出长度 $M + K - 1$.

（3）等宽卷积（Equal-Width Convolution）：步长 $S = 1$，两端补零 $P = (K - 1)/2$，卷积后输出长度 M. 图5.4b就是一个等宽卷积示例.

在早期的文献中，卷积一般默认为窄卷积；而目前的文献中，卷积一般默认为等宽卷积. 更多的卷积变种参见第5.5节.

5.1.4 卷积的数学性质

卷积有很多很好的数学性质. 在本节中, 我们介绍一些二维卷积的数学性质,这些数学性质同样可以适用到一维卷积的情况.

5.1.4.1 交换性

如果不限制两个卷积信号的长度,真正的翻转卷积是具有交换性的,即 $\boldsymbol{x} * \boldsymbol{y} = \boldsymbol{y} * \boldsymbol{x}$. 对于互相关的"卷积",也同样具有一定的"交换性".

我们先介绍宽卷积(Wide Convolution)的定义. 给定一个二维图像 $\boldsymbol{X} \in \mathbb{R}^{M\times N}$ 和一个二维卷积核 $\boldsymbol{W} \in \mathbb{R}^{U\times V}$,对图像 $\boldsymbol{X}$ 进行零填充,两端各补 $U-1$ 和 $V-1$ 个零,得到全填充(Full Padding)的图像 $\tilde{\boldsymbol{X}} \in \mathbb{R}^{(M+2U-2)\times(N+2V-2)}$. 图像 $\boldsymbol{X}$ 和卷积核 $\boldsymbol{W}$ 的宽卷积定义为

$$\boldsymbol{W} \tilde{\otimes} \boldsymbol{X} \triangleq \boldsymbol{W} \otimes \tilde{\boldsymbol{X}}, \tag{5.12}$$

其中 $\tilde{\otimes}$ 表示宽卷积运算.

参见习题5-2.

当输入信息和卷积核有固定长度时,它们的宽卷积依然具有交换性,即

$$\text{rot180}(\boldsymbol{W}) \tilde{\otimes} \boldsymbol{X} = \text{rot180}(\boldsymbol{X}) \tilde{\otimes} \boldsymbol{W}, \tag{5.13}$$

其中 $\text{rot180}(\cdot)$ 表示旋转180度.

5.1.4.2 导数

假设 $\boldsymbol{Y} = \boldsymbol{W} \otimes \boldsymbol{X}$,其中 $\boldsymbol{X} \in \mathbb{R}^{M\times N}$,$\boldsymbol{W} \in \mathbb{R}^{U\times V}$,$\boldsymbol{Y} \in \mathbb{R}^{(M-U+1)\times(N-V+1)}$,函数 $f(\boldsymbol{Y}) \in \mathbb{R}$ 为一个标量函数,则

$$\frac{\partial f(\boldsymbol{Y})}{\partial w_{uv}} = \sum_{i=1}^{M-U+1} \sum_{j=1}^{N-V+1} \frac{\partial y_{ij}}{\partial w_{uv}} \frac{\partial f(\boldsymbol{Y})}{\partial y_{ij}} \tag{5.14}$$

$y_{ij} = \sum_{u,v} w_{uv} x_{i+u-1,j+v-1}$.

$$= \sum_{i=1}^{M-U+1} \sum_{j=1}^{N-V+1} x_{i+u-1,j+v-1} \frac{\partial f(\boldsymbol{Y})}{\partial y_{ij}} \tag{5.15}$$

$$= \sum_{i=1}^{M-U+1} \sum_{j=1}^{N-V+1} \frac{\partial f(\boldsymbol{Y})}{\partial y_{ij}} x_{u+i-1,v+j-1}. \tag{5.16}$$

从公式(5.16)可以看出,$f(\boldsymbol{Y})$ 关于 $\boldsymbol{W}$ 的偏导数为 $\boldsymbol{X}$ 和 $\frac{\partial f(\boldsymbol{Y})}{\partial \boldsymbol{Y}}$ 的卷积

$$\frac{\partial f(\boldsymbol{Y})}{\partial \boldsymbol{W}} = \frac{\partial f(\boldsymbol{Y})}{\partial \boldsymbol{Y}} \otimes \boldsymbol{X}. \tag{5.17}$$

同理得到,

$$\frac{\partial f(\boldsymbol{Y})}{\partial x_{st}} = \sum_{i=1}^{M-U+1} \sum_{j=1}^{N-V+1} \frac{\partial y_{ij}}{\partial x_{st}} \frac{\partial f(\boldsymbol{Y})}{\partial y_{ij}} \tag{5.18}$$

$$= \sum_{i=1}^{M-U+1} \sum_{j=1}^{N-V+1} w_{s-i+1,t-j+1} \frac{\partial f(\boldsymbol{Y})}{\partial y_{ij}}, \tag{5.19}$$

其中当$(s-i+1)<1$,或$(s-i+1)>U$,或$(t-j+1)<1$,或$(t-j+1)>V$时,$w_{s-i+1,t-j+1}=0$. 即相当于对$\boldsymbol{W}$进行了$P=(M-U,N-V)$的零填充.

从公式(5.19)可以看出,$f(\boldsymbol{Y})$关于$\boldsymbol{X}$的偏导数为$\boldsymbol{W}$和$\frac{\partial f(\boldsymbol{Y})}{\partial \boldsymbol{Y}}$的宽卷积. 公式(5.19)中的卷积是真正的卷积而不是互相关, 为了一致性, 我们用互相关的"卷积",即

$$\frac{\partial f(\boldsymbol{Y})}{\partial \boldsymbol{X}} = \text{rot180}(\frac{\partial f(\boldsymbol{Y})}{\partial \boldsymbol{Y}}) \tilde{\otimes} \boldsymbol{W} \tag{5.20}$$

$$= \text{rot180}(\boldsymbol{W}) \tilde{\otimes} \frac{\partial f(\boldsymbol{Y})}{\partial \boldsymbol{Y}}, \tag{5.21}$$

其中rot180(·)表示旋转180度.

5.2 卷积神经网络

卷积神经网络一般由卷积层、汇聚层和全连接层构成.

5.2.1 用卷积来代替全连接

在全连接前馈神经网络中,如果第l层有M_l个神经元,第$l-1$层有M_{l-1}个神经元,连接边有$M_l \times M_{l-1}$个,也就是权重矩阵有$M_l \times M_{l-1}$个参数. 当M_l和M_{l-1}都很大时,权重矩阵的参数非常多,训练的效率会非常低.

如果采用卷积来代替全连接,第l层的净输入$\boldsymbol{z}^{(l)}$为第$l-1$层活性值$\boldsymbol{a}^{(l-1)}$和卷积核$\boldsymbol{w}^{(l)} \in \mathbb{R}^K$的卷积,即

$$\boldsymbol{z}^{(l)} = \boldsymbol{w}^{(l)} \otimes \boldsymbol{a}^{(l-1)} + b^{(l)}, \tag{5.22}$$

其中卷积核$\boldsymbol{w}^{(l)} \in \mathbb{R}^K$为可学习的权重向量,$b^{(l)} \in \mathbb{R}$为可学习的偏置.

根据卷积的定义,卷积层有两个很重要的性质:

局部连接 在卷积层(假设是第l层)中的每一个神经元都只和前一层(第$l-1$层)中某个局部窗口内的神经元相连,构成一个局部连接网络. 如图5.5b所示,卷积层和前一层之间的连接数大大减少, 由原来的$M_l \times M_{l-1}$个连接变为$M_l \times K$个连接,K为卷积核大小.

权重共享 从公式(5.22)可以看出,作为参数的卷积核$\boldsymbol{w}^{(l)}$对于第l层的所有的神经元都是相同的. 如图5.5b中, 所有的同颜色连接上的权重是相同的. 权重共

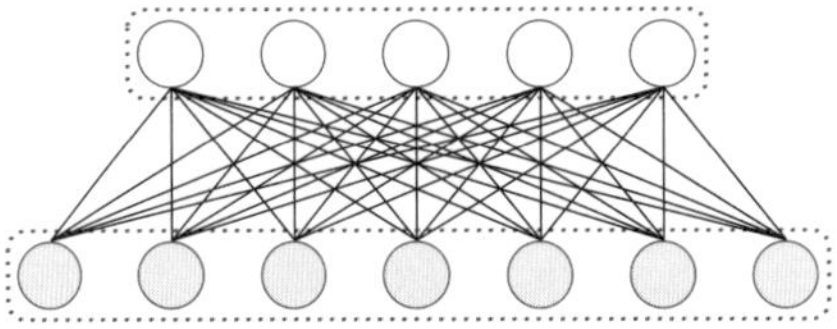

(a) 全连接层

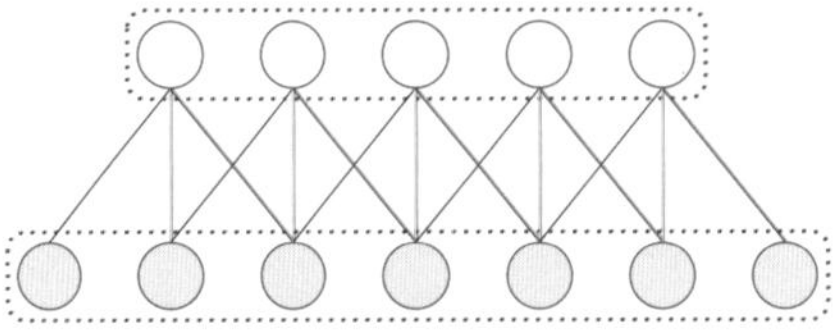

(b) 卷积层

图 5.5 全连接层和卷积层对比

享可以理解为一个卷积核只捕捉输入数据中的一种特定的局部特征. 因此, 如果要提取多种特征就需要使用多个不同的卷积核.

由于局部连接和权重共享, 卷积层的参数只有一个 K 维的权重 $\boldsymbol{w}^{(l)}$ 和 1 维的偏置 $b^{(l)}$, 共 $K+1$ 个参数. 参数个数和神经元的数量无关. 此外, 第 l 层的神经元个数不是任意选择的, 而是满足 $M_l = M_{l-1} - K + 1$.

默认步长为1, 无零填充.

5.2.2 卷积层

卷积层的作用是提取一个局部区域的特征, 不同的卷积核相当于不同的特征提取器. 上一节中描述的卷积层的神经元和全连接网络一样都是一维结构. 由于卷积网络主要应用在图像处理上, 而图像为二维结构, 因此为了更充分地利用图像的局部信息, 通常将神经元组织为三维结构的神经层, 其大小为高度 $M\times$ 宽度 $N\times$ 深度 D, 由 D 个 $M \times N$ 大小的特征映射构成.

特征映射 (Feature Map) 为一幅图像 (或其他特征映射) 在经过卷积提取到的特征, 每个特征映射可以作为一类抽取的图像特征. 为了提高卷积网络的表示能力, 可以在每一层使用多个不同的特征映射, 以更好地表示图像的特征.

在输入层, 特征映射就是图像本身. 如果是灰度图像, 就是有一个特征映射, 输入层的深度 $D = 1$; 如果是彩色图像, 分别有 RGB 三个颜色通道的特征映射, 输入层的深度 $D = 3$.

不失一般性, 假设一个卷积层的结构如下:

(1) 输入特征映射组: $\mathcal{X} \in \mathbb{R}^{M\times N\times D}$ 为三维张量 (Tensor), 其中每个切片 (Slice) 矩阵 $\boldsymbol{X}^d \in \mathbb{R}^{M\times N}$ 为一个输入特征映射, $1 \le d \le D$;

(2) 输出特征映射组: $\mathcal{Y} \in \mathbb{R}^{M'\times N'\times P}$ 为三维张量, 其中每个切片矩阵 $\boldsymbol{Y}^p \in \mathbb{R}^{M'\times N'}$ 为一个输出特征映射, $1 \le p \le P$;

（3）卷积核：$\mathcal{W} \in \mathbb{R}^{U\times V\times P\times D}$ 为四维张量，其中每个切片矩阵 $\boldsymbol{W}^{p,d} \in \mathbb{R}^{U\times V}$ 为一个二维卷积核，$1 \le p \le P, 1 \le d \le D$.

图5.6给出卷积层的三维结构表示.

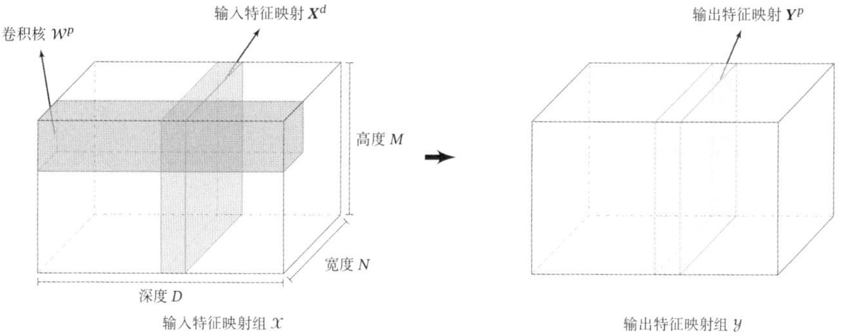

图 5.6 卷积层的三维结构表示

为了计算输出特征映射 $\boldsymbol{Y}^p$，用卷积核 $\boldsymbol{W}^{p,1}, \boldsymbol{W}^{p,2}, \cdots, \boldsymbol{W}^{p,D}$ 分别对输入特征映射 $\boldsymbol{X}^1, \boldsymbol{X}^2, \cdots, \boldsymbol{X}^D$ 进行卷积，然后将卷积结果相加，并加上一个标量偏置 b^p 得到卷积层的净输入 $\boldsymbol{Z}^p$，再经过非线性激活函数后得到输出特征映射 $\boldsymbol{Y}^p$.

这里净输入是指没有经过非线性激活函数的净活性值（Net Activation）.

$$\boldsymbol{Z}^p = \boldsymbol{W}^p \otimes \boldsymbol{X} + b^p = \sum_{d=1}^{D} \boldsymbol{W}^{p,d} \otimes \boldsymbol{X}^d + b^p, \tag{5.23}$$

$$\boldsymbol{Y}^p = f(\boldsymbol{Z}^p). \tag{5.24}$$

其中 $\boldsymbol{W}^p \in \mathbb{R}^{U\times V\times D}$ 为三维卷积核，$f(\cdot)$ 为非线性激活函数，一般用ReLU函数.

整个计算过程如图5.7所示. 如果希望卷积层输出 P 个特征映射，可以将上述计算过程重复 P 次，得到 P 个输出特征映射 $\boldsymbol{Y}^1, \boldsymbol{Y}^2, \cdots, \boldsymbol{Y}^P$.

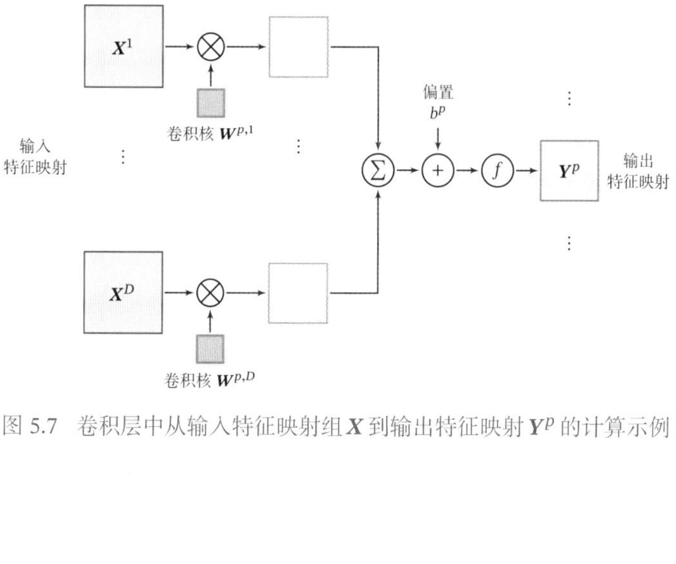

图 5.7 卷积层中从输入特征映射组 $\boldsymbol{X}$ 到输出特征映射 $\boldsymbol{Y}^p$ 的计算示例

在输入为$\mathcal{X} \in \mathbb{R}^{M\times N\times D}$，输出为$\mathcal{Y} \in \mathbb{R}^{M'\times N'\times P}$的卷积层中，每一个输出特征映射都需要$D$个卷积核以及一个偏置. 假设每个卷积核的大小为$U \times V$，那么共需要$P \times D \times (U \times V) + P$个参数.

5.2.3 汇聚层

汇聚层（Pooling Layer）也叫子采样层（Subsampling Layer），其作用是进行特征选择，降低特征数量，从而减少参数数量.

卷积层虽然可以显著减少网络中连接的数量，但特征映射组中的神经元个数并没有显著减少. 如果后面接一个分类器，分类器的输入维数依然很高，很容易出现过拟合. 为了解决这个问题，可以在卷积层之后加上一个汇聚层，从而降低特征维数，避免过拟合.

减少特征维数也可以通过增加卷积步长来实现.

假设汇聚层的输入特征映射组为$\mathcal{X} \in \mathbb{R}^{M\times N\times D}$，对于其中每一个特征映射$\boldsymbol{X}^d \in \mathbb{R}^{M\times N}, 1 \le d \le D$，将其划分为很多区域$R^d_{m,n}, 1 \le m \le M', 1 \le n \le N'$，这些区域可以重叠，也可以不重叠. 汇聚（Pooling）是指对每个区域进行下采样（Down Sampling）得到一个值，作为这个区域的概括.

常用的汇聚函数有两种：

（1）最大汇聚（Maximum Pooling或Max Pooling）：对于一个区域$R^d_{m,n}$，选择这个区域内所有神经元的最大活性值作为这个区域的表示，即

$$y^d_{m,n} = \max_{i \in R^d_{m,n}} x_i, \tag{5.25}$$

其中x_i为区域R^d_k内每个神经元的活性值.

（2）平均汇聚（Mean Pooling）：一般是取区域内所有神经元活性值的平均值，即

$$y^d_{m,n} = \frac{1}{|R^d_{m,n}|} \sum_{i \in R^d_{m,n}} x_i. \tag{5.26}$$

对每一个输入特征映射$\boldsymbol{X}^d$的$M' \times N'$个区域进行子采样，得到汇聚层的输出特征映射$\boldsymbol{Y}^d = \{y^d_{m,n}\}, 1 \le m \le M', 1 \le n \le N'$.

图5.8给出了采样最大汇聚进行子采样操作的示例. 可以看出，汇聚层不但可以有效地减少神经元的数量，还可以使得网络对一些小的局部形态改变保持不变性，并拥有更大的感受野.

目前主流的卷积网络中，汇聚层仅包含下采样操作. 但在早期的一些卷积网络（比如LeNet-5）中，有时也会在汇聚层使用非线性激活函数，比如

$$\boldsymbol{Y}'^d = f\left(w^d \boldsymbol{Y}^d + b^d\right), \tag{5.27}$$

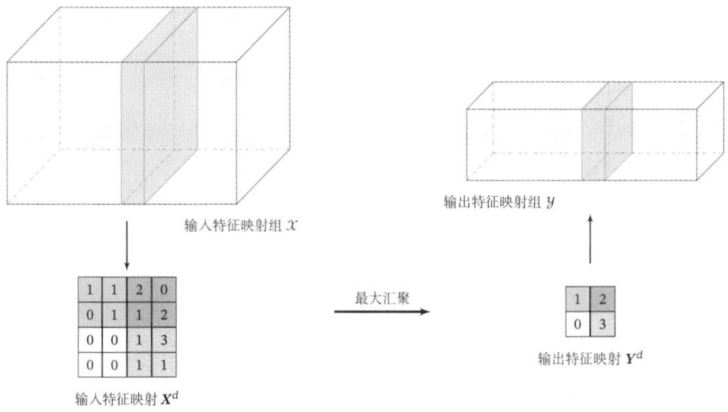

图 5.8 汇聚层中最大汇聚过程示例

其中 $\boldsymbol{Y}'^d$ 为汇聚层的输出，$f(\cdot)$ 为非线性激活函数，w^d 和 b^d 为可学习的标量权重和偏置.

典型的汇聚层是将每个特征映射划分为 2×2 大小的不重叠区域，然后使用最大汇聚的方式进行下采样. 汇聚层也可以看作一个特殊的卷积层，卷积核大小为 $K \times K$，步长为 $S \times S$，卷积核为 max 函数或 mean 函数. 过大的采样区域会急剧减少神经元的数量，也会造成过多的信息损失.

5.2.4 卷积网络的整体结构

一个典型的卷积网络是由卷积层、汇聚层、全连接层交叉堆叠而成. 目前常用的卷积网络整体结构如图5.9所示. 一个卷积块为连续 M 个卷积层和 b 个汇聚层（M 通常设置为 $2 \sim 5$，b 为 0 或 1）. 一个卷积网络中可以堆叠 N 个连续的卷积块，然后在后面接着 K 个全连接层（N 的取值区间比较大，比如 $1 \sim 100$ 或者更大；K 一般为 $0 \sim 2$）.

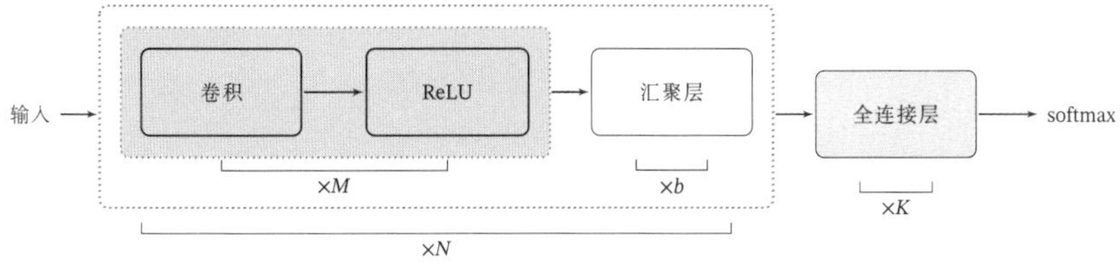

图 5.9 常用的卷积网络整体结构

目前，卷积网络的整体结构趋向于使用更小的卷积核（比如 1×1 和 3×3）以及更深的结构（比如层数大于 50）. 此外，由于卷积的操作性越来越灵活（比如不同的步长），汇聚层的作用也变得越来越小，因此目前比较流行的卷积网络中，汇聚层的比例正在逐渐降低，趋向于全卷积网络.

5.3 参数学习

在卷积网络中，参数为卷积核中权重以及偏置. 和全连接前馈网络类似，卷积网络也可以通过误差反向传播算法来进行参数学习.

在全连接前馈神经网络中，梯度主要通过每一层的误差项 δ 进行反向传播，并进一步计算每层参数的梯度.

参见公式(4.63).

在卷积神经网络中，主要有两种不同功能的神经层：卷积层和汇聚层. 而参数为卷积核以及偏置，因此只需要计算卷积层中参数的梯度.

这里假设汇聚层中没有参数.

不失一般性，对第 l 层为卷积层，第 $l-1$ 层的输入特征映射为 $\mathcal{X}^{(l-1)} \in \mathbb{R}^{M \times N \times D}$，通过卷积计算得到第 l 层的特征映射净输入 $\mathcal{Z}^{(l)} \in \mathbb{R}^{M' \times N' \times P}$. 第 l 层的第 $p(1 \le p \le P)$ 个特征映射净输入

参见公式(5.23).

$$\boldsymbol{Z}^{(l,p)} = \sum_{d=1}^{D} \boldsymbol{W}^{(l,p,d)} \otimes \boldsymbol{X}^{(l-1,d)} + b^{(l,p)}, \tag{5.28}$$

其中 $\boldsymbol{W}^{(l,p,d)}$ 和 $b^{(l,p)}$ 为卷积核以及偏置. 第 l 层中共有 $P \times D$ 个卷积核和 P 个偏置，可以分别使用链式法则来计算其梯度.

参见公式(5.17).

根据公式(5.17)和公式(5.28)，损失函数 $\mathcal{L}$ 关于第 l 层的卷积核 $\boldsymbol{W}^{(l,p,d)}$ 的偏导数为

$$\frac{\partial \mathcal{L}}{\partial \boldsymbol{W}^{(l,p,d)}} = \frac{\partial \mathcal{L}}{\partial \boldsymbol{Z}^{(l,p)}} \otimes \boldsymbol{X}^{(l-1,d)} \tag{5.29}$$

$$= \delta^{(l,p)} \otimes \boldsymbol{X}^{(l-1,d)}, \tag{5.30}$$

其中 $\delta^{(l,p)} = \frac{\partial \mathcal{L}}{\partial \boldsymbol{Z}^{(l,p)}}$ 为损失函数关于第 l 层的第 p 个特征映射净输入 $\boldsymbol{Z}^{(l,p)}$ 的偏导数.

同理可得，损失函数关于第 l 层的第 p 个偏置 $b^{(l,p)}$ 的偏导数为

$$\frac{\partial \mathcal{L}}{\partial b^{(l,p)}} = \sum_{i,j} [\delta^{(l,p)}]_{i,j}. \tag{5.31}$$

在卷积网络中，每层参数的梯度依赖其所在层的误差项 $\delta^{(l,p)}$.

5.3.1 卷积神经网络的反向传播算法

卷积层和汇聚层中误差项的计算有所不同，因此我们分别计算其误差项.

汇聚层 当第 $l+1$ 层为汇聚层时，因为汇聚层是下采样操作，$l+1$ 层的每个神经元的误差项 δ 对应于第 l 层的相应特征映射的一个区域. l 层的第 p 个特征映射中的每个神经元都有一条边和 $l+1$ 层的第 p 个特征映射中的一个神经元相连. 根

据链式法则,第 l 层的一个特征映射的误差项 $\delta^{(l,p)}$,只需要将 $l+1$ 层对应特征映射的误差项 $\delta^{(l+1,p)}$ 进行上采样操作(和第 l 层的大小一样),再和 l 层特征映射的激活值偏导数逐元素相乘,就得到了 $\delta^{(l,p)}$.

第 l 层的第 p 个特征映射的误差项 $\delta^{(l,p)}$ 的具体推导过程如下:

$$\delta^{(l,p)} \triangleq \frac{\partial \mathcal{L}}{\partial \boldsymbol{Z}^{(l,p)}} \tag{5.32}$$

$$= \frac{\partial \boldsymbol{X}^{(l,p)}}{\partial \boldsymbol{Z}^{(l,p)}} \frac{\partial \boldsymbol{Z}^{(l+1,p)}}{\partial \boldsymbol{X}^{(l,p)}} \frac{\partial \mathcal{L}}{\partial \boldsymbol{Z}^{(l+1,p)}} \tag{5.33}$$

$$= f_l'(\boldsymbol{Z}^{(l,p)}) \odot \mathrm{up}(\delta^{(l+1,p)}), \tag{5.34}$$

卷积并非真正的矩阵乘积,因此这里计算的偏导数并非真正的矩阵偏导数,我们可以把 $\boldsymbol{X}, \boldsymbol{Z}$ 都看作向量.

其中 $f_l'(\cdot)$ 为第 l 层使用的激活函数导数,up 为上采样函数(up sampling),与汇聚层中使用的下采样操作刚好相反. 如果下采样是最大汇聚,误差项 $\delta^{(l+1,p)}$ 中每个值会直接传递到前一层对应区域中的最大值所对应的神经元,该区域中其他神经元的误差项都设为0. 如果下采样是平均汇聚,误差项 $\delta^{(l+1,p)}$ 中每个值会被平均分配到前一层对应区域中的所有神经元上.

卷积层　当 $l+1$ 层为卷积层时,假设特征映射净输入 $\mathcal{Z}^{(l+1)} \in \mathbb{R}^{M'\times N'\times P}$,其中第 $p(1 \leq p \leq P)$ 个特征映射净输入

参见公式(5.23).

$$\boldsymbol{Z}^{(l+1,p)} = \sum_{d=1}^{D} \boldsymbol{W}^{(l+1,p,d)} \otimes \boldsymbol{X}^{(l,d)} + b^{(l+1,p)}, \tag{5.35}$$

其中 $\boldsymbol{W}^{(l+1,p,d)}$ 和 $b^{(l+1,p)}$ 为第 $l+1$ 层的卷积核以及偏置. 第 $l+1$ 层中共有 $P\times D$ 个卷积核和 P 个偏置.

第 l 层的第 d 个特征映射的误差项 $\delta^{(l,d)}$ 的具体推导过程如下:

$$\delta^{(l,d)} \triangleq \frac{\partial \mathcal{L}}{\partial \boldsymbol{Z}^{(l,d)}} \tag{5.36}$$

$$= \frac{\partial \boldsymbol{X}^{(l,d)}}{\partial \boldsymbol{Z}^{(l,d)}} \frac{\partial \mathcal{L}}{\partial \boldsymbol{X}^{(l,d)}} \tag{5.37}$$

$$= f_l'(\boldsymbol{Z}^{(l,d)}) \odot \sum_{P=1}^{P} \left(\mathrm{rot180}(\boldsymbol{W}^{(l+1,p,d)}) \tilde{\otimes} \frac{\partial \mathcal{L}}{\partial \boldsymbol{Z}^{(l+1,p)}}\right) \tag{5.38}$$

根据公式(5.21)

$$= f_l'(\boldsymbol{Z}^{(l,d)}) \odot \sum_{P=1}^{P} \left(\mathrm{rot180}(\boldsymbol{W}^{(l+1,p,d)}) \tilde{\otimes} \delta^{(l+1,p)}\right), \tag{5.39}$$

参见习题5-7.

其中 $\tilde{\otimes}$ 为宽卷积.

5.4 几种典型的卷积神经网络

本节介绍几种广泛使用的典型深层卷积神经网络.

5.4.1 LeNet-5

LeNet-5[LeCun et al., 1998]虽然提出的时间比较早，但它是一个非常成功的神经网络模型. 基于LeNet-5的手写数字识别系统在20世纪90年代被美国很多银行使用，用来识别支票上面的手写数字. LeNet-5的网络结构如图5.10所示.

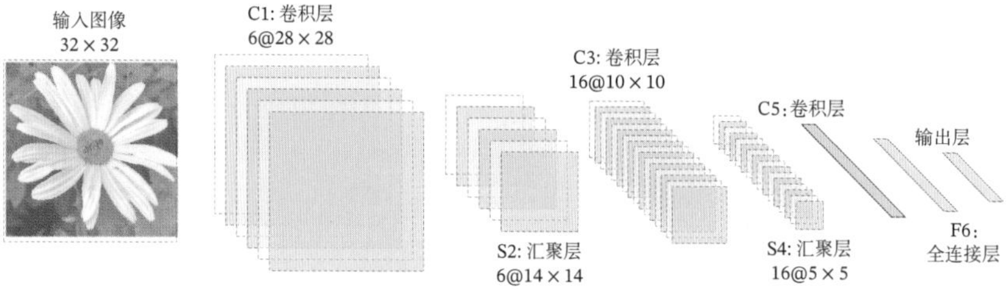

图 5.10 LeNet-5网络结构（图片根据[LeCun et al., 1998]绘制）

LeNet-5共有7层，接受输入图像大小为 $32 \times 32 = 1\,024$，输出对应10个类别的得分. LeNet-5中的每一层结构如下：

（1）C1层是卷积层，使用6个 5×5 的卷积核，得到6组大小为 $28\times28 = 784$ 的特征映射. 因此，C1层的神经元数量为 $6 \times 784 = 4\,704$，可训练参数数量为 $6 \times 25 + 6 = 156$，连接数为 $156 \times 784 = 122\,304$（包括偏置在内，下同）.

（2）S2层为汇聚层，采样窗口为 2×2，使用平均汇聚，并使用一个如公式(5.27)的非线性函数. 神经元个数为 $6 \times 14 \times 14 = 1\,176$，可训练参数数量为 $6 \times (1 + 1) = 12$，连接数为 $6 \times 196 \times (4 + 1) = 5\,880$.

连接表参见公式(5.40).

如果不使用连接表，则需要96个 5×5 的卷积核.

（3）C3层为卷积层. LeNet-5中用一个连接表来定义输入和输出特征映射之间的依赖关系，如图5.11所示，共使用60个 5×5 的卷积核，得到16组大小为 10×10 的特征映射. 神经元数量为 $16 \times 100 = 1\,600$，可训练参数数量为 $(60 \times 25) + 16 = 1\,516$，连接数为 $100 \times 1\,516 = 151\,600$.

（4）S4层是一个汇聚层，采样窗口为 2×2，得到16个 5×5 大小的特征映射，可训练参数数量为 $16 \times 2 = 32$，连接数为 $16 \times 25 \times (4 + 1) = 2\,000$.

（5）C5层是一个卷积层，使用 $120 \times 16 = 1\,920$ 个 5×5 的卷积核，得到120组大小为 1×1 的特征映射. C5层的神经元数量为120，可训练参数数量为 $1\,920 \times 25 + 120 = 48\,120$，连接数为 $120 \times (16 \times 25 + 1) = 48\,120$.

（6）F6层是一个全连接层，有84个神经元，可训练参数数量为 $84 \times (120 + 1) = 10\,164$. 连接数和可训练参数个数相同，为10 164.

（7）输出层：输出层由10个径向基函数（Radial Basis Function，RBF）组成. 这里不再详述.

连接表 从公式(5.23)可以看出，卷积层的每一个输出特征映射都依赖于所有输入特征映射，相当于卷积层的输入和输出特征映射之间是全连接的关系. 实际上，这种全连接关系不是必须的. 我们可以让每一个输出特征映射都依赖于少数几个输入特征映射. 定义一个连接表（Link Table）T 来描述输入和输出特征映射之间的连接关系. 在 LeNet-5 中，连接表的基本设定如图5.11所示. C3 层的第 0-5 个特征映射依赖于 S2 层的特征映射组的每 3 个连续子集，第 6-11 个特征映射依赖于 S2 层的特征映射组的每 4 个连续子集，第 12-14 个特征映射依赖于 S2 层的特征映射的每 4 个不连续子集，第 15 个特征映射依赖于 S2 层的所有特征映射.

	0	1	2	3	4	5	6	7	8	9	10	11	12	13	14	15
0	X				X	X	X			X	X	X	X		X	X
1	X	X				X	X	X			X	X	X	X		X
2	X	X	X				X	X	X			X		X	X	X
3		X	X	X			X	X	X	X			X		X	X
4			X	X	X			X	X	X	X		X	X		X
5				X	X	X			X	X	X	X		X	X	X

图 5.11 LeNet-5 中 C3 层的连接表（图片来源：[LeCun et al., 1998]）

如果第 p 个输出特征映射依赖于第 d 个输入特征映射，则 $T_{p,d} = 1$，否则为 0. $\boldsymbol{Y}^p$ 为

$$\boldsymbol{Y}^p = f\left(\sum_{\substack{d, \\ T_{p,d}=1}} \boldsymbol{W}^{p,d} \otimes \boldsymbol{X}^d + b^p \right), \tag{5.40}$$

其中 T 为 $P \times D$ 大小的连接表. 假设连接表 T 的非零个数为 K，每个卷积核的大小为 $U \times V$，那么共需要 $K \times U \times V + P$ 参数.

5.4.2 AlexNet

AlexNet[Krizhevsky et al., 2012] 是第一个现代深度卷积网络模型，其首次使用了很多现代深度卷积网络的技术方法，比如使用 GPU 进行并行训练，采用了 ReLU 作为非线性激活函数，使用 Dropout 防止过拟合，使用数据增强来提高模型准确率等. AlexNet 赢得了 2012 年 ImageNet 图像分类竞赛的冠军.

AlexNet 的结构如图5.12所示，包括 5 个卷积层、3 个汇聚层和 3 个全连接层（其中最后一层是使用 Softmax 函数的输出层）. 因为网络规模超出了当时的单个 GPU 的内存限制，AlexNet 将网络拆为两半，分别放在两个 GPU 上，GPU 间只在某些层（比如第 3 层）进行通信.

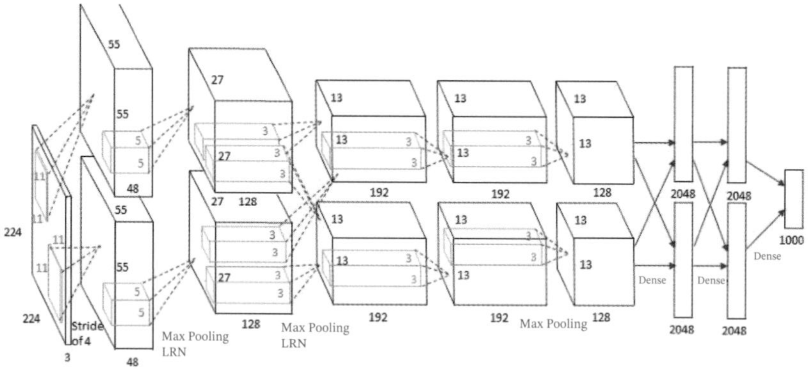

图 5.12 AlexNet网络结构[1]

这里的卷积核使用四维张量来描述.

AlexNet的输入为224×224×3的图像,输出为1 000个类别的条件概率,具体结构如下:

(1) 第一个卷积层,使用两个大小为11×11×3×48的卷积核,步长$S=4$,零填充$P=3$,得到两个大小为$55\times55\times48$的特征映射组.

这里的汇聚操作是有重叠的,以提取更多的特征.

(2) 第一个汇聚层,使用大小为3×3的最大汇聚操作,步长$S=2$,得到两个$27\times27\times48$的特征映射组.

(3) 第二个卷积层,使用两个大小为5×5×48×128的卷积核,步长$S=1$,零填充$P=2$,得到两个大小为$27\times27\times128$的特征映射组.

(4) 第二个汇聚层,使用大小为3×3的最大汇聚操作,步长$S=2$,得到两个大小为$13\times13\times128$的特征映射组.

(5) 第三个卷积层为两个路径的融合,使用一个大小为$3\times3\times256\times384$的卷积核,步长$S=1$,零填充$P=1$,得到两个大小为$13\times13\times192$的特征映射组.

(6) 第四个卷积层,使用两个大小为$3\times3\times192\times192$的卷积核,步长$S=1$,零填充$P=1$,得到两个大小为$13\times13\times192$的特征映射组.

(7) 第五个卷积层,使用两个大小为$3\times3\times192\times128$的卷积核,步长$S=1$,零填充$P=1$,得到两个大小为$13\times13\times128$的特征映射组.

(8) 第三个汇聚层,使用大小为3×3的最大汇聚操作,步长$S=2$,得到两个大小为$6\times6\times128$的特征映射组.

(9) 三个全连接层,神经元数量分别为4 096、4 096和1 000.

局部响应归一化参见第7.5.4节.

此外,AlexNet还在前两个汇聚层之后进行了局部响应归一化(Local Response Normalization,LRN)以增强模型的泛化能力.

[1] 图片来源: https://medium.com/coinmonks/paper-review-of-alexnet-caffenet-winner-in-ilsvrc-2012-image-classification-b93598314160

5.4.3 Inception 网络

在卷积网络中，如何设置卷积层的卷积核大小是一个十分关键的问题. 在Inception网络中，一个卷积层包含多个不同大小的卷积操作，称为Inception模块. Inception网络是由有多个Inception模块和少量的汇聚层堆叠而成.

Inception模块受到了模型“Network in Network”[Lin et al., 2013]的启发.

Inception模块同时使用1×1、3×3、5×5等不同大小的卷积核，并将得到的特征映射在深度上拼接（堆叠）起来作为输出特征映射.

图5.13给出了v1版本的Inception模块结构，采用了4组平行的特征抽取方式，分别为1×1、3×3、5×5的卷积和3×3的最大汇聚. 同时，为了提高计算效率，减少参数数量，Inception模块在进行3×3、5×5的卷积之前、3×3的最大汇聚之后，进行一次1×1的卷积来减少特征映射的深度. 如果输入特征映射之间存在冗余信息，1×1的卷积相当于先进行一次特征抽取.

Inception模块中的卷积和最大汇聚都是等宽的.

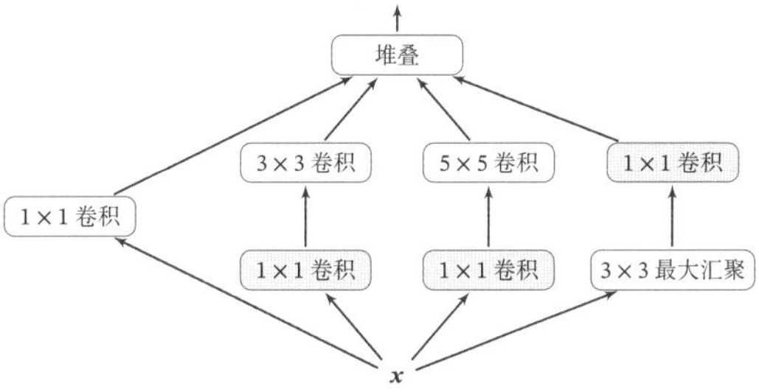

图 5.13 Inception v1 的模块结构

Inception网络有多个版本，其中最早的Inception v1版本就是非常著名的GoogLeNet [Szegedy et al., 2015]. GoogLeNet赢得了2014年ImageNet图像分类竞赛的冠军.

GoogLeNet 不写为 GoogleNet，是为了向 LeNet 致敬.

GoogLeNet由9个Inception v1模块和5个汇聚层以及其他一些卷积层和全连接层构成，总共为22层网络，如图5.14所示.

清晰图见 https://nndl.github.io/v/cnn-googlenet

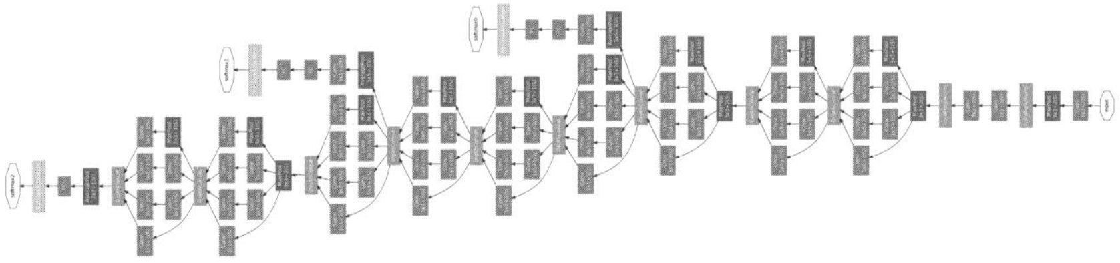

图 5.14 GoogLeNet网络结构（图片来源：[Szegedy et al., 2015]）

为了解决梯度消失问题，GoogLeNet在网络中间层引入两个辅助分类器来加强监督信息.

Inception网络有多个改进版本，其中比较有代表性的有Inception v3网络[Szegedy et al., 2016]. Inception v3网络用多层的小卷积核来替换大的卷积核，以减少计算量和参数量,并保持感受野不变.具体包括:1)使用两层 3×3 的卷积来替换v1中的 5×5 的卷积;2)使用连续的 $K \times 1$ 和 $1 \times K$ 来替换 $K \times K$ 的卷积.此外,Inception v3网络同时也引入了标签平滑以及批量归一化等优化方法进行训练.

5.4.4 残差网络

残差网络的思想并不局限于卷积神经网络.

残差网络(Residual Network,ResNet)通过给非线性的卷积层增加直连边(Shortcut Connection)(也称为残差连接(Residual Connection))的方式来提高信息的传播效率.

假设在一个深度网络中,我们期望一个非线性单元(可以为一层或多层的卷积层)$f(\boldsymbol{x};\theta)$ 去逼近一个目标函数为 $h(\boldsymbol{x})$.如果将目标函数拆分成两部分:恒等函数(Identity Function)$\boldsymbol{x}$ 和残差函数(Residue Function)$h(\boldsymbol{x}) - \boldsymbol{x}$.

为了简便起见,这里假设输入 $\boldsymbol{x}$ 与 $h(\boldsymbol{x})$ 的维度一致.

$$h(\boldsymbol{x}) = \underbrace{\boldsymbol{x}}_{\text{恒等函数}} + \underbrace{\left(h(\boldsymbol{x}) - \boldsymbol{x}\right)}_{\text{残差函数}}. \tag{5.41}$$

根据通用近似定理,一个由神经网络构成的非线性单元有足够的能力来近似逼近原始目标函数或残差函数,但实际中后者更容易学习[He et al., 2016].因此,原来的优化问题可以转换为:让非线性单元 $f(\boldsymbol{x};\theta)$ 去近似残差函数 $h(\boldsymbol{x}) - \boldsymbol{x}$,并用 $f(\boldsymbol{x};\theta) + \boldsymbol{x}$ 去逼近 $h(\boldsymbol{x})$.

图5.15给出了一个典型的残差单元示例.残差单元由多个级联的(等宽)卷积层和一个跨层的直连边组成,再经过ReLU激活后得到输出.

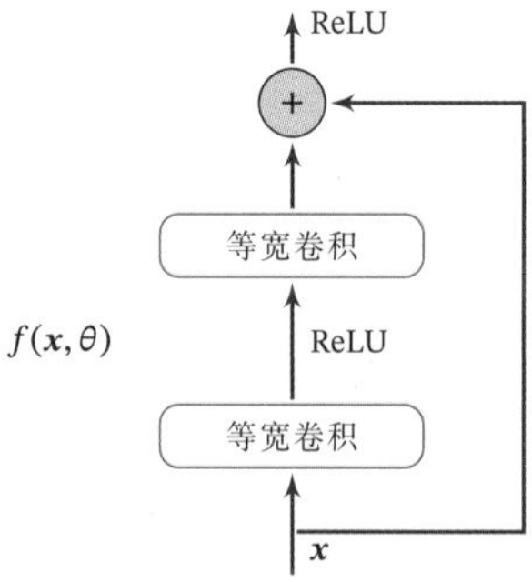

图 5.15 一个简单的残差单元结构

残差网络就是将很多个残差单元串联起来构成的一个非常深的网络.和残差网络类似的还有Highway Network[Srivastava et al., 2015].

5.5 其他卷积方式

在第5.1.3节中介绍了一些卷积的变种，可以通过步长和零填充来进行不同的卷积操作. 本节介绍一些其他的卷积方式.

5.5.1 转置卷积

我们一般可以通过卷积操作来实现高维特征到低维特征的转换. 比如在一维卷积中，一个5维的输入特征，经过一个大小为3的卷积核，其输出为3维特征. 如果设置步长大于1，可以进一步降低输出特征的维数. 但在一些任务中，我们需要将低维特征映射到高维特征，并且依然希望通过卷积操作来实现.

假设有一个高维向量为 $\boldsymbol{x} \in \mathbb{R}^d$ 和一个低维向量为 $\boldsymbol{z} \in \mathbb{R}^p$，$p < d$. 如果用仿射变换（Affine Transformation）来实现高维到低维的映射，

不失一般性，这里忽略了平移项.

$$\boldsymbol{z} = \boldsymbol{W}\boldsymbol{x}, \tag{5.42}$$

其中 $\boldsymbol{W} \in \mathbb{R}^{p \times d}$ 为转换矩阵. 我们可以很容易地通过转置 $\boldsymbol{W}$ 来实现低维到高维的反向映射，即

$$\boldsymbol{x} = \boldsymbol{W}^\top \boldsymbol{z}. \tag{5.43}$$

需要说明的是，公式(5.42)和公式(5.43)并不是逆运算，两个映射只是形式上的转置关系.

在全连接网络中，忽略激活函数，前向计算和反向传播就是一种转置关系. 比如前向计算时，第 $l+1$ 层的净输入为 $\boldsymbol{z}^{(l+1)} = \boldsymbol{W}^{(l+1)}\boldsymbol{z}^{(l)}$，反向传播时，第 l 层的误差项为 $\delta^{(l)} = (\boldsymbol{W}^{(l+1)})^\top \delta^{(l+1)}$.

参见公式(4.63).

卷积操作也可以写为仿射变换的形式. 假设一个5维向量 $\boldsymbol{x}$，经过大小为3的卷积核 $\boldsymbol{w} = [w_1, w_2, w_3]^\top$ 进行卷积，得到3维向量 $\boldsymbol{z}$. 卷积操作可以写为

$$\begin{aligned}
\boldsymbol{z} &= \boldsymbol{w} \otimes \boldsymbol{x} && (5.44)\\
&= \begin{bmatrix} w_1 & w_2 & w_3 & 0 & 0 \\ 0 & w_1 & w_2 & w_3 & 0 \\ 0 & 0 & w_1 & w_2 & w_3 \end{bmatrix} \boldsymbol{x} && (5.45)\\
&= \boldsymbol{C}\boldsymbol{x}, && (5.46)
\end{aligned}$$

参见习题5-5.

其中 $\boldsymbol{C}$ 是一个稀疏矩阵，其非零元素来自于卷积核 $\boldsymbol{w}$ 中的元素.

如果要实现3维向量$\boldsymbol{z}$到5维向量$\boldsymbol{x}$的映射，可以通过仿射矩阵的转置来实现，即

$$\boldsymbol{x} = \boldsymbol{C}^{\mathrm{T}}\boldsymbol{z} \tag{5.47}$$

$$= \begin{bmatrix} w_1 & 0 & 0 \\ w_2 & w_1 & 0 \\ w_3 & w_2 & w_1 \\ 0 & w_3 & w_2 \\ 0 & 0 & w_3 \end{bmatrix} \boldsymbol{z} \tag{5.48}$$

$$= \mathrm{rot180}(\boldsymbol{w}) \tilde{\otimes} \boldsymbol{z}, \tag{5.49}$$

其中rot180(·)表示旋转180度.

从公式(5.45)和公式(5.48)可以看出，从仿射变换的角度来看两个卷积操作$\boldsymbol{z} = \boldsymbol{w} \otimes \boldsymbol{x}$和$\boldsymbol{x} = \mathrm{rot180}(\boldsymbol{w}) \tilde{\otimes} \boldsymbol{z}$也是形式上的转置关系. 因此，我们将低维特征映射到高维特征的卷积操作称为转置卷积（Transposed Convolution）[Dumoulin et al., 2016]，也称为反卷积（Deconvolution）[Zeiler et al., 2011].

将转置卷积称为反卷积（Deconvolution）并不太恰当，它不是指卷积的逆运算.
参见习题5-7.

在卷积网络中，卷积层的前向计算和反向传播也是一种转置关系.

对一个M维的向量$\boldsymbol{z}$，和大小为K的卷积核，如果希望通过卷积操作来映射到更高维的向量，只需要对向量$\boldsymbol{z}$进行两端补零$P = K - 1$，然后进行卷积，可以得到$M + K - 1$维的向量.

即宽卷积.

转置卷积同样适用于二维卷积. 图5.16给出了一个步长$S = 1$，无零填充$P = 0$的二维卷积和其对应的转置卷积.

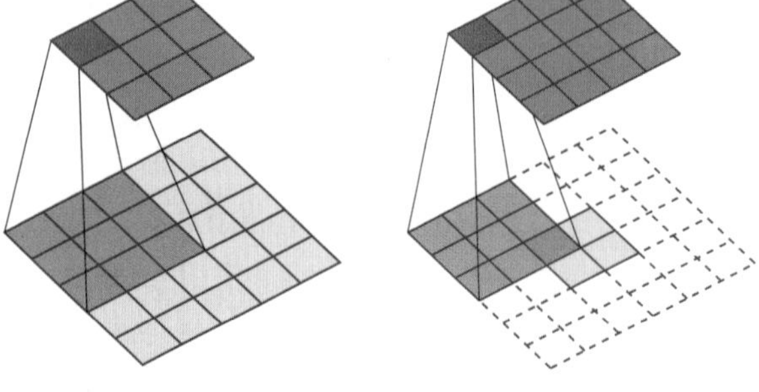

(a) 卷积，$S = 1, P = 0$　　(b) 转置卷积，$S = 1, P = 2$

图 5.16　步长$S = 1$，无零填充$P = 0$的二维卷积和其对应的转置卷积

微步卷积 我们可以通过增加卷积操作的步长 $S > 1$ 来实现对输入特征的下采样操作，大幅降低特征维数. 同样，我们也可以通过减少转置卷积的步长 $S < 1$ 来实现上采样操作，大幅提高特征维数. 步长 $S < 1$ 的转置卷积也称为微步卷积（Fractionally-Strided Convolution）[Long et al., 2015]. 为了实现微步卷积，我们可以在输入特征之间插入 0 来间接地使得步长变小.

如果卷积操作的步长为 $S > 1$，希望其对应的转置卷积的步长为 $\frac{1}{S}$，需要在输入特征之间插入 $S - 1$ 个 0 来使得其移动的速度变慢.

以一维转置卷积为例，对一个 M 维的向量 $\boldsymbol{z}$，和大小为 K 的卷积核，通过对向量 $\boldsymbol{z}$ 进行两端补零 $P = K - 1$，并且在每两个向量元素之间插入 D 个 0，然后进行步长为 1 的卷积，可以得到 $(D + 1) \times (M - 1) + K$ 维的向量.

图5.17给出了一个步长 $S = 2$，无零填充 $P = 0$ 的二维卷积和其对应的转置卷积.

转置卷积的动图见 https://nndl.github.io/v/cnn-conv-more

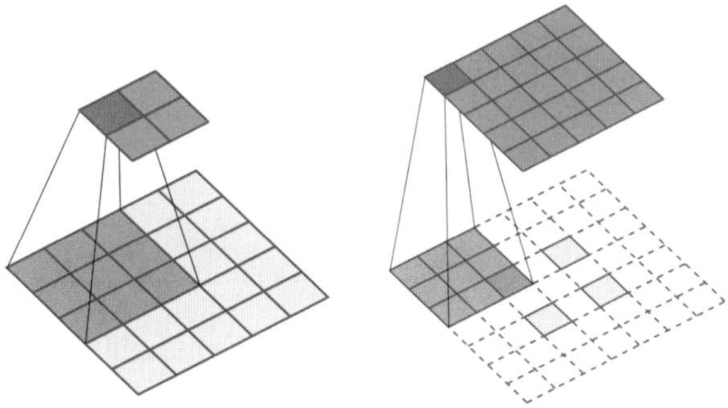

(a) 卷积，$S = 2, P = 0$　　(b) 转置卷积，$S = 1, P = 2, D = 1$

图 5.17 步长 $S = 2$，无零填充 $P = 0$ 的二维卷积和其对应的转置卷积

5.5.2 空洞卷积

对于一个卷积层，如果希望增加输出单元的感受野，一般可以通过三种方式实现：1）增加卷积核的大小；2）增加层数，比如两层 3×3 的卷积可以近似一层 5×5 卷积的效果；3）在卷积之前进行汇聚操作. 前两种方式会增加参数数量，而第三种方式会丢失一些信息.

空洞卷积（Atrous Convolution）是一种不增加参数数量，同时增加输出单元感受野的一种方法，也称为**膨胀卷积**（Dilated Convolution）[Chen et al., 2018; Yu et al., 2015].

Atrous 一词来源于法语 à trous，意为"空洞，多孔".

空洞卷积通过给卷积核插入"空洞"来变相地增加其大小. 如果在卷积核的

每两个元素之间插入 $D-1$ 个空洞，卷积核的有效大小为

$$K' = K + (K-1) \times (D-1), \tag{5.50}$$

其中 D 称为膨胀率（Dilation Rate）. 当 $D = 1$ 时卷积核为普通的卷积核.

图5.18给出了空洞卷积的示例.

空洞卷积的动图见 https://nndl.github.io/v/cnn-conv-more

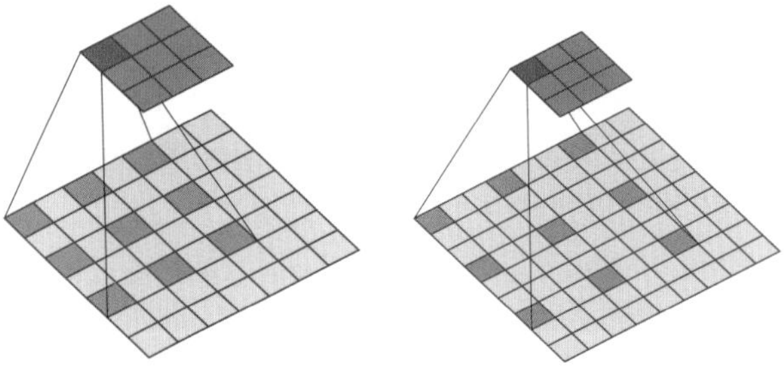

(a) 膨胀率 $D = 2$　　(b) 膨胀率 $D = 3$

图 5.18 空洞卷积

5.6 总结和深入阅读

David Hubel 和 Torsten Wiesel 也因此方面的贡献，于1981年获得诺贝尔生理学或医学奖.

卷积神经网络是受生物学上感受野机制启发而提出的. 1959年，[Hubel et al., 1959] 发现在猫的初级视觉皮层中存在两种细胞：简单细胞和复杂细胞. 这两种细胞承担不同层次的视觉感知功能 [Hubel et al., 1962]. 简单细胞的感受野是狭长型的，每个简单细胞只对感受野中特定角度（orientation）的光带敏感，而复杂细胞对于感受野中以特定方向（direction）移动的某种角度（orientation）的光带敏感. 受此启发，福岛邦彦（Kunihiko Fukushima）提出了一种带卷积和子采样操作的多层神经网络：新知机（Neocognitron）[Fukushima, 1980]. 但当时还没有反向传播算法，新知机采用了无监督学习的方式来训练. [LeCun et al., 1989] 将反向传播算法引入了卷积神经网络，并在手写体数字识别上取得了很大的成功 [LeCun et al., 1998].

AlexNet[Krizhevsky et al., 2012] 是第一个现代深度卷积网络模型，可以说是深度学习技术在图像分类上真正突破的开端. AlexNet 不用预训练和逐层训练，首次使用了很多现代深度网络的技术，比如使用 GPU 进行并行训练，采用了 ReLU 作为非线性激活函数，使用 Dropout 防止过拟合，使用数据增强来提高模型准确率等. 这些技术极大地推动了端到端的深度学习模型的发展.

在 AlexNet 之后，出现了很多优秀的卷积网络，比如 VGG 网络 [Simonyan

et al., 2014]、Inception v1、v2、v4 网络 [Szegedy et al., 2015, 2016, 2017]、残差网络 [He et al., 2016] 等.

目前,卷积神经网络已经成为计算机视觉领域的主流模型. 通过引入跨层的直连边,可以训练上百层乃至上千层的卷积网络. 随着网络层数的增加,卷积层越来越多地使用 1×1 和 3×3 大小的小卷积核,也出现了一些不规则的卷积操作,比如空洞卷积 [Chen et al., 2018; Yu et al., 2015]、可变形卷积 [Dai et al., 2017] 等. 网络结构也逐渐趋向于全卷积网络(Fully Convolutional Network, FCN)[Long et al., 2015],减少汇聚层和全连接层的作用.

各种卷积操作的可视化示例可以参考 [Dumoulin et al., 2016].

习题

习题 5-1 1)证明公式 (5.6) 可以近似为离散信号序列 $x(t)$ 关于 t 的二阶微分;2)对于二维卷积,设计一种滤波器来近似实现对二维输入信号的二阶微分.

习题 5-2 证明宽卷积具有交换性,即公式 (5.13).

习题 5-3 分析卷积神经网络中用 1×1 的卷积核的作用.

习题 5-4 对于一个输入为 $100 \times 100 \times 256$ 的特征映射组,使用 3×3 的卷积核,输出为 $100 \times 100 \times 256$ 的特征映射组的卷积层,求其时间和空间复杂度. 如果引入一个 1×1 卷积核,先得到 $100 \times 100 \times 64$ 的特征映射,再进行 3×3 的卷积,得到 $100 \times 100 \times 256$ 的特征映射组,求其时间和空间复杂度.

习题 5-5 对于一个二维卷积,输入为 3×3,卷积核大小为 2×2,试将卷积操作重写为仿射变换的形式.

参见公式(5.45).

习题 5-6 计算函数 $y = \max(x_1, \cdots, x_D)$ 和函数 $y = \arg\max(x_1, \cdots, x_D)$ 的梯度.

习题 5-7 忽略激活函数,分析卷积网络中卷积层的前向计算和反向传播(公式 (5.39))是一种转置关系.

习题 5-8 在空洞卷积中,当卷积核大小为 K,膨胀率为 D 时,如何设置零填充 P 的值以使得卷积为等宽卷积.

参考文献

Chen L C, Papandreou G, Kokkinos I, et al., 2018. Deeplab: Semantic image segmentation with deep convolutional nets, atrous convolution, and fully connected CRFs[J]. IEEE transactions on pattern analysis and machine intelligence, 40(4):834-848.

Dai J, Qi H, Xiong Y, et al., 2017. Deformable convolutional networks[J]. CoRR, abs/1703.06211, 1 (2):3.

Dumoulin V, Visin F, 2016. A guide to convolution arithmetic for deep learning[J]. ArXiv e-prints.

Fukushima K, 1980. Neocognitron: A self-organizing neural network model for a mechanism of pattern recognition unaffected by shift in position[J]. Biological cybernetics, 36(4):193-202.

He K, Zhang X, Ren S, et al., 2016. Deep residual learning for image recognition[C]//Proceedings of the IEEE conference on computer vision and pattern recognition. 770-778.

Hubel D H, Wiesel T N, 1959. Receptive fields of single neurones in the cat's striate cortex[J]. The Journal of physiology, 148(3):574-591.

Hubel D H, Wiesel T N, 1962. Receptive fields, binocular interaction and functional architecture in the cat's visual cortex[J]. The Journal of physiology, 160(1):106-154.

Krizhevsky A, Sutskever I, Hinton G E, 2012. ImageNet classification with deep convolutional neural networks[C]//Advances in Neural Information Processing Systems 25. 1106-1114.

LeCun Y, Boser B, Denker J S, et al., 1989. Backpropagation applied to handwritten zip code recognition[J]. Neural computation, 1(4):541-551.

LeCun Y, Bottou L, Bengio Y, et al., 1998. Gradient-based learning applied to document recognition [J]. Proceedings of the IEEE, 86(11):2278-2324.

Lin M, Chen Q, Yan S, 2013. Network in network[J]. arXiv preprint arXiv:1312.4400.

Long J, Shelhamer E, Darrell T, 2015. Fully convolutional networks for semantic segmentation[C]//Proceedings of the IEEE conference on computer vision and pattern recognition. 3431-3440.

Simonyan K, Zisserman A, 2014. Very deep convolutional networks for large-scale image recognition[J]. arXiv preprint arXiv:1409.1556.

Srivastava R K, Greff K, Schmidhuber J, 2015. Highway networks[J]. arXiv preprint arXiv:1505.00387.

Szegedy C, Liu W, Jia Y, et al., 2015. Going deeper with convolutions[C]//Proceedings of the IEEE Conference on Computer Vision and Pattern Recognition. 1-9.

Szegedy C, Vanhoucke V, Ioffe S, et al., 2016. Rethinking the inception architecture for computer vision[C]//Proceedings of the IEEE Conference on Computer Vision and Pattern Recognition. 2818-2826.

Szegedy C, Ioffe S, Vanhoucke V, et al., 2017. Inception-v4, inception-resnet and the impact of residual connections on learning.[C]//AAAI. 4278-4284.

Yu F, Koltun V, 2015. Multi-scale context aggregation by dilated convolutions[J]. arXiv preprint arXiv:1511.07122.

Zeiler M D, Taylor G W, Fergus R, 2011. Adaptive deconvolutional networks for mid and high level feature learning[C]//Proceedings of the IEEE International Conference on Computer Vision. IEEE: 2018-2025.

第6章 循环神经网络

经验是智慧之父，记忆是智慧之母.

——谚语

在前馈神经网络中，信息的传递是单向的，这种限制虽然使得网络变得更容易学习，但在一定程度上也减弱了神经网络模型的能力. 在生物神经网络中，神经元之间的连接关系要复杂得多. 前馈神经网络可以看作一个复杂的函数，每次输入都是独立的，即网络的输出只依赖于当前的输入. 但是在很多现实任务中，网络的输出不仅和当前时刻的输入相关，也和其过去一段时间的输出相关. 比如一个有限状态自动机，其下一个时刻的状态（输出）不仅仅和当前输入相关，也和当前状态（上一个时刻的输出）相关. 此外，前馈网络难以处理时序数据，比如视频、语音、文本等. 时序数据的长度一般是不固定的，而前馈神经网络要求输入和输出的维数都是固定的，不能任意改变. 因此，当处理这一类和时序数据相关的问题时，就需要一种能力更强的模型.

循环神经网络（Recurrent Neural Network，RNN）是一类具有短期记忆能力的神经网络. 在循环神经网络中，神经元不但可以接受其他神经元的信息，也可以接受自身的信息，形成具有环路的网络结构. 和前馈神经网络相比，循环神经网络更加符合生物神经网络的结构. 循环神经网络已经被广泛应用在语音识别、语言模型以及自然语言生成等任务上. 循环神经网络的参数学习可以通过随时间反向传播算法 [Werbos, 1990] 来学习. 随时间反向传播算法即按照时间的逆序将错误信息一步步地往前传递. 当输入序列比较长时，会存在梯度爆炸和消失问题 [Bengio et al., 1994; Hochreiter et al., 1997, 2001]，也称为长程依赖问题. 为了解决这个问题，人们对循环神经网络进行了很多的改进，其中最有效的改进方式引入门控机制（Gating Mechanism）.

此外，循环神经网络可以很容易地扩展到两种更广义的记忆网络模型：递归神经网络和图网络.

6.1 给网络增加记忆能力

为了处理这些时序数据并利用其历史信息，我们需要让网络具有短期记忆能力. 而前馈网络是一种静态网络，不具备这种记忆能力.

此外，还有一种增加记忆能力的方法是引入外部记忆单元，参见第8.5节.

一般来讲，我们可以通过以下三种方法来给网络增加短期记忆能力.

6.1.1 延时神经网络

一种简单的利用历史信息的方法是建立一个额外的延时单元，用来存储网络的历史信息（可以包括输入、输出、隐状态等）. 比较有代表性的模型是延时神经网络（Time Delay Neural Network，TDNN）[Lang et al., 1990; Waibel et al., 1989].

延时神经网络在时间维度上共享权值，以降低参数数量. 因此对于序列输入来讲，延时神经网络就相当于卷积神经网络.

延时神经网络是在前馈网络中的非输出层都添加一个延时器，记录神经元的最近几次活性值. 在第 t 个时刻，第 l 层神经元的活性值依赖于第 $l-1$ 层神经元的最近 K 个时刻的活性值，即

$$\boldsymbol{h}_t^{(l)} = f\Big(\boldsymbol{h}_t^{(l-1)}, \boldsymbol{h}_{t-1}^{(l-1)}, \cdots, \boldsymbol{h}_{t-K}^{(l-1)}\Big), \tag{6.1}$$

其中 $\boldsymbol{h}_t^{(l)} \in \mathbb{R}^{M_l}$ 表示第 l 层神经元在时刻 t 的活性值，M_l 为第 l 层神经元的数量. 通过延时器，前馈网络就具有了短期记忆的能力.

6.1.2 有外部输入的非线性自回归模型

自回归模型（AutoRegressive Model，AR）是统计学上常用的一类时间序列模型，用一个变量 $\boldsymbol{y}_t$ 的历史信息来预测自己.

$$\boldsymbol{y}_t = w_0 + \sum_{k=1}^{K} w_k \boldsymbol{y}_{t-k} + \epsilon_t, \tag{6.2}$$

其中 K 为超参数，$w_0, \cdots, w_K$ 为可学习参数，$\epsilon_t \sim \mathcal{N}(0, \sigma^2)$ 为第 t 个时刻的噪声，方差 σ^2 和时间无关.

有外部输入的非线性自回归模型（Nonlinear AutoRegressive with Exogenous Inputs Model，NARX）[Leontaritis et al., 1985] 是自回归模型的扩展，在每个时刻 t 都有一个外部输入 $\boldsymbol{x}_t$，产生一个输出 $\boldsymbol{y}_t$. NARX 通过一个延时器记录最近 K_x 次的外部输入和最近 K_y 次的输出，第 t 个时刻的输出 $\boldsymbol{y}_t$ 为

$$\boldsymbol{y}_t = f(\boldsymbol{x}_t, \boldsymbol{x}_{t-1}, \cdots, \boldsymbol{x}_{t-K_x}, \boldsymbol{y}_{t-1}, \boldsymbol{y}_{t-2}, \cdots, \boldsymbol{y}_{t-K_y}), \tag{6.3}$$

其中 $f(\cdot)$ 表示非线性函数，可以是一个前馈网络，K_x 和 K_y 为超参数.

6.1.3 循环神经网络

循环神经网络（Recurrent Neural Network，RNN）通过使用带自反馈的神经元，能够处理任意长度的时序数据.

RNN也经常被翻译为递归神经网络.这里为了区别与另外一种递归神经网络（Recursive Neural Network，RecNN），我们称为循环神经网络.

给定一个输入序列 $\boldsymbol{x}_{1:T} = (\boldsymbol{x}_1, \boldsymbol{x}_2, \dots, \boldsymbol{x}_t, \dots, \boldsymbol{x}_T)$，循环神经网络通过下面公式更新带反馈边的隐藏层的活性值 $\boldsymbol{h}_t$：

$$\boldsymbol{h}_t = f(\boldsymbol{h}_{t-1}, \boldsymbol{x}_t), \tag{6.4}$$

其中 $\boldsymbol{h}_0 = 0$，$f(\cdot)$ 为一个非线性函数，可以是一个前馈网络.

图6.1给出了循环神经网络的示例，其中"延时器"为一个虚拟单元，记录神经元的最近一次（或几次）活性值.

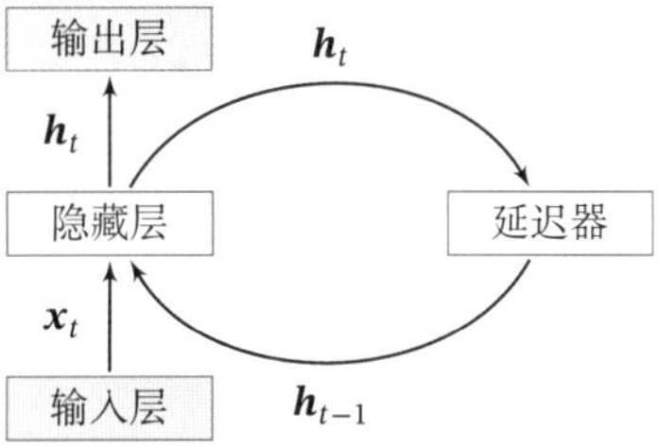

图 6.1 循环神经网络

从数学上讲，公式(6.4)可以看成一个动力系统. 因此，隐藏层的活性值 $\boldsymbol{h}_t$ 在很多文献上也称为状态（State）或隐状态（Hidden State）.

动力系统（Dynamical System）是一个数学上的概念，指系统状态按照一定的规律随时间变化的系统. 具体地讲，动力系统是使用一个函数来描述一个给定空间（如某个物理系统的状态空间）中所有点随时间的变化情况. 生活中很多现象（比如钟摆晃动、台球轨迹等）都可以动力系统来描述.

由于循环神经网络具有短期记忆能力，相当于存储装置，因此其计算能力十分强大. 理论上，循环神经网络可以近似任意的非线性动力系统（参见第6.2.1节）. 前馈神经网络可以模拟任何连续函数，而循环神经网络可以模拟任何程序.

6.2 简单循环网络

简单循环网络（Simple Recurrent Network，SRN）[Elman, 1990]是一个非常简单的循环神经网络，只有一个隐藏层的神经网络. 在一个两层的前馈神经网络中，连接存在相邻的层与层之间，隐藏层的节点之间是无连接的. 而简单循环网络增加了从隐藏层到隐藏层的反馈连接.

令向量 $\boldsymbol{x}_t \in \mathbb{R}^M$ 表示在时刻 t 时网络的输入，$\boldsymbol{h}_t \in \mathbb{R}^D$ 表示隐藏层状态（即隐藏层神经元活性值），则 $\boldsymbol{h}_t$ 不仅和当前时刻的输入 $\boldsymbol{x}_t$ 相关，也和上一个时刻的隐藏层状态 $\boldsymbol{h}_{t-1}$ 相关. 简单循环网络在时刻 t 的更新公式为

$$\boldsymbol{z}_t = \boldsymbol{U}\boldsymbol{h}_{t-1} + \boldsymbol{W}\boldsymbol{x}_t + \boldsymbol{b}, \tag{6.5}$$

$$\boldsymbol{h}_t = f(\boldsymbol{z}_t), \tag{6.6}$$

其中 $\boldsymbol{z}_t$ 为隐藏层的净输入，$\boldsymbol{U} \in \mathbb{R}^{D\times D}$ 为状态-状态权重矩阵，$\boldsymbol{W} \in \mathbb{R}^{D\times M}$ 为状态-输入权重矩阵，$\boldsymbol{b} \in \mathbb{R}^D$ 为偏置向量，$f(\cdot)$ 是非线性激活函数，通常为 Logistic 函数或 Tanh 函数. 公式(6.5)和公式(6.6)也经常直接写为

$$\boldsymbol{h}_t = f(\boldsymbol{U}\boldsymbol{h}_{t-1} + \boldsymbol{W}\boldsymbol{x}_t + \boldsymbol{b}). \tag{6.7}$$

如果我们把每个时刻的状态都看作前馈神经网络的一层，循环神经网络可以看作在时间维度上权值共享的神经网络. 图6.2给出了按时间展开的循环神经网络.

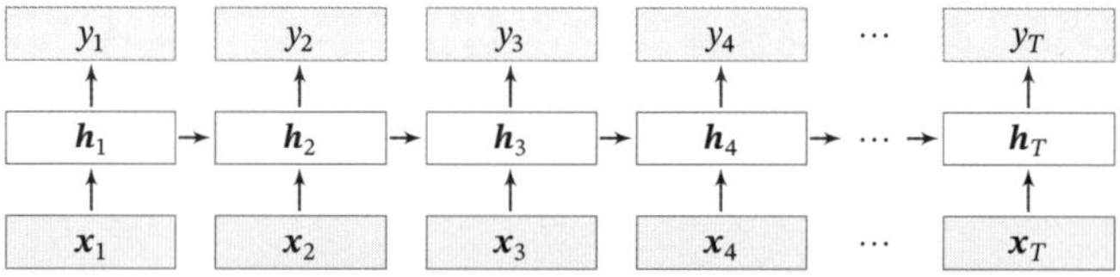

图 6.2 按时间展开的循环神经网络

6.2.1 循环神经网络的计算能力

我们先定义一个完全连接的循环神经网络，其输入为 $\boldsymbol{x}_t$，输出为 $\boldsymbol{y}_t$，

$$\boldsymbol{h}_t = f(\boldsymbol{U}\boldsymbol{h}_{t-1} + \boldsymbol{W}\boldsymbol{x}_t + \boldsymbol{b}), \tag{6.8}$$

$$\boldsymbol{y}_t = \boldsymbol{V}\boldsymbol{h}_t, \tag{6.9}$$

其中 $\boldsymbol{h}$ 为隐状态，$f(\cdot)$ 为非线性激活函数，$\boldsymbol{U}$、$\boldsymbol{W}$、$\boldsymbol{b}$ 和 $\boldsymbol{V}$ 为网络参数.

6.2.1.1 循环神经网络的通用近似定理

循环神经网络的拟合能力也十分强大. 一个完全连接的循环网络是任何非线性动力系统的近似器.

> 定理 6.1 – **循环神经网络的通用近似定理 [Haykin, 2009]**：如果一个完全连接的循环神经网络有足够数量的 sigmoid 型隐藏神经元，它可以以任意的准确率去近似任何一个非线性动力系统
>
> $$\boldsymbol{s}_t = g(\boldsymbol{s}_{t-1}, \boldsymbol{x}_t), \tag{6.10}$$
>
> $$\boldsymbol{y}_t = o(\boldsymbol{s}_t), \tag{6.11}$$
>
> 其中 $\boldsymbol{s}_t$ 为每个时刻的隐状态，$\boldsymbol{x}_t$ 是外部输入，$g(\cdot)$ 是可测的状态转换函数，$o(\cdot)$ 是连续输出函数，并且对状态空间的紧致性没有限制.

证明.（1）根据通用近似定理，两层的前馈神经网络可以近似任意有界闭集上的任意连续函数. 因此，动力系统的两个函数可以用两层的全连接前馈网络近似.

通用近似定理参见第4.3.1节.

首先，非线性动力系统的状态转换函数 $\boldsymbol{s}_t = g(\boldsymbol{s}_{t-1}, \boldsymbol{x}_t)$ 可以由一个两层的神经网络 $\boldsymbol{s}_t = \boldsymbol{C}f(\boldsymbol{A}\boldsymbol{s}_{t-1} + \boldsymbol{B}\boldsymbol{x}_t + \boldsymbol{b})$ 来近似，可以分解为

$$\boldsymbol{s}'_t = f(\boldsymbol{A}\boldsymbol{s}_{t-1} + \boldsymbol{B}\boldsymbol{x}_t + \boldsymbol{b}) \tag{6.12}$$

$$= f(\boldsymbol{A}\boldsymbol{C}\boldsymbol{s}'_{t-1} + \boldsymbol{B}\boldsymbol{x}_t + \boldsymbol{b}), \tag{6.13}$$

$$\boldsymbol{s}_t = \boldsymbol{C}\boldsymbol{s}'_t, \tag{6.14}$$

其中 $\boldsymbol{A}, \boldsymbol{B}, \boldsymbol{C}$ 为权重矩阵，$\boldsymbol{b}$ 为偏置向量.

同理，非线性动力系统的输出函数 $\boldsymbol{y}_t = o(\boldsymbol{s}_t) = o(g(\boldsymbol{s}_{t-1}, \boldsymbol{x}_t))$ 也可以用一个两层的前馈神经网络近似.

本证明参考文献[Schäfer et al., 2006].

$$\boldsymbol{y}'_t = f(\boldsymbol{A}'\boldsymbol{s}_{t-1} + \boldsymbol{B}'\boldsymbol{x}_t + \boldsymbol{b}') \tag{6.15}$$

$$= f(\boldsymbol{A}'\boldsymbol{C}\boldsymbol{s}'_{t-1} + \boldsymbol{B}'\boldsymbol{x}_t + \boldsymbol{b}'), \tag{6.16}$$

$$\boldsymbol{y}_t = \boldsymbol{D}\boldsymbol{y}'_t, \tag{6.17}$$

其中 A', B', D 为权重矩阵，$\boldsymbol{b}'$ 为偏置向量.

（2）公式(6.13)和公式(6.16)可以合并为

$$\begin{bmatrix} \boldsymbol{s}'_t \\ \boldsymbol{y}'_t \end{bmatrix} = f\left(\begin{bmatrix} \boldsymbol{A}\boldsymbol{C} & 0 \\ \boldsymbol{A}'\boldsymbol{C} & 0 \end{bmatrix}\begin{bmatrix} \boldsymbol{s}'_{t-1} \\ \boldsymbol{y}'_{t-1} \end{bmatrix} + \begin{bmatrix} \boldsymbol{B} \\ \boldsymbol{B}' \end{bmatrix}\boldsymbol{x}_t + \begin{bmatrix} \boldsymbol{b} \\ \boldsymbol{b}' \end{bmatrix}\right). \tag{6.18}$$

公式(6.17)可以改写为

$$\boldsymbol{y}_t = \begin{bmatrix} 0 & \boldsymbol{D} \end{bmatrix}\begin{bmatrix} \boldsymbol{s}'_t \\ \boldsymbol{y}'_t \end{bmatrix}. \tag{6.19}$$

令 $\boldsymbol{h}_t = [\boldsymbol{s}'_t; \boldsymbol{y}'_t]$，则非线性动力系统可以由下面的全连接循环神经网络来近似.

$$\boldsymbol{h}_t = f(\boldsymbol{U}\boldsymbol{h}_{t-1} + \boldsymbol{W}\boldsymbol{x}_t + \boldsymbol{b}), \tag{6.20}$$

$$\boldsymbol{y}_t = \boldsymbol{V}\boldsymbol{h}_t, \tag{6.21}$$

其中 $\boldsymbol{U} = \begin{bmatrix} \boldsymbol{A}\boldsymbol{C} & 0 \\ \boldsymbol{A}'\boldsymbol{C} & 0 \end{bmatrix}, \boldsymbol{W} = \begin{bmatrix} \boldsymbol{B} \\ \boldsymbol{B}' \end{bmatrix}, \boldsymbol{b} = \begin{bmatrix} \boldsymbol{b} \\ \boldsymbol{b}' \end{bmatrix}, \boldsymbol{V} = \begin{bmatrix} 0 & \boldsymbol{D} \end{bmatrix}.$ □

6.2.1.2 图灵完备

图灵机是一种抽象的信息处理装置，可以用来解决所有的可计算问题，参见第8.5.2节.

图灵完备（Turing Completeness）是指一种数据操作规则，比如一种计算机编程语言，可以实现图灵机（Turing Machine）的所有功能，解决所有的可计算问题. 目前主流的编程语言（比如C++、Java、Python等）都是图灵完备的.

> **定理 6.2 – 图灵完备 [Siegelmann et al., 1991]：** 所有的图灵机都可以被一个由使用Sigmoid型激活函数的神经元构成的全连接循环网络来进行模拟.

因此，一个完全连接的循环神经网络可以近似解决所有的可计算问题.

6.3 应用到机器学习

循环神经网络可以应用到很多不同类型的机器学习任务. 根据这些任务的特点可以分为以下几种模式：序列到类别模式、同步的序列到序列模式、异步的序列到序列模式.

下面我们分别来看下这几种应用模式.

6.3.1 序列到类别模式

序列到类别模式主要用于序列数据的分类问题：输入为序列，输出为类别. 比如在文本分类中，输入数据为单词的序列，输出为该文本的类别.

假设一个样本 $\boldsymbol{x}_{1:T} = (\boldsymbol{x}_1, \cdots, \boldsymbol{x}_T)$ 为一个长度为 T 的序列，输出为一个类别 $y \in \{1, \cdots, C\}$. 我们可以将样本 $\boldsymbol{x}$ 按不同时刻输入到循环神经网络中，并得到不同时刻的隐藏状态 $\boldsymbol{h}_1, \cdots, \boldsymbol{h}_T$. 我们可以将 $\boldsymbol{h}_T$ 看作整个序列的最终表示（或特征），并输入给分类器 $g(\cdot)$ 进行分类（如图6.3a所示），即

$$\hat{y} = g(\boldsymbol{h}_T), \tag{6.22}$$

其中 $g(\cdot)$ 可以是简单的线性分类器（比如Logistic回归）或复杂的分类器（比如多层前馈神经网络）.

除了将最后时刻的状态作为整个序列的表示之外，我们还可以对整个序列的所有状态进行平均，并用这个平均状态来作为整个序列的表示（如图6.3b所示），即

$$\hat{y} = g\Big(\frac{1}{T}\sum_{t=1}^{T} \boldsymbol{h}_t\Big). \tag{6.23}$$

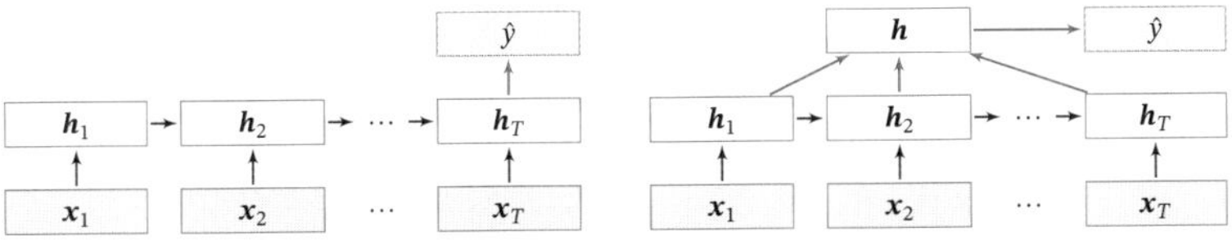

(a) 正常模式　　(b) 按时间进行平均采样模式

图 6.3　序列到类别模式

6.3.2 同步的序列到序列模式

同步的序列到序列模式主要用于序列标注（Sequence Labeling）任务，即每一时刻都有输入和输出，输入序列和输出序列的长度相同. 比如在词性标注（Part-of-Speech Tagging）中，每一个单词都需要标注其对应的词性标签.

在同步的序列到序列模式（如图6.4所示）中，输入为一个长度为 T 的序列 $\boldsymbol{x}_{1:T}=(\boldsymbol{x}_1,\cdots,\boldsymbol{x}_T)$，输出为序列 $y_{1:T}=(y_1,\cdots,y_T)$. 样本 $\boldsymbol{x}$ 按不同时刻输入到循环神经网络中，并得到不同时刻的隐状态 $\boldsymbol{h}_1,\cdots,\boldsymbol{h}_T$. 每个时刻的隐状态 $\boldsymbol{h}_t$ 代表了当前时刻和历史的信息，并输入给分类器 $g(\cdot)$ 得到当前时刻的标签 $\hat{y}_t$，即

$$\hat{y}_t=g(\boldsymbol{h}_t),\qquad \forall t\in[1,T]. \tag{6.24}$$

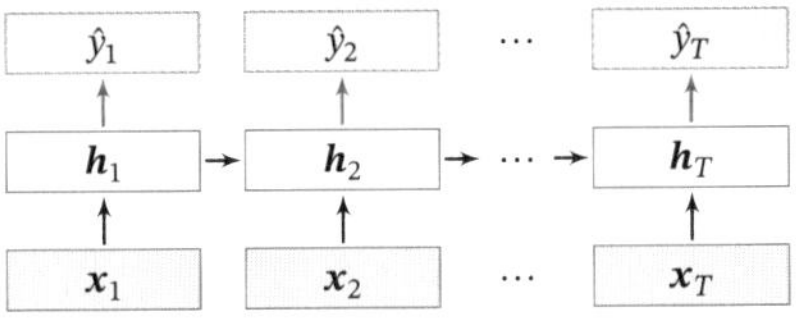

图 6.4　同步的序列到序列模式

6.3.3 异步的序列到序列模式

异步的序列到序列模式也称为编码器-解码器（Encoder-Decoder）模型，即输入序列和输出序列不需要有严格的对应关系，也不需要保持相同的长度. 比如在机器翻译中，输入为源语言的单词序列，输出为目标语言的单词序列.

参见第15.6节.

在异步的序列到序列模式中，输入为长度为 T 的序列 $\boldsymbol{x}_{1:T}=(\boldsymbol{x}_1,\cdots,\boldsymbol{x}_T)$，输出为长度为 M 的序列 $y_{1:M}=(y_1,\cdots,y_M)$. 异步的序列到序列模式一般通过先编码后解码的方式来实现. 先将样本 $\boldsymbol{x}$ 按不同时刻输入到一个循环神经网络（编码器）中，并得到其编码 $\boldsymbol{h}_T$. 然后再使用另一个循环神经网络（解码器），得到输出序列 $\hat{y}_{1:M}$. 为了建立输出序列之间的依赖关系，在解码器中通常使用非线性的自回归模型. 令 $f_1(\cdot)$ 和 $f_2(\cdot)$ 分别为用作编码器和解码器的循环神经网络，则编码

器-解码器模型可以写为

$$\boldsymbol{h}_t = f_1(\boldsymbol{h}_{t-1}, \boldsymbol{x}_t), \qquad \forall t \in [1, T] \tag{6.25}$$

$$\boldsymbol{h}_{T+t} = f_2(\boldsymbol{h}_{T+t-1}, \hat{\boldsymbol{y}}_{t-1}), \qquad \forall t \in [1, M] \tag{6.26}$$

$$\hat{y}_t = g(\boldsymbol{h}_{T+t}), \qquad \forall t \in [1, M] \tag{6.27}$$

自回归模型参见第6.1.2节.

其中 $g(\cdot)$ 为分类器，$\hat{\boldsymbol{y}}_t$ 为预测输出 $\hat{y}_t$ 的向量表示. 在解码器通常采用自回归模型，每个时刻的输入为上一时刻的预测结果 $\hat{y}_{t-1}$.

异步的序列到序列模式可以进一步参见第15.6.1节.

图6.5给出了异步的序列到序列模式示例，其中 $\langle EOS \rangle$ 表示输入序列的结束，虚线表示将上一个时刻的输出作为下一个时刻的输入.

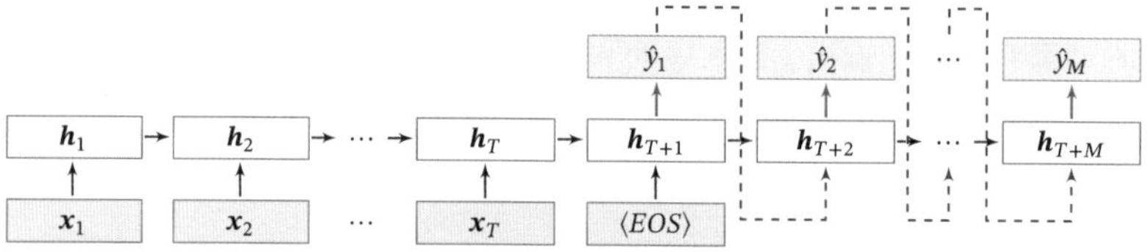

图 6.5 异步的序列到序列模式

6.4 参数学习

循环神经网络的参数可以通过梯度下降方法来进行学习.

不失一般性，这里我们以同步的序列到序列模式为例来介绍循环神经网络的参数学习.

以随机梯度下降为例，给定一个训练样本 $(\boldsymbol{x}, \boldsymbol{y})$，其中 $\boldsymbol{x}_{1:T} = (\boldsymbol{x}_1, \cdots, \boldsymbol{x}_T)$ 为长度是 T 的输入序列，$y_{1:T} = (y_1, \cdots, y_T)$ 是长度为 T 的标签序列. 即在每个时刻 t，都有一个监督信息 y_t，我们定义时刻 t 的损失函数为

$$\mathcal{L}_t = \mathcal{L}(y_t, g(\boldsymbol{h}_t)), \tag{6.28}$$

其中 $g(\boldsymbol{h}_t)$ 为第 t 时刻的输出，$\mathcal{L}$ 为可微分的损失函数，比如交叉熵. 那么整个序列的损失函数为

$$\mathcal{L} = \sum_{t=1}^{T} \mathcal{L}_t. \tag{6.29}$$

整个序列的损失函数 $\mathcal{L}$ 关于参数 $\boldsymbol{U}$ 的梯度为

$$\frac{\partial \mathcal{L}}{\partial \boldsymbol{U}} = \sum_{t=1}^{T} \frac{\partial \mathcal{L}_t}{\partial \boldsymbol{U}}, \tag{6.30}$$

即每个时刻损失 $\mathcal{L}_t$ 对参数 $\boldsymbol{U}$ 的偏导数之和.

循环神经网络中存在一个递归调用的函数 $f(\cdot)$，因此其计算参数梯度的方式和前馈神经网络不太相同. 在循环神经网络中主要有两种计算梯度的方式：随时间反向传播（BPTT）算法和实时循环学习（RTRL）算法.

6.4.1 随时间反向传播算法

随时间反向传播（BackPropagation Through Time，BPTT）算法的主要思想是通过类似前馈神经网络的误差反向传播算法[Werbos, 1990]来计算梯度.

BPTT算法将循环神经网络看作一个展开的多层前馈网络，其中“每一层”对应循环网络中的“每个时刻”（见图6.2）. 这样，循环神经网络就可以按照前馈网络中的反向传播算法计算参数梯度. 在“展开”的前馈网络中，所有层的参数是共享的，因此参数的真实梯度是所有“展开层”的参数梯度之和.

计算偏导数 $\frac{\partial \mathcal{L}_t}{\partial \boldsymbol{U}}$ 先来计算公式(6.30)中第t时刻损失对参数$\boldsymbol{U}$的偏导数$\frac{\partial \mathcal{L}_t}{\partial \boldsymbol{U}}$.

因为参数$\boldsymbol{U}$和隐藏层在每个时刻$k(1 \leq k \leq t)$的净输入$\boldsymbol{z}_k = \boldsymbol{U}\boldsymbol{h}_{k-1} + \boldsymbol{W}\boldsymbol{x}_k + \boldsymbol{b}$有关，因此第$t$时刻的损失函数$\mathcal{L}_t$关于参数$u_{ij}$的梯度为：

$$\frac{\partial \mathcal{L}_t}{\partial u_{ij}} = \sum_{k=1}^{t} \frac{\partial^+ \boldsymbol{z}_k}{\partial u_{ij}} \frac{\partial \mathcal{L}_t}{\partial \boldsymbol{z}_k}, \tag{6.31}$$

链式法则参见公式(B.18).

其中$\frac{\partial^+ \boldsymbol{z}_k}{\partial u_{ij}}$表示“直接”偏导数，即公式$\boldsymbol{z}_k = \boldsymbol{U}\boldsymbol{h}_{k-1} + \boldsymbol{W}\boldsymbol{x}_k + \boldsymbol{b}$中保持$\boldsymbol{h}_{k-1}$不变，对$u_{ij}$进行求偏导数，得到

$$\begin{aligned} \frac{\partial^+ \boldsymbol{z}_k}{\partial u_{ij}} &= \big[0, \cdots, [\boldsymbol{h}_{k-1}]_j, \cdots, 0\big] && (6.32) \\ &\triangleq \mathbb{I}_i([\boldsymbol{h}_{k-1}]_j), && (6.33) \end{aligned}$$

其中$[\boldsymbol{h}_{k-1}]_j$为第$k-1$时刻隐状态的第j维；$\mathbb{I}_i(x)$除了第i个元素的值为x外，其余都为0的行向量.

定义误差项$\delta_{t,k} = \frac{\partial \mathcal{L}_t}{\partial \boldsymbol{z}_k}$为第$t$时刻的损失对第$k$时刻隐藏神经层的净输入$\boldsymbol{z}_k$的导数，则当$1 \leq k < t$时

$$\begin{aligned} \delta_{t,k} &= \frac{\partial \mathcal{L}_t}{\partial \boldsymbol{z}_k} && (6.34) \\ &= \frac{\partial \boldsymbol{h}_k}{\partial \boldsymbol{z}_k} \frac{\partial \boldsymbol{z}_{k+1}}{\partial \boldsymbol{h}_k} \frac{\partial \mathcal{L}_t}{\partial \boldsymbol{z}_{k+1}} && (6.35) \\ &= \mathrm{diag}(f'(\boldsymbol{z}_k)) \boldsymbol{U}^{\top} \delta_{t,k+1}. && (6.36) \end{aligned}$$

将公式(6.36)和公式(6.33)代入公式(6.31)得到

$$\frac{\partial \mathcal{L}_t}{\partial u_{ij}} = \sum_{k=1}^{t} [\delta_{t,k}]_i [\boldsymbol{h}_{k-1}]_j. \tag{6.37}$$

将上式写成矩阵形式为

$$\frac{\partial \mathcal{L}_t}{\partial \boldsymbol{U}} = \sum_{k=1}^{t} \delta_{t,k} \boldsymbol{h}_{k-1}^{\top}. \tag{6.38}$$

图6.6给出了误差项随时间进行反向传播算法的示例.

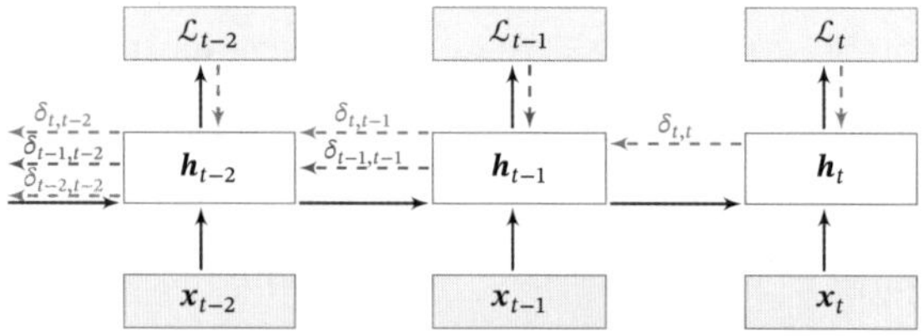

图 6.6 误差项随时间反向传播算法示例

参数梯度 将公式(6.38)代入到公式(6.30),得到整个序列的损失函数$\mathcal{L}$关于参数$\boldsymbol{U}$的梯度

$$\frac{\partial \mathcal{L}}{\partial \boldsymbol{U}} = \sum_{t=1}^{T} \sum_{k=1}^{t} \delta_{t,k} \boldsymbol{h}_{k-1}^{\top}. \tag{6.39}$$

同理可得,$\mathcal{L}$关于权重$\boldsymbol{W}$和偏置$\boldsymbol{b}$的梯度为

$$\frac{\partial \mathcal{L}}{\partial \boldsymbol{W}} = \sum_{t=1}^{T} \sum_{k=1}^{t} \delta_{t,k} \boldsymbol{x}_{k}^{\top}, \tag{6.40}$$

$$\frac{\partial \mathcal{L}}{\partial \boldsymbol{b}} = \sum_{t=1}^{T} \sum_{k=1}^{t} \delta_{t,k}. \tag{6.41}$$

计算复杂度 在BPTT算法中,参数的梯度需要在一个完整的"前向"计算和"反向"计算后才能得到并进行参数更新.

6.4.2 实时循环学习算法

梯度前向传播可以参考自动微分中的前向模式,参见第4.5.3节.

与反向传播的BPTT算法不同的是,实时循环学习(Real-Time Recurrent Learning,RTRL)是通过前向传播的方式来计算梯度 [Williams et al., 1995].

假设循环神经网络中第$t+1$时刻的状态$\boldsymbol{h}_{t+1}$为

$$\boldsymbol{h}_{t+1} = f(\boldsymbol{z}_{t+1}) = f(\boldsymbol{U}\boldsymbol{h}_t + \boldsymbol{W}\boldsymbol{x}_{t+1} + \boldsymbol{b}), \tag{6.42}$$

其关于参数u_{ij}的偏导数为

$$\frac{\partial \boldsymbol{h}_{t+1}}{\partial u_{ij}} = \Big(\frac{\partial^{+} \boldsymbol{z}_{t+1}}{\partial u_{ij}} + \frac{\partial \boldsymbol{h}_t}{\partial u_{ij}} \boldsymbol{U}^{\top}\Big) \frac{\partial \boldsymbol{h}_{t+1}}{\partial \boldsymbol{z}_{t+1}} \tag{6.43}$$

$$= \Big(\mathbb{I}_i([\boldsymbol{h}_t]_j) + \frac{\partial \boldsymbol{h}_t}{\partial u_{ij}} \boldsymbol{U}^{\top}\Big) \operatorname{diag}(f'(\boldsymbol{z}_{t+1})) \tag{6.44}$$

$$= \left(\mathbb{I}_i([\boldsymbol{h}_t]_j) + \frac{\partial \boldsymbol{h}_t}{\partial u_{ij}} \boldsymbol{U}^{\top}\right) \odot \left(f'(\boldsymbol{z}_{t+1})\right)^{\top}, \tag{6.45}$$

其中 $\mathbb{I}_i(x)$ 是除了第 i 行值为 x 外，其余都为 0 的行向量.

RTRL 算法从第 1 个时刻开始，除了计算循环神经网络的隐状态之外，还利用公式(6.45)依次前向计算偏导数 $\frac{\partial \boldsymbol{h}_1}{\partial u_{ij}}, \frac{\partial \boldsymbol{h}_2}{\partial u_{ij}}, \frac{\partial \boldsymbol{h}_3}{\partial u_{ij}}, \cdots$.

这样，假设第 t 个时刻存在一个监督信息，其损失函数为 $\mathcal{L}_t$，就可以同时计算损失函数对 u_{ij} 的偏导数

$$\frac{\partial \mathcal{L}_t}{\partial u_{ij}} = \frac{\partial \boldsymbol{h}_t}{\partial u_{ij}} \frac{\partial \mathcal{L}_t}{\partial \boldsymbol{h}_t}. \tag{6.46}$$

这样在第 t 时刻，可以实时地计算损失 $\mathcal{L}_t$ 关于参数 $\boldsymbol{U}$ 的梯度，并更新参数. 参数 $\boldsymbol{W}$ 和 $\boldsymbol{b}$ 的梯度也可以同样按上述方法实时计算.

两种算法比较　RTRL 算法和 BPTT 算法都是基于梯度下降的算法，分别通过前向模式和反向模式应用链式法则来计算梯度. 在循环神经网络中，一般网络输出维度远低于输入维度，因此 BPTT 算法的计算量会更小，但是 BPTT 算法需要保存所有时刻的中间梯度，空间复杂度较高. RTRL 算法不需要梯度回传，因此非常适合用于需要在线学习或无限序列的任务中.

6.5 长程依赖问题

循环神经网络在学习过程中的主要问题是由于梯度消失或爆炸问题，很难建模长时间间隔（Long Range）的状态之间的依赖关系.

在 BPTT 算法中，将公式(6.36)展开得到

$$\delta_{t,k} = \prod_{\tau=k}^{t-1} \left(\operatorname{diag}(f'(\boldsymbol{z}_\tau)) \boldsymbol{U}^{\top}\right) \delta_{t,t}. \tag{6.47}$$

如果定义 $\gamma \cong \|\operatorname{diag}(f'(\boldsymbol{z}_\tau))\boldsymbol{U}^{\top}\|$，则

$$\delta_{t,k} \cong \gamma^{t-k} \delta_{t,t}. \tag{6.48}$$

若 $\gamma > 1$，当 $t-k \to \infty$ 时，$\gamma^{t-k} \to \infty$. 当间隔 $t-k$ 比较大时，梯度也变得很大，会造成系统不稳定，称为梯度爆炸问题（Gradient Exploding Problem）.

相反，若 $\gamma < 1$，当 $t-k \to \infty$ 时，$\gamma^{t-k} \to 0$. 当间隔 $t-k$ 比较大时，梯度也变得非常小，会出现和深层前馈神经网络类似的梯度消失问题（Vanishing Gradient Problem）.

要注意的是,在循环神经网络中的梯度消失不是说 $\frac{\partial \mathcal{L}_t}{\partial \boldsymbol{U}}$ 的梯度消失了,而是 $\frac{\partial \mathcal{L}_t}{\partial \boldsymbol{h}_k}$ 的梯度消失了(当间隔 $t-k$ 比较大时). 也就是说,参数 $\boldsymbol{U}$ 的更新主要靠当前时刻 t 的几个相邻状态 $\boldsymbol{h}_k$ 来更新,长距离的状态对参数 $\boldsymbol{U}$ 没有影响.

由于循环神经网络经常使用非线性激活函数为Logistic函数或Tanh函数作为非线性激活函数,其导数值都小于1,并且权重矩阵 $\|\boldsymbol{U}\|$ 也不会太大,因此如果时间间隔 $t-k$ 过大,$\delta_{t,k}$ 会趋向于0,因而经常会出现梯度消失问题.

虽然简单循环网络理论上可以建立长时间间隔的状态之间的依赖关系,但是由于梯度爆炸或消失问题,实际上只能学习到短期的依赖关系. 这样,如果时刻 t 的输出 y_t 依赖于时刻 k 的输入 $\boldsymbol{x}_k$,当间隔 $t-k$ 比较大时,简单神经网络很难建模这种长距离的依赖关系,称为长程依赖问题(Long-Term Dependencies Problem).

长程依赖问题也称为长期依赖问题或长距离依赖问题.

6.5.1 改进方案

为了避免梯度爆炸或消失问题,一种最直接的方式就是选取合适的参数,同时使用非饱和的激活函数,尽量使得 $\text{diag}(f'(\boldsymbol{z}))\boldsymbol{U}^{\top} \approx 1$,这种方式需要足够的人工调参经验,限制了模型的广泛应用. 比较有效的方式是通过改进模型或优化方法来缓解循环网络的梯度爆炸和梯度消失问题.

梯度爆炸 一般而言,循环网络的梯度爆炸问题比较容易解决,一般通过权重衰减或梯度截断来避免.

梯度截断是一种启发式的解决梯度爆炸问题的有效方法,参见第7.2.4.4节.

权重衰减是通过给参数增加 ℓ_1 或 ℓ_2 范数的正则化项来限制参数的取值范围,从而使得 $\gamma \leq 1$. 梯度截断是另一种有效的启发式方法,当梯度的模大于一定阈值时,就将它截断成为一个较小的数.

梯度消失 梯度消失是循环网络的主要问题. 除了使用一些优化技巧外,更有效的方式就是改变模型,比如让 $\boldsymbol{U}=\boldsymbol{I}$,同时令 $\frac{\partial \boldsymbol{h}_t}{\partial \boldsymbol{h}_{t-1}} = \boldsymbol{I}$ 为单位矩阵,即

$$\boldsymbol{h}_t = \boldsymbol{h}_{t-1} + \text{g}(\boldsymbol{x}_t; \theta), \tag{6.49}$$

其中 $\text{g}(\cdot)$ 是一个非线性函数,θ 为参数.

公式(6.49)中,$\boldsymbol{h}_t$ 和 $\boldsymbol{h}_{t-1}$ 之间为线性依赖关系,且权重系数为1,这样就不存在梯度爆炸或消失问题. 但是,这种改变也丢失了神经元在反馈边上的非线性激活的性质,因此也降低了模型的表示能力.

这种改进策略和残差连接的思想十分类似,参见第5.4.4节.

为了避免这个缺点,我们可以采用一种更加有效的改进策略:

$$\boldsymbol{h}_t = \boldsymbol{h}_{t-1} + \text{g}(\boldsymbol{x}_t, \boldsymbol{h}_{t-1}; \theta), \tag{6.50}$$

这样 $\boldsymbol{h}_t$ 和 $\boldsymbol{h}_{t-1}$ 之间为既有线性关系，也有非线性关系，并且可以缓解梯度消失问题. 但这种改进依然存在两个问题：

（1）梯度爆炸问题：令 $\boldsymbol{z}_k = \boldsymbol{U}\boldsymbol{h}_{k-1} + \boldsymbol{W}\boldsymbol{x}_k + \boldsymbol{b}$ 为在第 k 时刻函数 $g(\cdot)$ 的输入，在计算公式(6.34)中的误差项 $\delta_{t,k} = \frac{\partial \mathcal{L}_t}{\partial \boldsymbol{z}_k}$ 时，梯度可能会过大，从而导致梯度爆炸问题.

参见习题6-3.

（2）记忆容量（Memory Capacity）问题：随着 $\boldsymbol{h}_t$ 不断累积存储新的输入信息，会发生饱和现象. 假设 $g(\cdot)$ 为 Logistic 函数，则随着时间 t 的增长，$\boldsymbol{h}_t$ 会变得越来越大，从而导致 $\boldsymbol{h}$ 变得饱和. 也就是说，隐状态 $\boldsymbol{h}_t$ 可以存储的信息是有限的，随着记忆单元存储的内容越来越多，其丢失的信息也越来越多.

还有一种增加记忆容量的方法是增加一些额外的存储单元：外部记忆，参见第8.5节.

为了解决这两个问题，可以通过引入门控机制来进一步改进模型.

6.6 基于门控的循环神经网络

为了改善循环神经网络的长程依赖问题，一种非常好的解决方案是在公式(6.50)的基础上引入门控机制来控制信息的累积速度，包括有选择地加入新的信息，并有选择地遗忘之前累积的信息. 这一类网络可以称为基于门控的循环神经网络（Gated RNN）. 本节中，主要介绍两种基于门控的循环神经网络：长短期记忆网络和门控循环单元网络.

6.6.1 长短期记忆网络

长短期记忆网络（Long Short-Term Memory Network，LSTM）[Gers et al., 2000; Hochreiter et al., 1997] 是循环神经网络的一个变体，可以有效地解决简单循环神经网络的梯度爆炸或消失问题.

在公式(6.50)的基础上，LSTM 网络主要改进在以下两个方面：

新的内部状态 LSTM 网络引入一个新的内部状态（internal state）$\boldsymbol{c}_t \in \mathbb{R}^D$ 专门进行线性的循环信息传递，同时（非线性地）输出信息给隐藏层的外部状态 $\boldsymbol{h}_t \in \mathbb{R}^D$. 内部状态 $\boldsymbol{c}_t$ 通过下面公式计算：

$$\boldsymbol{c}_t = \boldsymbol{f}_t \odot \boldsymbol{c}_{t-1} + \boldsymbol{i}_t \odot \tilde{\boldsymbol{c}}_t, \tag{6.51}$$

$$\boldsymbol{h}_t = \boldsymbol{o}_t \odot \tanh(\boldsymbol{c}_t), \tag{6.52}$$

其中 $\boldsymbol{f}_t \in [0,1]^D$、$\boldsymbol{i}_t \in [0,1]^D$ 和 $\boldsymbol{o}_t \in [0,1]^D$ 为三个门（gate）来控制信息传递的路径；$\odot$ 为向量元素乘积；$\boldsymbol{c}_{t-1}$ 为上一时刻的记忆单元；$\tilde{\boldsymbol{c}}_t \in \mathbb{R}^D$ 是通过非线性函数得到的候选状态：

公式(6.53)~公式(6.56)中的 $\boldsymbol{W}_*, \boldsymbol{U}_*, \boldsymbol{b}_*$ 为可学习的网络参数，其中 $* \in \{i, f, o, c\}$.

$$\tilde{\boldsymbol{c}}_t = \tanh(\boldsymbol{W}_c \boldsymbol{x}_t + \boldsymbol{U}_c \boldsymbol{h}_{t-1} + \boldsymbol{b}_c). \tag{6.53}$$

在每个时刻t,LSTM 网络的内部状态$\boldsymbol{c}_t$记录了到当前时刻为止的历史信息.

门控机制 在数字电路中,门(gate)为一个二值变量{0,1},0代表关闭状态,不许任何信息通过;1代表开放状态,允许所有信息通过.

LSTM 网络引入门控机制(Gating Mechanism)来控制信息传递的路径.公式(6.51)和公式(6.52)中三个"门"分别为输入门$\boldsymbol{i}_t$、遗忘门$\boldsymbol{f}_t$和输出门$\boldsymbol{o}_t$.这三个门的作用为

(1) 遗忘门$\boldsymbol{f}_t$控制上一个时刻的内部状态$\boldsymbol{c}_{t-1}$需要遗忘多少信息.

(2) 输入门$\boldsymbol{i}_t$控制当前时刻的候选状态$\tilde{\boldsymbol{c}}_t$有多少信息需要保存.

(3) 输出门$\boldsymbol{o}_t$控制当前时刻的内部状态$\boldsymbol{c}_t$有多少信息需要输出给外部状态$\boldsymbol{h}_t$.

当$\boldsymbol{f}_t = 0, \boldsymbol{i}_t = 1$时,记忆单元将历史信息清空,并将候选状态向量$\tilde{\boldsymbol{c}}_t$写入.但此时记忆单元$\boldsymbol{c}_t$依然和上一时刻的历史信息相关.当$\boldsymbol{f}_t = 1, \boldsymbol{i}_t = 0$时,记忆单元将复制上一时刻的内容,不写入新的信息.

LSTM 网络中的"门"是一种"软"门,取值在(0,1)之间,表示以一定的比例允许信息通过.三个门的计算方式为:

$$\boldsymbol{i}_t = \sigma(\boldsymbol{W}_i\boldsymbol{x}_t + \boldsymbol{U}_i\boldsymbol{h}_{t-1} + \boldsymbol{b}_i), \tag{6.54}$$

$$\boldsymbol{f}_t = \sigma(\boldsymbol{W}_f\boldsymbol{x}_t + \boldsymbol{U}_f\boldsymbol{h}_{t-1} + \boldsymbol{b}_f), \tag{6.55}$$

$$\boldsymbol{o}_t = \sigma(\boldsymbol{W}_o\boldsymbol{x}_t + \boldsymbol{U}_o\boldsymbol{h}_{t-1} + \boldsymbol{b}_o), \tag{6.56}$$

其中$\sigma(\cdot)$为 Logistic 函数,其输出区间为(0,1),$\boldsymbol{x}_t$为当前时刻的输入,$\boldsymbol{h}_{t-1}$为上一时刻的外部状态.

图6.7给出了 LSTM 网络的循环单元结构,其计算过程为:1)首先利用上一时刻的外部状态$\boldsymbol{h}_{t-1}$和当前时刻的输入$\boldsymbol{x}_t$,计算出三个门,以及候选状态$\tilde{\boldsymbol{c}}_t$;2)结合遗忘门$\boldsymbol{f}_t$和输入门$\boldsymbol{i}_t$来更新记忆单元$\boldsymbol{c}_t$;3)结合输出门$\boldsymbol{o}_t$,将内部状态的信息传递给外部状态$\boldsymbol{h}_t$.

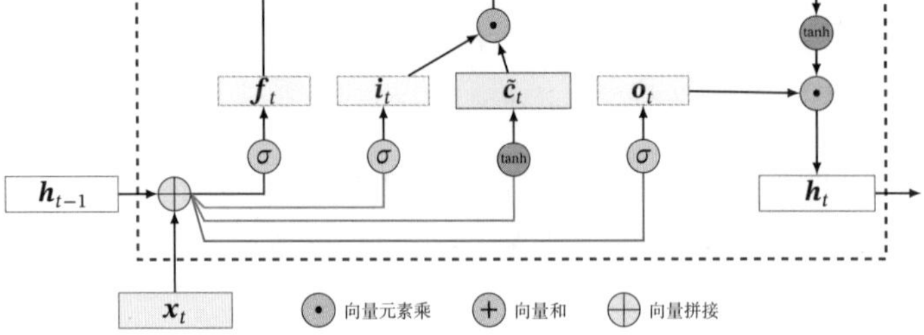

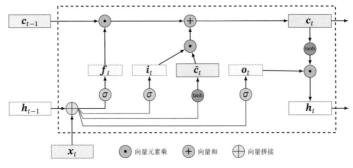

图 6.7 LSTM 网络的循环单元结构

通过 LSTM 循环单元，整个网络可以建立较长距离的时序依赖关系．公式(6.51)~公式(6.56)可以简洁地描述为

$$\begin{bmatrix} \tilde{\boldsymbol{c}}_t \\ \boldsymbol{o}_t \\ \boldsymbol{i}_t \\ \boldsymbol{f}_t \end{bmatrix} = \begin{bmatrix} \tanh \\ \sigma \\ \sigma \\ \sigma \end{bmatrix} \left(\boldsymbol{W} \begin{bmatrix} \boldsymbol{x}_t \\ \boldsymbol{h}_{t-1} \end{bmatrix} + \boldsymbol{b} \right), \tag{6.57}$$

$$\boldsymbol{c}_t = \boldsymbol{f}_t \odot \boldsymbol{c}_{t-1} + \boldsymbol{i}_t \odot \tilde{\boldsymbol{c}}_t, \tag{6.58}$$

$$\boldsymbol{h}_t = \boldsymbol{o}_t \odot \tanh(\boldsymbol{c}_t), \tag{6.59}$$

其中 $\boldsymbol{x}_t \in \mathbb{R}^M$ 为当前时刻的输入，$\boldsymbol{W} \in \mathbb{R}^{4D\times(M+D)}$ 和 $\boldsymbol{b} \in \mathbb{R}^{4D}$ 为网络参数.

记忆　循环神经网络中的隐状态 $\boldsymbol{h}$ 存储了历史信息，可以看作一种记忆（Memory）．在简单循环网络中，隐状态每个时刻都会被重写，因此可以看作一种短期记忆（Short-Term Memory）．在神经网络中，长期记忆（Long-Term Memory）可以看作网络参数，隐含了从训练数据中学到的经验，其更新周期要远远慢于短期记忆．而在 LSTM 网络中，记忆单元 $\boldsymbol{c}$ 可以在某个时刻捕捉到某个关键信息，并有能力将此关键信息保存一定的时间间隔．记忆单元 $\boldsymbol{c}$ 中保存信息的生命周期要长于短期记忆 $\boldsymbol{h}$，但又远远短于长期记忆，因此称为长短期记忆（Long Short-Term Memory）.

长短期记忆是指长的“短期记忆”.

一般在深度网络参数学习时，参数初始化的值一般都比较小．但是在训练 LSTM 网络时，过小的值会使得遗忘门的值比较小．这意味着前一时刻的信息大部分都丢失了，这样网络很难捕捉到长距离的依赖信息．并且相邻时间间隔的梯度会非常小，这会导致梯度弥散问题．因此遗忘门的参数初始值一般都设得比较大，其偏置向量 $\boldsymbol{b}_f$ 设为 1 或 2.

6.6.2 LSTM 网络的各种变体

目前主流的 LSTM 网络用三个门来动态地控制内部状态应该遗忘多少历史信息，输入多少新信息，以及输出多少信息．我们可以对门控机制进行改进并获得 LSTM 网络的不同变体.

无遗忘门的 **LSTM** 网络　[Hochreiter et al., 1997] 最早提出的 LSTM 网络是没有遗忘门的，其内部状态的更新为

$$\boldsymbol{c}_t = \boldsymbol{c}_{t-1} + \boldsymbol{i}_t \odot \tilde{\boldsymbol{c}}_t. \tag{6.60}$$

如之前的分析，记忆单元$\boldsymbol{c}$会不断增大. 当输入序列的长度非常大时，记忆单元的容量会饱和，从而大大降低LSTM模型的性能.

peephole连接 另外一种变体是三个门不但依赖于输入$\boldsymbol{x}_t$和上一时刻的隐状态$\boldsymbol{h}_{t-1}$，也依赖于上一个时刻的记忆单元$\boldsymbol{c}_{t-1}$，即

$$\boldsymbol{i}_t = \sigma(\boldsymbol{W}_i\boldsymbol{x}_t + \boldsymbol{U}_i\boldsymbol{h}_{t-1} + \boldsymbol{V}_i\boldsymbol{c}_{t-1} + \boldsymbol{b}_i), \tag{6.61}$$

$$\boldsymbol{f}_t = \sigma(\boldsymbol{W}_f\boldsymbol{x}_t + \boldsymbol{U}_f\boldsymbol{h}_{t-1} + \boldsymbol{V}_f\boldsymbol{c}_{t-1} + \boldsymbol{b}_f), \tag{6.62}$$

$$\boldsymbol{o}_t = \sigma(\boldsymbol{W}_o\boldsymbol{x}_t + \boldsymbol{U}_o\boldsymbol{h}_{t-1} + \boldsymbol{V}_o\boldsymbol{c}_t + \boldsymbol{b}_o), \tag{6.63}$$

其中$\boldsymbol{V}_i$, $\boldsymbol{V}_f$和$\boldsymbol{V}_o$为对角矩阵.

耦合输入门和遗忘门 LSTM网络中的输入门和遗忘门有些互补关系，因此同时用两个门比较冗余. 为了减少LSTM网络的计算复杂度，将这两门合并为一个门. 令$\boldsymbol{f}_t = \boldsymbol{1} - \boldsymbol{i}_t$，内部状态的更新方式为

$$\boldsymbol{c}_t = (\boldsymbol{1} - \boldsymbol{i}_t) \odot \boldsymbol{c}_{t-1} + \boldsymbol{i}_t \odot \tilde{\boldsymbol{c}}_t. \tag{6.64}$$

6.6.3 门控循环单元网络

门控循环单元（Gated Recurrent Unit，GRU）网络 [Cho et al., 2014; Chung et al., 2014] 是一种比LSTM网络更加简单的循环神经网络.

GRU网络引入门控机制来控制信息更新的方式. 和LSTM不同，GRU不引入额外的记忆单元，GRU网络也是在公式(6.50)的基础上引入一个更新门（Update Gate）来控制当前状态需要从历史状态中保留多少信息（不经过非线性变换），以及需要从候选状态中接受多少新信息，即

$$\boldsymbol{h}_t = \boldsymbol{z}_t \odot \boldsymbol{h}_{t-1} + (1 - \boldsymbol{z}_t) \odot g(\boldsymbol{x}_t, \boldsymbol{h}_{t-1}; \theta), \tag{6.65}$$

其中$\boldsymbol{z}_t \in [0,1]^D$为更新门：

$$\boldsymbol{z}_t = \sigma\big(\boldsymbol{W}_z\boldsymbol{x}_t + \boldsymbol{U}_z\boldsymbol{h}_{t-1} + \boldsymbol{b}_z\big). \tag{6.66}$$

公式(6.66)~公式(6.68)中的$\boldsymbol{W}_*, \boldsymbol{U}_*, \boldsymbol{b}_*$为可学习的网络参数，其中$* \in \{b, r, z\}$.

在LSTM网络中，输入门和遗忘门是互补关系，具有一定的冗余性. GRU网络直接使用一个门来控制输入和遗忘之间的平衡. 当$\boldsymbol{z}_t = \boldsymbol{0}$时，当前状态$\boldsymbol{h}_t$和前一时刻的状态$\boldsymbol{h}_{t-1}$之间为非线性函数关系；当$\boldsymbol{z}_t = \boldsymbol{1}$时，$\boldsymbol{h}_t$和$\boldsymbol{h}_{t-1}$之间为线性函数关系.

这里使用Tanh函数是由于其导数有比较大的值域，能够缓解梯度消失问题.

在GRU网络中，函数$g(\boldsymbol{x}_t, \boldsymbol{h}_{t-1}; \theta)$的定义为

$$\tilde{\boldsymbol{h}}_t = \tanh\Big(\boldsymbol{W}_h\boldsymbol{x}_t + \boldsymbol{U}_h(\boldsymbol{r}_t \odot \boldsymbol{h}_{t-1}) + \boldsymbol{b}_h\Big), \tag{6.67}$$

其中 $\tilde{\boldsymbol{h}}_t$ 表示当前时刻的候选状态，$\boldsymbol{r}_t \in [0,1]^D$ 为重置门（Reset Gate）

$$\boldsymbol{r}_t = \sigma(\boldsymbol{W}_r\boldsymbol{x}_t + \boldsymbol{U}_r\boldsymbol{h}_{t-1} + \boldsymbol{b}_r), \tag{6.68}$$

用来控制候选状态$\tilde{\boldsymbol{h}}_t$ 的计算是否依赖上一时刻的状态 $\boldsymbol{h}_{t-1}$.

当 $\boldsymbol{r}_t = \boldsymbol{0}$ 时，候选状态 $\tilde{\boldsymbol{h}}_t = \tanh(\boldsymbol{W}_c\boldsymbol{x}_t + \boldsymbol{b})$ 只和当前输入 $\boldsymbol{x}_t$ 相关，和历史状态无关. 当 $\boldsymbol{r}_t = \boldsymbol{1}$ 时，候选状态 $\tilde{\boldsymbol{h}}_t = \tanh(\boldsymbol{W}_h\boldsymbol{x}_t + \boldsymbol{U}_h\boldsymbol{h}_{t-1} + \boldsymbol{b}_h)$ 和当前输入 $\boldsymbol{x}_t$ 以及历史状态 $\boldsymbol{h}_{t-1}$ 相关，和简单循环网络一致.

综上，GRU 网络的状态更新方式为

$$\boldsymbol{h}_t = \boldsymbol{z}_t \odot \boldsymbol{h}_{t-1} + (1 - \boldsymbol{z}_t) \odot \tilde{\boldsymbol{h}}_t. \tag{6.69}$$

可以看出，当 $\boldsymbol{z}_t = \boldsymbol{0}, \boldsymbol{r} = \boldsymbol{1}$ 时，GRU 网络退化为简单循环网络；若 $\boldsymbol{z}_t = \boldsymbol{0}, \boldsymbol{r} = \boldsymbol{0}$ 时，当前状态 $\boldsymbol{h}_t$ 只和当前输入 $\boldsymbol{x}_t$ 相关，和历史状态 $\boldsymbol{h}_{t-1}$ 无关. 当 $\boldsymbol{z}_t = \boldsymbol{1}$ 时，当前状态 $\boldsymbol{h}_t = \boldsymbol{h}_{t-1}$ 等于上一时刻状态 $\boldsymbol{h}_{t-1}$，和当前输入 $\boldsymbol{x}_t$ 无关.

图6.8给出了 GRU 网络的循环单元结构.

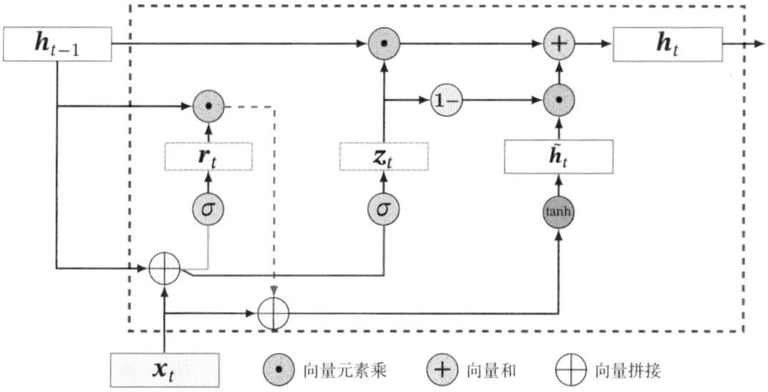

图 6.8 GRU 网络的循环单元结构

6.7 深层循环神经网络

如果将深度定义为网络中信息传递路径长度的话，循环神经网络可以看作既“深”又“浅”的网络. 一方面来说，如果我们把循环网络按时间展开，长时间间隔的状态之间的路径很长，循环网络可以看作一个非常深的网络. 从另一方面来说，如果同一时刻网络输入到输出之间的路径 $\boldsymbol{x}_t \to \boldsymbol{y}_t$，这个网络是非常浅的.

因此，我们可以增加循环神经网络的深度从而增强循环神经网络的能力. 增加循环神经网络的深度主要是增加同一时刻网络输入到输出之间的路径 $\boldsymbol{x}_t \to \boldsymbol{y}_t$，比如增加隐状态到输出 $\boldsymbol{h}_t \to \boldsymbol{y}_t$，以及输入到隐状态 $\boldsymbol{x}_t \to \boldsymbol{h}_t$ 之间的路径的深度.

6.7.1 堆叠循环神经网络

参见习题6-6.

一种常见的增加循环神经网络深度的做法是将多个循环网络堆叠起来，称为堆叠循环神经网络（Stacked Recurrent Neural Network，SRNN）. 一个堆叠的简单循环网络（Stacked SRN）也称为循环多层感知器（Recurrent Multi-Layer Perceptron，RMLP）[Parlos et al., 1991].

图6.9给出了按时间展开的堆叠循环神经网络. 第l层网络的输入是第$l-1$层网络的输出. 我们定义$\boldsymbol{h}_t^{(l)}$为在时刻t时第l层的隐状态

$$\boldsymbol{h}_t^{(l)} = f(\boldsymbol{U}^{(l)}\boldsymbol{h}_{t-1}^{(l)} + \boldsymbol{W}^{(l)}\boldsymbol{h}_t^{(l-1)} + \boldsymbol{b}^{(l)}), \tag{6.70}$$

其中$\boldsymbol{U}^{(l)}$、$\boldsymbol{W}^{(l)}$和$\boldsymbol{b}^{(l)}$为权重矩阵和偏置向量，$\boldsymbol{h}_t^{(0)} = \boldsymbol{x}_t$.

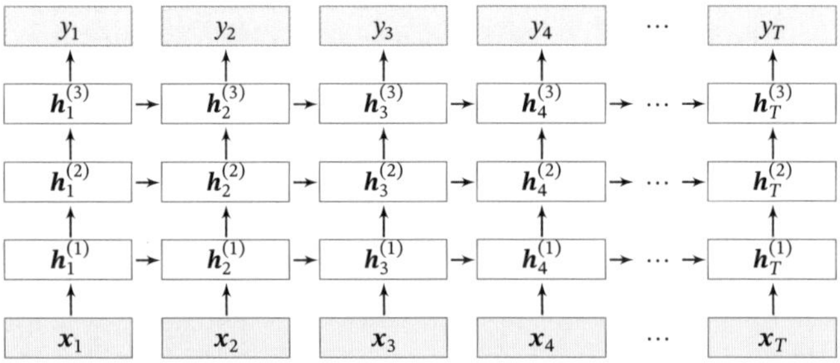

图 6.9 按时间展开的堆叠循环神经网络

6.7.2 双向循环神经网络

在有些任务中，一个时刻的输出不但和过去时刻的信息有关，也和后续时刻的信息有关. 比如给定一个句子，其中一个词的词性由它的上下文决定，即包含左右两边的信息. 因此，在这些任务中，我们可以增加一个按照时间的逆序来传递信息的网络层，来增强网络的能力.

双向循环神经网络（Bidirectional Recurrent Neural Network，Bi-RNN）由两层循环神经网络组成，它们的输入相同，只是信息传递的方向不同.

假设第1层按时间顺序，第2层按时间逆序，在时刻t时的隐状态定义为$\boldsymbol{h}_t^{(1)}$和$\boldsymbol{h}_t^{(2)}$，则

$$\boldsymbol{h}_t^{(1)} = f(\boldsymbol{U}^{(1)}\boldsymbol{h}_{t-1}^{(1)} + \boldsymbol{W}^{(1)}\boldsymbol{x}_t + \boldsymbol{b}^{(1)}), \tag{6.71}$$

$$\boldsymbol{h}_t^{(2)} = f(\boldsymbol{U}^{(2)}\boldsymbol{h}_{t+1}^{(2)} + \boldsymbol{W}^{(2)}\boldsymbol{x}_t + \boldsymbol{b}^{(2)}), \tag{6.72}$$

$$\boldsymbol{h}_t = \boldsymbol{h}_t^{(1)} \oplus \boldsymbol{h}_t^{(2)}, \tag{6.73}$$

其中$\oplus$为向量拼接操作.

图6.10给出了按时间展开的双向循环神经网络.

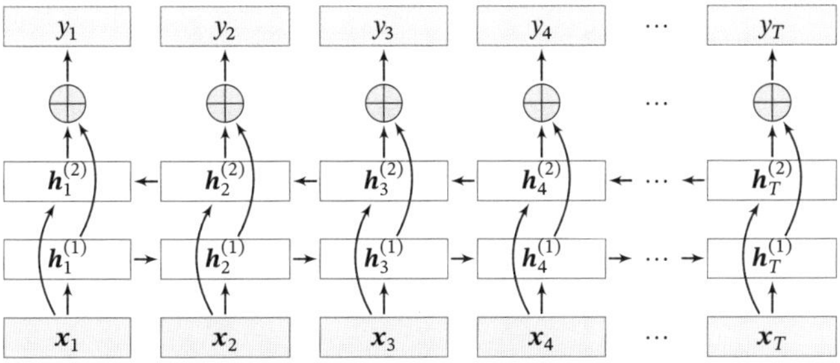

图 6.10 按时间展开的双向循环神经网络

6.8 扩展到图结构

如果将循环神经网络按时间展开，每个时刻的隐状态 $\boldsymbol{h}_t$ 看作一个节点，那么这些节点构成一个链式结构，每个节点 t 都收到其父节点的消息（Message），更新自己的状态，并传递给其子节点. 而链式结构是一种特殊的图结构，我们可以比较容易地将这种消息传递（Message Passing）的思想扩展到任意的图结构上.

6.8.1 递归神经网络

递归神经网络（Recursive Neural Network，RecNN）是循环神经网络在有向无循环图上的扩展 [Pollack, 1990]. 递归神经网络的一般结构为树状的层次结构，如图6.11a所示.

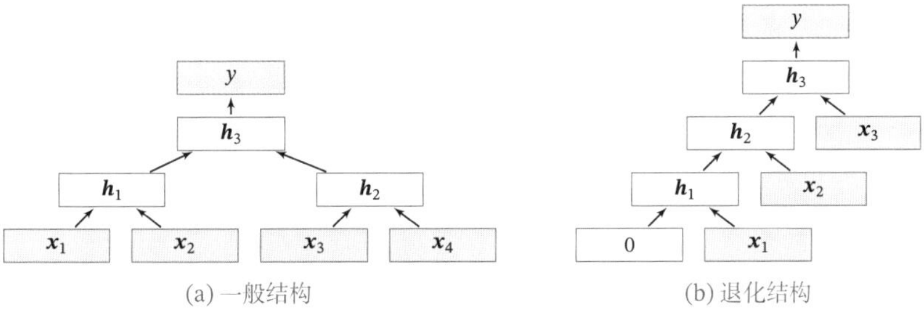

图 6.11 递归神经网络

以图6.11a中的结构为例，有三个隐藏层 $\boldsymbol{h}_1$、$\boldsymbol{h}_2$ 和 $\boldsymbol{h}_3$，其中 $\boldsymbol{h}_1$ 由两个输入层 $\boldsymbol{x}_1$ 和 $\boldsymbol{x}_2$ 计算得到，$\boldsymbol{h}_2$ 由另外两个输入层 $\boldsymbol{x}_3$ 和 $\boldsymbol{x}_4$ 计算得到，$\boldsymbol{h}_3$ 由两个隐藏层 $\boldsymbol{h}_1$ 和 $\boldsymbol{h}_2$ 计算得到.

对于一个节点 $\boldsymbol{h}_i$，它可以接受来自父节点集合 π_i 中所有节点的消息，并更新自己的状态.

$$\boldsymbol{h}_i = f(\boldsymbol{h}_{\pi_i}), \tag{6.74}$$

其中 $\boldsymbol{h}_{\pi_i}$ 表示集合 π_i 中所有节点状态的拼接,$f(\cdot)$ 是一个和节点位置无关的非线性函数,可以为一个单层的前馈神经网络. 比如图6.11a所示的递归神经网络具体可以写为

$$\boldsymbol{h}_1 = \sigma(\boldsymbol{W}\begin{bmatrix}\boldsymbol{x}_1\\ \boldsymbol{x}_2\end{bmatrix} + \boldsymbol{b}), \tag{6.75}$$

$$\boldsymbol{h}_2 = \sigma(\boldsymbol{W}\begin{bmatrix}\boldsymbol{x}_3\\ \boldsymbol{x}_4\end{bmatrix} + \boldsymbol{b}), \tag{6.76}$$

$$\boldsymbol{h}_3 = \sigma(\boldsymbol{W}\begin{bmatrix}\boldsymbol{h}_1\\ \boldsymbol{h}_2\end{bmatrix} + \boldsymbol{b}), \tag{6.77}$$

其中 $\sigma(\cdot)$ 表示非线性激活函数, $\boldsymbol{W}$ 和 $\boldsymbol{b}$ 是可学习的参数. 同样, 输出层 y 可以为一个分类器,比如

$$y = \mathrm{g}(\boldsymbol{W}'\boldsymbol{h}_3 + \boldsymbol{b}'), \tag{6.78}$$

其中 $\mathrm{g}(\cdot)$ 为分类器,$\boldsymbol{W}'$ 和 $\boldsymbol{b}'$ 为分类器的参数.

当递归神经网络的结构退化为线性序列结构(见图6.11b)时, 递归神经网络就等价于简单循环网络.

参见习题6-7.

递归神经网络主要用来建模自然语言句子的语义 [Socher et al., 2011, 2013]. 给定一个句子的语法结构(一般为树状结构),可以使用递归神经网络来按照句法的组合关系来合成一个句子的语义. 句子中每个短语成分又可以分成一些子成分,即每个短语的语义都可以由它的子成分语义组合而来,并进而合成整句的语义.

同样, 我们也可以用门控机制来改进递归神经网络中的长距离依赖问题, 比如树结构的长短期记忆模型(Tree-Structured LSTM)[Tai et al., 2015; Zhu et al., 2015] 就是将 LSTM 模型的思想应用到树结构的网络中, 来实现更灵活的组合函数.

6.8.2 图神经网络

在实际应用中, 很多数据是图结构的, 比如知识图谱、社交网络、分子网络等. 而前馈网络和反馈网络很难处理图结构的数据.

图神经网络（Graph Neural Network，GNN）是将消息传递的思想扩展到图结构数据上的神经网络.

对于一个任意的图结构 $G(\mathcal{V},\mathcal{E})$，其中 $\mathcal{V}$ 表示节点集合，$\mathcal{E}$ 表示边集合. 每条边表示两个节点之间的依赖关系. 节点之间的连接可以是有向的，也可以是无向的. 图中每个节点 v 都用一组神经元来表示其状态 $\boldsymbol{h}^{(v)}$，初始状态可以为节点 v 的输入特征 $\boldsymbol{x}^{(v)}$. 每个节点可以收到来自相邻节点的消息，并更新自己的状态.

$$\boldsymbol{m}_t^{(v)} = \sum_{u\in\mathcal{N}(v)} f(\boldsymbol{h}_{t-1}^{(v)}, \boldsymbol{h}_{t-1}^{(u)}, \boldsymbol{e}^{(u,v)}), \tag{6.79}$$

$$\boldsymbol{h}_t^{(v)} = \mathrm{g}(\boldsymbol{h}_{t-1}^{(v)}, \boldsymbol{m}_t^{(v)}), \tag{6.80}$$

其中 $\mathcal{N}(v)$ 表示节点 v 的邻居，$\boldsymbol{m}_t^{(v)}$ 表示在第 t 时刻节点 v 收到的信息，$\boldsymbol{e}^{(u,v)}$ 为边 $e^{(u,v)}$ 上的特征.

公式(6.79)和公式(6.80)是一种同步的更新方式，所有的结构同时接受信息并更新自己的状态. 而对于有向图来说，使用异步的更新方式会更有效率，比如循环神经网络或递归神经网络. 在整个图更新 T 次后，可以通过一个读出函数（Readout Function）$\mathrm{g}(\cdot)$ 来得到整个网络的表示：

$$\boldsymbol{o}_t = \mathrm{g}\Big(\{\boldsymbol{h}_T^{(v)} | v \in \mathcal{V}\}\Big). \tag{6.81}$$

6.9 总结和深入阅读

循环神经网络可以建模时间序列数据之间的相关性. 和延时神经网络[Lang et al., 1990; Waibel et al., 1989]以及有外部输入的非线性自回归模型[Leontaritis et al., 1985]相比，循环神经网络可以更方便地建模长时间间隔的相关性.

常用的循环神经网络的参数学习算法是BPTT算法[Werbos, 1990]，其计算时间和空间要求会随时间线性增长. 为了提高效率，当输入序列的长度比较大时，可以使用带截断（truncated）的BPTT算法[Williams et al., 1990]，只计算固定时间间隔内的梯度回传.

一个完全连接的循环神经网络有着强大的计算和表示能力，可以近似任何非线性动力系统以及图灵机，解决所有的可计算问题. 然而由于梯度爆炸和梯度消失问题，简单循环网络存在长期依赖问题[Bengio et al., 1994; Hochreiter et al., 2001]. 为了解决这个问题，人们对循环神经网络进行了很多的改进，其中最有效的改进方式为引入门控机制，比如LSTM网络[Gers et al., 2000; Hochreiter et al., 1997]和GRU网络[Chung et al., 2014]. 当然还有一些其他方法，比如时钟循环神经网络（Clockwork RNN）[Koutnik et al., 2014]、乘法RNN[Sutskever et al., 2011; Wu et al., 2016]以及引入注意力机制等.

注意力机制参见第8.2节.

LSTM 网络是目前为止最成功的循环神经网络模型，成功应用在很多领域，比如语音识别、机器翻译 [Sutskever et al., 2014]、语音模型以及文本生成. LSTM 网络通过引入线性连接来缓解长距离依赖问题. 虽然 LSTM 网络取得了很大的成功，其结构的合理性一直受到广泛关注. 人们不断尝试对其进行改进来寻找最优结构，比如减少门的数量、提高并行能力等. 关于 LSTM 网络的分析可以参考文献 [Greff et al., 2017; Jozefowicz et al., 2015; Karpathy et al., 2015].

LSTM 网络的线性连接以及门控机制是一种十分有效的避免梯度消失问题的方法. 这种机制也可以用在深层的前馈网络中，比如残差网络 [He et al., 2016] 和高速网络 [Srivastava et al., 2015] 都通过引入线性连接来训练非常深的卷积网络. 对于循环神经网格，这种机制也可以用在非时间维度上，比如 Gird LSTM 网络 [Kalchbrenner et al., 2015]、Depth Gated RNN[Chung et al., 2015] 等.

此外，循环神经网络可以很容易地扩展到更广义的图结构数据上，称为图网络[Scarselli et al., 2009]. 递归神经网络是一种在有向无环图上的简单的图网络. 图网络是目前新兴的研究方向，还没有比较成熟的网络模型. 在不同的网络结构以及任务上，都有很多不同的具体实现方式. 其中比较有名的图网络模型包括图卷积网络（Graph Convolutional Network，GCN）[Kipf et al., 2016]、图注意力网络（Graph Attention Network，GAT）[Veličković et al., 2017]、消息传递神经网络（Message Passing Neural Network，MPNN）[Gilmer et al., 2017] 等. 关于图网络的综述可以参考文献 [Battaglia et al., 2018].

习题

习题 6-1 分析延时神经网络、卷积神经网络和循环神经网络的异同点.

习题 6-2 推导公式(6.40)和公式(6.41)中的梯度.

习题 6-3 当使用公式(6.50)作为循环神经网络的状态更新公式时，分析其可能存在梯度爆炸的原因并给出解决方法.

习题 6-4 推导 LSTM 网络中参数的梯度，并分析其避免梯度消失的效果.

习题 6-5 推导 GRU 网络中参数的梯度，并分析其避免梯度消失的效果.

习题 6-6 除了堆叠循环神经网络外，还有什么结构可以增加循环神经网络深度？

习题 6-7 证明当递归神经网络的结构退化为线性序列结构时，递归神经网络就等价于简单循环神经网络.

参考文献

Battaglia P W, Hamrick J B, Bapst V, et al., 2018. Relational inductive biases, deep learning, and graph networks[J]. arXiv preprint arXiv:1806.01261.

Bengio Y, Simard P, Frasconi P, 1994. Learning long-term dependencies with gradient descent is difficult[J]. Neural Networks, IEEE Transactions on, 5(2):157-166.

Cho K, Van Merriënboer B, Gulcehre C, et al., 2014. Learning phrase representations using RNN encoder-decoder for statistical machine translation[J]. arXiv preprint arXiv:1406.1078.

Chung J, Gulcehre C, Cho K, et al., 2014. Empirical evaluation of gated recurrent neural networks on sequence modeling[J]. arXiv preprint arXiv:1412.3555.

Chung J, Gulcehre C, Cho K, et al., 2015. Gated feedback recurrent neural networks[C]//International Conference on Machine Learning. 2067-2075.

Elman J L, 1990. Finding structure in time[J]. Cognitive science, 14(2):179-211.

Gers F A, Schmidhuber J, Cummins F, 2000. Learning to forget: Continual prediction with lstm[J]. Neural Computation.

Gilmer J, Schoenholz S S, Riley P F, et al., 2017. Neural message passing for quantum chemistry[J]. arXiv preprint arXiv:1704.01212.

Greff K, Srivastava R K, Koutník J, et al., 2017. Lstm: A search space odyssey[J]. IEEE transactions on neural networks and learning systems.

Haykin S, 2009. Neural networks and learning machines[M]. 3rd edition. Pearson.

He K, Zhang X, Ren S, et al., 2016. Deep residual learning for image recognition[C]//Proceedings of the IEEE conference on computer vision and pattern recognition. 770-778.

Hochreiter S, Schmidhuber J, 1997. Long short-term memory[J]. Neural computation, 9(8):1735-1780.

Hochreiter S, Bengio Y, Frasconi P, et al., 2001. Gradient flow in recurrent nets: The difficulty of learning longterm dependencies[M/OL]//Kolen J F, Kremer S C. A Field Guide to Dynamical Recurrent Networks. IEEE: 237-243. https://ieeexplore.ieee.org/document/5264952.

Jozefowicz R, Zaremba W, Sutskever I, 2015. An empirical exploration of recurrent network architectures[C]//Proceedings of the 32nd International Conference on Machine Learning. 2342-2350.

Kalchbrenner N, Danihelka I, Graves A, 2015. Grid long short-term memory[J]. arXiv preprint arXiv:1507.01526.

Karpathy A, Johnson J, Fei-Fei L, 2015. Visualizing and understanding recurrent networks[J]. arXiv preprint arXiv:1506.02078.

Kipf T N, Welling M, 2016. Semi-supervised classification with graph convolutional networks[J]. arXiv preprint arXiv:1609.02907.

Koutnik J, Greff K, Gomez F, et al., 2014. A clockwork rnn[C]//Proceedings of The 31st International Conference on Machine Learning. 1863-1871.

Lang K J, Waibel A H, Hinton G E, 1990. A time-delay neural network architecture for isolated word recognition[J]. Neural networks, 3(1):23-43.

Leontaritis I, Billings S A, 1985. Input-output parametric models for non-linear systems part i: deterministic non-linear systems[J]. International journal of control, 41(2):303-328.

Parlos A, Atiya A, Chong K, et al., 1991. Recurrent multilayer perceptron for nonlinear system identification[C]//International Joint Conference on Neural Networks: volume 2. IEEE: 537-540.

Pollack J B, 1990. Recursive distributed representations[J]. Artificial Intelligence, 46(1):77-105.

Scarselli F, Gori M, Tsoi A C, et al., 2009. The graph neural network model[J]. IEEE Transactions on Neural Networks, 20(1):61-80.

Schäfer A M, Zimmermann H G, 2006. Recurrent neural networks are universal approximators[C]// International Conference on Artificial Neural Networks. Springer: 632-640.

Siegelmann H T, Sontag E D, 1991. Turing computability with neural nets[J]. Applied Mathematics Letters, 4(6):77-80.

Socher R, Lin C C, Manning C, et al., 2011. Parsing natural scenes and natural language with recursive neural networks[C]//Proceedings of the International Conference on Machine Learning.

Socher R, Perelygin A, Wu J Y, et al., 2013. Recursive deep models for semantic compositionality over a sentiment treebank[C]//Proceedings of EMNLP.

Srivastava R K, Greff K, Schmidhuber J, 2015. Highway networks[J]. arXiv preprint arXiv:1505.00387.

Sutskever I, Martens J, Hinton G E, 2011. Generating text with recurrent neural networks[C]// Proceedings of the 28th International Conference on Machine Learning. 1017-1024.

Sutskever I, Vinyals O, Le Q V, 2014. Sequence to sequence learning with neural networks[C]// Advances in Neural Information Processing Systems. 3104-3112.

Tai K S, Socher R, Manning C D, 2015. Improved semantic representations from tree-structured long short-term memory networks[C]//Proceedings of the 53rd Annual Meeting of the Association for Computational Linguistics.

Veličković P, Cucurull G, Casanova A, et al., 2017. Graph attention networks[J]. arXiv preprint arXiv:1710.10903.

Waibel A, Hanazawa T, Hinton G, et al., 1989. Phoneme recognition using time-delay neural networks[J]. IEEE transactions on acoustics, speech, and signal processing, 37(3):328-339.

Werbos P J, 1990. Backpropagation through time: what it does and how to do it[J]. Proceedings of the IEEE, 78(10):1550-1560.

Williams R J, Peng J, 1990. An efficient gradient-based algorithm for on-line training of recurrent network trajectories[J]. Neural computation, 2(4):490-501.

Williams R J, Zipser D, 1995. Gradient-based learning algorithms for recurrent networks and their computational complexity[J]. Backpropagation: Theory, architectures, and applications, 1:433-486.

Wu Y, Zhang S, Zhang Y, et al., 2016. On multiplicative integration with recurrent neural networks [C]//Advances in neural information processing systems. 2856-2864.

Zhu X, Sobihani P, Guo H, 2015. Long short-term memory over recursive structures[C]//Proceedings of LCML. 1604-1612.

第7章　网络优化与正则化

任何数学技巧都不能弥补信息的缺失.

——科尼利厄斯·兰佐斯（Cornelius Lanczos）
匈牙利数学家、物理学家

虽然神经网络具有非常强的表达能力，但是当应用神经网络模型到机器学习时依然存在一些难点问题. 主要分为两大类：

（1）优化问题：深度神经网络的优化十分困难. 首先，神经网络的损失函数是一个非凸函数，找到全局最优解通常比较困难. 其次，深度神经网络的参数通常非常多，训练数据也比较大，因此也无法使用计算代价很高的二阶优化方法，而一阶优化方法的训练效率通常比较低. 此外，深度神经网络存在梯度消失或爆炸问题，导致基于梯度的优化方法经常失效.

（2）泛化问题：由于深度神经网络的复杂度比较高，并且拟合能力很强，很容易在训练集上产生过拟合. 因此在训练深度神经网络时，同时也需要通过一定的正则化方法来改进网络的泛化能力.

目前，研究者从大量的实践中总结了一些经验方法，在神经网络的表示能力、复杂度、学习效率和泛化能力之间找到比较好的平衡，并得到一个好的网络模型. 本章从网络优化和网络正则化两个方面来介绍这些方法. 在网络优化方面，介绍一些常用的优化算法、参数初始化方法、数据预处理方法、逐层归一化方法和超参数优化方法. 在网络正则化方面，介绍一些提高网络泛化能力的方法，包括 ℓ_1 和 ℓ_2 正则化、权重衰减、提前停止、丢弃法、数据增强和标签平滑.

7.1　网络优化

网络优化是指寻找一个神经网络模型来使得经验（或结构）风险最小化的过程，包括模型选择以及参数学习等. 深度神经网络是一个高度非线性的模型，其风险函数是一个非凸函数，因此风险最小化是一个非凸优化问题. 此外，深度神经网络还存在梯度消失问题. 因此，深度神经网络的优化是一个具有挑战性的问题. 本节概要地介绍神经网络优化的一些特点和改善方法.

7.1.1 网络结构多样性

神经网络的种类非常多，比如卷积网络、循环网络、图网络等. 不同网络的结构也非常不同，有些比较深，有些比较宽. 不同参数在网络中的作用也有很大的差异，比如连接权重和偏置的不同，以及循环网络中循环连接上的权重和其他权重的不同.

由于网络结构的多样性，我们很难找到一种通用的优化方法. 不同优化方法在不同网络结构上的表现也有比较大的差异.

此外，网络的超参数一般比较多，这也给优化带来很大的挑战.

7.1.2 高维变量的非凸优化

低维空间的非凸优化问题主要是存在一些局部最优点. 基于梯度下降的优化方法会陷入局部最优点，因此在低维空间中非凸优化的主要难点是如何选择初始化参数和逃离局部最优点. 深度神经网络的参数非常多，其参数学习是在非常高维空间中的非凸优化问题，其挑战和在低维空间中的非凸优化问题有所不同.

鞍点的叫法是因为其形状像马鞍. 鞍点的特征是一阶梯度为0，但是二阶梯度的Hessian矩阵不是半正定矩阵，参见定理C.2.

鞍点 在高维空间中，非凸优化的难点并不在于如何逃离局部最优点，而是如何逃离鞍点（Saddle Point）[Dauphin et al., 2014]. 鞍点的梯度是0，但是在一些维度上是最高点，在另一些维度上是最低点，如图7.1所示.

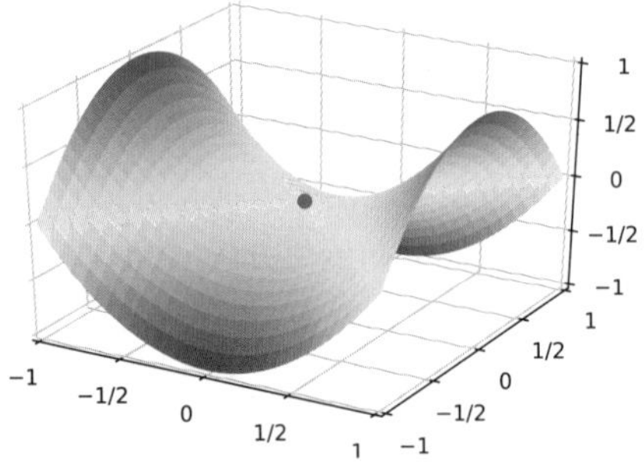

图 7.1 鞍点示例

在一般的非凸问题中，$p \approx 0.5$.

在高维空间中，局部最小值（Local Minima）要求在每一维度上都是最低点，这种概率非常低. 假设网络有10,000维参数，梯度为0的点（即驻点（Stationary Point））在某一维上是局部最小值的概率为p，那么在整个参数空间中，驻点是局部最优点的概率为 $p^{10,000}$，这种可能性非常小. 也就是说，在高维空间中大部分驻点都是鞍点.

基于梯度下降的优化方法会在鞍点附近接近于停滞，很难从这些鞍点中逃离. 因此，随机梯度下降对于高维空间中的非凸优化问题十分重要，通过在梯度方向上引入随机性，可以有效地逃离鞍点.

平坦最小值　深度神经网络的参数非常多，并且有一定的冗余性，这使得每单个参数对最终损失的影响都比较小，因此会导致损失函数在局部最小解附近通常是一个平坦的区域，称为平坦最小值（Flat Minima）[Hochreiter et al., 1997; Li et al., 2017a]. 图7.2给出了平坦最小值和尖锐最小值（Sharp Minima）的示例.

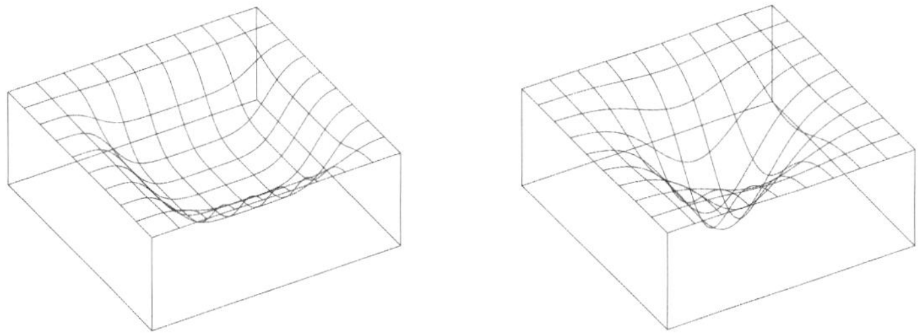

(a) 平坦最小值　　(b) 尖锐最小值

图 7.2　平坦最小值和尖锐最小值的示例（图片来源：[Hochreiter et al., 1997]）

在一个平坦最小值的邻域内，所有点对应的训练损失都比较接近，表明我们在训练神经网络时，不需要精确地找到一个局部最小解，只要在一个局部最小解的邻域内就足够了. 平坦最小值通常被认为和模型泛化能力有一定的关系. 一般而言，当一个模型收敛到一个平坦的局部最小值时，其鲁棒性会更好，即微小的参数变动不会剧烈影响模型能力；而当一个模型收敛到一个尖锐的局部最小值时，其鲁棒性也会比较差. 具备良好泛化能力的模型通常应该是鲁棒的，因此理想的局部最小值应该是平坦的.

这里的很多描述都是经验性的，并没有很好的理论证明.

局部最小解的等价性　在非常大的神经网络中，大部分的局部最小解是等价的，它们在测试集上性能都比较相似. 此外，局部最小解对应的训练损失都可能非常接近于全局最小解对应的训练损失 [Choromanska et al., 2015]. 虽然神经网络有一定概率收敛于比较差的局部最小值，但随着网络规模增加，网络陷入比较差的局部最小值的概率会大大降低. 在训练神经网络时，我们通常没有必要找全局最小值，这反而可能导致过拟合.

7.1.3 神经网络优化的改善方法

改善神经网络优化的目标是找到更好的局部最小值和提高优化效率. 目前比较有效的经验性改善方法通常分为以下几个方面:

(1) 使用更有效的优化算法(第7.2节)来提高梯度下降优化方法的效率和稳定性,比如动态学习率调整、梯度估计修正等.

(2) 使用更好的参数初始化方法(第7.3节)、数据预处理方法(第7.4节)来提高优化效率.

优化地形指在高维空间中损失函数的曲面形状. 好的优化地形通常比较平滑.

(3) 修改网络结构来得到更好的优化地形(Optimization Landscape),比如使用ReLU激活函数、残差连接、逐层归一化(第7.5节)等.

(4) 使用更好的超参数优化方法(第7.6节).

通过上面的方法,我们通常可以高效地、端到端地训练一个深度神经网络.

7.2 优化算法

目前,深度神经网络的参数学习主要是通过梯度下降法来寻找一组可以最小化结构风险的参数. 在具体实现中,梯度下降法可以分为:批量梯度下降、随机梯度下降以及小批量梯度下降三种形式. 根据不同的数据量和参数量,可以选择一种具体的实现形式. 本节介绍一些在训练神经网络时常用的优化算法. 这些优化算法大体上可以分为两类: 1)调整学习率,使得优化更稳定; 2)梯度估计修正,优化训练速度.

7.2.1 小批量梯度下降

在训练深度神经网络时,训练数据的规模通常都比较大. 如果在梯度下降时,每次迭代都要计算整个训练数据上的梯度,这就需要比较多的计算资源. 另外大规模训练集中的数据通常会非常冗余,也没有必要在整个训练集上计算梯度. 因此,在训练深度神经网络时,经常使用小批量梯度下降法(Mini-Batch Gradient Descent).

令 $f(\boldsymbol{x};\theta)$ 表示一个深度神经网络, θ 为网络参数,在使用小批量梯度下降进行优化时,每次选取 K 个训练样本 $\mathcal{S}_t = \{(\boldsymbol{x}^{(k)}, \boldsymbol{y}^{(k)})\}_{k=1}^{K}$. 第 t 次迭代(Iteration)时损失函数关于参数 θ 的偏导数为

这里的损失函数忽略了正则化项. 加上 ℓ_p 正则化的损失函数参见第7.7.1节.

$$\mathfrak{g}_t(\theta) = \frac{1}{K} \sum_{(\boldsymbol{x},\boldsymbol{y})\in\mathcal{S}_t} \frac{\partial \mathcal{L}\big(\boldsymbol{y}, f(\boldsymbol{x};\theta)\big)}{\partial \theta}, \tag{7.1}$$

其中 $\mathcal{L}(\cdot)$ 为可微分的损失函数，K 称为批量大小（Batch Size）.

第 t 次更新的梯度 $\mathbf{g}_t$ 定义为

$$\mathbf{g}_t \triangleq \mathfrak{g}_t(\theta_{t-1}). \tag{7.2}$$

使用梯度下降来更新参数，

$$\theta_t \leftarrow \theta_{t-1} - \alpha \mathbf{g}_t, \tag{7.3}$$

其中 $\alpha > 0$ 为学习率.

每次迭代时参数更新的差值 $\Delta\theta_t$ 定义为

$$\Delta\theta_t \triangleq \theta_t - \theta_{t-1}. \tag{7.4}$$

$\Delta\theta_t$ 和梯度 $\mathbf{g}_t$ 并不需要完全一致. $\Delta\theta_t$ 为每次迭代时参数的实际更新方向，即 $\theta_t = \theta_{t-1} + \Delta\theta_t$. 在标准的小批量梯度下降中，$\Delta\theta_t = -\alpha \mathbf{g}_t$.

从上面公式可以看出，影响小批量梯度下降法的主要因素有：1）批量大小 K、2）学习率 α、3）梯度估计. 为了更有效地训练深度神经网络，在标准的小批量梯度下降法的基础上，也经常使用一些改进方法以加快优化速度，比如如何选择批量大小、如何调整学习率以及如何修正梯度估计. 我们分别从这三个方面来介绍在神经网络优化中常用的算法. 这些改进的优化算法也同样可以应用在批量或随机梯度下降法上.

7.2.2 批量大小选择

在小批量梯度下降法中，批量大小（Batch Size）对网络优化的影响也非常大. 一般而言，批量大小不影响随机梯度的期望，但是会影响随机梯度的方差. 批量大小越大，随机梯度的方差越小，引入的噪声也越小，训练也越稳定，因此可以设置较大的学习率. 而批量大小较小时，需要设置较小的学习率，否则模型会不收敛. 学习率通常要随着批量大小的增大而相应地增大. 一个简单有效的方法是线性缩放规则（Linear Scaling Rule）[Goyal et al., 2017]：当批量大小增加 m 倍时，学习率也增加 m 倍. 线性缩放规则往往在批量大小比较小时适用，当批量大小非常大时，线性缩放会使得训练不稳定.

参见习题7-1.

参见第7.2.3.2节.

图7.3给出了从回合（Epoch）和迭代（Iteration）的角度，批量大小对损失下降的影响. 每一次小批量更新为一次迭代，所有训练集的样本更新一遍为一个回合，两者的关系为

$$1\ \text{回合（Epoch）} = \left(\frac{\text{训练样本的数量}N}{\text{批量大小}K}\right) \times \text{迭代（Iteration）}.$$

值得注意的是，图7.3中的4种批量大小对应的学习率设置不同，因此并不是严格对比.

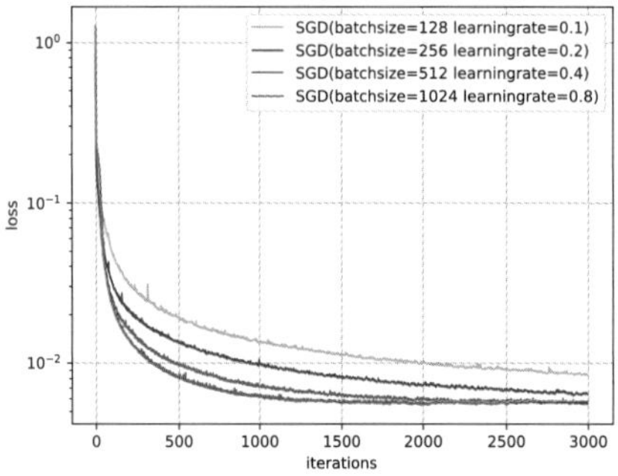

(a) 按迭代（Iteration）的损失变化

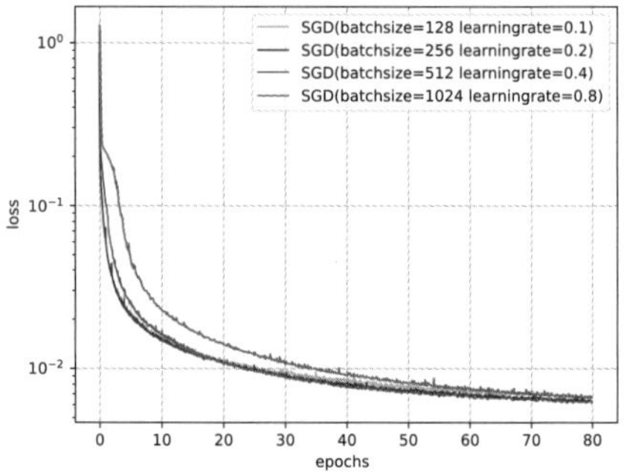

(b) 按回合（Epoch）的损失变化

图 7.3 在 MNIST 数据集上批量大小对损失下降的影响

从图7.3a可以看出，批量大小越大，下降效果越明显，并且下降曲线越平滑. 但从图7.3b可以看出，如果按整个数据集上的回合（Epoch）数来看，则是批量样本数越小，下降效果越明显. 适当小的批量会导致更快的收敛.

此外，批量大小和模型的泛化能力也有一定的关系. [Keskar et al., 2016] 通过实验发现：批量越大，越有可能收敛到尖锐最小值；批量越小，越有可能收敛到平坦最小值.

7.2.3 学习率调整

学习率是神经网络优化时的重要超参数. 在梯度下降法中，学习率 α 的取值非常关键，如果过大就不会收敛，如果过小则收敛速度太慢. 常用的学习率调整方法包括学习率衰减、学习率预热、周期性学习率调整以及一些自适应调整学习率的方法，比如 AdaGrad、RMSprop、AdaDelta 等. 自适应学习率方法可以针对每个参数设置不同的学习率.

7.2.3.1 学习率衰减

学习率衰减是按每次迭代（Iteration）进行，也可以按每 m 次迭代或每个回合（Epoch）进行. 衰减率通常和总迭代次数相关.

从经验上看，学习率在一开始要保持大些来保证收敛速度，在收敛到最优点附近时要小些以避免来回振荡. 比较简单的学习率调整可以通过学习率衰减（Learning Rate Decay）的方式来实现，也称为学习率退火（Learning Rate Annealing）.

不失一般性，这里的衰减方式设置为按迭代次数进行衰减.

假设初始化学习率为 α_0，在第 t 次迭代时的学习率 α_t. 常见的衰减方法有以下几种：

分段常数衰减（Piecewise Constant Decay）：即每经过 $T_1, T_2, \cdots, T_m$ 次迭代将学习率衰减为原来的 $\beta_1, \beta_2, \cdots, \beta_m$ 倍，其中 T_m 和 $\beta_m < 1$ 为根据经验设置

的超参数. 分段常数衰减也称为阶梯衰减(Step Decay).

逆时衰减(Inverse Time Decay):

$$\alpha_t = \alpha_0 \frac{1}{1+\beta \times t}, \tag{7.5}$$

其中β为衰减率.

指数衰减(Exponential Decay):

$$\alpha_t = \alpha_0 \beta^t, \tag{7.6}$$

其中$\beta < 1$为衰减率.

自然指数衰减(Natural Exponential Decay):

$$\alpha_t = \alpha_0 \exp(-\beta \times t), \tag{7.7}$$

其中β为衰减率.

余弦衰减(Cosine Decay):

$$\alpha_t = \frac{1}{2}\alpha_0\Big(1+\cos\big(\frac{t\pi}{T}\big)\Big), \tag{7.8}$$

其中T为总的迭代次数.

图7.4给出了不同衰减方法的示例(假设初始学习率为1).

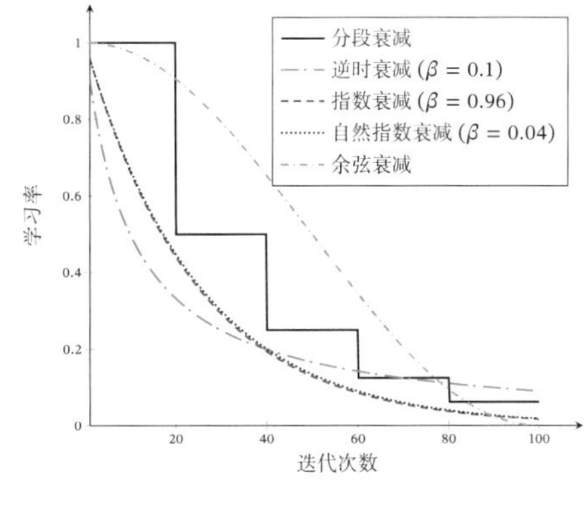

图 7.4 不同学习率衰减方法的比较

7.2.3.2 学习率预热

在小批量梯度下降法中,当批量大小的设置比较大时,通常需要比较大的学习率. 但在刚开始训练时,由于参数是随机初始化的,梯度往往也比较大,再加上比较大的初始学习率,会使得训练不稳定.

为了提高训练稳定性，我们可以在最初几轮迭代时，采用比较小的学习率，等梯度下降到一定程度后再恢复到初始的学习率，这种方法称为学习率预热（Learning Rate Warmup）.

一个常用的学习率预热方法是逐渐预热（Gradual Warmup）[Goyal et al., 2017]. 假设预热的迭代次数为 T'，初始学习率为 α_0，在预热过程中，每次更新的学习率为

$$\alpha'_t = \frac{t}{T'}\alpha_0, \qquad 1 \le t \le T'. \tag{7.9}$$

当预热过程结束，再选择一种学习率衰减方法来逐渐降低学习率.

7.2.3.3 周期性学习率调整

为了使得梯度下降法能够逃离鞍点或尖锐最小值，一种经验性的方式是在训练过程中周期性地增大学习率. 当参数处于尖锐最小值附近时，增大学习率有助于逃离尖锐最小值；当参数处于平坦最小值附近时，增大学习率依然有可能在该平坦最小值的吸引域（Basin of Attraction）内. 因此，周期性地增大学习率虽然可能短期内损害优化过程，使得网络收敛的稳定性变差，但从长期来看有助于找到更好的局部最优解.

本节介绍两种常用的周期性调整学习率的方法：循环学习率和带热重启的随机梯度下降.

循环学习率 一种简单的方法是使用循环学习率（Cyclic Learning Rate）[Goyal et al., 2017]，即让学习率在一个区间内周期性地增大和缩小. 通常可以使用线性缩放来调整学习率，称为三角循环学习率（Triangular Cyclic Learning Rate）. 假设每个循环周期的长度相等都为 $2\Delta T$，其中前 ΔT 步为学习率线性增大阶段，后 ΔT 步为学习率线性缩小阶段. 在第 t 次迭代时，其所在的循环周期数 m 为

$$m = \lfloor 1 + \frac{t}{2\Delta T} \rfloor, \tag{7.10}$$

其中 $\lfloor\cdot\rfloor$ 表示"向下取整"函数. 第 t 次迭代的学习率为

$$\alpha_t = \alpha_{min}^m + (\alpha_{max}^m - \alpha_{min}^m)\Big(\max(0, 1 - b)\Big), \tag{7.11}$$

其中 α_{max}^m 和 α_{min}^m 分别为第 m 个周期中学习率的上界和下界，可以随着 m 的增大而逐渐降低；$b \in [0, 1]$ 的计算为

$$b = |\frac{t}{\Delta T} - 2m + 1|. \tag{7.12}$$

带热重启的随机梯度下降 带热重启的随机梯度下降（Stochastic Gradient Descent with Warm Restarts，SGDR）[Loshchilov et al., 2017a] 是用热重启方式来

替代学习率衰减的方法. 学习率每间隔一定周期后重新初始化为某个预先设定值,然后逐渐衰减. 每次重启后模型参数不是从头开始优化,而是从重启前的参数基础上继续优化.

假设在梯度下降过程中重启 M 次,第 m 次重启在上次重启开始第 T_m 个回合后进行,T_m 称为重启周期. 在第 m 次重启之前,采用余弦衰减来降低学习率. 第 t 次迭代的学习率为

$$\alpha_t = \alpha_{min}^m + \frac{1}{2}(\alpha_{max}^m - \alpha_{min}^m)\Big(1 + \cos\big(\frac{T_{cur}}{T_m}\pi\big)\Big), \quad (7.13)$$

当 $\alpha_{max}^m = \alpha_0, \alpha_{min}^m = 0$,并不进行重启时,公式(7.13)退化为公式(7.8).

其中 α_{max}^m 和 α_{min}^m 分别为第 m 个周期中学习率的上界和下界,可以随着 m 的增大而逐渐降低;T_{cur} 为从上次重启之后的回合(Epoch)数. T_{cur} 可以取小数,比如0.1、0.2等,这样可以在一个回合内部进行学习率衰减. 重启周期 T_m 可以随着重启次数逐渐增加,比如 $T_m = T_{m-1} \times \kappa$,其中 $\kappa \geq 1$ 为放大因子.

图7.5给出了两种周期性学习率调整的示例(假设初始学习率为1),每个周期中学习率的上界也逐步衰减.

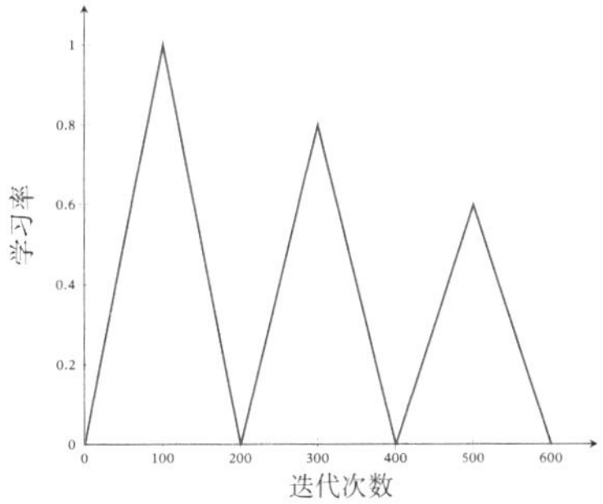

(a) 三角循环学习率

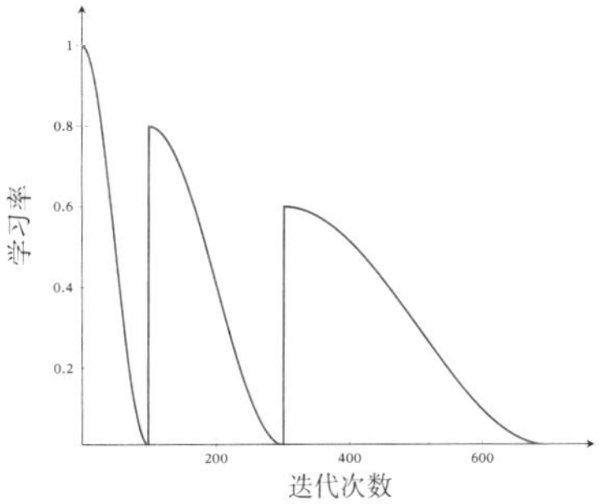

(b) 带热重启的余弦衰减

图 7.5 周期性学习率调整

7.2.3.4 AdaGrad 算法

在标准的梯度下降法中,每个参数在每次迭代时都使用相同的学习率. 由于每个参数的维度上收敛速度都不相同, 因此根据不同参数的收敛情况分别设置学习率.

AdaGrad算法(Adaptive Gradient Algorithm)[Duchi et al., 2011]是借鉴 ℓ_2 正则化的思想,每次迭代时自适应地调整每个参数的学习率. 在第 t 次迭代时,先计算每个参数梯度平方的累计值

$$G_t = \sum_{\tau=1}^{t} \boldsymbol{g}_\tau \odot \boldsymbol{g}_\tau, \quad (7.14)$$

其中 $\odot$ 为按元素乘积，$\mathbf{g}_\tau \in \mathbb{R}^{|\theta|}$ 是第 τ 次迭代时的梯度.

AdaGrad算法的参数更新差值为

$$\Delta\theta_t = -\frac{\alpha}{\sqrt{G_t + \epsilon}} \odot \mathbf{g}_t, \tag{7.15}$$

其中 α 是初始的学习率，ϵ 是为了保持数值稳定性而设置的非常小的常数，一般取值 e^{-7} 到 e^{-10}. 此外，这里的开平方、除、加运算都是按元素进行的操作.

在AdaGrad算法中，如果某个参数的偏导数累积比较大，其学习率相对较小；相反，如果其偏导数累积较小，其学习率相对较大. 但整体是随着迭代次数的增加，学习率逐渐缩小.

AdaGrad算法的缺点是在经过一定次数的迭代依然没有找到最优点时，由于这时的学习率已经非常小，很难再继续找到最优点.

7.2.3.5 RMSprop算法

RMSprop算法是Geoff Hinton提出的一种自适应学习率的方法 [Tieleman et al., 2012]，可以在有些情况下避免AdaGrad算法中学习率不断单调下降以至于过早衰减的缺点.

RMSprop算法首先计算每次迭代梯度 $\mathbf{g}_t$ 平方的指数衰减移动平均，

$$G_t = \beta G_{t-1} + (1-\beta)\mathbf{g}_t \odot \mathbf{g}_t \tag{7.16}$$

$$= (1-\beta)\sum_{\tau=1}^{t} \beta^{t-\tau} \mathbf{g}_\tau \odot \mathbf{g}_\tau, \tag{7.17}$$

其中 β 为衰减率，一般取值为0.9.

RMSprop算法的参数更新差值为

$$\Delta\theta_t = -\frac{\alpha}{\sqrt{G_t + \epsilon}} \odot \mathbf{g}_t, \tag{7.18}$$

其中 α 是初始的学习率，比如0.001.

从上式可以看出，RMSProp算法和AdaGrad算法的区别在于 G_t 的计算由累积方式变成了指数衰减移动平均. 在迭代过程中，每个参数的学习率并不是呈衰减趋势，既可以变小也可以变大.

7.2.3.6 AdaDelta算法

AdaDelta算法[Zeiler, 2012] 也是AdaGrad算法的一个改进. 和RMSprop算法类似，AdaDelta算法通过梯度平方的指数衰减移动平均来调整学习率. 此外，AdaDelta算法还引入了每次参数更新差值 $\Delta\theta$ 的平方的指数衰减权移动平均.

第 t 次迭代时,参数更新差值 $\Delta\theta$ 的平方的指数衰减权移动平均为

$$\Delta X_{t-1}^2 = \beta_1 \Delta X_{t-2}^2 + (1-\beta_1)\Delta\theta_{t-1} \odot \Delta\theta_{t-1}, \tag{7.19}$$

其中 β_1 为衰减率. 此时 $\Delta\theta_t$ 还未知,因此只能计算到 ΔX_{t-1}.

AdaDelta 算法的参数更新差值为

$$\Delta\theta_t = -\frac{\sqrt{\Delta X_{t-1}^2 + \epsilon}}{\sqrt{G_t + \epsilon}} \mathbf{g}_t, \tag{7.20}$$

其中 G_t 的计算方式和 RMSprop 算法一样(公式(7.16)),ΔX_{t-1}^2 为参数更新差值 $\Delta\theta$ 的指数衰减权移动平均.

从上式可以看出,AdaDelta 算法将 RMSprop 算法中的初始学习率 α 改为动态计算的 $\sqrt{\Delta X_{t-1}^2}$,在一定程度上平抑了学习率的波动.

7.2.4 梯度估计修正

除了调整学习率之外,还可以进行梯度估计(Gradient Estimation)的修正. 从图7.3看出,在随机(小批量)梯度下降法中,如果每次选取样本数量比较小,损失会呈现振荡的方式下降. 也就是说,随机梯度下降方法中每次迭代的梯度估计和整个训练集上的最优梯度并不一致,具有一定的随机性. 一种有效地缓解梯度估计随机性的方式是通过使用最近一段时间内的平均梯度来代替当前时刻的随机梯度来作为参数更新的方向,从而提高优化速度.

增加批量大小也是缓解随机性的一种方式.

7.2.4.1 动量法

动量(Momentum)是模拟物理中的概念. 一个物体的动量指的是该物体在它运动方向上保持运动的趋势,是该物体的质量和速度的乘积. 动量法(Momentum Method)是用之前积累动量来替代真正的梯度. 每次迭代的梯度可以看作加速度.

在第 t 次迭代时,计算负梯度的"加权移动平均"作为参数的更新方向,

$$\Delta\theta_t = \rho\Delta\theta_{t-1} - \alpha\mathbf{g}_t = -\alpha\sum_{\tau=1}^{t}\rho^{t-\tau}\mathbf{g}_\tau, \tag{7.21}$$

其中 ρ 为动量因子,通常设为 0.9,α 为学习率.

这样,每个参数的实际更新差值取决于最近一段时间内梯度的加权平均值. 当某个参数在最近一段时间内的梯度方向不一致时,其真实的参数更新幅度变小;相反,当在最近一段时间内的梯度方向都一致时,其真实的参数更新幅度变大,起到加速作用. 一般而言,在迭代初期,梯度方向都比较一致,动量法会起到

加速作用,可以更快地到达最优点. 在迭代后期,梯度方向会不一致,在收敛值附近振荡,动量法会起到减速作用,增加稳定性. 从某种角度来说,当前梯度叠加上部分的上次梯度,一定程度上可以近似看作二阶梯度.

7.2.4.2 Nesterov 加速梯度

Nesterov 加速梯度(Nesterov Accelerated Gradient, NAG)是一种对动量法的改进 [Nesterov, 2013; Sutskever et al., 2013],也称为Nesterov 动量法(Nesterov Momentum).

在动量法中,实际的参数更新方向 $\Delta\theta_t$ 为上一步的参数更新方向 $\Delta\theta_{t-1}$ 和当前梯度的反方向 $-\mathbf{g}_t$ 的叠加. 这样,$\Delta\theta_t$ 可以被拆分为两步进行,先根据 $\Delta\theta_{t-1}$ 更新一次得到参数 $\hat{\theta}$,再用 $-\mathbf{g}_t$ 进行更新.

$$\hat{\theta} = \theta_{t-1} + \rho\Delta\theta_{t-1}, \tag{7.22}$$

$$\theta_t = \hat{\theta} - \alpha\mathbf{g}_t, \tag{7.23}$$

其中梯度 $\mathbf{g}_t$ 为点 θ_{t-1} 上的梯度,因此在第二步更新中有些不太合理. 更合理的更新方向应该为 $\hat{\theta}$ 上的梯度.

这样,合并后的更新方向为

$$\Delta\theta_t = \rho\Delta\theta_{t-1} - \alpha\mathfrak{g}_t(\theta_{t-1} + \rho\Delta\theta_{t-1}), \tag{7.24}$$

偏导数 $\mathfrak{g}_t$ 的定义参见公式(7.1).

其中 $\mathfrak{g}_t(\theta_{t-1} + \rho\Delta\theta_{t-1})$ 表示损失函数在点 $\hat{\theta} = \theta_{t-1} + \rho\Delta\theta_{t-1}$ 上的偏导数.

图7.6给出了动量法和Nesterov 加速梯度在参数更新时的比较.

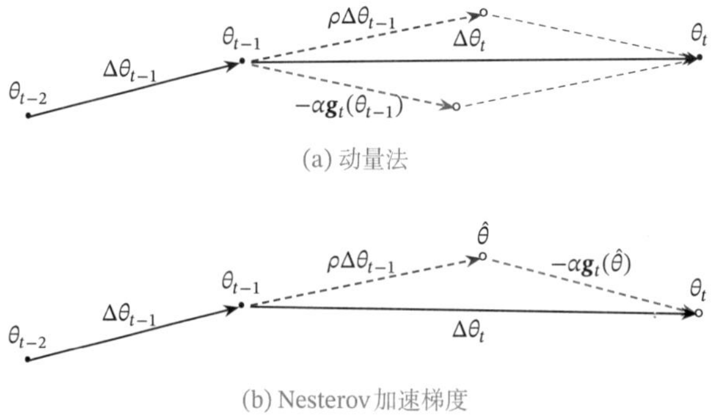

图 7.6 动量法和Nesterov 加速梯度的比较

7.2.4.3 Adam 算法

Adam 算法(Adaptive Moment Estimation Algorithm)[Kingma et al., 2015] 可以看作动量法和 RMSprop 算法的结合, 不但使用动量作为参数更新方向, 而且可以自适应调整学习率.

Adam 算法一方面计算梯度平方 $\mathbf{g}_t^2$ 的指数加权平均（和 RMSprop 算法类似），另一方面计算梯度 $\mathbf{g}_t$ 的指数加权平均（和动量法类似）.

$$M_t = \beta_1 M_{t-1} + (1-\beta_1)\mathbf{g}_t, \tag{7.25}$$

$$G_t = \beta_2 G_{t-1} + (1-\beta_2)\mathbf{g}_t \odot \mathbf{g}_t, \tag{7.26}$$

其中 β_1 和 β_2 分别为两个移动平均的衰减率，通常取值为 $\beta_1 = 0.9, \beta_2 = 0.99$. 我们可以把 M_t 和 G_t 分别看作梯度的均值（一阶矩）和未减去均值的方差（二阶矩）.

假设 $M_0 = 0, G_0 = 0$，那么在迭代初期 M_t 和 G_t 的值会比真实的均值和方差要小. 特别是当 β_1 和 β_2 都接近于 1 时，偏差会很大. 因此，需要对偏差进行修正.

参见习题7-2.

$$\hat{M}_t = \frac{M_t}{1-\beta_1^t}, \tag{7.27}$$

$$\hat{G}_t = \frac{G_t}{1-\beta_2^t}. \tag{7.28}$$

Adam 算法的参数更新差值为

$$\Delta\theta_t = -\frac{\alpha}{\sqrt{\hat{G}_t + \epsilon}}\hat{M}_t, \tag{7.29}$$

其中学习率 α 通常设为 0.001，并且也可以进行衰减，比如 $\alpha_t = \alpha_0/\sqrt{t}$.

Adam 算法是 RMSProp 算法与动量法的结合，因此一种自然的 Adam 算法的改进方法是引入 Nesterov 加速梯度，称为Nadam 算法[Dozat, 2016].

7.2.4.4 梯度截断

在深度神经网络或循环神经网络中，除了梯度消失之外，梯度爆炸也是影响学习效率的主要因素. 在基于梯度下降的优化过程中，如果梯度突然增大，用大的梯度更新参数反而会导致其远离最优点. 为了避免这种情况，当梯度的模大于一定阈值时，就对梯度进行截断，称为梯度截断（Gradient Clipping）[Pascanu et al., 2013].

图7.7给出了一个循环神经网络的损失函数关于参数的曲面. 图中的曲面为只有一个隐藏神经元的循环神经网络 $h_t = \sigma(wh_{t-1} + b)$ 的损失函数，其中 w 和 b 为参数. 假如 h_0 初始值为 0.3，损失函数为 $\mathcal{L} = (h_{100} - 0.65)^2$. 从图7.7中可以看出，损失函数关于参数 w, b 的梯度在某个区域会突然变大.

梯度截断是一种比较简单的启发式方法，把梯度的模限定在一个区间，当梯度的模小于或大于这个区间时就进行截断. 一般截断的方式有以下几种：

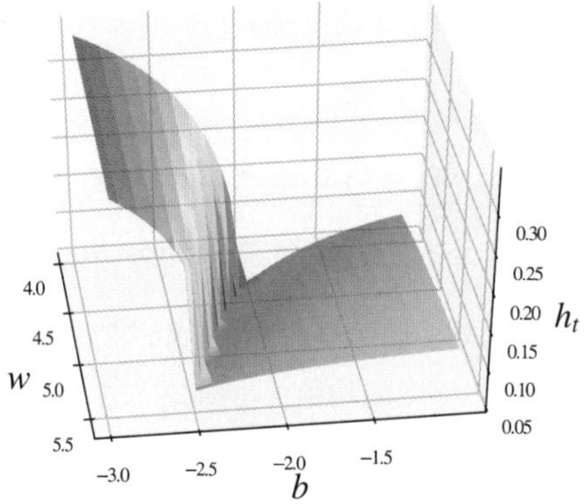

图 7.7 梯度爆炸问题示例

按值截断 在第 t 次迭代时，梯度为 $\boldsymbol{g}_t$，给定一个区间 $[a, b]$，如果一个参数的梯度小于 a 时，就将其设为 a；如果大于 b 时，就将其设为 b.

$$\boldsymbol{g}_t = \max(\min(\boldsymbol{g}_t, b), a). \tag{7.30}$$

按模截断 按模截断是将梯度的模截断到一个给定的截断阈值 b.

如果 $\|\boldsymbol{g}_t\|^2 \le b$，保持 $\boldsymbol{g}_t$ 不变. 如果 $\|\boldsymbol{g}_t\|^2 > b$，令

$$\boldsymbol{g}_t = \frac{b}{\|\boldsymbol{g}_t\|}\boldsymbol{g}_t. \tag{7.31}$$

在训练循环神经网络时，按模截断是避免梯度爆炸问题的有效方法.

截断阈值 b 是一个超参数，也可以根据一段时间内的平均梯度来自动调整. 实验中发现，训练过程对阈值 b 并不十分敏感，通常一个小的阈值就可以得到很好的结果 [Pascanu et al., 2013].

7.2.5 优化算法小结

本节介绍的几种优化方法大体上可以分为两类：1）调整学习率，使得优化更稳定；2）梯度估计修正，优化训练速度.

表7.1汇总了本节介绍的几种神经网络常用优化算法.

这些优化算法可以使用下面公式来统一描述概括：

参见习题7-3.

$$\Delta\theta_t = -\frac{\alpha_t}{\sqrt{G_t + \epsilon}} M_t, \tag{7.32}$$

$$G_t = \psi(\boldsymbol{g}_1, \cdots, \boldsymbol{g}_t), \tag{7.33}$$

$$M_t = \phi(\boldsymbol{g}_1, \cdots, \boldsymbol{g}_t), \tag{7.34}$$

表 7.1 神经网络常用优化方法的汇总

类别		优化算法
学习率调整	固定衰减学习率	分段常数衰减、逆时衰减、(自然)指数衰减、余弦衰减
	周期性学习率	循环学习率、SGDR
	自适应学习率	AdaGrad、RMSprop、AdaDelta
梯度估计修正		动量法、Nesterov 加速梯度、梯度截断
综合方法		Adam≈动量法+RMSprop

其中 $\boldsymbol{g}_t$ 是第 t 步的梯度; α_t 是第 t 步的学习率,可以进行衰减,也可以不变; $\psi(\cdot)$ 是学习率缩放函数,可以取 1 或历史梯度的模的移动平均; $\phi(\cdot)$ 是优化后的参数更新方向,可以取当前的梯度 $\boldsymbol{g}_t$ 或历史梯度的移动平均.

图7.8给出了这几种优化方法在 MNIST 数据集上收敛性的比较(学习率为 0.001,批量大小为 128).

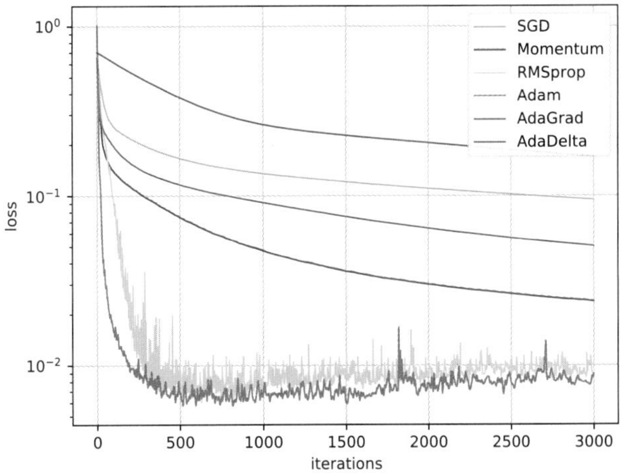

图 7.8 不同优化方法的比较

7.3 参数初始化

神经网络的参数学习是一个非凸优化问题. 当使用梯度下降法来进行优化网络参数时,参数初始值的选取十分关键,关系到网络的优化效率和泛化能力. 参数初始化的方式通常有以下三种:

（1） 预训练初始化：不同的参数初始值会收敛到不同的局部最优解. 虽然这些局部最优解在训练集上的损失比较接近，但是它们的泛化能力差异很大. 一个好的初始值会使得网络收敛到一个泛化能力高的局部最优解. 通常情况下，一个已经在大规模数据上训练过的模型可以提供一个好的参数初始值，这种初始化方法称为预训练初始化（Pre-trained Initialization）.

预训练初始化通常会提升模型泛化能力的一种解释是预训练任务起到一定的正则化作用.

预训练任务可以为监督学习或无监督学习任务. 由于无监督学习任务更容易获取大规模的训练数据，因此被广泛采用. 预训练模型在目标任务上的学习过程也称为精调（Fine-Tuning）.

（2） 随机初始化：在线性模型的训练（比如感知器和Logistic回归）中，我们一般将参数全部初始化为0. 但是这在神经网络的训练中会存在一些问题. 因为如果参数都为0，在第一遍前向计算时，所有的隐藏层神经元的激活值都相同；在反向传播时，所有权重的更新也都相同，这样会导致隐藏层神经元没有区分性. 这种现象也称为对称权重现象. 为了打破这个平衡，比较好的方式是对每个参数都随机初始化（Random Initialization），使得不同神经元之间的区分性更好.

（3） 固定值初始化：对于一些特殊的参数，我们可以根据经验用一个特殊的固定值来进行初始化. 比如偏置（Bias）通常用0来初始化，但是有时可以设置某些经验值以提高优化效率. 在LSTM网络的遗忘门中，偏置通常初始化为1或2，使得时序上的梯度变大. 对于使用ReLU的神经元，有时也可以将偏置设为0.01，使得ReLU神经元在训练初期更容易激活，从而获得一定的梯度来进行误差反向传播.

遗忘门参见公式(6.55).

虽然预训练初始化通常具有更好的收敛性和泛化性，但是灵活性不够，不能在目标任务上任意地调整网络结构. 因此，好的随机初始化方法对训练神经网络模型来说依然十分重要. 这里我们介绍三类常用的随机初始化方法：基于固定方差的参数初始化、基于方差缩放的参数初始化和正交初始化方法.

随机初始化通常只应用在神经网络的权重矩阵上.

7.3.1 基于固定方差的参数初始化

一种最简单的随机初始化方法是从一个固定均值（通常为0）和方差 σ^2 的分布中采样来生成参数的初始值. 基于固定方差的参数初始化方法主要有以下两种：

这里的“固定”的含义是方差 σ^2 为一个预设值，和神经元的输入、激活函数以及所在层数无关.

（1） 高斯分布初始化：使用一个高斯分布 $\mathcal{N}(0,\sigma^2)$ 对每个参数进行随机初始化.

（2） 均匀分布初始化：在一个给定的区间 $[-r,r]$ 内采用均匀分布来初始化

参数. 假设随机变量 x 在区间 $[a, b]$ 内均匀分布,则其方差为

$$\mathrm{var}(x) = \frac{(b-a)^2}{12}. \tag{7.35}$$

因此,若使用区间为 $[-r, r]$ 的均匀分布来采样,并满足 $\mathrm{var}(x) = \sigma^2$ 时,则 r 的取值为

$$r = \sqrt{3\sigma^2}. \tag{7.36}$$

在基于固定方差的随机初始化方法中,比较关键的是如何设置方差 σ^2. 如果参数范围取的太小,一是会导致神经元的输出过小,经过多层之后信号就慢慢消失了;二是还会使得Sigmoid型激活函数丢失非线性的能力. 以Sigmoid型函数为例,在0附近基本上是近似线性的. 这样多层神经网络的优势也就不存在了. 如果参数范围取的太大,会导致输入状态过大. 对于Sigmoid型激活函数来说,激活值变得饱和,梯度接近于0,从而导致梯度消失问题.

为了降低固定方差对网络性能以及优化效率的影响,基于固定方差的随机初始化方法一般需要配合逐层归一化来使用.

逐层归一化参见第7.5节.

7.3.2 基于方差缩放的参数初始化

要高效地训练神经网络,给参数选取一个合适的随机初始化区间是非常重要的. 一般而言,参数初始化的区间应该根据神经元的性质进行差异化的设置. 如果一个神经元的输入连接很多,它的每个输入连接上的权重就应该小一些,以避免神经元的输出过大(当激活函数为ReLU时)或过饱和(当激活函数为Sigmoid函数时).

初始化一个深度网络时,为了缓解梯度消失或爆炸问题,我们尽可能保持每个神经元的输入和输出的方差一致,根据神经元的连接数量来自适应地调整初始化分布的方差,这类方法称为方差缩放(Variance Scaling).

7.3.2.1 Xavier初始化

假设在一个神经网络中,第 l 层的一个神经元 $a^{(l)}$,其接收前一层的 M_{l-1} 个神经元的输出 $a_i^{(l-1)}$,$1 \le i \le M_{l-1}$,

偏置 b 初始化为0.

$$a^{(l)} = f\Big(\sum_{i=1}^{M_{l-1}} w_i^{(l)} a_i^{(l-1)}\Big), \tag{7.37}$$

其中 $f(\cdot)$ 为激活函数,$w_i^{(l)}$ 为参数,M_{l-1} 是第 $l-1$ 层神经元个数. 为简单起见,这里令激活函数 $f(\cdot)$ 为恒等函数,即 $f(x) = x$.

假设 $w_i^{(l)}$ 和 $a_i^{(l-1)}$ 的均值都为0,并且互相独立,则 $a^{(l)}$ 的均值为

$$\mathbb{E}[a^{(l)}] = \mathbb{E}\Big[\sum_{i=1}^{M_{l-1}} w_i^{(l)} a_i^{(l-1)}\Big] = \sum_{i=1}^{M_{l-1}} \mathbb{E}[w_i^{(l)}]\mathbb{E}[a_i^{(l-1)}] = 0. \tag{7.38}$$

$a^{(l)}$ 的方差为

$$\mathrm{var}(a^{(l)}) = \mathrm{var}\Big(\sum_{i=1}^{M_{l-1}} w_i^{(l)} a_i^{(l-1)}\Big) \tag{7.39}$$

$$= \sum_{i=1}^{M_{l-1}} \mathrm{var}(w_i^{(l)})\,\mathrm{var}(a_i^{(l-1)}) \tag{7.40}$$

$$= M_{l-1}\,\mathrm{var}(w_i^{(l)})\,\mathrm{var}(a_i^{(l-1)}). \tag{7.41}$$

也就是说,输入信号的方差在经过该神经元后被放大或缩小了 $M_{l-1}\,\mathrm{var}(w_i^{(l)})$ 倍.为了使得在经过多层网络后,信号不被过分放大或过分减弱,我们尽可能保持每个神经元的输入和输出的方差一致. 这样 $M_{l-1}\,\mathrm{var}(w_i^{(l)})$ 设为1比较合理,即

$$\mathrm{var}(w_i^{(l)}) = \frac{1}{M_{l-1}}. \tag{7.42}$$

同理,为了使得在反向传播中,误差信号也不被放大或缩小,需要将 $w_i^{(l)}$ 的方差保持为

参见习题7-4.

$$\mathrm{var}(w_i^{(l)}) = \frac{1}{M_l}. \tag{7.43}$$

作为折中,同时考虑信号在前向和反向传播中都不被放大或缩小,可以设置

$$\mathrm{var}(w_i^{(l)}) = \frac{2}{M_{l-1} + M_l}. \tag{7.44}$$

在计算出参数的理想方差后,可以通过高斯分布或均匀分布来随机初始化参数. 若采用高斯分布来随机初始化参数,连接权重 $w_i^{(l)}$ 可以按 $\mathcal{N}\Big(0, \frac{2}{M_{l-1}+M_l}\Big)$ 的高斯分布进行初始化. 若采用区间为 $[-r, r]$ 的均匀分布来初始化 $w_i^{(l)}$,则 r 的取值为 $\sqrt{\frac{6}{M_{l-1}+M_l}}$. 这种根据每层的神经元数量来自动计算初始化参数方差的方法称为Xavier 初始化[Glorot et al., 2010].

参见公式(7.36).

Xavier 初始化方法中,Xavier 是发明者 Xavier Glorot 的名字. Xavier 初始化也称为Glorot 初始化.

虽然在Xavier初始化中我们假设激活函数为恒等函数,但是Xavier初始化也适用于Logistic函数和Tanh函数. 这是因为神经元的参数和输入的绝对值通常比较小,处于激活函数的线性区间. 这时Logistic函数和Tanh函数可以近似为线性函数. 由于Logistic函数在线性区间的斜率约为0.25,因此其参数初始化的方差约为 $16 \times \frac{2}{M_{l-1}+M_l}$. 在实际应用中,使用Logistic函数或Tanh函数的神经层通常将方差 $\frac{2}{M_{l-1}+M_l}$ 乘以一个缩放因子 ρ.

ρ 根据经验设定.

7.3.2.2 He 初始化

当第 l 层神经元使用 ReLU 激活函数时，通常有一半的神经元输出为 0，因此其分布的方差也近似为使用恒等函数时的一半. 这样，只考虑前向传播时，参数 $w_i^{(l)}$ 的理想方差为

$$\text{var}(w_i^{(l)}) = \frac{2}{M_{l-1}}, \tag{7.45}$$

参见习题7-5.

其中 M_{l-1} 是第 $l-1$ 层神经元个数.

因此当使用 ReLU 激活函数时，若采用高斯分布来初始化参数 $w_i^{(l)}$，其方差为 $\frac{2}{M_{l-1}}$；若采用区间为 $[-r, r]$ 的均匀分布来初始化参数 $w_i^{(l)}$，则 $r = \sqrt{\frac{6}{M_{l-1}}}$. 这种初始化方法称为He 初始化[He et al., 2015].

He 初始化也称为 Kaiming 初始化.

表7.2给出了 Xavier 初始化和 He 初始化的具体设置情况.

表 7.2 Xavier 初始化和 He 初始化的具体设置情况

初始化方法	激活函数	均匀分布 $[-r, r]$	高斯分布 $\mathcal{N}(0, \sigma^2)$
Xavier 初始化	Logistic	$r = 4\sqrt{\frac{6}{M_{l-1}+M_l}}$	$\sigma^2 = 16 \times \frac{2}{M_{l-1}+M_l}$
Xavier 初始化	Tanh	$r = \sqrt{\frac{6}{M_{l-1}+M_l}}$	$\sigma^2 = \frac{2}{M_{l-1}+M_l}$
He 初始化	ReLU	$r = \sqrt{\frac{6}{M_{l-1}}}$	$\sigma^2 = \frac{2}{M_{l-1}}$

7.3.3 正交初始化

上面介绍的两种基于方差的初始化方法都是对权重矩阵中的每个参数进行独立采样. 由于采样的随机性，采样出来的权重矩阵依然可能存在梯度消失或梯度爆炸问题.

假设一个 L 层的等宽线性网络（激活函数为恒等函数）为

这里假设每一层的偏置初始化为 0.

$$\boldsymbol{y} = \boldsymbol{W}^{(L)} \boldsymbol{W}^{(L-1)} \cdots \boldsymbol{W}^{(1)} \boldsymbol{x}, \tag{7.46}$$

其中 $\boldsymbol{W}^{(l)} \in \mathbb{R}^{M \times M} (1 \le l \le L)$ 为神经网络的第 l 层权重矩阵. 在反向传播中，误差项 δ 的反向传播公式为 $\delta^{(l-1)} = (\boldsymbol{W}^{(l)})^{\top} \delta^{(l)}$. 为了避免梯度消失或梯度爆炸问题，我们希望误差项在反向传播中具有范数保持性（Norm-Preserving），即 $\|\delta^{(l-1)}\|^2 = \|\delta^{(l)}\|^2 = \|(\boldsymbol{W}^{(l)})^{\top} \delta^{(l)}\|^2$. 如果我们以均值为 0、方差为 $\frac{1}{M}$ 的高斯分布来随机生成权重矩阵 $\boldsymbol{W}^{(l)}$ 中每个元素的初始值，那么当 $M \to \infty$ 时，范数保持

误差项参见公式(4.63).

性成立. 但是当M不足够大时,这种对每个参数进行独立采样的初始化方式难以保证范数保持性.

因此,一种更加直接的方式是将$\boldsymbol{W}^{(l)}$初始化为正交矩阵,即$\boldsymbol{W}^{(l)}(\boldsymbol{W}^{(l)})^{\mathsf{T}} = I$,这种方法称为正交初始化(Orthogonal Initialization)[Saxe et al., 2014]. 正交初始化的具体实现过程可以分为两步:1)用均值为0、方差为1的高斯分布初始化一个矩阵;2)将这个矩阵用奇异值分解得到两个正交矩阵,并使用其中之一作为权重矩阵.

奇异值分解参见第A.2.6.2节.

根据正交矩阵的性质,这个线性网络在信息的前向传播过程和误差的反向传播过程中都具有范数保持性,从而可以避免在训练开始时就出现梯度消失或梯度爆炸现象.

正交初始化通常用在循环神经网络中循环边上的权重矩阵上.

当在非线性神经网络中应用正交初始化时,通常需要将正交矩阵乘以一个缩放系数ρ. 比如当激活函数为ReLU时,激活函数在0附近的平均梯度可以近似为0.5. 为了保持范数不变,缩放系数ρ可以设置为$\sqrt{2}$.

7.4 数据预处理

一般而言,样本特征由于来源以及度量单位不同,它们的尺度(Scale)(即取值范围)往往差异很大. 以描述长度的特征为例,当用“米”作单位时令其值为x,那么当用“厘米”作单位时其值为$100x$. 不同机器学习模型对数据特征尺度的敏感程度不一样. 如果一个机器学习算法在缩放全部或部分特征后不影响它的学习和预测,我们就称该算法具有尺度不变性(Scale Invariance). 比如线性分类器是尺度不变的,而最近邻分类器就是尺度敏感的. 当我们计算不同样本之间的欧氏距离时,尺度大的特征会起到主导作用. 因此,对于尺度敏感的模型,必须先对样本进行预处理,将各个维度的特征转换到相同的取值区间,并且消除不同特征之间的相关性,才能获得比较理想的结果.

从理论上,神经网络应该具有尺度不变性,可以通过参数的调整来适应不同特征的尺度. 但尺度不同的输入特征会增加训练难度. 假设一个只有一层的网络$y = \tanh(w_1 x_1 + w_2 x_2 + b)$,其中$x_1 \in [0, 10]$,$x_2 \in [0, 1]$. 之前我们提到tanh函数的导数在区间$[-2, 2]$上是敏感的,其余的导数接近于0. 因此,如果$w_1 x_1 + w_2 x_2 + b$过大或过小,都会导致梯度过小,难以训练. 为了提高训练效率,我们需要使$w_1 x_1 + w_2 x_2 + b$在$[-2, 2]$区间,因此需要将w_1设得小一点,比如在$[-0.1, 0.1]$之间. 可以想象,如果数据维数很多时,我们很难这样精心去选择每一个参数. 因此,如果每一个特征的尺度相似,比如$[0, 1]$或者$[-1, 1]$,我们就不太需要区别对待每一个参数,从而减少人工干预.

除了参数初始化比较困难之外,不同输入特征的尺度差异比较大时,梯度下降法的效率也会受到影响. 图7.9给出了数据归一化对梯度的影响. 其中,图7.9a为未归一化数据的等高线图. 尺度不同会造成在大多数位置上的梯度方向并不是最优的搜索方向. 当使用梯度下降法寻求最优解时,会导致需要很多次迭代才能收敛. 如果我们把数据归一化为相同尺度,如图7.9b所示,大部分位置的梯度方向近似于最优搜索方向. 这样,在梯度下降求解时,每一步梯度的方向都基本指向最小值,训练效率会大大提高.

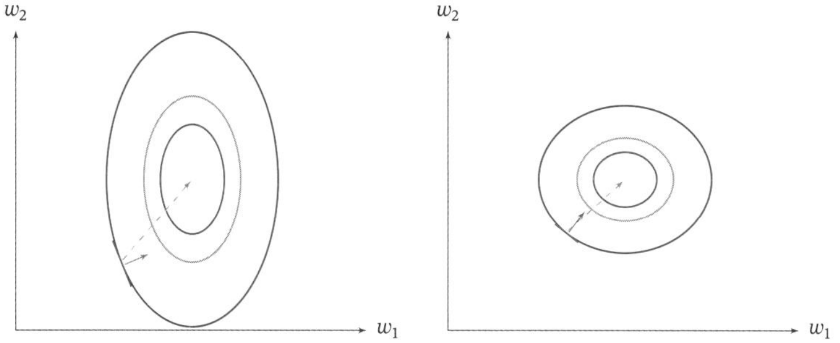

(a) 未归一化数据的梯度　(b) 归一化数据的梯度

图 7.9 数据归一化对梯度的影响

归一化(Normalization)方法泛指把数据特征转换为相同尺度的方法,比如把数据特征映射到 $[0,1]$ 或 $[-1,1]$ 区间内,或者映射为服从均值为0、方差为1的标准正态分布. 归一化的方法有很多种,比如之前我们介绍的Sigmoid型函数等都可以将不同尺度的特征挤压到一个比较受限的区间. 这里,我们介绍几种在神经网络中经常使用的归一化方法.

最小最大值归一化 最小最大值归一化(Min-Max Normalization)是一种非常简单的归一化方法,通过缩放将每一个特征的取值范围归一到 $[0,1]$ 或 $[-1,1]$ 之间. 假设有 N 个样本 $\{\boldsymbol{x}^{(n)}\}_{n=1}^{N}$,对于每一维特征 x,归一化后的特征为

$$\hat{x}^{(n)} = \frac{x^{(n)} - \min_n(x^{(n)})}{\max_n(x^{(n)}) - \min_n(x^{(n)})}, \tag{7.47}$$

其中 $\min(x)$ 和 $\max(x)$ 分别是特征 x 在所有样本上的最小值和最大值.

标准化 标准化(Standardization)也叫Z值归一化(Z-Score Normalization),来源于统计上的标准分数. 将每一个维特征都调整为均值为0,方差为1. 假设有 N 个样本 $\{\boldsymbol{x}^{(n)}\}_{n=1}^{N}$,对于每一维特征 x,我们先计算它的均值和方差:

$$\mu = \frac{1}{N}\sum_{n=1}^{N} x^{(n)}, \tag{7.48}$$

$$\sigma^2 = \frac{1}{N}\sum_{n=1}^{N}(x^{(n)} - \mu)^2. \tag{7.49}$$

然后，将特征 $x^{(n)}$ 减去均值，并除以标准差，得到新的特征值 $\hat{x}^{(n)}$：

$$\hat{x}^{(n)} = \frac{x^{(n)} - \mu}{\sigma}, \tag{7.50}$$

其中标准差 σ 不能为 0. 如果标准差为 0，说明这一维特征没有任何区分性，可以直接删掉.

白化 白化（Whitening）是一种重要的预处理方法，用来降低输入数据特征之间的冗余性. 输入数据经过白化处理后，特征之间相关性较低，并且所有特征具有相同的方差. 白化的一个主要实现方式是使用主成分分析（Principal Component Analysis，PCA）方法去除掉各个成分之间的相关性.

参见第9.1.1节.

图7.10给出了标准归一化和 PCA 白化的比较.

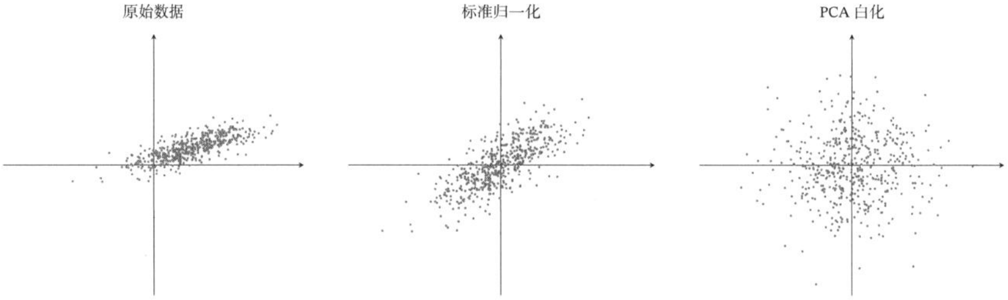

图 7.10 标准归一化和 PCA 白化

7.5 逐层归一化

这里的逐层归一化方法是指可以应用在深度神经网络中的任何一个中间层. 实际上并不需要对所有层进行归一化.

逐层归一化（Layer-wise Normalization）是将传统机器学习中的数据归一化方法应用到深度神经网络中，对神经网络中隐藏层的输入进行归一化，从而使得网络更容易训练.

逐层归一化可以有效提高训练效率的原因有以下几个方面：

（1）更好的尺度不变性：在深度神经网络中，一个神经层的输入是之前神经层的输出. 给定一个神经层 l，它之前的神经层 $(1, \cdots, l-1)$ 的参数变化会导致其输入的分布发生较大的改变. 当使用随机梯度下降来训练网络时，每次参数更新都会导致该神经层的输入分布发生改变. 越高的层，其输入分布会改变得越明显. 就像一栋高楼，低楼层发生一个较小的偏移，可能会导致高楼层较大的偏移. 从机器学习角度来看，如果一个神经层的输入分布发生了改变，那么其参数需要重新学习，这种现象叫作内部协变量偏移（Internal Covariate Shift）. 为了缓解这个问题，我们可以对每一个神经层的输入进行归一化操作，使其分布保持稳定.

协变量偏移参见第10.4.2节.

把每个神经层的输入分布都归一化为标准正态分布，可以使得每个神经层对其输入具有更好的尺度不变性. 不论低层的参数如何变化，高层的输入保持相对稳定. 另外，尺度不变性可以使得我们更加高效地进行参数初始化以及超参选择.

（2）更平滑的优化地形：逐层归一化一方面可以使得大部分神经层的输入处于不饱和区域，从而让梯度变大，避免梯度消失问题；另一方面还可以使得神经网络的优化地形（Optimization Landscape）更加平滑，以及使梯度变得更加稳定，从而允许我们使用更大的学习率，并提高收敛速度 [Bjorck et al., 2018; Santurkar et al., 2018].

下面介绍几种比较常用的逐层归一化方法：批量归一化、层归一化、权重归一化和局部响应归一化.

7.5.1 批量归一化

批量归一化（Batch Normalization, BN）方法 [Ioffe et al., 2015] 是一种有效的逐层归一化方法，可以对神经网络中任意的中间层进行归一化操作.

批量归一化的提出动机是为了解决内部协方差偏移问题，但后来的研究者发现其主要优点是归一化会导致更平滑的优化地形 [Santurkar et al., 2018].

对于一个深度神经网络，令第 l 层的净输入为 $\boldsymbol{z}^{(l)}$，神经元的输出为 $\boldsymbol{a}^{(l)}$，即

$$\boldsymbol{a}^{(l)} = f(\boldsymbol{z}^{(l)}) = f(\boldsymbol{W}\boldsymbol{a}^{(l-1)} + \boldsymbol{b}), \tag{7.51}$$

其中 $f(\cdot)$ 是激活函数，$\boldsymbol{W}$ 和 $\boldsymbol{b}$ 是可学习的参数.

为了提高优化效率，就要使得净输入 $\boldsymbol{z}^{(l)}$ 的分布一致，比如都归一化到标准正态分布. 虽然归一化操作也可以应用在输入 $\boldsymbol{a}^{(l-1)}$ 上，但归一化 $\boldsymbol{z}^{(l)}$ 更加有利于优化. 因此，在实践中归一化操作一般应用在仿射变换（Affine Transformation）$\boldsymbol{W}\boldsymbol{a}^{(l-1)} + \boldsymbol{b}$ 之后、激活函数之前.

参见习题7-6.

利用第7.4节中介绍的数据预处理方法对 $\boldsymbol{z}^{(l)}$ 进行归一化，相当于每一层都进行一次数据预处理，从而加速收敛速度. 但是逐层归一化需要在中间层进行操作，要求效率比较高，因此复杂度比较高的白化方法就不太合适. 为了提高归一化效率，一般使用标准化将净输入 $\boldsymbol{z}^{(l)}$ 的每一维都归一到标准正态分布.

$$\hat{\boldsymbol{z}}^{(l)} = \frac{\boldsymbol{z}^{(l)} - \mathbb{E}[\boldsymbol{z}^{(l)}]}{\sqrt{\mathrm{var}(\boldsymbol{z}^{(l)}) + \epsilon}}, \tag{7.52}$$

ϵ 是为了保持数值稳定性而设置的非常小的常数.

其中 $\mathbb{E}[\boldsymbol{z}^{(l)}]$ 和 $\mathrm{var}(\boldsymbol{z}^{(l)})$ 是指当前参数下，$\boldsymbol{z}^{(l)}$ 的每一维在整个训练集上的期望和方差. 因为目前主要的优化算法是基于小批量的随机梯度下降法，所以准确地计算 $\boldsymbol{z}^{(l)}$ 的期望和方差是不可行的. 因此，$\boldsymbol{z}^{(l)}$ 的期望和方差通常用当前小批量样本集的均值和方差近似估计.

给定一个包含 K 个样本的小批量样本集合，第 l 层神经元的净输入 $\boldsymbol{z}^{(1,l)}$, $\cdots$, $\boldsymbol{z}^{(K,l)}$ 的均值和方差为

$$\boldsymbol{\mu}_{\mathcal{B}} = \frac{1}{K}\sum_{k=1}^{K}\boldsymbol{z}^{(k,l)}, \tag{7.53}$$

$$\boldsymbol{\sigma}_{\mathcal{B}}^2 = \frac{1}{K}\sum_{k=1}^{K}(\boldsymbol{z}^{(k,l)} - \boldsymbol{\mu}_{\mathcal{B}}) \odot (\boldsymbol{z}^{(k,l)} - \boldsymbol{\mu}_{\mathcal{B}}). \tag{7.54}$$

对净输入 $\boldsymbol{z}^{(l)}$ 的标准归一化会使得其取值集中到0附近，如果使用Sigmoid型激活函数时，这个取值区间刚好是接近线性变换的区间，减弱了神经网络的非线性性质. 因此，为了使得归一化不对网络的表示能力造成负面影响，可以通过一个附加的缩放和平移变换改变取值区间.

参见习题7-7.

$$\hat{\boldsymbol{z}}^{(l)} = \frac{\boldsymbol{z}^{(l)} - \boldsymbol{\mu}_{\mathcal{B}}}{\sqrt{\boldsymbol{\sigma}_{\mathcal{B}}^2 + \epsilon}} \odot \boldsymbol{\gamma} + \boldsymbol{\beta} \tag{7.55}$$

$$\triangleq \mathrm{BN}_{\boldsymbol{\gamma},\boldsymbol{\beta}}(\boldsymbol{z}^{(l)}), \tag{7.56}$$

其中 $\boldsymbol{\gamma}$ 和 $\boldsymbol{\beta}$ 分别代表缩放和平移的参数向量. 从最保守的角度考虑，可以通过标准归一化的逆变换来使得归一化后的变量可以被还原为原来的值. 当 $\boldsymbol{\gamma} = \sqrt{\boldsymbol{\sigma}_{\mathcal{B}}^2}$, $\boldsymbol{\beta} = \boldsymbol{\mu}_{\mathcal{B}}$ 时，$\hat{\boldsymbol{z}}^{(l)} = \boldsymbol{z}^{(l)}$.

批量归一化操作可以看作一个特殊的神经层，加在每一层非线性激活函数之前，即

$$\boldsymbol{a}^{(l)} = f\big(\mathrm{BN}_{\boldsymbol{\gamma},\boldsymbol{\beta}}(\boldsymbol{z}^{(l)})\big) = f\left(\mathrm{BN}_{\boldsymbol{\gamma},\boldsymbol{\beta}}(\boldsymbol{W}\boldsymbol{a}^{(l-1)})\right), \tag{7.57}$$

其中因为批量归一化本身具有平移变换，所以仿射变换 $\boldsymbol{W}\boldsymbol{a}^{(l-1)}$ 不再需要偏置参数.

这里要注意的是，每次小批量样本的 $\boldsymbol{\mu}_{\mathcal{B}}$ 和方差 $\boldsymbol{\sigma}_{\mathcal{B}}^2$ 是净输入 $\boldsymbol{z}^{(l)}$ 的函数，而不是常量. 因此在计算参数梯度时需要考虑 $\boldsymbol{\mu}_{\mathcal{B}}$ 和 $\boldsymbol{\sigma}_{\mathcal{B}}^2$ 的影响. 当训练完成时，用整个数据集上的均值 $\boldsymbol{\mu}$ 和方差 $\boldsymbol{\sigma}$ 来分别代替每次小批量样本的 $\boldsymbol{\mu}_{\mathcal{B}}$ 和方差 $\boldsymbol{\sigma}_{\mathcal{B}}^2$. 在实践中，$\boldsymbol{\mu}_{\mathcal{B}}$ 和 $\boldsymbol{\sigma}_{\mathcal{B}}^2$ 也可以用移动平均来计算.

值得一提的是，逐层归一化不但可以提高优化效率，还可以作为一种隐形的正则化方法. 在训练时，神经网络对一个样本的预测不仅和该样本自身相关，也和同一批次中的其他样本相关. 由于在选取批次时具有随机性，因此使得神经网络不会“过拟合”到某个特定样本，从而提高网络的泛化能力 [Luo et al., 2018].

7.5.2 层归一化

批量归一化是对一个中间层的单个神经元进行归一化操作，因此要求小批量样本的数量不能太小，否则难以计算单个神经元的统计信息. 此外，如果一个神经元的净输入的分布在神经网络中是动态变化的，比如循环神经网络，那么就无法应用批量归一化操作.

参见习题7-8.

层归一化（Layer Normalization）[Ba et al., 2016] 是和批量归一化非常类似的方法. 和批量归一化不同的是，层归一化是对一个中间层的所有神经元进行归一化.

对于一个深度神经网络，令第 l 层神经元的净输入为 $\boldsymbol{z}^{(l)}$，其均值和方差为

$$\mu^{(l)} = \frac{1}{M_l}\sum_{i=1}^{M_l} z_i^{(l)}, \tag{7.58}$$

$$\sigma^{(l)^2} = \frac{1}{M_l}\sum_{i=1}^{M_l}(z_i^{(l)} - \mu^{(l)})^2, \tag{7.59}$$

其中 M_l 为第 l 层神经元的数量.

层归一化定义为

$$\hat{\boldsymbol{z}}^{(l)} = \frac{\boldsymbol{z}^{(l)} - \mu^{(l)}}{\sqrt{\sigma^{(l)^2} + \epsilon}} \odot \boldsymbol{\gamma} + \boldsymbol{\beta} \tag{7.60}$$

$$\triangleq \mathrm{LN}_{\boldsymbol{\gamma},\boldsymbol{\beta}}(\boldsymbol{z}^{(l)}), \tag{7.61}$$

其中 $\boldsymbol{\gamma}$ 和 $\boldsymbol{\beta}$ 分别代表缩放和平移的参数向量，和 $\boldsymbol{z}^{(l)}$ 维数相同.

循环神经网络中的层归一化 层归一化可以应用在循环神经网络中，对循环神经层进行归一化操作. 假设在时刻 t，循环神经网络的隐藏层为 $\boldsymbol{h}_t$，其层归一化的更新为

参见公式(6.6).

$$\boldsymbol{z}_t = \boldsymbol{U}\boldsymbol{h}_{t-1} + \boldsymbol{W}\boldsymbol{x}_t, \tag{7.62}$$

$$\boldsymbol{h}_t = f(\mathrm{LN}_{\boldsymbol{\gamma},\boldsymbol{\beta}}(\boldsymbol{z}_t)), \tag{7.63}$$

其中输入为 $\boldsymbol{x}_t$ 为第 t 时刻的输入，$\boldsymbol{U}$ 和 $\boldsymbol{W}$ 为网络参数.

在标准循环神经网络中，循环神经层的净输入一般会随着时间慢慢变大或变小，从而导致梯度爆炸或消失. 而层归一化的循环神经网络可以有效地缓解这种状况.

层归一化和批量归一化整体上是十分类似的，差别在于归一化的方法不同. 对于 K 个样本的一个小批量集合 $\boldsymbol{Z}^{(l)} = [\boldsymbol{z}^{(1,l)};\cdots;\boldsymbol{z}^{(K,l)}]$，层归一化是对矩阵 $\boldsymbol{Z}^{(l)}$ 的每一列进行归一化，而批量归一化是对每一行进行归一化. 一般而言，批量归一化是一种更好的选择. 当小批量样本数量比较小时，可以选择层归一化.

7.5.3 权重归一化

权重归一化（Weight Normalization）[Salimans et al., 2016] 是对神经网络的连接权重进行归一化，通过再参数化（Reparameterization）方法，将连接权重分解为长度和方向两种参数. 假设第 l 层神经元 $\boldsymbol{a}^{(l)} = f(\boldsymbol{W}\boldsymbol{a}^{(l-1)} + \boldsymbol{b})$，我们将 $\boldsymbol{W}$ 再参数化为

$$\boldsymbol{W}_{i,:} = \frac{g_i}{\|\boldsymbol{v}_i\|}\boldsymbol{v}_i, \qquad 1 \le i \le M_l \tag{7.64}$$

其中 $\boldsymbol{W}_{i,:}$ 表示权重 $\boldsymbol{W}$ 的第 i 行，M_l 为神经元数量. 新引入的参数 g_i 为标量，$\boldsymbol{v}_i$ 和 $\boldsymbol{a}^{(l-1)}$ 维数相同.

由于在神经网络中权重经常是共享的，权重数量往往比神经元数量要少，因此权重归一化的开销会比较小.

7.5.4 局部响应归一化

局部响应归一化（Local Response Normalization，LRN）[Krizhevsky et al., 2012] 是一种受生物学启发的归一化方法，通常用在基于卷积的图像处理上.

假设一个卷积层的输出特征映射 $\boldsymbol{Y} \in \mathbb{R}^{M' \times N' \times P}$ 为三维张量，其中每个切片矩阵 $\boldsymbol{Y}^p \in \mathbb{R}^{M' \times N'}$ 为一个输出特征映射，$1 \le p \le P$.

参见公式(5.24).

局部响应归一化是对邻近的特征映射进行局部归一化.

$$\hat{\boldsymbol{Y}}^p = \boldsymbol{Y}^p / \left(k + \alpha \sum_{j=\max(1, p-\frac{n}{2})}^{\min(P, p+\frac{n}{2})} (\boldsymbol{Y}^j)^2\right)^{\beta} \tag{7.65}$$

$$\triangleq \mathrm{LRN}_{n,k,\alpha,\beta}(\boldsymbol{Y}^p), \tag{7.66}$$

其中除和幂运算都是按元素运算，n, k, α, β 为超参，n 为局部归一化的特征窗口大小. 在 AlexNet 中，这些超参的取值为 $n = 5, k = 2, \alpha = 10\mathrm{e}^{-4}, \beta = 0.75$.

局部响应归一化和层归一化都是对同层的神经元进行归一化. 不同的是，局部响应归一化应用在激活函数之后，只是对邻近的神经元进行局部归一化，并且不减去均值.

邻近的神经元指对应同样位置的邻近特征映射.

局部响应归一化和生物神经元中的侧抑制（lateral inhibition）现象比较类似，即活跃神经元对相邻神经元具有抑制作用. 当使用 ReLU 作为激活函数时，神经元的活性值是没有限制的，局部响应归一化可以起到平衡和约束作用. 如果一个神经元的活性值非常大，那么和它邻近的神经元就近似地归一化为 0，从而起到抑制作用，增强模型的泛化能力. 最大汇聚也具有侧抑制作用. 但最大汇聚是对同一个特征映射中的邻近位置中的神经元进行抑制，而局部响应归一化是对同一个位置的邻近特征映射中的神经元进行抑制.

7.6 超参数优化

在神经网络中，除了可学习的参数之外，还存在很多超参数. 这些超参数对网络性能的影响也很大. 不同的机器学习任务往往需要不同的超参数. 常见的超参数有以下三类：

（1） 网络结构，包括神经元之间的连接关系、层数、每层的神经元数量、激活函数的类型等.

（2） 优化参数，包括优化方法、学习率、小批量的样本数量等.

（3） 正则化系数.

超参数优化（Hyperparameter Optimization）主要存在两方面的困难：1）超参数优化是一个组合优化问题，无法像一般参数那样通过梯度下降方法来优化，也没有一种通用有效的优化方法；2）评估一组超参数配置（Configuration）的时间代价非常高，从而导致一些优化方法（比如演化算法（Evolution Algorithm））在超参数优化中难以应用.

假设一个神经网络中总共有 K 个超参数，每个超参数配置表示为一个向量 $\boldsymbol{x} \in \mathcal{X}$，$\mathcal{X} \subset \mathbb{R}^K$ 是超参数配置的取值空间. 超参数优化的目标函数定义为 $f(\boldsymbol{x}) : \mathcal{X} \to \mathbb{R}$，$f(\boldsymbol{x})$ 是衡量一组超参数配置 $\boldsymbol{x}$ 效果的函数，一般设置为开发集上的错误率. 目标函数 $f(\boldsymbol{x})$ 可以看作一个黑盒（black-box）函数，不需要知道其具体形式. 虽然在神经网络的超参数优化中，$f(\boldsymbol{x})$ 的函数形式已知，但 $f(\boldsymbol{x})$ 不是关于 $\boldsymbol{x}$ 的连续函数，并且 $\boldsymbol{x}$ 不同，$f(\boldsymbol{x})$ 的函数形式也不同，因此无法使用梯度下降等优化方法.

对于超参数的配置，比较简单的方法有网格搜索、随机搜索、贝叶斯优化、动态资源分配和神经架构搜索.

7.6.1 网格搜索

网格搜索（Grid Search）是一种通过尝试所有超参数的组合来寻址合适一组超参数配置的方法. 假设总共有 K 个超参数，第 k 个超参数的可以取 m_k 个值. 那么总共的配置组合数量为 $m_1 \times m_2 \times \cdots \times m_K$. 如果超参数是连续的，可以将超参数离散化，选择几个“经验”值. 比如学习率 α，我们可以设置

$$\alpha \in \{0.01, 0.1, 0.5, 1.0\}.$$

一般而言，对于连续的超参数，我们不能按等间隔的方式进行离散化，需要根据超参数自身的特点进行离散化.

网格搜索根据这些超参数的不同组合分别训练一个模型，然后测试这些模型在开发集上的性能，选取一组性能最好的配置.

7.6.2 随机搜索

不同超参数对模型性能的影响有很大差异. 有些超参数（比如正则化系数）对模型性能的影响有限，而另一些超参数（比如学习率）对模型性能影响比较大. 在这种情况下，采用网格搜索会在不重要的超参数上进行不必要的尝试. 一种在实践中比较有效的改进方法是对超参数进行随机组合，然后选取一个性能最好的配置，这就是随机搜索（Random Search）[Bergstra et al., 2012]. 随机搜索在实践中更容易实现，一般会比网格搜索更加有效.

网格搜索和随机搜索都没有利用不同超参数组合之间的相关性，即如果模型的超参数组合比较类似，其模型性能也是比较接近的. 因此这两种搜索方式一般都比较低效. 下面我们介绍两种自适应的超参数优化方法：贝叶斯优化和动态资源分配.

7.6.3 贝叶斯优化

贝叶斯优化（Bayesian optimization）[Bergstra et al., 2011; Snoek et al., 2012] 是一种自适应的超参数优化方法，根据当前已经试验的超参数组合，来预测下一个可能带来最大收益的组合.

高斯过程参见第D.3.2节.

一种比较常用的贝叶斯优化方法为时序模型优化（Sequential Model-Based Optimization，SMBO）[Hutter et al., 2011]. 假设超参数优化的函数 $f(\boldsymbol{x})$ 服从高斯过程，则 $p(f(\boldsymbol{x})|\boldsymbol{x})$ 为一个正态分布. 贝叶斯优化过程是根据已有的 N 组试验结果 $\mathcal{H}=\{\boldsymbol{x}_n, y_n\}_{n=1}^N$（$y_n$ 为 $f(\boldsymbol{x}_n)$ 的观测值）来建模高斯过程，并计算 $f(\boldsymbol{x})$ 的后验分布 $p_{\mathcal{GP}}(f(\boldsymbol{x})|\boldsymbol{x},\mathcal{H})$.

为了使得 $p_{\mathcal{GP}}(f(\boldsymbol{x})|\boldsymbol{x},\mathcal{H})$ 接近其真实分布，就需要对样本空间进行足够多的采样. 但是超参数优化中每一个样本的生成成本很高，需要用尽可能少的样本来使得 $p_\theta(f(\boldsymbol{x})|\boldsymbol{x},\mathcal{H})$ 接近于真实分布. 因此，需要通过定义一个收益函数（Acquisition Function）$a(x,\mathcal{H})$ 来判断一个样本是否能够给建模 $p_\theta(f(\boldsymbol{x})|\boldsymbol{x},\mathcal{H})$ 提供更多的收益. 收益越大，其修正的高斯过程会越接近目标函数的真实分布.

收益函数的定义有很多种方式. 一个常用的是期望改善（Expected Improvement，EI）函数. 假设 $y^*=\min\{y_n, 1\le n\le N\}$ 是当前已有样本中的最优值，期望改善函数为，

$$\mathbf{EI}(\boldsymbol{x},\mathcal{H})=\int_{-\infty}^{\infty}\max(y^*-y,0)p_{\mathcal{GP}}(y|\boldsymbol{x},\mathcal{H})\mathrm{d}y. \tag{7.67}$$

期望改善是定义一个样本 $\boldsymbol{x}$ 在当前模型 $p_{\mathcal{GP}}(f(\boldsymbol{x})|\boldsymbol{x},\mathcal{H})$ 下，$f(\boldsymbol{x})$ 超过最好结果 y^* 的期望. 除了期望改善函数之外，收益函数还有其他定义形式，比如改善概

率（Probability of Improvement）、高斯过程置信上界（GP Upper Confidence Bound，GP-UCB）等.

时序模型优化方法如算法7.1所示. 贝叶斯优化的一个缺点是高斯过程建模需要计算协方差矩阵的逆，时间复杂度是$O(N^3)$，因此不能很好地处理高维情况. 深度神经网络的超参数一般比较多，为了使用贝叶斯优化来搜索神经网络的超参数，需要一些更高效的高斯过程建模. 也有一些方法可以将时间复杂度从$O(N^3)$降低到$O(N)$[Snoek et al., 2015].

算法 7.1 时序模型优化（SMBO）方法

输入: 优化目标函数$f(\boldsymbol{x})$，迭代次数T，收益函数$a(x, \mathcal{H})$

$\mathcal{H} \leftarrow \emptyset$;

随机初始化高斯过程，并计算$p_{\mathcal{GP}}(f(\boldsymbol{x})|\boldsymbol{x}, \mathcal{H})$;

for $t \leftarrow 1$ **to** T **do**

  $\boldsymbol{x}' \leftarrow \arg\max_x a(x, \mathcal{H})$;

  评价$y' = f(\boldsymbol{x}')$; // 代价高

  $\mathcal{H} \leftarrow \mathcal{H} \cup (\boldsymbol{x}', y')$;

  根据$\mathcal{H}$重新建模高斯过程，并计算$p_{\mathcal{GP}}(f(\boldsymbol{x})|\boldsymbol{x}, \mathcal{H})$;

end

输出: $\mathcal{H}$

7.6.4 动态资源分配

在超参数优化中，每组超参数配置的评估代价比较高. 如果我们可以在较早的阶段就估计出一组配置的效果会比较差，那么我们就可以中止这组配置的评估，将更多的资源留给其他配置. 这个问题可以归结为多臂赌博机问题的一个泛化问题：最优臂问题（Best-Arm Problem），即在给定有限的机会次数下，如何玩这些赌博机并找到收益最大的臂. 和多臂赌博机问题类似，最优臂问题也是在利用和探索之间找到最佳的平衡.

多臂赌博机问题参见第14.1.1节.

由于目前神经网络的优化方法一般都采取随机梯度下降，因此我们可以通过一组超参数的学习曲线来预估这组超参数配置是否有希望得到比较好的结果. 如果一组超参数配置的学习曲线不收敛或者收敛比较差，我们可以应用早期停止（Early-Stopping）策略来中止当前的训练.

动态资源分配的关键是将有限的资源分配给更有可能带来收益的超参数组合. 一种有效方法是逐次减半（Successive Halving）方法 [Jamieson et al., 2016]，将超参数优化看作一种非随机的最优臂问题. 假设要尝试N组超参数配置，总共可利用的资源预算（摇臂的次数）为B，我们可以通过$T = \lceil \log_2(N) \rceil - 1$轮逐次减半的方法来选取最优的配置，具体过程如算法7.2所示.

算法 7.2　一种逐次减半的动态资源分配方法

输入: 预算 B, N 个超参数配置 $\{\boldsymbol{x}_n\}_{n=1}^N$

$T \leftarrow \lceil \log_2(N) \rceil - 1$;

随机初始化 $\mathcal{S}_0 = \{\boldsymbol{x}_n\}_{n=1}^N$;

for $t \leftarrow 1$ **to** T **do**

　$r_t \leftarrow \lfloor \frac{B}{|\mathcal{S}_t| \times T} \rfloor$;

　给 $\mathcal{S}_t$ 中的每组配置分配 r_t 的资源;

　运行 $\mathcal{S}_t$ 所有配置,评估结果为 $\boldsymbol{y}_t$;

　根据评估结果,选取 $|\mathcal{S}_t|/2$ 组最优的配置 $\mathcal{S}_t \leftarrow \arg\max(\mathcal{S}_t, \boldsymbol{y}_t, |\mathcal{S}_t|/2)$;

　　// $\arg\max(\mathcal{S}, \boldsymbol{y}, m)$ 为从集合 $\mathcal{S}$ 中选取 m 个元素,对应最优的 m 个评估结果.

end

输出: 最优配置 $\mathcal{S}_K$

在逐次减半方法中,尝试的超参数配置数量 N 十分关键. 如果 N 越大,得到最佳配置的机会也越大,但每组配置分到的资源就越少,这样早期的评估结果可能不准确. 反之,如果 N 越小,每组超参数配置的评估会越准确,但有可能无法得到最优的配置. 因此,如何设置 N 是平衡“利用-探索”的一个关键因素. 一种改进的方法是 HyperBand 方法 [Li et al., 2017b],通过尝试不同的 N 来选取最优参数.

7.6.5　神经架构搜索

从某种角度来讲,深度学习使得机器学习中的“特征工程”问题转变为“网络架构工程”问题.

上面介绍的超参数优化方法都是在固定(或变化比较小)的超参数空间 $\mathcal{X}$ 中进行最优配置搜索,而最重要的神经网络架构一般还是需要由有经验的专家来进行设计.

神经架构搜索(Neural Architecture Search, NAS)[Zoph et al., 2017] 是一个新的比较有前景的研究方向,通过神经网络来自动实现网络架构的设计. 一个神经网络的架构可以用一个变长的字符串来描述. 利用元学习的思想,神经架构搜索利用一个控制器来生成另一个子网络的架构描述. 控制器可以由一个循环神经网络来实现. 控制器的训练可以通过强化学习来完成,其奖励信号为生成的子网络在开发集上的准确率.

强化学习参见第14.1节.

7.7　网络正则化

机器学习模型的关键是泛化问题,即在样本真实分布上的期望风险最小化. 而训练数据集上的经验风险最小化和期望风险并不一致. 由于神经网络的拟合能力非常强,其在训练数据上的错误率往往都可以降到非常低,甚至可以到0,从而导致过拟合. 因此,如何提高神经网络的泛化能力反而成为影响模型能力的最关键因素.

参见第2.8.1节.

正则化(Regularization)是一类通过限制模型复杂度,从而避免过拟合,提高泛化能力的方法,比如引入约束、增加先验、提前停止等.

在传统的机器学习中,提高泛化能力的方法主要是限制模型复杂度,比如采用 ℓ_1 和 ℓ_2 正则化等方式. 而在训练深度神经网络时,特别是在过度参数化(Over-Parameterization)时,ℓ_1 和 ℓ_2 正则化的效果往往不如浅层机器学习模型中显著. 因此训练深度学习模型时,往往还会使用其他的正则化方法,比如数据增强、提前停止、丢弃法、集成法等.

过度参数化是指模型参数的数量远远大于训练数据的数量.

7.7.1 ℓ_1 和 ℓ_2 正则化

ℓ_1 和 ℓ_2 正则化是机器学习中最常用的正则化方法,通过约束参数的 ℓ_1 和 ℓ_2 范数来减小模型在训练数据集上的过拟合现象.

范数参见第A.1.3节.

通过加入 ℓ_1 和 ℓ_2 正则化,优化问题可以写为

$$\theta^* = \arg\min_{\theta} \frac{1}{N} \sum_{n=1}^{N} \mathcal{L}\big(y^{(n)}, f(\boldsymbol{x}^{(n)}; \theta)\big) + \lambda \ell_p(\theta), \tag{7.68}$$

其中 $\mathcal{L}(\cdot)$ 为损失函数,N 为训练样本数量,$f(\cdot)$ 为待学习的神经网络,θ 为其参数,ℓ_p 为范数函数,p 的取值通常为 $\{1,2\}$ 代表 ℓ_1 和 ℓ_2 范数,λ 为正则化系数.

带正则化的优化问题等价于下面带约束条件的优化问题,

参见第C.1.2节.

$$\theta^* = \arg\min_{\theta} \frac{1}{N} \sum_{n=1}^{N} \mathcal{L}\big(y^{(n)}, f(\boldsymbol{x}^{(n)}; \theta)\big), \tag{7.69}$$

$$\text{s.t.} \qquad \ell_p(\theta) \le 1. \tag{7.70}$$

ℓ_1 范数在零点不可导,因此经常用下式来近似:

$$\ell_1(\theta) = \sum_{d=1}^{D} \sqrt{\theta_d^2 + \epsilon} \tag{7.71}$$

其中 D 为参数数量,ϵ 为一个非常小的常数.

图7.11给出了不同范数约束条件下的最优化问题示例. 红线表示函数 $\ell_p = 1$,$\mathcal{F}$ 为函数 $f(\theta)$ 的等高线(为简单起见,这里用直线表示). 可以看出,ℓ_1 范数的约束通常会使得最优解位于坐标轴上,从而使得最终的参数为稀疏性向量.

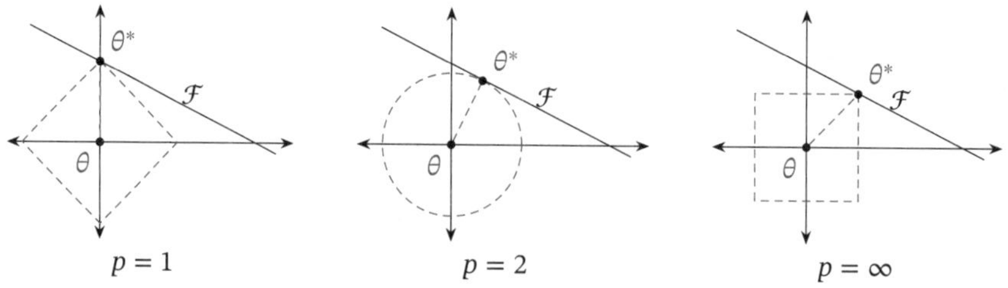

图 7.11 不同范数约束条件下的最优化问题示例

一种折中的正则化方法是同时加入 ℓ_1 和 ℓ_2 正则化，称为弹性网络正则化（Elastic Net Regularization）[Zou et al., 2005]，.

$$\theta^* = \arg\min_{\theta} \frac{1}{N}\sum_{n=1}^{N} \mathcal{L}\big(y^{(n)}, f(\boldsymbol{x}^{(n)};\theta)\big) + \lambda_1 \ell_1(\theta) + \lambda_2 \ell_2(\theta), \tag{7.72}$$

其中 λ_1 和 λ_2 分别为两个正则化项的系数.

7.7.2 权重衰减

权重衰减（Weight Decay）是一种有效的正则化方法 [Hanson et al., 1989]，在每次参数更新时，引入一个衰减系数.

$$\theta_t \leftarrow (1-\beta)\theta_{t-1} - \alpha \mathrm{g}_t, \tag{7.73}$$

其中 g_t 为第 t 步更新时的梯度，α 为学习率，β 为权重衰减系数，一般取值比较小，比如 0.0005. 在标准的随机梯度下降中，权重衰减正则化和 ℓ_2 正则化的效果相同. 因此，权重衰减在一些深度学习框架中通过 ℓ_2 正则化来实现. 但是，在较为复杂的优化方法（比如 Adam）中，权重衰减正则化和 ℓ_2 正则化并不等价 [Loshchilov et al., 2017b].

参见习题7-9.

7.7.3 提前停止

提前停止也可以参见第2.2.3.2节.

提前停止（Early Stop）对于深度神经网络来说是一种简单有效的正则化方法. 由于深度神经网络的拟合能力非常强，因此比较容易在训练集上过拟合. 在使用梯度下降法进行优化时，我们可以使用一个和训练集独立的样本集合，称为验证集（Validation Set），并用验证集上的错误来代替期望错误. 当验证集上的错误率不再下降，就停止迭代.

然而在实际操作中，验证集上的错误率变化曲线并不一定是图2.4中所示的平衡曲线，很可能是先升高再降低. 因此，提前停止的具体停止标准需要根据实际任务进行优化 [Prechelt, 1998].

7.7.4 丢弃法

当训练一个深度神经网络时，我们可以随机丢弃一部分神经元（同时丢弃其对应的连接边）来避免过拟合，这种方法称为丢弃法（Dropout Method）[Srivastava et al., 2014]. 每次选择丢弃的神经元是随机的. 最简单的方法是设置一个固定的概率 p. 对每一个神经元都以概率 p 来判定要不要保留. 对于一个神经层 $\boldsymbol{y} = f(\boldsymbol{W}\boldsymbol{x} + \boldsymbol{b})$，我们可以引入一个掩蔽函数mask(·)使得 $\boldsymbol{y} = f(\boldsymbol{W}\text{mask}(\boldsymbol{x}) + \boldsymbol{b})$. 掩蔽函数 mask(·) 的定义为

$$\text{mask}(\boldsymbol{x}) = \begin{cases} \boldsymbol{m} \odot \boldsymbol{x} & \text{当训练阶段时} \\ p\boldsymbol{x} & \text{当测试阶段时} \end{cases} \tag{7.74}$$

其中 $\boldsymbol{m} \in \{0,1\}^D$ 是丢弃掩码（Dropout Mask），通过以概率为 p 的伯努利分布随机生成. 在训练时，激活神经元的平均数量为原来的 p 倍. 而在测试时，所有的神经元都是可以激活的，这会造成训练和测试时网络的输出不一致. 为了缓解这个问题，在测试时需要将神经层的输入 $\boldsymbol{x}$ 乘以 p，也相当于把不同的神经网络做了平均. 保留率 p 可以通过验证集来选取一个最优的值. 一般来讲，对于隐藏层的神经元，其保留率 $p = 0.5$ 时效果最好，这对大部分的网络和任务都比较有效. 当 $p = 0.5$ 时，在训练时有一半的神经元被丢弃，只剩余一半的神经元是可以激活的，随机生成的网络结构最具多样性. 对于输入层的神经元，其保留率通常设为更接近1的数，使得输入变化不会太大. 对输入层神经元进行丢弃时，相当于给数据增加噪声，以此来提高网络的鲁棒性.

D 为输入 $\boldsymbol{x}$ 的维度.

丢弃法一般是针对神经元进行随机丢弃，但是也可以扩展到对神经元之间的连接进行随机丢弃 [Wan et al., 2013]，或每一层进行随机丢弃. 图7.12给出了一个网络应用丢弃法后的示例.

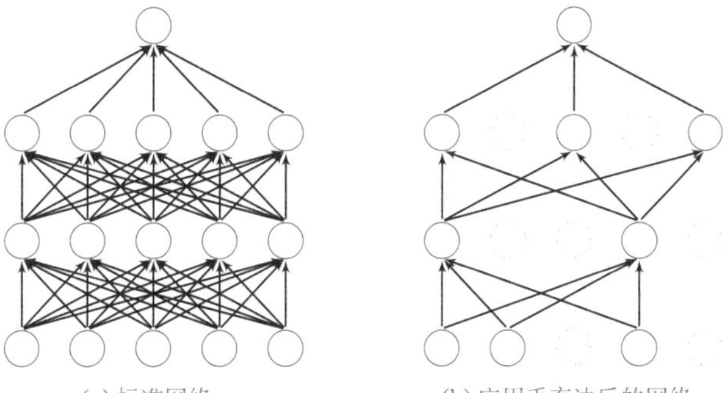

(a) 标准网络　(b) 应用丢弃法后的网络

图 7.12 丢弃法示例

集成学习角度的解释　每做一次丢弃，相当于从原始的网络中采样得到一个子网络．如果一个神经网络有 n 个神经元，那么总共可以采样出 2^n 个子网络．每次迭代都相当于训练一个不同的子网络，这些子网络都共享原始网络的参数．那么，最终的网络可以近似看作集成了指数级个不同网络的组合模型．

贝叶斯学习角度的解释　丢弃法也可以解释为一种贝叶斯学习的近似[Gal et al., 2016a]．用 $y = f(\boldsymbol{x};\theta)$ 来表示要学习的神经网络，贝叶斯学习是假设参数 θ 为随机向量，并且先验分布为 $q(\theta)$，贝叶斯方法的预测为

$$\mathbb{E}_{q(\theta)}[y] = \int_q f(\boldsymbol{x};\theta)q(\theta)d\theta \tag{7.75}$$

$$\approx \frac{1}{M}\sum_{m=1}^{M} f(\boldsymbol{x},\theta_m), \tag{7.76}$$

其中 $f(\boldsymbol{x},\theta_m)$ 为第 m 次应用丢弃方法后的网络，其参数 θ_m 为对全部参数 θ 的一次采样．

7.7.4.1 循环神经网络上的丢弃法

当在循环神经网络上应用丢弃法时，不能直接对每个时刻的隐状态进行随机丢弃，这样会损害循环网络在时间维度上的记忆能力．一种简单的方法是对非时间维度的连接（即非循环连接）进行随机丢失 [Zaremba et al., 2014]．如图7.13所示，虚线边表示进行随机丢弃，不同的颜色表示不同的丢弃掩码．

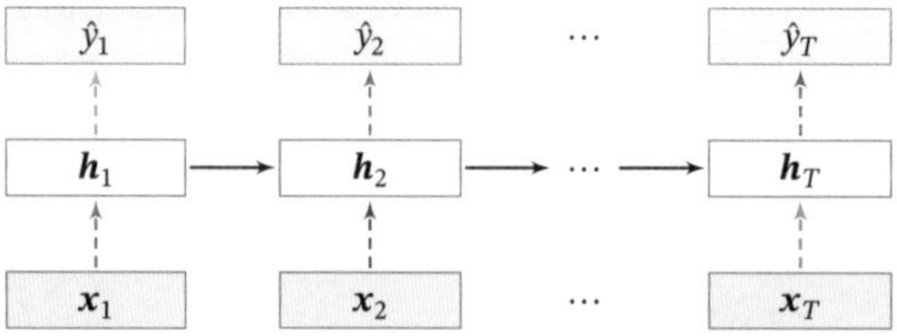

图 7.13　针对非循环连接的丢弃法

然而根据贝叶斯学习的解释，丢弃法是一种对参数 θ 的采样．每次采样的参数需要在每个时刻保持不变．因此，在对循环神经网络上使用丢弃法时，需要对参数矩阵的每个元素进行随机丢弃，并在所有时刻都使用相同的丢弃掩码．这种方法称为变分丢弃法（Variational Dropout）[Gal et al., 2016b]．图7.14给出了变分丢弃法的示例，相同颜色表示使用相同的丢弃掩码．

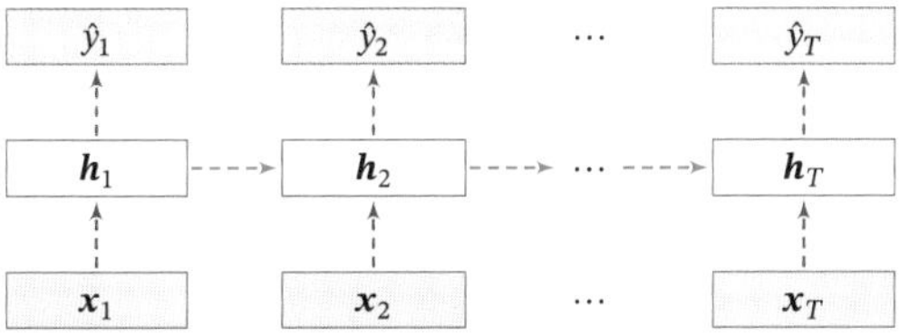

图 7.14 变分丢弃法

7.7.5 数据增强

深度神经网络一般都需要大量的训练数据才能获得比较理想的效果. 在数据量有限的情况下,可以通过数据增强(Data Augmentation)来增加数据量,提高模型鲁棒性,避免过拟合. 目前,数据增强还主要应用在图像数据上,在文本等其他类型的数据上还没有太好的方法.

图像数据的增强主要是通过算法对图像进行转变, 引入噪声等方法来增加数据的多样性. 增强的方法主要有几种:

(1) 旋转(Rotation):将图像按顺时针或逆时针方向随机旋转一定角度.

(2) 翻转(Flip):将图像沿水平或垂直方向随机翻转一定角度.

(3) 缩放(Zoom In/Out):将图像放大或缩小一定比例.

(4) 平移(Shift):将图像沿水平或垂直方法平移一定步长.

(5) 加噪声(Noise):加入随机噪声.

7.7.6 标签平滑

在数据增强中, 我们可以给样本特征加入随机噪声来避免过拟合. 同样, 我们也可以给样本的标签引入一定的噪声. 假设训练数据集中有一些样本的标签是被错误标注的,那么最小化这些样本上的损失函数会导致过拟合. 一种改善的正则化方法是标签平滑(Label Smoothing),即在输出标签中添加噪声来避免模型过拟合 [Szegedy et al., 2016].

一个样本 $\boldsymbol{x}$ 的标签可以用one-hot向量表示,即

$$\boldsymbol{y} = [0, \cdots, 0, 1, 0, \cdots, 0]^{\mathsf{T}}.$$

这种标签可以看作硬目标(Hard Target). 如果使用Softmax分类器并使用交叉熵损失函数,最小化损失函数会使得正确类和其他类的权重差异变得很大. 根据Softmax函数的性质可知, 如果要使得某一类的输出概率接近于1, 其未归一化的得分需要远大于其他类的得分, 可能会导致其权重越来越大, 并导致过拟合. 此外, 如果样本标签是错误的, 会导致更严重的过拟合现象. 为了改善这种情况,

我们可以引入一个噪声对标签进行平滑，即假设样本以ϵ的概率为其他类. 平滑后的标签为

$$\tilde{\boldsymbol{y}} = [\frac{\epsilon}{K-1}, \cdots, \frac{\epsilon}{K-1}, 1-\epsilon, \frac{\epsilon}{K-1}, \cdots, \frac{\epsilon}{K-1}]^{\mathrm{T}}.$$

其中K为标签数量，这种标签可以看作软目标（Soft Target）. 标签平滑可以避免模型的输出过拟合到硬目标上，并且通常不会损害其分类能力.

参见习题7-11.

上面的标签平滑方法是给其他$K-1$个标签相同的概率$\frac{\epsilon}{K-1}$，没有考虑标签之间的相关性. 一种更好的做法是按照类别相关性来赋予其他标签不同的概率. 比如先训练另外一个更复杂（一般为多个网络的集成）的教师网络（Teacher Network），并使用大网络的输出作为软目标来训练学生网络（Student Network）. 这种方法也称为知识蒸馏（Knowledge Distillation）[Hinton et al., 2015].

集成学习参见第10.1节.

7.8 总结和深入阅读

深度神经网络的优化和正则化是既对立又统一的关系. 一方面我们希望优化算法能找到一个全局最优解（或较好的局部最优解），另一方面我们又不希望模型优化到最优解，这可能陷入过拟合. 优化和正则化的统一目标是期望风险最小化. 近年来深度学习的快速发展在一定程度上也归因于很多深度神经网络的优化和正则化方法的出现. 虽然这些方法往往是经验性的，但在实践中取得了很好的效果，使得我们可以高效地、端到端地训练神经网络模型.

在优化方面，训练神经网络时的主要难点是非凸优化以及梯度消失问题. 在深度学习技术发展的初期，我们通常需要利用预训练和逐层训练等比较低效的方法来辅助优化. 随着深度学习技术的发展，我们目前通常可以高效地、端到端地训练一个深度神经网络. 这些提高训练效率的方法通常分为以下3个方面：1）修改网络模型来得到更好的优化地形，比如使用逐层归一化、残差连接以及ReLU激活函数等；2）使用更有效的优化算法，比如动态学习率以及梯度估计修正等；3）使用更好的参数初始化方法.

目前，预训练方法依然有着广泛的应用，但主要是利用它带来更好泛化性，而不再是为了解决网络优化问题.

在泛化方面，传统的机器学习中有一些很好的理论可以帮助我们在模型的表示能力、复杂度和泛化能力之间找到比较好的平衡，比如Vapnik-Chervonenkis（VC）维[Vapnik, 1998]和Rademacher复杂度[Bartlett et al., 2002]. 但是这些理论无法解释深度神经网络在实际应用中的泛化能力表现. 根据通用近似定理，神经网络的表示能力十分强大. 从直觉上，一个过度参数化的深度神经网络很容易产生过拟合现象，因为它的容量足够记住所有训练数据. 但是实验表明，深度神经网络在训练过程中依然优先记住训练数据中的一般模式（Pattern），即具有

高泛化能力的模式 [Zhang et al., 2016]. 但目前，深度神经网络的泛化能力还没有很好的理论支持. 在传统机器学习模型上比较有效的 ℓ_1 或 ℓ_2 正则化在深度神经网络中作用也比较有限，而一些经验的做法（比如小的批量大小、大的学习率、提前停止、丢弃法、数据增强）会更有效.

习题

习题 7-1 在小批量梯度下降中，试分析为什么学习率要和批量大小成正比.

习题 7-2 在Adam算法中，说明指数加权平均的偏差修正的合理性（即公式(7.27)和公式(7.28)）.

习题 7-3 给出公式(7.33)和公式(7.34)中的函数 $\psi(\cdot)$ 和 $\phi(\cdot)$ 在不同优化算法中的具体形式.

习题 7-4 证明公式(7.43).

习题 7-5 证明公式(7.45).

习题 7-6 在批量归一化中，以 $f(\cdot)$ 取 Logistic 函数或 ReLU 函数为例，分析以下两种归一化方法的差异：$f\big(\mathrm{BN}(\boldsymbol{W}\boldsymbol{a}^{(l-1)}+\boldsymbol{b})\big)$ 和 $f\big(\boldsymbol{W}\mathrm{BN}(\boldsymbol{a}^{(l-1)})+\boldsymbol{b}\big)$. 参见公式(7.51).

习题 7-7 从再参数化的角度来分析批量归一化中缩放和平移的意义. 参见公式(7.55).

习题 7-8 分析为什么批量归一化不能直接应用于循环神经网络.

习题 7-9 证明在标准的随机梯度下降中，权重衰减正则化和 ℓ_2 正则化的效果相同. 并分析这一结论在动量法和Adam算法中是否依然成立.

习题 7-10 试分析为什么不能在循环神经网络中的循环连接上直接应用丢弃法？

习题 7-11 若使用标签平滑正则化方法，给出其交叉熵损失函数.

参考文献

Ba L J, Kiros R, Hinton G E, 2016. Layer normalization[J/OL]. CoRR, abs/1607.06450. http://arxiv.org/abs/1607.06450.

Bartlett P L, Mendelson S, 2002. Rademacher and gaussian complexities: Risk bounds and structural results[J]. Journal of Machine Learning Research, 3(Nov):463-482.

Bergstra J, Bengio Y, 2012. Random search for hyper-parameter optimization[J]. Journal of Machine Learning Research, 13(Feb):281-305.

Bergstra J S, Bardenet R, Bengio Y, et al., 2011. Algorithms for hyper-parameter optimization[C]//Advances in neural information processing systems. 2546-2554.

Bjorck N, Gomes C P, Selman B, et al., 2018. Understanding batch normalization[C]//Advances in Neural Information Processing Systems. 7694-7705.

Choromanska A, Henaff M, Mathieu M, et al., 2015. The loss surfaces of multilayer networks[C]//Artificial Intelligence and Statistics. 192-204.

Dauphin Y N, Pascanu R, Gulcehre C, et al., 2014. Identifying and attacking the saddle point problem in high-dimensional non-convex optimization[C]//Advances in neural information processing systems. 2933-2941.

Dozat T, 2016. Incorporating nesterov momentum into adam[C]//ICLR Workshop.

Duchi J, Hazan E, Singer Y, 2011. Adaptive subgradient methods for online learning and stochastic optimization[J]. The Journal of Machine Learning Research, 12:2121-2159.

Gal Y, Ghahramani Z, 2016. Dropout as a bayesian approximation: Representing model uncertainty in deep learning[C]//international conference on machine learning. 1050-1059.

Gal Y, Ghahramani Z, 2016. A theoretically grounded application of dropout in recurrent neural networks[C]//Advances in neural information processing systems. 1019-1027.

Glorot X, Bengio Y, 2010. Understanding the difficulty of training deep feedforward neural networks [C]//Proceedings of International conference on artificial intelligence and statistics. 249-256.

Goyal P, Dollár P, Girshick R, et al., 2017. Accurate, large minibatch sgd: Training imagenet in 1 hour[J]. arXiv preprint arXiv:1706.02677.

Hanson S J, Pratt L Y, 1989. Comparing biases for minimal network construction with back-propagation[C]//Advances in neural information processing systems. 177-185.

He K, Zhang X, Ren S, et al., 2015. Delving deep into rectifiers: Surpassing human-level performance on imagenet classification[C]//Proceedings of the IEEE International Conference on Computer Vision. 1026-1034.

Hinton G, Vinyals O, Dean J, 2015. Distilling the knowledge in a neural network[J]. arXiv preprint arXiv:1503.02531.

Hochreiter S, Schmidhuber J, 1997. Flat minima[J]. Neural Computation, 9(1):1-42.

Hutter F, Hoos H H, Leyton-Brown K, 2011. Sequential model-based optimization for general algorithm configuration[C]//International Conference on Learning and Intelligent Optimization. Springer: 507-523.

Ioffe S, Szegedy C, 2015. Batch normalization: Accelerating deep network training by reducing internal covariate shift[C]//Proceedings of the 32nd International Conference on Machine Learning. 448-456.

Jamieson K, Talwalkar A, 2016. Non-stochastic best arm identification and hyperparameter optimization[C]//Artificial Intelligence and Statistics. 240-248.

Keskar N S, Mudigere D, Nocedal J, et al., 2016. On large-batch training for deep learning: Generalization gap and sharp minima[J]. arXiv preprint arXiv:1609.04836.

Kingma D, Ba J, 2015. Adam: A method for stochastic optimization[C]//Proceedings of International Conference on Learning Representations.

Krizhevsky A, Sutskever I, Hinton G E, 2012. ImageNet classification with deep convolutional neural networks[C]//Advances in Neural Information Processing Systems 25. 1106-1114.

Li H, Xu Z, Taylor G, et al., 2017. Visualizing the loss landscape of neural nets[J]. arXiv preprint arXiv:1712.09913.

Li L, Jamieson K, DeSalvo G, et al., 2017. Hyperband: Bandit-based configuration evaluation for hyperparameter optimization[C]//Proceedings of 5th International Conference on Learning Representations.

Loshchilov I, Hutter F, 2017. SGDR: stochastic gradient descent with warm restarts[C]//Proceedings of 5th International Conference on Learning Representations.

Loshchilov I, Hutter F, 2017. Fixing weight decay regularization in adam[J]. arXiv preprint arXiv:1711.05101.

Luo P, Wang X, Shao W, et al., 2018. Towards understanding regularization in batch normalization [J]. arXiv preprint arXiv:1809.00846.

Nesterov Y, 2013. Gradient methods for minimizing composite functions[J]. Mathematical Programming, 140(1):125-161.

Pascanu R, Mikolov T, Bengio Y, 2013. On the difficulty of training recurrent neural networks[C]// Proceedings of the International Conference on Machine Learning. 1310-1318.

Prechelt L, 1998. Early stopping-but when?[M]//Neural Networks: Tricks of the trade. Springer: 55-69.

Salimans T, Kingma D P, 2016. Weight normalization: A simple reparameterization to accelerate training of deep neural networks[C]//Advances in Neural Information Processing Systems. 901-909.

Santurkar S, Tsipras D, Ilyas A, et al., 2018. How does batch normalization help optimization?(no, it is not about internal covariate shift)[J]. arXiv preprint arXiv:1805.11604.

Saxe A M, Mcclelland J L, Ganguli S, 2014. Exact solutions to the nonlinear dynamics of learning in deep linear neural network[C]//International Conference on Learning Representations.

Snoek J, Larochelle H, Adams R P, 2012. Practical bayesian optimization of machine learning algorithms[C]//Advances in neural information processing systems. 2951-2959.

Snoek J, Rippel O, Swersky K, et al., 2015. Scalable bayesian optimization using deep neural networks[C]//International Conference on Machine Learning. 2171-2180.

Srivastava N, Hinton G, Krizhevsky A, et al., 2014. Dropout: A simple way to prevent neural networks from overfitting[J]. The Journal of Machine Learning Research, 15(1):1929-1958.

Sutskever I, Martens J, Dahl G, et al., 2013. On the importance of initialization and momentum in deep learning[C]//International conference on machine learning. 1139-1147.

Szegedy C, Vanhoucke V, Ioffe S, et al., 2016. Rethinking the inception architecture for computer vision[C]//Proceedings of the IEEE Conference on Computer Vision and Pattern Recognition. 2818-2826.

Tieleman T, Hinton G, 2012. Lecture 6.5-rmsprop: Divide the gradient by a running average of its recent magnitude[Z].

Vapnik V, 1998. Statistical learning theory[M]. New York: Wiley.

Wan L, Zeiler M, Zhang S, et al., 2013. Regularization of neural networks using dropconnect[C]// International Conference on Machine Learning. 1058-1066.

Zaremba W, Sutskever I, Vinyals O, 2014. Recurrent neural network regularization[J]. arXiv preprint arXiv:1409.2329.

Zeiler M D, 2012. Adadelta: An adaptive learning rate method[J]. arXiv preprint arXiv:1212.5701.

Zhang C, Bengio S, Hardt M, et al., 2016. Understanding deep learning requires rethinking generalization[J]. arXiv preprint arXiv:1611.03530.

Zoph B, Le Q V, 2017. Neural architecture search with reinforcement learning[C]//Proceedings of 5th International Conference on Learning Representations.

Zou H, Hastie T, 2005. Regularization and variable selection via the elastic net[J]. Journal of the Royal Statistical Society: Series B (Statistical Methodology), 67(2):301-320.

第8章　注意力机制与外部记忆

> 智慧的艺术是知道该忽视什么.
>
> ——威廉·詹姆斯（William James）
>
> 美国心理学家和哲学家

根据通用近似定理，前馈网络和循环网络都有很强的能力. 但由于优化算法和计算能力的限制，在实践中很难达到通用近似的能力. 特别是在处理复杂任务时，比如需要处理大量的输入信息或者复杂的计算流程时，目前计算机的计算能力依然是限制神经网络发展的瓶颈.

为了减少计算复杂度，通过部分借鉴生物神经网络的一些机制，我们引入了局部连接、权重共享以及汇聚操作来简化神经网络结构. 虽然这些机制可以有效缓解模型的复杂度和表达能力之间的矛盾，但是我们依然希望在不“过度”增加模型复杂度（主要是模型参数）的情况下来提高模型的表达能力. 以阅读理解任务为例，给定的背景文章（Background Document）一般比较长，如果用循环神经网络来将其转换为向量表示，那么这个编码向量很难反映出背景文章的所有语义. 在比较简单的任务（比如文本分类）中，只需要编码一些对分类有用的信息，因此用一个向量来表示文本语义是可行的. 但是在阅读理解任务中，编码时还不知道可能会接收到什么样的问句. 这些问句可能会涉及背景文章的所有信息点，因此丢失任何信息都可能导致无法正确回答问题.

阅读理解任务是让机器阅读一篇背景文章，然后询问一些相关的问题，来测试机器是否理解了这篇文章.

在循环神经网络中，丢失信息的另外一个因素是长程依赖问题.

神经网络中可以存储的信息量称为网络容量（Network Capacity）. 一般来讲，利用一组神经元来存储信息时，其存储容量和神经元的数量以及网络的复杂度成正比. 要存储的信息越多，神经元数量就要越多或者网络要越复杂，进而导致神经网络的参数成倍地增加.

我们人脑的生物神经网络同样存在网络容量问题，人脑中的工作记忆大概只有几秒钟的时间，类似于循环神经网络中的隐状态. 而人脑每个时刻接收的外界输入信息非常多，包括来自于视觉、听觉、触觉的各种各样的信息. 单就视觉来说，眼睛每秒钟都会发送千万比特的信息给视觉神经系统. 人脑在有限的资源下，并不能同时处理这些过载的输入信息. 大脑神经系统有两个重要机制可以解决信息过载问题：注意力和记忆机制.

我们可以借鉴人脑解决信息过载的机制，从两方面来提高神经网络处理信息的能力. 一方面是注意力，通过自上而下的信息选择机制来过滤掉大量的无关信息；另一方面是引入额外的外部记忆，优化神经网络的记忆结构来提高神经网络存储信息的容量.

8.1 认知神经学中的注意力

注意力是一种人类不可或缺的复杂认知功能，指人可以在关注一些信息的同时忽略另一些信息的选择能力. 在日常生活中，我们通过视觉、听觉、触觉等方式接收大量的感觉输入. 但是人脑还能在这些外界的信息轰炸中有条不紊地工作，是因为人脑可以有意或无意地从这些大量输入信息中选择小部分的有用信息来重点处理，并忽略其他信息. 这种能力就叫作注意力（Attention）. 注意力可以作用在外部的刺激（听觉、视觉、味觉等），也可以作用在内部的意识（思考、回忆等）.

注意力一般分为两种：

聚焦式注意力也常称为选择性注意力（Selective Attention）.

（1） 自上而下的有意识的注意力，称为聚焦式注意力（Focus Attention）. 聚焦式注意力是指有预定目的、依赖任务的，主动有意识地聚焦于某一对象的注意力.

（2） 自下而上的无意识的注意力，称为基于显著性的注意力（Saliency-Based Attention）. 基于显著性的注意力是由外界刺激驱动的注意，不需要主动干预，也和任务无关. 如果一个对象的刺激信息不同于其周围信息，一种无意识的“赢者通吃”（Winner-Take-All）或者门控（Gating）机制就可以把注意力转向这个对象. 不管这些注意力是有意还是无意，大部分的人脑活动都需要依赖注意力，比如记忆信息、阅读或思考等.

除非特别声明，在本节及以后章节中，注意力机制通常指自上而下的聚焦式注意力.

一个和注意力有关的例子是鸡尾酒会效应. 当一个人在吵闹的鸡尾酒会上和朋友聊天时，尽管周围噪音干扰很多，他还是可以听到朋友的谈话内容，而忽略其他人的声音（聚焦式注意力）. 同时，如果背景声中有重要的词（比如他的名字），他会马上注意到（显著性注意力）.

聚焦式注意力一般会随着环境、情景或任务的不同而选择不同的信息. 比如当要从人群中寻找某个人时，我们会专注于每个人的脸部；而当要统计人群的人数时，我们只需要专注于每个人的轮廓.

8.2 注意力机制

在计算能力有限的情况下，注意力机制（Attention Mechanism）作为一种资源分配方案，将有限的计算资源用来处理更重要的信息，是解决信息超载问题的主要手段.

注意力机制也可称为注意力模型.

当用神经网络来处理大量的输入信息时，也可以借鉴人脑的注意力机制，只选择一些关键的信息输入进行处理，来提高神经网络的效率.

在目前的神经网络模型中，我们可以将最大汇聚（Max Pooling）、门控（Gating）机制近似地看作自下而上的基于显著性的注意力机制. 除此之外，自上而下的聚焦式注意力也是一种有效的信息选择方式. 以阅读理解任务为例，给定一篇很长的文章，然后就此文章的内容进行提问. 提出的问题只和段落中的一两个句子相关，其余部分都是无关的. 为了减小神经网络的计算负担，只需要把相关的片段挑选出来让后续的神经网络来处理，而不需要把所有文章内容都输入给神经网络.

用$\boldsymbol{X} = [\boldsymbol{x}_1, \cdots, \boldsymbol{x}_N] \in \mathbb{R}^{D\times N}$表示$N$组输入信息，其中$D$维向量$\boldsymbol{x}_n \in \mathbb{R}^D, n \in [1, N]$表示一组输入信息. 为了节省计算资源，不需要将所有信息都输入神经网络，只需要从$\boldsymbol{X}$中选择一些和任务相关的信息. 注意力机制的计算可以分为两步：一是在所有输入信息上计算注意力分布，二是根据注意力分布来计算输入信息的加权平均.

注意力分布 为了从N个输入向量$[\boldsymbol{x}_1, \cdots, \boldsymbol{x}_N]$中选择出和某个特定任务相关的信息，我们需要引入一个和任务相关的表示，称为查询向量（Query Vector），并通过一个打分函数来计算每个输入向量和查询向量之间的相关性.

给定一个和任务相关的查询向量$\boldsymbol{q}$，我们用注意力变量$z \in [1, N]$来表示被选择信息的索引位置，即$z = n$表示选择了第n个输入向量. 为了方便计算，我们采用一种“软性”的信息选择机制. 首先计算在给定$\boldsymbol{q}$和$\boldsymbol{X}$下，选择第n个输入向量的概率α_n，

查询向量$\boldsymbol{q}$可以是动态生成的，也可以是可学习的参数.

$$
\begin{aligned}
\alpha_n &= p(z = n|\boldsymbol{X}, \boldsymbol{q}) \\
&= \mathrm{softmax}\Big(s(\boldsymbol{x}_n, \boldsymbol{q})\Big) \\
&= \frac{\exp\Big(s(\boldsymbol{x}_n, \boldsymbol{q})\Big)}{\sum_{j=1}^{N} \exp\Big(s(\boldsymbol{x}_j, \boldsymbol{q})\Big)},
\end{aligned} \tag{8.1}
$$

其中α_n称为注意力分布（Attention Distribution），$s(\boldsymbol{x}, \boldsymbol{q})$为注意力打分函数，可以使用以下几种方式来计算：

$$
\text{加性模型} \qquad s(\boldsymbol{x}, \boldsymbol{q}) = \boldsymbol{v}^{\top} \tanh(\boldsymbol{W}\boldsymbol{x} + \boldsymbol{U}\boldsymbol{q}), \tag{8.2}
$$

点积模型 $$s(\boldsymbol{x},\boldsymbol{q}) = \boldsymbol{x}^{\top}\boldsymbol{q}, \tag{8.3}$$

缩放点积模型 $$s(\boldsymbol{x},\boldsymbol{q}) = \frac{\boldsymbol{x}^{\top}\boldsymbol{q}}{\sqrt{D}}, \tag{8.4}$$

双线性模型 $$s(\boldsymbol{x},\boldsymbol{q}) = \boldsymbol{x}^{\top}\boldsymbol{W}\boldsymbol{q}, \tag{8.5}$$

其中 $\boldsymbol{W},\boldsymbol{U},\boldsymbol{v}$ 为可学习的参数,D 为输入向量的维度.

理论上,加性模型和点积模型的复杂度差不多,但是点积模型在实现上可以更好地利用矩阵乘积,从而计算效率更高.

参见习题8-2.

当输入向量的维度 D 比较高时,点积模型的值通常有比较大的方差,从而导致Softmax函数的梯度会比较小. 因此,缩放点积模型可以较好地解决这个问题. 双线性模型是一种泛化的点积模型. 假设公式(8.5)中 $\boldsymbol{W} = \boldsymbol{U}^{\top}\boldsymbol{V}$,双线性模型可以写为 $s(\boldsymbol{x},\boldsymbol{q}) = \boldsymbol{x}^{\top}\boldsymbol{U}^{\top}\boldsymbol{V}\boldsymbol{q} = (\boldsymbol{U}\boldsymbol{x})^{\top}(\boldsymbol{V}\boldsymbol{q})$,即分别对 $\boldsymbol{x}$ 和 $\boldsymbol{q}$ 进行线性变换后计算点积. 相比点积模型,双线性模型在计算相似度时引入了非对称性.

加权平均 注意力分布 α_n 可以解释为在给定任务相关的查询 $\boldsymbol{q}$ 时,第 n 个输入向量受关注的程度. 我们采用一种"软性"的信息选择机制对输入信息进行汇总,即

$$\mathrm{att}(\boldsymbol{X},\boldsymbol{q}) = \sum_{n=1}^{N}\alpha_n\boldsymbol{x}_n, \tag{8.6}$$

$$= \mathbb{E}_{z\sim p(z|\boldsymbol{X},\boldsymbol{q})}[\boldsymbol{x}_z]. \tag{8.7}$$

公式(8.7)称为软性注意力机制(Soft Attention Mechanism). 图8.1a给出软性注意力机制的示例.

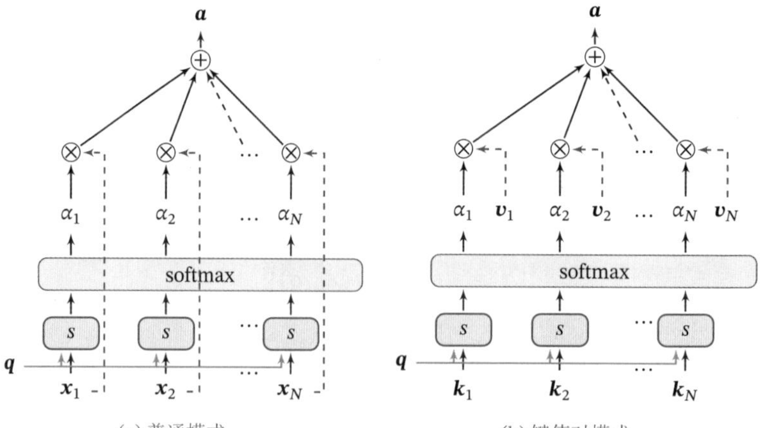

(a) 普通模式 (b) 键值对模式

图 8.1 注意力机制

注意力机制可以单独使用,但更多地用作神经网络中的一个组件.

8.2.1 注意力机制的变体

除了上面介绍的基本模式外,注意力机制还存在一些变化的模型.

8.2.1.1 硬性注意力

公式(8.7)提到的注意力是软性注意力,其选择的信息是所有输入向量在注意力分布下的期望. 此外,还有一种注意力是只关注某一个输入向量,叫作硬性注意力(Hard Attention).

硬性注意力有两种实现方式:

(1)一种是选取最高概率的一个输入向量,即

$$\operatorname{att}(\boldsymbol{X}, \boldsymbol{q}) = \boldsymbol{x}_{\hat{n}}, \tag{8.8}$$

其中 $\hat{n}$ 为概率最大的输入向量的下标,即 $\hat{n} = \arg\max_{n=1}^{N} \alpha_n$.

(2)另一种硬性注意力可以通过在注意力分布式上随机采样的方式实现.

硬性注意力的一个缺点是基于最大采样或随机采样的方式来选择信息,使得最终的损失函数与注意力分布之间的函数关系不可导,无法使用反向传播算法进行训练. 因此,硬性注意力通常需要使用强化学习来进行训练. 为了使用反向传播算法,一般使用软性注意力来代替硬性注意力.

8.2.1.2 键值对注意力

更一般地,我们可以用键值对(key-value pair)格式来表示输入信息,其中"键"用来计算注意力分布 α_n,"值"用来计算聚合信息.

用 $(\boldsymbol{K}, \boldsymbol{V}) = [(\boldsymbol{k}_1, \boldsymbol{v}_1), \cdots, (\boldsymbol{k}_N, \boldsymbol{v}_N)]$ 表示 N 组输入信息,给定任务相关的查询向量 $\boldsymbol{q}$ 时,注意力函数为

$$\operatorname{att}\Big((\boldsymbol{K}, \boldsymbol{V}), \boldsymbol{q}\Big) = \sum_{n=1}^{N} \alpha_n \boldsymbol{v}_n, \tag{8.9}$$

$$= \sum_{n=1}^{N} \frac{\exp\Big(s(\boldsymbol{k}_n, \boldsymbol{q})\Big)}{\sum_j \exp\Big(s(\boldsymbol{k}_j, \boldsymbol{q})\Big)} \boldsymbol{v}_n, \tag{8.10}$$

其中 $s(\boldsymbol{k}_n, \boldsymbol{q})$ 为打分函数.

图8.1b给出键值对注意力机制的示例. 当 $\boldsymbol{K} = \boldsymbol{V}$ 时,键值对模式就等价于普通的注意力机制.

8.2.1.3 多头注意力

多头注意力（Multi-Head Attention）是利用多个查询 $\boldsymbol{Q} = [\boldsymbol{q}_1, \cdots, \boldsymbol{q}_M]$，来并行地从输入信息中选取多组信息. 每个注意力关注输入信息的不同部分.

$$\mathrm{att}\Big((\boldsymbol{K}, \boldsymbol{V}), \boldsymbol{Q}\Big) = \mathrm{att}\Big((\boldsymbol{K}, \boldsymbol{V}), \boldsymbol{q}_1\Big) \oplus \cdots \oplus \mathrm{att}\Big((\boldsymbol{K}, \boldsymbol{V}), \boldsymbol{q}_M\Big), \tag{8.11}$$

其中 $\oplus$ 表示向量拼接.

8.2.1.4 结构化注意力

在之前介绍中，我们假设所有的输入信息是同等重要的，是一种扁平（Flat）结构，注意力分布实际上是在所有输入信息上的多项分布. 但如果输入信息本身具有层次（Hierarchical）结构，比如文本可以分为词、句子、段落、篇章等不同粒度的层次，我们可以使用层次化的注意力来进行更好的信息选择 [Yang et al., 2016]. 此外，还可以假设注意力为上下文相关的二项分布，用一种图模型来构建更复杂的结构化注意力分布 [Kim et al., 2017].

8.2.1.5 指针网络

注意力机制主要是用来做信息筛选，从输入信息中选取相关的信息. 注意力机制可以分为两步：一是计算注意力分布 α，二是根据 α 来计算输入信息的加权平均. 我们可以只利用注意力机制中的第一步，将注意力分布作为一个软性的指针（pointer）来指出相关信息的位置.

指针网络（Pointer Network）[Vinyals et al., 2015] 是一种序列到序列模型，输入是长度为 N 的向量序列 $\boldsymbol{X} = \boldsymbol{x}_1, \cdots, \boldsymbol{x}_N$，输出是长度为 M 的下标序列 $\boldsymbol{c}_{1:M} = c_1, c_2, \cdots, c_M, c_m \in [1, N], \forall m$.

和一般的序列到序列任务不同，这里的输出序列是输入序列的下标（索引）. 比如输入一组乱序的数字，输出为按大小排序的输入数字序列的下标. 比如输入为 20, 5, 10，输出为 1, 3, 2.

条件概率 $p(c_{1:M}|\boldsymbol{x}_{1:N})$ 可以写为

$$p(c_{1:M}|\boldsymbol{x}_{1:N}) = \prod_{m=1}^{M} p(c_m|c_{1:(m-1)}, \boldsymbol{x}_{1:N}) \tag{8.12}$$

$$\approx \prod_{m=1}^{M} p(c_m|\boldsymbol{x}_{c_1}, \cdots, \boldsymbol{x}_{c_{m-1}}, \boldsymbol{x}_{1:N}), \tag{8.13}$$

其中条件概率 $p(c_m|\boldsymbol{x}_{c_1}, \cdots, \boldsymbol{x}_{c_{(m-1)}}, \boldsymbol{x}_{1:N})$ 可以通过注意力分布来计算. 假设用一个循环神经网络对 $\boldsymbol{x}_{c_1}, \cdots, \boldsymbol{x}_{c_{m-1}}, \boldsymbol{x}_{1:N}$ 进行编码得到向量 $\boldsymbol{h}_m$，则

$$p(c_m|c_{1:(m-1)}, \boldsymbol{x}_{1:N}) = \mathrm{softmax}(s_{m,n}), \tag{8.14}$$

其中 $s_{m,n}$ 为在解码过程的第 m 步时，$\boldsymbol{h}_m$ 对 $\boldsymbol{h}_n$ 的未归一化的注意力分布，即

$$s_{m,n} = \boldsymbol{v}^{\mathsf{T}} \tanh(\boldsymbol{W}\boldsymbol{x}_n + \boldsymbol{U}\boldsymbol{h}_m), \forall n \in [1, N], \tag{8.15}$$

其中 $\boldsymbol{v}, \boldsymbol{W}, \boldsymbol{U}$ 为可学习的参数.

图8.2给出了指针网络的示例，其中 $\boldsymbol{h}_1, \boldsymbol{h}_2, \boldsymbol{h}_3$ 为输入数字 20, 5, 10 经过循环神经网络的隐状态，$\boldsymbol{h}_0$ 对应一个特殊字符 '<'. 当输入 '>' 时，网络一步一步输出三个输入数字从大到小排列的下标.

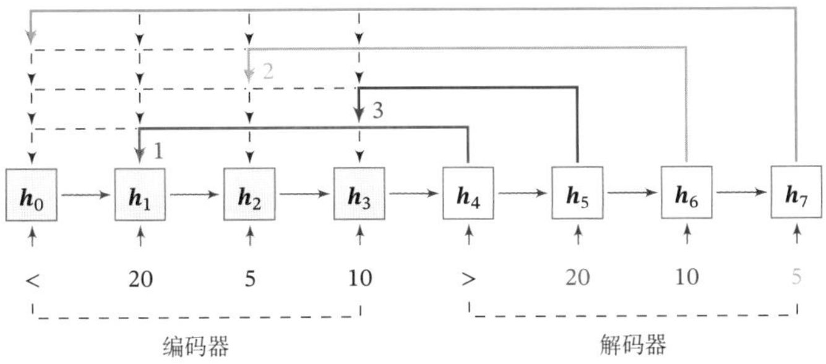

图 8.2 指针网络

8.3 自注意力模型

当使用神经网络来处理一个变长的向量序列时，我们通常可以使用卷积网络或循环网络进行编码来得到一个相同长度的输出向量序列，如图8.3所示.

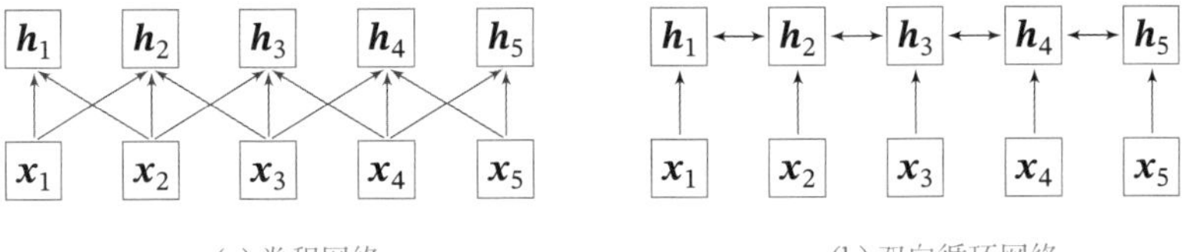

图 8.3 基于卷积网络和循环网络的变长序列编码

基于卷积或循环网络的序列编码都是一种局部的编码方式，只建模了输入信息的局部依赖关系. 虽然循环网络理论上可以建立长距离依赖关系，但是由于信息传递的容量以及梯度消失问题，实际上也只能建立短距离依赖关系.

如果要建立输入序列之间的长距离依赖关系，可以使用以下两种方法：一种方法是增加网络的层数，通过一个深层网络来获取远距离的信息交互；另一种方法是使用全连接网络. 全连接网络是一种非常直接的建模远距离依赖的模型，但

是无法处理变长的输入序列. 不同的输入长度,其连接权重的大小也是不同的. 这时我们就可以利用注意力机制来“动态”地生成不同连接的权重,这就是自注意力模型(Self-Attention Model).

自注意力也称为内部注意力(Intra-Attention).

为了提高模型能力,自注意力模型经常采用查询-键-值(Query-Key-Value, QKV)模式,其计算过程如图8.4所示,其中红色字母表示矩阵的维度.

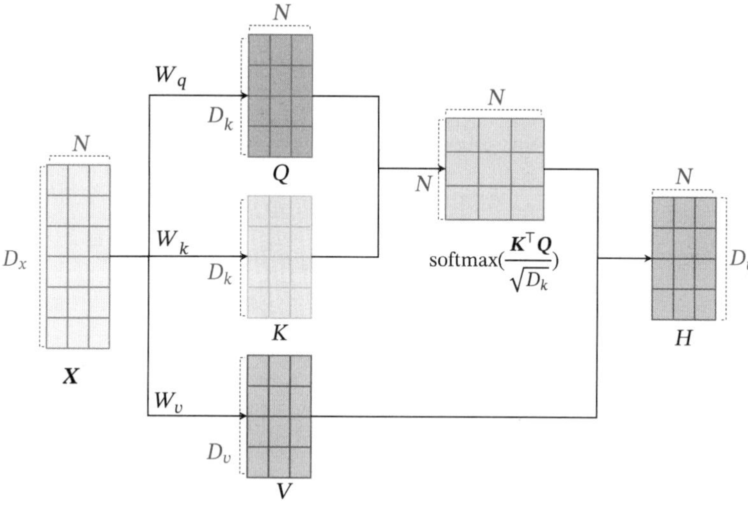

图 8.4 自注意力模型的计算过程

假设输入序列为$\boldsymbol{X} = [\boldsymbol{x}_1, \cdots, \boldsymbol{x}_N] \in \mathbb{R}^{D_x \times N}$,输出序列为$\boldsymbol{H} = [\boldsymbol{h}_1, \cdots, \boldsymbol{h}_N] \in \mathbb{R}^{D_v \times N}$,自注意力模型的具体计算过程如下:

(1)对于每个输入$\boldsymbol{x}_i$,我们首先将其线性映射到三个不同的空间,得到查询向量$\boldsymbol{q}_i \in \mathbb{R}^{D_k}$、键向量$\boldsymbol{k}_i \in \mathbb{R}^{D_k}$和值向量$\boldsymbol{v}_i \in \mathbb{R}^{D_v}$.

由于在自注意力模型中通常使用点积来计算注意力打分,这里查询向量和键向量的维度是相同的.

对于整个输入序列$\boldsymbol{X}$,线性映射过程可以简写为

$$\boldsymbol{Q} = \boldsymbol{W}_q \boldsymbol{X} \in \mathbb{R}^{D_k \times N}, \tag{8.16}$$

$$\boldsymbol{K} = \boldsymbol{W}_k \boldsymbol{X} \in \mathbb{R}^{D_k \times N}, \tag{8.17}$$

$$\boldsymbol{V} = \boldsymbol{W}_v \boldsymbol{X} \in \mathbb{R}^{D_v \times N}, \tag{8.18}$$

其中$\boldsymbol{W}_q \in \mathbb{R}^{D_k \times D_x}, \boldsymbol{W}_k \in \mathbb{R}^{D_k \times D_x}, \boldsymbol{W}_v \in \mathbb{R}^{D_v \times D_x}$分别为线性映射的参数矩阵,$\boldsymbol{Q} = [\boldsymbol{q}_1, \cdots, \boldsymbol{q}_N], \boldsymbol{K} = [\boldsymbol{k}_1, \cdots, \boldsymbol{k}_N], \boldsymbol{V} = [\boldsymbol{v}_1, \cdots, \boldsymbol{v}_N]$分别是由查询向量、键向量和值向量构成的矩阵.

(2)对于每一个查询向量$\boldsymbol{q}_n \in \boldsymbol{Q}$,利用公式(8.9)的键值对注意力机制,可以得到输出向量$\boldsymbol{h}_n$,

$$\boldsymbol{h}_n = \text{att}\Big((\boldsymbol{K}, \boldsymbol{V}), \boldsymbol{q}_n\Big) \tag{8.19}$$

$$= \sum_{j=1}^{N} \alpha_{nj} \boldsymbol{v}_j \tag{8.20}$$

$$= \sum_{j=1}^{N} \mathrm{softmax}\big(s(\boldsymbol{k}_j, \boldsymbol{q}_n)\big)\boldsymbol{v}_j, \tag{8.21}$$

其中 $n, j \in [1, N]$ 为输出和输入向量序列的位置，α_{nj} 表示第 n 个输出关注到第 j 个输入的权重.

如果使用缩放点积来作为注意力打分函数，输出向量序列可以简写为

$$\boldsymbol{H} = \boldsymbol{V}\,\mathrm{softmax}\Big(\frac{\boldsymbol{K}^{\intercal}\boldsymbol{Q}}{\sqrt{D_k}}\Big), \tag{8.22}$$

其中 softmax(·) 为按列进行归一化的函数.

图8.5给出全连接模型和自注意力模型的对比，其中实线表示可学习的权重，虚线表示动态生成的权重. 由于自注意力模型的权重是动态生成的，因此可以处理变长的信息序列.

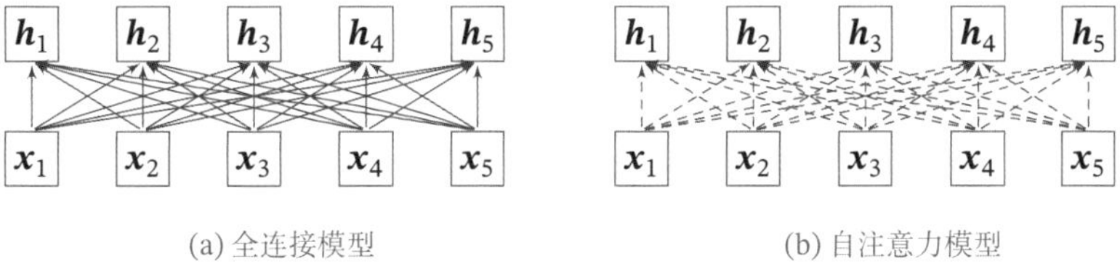

图 8.5 全连接模型和自注意力模型

自注意力模型可以作为神经网络中的一层来使用，既可以用来替换卷积层和循环层 [Vaswani et al., 2017]，也可以和它们一起交替使用（比如 $\boldsymbol{X}$ 可以是卷积层或循环层的输出）. 自注意力模型计算的权重 α_{ij} 只依赖于 $\boldsymbol{q}_i$ 和 $\boldsymbol{k}_j$ 的相关性，而忽略了输入信息的位置信息. 因此在单独使用时，自注意力模型一般需要加入位置编码信息来进行修正 [Vaswani et al., 2017]. 自注意力模型可以扩展为多头自注意力（Multi-Head Self-Attention）模型，在多个不同的投影空间中捕捉不同的交互信息.

参见习题8-3.

多头自注意力参见第15.6.3节.

8.4 人脑中的记忆

在生物神经网络中，记忆是外界信息在人脑中的存储机制. 大脑记忆毫无疑问是通过生物神经网络实现的. 虽然其机理目前还无法解释，但直观上记忆机制和神经网络的连接形态以及神经元的活动相关. 生理学家发现信息是作为

一种整体效应（Collective Effect）存储在大脑组织中．当大脑皮层的不同部位损伤时，其导致的不同行为表现似乎取决于损伤的程度而不是损伤的确切位置[Kohonen, 2012]. 大脑组织的每个部分似乎都携带一些导致相似行为的信息. 也就是说，记忆在大脑皮层是分布式存储的，而不是存储于某个局部区域 [Thompson, 1975].

人脑中的记忆具有周期性和联想性.

记忆周期　虽然我们还不清楚人脑记忆的存储机制，但是已经大概可以确定不同脑区参与了记忆形成的几个阶段．人脑记忆的一个特点是，记忆一般分为长期记忆和短期记忆．长期记忆（Long-Term Memory），也称为结构记忆或知识（Knowledge），体现为神经元之间的连接形态，其更新速度比较慢．短期记忆（Short-Term Memory）体现为神经元的活动，更新较快，维持时间为几秒至几分钟. 短期记忆是神经连接的暂时性强化，通过不断巩固、强化可形成长期记忆. 短期记忆、长期记忆的动态更新过程称为演化（Evolution）过程.

事实上，人脑记忆周期的划分并没有清晰的界限，也存在其他的划分方法.

因此，长期记忆可以类比于人工神经网络中的权重参数，而短期记忆可以类比于人工神经网络中的隐状态.

除了长期记忆和短期记忆，人脑中还会存在一个“缓存”，称为工作记忆（Working Memory）．在执行某个认知行为（比如记下电话号码，做算术运算）时，工作记忆是一个记忆的临时存储和处理系统，维持时间通常为几秒钟. 从时间上看，工作记忆也是一种短期记忆，但和短期记忆的内涵不同. 短期记忆一般指外界的输入信息在人脑中的表示和短期存储，不关心这些记忆如何被使用；而工作记忆是一个和任务相关的“容器”，可以临时存放和某项任务相关的短期记忆和其他相关的内在记忆. 工作记忆的容量比较小，一般可以容纳4组项目.

作为不严格的类比，现代计算机的存储也可以按照不同的周期分为不同的存储单元，比如寄存器、内存、外存（比如硬盘等）.

联想记忆是一个人工智能、计算机科学和认知科学等多个交叉领域的热点研究问题，不同学科中的内涵也不太相同.

联想记忆　大脑记忆的一个主要特点是通过联想来进行检索的. 联想记忆（Associative Memory）是指一种学习和记住不同对象之间关系的能力，比如看见一个人然后想起他的名字，或记住某种食物的味道等.

联想记忆是指一种可以通过内容匹配的方法进行寻址的信息存储方式，也称为基于内容寻址的存储（Content-Addressable Memory, CAM）．作为对比，现代计算机的存储方式是根据地址来进行存储的，称为随机访问存储（Random Access Memory, RAM）.

和之前介绍的LSTM中的记忆单元相比，外部记忆可以存储更多的信息，并且不直接参与计算，通过读写接口来进行操作. 而LSTM模型中的记忆单元包含了信息存储和计算两种功能，不能存储太多的信息．因此，LSTM中的记忆单元可以类比于计算机中的寄存器，而外部记忆可以类比于计算机中的内存单元.

借鉴人脑中工作记忆，可以在神经网络中引入一个外部记忆单元来提高网络容量. 外部记忆的实现途径有两种：一种是结构化的记忆，这种记忆和计算机中的信息存储方法比较类似，可以分为多个记忆片段，并按照一定的结构来存储；另一种是基于神经动力学的联想记忆，这种记忆方式具有更好的生物学解释性.

表8.1给出了不同领域中记忆模型的不严格类比. 值得注意的是，由于人脑的记忆机制十分复杂，这里列出的类比关系并不严格.

表 8.1 不同领域中记忆模型的不严格类比

记忆周期	计算机	人脑	神经网络
短期	寄存器	短期记忆	状态（神经元活性）
中期	内存	工作记忆	外部记忆
长期	外存	长期记忆	可学习参数
存储方式	随机寻址	内容寻址	内容寻址为主

8.5 记忆增强神经网络

为了增强网络容量，我们可以引入辅助记忆单元，将一些和任务相关的信息保存在辅助记忆中，在需要时再进行读取，这样可以有效地增加网络容量. 这个引入的辅助记忆单元一般称为外部记忆（External Memory），以区别于循环神经网络的内部记忆（即隐状态）. 这种装备外部记忆的神经网络也称为记忆增强神经网络（Memory Augmented Neural Network，MANN），或简称为记忆网络（Memory Network，MN）.

以循环神经网络为例，其内部记忆可以类比于计算机的寄存器，外部记忆可以类比于计算机的内存.

记忆网络的典型结构如图8.6所示，一般由以下几个模块构成：

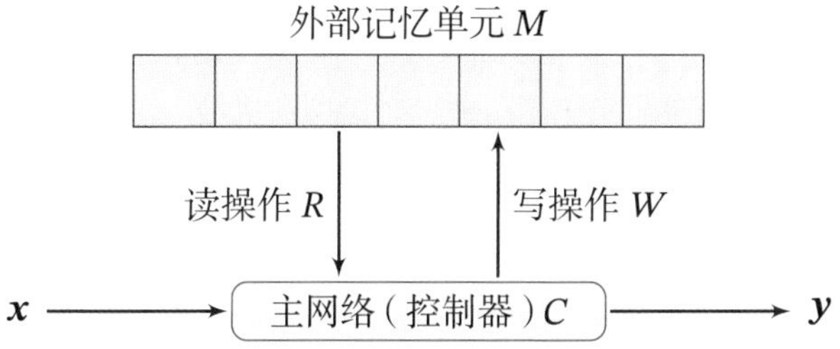

图 8.6 记忆网络的典型结构

（1） 主网络 C：也称为控制器（Controller），负责信息处理，以及与外界的交互（接受外界的输入信息并产生输出到外界）. 主网络还同时通过读写模块和外部记忆进行交互.

（2） 外部记忆单元 $\boldsymbol{M}$：外部记忆单元用来存储信息，一般可以分为很多记忆片段（Memory Segment），这些记忆片段按照一定的结构来进行组织. 记忆片段一般用向量来表示，外部记忆单元可以用一组向量 $\boldsymbol{M} = [\boldsymbol{m}_1, \cdots, \boldsymbol{m}_N]$ 来表示. 这些向量的组织方式可以是集合、树、栈或队列等. 大部分信息存储于外部记忆中，不需要全时参与主网络的运算.

参见习题8-4.

（3） 读取模块 R：根据主网络生成的查询向量 $\boldsymbol{q}_r$，从外部记忆单元中读取相应的信息 $\boldsymbol{r} = R(\boldsymbol{M}, \boldsymbol{q}_r)$.

（4） 写入模块 W：根据主网络生成的查询向量 $\boldsymbol{q}_w$ 和要写入的信息 $\boldsymbol{a}$ 来更新外部记忆 $\boldsymbol{M} = W(\boldsymbol{M}, \boldsymbol{q}_w, \boldsymbol{a})$.

这种结构化的外部记忆是带有地址的，即每个记忆片段都可以按地址读取和写入. 要实现类似于人脑神经网络的联想记忆能力，就需要按内容寻址的方式进行定位，然后进行读取或写入操作. 按内容寻址通常使用注意力机制来进行. 通过注意力机制可以实现一种"软性"的寻址方式，即计算一个在所有记忆片段上的分布，而不是一个单一的绝对地址. 比如读取模型 R 的实现方式可以为

$$\boldsymbol{r} = \sum_{n=1}^{N} \alpha_n \boldsymbol{m}_n, \tag{8.23}$$

$$\alpha_n = \mathrm{softmax}\Big(s(\boldsymbol{m}_n, \boldsymbol{q}_r)\Big), \tag{8.24}$$

其中 $\boldsymbol{q}_r$ 是主网络生成的查询向量，$s(\cdot,\cdot)$ 为打分函数. 类比于计算机的存储器读取，计算注意力分布的过程相当于是计算机的"寻址"过程，信息加权平均的过程相当于计算机的"内容读取"过程. 因此，结构化的外部记忆也是一种联想记忆，只是其结构以及读写的操作方式更像是受计算机架构的启发.

通过引入外部记忆，可以将神经网络的参数和记忆容量"分离"，即在少量增加网络参数的条件下可以大幅增加网络容量. 因此，我们可以将注意力机制看作一个接口，将信息的存储与计算分离.

外部记忆从记忆结构、读写方式等方面可以演变出很多模型. 比较典型的结构化外部记忆模型包括端到端记忆网络、神经图灵机等.

8.5.1 端到端记忆网络

端到端记忆网络（End-To-End Memory Network，MemN2N）[Sukhbaatar et al., 2015] 采用一种可微的网络结构，可以多次从外部记忆中读取信息. 在端到端记忆网络中，外部记忆单元是只读的.

给定一组需要存储的信息 $m_{1:N}=\{m_1,\cdots,m_N\}$,首先将其转换成两组记忆片段 $A=[\boldsymbol{a}_1,\cdots,\boldsymbol{a}_N]$ 和 $C=[\boldsymbol{c}_1,\cdots,\boldsymbol{c}_N]$,分别存放在两个外部记忆单元中,其中 A 用来进行寻址,C 用来进行输出.

为简单起见,这两组记忆单元可以合并,即 $A=C$.

主网络根据输入 $\boldsymbol{x}$ 生成 $\boldsymbol{q}$,并使用键值对注意力机制来从外部记忆中读取相关信息 $\boldsymbol{r}$,

$$\boldsymbol{r}=\sum_{n=1}^{N}\operatorname{softmax}(\boldsymbol{a}_n^{\top}\boldsymbol{q})\boldsymbol{c}_n, \tag{8.25}$$

并产生输出

$$\boldsymbol{y}=f(\boldsymbol{q}+\boldsymbol{r}), \tag{8.26}$$

其中 $f(\cdot)$ 为预测函数. 当应用到分类任务时,$f(\cdot)$ 可以设为 Softmax 函数.

多跳操作 为了实现更复杂的计算,我们可以让主网络和外部记忆进行多轮交互. 在第 k 轮交互中,主网络根据上次从外部记忆中读取的信息 $\boldsymbol{r}^{(k-1)}$,产生新的查询向量

$$\boldsymbol{q}^{(k)}=\boldsymbol{r}^{(k-1)}+\boldsymbol{q}^{(k-1)}, \tag{8.27}$$

其中 $\boldsymbol{q}^{(0)}$ 为初始的查询向量,$\boldsymbol{r}^{(0)}=0$.

假设第 k 轮交互的外部记忆为 $A^{(k)}$ 和 $C^{(k)}$,主网络从外部记忆读取信息为

$$\boldsymbol{r}^{(k)}=\sum_{n=1}^{N}\operatorname{softmax}((\boldsymbol{a}_n^{(k)})^{\top}\boldsymbol{q}^{(k)})\boldsymbol{c}_n^{(k)}. \tag{8.28}$$

在 K 轮交互后,用 $\boldsymbol{y}=f(\boldsymbol{q}^{(K)}+\boldsymbol{r}^{(K)})$ 进行预测. 这种多轮的交互方式也称为多跳(Multi-Hop)操作. 多跳操作中的参数一般是共享的. 为了简化起见,每轮交互的外部记忆也可以共享使用,比如 $A^{(1)}=\cdots=A^{(K)}$ 和 $C^{(1)}=\cdots=C^{(K)}$.

端到端记忆网络结构如图8.7所示.

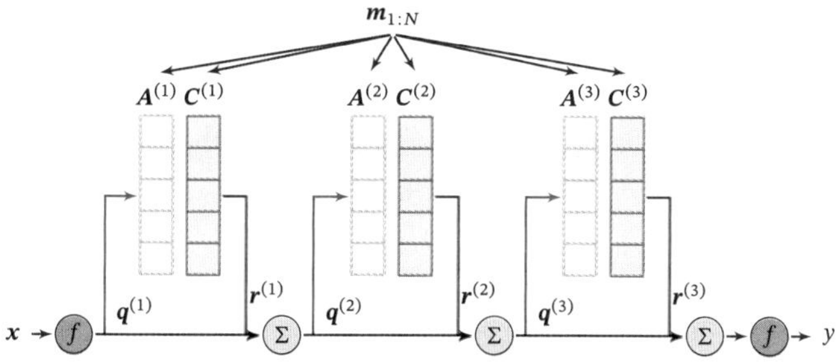

图 8.7 端到端记忆网络

8.5.2 神经图灵机

图灵机 图灵机（Turing Machine）是图灵在1936年提出的一种抽象数学模型，可以用来模拟任何可计算问题 [Turing, 1937]. 图灵机的结构如图8.8所示，其中控制器包括状态寄存器、控制规则.

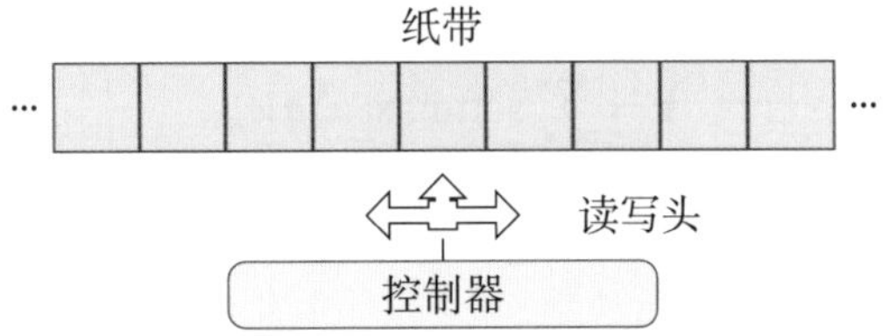

图 8.8 图灵机结构示例

图灵机由以下几个组件构成：

（1）一条无限长的纸带：纸带上有一个个方格，每个方格可以存储一个符号.

（2）一个符号表：纸带上可能出现的所有符号的集合，包含一个特殊的空白符.

（3）一个读写头：指向纸带上某个方格的指针，每次可以向左或右移动一个位置，并可以读取、擦除、写入当前方格中的内容.

（4）一个状态寄存器：用来保存图灵机当前所处的状态，其中包含两个特殊的状态：起始状态和终止状态.

（5）一套控制规则：根据当前机器所处的状态以及当前读写头所指的方格上的符号来确定读写头下一步的动作，令机器进入一个新的状态.

神经图灵机 神经图灵机（Neural Turing Machine，NTM）[Graves et al., 2014] 主要由两个部件构成：控制器和外部记忆. 外部记忆定义为矩阵 $M \in \mathbb{R}^{D \times N}$，这里 N 是记忆片段的数量，D 是每个记忆片段的大小. 控制器为一个前馈或循环神经网络. 神经图灵机中的外部记忆是可读写的，其结构如图8.9所示.

神经图灵机中还实现了比较复杂的基于位置的寻址方式. 这里我们只介绍比较简单的基于内容的寻址方式，整个框架不变.

在每个时刻 t，控制器接受当前时刻的输入 $\boldsymbol{x}_t$、上一时刻的输出 $\boldsymbol{h}_{t-1}$ 和上一时刻从外部记忆中读取的信息 $\boldsymbol{r}_{t-1}$，并产生输出 $\boldsymbol{h}_t$，同时生成和读写外部记忆相关的三个向量：查询向量 $\boldsymbol{q}_t$、删除向量 $\boldsymbol{e}_t$ 和增加向量 $\boldsymbol{a}_t$. 然后对外部记忆 $\mathcal{M}_t$ 进行读写操作，生成读向量 $\boldsymbol{r}_t$ 和新的外部记忆 M_{t+1}.

读操作 在时刻 t，外部记忆的内容记为 $\boldsymbol{M}_t = [\boldsymbol{m}_{t,1}, \cdots, \boldsymbol{m}_{t,N}]$，读操作为从外部记忆 $\boldsymbol{M}_t$ 中读取信息 $\boldsymbol{r}_t \in \mathbb{R}^D$.

首先通过注意力机制来进行基于内容的寻址，即

$$\alpha_{t,n} = \operatorname{softmax}\Big(s(\boldsymbol{m}_{t,n}, \boldsymbol{q}_t)\Big), \tag{8.29}$$

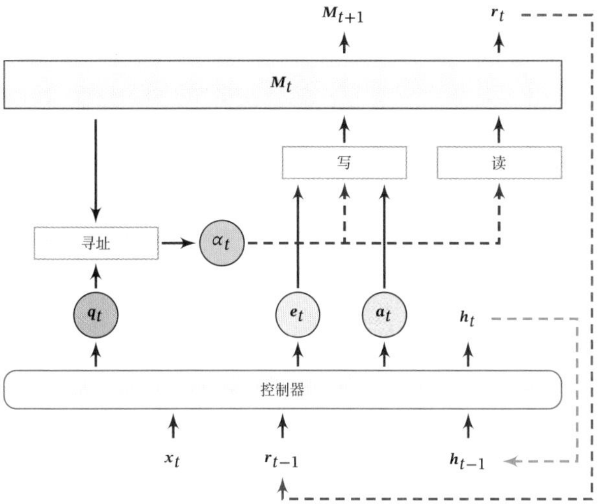

图 8.9 神经图灵机示例

其中 $\boldsymbol{q}_t$ 为控制器产生的查询向量，用来进行基于内容的寻址．函数 $s(\cdot,\cdot)$ 为加性或乘性的打分函数．注意力分布 $\alpha_{t,n}$ 是记忆片段 $\boldsymbol{m}_{t,n}$ 对应的权重，并满足 $\sum_{n=1}^{N}\alpha_{t,n}=1$.

根据注意力分布 α_t，可以计算读向量（read vector）$\boldsymbol{r}_t$ 作为下一个时刻控制器的输入.

$$\boldsymbol{r}_t=\sum_{n=1}^{N}\alpha_n\boldsymbol{m}_{t,n}. \tag{8.30}$$

写操作 外部记忆的写操作可以分解为两个子操作：删除和增加.

首先，控制器产生删除向量（erase vector）$\boldsymbol{e}_t$ 和增加向量（add vector）$\boldsymbol{a}_t$，分别为要从外部记忆中删除的信息和要增加的信息．删除操作是根据注意力分布来按比例地在每个记忆片段中删除 $\boldsymbol{e}_t$，增加操作是根据注意力分布来按比例地给每个记忆片段加入 $\boldsymbol{a}_t$．具体过程如下：

$$\boldsymbol{m}_{t+1,n}=\boldsymbol{m}_{t,n}(1-\alpha_{t,n}\boldsymbol{e}_t)+\alpha_{t,n}\boldsymbol{a}_t, \qquad \forall n\in[1,N] \tag{8.31}$$

通过写操作得到下一时刻的外部记忆 $\boldsymbol{M}_{t+1}$.

8.6 基于神经动力学的联想记忆

结构化的外部记忆更多是受现代计算机架构的启发，将计算和存储功能进行分离，这些外部记忆的结构也缺乏生物学的解释性．为了具有更好的生物学解神经动力学是将神经网络作为非线性动力系统，研究其随时间变化的规律以及稳定性等问题.

释性，还可以将基于神经动力学（Neurodynamics）的联想记忆模型引入到神经网络以增加网络容量.

联想记忆模型（Associative Memory Model）主要是通过神经网络的动态演化来进行联想，有两种应用场景.

1）输入的模式和输出的模式在同一空间，这种模型叫作自联想模型（Auto-Associative Model）. 自联想模型可以通过前馈神经网络或者循环神经网络来实现，也常称为自编码器（Auto-Encoder，AE）. 2）输入的模式和输出的模式不在同一空间，这种模型叫作异联想模型（Hetero-Associative Model）. 从广义上讲，大部分机器学习问题都可以被看作异联想，因此异联想模型可以作为分类器使用.

联想记忆模型可以利用神经动力学的原理来实现按内容寻址的信息存储和检索. 一个经典的联想记忆模型为Hopfield网络.

8.6.1 Hopfield网络

本书中之前介绍的神经网络都是作为一种机器学习模型的输入-输出映射函数，其参数学习方法是通过梯度下降方法来最小化损失函数. 除了作为机器学习模型外，神经网络还可以作为一种记忆的存储和检索模型.

Hopfield网络（Hopfield Network）是一种循环神经网络模型，由一组互相连接的神经元组成. Hopfield网络也可以认为是所有神经元都互相连接的不分层的神经网络. 每个神经元既是输入单元，又是输出单元，没有隐藏神经元. 一个神经元和自身没有反馈相连，不同神经元之间连接权重是对称的.

图8.10给出了Hopfield网络的结构示例.

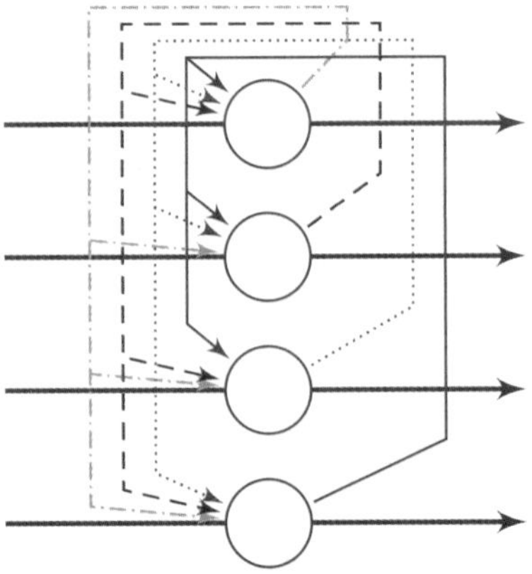

图 8.10 四个节点的Hopfield网络

假设一个 Hopfield 网络有 M 个神经元,第 i 个神经元的更新规则为

$$s_i = \begin{cases} +1 & \text{if } \sum_{j=1}^{M} w_{ij} s_j + b_i \geq 0, \\ -1 & \text{otherwise}, \end{cases} \tag{8.32}$$

这里我们只介绍离散 Hopfield 网络,神经元状态为 $\{+1, -1\}$ 两种. 除此之外,还有连续 Hopfield 网络,即神经元状态为连续值.

其中 w_{ij} 为神经元 i 和 j 之间的连接权重,b_i 为偏置.

连接权重 w_{ij} 有以下性质:

$$\begin{aligned} w_{ii} &= 0 \quad \forall i \in [1, M] \\ w_{ij} &= w_{ji} \quad \forall i, j \in [1, M]. \end{aligned} \tag{8.33}$$

Hopfield 网络的更新可以分为异步和同步两种方式. 异步更新是指每次更新一个神经元,神经元的更新顺序可以是随机或事先固定的. 同步更新是指一次更新所有的神经元,需要有一个时钟来进行同步. 第 t 时刻的神经元状态为 $\boldsymbol{s}_t = [s_{t,1}, s_{t,2}, \cdots, s_{t,M}]^{\top}$,其更新规则为

$$\boldsymbol{s}_t = f(\boldsymbol{W}\boldsymbol{s}_{t-1} + \boldsymbol{b}), \tag{8.34}$$

其中 $\boldsymbol{s}_0 = \boldsymbol{x}$, $\boldsymbol{W} = [w_{ij}]_{M \times M}$ 为连接权重,$\boldsymbol{b} = [b_i]_{M \times 1}$ 为偏置向量,$f(\cdot)$ 为非线性阶跃函数.

能量函数 在 Hopfield 网络中,我们给每个不同的网络状态定义一个标量属性,称为“能量”. Hopfield 网络的能量函数(Energy Function)E 定义为

能量函数 E 是 Hopfield 网络的 Lyapunov 函数. Lyapunov 定理是非线性动力系统中保证系统稳定性的充分条件.

$$E = -\frac{1}{2} \sum_{i,j} w_{ij} s_i s_j - \sum_i b_i s_i \tag{8.35}$$

$$= -\frac{1}{2} \boldsymbol{s}^{\top} \boldsymbol{W} \boldsymbol{s} - \boldsymbol{b}^{\top} \boldsymbol{s}. \tag{8.36}$$

Hopfield 网络是稳定的,即能量函数经过多次迭代后会达到收敛状态. 权重对称是一个重要特征,因为它保证了能量函数在神经元激活时单调递减,而不对称的权重可能导致周期性振荡或者混乱.

给定一个外部输入,网络经过演化,会达到某个稳定状态. 这些稳定状态称为吸引点(Attractor). 在一个 Hopfield 网络中,通常有多个吸引点,每个吸引点为一个能量的局部最优点.

图8.11给出了 Hopfield 网络的能量函数. 红线为网络能量的演化方向,蓝点为吸引点.

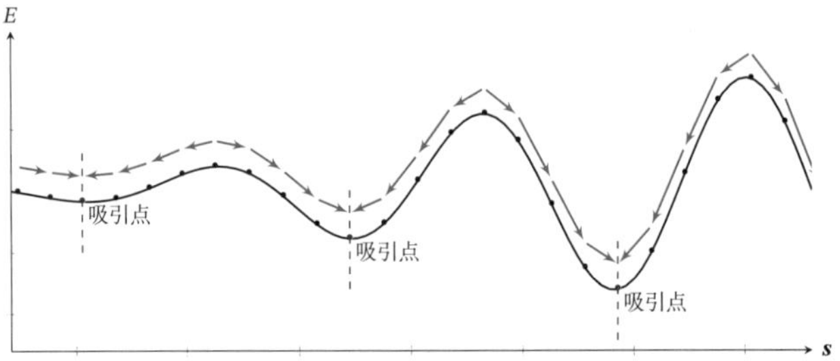

图 8.11 Hopfield 网络的能量函数

联想记忆 Hopfield 网络存在有限的吸引点(Attractor),即能量函数的局部最小点. 每个吸引点 $\boldsymbol{u}$ 都对应一个"管辖"区域 $\mathcal{R}_{\boldsymbol{u}}$. 若输入向量 $\boldsymbol{x}$ 落入这个区域,网络最终会收敛到 $\boldsymbol{u}$. 因此,我们可以把吸引点看作网络中存储的模式(Pattern).

将网络输入 $\boldsymbol{x}$ 作为起始状态,随时间收敛到吸引点 $\boldsymbol{u}$ 上的过程作为检索过程. 即使输入向量 $\boldsymbol{x}$ 只包含部分信息或包含噪声,只要其位于对应存储模式的"吸引"区域内,那么随着时间演化,网络最终会收敛到其对应的存储模式. 因此,Hopfield 的检索是基于内容寻址的检索,具有联想记忆能力.

信息存储 信息存储是指将一组向量 $\boldsymbol{x}_1, \cdots, \boldsymbol{x}_N$ 存储在网络中的过程. 存储过程主要是调整神经元之间的连接权重,因此可以看作一种学习过程. Hopfield 网络的学习规则有很多种. 一种最简单的学习方式为:神经元 i 和 j 之间的连接权重通过下面公式得到

$$w_{ij} = \frac{1}{N} \sum_{n=1}^{N} x_i^{(n)} x_j^{(n)}, \tag{8.37}$$

其中 $x_i^{(n)}$ 是第 n 个输入向量的第 i 维特征. 如果 x_i 和 x_j 在输入向量中相同的概率越多,则 w_{ij} 越大. 这种学习规则和人脑神经网络的学习方式十分类似. 在人脑神经网络中,如果两个神经元经常同时激活,则它们之间的连接加强;如果两个神经元经常不同时激活,则连接消失. 这种学习方式称为赫布规则(Hebbian Rule,或 Hebb's Rule).

存储容量 对于联想记忆模型来说,存储容量为其能够可靠地存储和检索模式的最大数量. 对于数量为 M 的互相连接的二值神经元网络,其总状态数为 2^M,其中可以作为有效稳定点的状态数量就是其存储容量. 模型容量一般与网络结构和学习方式有关. Hopfield 网络的最大容量为 $0.14M$,玻尔兹曼机的容量为 $0.6M$,但是其学习效率比较低,需要非常长时间的演化才能达到均衡状态. 通过改进学习算法,Hopfield 网络的最大容量可以达到 $O(M)$. 如果允许高阶(阶数为 K)连接,比如三个神经元连接关系,其稳定存储的最大容量为 $O(M^{K-1})$. [Plate, 1995] 引入复数运算,有效地提高了网络容量. 总体上讲,通过改进网络结

玻尔兹曼机参见第12.1节.

构、学习方式以及引入更复杂的运算（比如复数、量子操作），可以有效改善联想记忆网络的容量.

8.6.2 使用联想记忆增加网络容量

既然联想记忆具有存储和检索功能，我们可以利用联想记忆来增加网络容量. 和结构化的外部记忆相比，联想记忆具有更好的生物学解释性. 比如，我们可以将一个联想记忆模型作为部件引入 LSTM 网络中，从而在不引入额外参数的情况下增加网络容量 [Danihelka et al., 2016]；或者将循环神经网络中的部分连接权重作为短期记忆，并通过一个联想记忆模型进行更新，从而提高网络性能 [Ba et al., 2016]. 在上述的网络中，联想记忆都是作为一个更大网络的组件，用来增加短期记忆的容量. 联想记忆组件的参数可以使用 Hebbian 方式来学习，也可以作为整个网络参数的一部分来学习.

8.7 总结和深入阅读

注意力机制是一种（不严格的）受人类神经系统启发的信息处理机制. 比如人视觉神经系统并不会一次性地处理所有接受到的视觉信息，而是有选择性地处理部分信息，从而提高其工作效率.

在人工智能领域，注意力这一概念最早是在计算机视觉中提出，用来提取图像特征. [Itti et al., 1998] 提出了一种自下而上的注意力模型. 该模型通过提取局部的低级视觉特征，得到一些潜在的显著（salient）区域. 在神经网络中，[Mnih et al., 2014] 在循环神经网络模型上使用了注意力机制来进行图像分类. [Bahdanau et al., 2014] 使用注意力机制在机器翻译任务上将翻译和对齐同时进行. 目前，注意力机制已经在语音识别、图像标题生成、阅读理解、文本分类、机器翻译等多个任务上取得了很好的效果，也变得越来越流行. 注意力机制的一个重要应用是自注意力. 自注意力可以作为神经网络中的一层来使用，有效地建模长距离依赖问题 [Vaswani et al., 2017].

联想记忆是人脑的重要能力，涉及人脑中信息的存储和检索机制，因此对人工神经网络都有着重要的指导意义. 通过引入外部记忆，神经网络在一定程度上可以增加模型容量. 这类引入外部记忆的模型也称为记忆增强神经网络. 记忆增强神经网络的代表性模型有神经图灵机 [Graves et al., 2014]、端到端记忆网络 [Sukhbaatar et al., 2015]、动态记忆网络 [Kumar et al., 2016] 等. 此外，基于神经动力学的联想记忆也可以作为一种外部记忆，并具有更好的生物学解释性. [Hopfield, 1984] 将能量函数的概念引入到神经网络模型中，提出了 Hopfield 网络. Hopfield 网络在旅行商问题上获得了当时最好结果，引起轰动. 有一些学者将联想记忆模型作为部件引入循环神经网络中来增加网络容量[Ba et al., 2016; Danihelka et al., 2016]，但受限于联想记忆模型的存储和检索效率，这类方法收效有限. 目前人工神经网络中的外部记忆模型结构还比较简单，需要借鉴神经科学的研究成果，提出更有效的记忆模型，增加网络容量.

习题

习题 8-1 分析 LSTM 模型中隐藏层神经元数量与参数数量之间的关系.

参见公式(8.4).

习题 8-2 分析缩放点积模型可以缓解 Softmax 函数梯度消失的原因.

参见第8.3节.

习题 8-3 当将自注意力模型作为一个神经层使用时，分析它和卷积层以及循环层在建模长距离依赖关系的效率和计算复杂度方面的差异.

习题 8-4 试设计用集合、树、栈或队列来组织外部记忆，并分析它们的差异.

习题 8-5 分析端到端记忆网络和神经图灵机对外部记忆操作的异同点.

习题 8-6 证明 Hopfield 网络的能量函数随时间单调递减.

参考文献

Ba J, Hinton G E, Mnih V, et al., 2016. Using fast weights to attend to the recent past[C]//Advances In Neural Information Processing Systems. 4331-4339.

Bahdanau D, Cho K, Bengio Y, 2014. Neural machine translation by jointly learning to align and translate[J]. ArXiv e-prints.

Danihelka I, Wayne G, Uria B, et al., 2016. Associative long short-term memory[C]//Proceedings of the 33nd International Conference on Machine Learning. 1986-1994.

Graves A, Wayne G, Danihelka I, 2014. Neural turing machines[J]. arXiv preprint arXiv:1410.5401.

Hopfield J J, 1984. Neurons with graded response have collective computational properties like those of two-state neurons[J]. Proceedings of the national academy of sciences, 81(10):3088-3092.

Itti L, Koch C, Niebur E, 1998. A model of saliency-based visual attention for rapid scene analysis [J]. IEEE Transactions on Pattern Analysis & Machine Intelligence(11):1254-1259.

Kim Y, Denton C, Hoang L, et al., 2017. Structured attention networks[C]//Proceedings of 5th International Conference on Learning Representations.

Kohonen T, 2012. Self-organization and associative memory: volume 8[M]. Springer Science & Business Media.

Kumar A, Irsoy O, Ondruska P, et al., 2016. Ask me anything: Dynamic memory networks for natural language processing[C]//Proceedings of the 33nd International Conference on Machine Learning. 1378-1387.

Mnih V, Heess N, Graves A, et al., 2014. Recurrent models of visual attention[C]//Advances in Neural Information Processing Systems. 2204-2212.

Plate T A, 1995. Holographic reduced representations[J]. IEEE Transactions on Neural networks, 6(3):623-641.

Sukhbaatar S, Weston J, Fergus R, et al., 2015. End-to-end memory networks[C]//Advances in Neural Information Processing Systems. 2431-2439.

Thompson R F, 1975. Introduction to physiological psychology[M]. HarperCollins Publishers.

Turing A M, 1937. On computable numbers, with an application to the entscheidungsproblem[J]. Proceedings of the London mathematical society, 2(1):230-265.

Vaswani A, Shazeer N, Parmar N, et al., 2017. Attention is all you need[C]//Advances in Neural Information Processing Systems. 6000-6010.

Vinyals O, Fortunato M, Jaitly N, 2015. Pointer networks[C]//Advances in Neural Information Processing Systems. 2692-2700.

Yang Z, Yang D, Dyer C, et al., 2016. Hierarchical attention networks for document classification. [C]//HLT-NAACL. 1480-1489.

第9章　无监督学习

> 大脑有大约 10^{14} 个突触，我们只能活大约 10^9 秒. 所以我们有比数据更多的参数. 这启发了我们必须进行大量无监督学习的想法，因为感知输入（包括本体感受）是我们可以获得每秒 10^5 维约束的唯一途径.
>
> ——杰弗里·辛顿（Geoffrey Hinton）
> 2018 年图灵奖获得者

这里数字是指数量级. 更早的正式描述见[Hinton et al., 1999].

无监督学习（Unsupervised Learning, UL）是指从无标签的数据中学习出一些有用的模式. 无监督学习算法一般直接从原始数据中学习，不借助于任何人工给出标签或者反馈等指导信息. 如果监督学习是建立输入-输出之间的映射关系，那么无监督学习就是发现隐藏的数据中的有价值信息，包括有效的特征、类别、结构以及概率分布等.

典型的无监督学习问题可以分为以下几类：

（1）无监督特征学习（Unsupervised Feature Learning）是从无标签的训练数据中挖掘有效的特征或表示. 无监督特征学习一般用来进行降维、数据可视化或监督学习前期的数据预处理.

特征学习也包含很多的监督学习算法，比如线性判别分析等.

（2）概率密度估计（Probabilistic Density Estimation）简称密度估计，是根据一组训练样本来估计样本空间的概率密度. 密度估计可以分为参数密度估计和非参数密度估计. 参数密度估计是假设数据服从某个已知概率密度函数形式的分布（比如高斯分布），然后根据训练样本去估计概率密度函数的参数. 非参数密度估计是不假设数据服从某个已知分布，只利用训练样本对密度进行估计，可以进行任意形状密度的估计. 非参数密度估计的方法有直方图、核密度估计等.

（3）聚类（Clustering）是将一组样本根据一定的准则划分到不同的组（也称为簇（Cluster））. 一个比较通用的准则是组内样本的相似性要高于组间样本的相似性. 常见的聚类算法包括 K-Means 算法、谱聚类等.

和监督学习一样，无监督学习方法也包含三个基本要素：模型、学习准则和优化算法. 无监督学习的准则非常多，比如最大似然估计、最小重构错误等. 在无监督特征学习中，经常使用的准则为最小化重构错误，同时也经常对特征进行一些约束，比如独立性、非负性或稀释性等. 而在密度估计中，经常采用最大似然估计来进行学习.

本章介绍两种无监督学习问题：无监督特征学习和概率密度估计.

9.1 无监督特征学习

无监督特征学习是指从无标注的数据中自动学习有效的数据表示，从而能够帮助后续的机器学习模型更快速地达到更好的性能. 无监督特征学习主要方法有主成分分析、稀疏编码、自编码器等.

9.1.1 主成分分析

主成分分析（Principal Component Analysis，PCA）是一种最常用的数据降维方法，使得在转换后的空间中数据的方差最大. 如图9.1所示的两维数据，如果将这些数据投影到一维空间中，选择数据方差最大的方向进行投影，才能最大化数据的差异性，保留更多的原始数据信息.

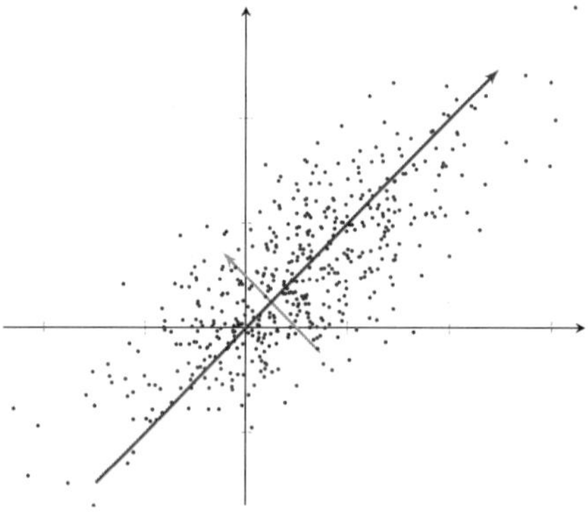

图 9.1 主成分分析

假设有一组 D 维的样本 $\boldsymbol{x}^{(n)} \in \mathbb{R}^D, 1 \le n \le N$，我们希望将其投影到一维空间中，投影向量为 $\boldsymbol{w} \in \mathbb{R}^D$. 不失一般性，我们限制 $\boldsymbol{w}$ 的模为1，即 $\boldsymbol{w}^\top \boldsymbol{w} = 1$. 每个样本点 $\boldsymbol{x}^{(n)}$ 投影之后的表示为

$$z^{(n)} = \boldsymbol{w}^\top \boldsymbol{x}^{(n)}. \tag{9.1}$$

用矩阵 $\boldsymbol{X}=[\boldsymbol{x}^{(1)},\boldsymbol{x}^{(2)},\cdots,\boldsymbol{x}^{(N)}]$ 表示输入样本，$\bar{\boldsymbol{x}}=\frac{1}{N}\sum_{n=1}^{N}\boldsymbol{x}^{(n)}$ 为原始样本的中心点，所有样本投影后的方差为

$$\sigma(\boldsymbol{X};\boldsymbol{w})=\frac{1}{N}\sum_{n=1}^{N}(\boldsymbol{w}^{\top}\boldsymbol{x}^{(n)}-\boldsymbol{w}^{\top}\bar{\boldsymbol{x}})^2 \tag{9.2}$$

$$=\frac{1}{N}(\boldsymbol{w}^{\top}\boldsymbol{X}-\boldsymbol{w}^{\top}\bar{\boldsymbol{X}})(\boldsymbol{w}^{\top}\boldsymbol{X}-\boldsymbol{w}^{\top}\bar{\boldsymbol{X}})^{\top} \tag{9.3}$$

$$=\boldsymbol{w}^{\top}\boldsymbol{\Sigma}\boldsymbol{w}, \tag{9.4}$$

其中 $\bar{\boldsymbol{X}}=\bar{\boldsymbol{x}}\mathbf{1}_D^{\top}$ 是向量 $\bar{\boldsymbol{x}}$ 和 D 维全 1 向量 $\mathbf{1}_D$ 的外积，即有 D 列 $\bar{\boldsymbol{x}}$ 组成的矩阵，$\boldsymbol{\Sigma}=\frac{1}{N}(\boldsymbol{X}-\bar{\boldsymbol{X}})(\boldsymbol{X}-\bar{\boldsymbol{X}})^{\top}$ 是原始样本的协方差矩阵.

最大化投影方差 $\sigma(\boldsymbol{X};\boldsymbol{w})$ 并满足 $\boldsymbol{w}^{\top}\boldsymbol{w}=1$，利用拉格朗日方法转换为无约束优化问题，

$$\max_{\boldsymbol{w}}\ \boldsymbol{w}^{\top}\boldsymbol{\Sigma}\boldsymbol{w}+\lambda(1-\boldsymbol{w}^{\top}\boldsymbol{w}), \tag{9.5}$$

其中 λ 为拉格朗日乘子. 对上式求导并令导数等于 0，可得

$$\boldsymbol{\Sigma}\boldsymbol{w}=\lambda\boldsymbol{w}. \tag{9.6}$$

从上式可知，$\boldsymbol{w}$ 是协方差矩阵 $\boldsymbol{\Sigma}$ 的特征向量，λ 为特征值. 同时

$$\sigma(\boldsymbol{X};\boldsymbol{w})=\boldsymbol{w}^{\top}\boldsymbol{\Sigma}\boldsymbol{w}=\boldsymbol{w}^{\top}\lambda\boldsymbol{w}=\lambda. \tag{9.7}$$

λ 也是投影后样本的方差. 因此，主成分分析可以转换成一个矩阵特征值分解问题，投影向量 $\boldsymbol{w}$ 为矩阵 $\boldsymbol{\Sigma}$ 的最大特征值对应的特征向量.

如果要通过投影矩阵 $\boldsymbol{W}\in R^{D\times D'}$ 将样本投到 D' 维空间，投影矩阵满足 $\boldsymbol{W}^{\top}\boldsymbol{W}=\boldsymbol{I}$ 为单位阵，只需要将 $\boldsymbol{\Sigma}$ 的特征值从大到小排列，保留前 D' 个特征向量，其对应的特征向量即是最优的投影矩阵.

$$\boldsymbol{\Sigma}\boldsymbol{W}=\boldsymbol{W}\,\mathrm{diag}(\boldsymbol{\lambda}), \tag{9.8}$$

其中 $\boldsymbol{\lambda}=[\lambda_1,\cdots,\lambda_{D'}]$ 为 S 的前 D' 个最大的特征值.

主成分分析是一种无监督学习方法，可以作为监督学习的数据预处理方法，用来去除噪声并减少特征之间的相关性，但是它并不能保证投影后数据的类别可分性更好. 提高两类可分性的方法一般为监督学习方法，比如线性判别分析（Linear Discriminant Analysis，LDA）.

参见习题9-3.

9.1.2 稀疏编码

稀疏编码（Sparse Coding）也是一种受哺乳动物视觉系统中简单细胞感受野而启发的模型. 在哺乳动物的初级视觉皮层（Primary Visual Cortex）中，每个神经元仅对处于其感受野中特定的刺激信号（比如特定方向的边缘、条纹等特征）做出响应. 局部感受野可以被描述为具有空间局部性、方向性和带通性 [Olshausen et al., 1996]. 也就是说，外界信息经过编码后仅有一小部分神经元激活，即外界刺激在视觉神经系统的表示具有很高的稀疏性. 编码的稀疏性在一定程度上符合生物学的低功耗特性.

带通性是指不同尺度下空间结构的敏感性. 比如，带通滤波器（Bandpass Filter）是指容许某个频率范围的信号通过，同时屏蔽其他频段的设备.

在数学上，（线性）编码是指给定一组基向量 $\boldsymbol{A} = [\boldsymbol{a}_1, \cdots, \boldsymbol{a}_M]$，将输入样本 $\boldsymbol{x} \in \mathbb{R}^D$ 表示为这些基向量的线性组合

$$\boldsymbol{x} = \sum_{m=1}^{M} z_m \boldsymbol{a}_m \tag{9.9}$$

$$= \boldsymbol{A}\boldsymbol{z}, \tag{9.10}$$

其中基向量的系数 $\boldsymbol{z} = [z_1, \cdots, z_M]$ 称为输入样本 $\boldsymbol{x}$ 的编码（Encoding），基向量 $\boldsymbol{A}$ 也称为字典（Dictionary）.

编码是对 D 维空间中的样本 $\boldsymbol{x}$ 找到其在 P 维空间中的表示（或投影），其目标通常是编码的各个维度都是统计独立的，并且可以重构出输入样本. 编码的关键是找到一组“完备”的基向量 $\boldsymbol{A}$，比如主成分分析等. 但是主成分分析得到的编码通常是稠密向量，没有稀疏性.

数学小知识 | 完备性

如果 M 个基向量刚好可以支撑 M 维的欧氏空间，则这 M 个基向量是完备的. 如果 M 个基向量可以支撑 D 维的欧氏空间，并且 $M > D$，则这 M 个基向量是过完备的（overcomplete）、冗余的.

“过完备”基向量是指基向量个数远远大于其支撑空间维度. 因此这些基向量一般不具备独立、正交等性质.

为了得到稀疏的编码，我们需要找到一组“过完备”的基向量（即 $M > D$）来进行编码. 在过完备基向量之间往往会存在一些冗余性，因此对于一个输入样本，会存在很多有效的编码. 如果加上稀疏性限制，就可以减少解空间的大小，得到“唯一”的稀疏编码.

给定一组 N 个输入向量 $\boldsymbol{x}^{(1)}, \cdots, \boldsymbol{x}^{(N)}$，其稀疏编码的目标函数定义为

$$\mathcal{L}(\boldsymbol{A}, \boldsymbol{Z}) = \sum_{n=1}^{N} \left(\left\| \boldsymbol{x}^{(n)} - A\boldsymbol{z}^{(n)} \right\|^2 + \eta \rho(\boldsymbol{z}^{(n)}) \right), \tag{9.11}$$

其中 $\boldsymbol{Z}=[\boldsymbol{z}^{(1)},\cdots,\boldsymbol{z}^{(N)}]$，$\rho(\cdot)$ 是一个稀疏性衡量函数，η 是一个超参数，用来控制稀疏性的强度.

对于一个向量 $\boldsymbol{z}\in\mathbb{R}^M$，其稀疏性定义为非零元素的比例. 如果一个向量只有很少的几个非零元素，就说这个向量是稀疏的. 稀疏性衡量函数 $\rho(\boldsymbol{z})$ 是给向量 $\boldsymbol{z}$ 一个标量分数. $\boldsymbol{z}$ 越稀疏，$\rho(\boldsymbol{z})$ 越小.

由于通常比较难以得到严格的稀疏向量，因此如果一个向量只有少数几个远大于零的元素，其他元素都接近于0，我们也称这个向量为稀疏向量.

稀疏性衡量函数有多种选择，最直接的衡量向量 $\boldsymbol{z}$ 稀疏性的函数是 ℓ_0 范数

$$\rho(\boldsymbol{z})=\sum_{m=1}^{M}\mathbf{I}(|z_m|>0). \tag{9.12}$$

但 ℓ_0 范数不满足连续可导，因此很难进行优化. 在实际中，稀疏性衡量函数通常使用 ℓ_1 范数

$$\rho(\boldsymbol{z})=\sum_{m=1}^{M}|z_m|, \tag{9.13}$$

或对数函数

$$\rho(\boldsymbol{z})=\sum_{m=1}^{M}\log(1+z_m^2), \tag{9.14}$$

或指数函数

参见习题9-6.

$$\rho(\boldsymbol{z})=\sum_{m=1}^{M}-\exp(-z_m^2). \tag{9.15}$$

9.1.2.1 训练方法

给定一组 N 个输入向量 $\{\boldsymbol{x}^{(n)}\}_{n=1}^{N}$，需要同时学习基向量 $\boldsymbol{A}$ 以及每个输入样本对应的稀疏编码 $\{\boldsymbol{z}^{(n)}\}_{n=1}^{N}$.

稀疏编码的训练过程一般用交替优化的方法进行.

1) 固定基向量 $\boldsymbol{A}$，对每个输入 $\boldsymbol{x}^{(n)}$，计算其对应的最优编码

$$\min_{\boldsymbol{z}^{(n)}}\left\|\boldsymbol{x}^{(n)}-\boldsymbol{A}\boldsymbol{z}^{(n)}\right\|^2+\eta\rho(\boldsymbol{z}^{(n)}),\ \forall n\in[1,N]. \tag{9.16}$$

2) 固定上一步得到的编码 $\{\boldsymbol{z}^{(n)}\}_{n=1}^{N}$，计算其最优的基向量

$$\min_{\boldsymbol{A}}\sum_{n=1}^{N}\left(\left\|\boldsymbol{x}^{(n)}-\boldsymbol{A}\boldsymbol{z}^{(n)}\right\|^2\right)+\lambda\frac{1}{2}\|\boldsymbol{A}\|^2, \tag{9.17}$$

其中第二项为正则化项，λ 为正则化项系数.

9.1.2.2 稀疏编码的优点

稀疏编码的每一维都可以被看作一种特征. 和基于稠密向量的分布式表示相比,稀疏编码具有更小的计算量和更好的可解释性等优点.

（1） 计算量 稀疏性带来的最大好处就是可以极大地降低计算量.

（2） 可解释性 因为稀疏编码只有少数的非零元素，相当于将一个输入样本表示为少数几个相关的特征. 这样我们可以更好地描述其特征,并易于理解.

（3） 特征选择 稀疏性带来的另外一个好处是可以实现特征的自动选择，只选择和输入样本最相关的少数特征,从而更高效地表示输入样本,降低噪声并减轻过拟合.

9.1.3 自编码器

自编码器（Auto-Encoder, AE）是通过无监督的方式来学习一组数据的有效编码（或表示）.

假设有一组D维的样本$\boldsymbol{x}^{(n)} \in \mathbb{R}^D, 1 \le n \le N$,自编码器将这组数据映射到特征空间得到每个样本的编码$\boldsymbol{z}^{(n)} \in \mathbb{R}^M, 1 \le n \le N$,并且希望这组编码可以重构出原来的样本.

自编码器的结构可分为两部分：

（1） 编码器（Encoder）$f : \mathbb{R}^D \to \mathbb{R}^M$.

（2） 解码器（Decoder）$g : \mathbb{R}^M \to \mathbb{R}^D$.

自编码器的学习目标是最小化重构错误（Reconstruction Error）：

$$\mathcal{L} = \sum_{n=1}^{N} \|\boldsymbol{x}^{(n)} - g(f(\boldsymbol{x}^{(n)}))\|^2 \tag{9.18}$$

$$= \sum_{n=1}^{N} \|\boldsymbol{x}^{(n)} - f \circ g(\boldsymbol{x}^{(n)})\|^2. \tag{9.19}$$

单位函数$I(x) = x$.

如果特征空间的维度M小于原始空间的维度D，自编码器相当于是一种降维或特征抽取方法. 如果$M \ge D$，一定可以找到一组或多组解使得$f \circ g$为单位函数（Identity Function），并使得重构错误为0. 然而，这样的解并没有太多的意义. 但是，如果再加上一些附加的约束，就可以得到一些有意义的解，比如编码的稀疏性、取值范围，f和g的具体形式等. 如果我们让编码只能取K个不同的值$(K < N)$,那么自编码器就可以转换为一个K类的聚类（Clustering）问题.

最简单的自编码器是如图9.2所示的两层神经网络. 输入层到隐藏层用来编码,隐藏层到输出层用来解码,层与层之间互相全连接.

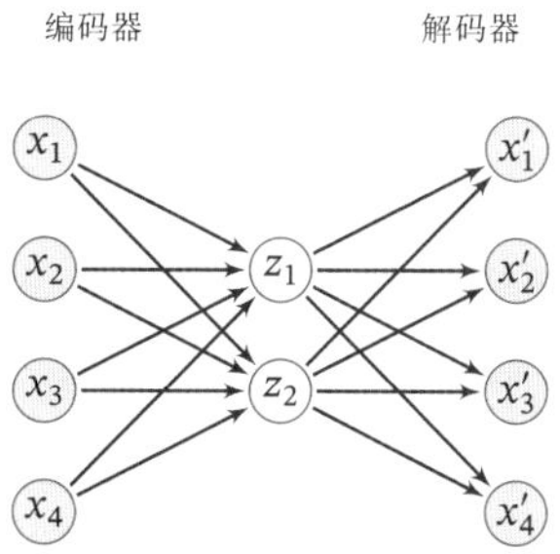

图 9.2 两层网络结构的自编码器

对于样本 $\boldsymbol{x}$,自编码器的中间隐藏层的活性值为 $\boldsymbol{x}$ 的编码,即

$$\boldsymbol{z} = f(\boldsymbol{W}^{(1)}\boldsymbol{x} + \boldsymbol{b}^{(1)}), \tag{9.20}$$

自编码器的输出为重构的数据

$$\boldsymbol{x}' = f(\boldsymbol{W}^{(2)}\boldsymbol{z} + \boldsymbol{b}^{(2)}), \tag{9.21}$$

其中 $\boldsymbol{W}^{(1)}, \boldsymbol{W}^{(2)}, \boldsymbol{b}^{(1)}, \boldsymbol{b}^{(2)}$ 为网络参数, $f(\cdot)$ 为激活函数. 如果令 $\boldsymbol{W}^{(2)}$ 等于 $\boldsymbol{W}^{(1)}$ 的转置,即 $\boldsymbol{W}^{(2)} = \boldsymbol{W}^{(1)^{\top}}$,称为捆绑权重(Tied Weight). 捆绑权重自编码器的参数更少,因此更容易学习. 此外,捆绑权重还在一定程度上起到正则化的作用.

给定一组样本 $\boldsymbol{x}^{(n)} \in [0,1]^D, 1 \le n \le N$,其重构错误为

$$\mathcal{L} = \sum_{n=1}^{N} \|\boldsymbol{x}^{(n)} - \boldsymbol{x}'^{(n)})\|^2 + \lambda\|\boldsymbol{W}\|_F^2. \tag{9.22}$$

其中 λ 为正则化项系数. 通过最小化重构错误,可以有效地学习网络的参数.

我们使用自编码器是为了得到有效的数据表示,因此在训练结束后,我们一般会去掉解码器,只保留编码器. 编码器的输出可以直接作为后续机器学习模型的输入.

9.1.4 稀疏自编码器

自编码器除了可以学习低维编码之外,也能够学习高维的稀疏编码. 假设中间隐藏层 $\boldsymbol{z}$ 的维度 M 大于输入样本 $\boldsymbol{x}$ 的维度 D,并让 $\boldsymbol{z}$ 尽量稀疏,这就是稀疏自编码器(Sparse Auto-Encoder). 和稀疏编码一样,稀疏自编码器的优点是有很高的可解释性,并同时进行了隐式的特征选择.

通过给自编码器中隐藏层单元 $\boldsymbol{z}$ 加上稀疏性限制, 自编码器可以学习到数据中一些有用的结构. 给定 N 个训练样本 $\{\boldsymbol{x}^{(n)}\}_{n=1}^N$,稀疏自编码器的目标函数为

$$\mathcal{L} = \sum_{n=1}^{N} \|\boldsymbol{x}^{(n)} - \boldsymbol{x}'^{(n)})\|^2 + \eta\rho(\boldsymbol{Z}) + \lambda\|\boldsymbol{W}\|^2, \tag{9.23}$$

其中 $\boldsymbol{Z} = [\boldsymbol{z}^{(1)}, \cdots, \boldsymbol{z}^{(N)}]$ 表示所有训练样本的编码，$\rho(\boldsymbol{Z})$ 为稀疏性度量函数，$\boldsymbol{W}$ 表示自编码器中的参数.

稀疏性度量函数 $\rho(\boldsymbol{Z})$ 可以使用公式(9.13)~公式(9.15)中的稀疏性定义，分别计算每个编码 $\boldsymbol{z}^{(n)}$ 的稀疏度，再进行求和. 此外，$\rho(\boldsymbol{Z})$ 还可以定义为一组训练样本中每一个神经元激活的概率.

给定 N 个训练样本，隐藏层第 j 个神经元平均活性值为

$$\hat{\rho}_j = \frac{1}{N} \sum_{n=1}^{N} z_j^{(n)}, \tag{9.24}$$

其中 $\hat{\rho}_j$ 可以近似地看作第 j 个神经元激活的概率. 我们希望 $\hat{\rho}_j$ 接近于一个事先给定的值 ρ^*，比如0.05，可以通过KL距离来衡量 $\hat{\rho}_j$ 和 ρ^* 的差异，即

$$\mathrm{KL}(\rho^* || \hat{\rho}_j) = \rho^* \log \frac{\rho^*}{\hat{\rho}_j} + (1 - \rho^*) \log \frac{1 - \rho^*}{1 - \hat{\rho}_j}. \tag{9.25}$$

如果 $\hat{\rho}_j = \rho^*$，则 $\mathrm{KL}(\rho^* || \hat{\rho}_j) = 0$.

稀疏性度量函数定义为

$$\rho(\boldsymbol{Z}) = \sum_{j=1}^{p} \mathrm{KL}(\rho^* || \hat{\rho}_j). \tag{9.26}$$

9.1.5 堆叠自编码器

对于很多数据来说，仅使用两层神经网络的自编码器还不足以获取一种好的数据表示. 为了获取更好的数据表示，我们可以使用更深层的神经网络. 深层神经网络作为自编码器提取的数据表示一般会更加抽象，能够更好地捕捉到数据的语义信息. 在实践中经常使用逐层堆叠的方式来训练一个深层的自编码器，称为堆叠自编码器（Stacked Auto-Encoder，SAE）. 堆叠自编码器一般可以采用逐层训练（Layer-Wise Training）来学习网络参数 [Bengio et al., 2007].

9.1.6 降噪自编码器

我们使用自编码器是为了得到有效的数据表示，而有效的数据表示除了具有最小重构错误或稀疏性等性质之外，还可以要求其具备其他性质，比如对数据部分损坏（Partial Destruction）的鲁棒性. 高维数据（比如图像）一般都具有一定的信息冗余，比如我们可以根据一张部分破损的图像联想出其完整内容. 因此，我们希望自编码器也能够从部分损坏的数据中得到有效的数据表示，并能够恢复出完整的原始信息.

降噪自编码器（Denoising Auto-Encoder）就是一种通过引入噪声来增加编码鲁棒性的自编码器 [Vincent et al., 2008]. 对于一个向量 $\boldsymbol{x}$，我们首先根据一个比例 μ 随机将 $\boldsymbol{x}$ 的一些维度的值设置为 0，得到一个被损坏的向量 $\tilde{\boldsymbol{x}}$. 然后将被损坏的向量 $\tilde{\boldsymbol{x}}$ 输入给自编码器得到编码 $\boldsymbol{z}$，并重构出无损的原始输入 $\boldsymbol{x}$.

损坏比例 μ 一般不超过 0.5. 也可以使用其他的方法来损坏数据，比如引入高斯噪声.

降噪自编码器的思想十分简单，通过引入噪声来学习更鲁棒性的数据编码，并提高模型的泛化能力. 图9.3给出了自编码器和降噪自编码器的对比，其中 f_θ 为编码器，$g_{\theta'}$ 为解码器，$\mathcal{L}(\boldsymbol{x}, \boldsymbol{x}')$ 为重构错误.

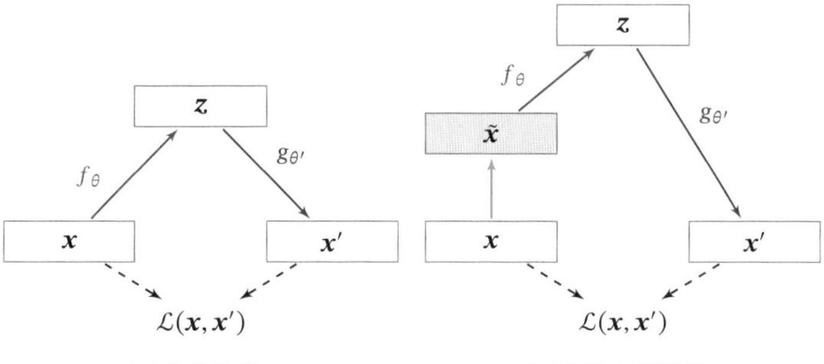

图 9.3 自编码器和降噪自编码器

9.2 概率密度估计

概率密度估计（Probabilistic Density Estimation），简称密度估计（Density Estimation），是基于一些观测样本来估计一个随机变量的概率密度函数. 密度估计在数据建模、机器学习中使用广泛.

密度估计方法可以分为两类：参数密度估计和非参数密度估计.

9.2.1 参数密度估计

参数密度估计（Parametric Density Estimation）是根据先验知识假设随机变量服从某种分布，然后通过训练样本来估计分布的参数.

令 $\mathcal{D} = \{\boldsymbol{x}^{(n)}\}_{n=1}^N$ 为从某个未知分布中独立抽取的 N 个训练样本，假设这些样本服从一个概率分布函数 $p(\boldsymbol{x}; \theta)$，其对数似然函数为

$$\log p(\mathcal{D}; \theta) = \sum_{n=1}^{N} \log p(\boldsymbol{x}^{(n)}; \theta). \tag{9.27}$$

使用最大似然估计（Maximum Likelihood Estimation，MLE）来寻找参数

θ 使得 $\log p(\mathcal{D};\theta)$ 最大. 这样参数估计问题就转化为最优化问题:

$$\theta^{ML} = \arg\max_{\theta} \sum_{n=1}^{N} \log p(\boldsymbol{x}^{(n)};\theta). \tag{9.28}$$

9.2.1.1 正态分布

假设样本 $\boldsymbol{x} \in \mathbb{R}^D$ 服从正态分布

$$\mathcal{N}(\boldsymbol{x}|\boldsymbol{\mu},\boldsymbol{\Sigma}) = \frac{1}{(2\pi)^{D/2}|\boldsymbol{\Sigma}|^{1/2}} \exp\Big(-\frac{1}{2}(\boldsymbol{x}-\boldsymbol{\mu})^{\top}\boldsymbol{\Sigma}^{-1}(\boldsymbol{x}-\boldsymbol{\mu})\Big), \tag{9.29}$$

其中 $\boldsymbol{\mu}$ 和 $\boldsymbol{\Sigma}$ 分别为正态分布的均值和方差.

数据集 $\mathcal{D} = \{\boldsymbol{x}^{(n)}\}_{n=1}^{N}$ 的对数似然函数为

$$\log p(\mathcal{D}|\boldsymbol{\mu},\boldsymbol{\Sigma}) = -\frac{N}{2}\log\Big((2\pi)^D|\boldsymbol{\Sigma}|\Big) - \frac{1}{2}\sum_{n=1}^{N}(\boldsymbol{x}^{(n)}-\boldsymbol{\mu})^{\top}\boldsymbol{\Sigma}^{-1}(\boldsymbol{x}^{(n)}-\boldsymbol{\mu}). \tag{9.30}$$

分别求上式关于 $\boldsymbol{\mu},\boldsymbol{\Sigma}$ 的偏导数,并令其等于0. 可得,

$$\boldsymbol{\mu}^{ML} = \frac{1}{N}\sum_{n=1}^{N}\boldsymbol{x}^{(n)}, \tag{9.31}$$

$$\boldsymbol{\Sigma}^{ML} = \frac{1}{N}\sum_{n=1}^{N}(\boldsymbol{x}^{(n)}-\boldsymbol{\mu}^{ML})(\boldsymbol{x}^{(n)}-\boldsymbol{\mu}^{ML})^{\top}. \tag{9.32}$$

9.2.1.2 多项分布

多项分布参见第D.2.2.1节.

假设样本服从 K 个状态的多项分布,令 one-hot 向量 $\boldsymbol{x} \in \{0,1\}^K$ 来表示第 k 个状态,即 $x_k = 1$,其余 $x_{i,i\neq k} = 0$. 样本 $\boldsymbol{x}$ 的概率密度函数为

$$p(\boldsymbol{x}|\boldsymbol{\mu}) = \prod_{k=1}^{K}\mu_k^{x_k}, \tag{9.33}$$

其中 μ_k 为第 k 个状态的概率,并满足 $\sum_{k=1}^{K}\mu_k = 1$.

这里没有多项式系数.

数据集 $\mathcal{D} = \{\boldsymbol{x}^{(n)}\}_{n=1}^{N}$ 的对数似然函数为

$$\log p(\mathcal{D}|\boldsymbol{\mu}) = \sum_{n=1}^{N}\sum_{k=1}^{K}x_k^{(n)}\log(\mu_k). \tag{9.34}$$

拉格朗日乘子参考参见第C.3节.

多项分布的参数估计为约束优化问题. 引入拉格朗日乘子 λ,将原问题转换为无约束优化问题.

$$\max_{\mu,\lambda} \quad \sum_{n=1}^{N}\sum_{k=1}^{K}x_k^{(n)}\log(\mu_k) + \lambda\Big(\sum_{k=1}^{K}\mu_k - 1\Big). \tag{9.35}$$

分别求上式关于 μ_k, λ 的偏导数，并令其等于 0. 可得，

$$\mu_k^{ML} = \frac{m_k}{N}, \qquad 1 \le k \le K \tag{9.36}$$

其中 $m_k = \sum_{n=1}^{N} x_k^{(n)}$ 为数据集中取值为第 k 个状态的样本数量.

在实际应用中，参数密度估计一般存在以下问题：

（1） 模型选择问题：即如何选择数据分布的密度函数. 实际数据的分布往往是非常复杂的，而不是简单的正态分布或多项分布.

（2） 不可观测变量问题：即我们用来训练的样本只包含部分的可观测变量，还有一些非常关键的变量是无法观测的，这导致我们很难准确估计数据的真实分布.

包含不可观测变量的密度估计问题一般需要使用 EM 算法，参见第11.2.2.1节.

（3） 维度灾难问题：即高维数据的参数估计十分困难. 随着维度的增加，估计参数所需要的样本数量指数增加. 在样本不足时会出现过拟合.

9.2.2 非参数密度估计

非参数密度估计（Nonparametric Density Estimation）是不假设数据服从某种分布，通过将样本空间划分为不同的区域并估计每个区域的概率来近似数据的概率密度函数.

对于高维空间中的一个随机向量 $\boldsymbol{x}$，假设其服从一个未知分布 $p(\boldsymbol{x})$，则 $\boldsymbol{x}$ 落入空间中的小区域 $\mathcal{R}$ 的概率为

$$P = \int_{\mathcal{R}} p(\boldsymbol{x}) d\boldsymbol{x}. \tag{9.37}$$

给定 N 个训练样本 $\mathcal{D} = \{\boldsymbol{x}^{(n)}\}_{n=1}^{N}$，落入区域 $\mathcal{R}$ 的样本数量 K 服从二项分布：

$$P_K = \binom{N}{K} P^K (1-P)^{1-K}, \tag{9.38}$$

其中 K/N 的期望为 $\mathbb{E}[K/N] = P$，方差为 $\mathrm{var}(K/N) = P(1-P)/N$. 当 N 非常大时，我们可以近似认为

$$P \approx \frac{K}{N}. \tag{9.39}$$

假设区域 $\mathcal{R}$ 足够小，其内部的概率密度是相同的，则有

$$P \approx p(\boldsymbol{x}) V, \tag{9.40}$$

其中 V 为区域 $\mathcal{R}$ 的体积. 结合上述两个公式，得到

$$p(\boldsymbol{x}) \approx \frac{K}{NV}. \tag{9.41}$$

根据公式(9.41)，要准确地估计 $p(\boldsymbol{x})$，需要尽量使得样本数量N足够大，区域体积V尽可能地小. 但在具体应用中，样本数量一般是有限的，过小的区域会导致落入该区域的样本比较少，这样估计的概率密度就不太准确. 因此，实践中非参数密度估计通常使用两种方式：1）固定区域大小V，统计落入不同区域的数量，这种方式包括直方图方法和核方法两种；2）改变区域大小以使得落入每个区域的样本数量为K，这种方式称为K近邻方法.

9.2.2.1 直方图方法

Histogram源自希腊语histos（竖立）和gramma（描绘），由英国统计学家卡尔·皮尔逊于1895年提出.

直方图方法（Histogram Method）是一种非常直观的估计连续变量密度函数的方法，可以表示为一种柱状图.

以一维随机变量为例，首先将其取值范围分成M个连续的、不重叠的区间（bin），每个区间的宽度为Δ_m. 给定N个训练样本$\mathcal{D} = \{x^{(n)}\}_{n=1}^{N}$，我们统计这些样本落入每个区间的数量$K_m$，然后将它们归一化为密度函数.

$$p_m = \frac{K_m}{N\Delta_m}, \qquad 1 \leq m \leq M \tag{9.42}$$

其中区间宽度Δ_m通常设为相同的值Δ. 直方图方法的关键问题是如何选取一个合适的区间宽度Δ. 如果Δ太小，那么落入每个区间的样本数量会比较少，其估计的区间密度也具有很大的随机性. 如果Δ太大，其估计的密度函数变得十分平滑，很难反映出真实的数据分布. 图9.4给出了直方图密度估计的例子，其中蓝线表示真实的密度函数，红色的柱状图为直方图方法估计的密度.

(a) 10个区间（bin）

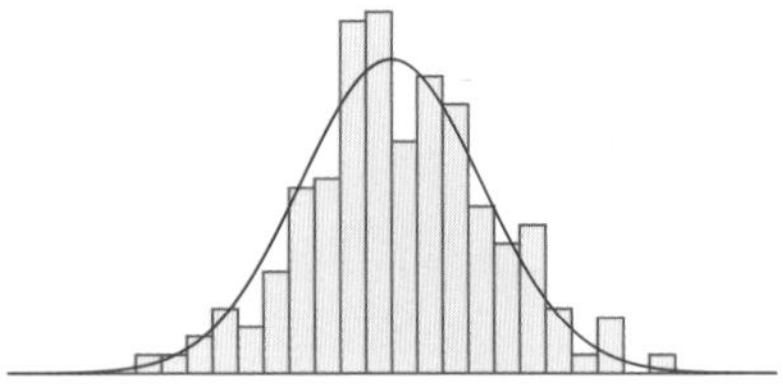

(b) 30个区间（bin）

图9.4 直方图密度估计

直方图通常用来处理低维变量，可以非常快速地对数据的分布进行可视化，但其缺点是很难扩展到高维变量. 假设一个D维的随机向量，如果每一维都划分为M个区间，那么整个空间的区间数量为M^D个. 直方图方法需要的样本数量会随着维度D的增加而指数增长，从而导致维度灾难（Curse of Dimensionality）问题.

9.2.2.2 核方法

核密度估计(Kernel Density Estimation),也叫 Parzen 窗方法,是一种直方图方法的改进.

假设 $\mathcal{R}$ 为 D 维空间中的一个以点 $\boldsymbol{x}$ 为中心的"超立方体",并定义核函数(Kernel Function)为

$$\phi\left(\frac{\boldsymbol{z}-\boldsymbol{x}}{H}\right)=\begin{cases}1 & \text{if } |z_i-x_i|<\frac{H}{2}, 1\leq i\leq D\\ 0 & \text{else}\end{cases} \tag{9.43}$$

来表示一个样本 $\boldsymbol{z}$ 是否落入该超立方体中,其中 H 为超立方体的边长,也称为核函数的宽度.

给定 N 个训练样本 $\mathcal{D}=\{\boldsymbol{x}^{(n)}\}_{n=1}^N$,落入区域 $\mathcal{R}$ 的样本数量 K 为

$$K=\sum_{n=1}^{N}\phi\left(\frac{\boldsymbol{x}^{(n)}-\boldsymbol{x}}{H}\right), \tag{9.44}$$

则点 $\boldsymbol{x}$ 的密度估计为

$$p(\boldsymbol{x})=\frac{K}{NH^D}=\frac{1}{NH^D}\sum_{n=1}^{N}\phi\left(\frac{\boldsymbol{x}^{(n)}-\boldsymbol{x}}{H}\right), \tag{9.45}$$

其中 H^D 表示超立方体 $\mathcal{R}$ 的体积.

除了超立方体的核函数之外,我们还可以选择更加平滑的核函数,比如高斯核函数:

$$\phi\left(\frac{\boldsymbol{z}-\boldsymbol{x}}{H}\right)=\frac{1}{(2\pi)^{1/2}H}\exp\left(-\frac{\|\boldsymbol{z}-\boldsymbol{x}\|^2}{2H^2}\right), \tag{9.46}$$

其中 h^2 是高斯核函数的方差. 这样,点 $\boldsymbol{x}$ 的密度估计为

$$p(\boldsymbol{x})=\frac{1}{N}\sum_{n=1}^{N}\frac{1}{(2\pi)^{1/2}H}\exp\left(-\frac{\|\boldsymbol{z}-\boldsymbol{x}\|^2}{2H^2}\right). \tag{9.47}$$

9.2.2.3 K 近邻方法

核密度估计方法中的核宽度是固定的,因此同一个宽度可能对高密度的区域过大,而对低密度的区域过小. 一种更灵活的方式是设置一种可变宽度的区域,并使得落入每个区域中样本数量为固定的 K. 要估计点 $\boldsymbol{x}$ 的密度,首先找到一个以 $\boldsymbol{x}$ 为中心的球体,使得落入球体的样本数量为 K,然后根据公式(9.41),就可以计算出点 $\boldsymbol{x}$ 的密度. 因为落入球体的样本也是离 $\boldsymbol{x}$ 最近的 K 个样本,所以这种方法称为K 近邻方法(K-Nearest Neighbor Method).

K 近邻方法并不是一个严格的密度函数估计方法,参见习题9-5.

在K近邻方法中，K的选择也十分关键. 如果K太小，无法有效地估计密度函数；而K太大也会使得局部的密度不准确，并且增加计算开销.

K近邻方法也经常用于分类问题，称为K近邻分类器（K-Nearest Neighbor Classifier）. 当$K=1$时，也称为最近邻分类器（Nearest Neighbor Classifier）. 最近邻分类器的一个性质是，当$N \to \infty$时，其分类错误率不超过最优分类器错误率的两倍[Cover et al., 1967].

参见习题9-7.

9.3 总结和深入阅读

无监督学习是一种十分重要的机器学习方法. 广义上讲，监督学习也可以看作一类特殊的无监督学习，即估计条件概率$p(y|\boldsymbol{x})$. 条件概率$p(y|\boldsymbol{x})$可以通过贝叶斯公式转为估计概率$p(y)$和$p(\boldsymbol{x}|y)$，并通过无监督密度估计来求解.

无监督学习问题主要可以分为聚类、特征学习、密度估计等几种类型. 关于聚类方面的内容，可以参考《机器学习》[周志华, 2016]中的第9章.

无监督特征学习是一种十分重要的表示学习方法. 当一个监督学习任务的数据比较少时，可以通过大规模的无标注数据，学习到一种有效的数据表示，并有效提高监督学习的性能. 关于无监督特征学习的内容，可以参考《机器学习》[周志华, 2016]中的第10章和《Pattern Classification》[Duda et al., 2001]中的第10章.

概率密度估计方法可以分为两类：参数方法和非参数方法. 参数方法是假设数据分布服从某种参数化的模型. 我们在本书的后面章节会陆续介绍更多的参数密度估计模型. 在第11章中，我们通过概率图模型介绍更一般的参数密度估计方法，包括含隐变量的参数估计方法. 当估计出一个数据分布的参数化模型后，我们可以根据这个模型来生成数据，因此这些模型也称为生成模型. 第12章介绍两种比较复杂的生成模型：玻尔兹曼机和深度信念网络. 第13章介绍两种深度生成模型：变分自编码器和对抗生成网络. 第15章介绍几种序列数据的生成模型.

关于非参数密度估计方法的一般性介绍可以参考文献[Duda et al., 2001]和[Bishop, 2007]，理论性介绍可以参考[Devroye et al., 1985].

目前，无监督学习并没有像监督学习那样取得广泛的成功，其主要原因在于无监督学习缺少有效的客观评价方法，导致很难衡量一个无监督学习方法的好坏. 无监督学习的好坏通常需要代入到下游任务中进行验证.

习题

习题 9-1 分析主成分分析为什么具有数据降噪能力?

习题 9-2 证明对于 N 个样本(样本维数 $D > N$)组成的数据集,主成分分析的有效投影子空间不超过 $N-1$ 维.

习题 9-3 对于一个二分类问题,试举例分析什么样的数据分布会使得主成分分析得到的特征反而会使得分类性能下降.

习题 9-4 若数据矩阵 $\boldsymbol{X}' = \boldsymbol{X} - \bar{\boldsymbol{X}}$,则对 $\boldsymbol{X}'$ 奇异值分解 $\boldsymbol{X}' = \boldsymbol{U}\boldsymbol{\Sigma}\boldsymbol{V}$,则 $\boldsymbol{U}$ 为主成分分析的投影矩阵.

习题 9-5 举例说明,K 近邻方法估计的密度函数不是严格的概率密度函数,其在整个空间上的积分不等于 1.

习题 9-6 分析公式(9.14)和(9.15)来衡量稀疏性的效果.

习题 9-7 对于一个 C 类的分类问题,使用 K 近邻方法估计每个类 c $(1 \leq c \leq C)$ 的密度函数 $p(\boldsymbol{x}|c)$,并使用贝叶斯公式计算每个类的后验概率 $p(c|\boldsymbol{x})$.

参考文献

周志华, 2016. 机器学习[M]. 北京: 清华大学出版社.

Bengio Y, Lamblin P, Popovici D, et al., 2007. Greedy layer-wise training of deep networks[C]//Advances in neural information processing systems. 153-160.

Bishop C M, 2007. Pattern recognition and machine learning[M]. 5th edition. Springer.

Cover T, Hart P, 1967. Nearest neighbor pattern classification[J]. IEEE transactions on information theory, 13(1):21-27.

Devroye L, Gyorfi L, 1985. Nonparametric density estimation: The L_1 view[M]. Wiley.

Duda R O, Hart P E, Stork D G, 2001. Pattern classification[M]. 2nd edition. Wiley.

Hinton G E, Sejnowski T J, Poggio T A, 1999. Unsupervised learning: foundations of neural computation[M]. MIT press.

Olshausen B A, et al., 1996. Emergence of simple-cell receptive field properties by learning a sparse code for natural images[J]. Nature, 381(6583):607-609.

Vincent P, Larochelle H, Bengio Y, et al., 2008. Extracting and composing robust features with denoising autoencoders[C]//Proceedings of the International Conference on Machine Learning. 1096-1103.

第10章　模型独立的学习方式

> 三个臭皮匠赛过诸葛亮.
>
> ——谚语

在前面的章节中，我们已经介绍了机器学习的几种学习方式，包括监督学习、无监督学习等. 这些学习方式分别可以由不同的模型和算法实现，比如神经网络、线性分类器等. 针对一个给定的任务，首先要准备一定规模的训练数据，这些训练数据需要和真实数据的分布一致，然后设定一个目标函数和优化方法，在训练数据上学习一个模型. 此外，不同任务的模型往往都是从零开始来训练的，一切知识都需要从训练数据中得到. 这也导致了每个任务都需要准备大量的训练数据. 在实际应用中，我们面对的任务往往难以满足上述要求，比如训练任务和目标任务的数据分布不一致，训练数据过少等. 这时机器学习的应用会受到很大的局限. 并且在很多场合中，我们也需要一个模型可以快速地适应新的任务. 因此，人们开始关注一些新的学习方式.

本章介绍一些"模型独立的学习方式"，比如集成学习、协同学习、自训练、多任务学习、迁移学习、终身学习、小样本学习、元学习等. 这里"模型独立"是指这些学习方式不限于具体的模型，不管是前馈神经网络、循环神经网络还是其他模型. 然而，一种学习方式往往会对符合某种特性的模型更加青睐，比如集成学习往往和方差大的模型组合时效果显著.

10.1　集成学习

给定一个学习任务，假设输入 $\boldsymbol{x}$ 和输出 $\boldsymbol{y}$ 的真实关系为 $\boldsymbol{y}=h(\boldsymbol{x})$. 对于 M 个不同的模型 $f_1(\boldsymbol{x}),\cdots,f_M(\boldsymbol{x})$，每个模型的期望错误为

$$\mathcal{R}(f_m)=\mathbb{E}_{\boldsymbol{x}}\Big[\big(f_m(\boldsymbol{x})-h(\boldsymbol{x})\big)^2\Big] \tag{10.1}$$

$$= \mathbb{E}_{x}\Big[\epsilon_m(\boldsymbol{x})^2\Big], \tag{10.2}$$

其中 $\epsilon_m(\boldsymbol{x}) = f_m(\boldsymbol{x}) - h(\boldsymbol{x})$ 为模型 m 在样本 $\boldsymbol{x}$ 上的错误.

那么所有的模型的平均错误为

$$\bar{\mathcal{R}}(f) = \frac{1}{M}\sum_{m=1}^{M} \mathbb{E}_{x}[\epsilon_m(\boldsymbol{x})^2]. \tag{10.3}$$

集成学习(Ensemble Learning)就是通过某种策略将多个模型集成起来,通过群体决策来提高决策准确率. 集成学习首要的问题是如何集成多个模型. 比较常用的集成策略有直接平均、加权平均等.

最直接的集成学习策略就是直接平均,即"投票". 基于投票的集成模型 $F(\boldsymbol{x})$ 为

$$F(\boldsymbol{x}) = \frac{1}{M}\sum_{m=1}^{M} f_m(\boldsymbol{x}). \tag{10.4}$$

定理 10.1: 对于 M 个不同的模型 $f_1(\boldsymbol{x}), \cdots, f_M(\boldsymbol{x})$,其平均期望错误为 $\bar{\mathcal{R}}(f)$. 基于简单投票机制的集成模型 $F(\boldsymbol{x}) = \frac{1}{M}\sum_{m=1}^{M} f_m(\boldsymbol{x})$, $F(\boldsymbol{x})$ 的期望错误在 $\frac{1}{M}\bar{\mathcal{R}}(f)$ 和 $\bar{\mathcal{R}}(f)$ 之间.

证明. 根据定义,集成模型的期望错误为

$$\mathcal{R}(F) = \mathbb{E}_{x}\Big[\Big(\frac{1}{M}\sum_{m=1}^{M} f_m(\boldsymbol{x}) - h(\boldsymbol{x})\Big)^2\Big] \tag{10.5}$$

$$= \mathbb{E}_{x}\Big[\Big(\frac{1}{M}\sum_{m=1}^{M} \epsilon_m(\boldsymbol{x})\Big)^2\Big] \tag{10.6}$$

$$= \frac{1}{M^2}\mathbb{E}_{x}\Big[\sum_{m=1}^{M}\sum_{n=1}^{M} \epsilon_m(\boldsymbol{x})\epsilon_n(\boldsymbol{x})\Big] \tag{10.7}$$

$$= \frac{1}{M^2}\sum_{m=1}^{M}\sum_{n=1}^{M} \mathbb{E}_{x}\Big[\epsilon_m(\boldsymbol{x})\epsilon_n(\boldsymbol{x})\Big], \tag{10.8}$$

其中 $\mathbb{E}_{\boldsymbol{x}}[\epsilon_m(\boldsymbol{x})\epsilon_n(\boldsymbol{x})]$ 为两个不同模型错误的相关性. 如果每个模型的错误不相关,即 $\forall m \neq n, \mathbb{E}_{\boldsymbol{x}}[\epsilon_m(\boldsymbol{x})\epsilon_n(\boldsymbol{x})] = 0$. 如果每个模型的错误都是相同的,则 $\forall m \neq n, \epsilon_m(\boldsymbol{x}) = \epsilon_n(\boldsymbol{x})$. 并且,由于 $\epsilon_m(\boldsymbol{x}) \geq 0, \forall m$,可以得到

$$\bar{\mathcal{R}}(f) \geq \mathcal{R}(F) \geq \frac{1}{M}\bar{\mathcal{R}}(f), \tag{10.9}$$

即集成模型的期望错误大于等于所有模型的平均期望错误的 $1/M$，小于等于所有模型的平均期望错误. □

参见习题10-1.

从定理10.1可知，为了得到更好的集成效果，要求每个模型之间具备一定的差异性. 并且随着模型数量的增多，其错误率也会下降，并趋近于 0.

集成学习的思想可以用一句古老的谚语来描述："三个臭皮匠赛过诸葛亮". 但是一个有效的集成需要各个基模型的差异尽可能大. 为了增加模型之间的差异性，可以采取 Bagging 和 Boosting 这两类方法.

Bagging 类方法 Bagging类方法是通过随机构造训练样本、随机选择特征等方法来提高每个基模型的独立性，代表性方法有 Bagging 和随机森林等.

Bagging（Bootstrap Aggregating）是通过不同模型的训练数据集的独立性来提高不同模型之间的独立性. 我们在原始训练集上进行有放回的随机采样，得到 M 个比较小的训练集并训练 M 个模型，然后通过投票的方法进行模型集成.

随机森林（Random Forest）[Breiman, 2001] 是在 Bagging 的基础上再引入了随机特征，进一步提高每个基模型之间的独立性. 在随机森林中，每个基模型都是一棵决策树.

Boosting 类方法 Boosting 类方法是按照一定的顺序来先后训练不同的基模型，每个模型都针对前序模型的错误进行专门训练. 根据前序模型的结果，来调整训练样本的权重，从而增加不同基模型之间的差异性. Boosting 类方法是一种非常强大的集成方法，只要基模型的准确率比随机猜测高，就可以通过集成方法来显著地提高集成模型的准确率. Boosting 类方法的代表性方法有 AdaBoost[Freund et al., 1996] 等.

10.1.1 AdaBoost 算法

Boosting类集成模型的目标是学习一个加性模型（Additive Model）

$$F(\boldsymbol{x}) = \sum_{m=1}^{M} \alpha_m f_m(\boldsymbol{x}), \tag{10.10}$$

其中 $f_m(\boldsymbol{x})$ 为弱分类器（Weak Classifier），或基分类器（Base Classifier），α_m 为弱分类器的集成权重，$F(\boldsymbol{x})$ 称为强分类器（Strong Classifier）.

Boosting 类方法的关键是如何训练每个弱分类器 $f_m(\boldsymbol{x})$ 及其权重 α_m. 为了提高集成的效果，应当尽量使得每个弱分类器的差异尽可能大. 一种有效的算法是采用迭代的方法来学习每个弱分类器，即按照一定的顺序依次训练每个弱分类器. 假设已经训练了 m 个弱分类器，在训练第第 $m+1$ 个弱分类器时，增加已有弱分类器分错样本的权重，使得第 $m+1$ 个弱分类器"更关注"于已有弱分类器分错的样本. 这样增加每个弱分类器的差异,最终提升集成分类器的准确率. 这种方法称为AdaBoost(Adaptive Boosting)算法.

AdaBoost算法是一种迭代式的训练算法,通过改变数据分布来提高弱分类器的差异. 在每一轮训练中,增加分错样本的权重,减少分对样本的权重,从而得到一个新的数据分布.

以二分类为例,弱分类器 $f_m(x) \in \{+1, -1\}$, AdaBoost算法的训练过程如算法10.1所示. 最初赋予每个样本同样的权重. 在每一轮迭代中,根据当前的样本权重训练一个新的弱分类器. 然后根据这个弱分类器的错误率来计算其集成权重,并调整样本权重.

算法 10.1 二分类的AdaBoost算法

输入: 训练集 $\{(\boldsymbol{x}^{(n)}, y^{(n)})\}_{n=1}^{N}$,迭代次数 M

初始样本权重:$w_1^{(n)} \leftarrow \frac{1}{N}, \forall n \in [1, N]$;

for $m = 1 \cdots M$ **do**

  按照样本权重 $w_m^{(1)}, \cdots, w_m^{(N)}$,学习弱分类器 f_m;

  计算弱分类器 f_m 在数据集上的加权错误 ϵ_m;

  计算分类器的集成权重:

$$\alpha_m \leftarrow \frac{1}{2} \log \frac{1-\epsilon_m}{\epsilon_m};$$

  调整样本权重:

$$w_{m+1}^{(n)} \leftarrow w_m^{(n)} \exp\big(-\alpha_m y^{(n)} f_m(\boldsymbol{x}^{(n)})\big), \forall n \in [1, N];$$

end

输出: $F(\boldsymbol{x}) = \operatorname{sgn}\Big(\sum_{m=1}^{M} \alpha_m f_m(\boldsymbol{x})\Big)$

AdaBoost算法的统计学解释 AdaBoost算法也可以看作一种分步(Stage-Wise)优化的加性模型[Friedman et al., 2000],其损失函数定义为

$$\mathcal{L}(F) = \exp\big(-yF(\boldsymbol{x})\big) \tag{10.11}$$

$$= \exp\big(-y \sum_{m=1}^{M} \alpha_m f_m(\boldsymbol{x})\big), \tag{10.12}$$

其中 $y, f_m(\boldsymbol{x}) \in \{+1, -1\}$.

假设经过 $m-1$ 次迭代,得到

$$F_{m-1}(\boldsymbol{x}) = \sum_{t=1}^{m-1} \alpha_t f_t(\boldsymbol{x}), \tag{10.13}$$

则第 m 次迭代的目标是找一个 α_m 和 $f_m(\boldsymbol{x})$ 使得下面的损失函数最小.

$$\mathcal{L}(\alpha_m, f_m(\boldsymbol{x})) = \sum_{n=1}^{N} \exp\Big(- y^{(n)}\big(F_{m-1}(\boldsymbol{x}^{(n)}) + \alpha_m f_m(\boldsymbol{x}^{(n)})\big)\Big). \tag{10.14}$$

令 $w_m^{(n)} = \exp\big(- y^{(n)} F_{m-1}(\boldsymbol{x}^{(n)})\big)$,则损失函数可以写为

$$\mathcal{L}(\alpha_m, f_m(\boldsymbol{x})) = \sum_{n=1}^{N} w_m^{(n)} \exp\big(- \alpha_m y^{(n)} f_m(\boldsymbol{x}^{(n)})\big). \tag{10.15}$$

因为 $y, f_m(\boldsymbol{x}) \in \{+1, -1\}$,有

$$y f_m(\boldsymbol{x}) = 1 - 2I(y \neq f_m(\boldsymbol{x})), \tag{10.16}$$

其中 $I(x)$ 为指示函数.

将损失函数在 $-\alpha_m y^{(n)} f_m(\boldsymbol{x}^{(n)}) = 0$ 处进行二阶泰勒展开,有

指数函数 $\exp(x)$ 在 $x = 0$ 处的二阶泰勒展开公式为 $1 + x + \frac{x^2}{2!}$.

$$\mathcal{L}(\alpha_m, f_m(\boldsymbol{x})) = \sum_{n=1}^{N} w_m^{(n)} \Big(1 - \alpha_m y^{(n)} f_m(\boldsymbol{x}^{(n)}) + \frac{1}{2}\alpha_m^2\Big) \tag{10.17}$$

$$\propto \alpha_m \sum_{n=1}^{N} w_m^{(n)} I\Big(y^{(n)} \neq f_m(\boldsymbol{x}^{(n)})\Big). \tag{10.18}$$

从上式可以看出, 当 $\alpha_m > 0$ 时, 最优的分类器 $f_m(\boldsymbol{x})$ 为使得在样本权重为 $w_m^{(n)}, 1 \leq n \leq N$ 时的加权错误率最小的分类器.

在求解出 $f_m(\boldsymbol{x})$ 之后,公式(10.15)可以写为

$$\mathcal{L}(\alpha_m, f_m(\boldsymbol{x})) = \sum_{y^{(n)} = f_m(\boldsymbol{x}^{(n)})} w_m^{(n)} \exp(-\alpha_m) + \sum_{y^{(n)} \neq f_m(\boldsymbol{x}^{(n)})} w_m^{(n)} \exp(\alpha_m) \tag{10.19}$$

$$\propto (1 - \epsilon_m) \exp(-\alpha_m) + \epsilon_m \exp(\alpha_m), \tag{10.20}$$

其中 ϵ_m 为分类器 $f_m(\boldsymbol{x})$ 的加权错误率,

$$\epsilon_m = \frac{\sum_{y^{(n)} \neq f_m(\boldsymbol{x}^{(n)})} w_m^{(n)}}{\sum_n w_m^{(n)}}. \tag{10.21}$$

求上式关于 α_m 的导数并令其为0,得到

$$\alpha_m = \frac{1}{2} \log \frac{1 - \epsilon_m}{\epsilon_m}. \tag{10.22}$$

10.2 自训练和协同训练

监督学习往往需要大量的标注数据，而标注数据的成本比较高. 因此，利用大量的无标注数据来提高监督学习的效果有着十分重要的意义. 这种利用少量标注数据和大量无标注数据进行学习的方式称为半监督学习（Semi-Supervised Learning，SSL）. 本节介绍两种半监督学习算法：自训练和协同训练.

10.2.1 自训练

这里的bootstrapping和统计中的概念不同.

自训练（Self-Training，或Self-Teaching），也叫自举法（Bootstrapping），是一种非常简单的半监督学习算法 [Scudder, 1965; Yarowsky, 1995].

自训练是首先使用标注数据来训练一个模型，并使用这个模型来预测无标注样本的标签，把预测置信度比较高的样本及其预测的伪标签加入训练集，然后重新训练新的模型，并不断重复这个过程. 算法10.2给出了自训练的训练过程.

算法 10.2 自训练的训练过程

输入: 标注数据集 $\mathcal{L} = \{(\boldsymbol{x}^{(n)}, y^{(n)})\}_{n=1}^{N}$;
　无标注数据集 $\mathcal{U} = \{\boldsymbol{x}^{(m)}\}_{m=1}^{M}$;
　迭代次数 T; 每次迭代增加样本数量 P;

1 **for** $t = 1 \cdots T$ **do**
2 　根据训练集 $\mathcal{L}$，训练模型 f;
3 　使用模型 f 对无标注数据集 $\mathcal{U}$ 的样本进行预测，选出预测置信度高的 P 个样本 $\mathcal{P} = \{(\boldsymbol{x}^{(p)}, f(\boldsymbol{x}^{(p)}))\}_{p=1}^{P}$;
4 　更新训练集：
$$\mathcal{L} \leftarrow \mathcal{L} \cup \mathcal{P}, \qquad \mathcal{U} \leftarrow \mathcal{U} - \mathcal{P}.$$
5 **end**

输出: 模型 f

EM算法参见第11.2.2.1节.

参见习题10-3.

自训练和密度估计中EM算法有一定的相似之处，通过不断地迭代来提高模型能力. 但自训练的缺点是无法保证每次加入训练集的样本的伪标签是正确的. 如果选择样本的伪标签是错误的，反而会损害模型的预测能力. 因此，自训练最关键的步骤是如何设置挑选样本的标准.

10.2.2 协同训练

协同训练（Co-Training）是自训练的一种改进方法，通过两个基于不同视角（view）的分类器来互相促进. 很多数据都有相对独立的不同视角. 比如互联网上的每个网页都由两种视角组成：文字内容（text）和指向其他网页的链接

(hyperlink). 如果要确定一个网页的类别,既可以根据文字内容来判断,也可根据网页之间的链接关系来判断.

假设一个样本 $\boldsymbol{x} = [\boldsymbol{x}_1, \boldsymbol{x}_2]$,其中 $\boldsymbol{x}_1$ 和 $\boldsymbol{x}_2$ 分别表示两种不同视角 V_1 和 V_2 的特征,并满足下面两个假设. 1)条件独立性:给定样本标签 y 时,两种特征条件独立 $p(\boldsymbol{x}_1, \boldsymbol{x}_2|y) = p(\boldsymbol{x}_1|y)p(\boldsymbol{x}_2|y)$;2)充足和冗余性:当数据充分时,每种视角的特征都足以单独训练出一个正确的分类器. 令 $y = g(\boldsymbol{x})$ 为需要学习的真实映射函数,f_1 和 f_2 分别为两个视角的分类器,有

$$\exists f_1, f_2, \quad \forall \boldsymbol{x} \in \mathcal{X}, \qquad f_1(\boldsymbol{x}_1) = f_2(\boldsymbol{x}_2) = g(\boldsymbol{x}), \tag{10.23}$$

其中 $\mathcal{X}$ 为样本 $\boldsymbol{x}$ 的取值空间.

算法10.3给出了协同训练的训练过程. 协同算法要求两种视角是条件独立的. 如果两种视角完全一样,则协同训练退化成自训练算法.

算法 10.3 协同训练的训练过程

输入: 标注数据集 $\mathcal{L} = \{(\boldsymbol{x}^{(n)}, y^{(n)})\}_{n=1}^{N}$;
无标注数据集 $\mathcal{U} = \{\boldsymbol{x}^{(m)}\}_{m=1}^{M}$;
迭代次数 T;候选池大小 K;每次迭代增加样本数量 $2P$;

for $t = 1 \cdots T$ **do**
    根据训练集 $\mathcal{L}$ 的视角 V_1 训练训练模型 f_1;
    根据训练集 $\mathcal{L}$ 的视角 V_2 训练训练模型 f_2;
    从无标注数据集 $\mathcal{U}$ 上随机选取一些样本放入候选池 $\mathcal{U}'$,使得 $|\mathcal{U}'| = K$;
    for $f \in f_1, f_2$ **do**
        使用模型 f 预测候选池 $\mathcal{U}'$ 中的样本的伪标签;
        for $p = 1 \cdots P$ **do**
            根据标签分布,随机选取一个标签 y;
            从 $\mathcal{U}'$ 中选出伪标签为 y,并且预测置信度最高的样本 $\boldsymbol{x}$;
            更新训练集:

$$\mathcal{L} \leftarrow \mathcal{L} \cup \{(\boldsymbol{x}, y)\}, \qquad \mathcal{U}' \leftarrow \mathcal{U}' - \{(\boldsymbol{x}, y)\}.$$

        end
    end
end

输出: 模型 f_1, f_2

由于不同视角的条件独立性,在不同视角上训练出来的模型就相当于从不同视角来理解问题,具有一定的互补性. 协同训练就是利用这种互补性来进行自训练的一种方法. 首先在训练集上根据不同视角分别训练两个模型 f_1 和 f_2,然后

用 f_1 和 f_2 在无标注数据集上进行预测，各选取预测置信度比较高的样本加入训练集，重新训练两个不同视角的模型，并不断重复这个过程.

10.3 多任务学习

一般的机器学习模型都是针对单一的特定任务，比如手写体数字识别、物体检测等. 不同任务的模型都是在各自的训练集上单独学习得到的. 如果有两个任务比较相关，它们之间会存在一定的共享知识，这些知识对两个任务都会有所帮助. 这些共享的知识可以是表示（特征）、模型参数或学习算法等. 目前，主流的多任务学习方法主要关注表示层面的共享.

多任务学习（Multi-task Learning）是指同时学习多个相关任务，让这些任务在学习过程中共享知识，利用多个任务之间的相关性来改进模型在每个任务上的性能和泛化能力. 多任务学习可以看作一种归纳迁移学习（Inductive Transfer Learning），即通过利用包含在相关任务中的信息作为归纳偏置（Inductive Bias）来提高泛化能力 [Caruana, 1997].

共享机制 多任务学习的主要挑战在于如何设计多任务之间的共享机制. 在传统的机器学习算法中，引入共享的信息是比较困难的，通常会导致模型变得复杂. 但是在神经网络模型中，模型共享变得相对比较容易. 深度神经网络模型提供了一种很方便的信息共享方式，可以很容易地进行多任务学习. 多任务学习的共享机制比较灵活，有很多种共享模式. 图10.1给出了多任务学习中四种常见的共享模式，其中 A、B 和 C 表示三个不同的任务，红色框表示共享模块，蓝色框表示任务特定模块.

这四种常见的共享模式分别为：

（1）硬共享模式：让不同任务的神经网络模型共同使用一些共享模块（一般是低层）来提取一些通用特征，然后再针对每个不同的任务设置一些私有模块（一般是高层）来提取一些任务特定的特征.

（2）软共享模式：不显式地设置共享模块，但每个任务都可以从其他任务中“窃取”一些信息来提高自己的能力. 窃取的方式包括直接复制使用其他任务的隐状态，或使用注意力机制来主动选取有用的信息.

（3）层次共享模式：一般神经网络中不同层抽取的特征类型不同，低层一般抽取一些低级的局部特征，高层抽取一些高级的抽象语义特征. 因此如果多任务学习中不同任务也有级别高低之分，那么一个合理的共享模式是让低级任务在低层输出，高级任务在高层输出.

（4）共享-私有模式：一个更加分工明确的方式是将共享模块和任务特定（私有）模块的责任分开. 共享模块捕捉一些跨任务的共享特征，而私有模块只

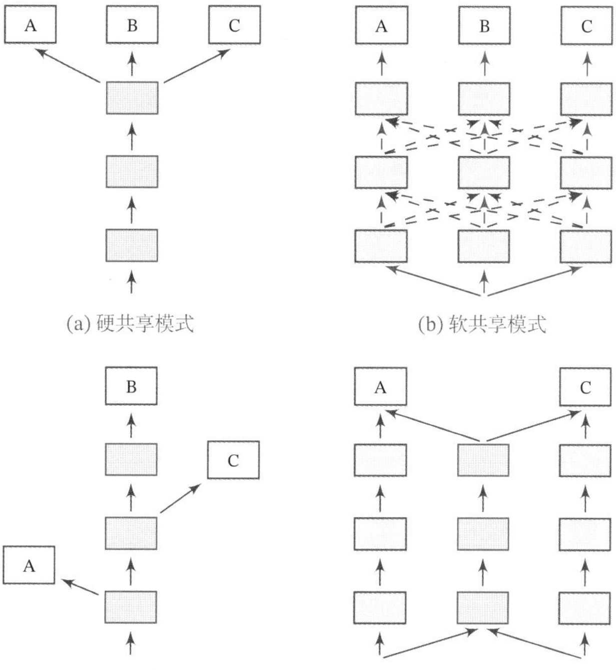

(a) 硬共享模式　(b) 软共享模式

(c) 层次共享模式　(d) 共享-私有模式

图 10.1　多任务学习中四种常见的共享模式

捕捉和特定任务相关的特征. 最终的表示由共享特征和私有特征共同构成.

学习步骤　在多任务学习中, 每个任务都可以有自己单独的训练集. 为了让所有任务同时学习, 我们通常会使用交替训练的方式来"近似"地实现同时学习.

假设有 M 个相关任务, 第 m 个任务的训练集为 $\mathcal{D}_m$, 包含 N_m 个样本.

$$\mathcal{D}_m = \{(\boldsymbol{x}^{(m,n)}, y^{(m,n)})\}_{n=1}^{N_m}, \tag{10.24}$$

其中 $\boldsymbol{x}^{(m,n)}$ 和 $y^{(m,n)}$ 表示第 m 个任务中的第 n 个样本以及它的标签.

假设这 M 个任务对应的模型分别为 $f_m(\boldsymbol{x};\theta), 1 \le m \le M$, 多任务学习的联合目标函数为所有任务损失函数的线性加权.

$$\mathcal{L}(\theta) = \sum_{m=1}^{M}\sum_{n=1}^{N_m} \eta_m \mathcal{L}_m\Big(f_m(x^{(m,n)};\theta), y^{(m,n)}\Big), \tag{10.25}$$

其中 $\mathcal{L}_m(\cdot)$ 为第 m 个任务的损失函数, η_m 是第 m 个任务的权重, θ 表示包含了共享模块和私有模块在内的所有参数. 权重可以根据不同任务的重要程度来赋值, 也可以根据任务的难易程度来赋值. 通常情况下, 所有任务设置相同的权重, 即 $\eta_m = 1, 1 \le m \le M$.

多任务学习的流程可以分为两个阶段:

（1）联合训练阶段：每次迭代时，随机挑选一个任务，然后从这个任务中随机选择一些训练样本，计算梯度并更新参数. 多任务学习中联合训练阶段的具体过程如算法10.4所示.

算法 10.4 多任务学习中联合训练过程

输入: M 个任务的数据集 $\mathcal{D}_m, 1 \le m \le M$;
每个任务的批量大小 $K_m, 1 \le m \le M$;
最大迭代次数 T, 学习率 α;

随机初始化参数 θ_0;
for $t = 1 \cdots T$ **do**
　// 准备 M 个任务的数据
　for $m = 1 \cdots M$ **do**
　　将任务 m 的训练集 $\mathcal{D}_m$ 中随机划分为 $c = \frac{N_m}{K_m}$ 个小批量集合：
　　$\mathcal{B}_m = \{\mathcal{I}_{m,1}, \cdots, \mathcal{I}_{m,c}\}$;
　end
　合并所有小批量样本 $\bar{\mathcal{B}} = \mathcal{B}_1 \cup \mathcal{B}_2 \cup \cdots \cup \mathcal{B}_M$;
　随机排序 $\bar{\mathcal{B}}$;
　foreach $\mathcal{I} \in \bar{\mathcal{B}}$ **do**
　　计算小批量样本 $\mathcal{I}$ 上的损失 $\mathcal{L}(\theta)$; // 只计算 $\mathcal{I}$ 在对应任务上的损失
　　更新参数: $\theta_t \leftarrow \theta_{t-1} - \alpha \cdot \nabla_\theta \mathcal{L}(\theta)$;
　end
end

输出: 模型 $f_m, 1 \le m \le M$

（2）单任务精调阶段：基于多任务学习得到的参数，分别在每个单独任务进行精调（Fine-Tuning）. 其中单任务精调阶段为可选阶段. 当多个任务的差异性比较大时，在每个单任务上继续优化参数可以进一步提升模型能力.

多任务学习通常可以获得比单任务学习更好的泛化能力，主要有以下几个原因：

（1）多任务学习在多个任务的数据集上进行训练，比单任务学习的训练集更大. 由于多个任务之间有一定的相关性，因此多任务学习相当于是一种隐式的数据增强，可以提高模型的泛化能力.

（2）多任务学习中的共享模块需要兼顾所有任务，这在一定程度上避免了模型过拟合到单个任务的训练集，可以看作一种正则化.

参见第1.3节.

（3）既然一个好的表示通常需要适用于多个不同任务，多任务学习的机制使得它会比单任务学习获得更好的表示.

（4）在多任务学习中，每个任务都可以"选择性"利用其他任务中学习到的隐藏特征，从而提高自身的能力.

10.4 迁移学习

标准机器学习的前提假设是训练数据和测试数据的分布是相同的. 如果不满足这个假设,在训练集上学习到的模型在测试集上的表现会比较差. 而在很多实际场景中,经常碰到的问题是标注数据的成本十分高,无法为一个目标任务准备足够多相同分布的训练数据. 因此,如果有一个相关任务已经有了大量的训练数据,虽然这些训练数据的分布和目标任务不同,但是由于训练数据的规模比较大,我们假设可以从中学习某些可以泛化的知识,那么这些知识对目标任务会有一定的帮助. 如何将相关任务的训练数据中的可泛化知识迁移到目标任务上,就是迁移学习(Transfer Learning)要解决的问题.

具体而言,假设一个机器学习任务 $\mathcal{T}$ 的样本空间为 $\mathcal{X} \times \mathcal{Y}$,其中 $\mathcal{X}$ 为输入空间,$\mathcal{Y}$ 为输出空间,其概率密度函数为 $p(\boldsymbol{x}, y)$. 为简单起见,这里设 $\mathcal{X}$ 为 D 维实数空间的一个子集,$\mathcal{Y}$ 为一个离散的集合.

$p(\boldsymbol{x}, y) = P(X = \boldsymbol{x}, Y = y)$.

一个样本空间及其分布可以称为一个领域(Domain):$\mathcal{D} = (\mathcal{X}, \mathcal{Y}, p(\boldsymbol{x}, y))$. 给定两个领域,如果它们的输入空间、输出空间或概率分布中至少一个不同,那么这两个领域就被认为是不同的. 从统计学习的观点来看,一个机器学习任务 $\mathcal{T}$ 定义为在一个领域 $\mathcal{D}$ 上的条件概率 $p(y|\boldsymbol{x})$ 的建模问题.

迁移学习是指两个不同领域的知识迁移过程,利用源领域(Source Domain)$\mathcal{D}_S$ 中学到的知识来帮助目标领域(Target Domain)$\mathcal{D}_T$ 上的学习任务. 源领域的训练样本数量一般远大于目标领域.

表10.1给出了迁移学习和标准机器学习的比较.

表 10.1 迁移学习和标准机器学习的比较

学习类型	样本空间	概率分布
标准机器学习	$\mathcal{X}_S = \mathcal{X}_T, \mathcal{Y}_S = \mathcal{Y}_T$	$p_S(\boldsymbol{x}, y) = p_T(\boldsymbol{x}, y)$
迁移学习	$\mathcal{X}_S \neq \mathcal{X}_T$ 或 $\mathcal{Y}_S \neq \mathcal{Y}_T$ 或 $p_S(\boldsymbol{x}, y) \neq p_T(\boldsymbol{x}, y)$	

迁移学习根据不同的迁移方式又分为两个类型:归纳迁移学习(Inductive Transfer Learning)和转导迁移学习(Transductive Transfer Learning). 这两个类型分别对应两个机器学习的范式:归纳学习(Inductive Learning)和转导学习(Transductive Learning)[Vapnik, 1998]. 一般的机器学习都是指归纳学习,即希望在训练数据集上学习到使得期望风险(即真实数据分布上的错误率)最小的模型. 而转导学习的目标是学习一种在给定测试集上错误率最小的模型,在训练阶段可以利用测试集的信息.

期望风险参见第2.2.2节.

归纳迁移学习是指在源领域和任务上学习出一般的规律，然后将这个规律迁移到目标领域和任务上；而转导迁移学习是一种从样本到样本的迁移，直接利用源领域和目标领域的样本进行迁移学习.

10.4.1 归纳迁移学习

在归纳迁移学习中，源领域和目标领域有相同的输入空间 $\mathcal{X}_S = \mathcal{X}_T$，输出空间可以相同也可以不同，源任务和目标任务一般不相同 $\mathcal{T}_S \neq \mathcal{T}_T$，即 $p_S(y|\boldsymbol{x}) \neq p_T(y|\boldsymbol{x})$. 一般而言，归纳迁移学习要求源领域和目标领域是相关的，并且源领域 $\mathcal{D}_S$ 有大量的训练样本，这些样本可以是有标注的样本，也可以是无标注样本.

自编码器参见第9.1.3节. 概率密度估计参见第9.2节.

（1）当源领域只有大量无标注数据时，源任务可以转换为无监督学习任务，比如自编码和密度估计任务. 通过这些无监督任务学习一种可迁移的表示，然后再将这种表示迁移到目标任务上. 这种学习方式和自学习（Self-Taught Learning）[Raina et al., 2007] 以及半监督学习比较类似. 比如在自然语言处理领域，由于语言相关任务的标注成本比较高，很多自然语言处理任务的标注数据都比较少，这导致了在这些自然语言处理任务上经常会受限于训练样本数量而无法充分发挥深度学习模型的能力. 同时，由于我们可以低成本地获取大规模的无标注自然语言文本，因此一种自然的迁移学习方式是将大规模文本上的无监督学习（比如语言模型）中学到的知识迁移到一个新的目标任务上. 从早期的预训练词向量（比如 word2vec [Mikolov et al., 2013] 和 GloVe [Pennington et al., 2014] 等）到句子级表示（比如 ELMO [Peters et al., 2018]、OpenAI GPT [Radford et al., 2018] 以及 BERT[Devlin et al., 2018] 等）都对自然语言处理任务有很大的促进作用.

（2）当源领域有大量的标注数据时，可以直接将源领域上训练的模型迁移到目标领域上. 比如在计算机视觉领域有大规模的图像分类数据集 ImageNet [Deng et al., 2009]. 由于在 ImageNet 数据集上有很多预训练的图像分类模型，比如 AlexNet[Krizhevsky et al., 2012]、VGG [Simonyan et al., 2014] 和 ResNet[He et al., 2016] 等，我们可以将这些预训练模型迁移到目标任务上.

在归纳迁移学习中，由于源领域的训练数据规模非常大，这些预训练模型通常有比较好的泛化性，其学习到的表示通常也适用于目标任务. 归纳迁移学习一般有下面两种迁移方式：

（1）基于特征的方式：将预训练模型的输出或者是中间隐藏层的输出作为特征直接加入到目标任务的学习模型中. 目标任务的学习模型可以是一般的浅层分类器（比如支持向量机等）或一个新的神经网络模型.

（2）精调的方式：在目标任务上复用预训练模型的部分组件，并对其参数进行精调（Fine-Tuning）.

假设预训练模型是一个深度神经网络，这个预训练网络中每一层的可迁移性也不尽相同 [Yosinski et al., 2014]. 通常来说，网络的低层学习一些通用的低层特征，中层或高层学习抽象的高级语义特征，而最后几层一般学习和特定任务相关的特征. 因此，根据目标任务的自身特点以及和源任务的相关性，可以有针对性地选择预训练模型的不同层来迁移到目标任务中.

将预训练模型迁移到目标任务上通常会比从零开始学习的方式更好，主要体现在以下三点 [Torrey et al., 2010]：1）初始模型的性能一般比随机初始化的模型要好；2）训练时模型的学习速度比从零开始学习要快，收敛性更好；3）模型的最终性能更好，具有更好的泛化性.

归纳迁移学习和多任务学习也比较类似，但有下面两点区别：1）多任务学习是同时学习多个不同任务，而归纳迁移学习通常分为两个阶段，即源任务上的学习阶段和目标任务上的迁移学习阶段；2）归纳迁移学习是单向的知识迁移，希望提高模型在目标任务上的性能，而多任务学习是希望提高所有任务的性能.

10.4.2 转导迁移学习

转导迁移学习是一种从样本到样本的迁移，直接利用源领域和目标领域的样本进行迁移学习 [Arnold et al., 2007]. 转导迁移学习可以看作一种特殊的转导学习（Transductive Learning）[Joachims, 1999]. 转导迁移学习通常假设源领域有大量的标注数据，而目标领域没有（或只有少量）标注数据，但是有大量的无标注数据. 目标领域的数据在训练阶段是可见的.

转导迁移学习的一个常见子问题是领域适应（Domain Adaptation）. 在领域适应问题中，一般假设源领域和目标领域有相同的样本空间，但是数据分布不同 $p_S(\boldsymbol{x}, y) \neq p_T(\boldsymbol{x}, y)$.

根据贝叶斯公式，$p(\boldsymbol{x}, y) = p(\boldsymbol{x}|y)p(y) = p(y|\boldsymbol{x})p(\boldsymbol{x})$，因此数据分布的不一致通常由三种情况造成：

（1）协变量偏移（Covariate Shift）：源领域和目标领域的输入边际分布不同 $p_S(\boldsymbol{x}) \neq p_T(\boldsymbol{x})$，但后验分布相同 $p_S(y|\boldsymbol{x}) = p_T(y|\boldsymbol{x})$，即学习任务相同 $\mathcal{T}_S = \mathcal{T}_T$.

（2）概念偏移（Concept Shift）：输入边际分布相同 $p_S(\boldsymbol{x}) = p_T(\boldsymbol{x})$，但后验分布不同 $p_S(y|\boldsymbol{x}) \neq p_T(y|\boldsymbol{x})$，即学习任务不同 $\mathcal{T}_S \neq \mathcal{T}_T$.

（3）先验偏移（Prior Shift）：源领域和目标领域中的输出标签 y 的先验分布不同 $p_S(y) \neq p_T(y)$，条件分布相同 $p_S(\boldsymbol{x}|y) = p_T(\boldsymbol{x}|y)$. 在这样情况下，目标领域必须提供一定数量的标注样本.

广义的领域适应问题可能包含上述一种或多种偏移情况. 目前，大多数的领域适应问题主要关注协变量偏移，这样领域适应问题的关键就在于如何学习领

机器学习小知识 | 协变量偏移

协变量是一个统计学概念，是可能影响预测结果的统计变量. 在机器学习中，协变量可以看作输入. 一般的机器学习算法都要求输入在训练集和测试集上的分布是相似的. 协变量偏移（Covariate Shift）一般指输入在训练集和测试集上的分布不同. 这样，在训练集上学习到的模型在测试集上的表现会比较差.

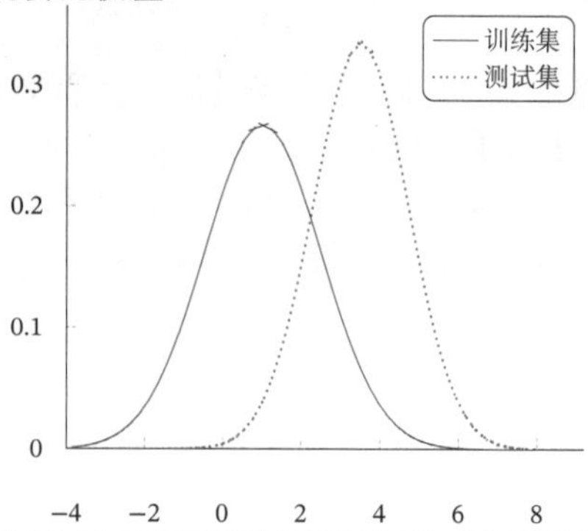

域无关（Domain-Invariant）的表示. 假设 $p_S(y|\boldsymbol{x}) = p_T(y|\boldsymbol{x})$，领域适应的目标是学习一个模型 $f : \mathcal{X} \to \mathcal{Y}$ 使得

$$\mathcal{R}_T(\theta_f) = \mathbb{E}_{(\boldsymbol{x},y)\sim p_T(\boldsymbol{x},y)}[\mathcal{L}(f(\boldsymbol{x};\theta_f), y)] \tag{10.26}$$

$$= \mathbb{E}_{(\boldsymbol{x},y)\sim p_S(\boldsymbol{x},y)} \frac{p_T(\boldsymbol{x},y)}{p_S(\boldsymbol{x},y)}[\mathcal{L}(f(\boldsymbol{x};\theta_f), y)] \tag{10.27}$$

$$= \mathbb{E}_{(\boldsymbol{x},y)\sim p_S(\boldsymbol{x},y)} \frac{p_T(\boldsymbol{x})}{p_S(\boldsymbol{x})}[\mathcal{L}(f(\boldsymbol{x};\theta_f), y)], \tag{10.28}$$

其中 $\mathcal{L}(\cdot)$ 为损失函数，θ_f 为模型参数.

如果我们可以学习一个映射函数 $g : \mathcal{X} \to \mathbb{R}^d$，将 $\boldsymbol{x}$ 映射到一个特征空间中，并在这个特征空间中使得源领域和目标领域的边际分布相同 $p_S\big(g(\boldsymbol{x};\theta_g)\big) = p_T\big(g(\boldsymbol{x};\theta_g)\big), \forall \boldsymbol{x} \in \mathcal{X}$，其中 θ_g 为映射函数的参数，那么目标函数可以近似为

$$\mathcal{R}_T(\theta_f, \theta_g) = \mathbb{E}_{(\boldsymbol{x},y)\sim p_S(\boldsymbol{x},y)}\Big[\mathcal{L}\Big(f\big(g(\boldsymbol{x};\theta_g);\theta_f\big), y\Big)\Big] + \gamma d_g(S,T) \tag{10.29}$$

$$= \mathcal{R}_S(\theta_f, \theta_g) + \gamma d_g(S,T), \tag{10.30}$$

其中 $\mathcal{R}_S(\theta_f, \theta_g)$ 为源领域上的期望风险函数，$d_g(S,T)$ 是一个分布差异的度量函数，用来计算在映射特征空间中源领域和目标领域的样本分布的距离，γ 为一个超参数，用来平衡两个子目标的重要性比例. 这样，学习的目标是优化参数 θ_f, θ_g 使得提取的特征是领域无关的，并且在源领域上损失最小.

令

$$\mathcal{D}_S = \{(\boldsymbol{x}_S^{(n)}, y_S^{(n)})\}_{n=1}^N \sim p_S(\boldsymbol{x}, y), \tag{10.31}$$

$$\mathcal{D}_T = \{\boldsymbol{x}_T^{(m)}\}_{m=1}^M \sim p_T(\boldsymbol{x}, y), \tag{10.32}$$

分别为源领域和目标领域的训练数据，我们首先用映射函数 $g(\boldsymbol{x}, \theta_g)$ 将两个领域中训练样本的输入 $\boldsymbol{x}$ 映射到特征空间，并优化参数 θ_g 使得映射后两个领域的输入分布差异最小. 分布差异一般可以通过一些度量函数来计算，比如 MMD（Maximum Mean Discrepancy）[Gretton et al., 2007]、CMD（Central Moment Discrepancy）[Zellinger et al., 2017] 等，也可以通过领域对抗学习来得到领域无关的表示 [Bousmalis et al., 2016; Ganin et al., 2016].

以对抗学习为例，我们可以引入一个领域判别器c来判断一个样本是来自于哪个领域. 如果领域判别器 c 无法判断一个映射特征的领域信息，就可以认为这个特征是一种领域无关的表示.

对于训练集中的每一个样本 $\boldsymbol{x}$，我们都赋予 $z \in \{1, 0\}$ 表示它是来自于源领域还是目标领域，领域判别器 $c(\boldsymbol{h}, \theta_c)$ 根据其映射特征 $\boldsymbol{h} = g(\boldsymbol{x}, \theta_g)$ 来预测它来自于源领域的概率 $p(z = 1|\boldsymbol{x})$. 由于领域判别是一个两分类问题，$\boldsymbol{h}$ 来自于目标领域的概率为 $1 - c(\boldsymbol{h}, \theta_c)$.

因此，领域判别器的损失函数为：

$$\mathcal{L}_c(\theta_g, \theta_c) = \frac{1}{N}\sum_{n=1}^{N} \log c(\boldsymbol{h}_S^{(n)}, \theta_c) + \frac{1}{M}\sum_{m=1}^{M} \log\big(1 - c(\boldsymbol{h}_D^{(m)}, \theta_c)\big), \tag{10.33}$$

其中 $\boldsymbol{h}_S^{(n)} = g(\boldsymbol{x}_S^{(n)}, \theta_g), \boldsymbol{h}_D^{(m)} = g(\boldsymbol{x}_D^{(m)}, \theta_g)$ 分别为样本 $\boldsymbol{x}_S^{(n)}$ 和 $\boldsymbol{x}_D^{(m)}$ 的特征向量.

这样，领域迁移的目标函数可以分解为两个对抗的目标. 一方面，要学习参数 θ_c 使得领域判别器 $c(\boldsymbol{h}, \theta_c)$ 尽可能区分出一个表示 $\boldsymbol{h} = g(\boldsymbol{x}, \theta_g)$ 是来自于哪个领域；另一方面，要学习参数 θ_g 使得提取的表示 $\boldsymbol{h}$ 无法被领域判别器 $c(\boldsymbol{h}, \theta_c)$ 预测出来，并同时学习参数 θ_f 使得模型 $f(\boldsymbol{h}; \theta_f)$ 在源领域的损失最小.

$$\min_{\theta_c} \quad \mathcal{L}_c(\theta_f, \theta_c), \tag{10.34}$$

$$\min_{\theta_f, \theta_g} \quad \sum_{n=1}^{N} \mathcal{L}\Big(f\big(g(\boldsymbol{x}_S^{(n)}; \theta_g); \theta_f\big), y_S^{(n)}\Big) - \gamma \mathcal{L}_c(\theta_f, \theta_c). \tag{10.35}$$

10.5 终身学习

虽然深度学习在很多任务上取得了成功，但是其前提是训练数据和测试数据的分布要相同，一旦训练结束模型就保持固定，不再进行迭代更新. 并且，要想一个模型同时在很多不同任务上都取得成功依然是一件十分困难的事情. 比如在围棋任务上训练的 AlphaGo 只会下围棋, 对象棋一窍不通. 如果让 AlphaGo 去学习下象棋, 可能会损害其下围棋的能力, 这显然不符合人类的学习过程. 我们在学会了下围棋之后, 再去学下象棋, 并不会忘记下围棋的下法. 人类的学习是一直持续的, 人脑可以通过记忆不断地累积学习到的知识, 这些知识累积可以在不同的任务中持续进行. 在大脑的海马系统上, 新的知识在以往知识的基础上被快速建立起来; 之后经过长时间的处理, 在大脑皮质区形成较难遗忘的长时记忆. 由于不断的知识累积, 人脑在学习新的任务时一般不需要太多的标注数据.

终身学习 (Lifelong Learning), 也叫持续学习 (Continuous Learning), 是指像人类一样具有持续不断的学习能力, 根据历史任务中学到的经验和知识来帮助学习不断出现的新任务, 并且这些经验和知识是持续累积的, 不会因为新的任务而忘记旧的知识 [Chen et al., 2016; Thrun, 1998].

在终身学习中, 假设一个终身学习算法已经在历史任务 $\mathcal{T}_1, \mathcal{T}_2, \cdots, \mathcal{T}_m$ 上学习到一个模型, 当出现一个新任务 $\mathcal{T}_{m+1}$ 时, 这个算法可以根据过去在 m 个任务上学习的知识来帮助学习第 $m+1$ 个任务, 同时累积所有的 $m+1$ 个任务上的知识. 这个设定和归纳迁移学习十分类似, 但归纳迁移学习的目标是优化目标任务的性能, 而不关心知识的累积. 而终身学习的目标是持续的学习和知识累积. 另外, 终身学习和多任务学习也十分类似, 但不同之处在于终身学习并不在所有任务上同时学习. 多任务学习是在使用所有任务的数据进行联合学习, 并不是持续地一个一个的学习.

在终身学习中, 一个关键的问题是如何避免灾难性遗忘 (Catastrophic Forgetting), 即按照一定顺序学习多个任务时, 在学习新任务的同时不忘记先前学会的历史任务 [French, 1999; Kirkpatrick et al., 2017]. 比如在神经网络模型中, 一些参数对任务 $\mathcal{T}_A$ 非常重要, 如果在学习任务 $\mathcal{T}_B$ 时被改变了, 就可能给任务 $\mathcal{T}_A$ 造成不好的影响.

在网络容量有限时, 学习一个新的任务一般需要遗忘一些历史任务的知识. 而目前的神经网络往往都是过参数化的, 对于任务 $\mathcal{T}_A$ 而言有很多参数组合都可以达到最好的性能. 这样, 在学习任务 $\mathcal{T}_B$ 时, 可以找到一组不影响任务 $\mathcal{T}_A$ 而又能使得任务 $\mathcal{T}_B$ 最优的参数.

解决灾难性遗忘的方法有很多. 我们这里介绍一种弹性权重巩固 (Elastic Weight Consolidation) 方法 [Kirkpatrick et al., 2017].

不失一般性, 以两个任务的持续学习为例, 假设任务 $\mathcal{T}_A$ 和任务 $\mathcal{T}_B$ 的数据集分别为 $\mathcal{D}_A$ 和 $\mathcal{D}_B$. 从贝叶斯的角度来看, 将模型参数 θ 看作随机向量, 给定两个任务时 θ 的后验分布为

$$\log p(\theta|\mathcal{D}) = \log p(\mathcal{D}|\theta) + \log p(\theta) - \log p(\mathcal{D}), \tag{10.36}$$

其中 $\mathcal{D} = \mathcal{D}_A \cup \mathcal{D}_B$. 根据独立同分布假设,上式可以写为

$$\log p(\theta|\mathcal{D}) = \underline{\log p(\mathcal{D}_A|\theta)} + \log p(\mathcal{D}_B|\theta) + \underline{\log p(\theta)} - \underline{\log p(\mathcal{D}_A)} - \log p(\mathcal{D}_B) \quad (10.37)$$

$$= \log p(\mathcal{D}_B|\theta) + \underline{\log p(\theta|\mathcal{D}_A)} - \log p(\mathcal{D}_B), \quad (10.38)$$

其中 $p(\theta|\mathcal{D}_A)$ 包含了所有在任务 $\mathcal{T}_A$ 上学习到的信息. 当顺序地学习任务 $\mathcal{T}_B$ 时,参数在两个任务上的后验分布和其在任务 $\mathcal{T}_A$ 的后验分布有关.

由于后验分布比较难以建模,我们可以通过一个近似的方法来估计. 假设 $p(\theta|\mathcal{D}_A)$ 为高斯分布,期望为在任务 $\mathcal{T}_A$ 上学习到的参数 θ_A^*,精度矩阵(即协方差矩阵的逆)可以用参数 θ 在数据集 $\mathcal{D}_A$ 上的 Fisher 信息矩阵来近似,即

参考 [Bishop, 2007] 中第4章中的拉普拉斯近似.

$$p(\theta|\mathcal{D}_A) = \mathcal{N}(\theta_A^*, F^{-1}), \quad (10.39)$$

其中 F 为 Fisher 信息矩阵. 为了提高计算效率,F 可以简化为对角矩阵,由 Fisher 信息矩阵对角线构成.

Fisher 信息矩阵 Fisher 信息矩阵(Fisher Information Matrix)是一种测量似然函数 $p(x;\theta)$ 携带的关于参数 θ 的信息量的方法. 通常一个参数对分布的影响可以通过对数似然函数的梯度来衡量. 令打分函数 $s(\theta)$ 为

$$s(\theta) = \nabla_\theta \log p(x;\theta), \quad (10.40)$$

则 $s(\theta)$ 的期望为 0.

证明.

$$\mathbb{E}[s(\theta)] = \int \nabla_\theta \log p(x;\theta) p(x;\theta) \mathrm{d}x \quad (10.41)$$

$$= \int \frac{\nabla_\theta p(x;\theta)}{p(x;\theta)} p(x;\theta) \mathrm{d}x \quad (10.42)$$

$$= \int \nabla_\theta p(x;\theta) \mathrm{d}x \quad (10.43)$$

$$= \nabla_\theta \int p(x;\theta) \mathrm{d}x \quad (10.44)$$

$$= \nabla_\theta 1 = 0. \quad (10.45)$$

□

$s(\theta)$ 的协方差矩阵称为Fisher 信息矩阵,可以衡量参数 θ 的估计的不确定性. Fisher 信息矩阵的定义为

$$F(\theta) = \mathbb{E}[s(\theta) s(\theta)^\intercal] \quad (10.46)$$

$$= \mathbb{E}[\nabla_\theta \log p(x;\theta) (\nabla_\theta \log p(x;\theta))^\intercal]. \quad (10.47)$$

由于我们不知道似然函数 $p(x;\theta)$ 的具体形式，Fisher 信息矩阵可以用经验分布来进行估计. 给定一个数据集 $\{x^{(1)},\cdots,x^{(N)}\}$，Fisher 信息矩阵可以近似为

$$F(\theta)=\frac{1}{N}\sum_{n=1}^{N}\nabla_\theta\log p(x^{(n)};\theta)(\nabla_\theta\log p(x^{(n)};\theta))^{\mathrm{T}}. \tag{10.48}$$

Fisher 信息矩阵的对角线的值反映了对应参数在通过最大似然进行估计时的不确定性，其值越大，表示该参数估计值的方差越小，估计更可靠性，其携带的关于数据分布的信息越多.

因此，对于任务 $\mathcal{T}_A$ 的数据集 $\mathcal{D}_A$，我们可以用 Fisher 信息矩阵来衡量一个参数携带的关于 $\mathcal{D}_A$ 的信息量，即

$$F^A(\theta)=\frac{1}{N}\sum_{(\boldsymbol{x},y)\in\mathcal{D}_A}\nabla_\theta\log p(y|\boldsymbol{x};\theta)(\nabla_\theta\log p(y|\boldsymbol{x};\theta))^{\mathrm{T}}. \tag{10.49}$$

通过上面的近似，在训练任务 $\mathcal{T}_B$ 时的损失函数为

参见习题10-4.

$$\mathcal{L}(\theta)=\mathcal{L}_B(\theta)+\sum_{i=1}^{N}\frac{\lambda}{2}F_i^A\cdot(\theta_i-\theta_{A,i}^*)^2, \tag{10.50}$$

其中 $\mathcal{L}_B(\theta)$ 为任务 $p(\theta|\mathcal{D}_B)$ 的损失函数，F_i^A 为 Fisher 信息矩阵的第 i 个对角线元素，θ_A^* 为在任务 $\mathcal{T}_A$ 上学习到的参数，λ 为平衡两个任务重要性的超参数，N 为参数的总数量.

10.6 元学习

根据没有免费午餐定理，没有一种通用的学习算法可以在所有任务上都有效. 因此，当使用机器学习算法实现某个任务时，我们通常需要“就事论事”，根据任务的特点来选择合适的模型、损失函数、优化算法以及超参数. 那么，我们是否可以有一套自动方法，根据不同任务来动态地选择合适的模型或动态地调整超参数呢？事实上，人脑中的学习机制就具备这种能力. 在面对不同的任务时，人脑的学习机制并不相同. 即使面对一个新的任务，人们往往也可以很快找到其学习方式. 这种可以动态调整学习方式的能力，称为元学习（Meta-Learning），也称为学习的学习（Learning to Learn）[Thrun et al., 2012].

元学习的目的是从已有任务中学习一种学习方法或元知识，可以加速新任务的学习. 从这个角度来说，元学习十分类似于归纳迁移学习，但元学习更侧重从多种不同（甚至是不相关）的任务中归纳出一种学习方法.

和元学习比较相关的另一个机器学习问题是小样本学习（Few-shot Learning），即在小样本上的快速学习能力. 每个类只有 K 个标注样本，K 非常小. 如

果$K = 1$,称为单样本学习(One-shot Learning);如果$K = 0$,称为零样本学习(Zero-shot Learning).

这里我们主要介绍两种典型的元学习方法:基于优化器的元学习和模型无关的元学习.

10.6.1 基于优化器的元学习

目前神经网络的学习方法主要是定义一个目标损失函数$\mathcal{L}(\theta)$,并通过梯度下降算法来最小化$\mathcal{L}(\theta)$:

$$\theta_t \leftarrow \theta_{t-1} - \alpha \nabla \mathcal{L}(\theta_{t-1}), \tag{10.51}$$

其中θ_t为第t步时的模型参数,$\nabla \mathcal{L}(\theta_{t-1})$为梯度,$\alpha$为学习率. 根据没有免费午餐定理,没有一种通用的优化算法可以在所有任务上都有效. 因此在不同的任务上,我们需要选择不同的学习率以及不同的优化方法,比如动量法、Adam等. 这些选择对具体一个学习的影响非常大. 对于一个新的任务,我们往往通过经验或超参搜索来选择一个合适的设置.

参见第7.2节.

不同的优化算法的区别在于更新参数的规则不同,因此一种很自然的元学习就是自动学习一种更新参数的规则,即通过另一个神经网络(比如循环神经网络)来建模梯度下降的过程[Andrychowicz et al., 2016; Schmidhuber, 1992; Younger et al., 2001]. 图10.2给出了基于优化器的元学习的示例.

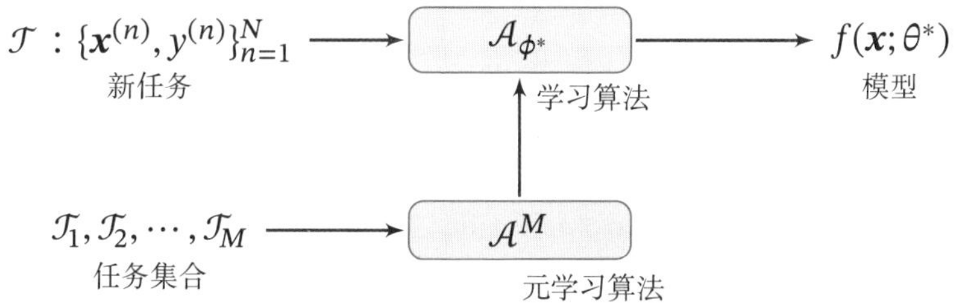

图 10.2 基于优化器的元学习

我们用函数$g_t(\cdot)$来预测第t步时参数更新的差值$\Delta\theta_t = \theta_t - \theta_{t-1}$. 函数$g_t(\cdot)$称为优化器,输入是当前时刻的梯度值,输出是参数的更新差值$\Delta\theta_t$. 这样,第t步的更新规则可以写为

$$\theta_{t+1} = \theta_t + g_t\big(\nabla \mathcal{L}(\theta_t); \phi\big) \tag{10.52}$$

其中ϕ为优化器$g_t(\cdot)$的参数.

学习优化器$g_t(\cdot)$的过程可以看作一种元学习过程,其目标是找到一个适用于多个不同任务的优化器. 在标准梯度下降中,每步迭代的目标是使得$\mathcal{L}(\theta)$下

降. 而在优化器的元学习中,我们希望在每步迭代的目标是$\mathcal{L}(\theta)$最小,具体的目标函数为

$$\mathcal{L}(\phi) = \mathbb{E}_f\Big[\sum_{t=1}^{T} w_t \mathcal{L}(\theta_t)\Big], \tag{10.53}$$

$$\theta_t = \theta_{t-1} + \boldsymbol{g}_t, \tag{10.54}$$

$$[\boldsymbol{g}_t; \boldsymbol{h}_t] = \mathrm{LSTM}\big(\nabla\mathcal{L}(\theta_{t-1}), \boldsymbol{h}_{t-1}; \phi\big), \tag{10.55}$$

其中T为最大迭代次数, $w_t > 0$为每一步的权重, 一般可以设置$w_t = 1, \forall t$. 由于LSTM网络可以记忆梯度的历史信息, 学习到的优化器可以看作一个高阶的优化方法.

在每步训练时, 随机初始化模型参数, 计算每一步的$\mathcal{L}(\theta_t)$, 以及元学习的损失函数$\mathcal{L}(\phi)$, 并使用梯度下降更新参数. 由于神经网络的参数非常多, 导致LSTM网络的输入和输出都是非常高维的, 训练这样一个巨大的网络是不可行的. 因此,一种简化的方法是为每个参数都使用一个共享的LSTM网络来进行更新,这样可以使用一个非常小的共享LSTM网络来更新参数.

10.6.2 模型无关的元学习

元学习的目标之一是快速学习的能力, 即在多个不同的任务上学习一个模型, 让其在新任务上经过少量的迭代, 甚至是单步迭代, 就可以达到一个非常好的性能,并且避免在新任务上的过拟合.

模型无关的元学习(Model-Agnostic Meta-Learning, MAML)是一个简单的模型无关、任务无关的元学习算法[Finn et al., 2017]. 假设所有的任务都来自于一个任务空间, 其分布为$p(\mathcal{T})$, 我们可以在这个任务空间的所有任务上学习一种通用的表示, 这种表示可以经过梯度下降方法在一个特定的单任务上进行精调. 假设一个模型为f_θ, 如果我们让这个模型适应到一个新任务$\mathcal{T}_m$上, 通过一步或多步的梯度下降更新, 学习到的任务适配参数为

$$\theta'_m = \theta - \alpha\nabla_\theta\mathcal{L}_{\mathcal{T}_m}(f_\theta), \tag{10.56}$$

其中α为学习率. 这里θ'_m可以理解为关于θ的函数,而不是真正的参数更新.

MAML的目标是学习一个参数θ使得其经过一个梯度迭代就可以在新任务上达到最好的性能,即

$$\min_\theta \sum_{\mathcal{T}_m\sim p(\mathcal{T})} \mathcal{L}_{\mathcal{T}_m}\big(f_{\theta'_m}\big) = \min_\theta \sum_{\mathcal{T}_m\sim p(\mathcal{T})} \mathcal{L}_{\mathcal{T}_m}\Big(f\big(\underbrace{\theta - \alpha\nabla_\theta\mathcal{L}_{\mathcal{T}_m}(f_\theta)}_{\theta'_m}\big)\Big). \tag{10.57}$$

在所有任务上的元优化（Meta-Optimization）也采用梯度下降来进行优化，即

$$\theta \leftarrow \theta - \beta \nabla_\theta \sum_{m=1}^{M} \mathcal{L}_{\mathcal{T}_m}(f_{\theta'_m}) \tag{10.58}$$

$$= \theta - \beta \sum_{m=1}^{M} \nabla_\theta \mathcal{L}_{\mathcal{T}_m}(f_{\theta_m})\Big(I - \alpha \nabla_\theta^2 \mathcal{L}_{\mathcal{T}_m}(f_{\theta_m})\Big), \tag{10.59}$$

其中β为元学习率，I为单位阵. 这一步是一个真正的参数更新步骤. 这里可以看出，当α比较小时，MAML就近似为普通的多任务学习优化方法. MAML需要计算关于θ的二阶梯度，但用一些近似的一阶方法通常也可以达到比较好的性能.

MAML的具体过程如算法10.5所示.

算法 10.5 模型无关的元学习过程

输入: 任务分布 $p(\mathcal{T})$;
最大迭代次数 T，学习率 α, β;

随机初始化参数 θ;
for $t = 1 \cdots T$ **do**
  根据 $p(\mathcal{T})$ 采样一个任务集合 $\{\mathcal{T}_m\}_{m=1}^M$;
  for $m = 1 \cdots M$ **do**
    计算 $\nabla_\theta \mathcal{L}_{\mathcal{T}_m}(f_\theta)$;
    计算任务适配的参数：$\theta'_m \leftarrow \theta - \alpha \nabla_\theta \mathcal{L}_{\mathcal{T}_m}(f_\theta)$;
  end
  更新参数：$\theta \leftarrow \theta - \beta \nabla_\theta \sum_{m=1}^{M} \mathcal{L}_{\mathcal{T}_m}(f_{\theta'_m})$;
end
输出: 模型 f_θ

10.7 总结和深入阅读

目前，神经网络的学习机制主要是以监督学习为主，这种学习方式得到的模型往往是任务定向的，也是孤立的. 每个任务的模型都是从零开始来训练的，一切知识都需要从训练数据中得到，导致每个任务都需要大量的训练数据. 这种学习方式和人脑的学习方式是不同的，人脑的学习一般不需要太多的标注数据，并且是一种持续的学习，可以通过记忆不断地累积学习到的知识. 本章主要介绍了一些和模型无关的学习方式.

集成学习是一种通过汇总多个模型来提高预测准确率的有效方法，代表性模型有随机森林 [Breiman, 2001] 和 AdaBoost[Freund et al., 1996]. 集成学习可

以参考《Pattern Recognition and Machine Learning》[Bishop, 2007] 和综述文献 [Zhou, 2012]. 在训练神经网络时经常采用的丢弃法在一定程度上也是一个模型集成.

半监督学习研究的主要内容就是如何高效地利用少量标注数据和大量无标注数据来训练分类器. 相比于监督学习, 半监督学习一般需要更少的标注数据, 因此在理论和实际应用中均受到了广泛关注. 半监督学习可以参考综述 [Zhu, 2006]. 最早在训练中运用无标注数据的方法是自训练(Self-Training, 或 Self-Teaching) [Scudder, 1965]. 在自训练的基础上, [Blum et al., 1998] 提出了由两个分类器协同训练的算法 Co-Training. 该工作获得了国际机器学习会议 ICML 2008 的 10 年最佳论文.

多任务学习是一种利用多个相关任务来提高模型泛化性的方法, 可以参考文献 [Caruana, 1997; Zhang et al., 2017].

迁移学习是研究如何将在一个领域上训练的模型迁移到新的领域, 使得新模型不用从零开始学习. 但在迁移学习中需要避免将领域相关的特征迁移到新的领域 [Ganin et al., 2016; Pan et al., 2010]. 迁移学习的一个主要研究问题是领域适应 [Ben-David et al., 2010; Zhang et al., 2013].

终身学习是一种持续的学习方式, 学习系统可以不断累积在先前任务中学到的知识, 并在未来新的任务中利用这些知识 [Chen et al., 2016; Goodfellow et al., 2013; Kirkpatrick et al., 2017].

元学习主要关注如何在多个不同任务上学习一种可泛化的快速学习能力 [Thrun et al., 2012].

上述这些方式都是目前深度学习中的前沿研究问题.

习题

习题 10-1 根据 Jensen 不等式以及公式(10.6), 证明公式(10.9)中的 $\bar{\mathcal{R}}(f) \geq \mathcal{R}(F)$.

习题 10-2 集成学习是否可以避免过拟合?

习题 10-3 分析自训练和 EM 算法之间的联系.

习题 10-4 根据最大后验估计来推导公式(10.50).

参考文献

Andrychowicz M, Denil M, Gomez S, et al., 2016. Learning to learn by gradient descent by gradient descent[C]//Advances in Neural Information Processing Systems. 3981-3989.

Arnold A, Nallapati R, Cohen W W, 2007. A comparative study of methods for transductive transfer learning[C]//icdmw. IEEE: 77-82.

Ben-David S, Blitzer J, Crammer K, et al., 2010. A theory of learning from different domains[J]. Machine learning, 79(1-2):151-175.

Bishop C M, 2007. Pattern recognition and machine learning[M]. 5th edition. Springer.

Blum A, Mitchell T, 1998. Combining labeled and unlabeled data with co-training[C]//Proceedings of the eleventh annual conference on Computational learning theory. 92-100.

Bousmalis K, Trigeorgis G, Silberman N, et al., 2016. Domain separation networks[C]//Advances in Neural Information Processing Systems. 343-351.

Breiman L, 2001. Random forests[J]. Machine learning, 45(1):5-32.

Caruana R, 1997. Multi-task learning[J]. Machine Learning, 28(1):41-75.

Chen Z, Liu B, 2016. Lifelong machine learning[J]. Synthesis Lectures on Artificial Intelligence and Machine Learning, 10(3):1-145.

Deng J, Dong W, Socher R, et al., 2009. Imagenet: A large-scale hierarchical image database[C]//Computer Vision and Pattern Recognition, 2009. CVPR 2009. IEEE Conference on. IEEE: 248-255.

Devlin J, Chang M W, Lee K, et al., 2018. BERT: Pre-training of deep bidirectional transformers for language understanding[J]. arXiv preprint arXiv:1810.04805.

Finn C, Abbeel P, Levine S, 2017. Model-agnostic meta-learning for fast adaptation of deep networks [C]//Proceedings of the 34th International Conference on Machine Learning-Volume 70. JMLR. org: 1126-1135.

French R M, 1999. Catastrophic forgetting in connectionist networks[J]. Trends in cognitive sciences, 3(4):128-135.

Freund Y, Schapire R E, et al., 1996. Experiments with a new boosting algorithm[C]//Proceedings of the International Conference on Machine Learning: volume 96. 148-156.

Friedman J, Hastie T, Tibshirani R, et al., 2000. Additive logistic regression: a statistical view of boosting[J]. The annals of statistics, 28(2):337-407.

Ganin Y, Ustinova E, Ajakan H, et al., 2016. Domain-adversarial training of neural networks[J]. Journal of Machine Learning Research, 17(59):1-35.

Goodfellow I J, Mirza M, Xiao D, et al., 2013. An empirical investigation of catastrophic forgetting in gradient-based neural networks[J]. arXiv preprint arXiv:1312.6211.

Gretton A, Borgwardt K M, Rasch M, et al., 2007. A kernel method for the two-sample-problem [C]//Advances in neural information processing systems. 513-520.

He K, Zhang X, Ren S, et al., 2016. Deep residual learning for image recognition[C]//Proceedings of the IEEE conference on computer vision and pattern recognition. 770-778.

Joachims T, 1999. Transductive inference for text classification using support vector machines[C]//ICML: volume 99. 200-209.

Kirkpatrick J, Pascanu R, Rabinowitz N, et al., 2017. Overcoming catastrophic forgetting in neural networks[J]. Proceedings of the national academy of sciences, 114(13):3521-3526.

Krizhevsky A, Sutskever I, Hinton G E, 2012. ImageNet classification with deep convolutional neural networks[C]//Advances in Neural Information Processing Systems 25. 1106-1114.

Mikolov T, Sutskever I, Chen K, et al., 2013. Distributed representations of words and phrases and their compositionality[C]//Advances in neural information processing systems. 3111-3119.

Pan S J, Yang Q, 2010. A survey on transfer learning[J]. IEEE Transactions on knowledge and data engineering, 22(10):1345-1359.

Pennington J, Socher R, Manning C, 2014. Glove: Global vectors for word representation [C]//Proceedings of the 2014 conference on empirical methods in natural language processing (EMNLP). 1532-1543.

Peters M E, Neumann M, Iyyer M, et al., 2018. Deep contextualized word representations[J]. arXiv preprint arXiv:1802.05365.

Radford A, Narasimhan K, Salimans T, et al., 2018. Improving language understanding by generative pre-training[Z/OL]. https://s3-us-west-2.amazonaws.com/openai-assets/research-covers/languageunsupervised/languageunderstandingpaper.pdf.

Raina R, Battle A, Lee H, et al., 2007. Self-taught learning: transfer learning from unlabeled data [C]//Proceedings of the 24th international conference on Machine learning. 759-766.

Schmidhuber J, 1992. Learning to control fast-weight memories: An alternative to dynamic recurrent networks[J]. Neural Computation, 4(1):131-139.

Scudder H, 1965. Probability of error of some adaptive pattern-recognition machines[J]. IEEE Transactions on Information Theory, 11(3):363-371.

Simonyan K, Zisserman A, 2014. Very deep convolutional networks for large-scale image recognition[J]. arXiv preprint arXiv:1409.1556.

Thrun S, 1998. Lifelong learning algorithms[M]//Learning to learn. Springer: 181-209.

Thrun S, Pratt L, 2012. Learning to learn[M]. Springer Science & Business Media.

Torrey L, Shavlik J, 2010. Transfer learning[M]//Handbook of Research on Machine Learning Applications and Trends: Algorithms, Methods, and Techniques. IGI Global: 242-264.

Vapnik V, 1998. Statistical learning theory[M]. New York: Wiley.

Yarowsky D, 1995. Unsupervised word sense disambiguation rivaling supervised methods[C]//Proceedings of the 33rd annual meeting on Association for Computational Linguistics. 189-196.

Yosinski J, Clune J, Bengio Y, et al., 2014. How transferable are features in deep neural networks? [C]//Advances in neural information processing systems. 3320-3328.

Younger A S, Hochreiter S, Conwell P R, 2001. Meta-learning with backpropagation[C]//Proceedings of International Joint Conference on Neural Networks: volume 3. IEEE.

Zellinger W, Grubinger T, Lughofer E, et al., 2017. Central moment discrepancy (cmd) for domain-invariant representation learning[J]. arXiv preprint arXiv:1702.08811.

Zhang K, Schölkopf B, Muandet K, et al., 2013. Domain adaptation under target and conditional shift[C]//International Conference on Machine Learning. 819-827.

Zhang Y, Yang Q, 2017. A survey on multi-task learning[J]. arXiv preprint arXiv:1707.08114.

Zhou Z H, 2012. Ensemble methods: foundations and algorithms[M]. Chapman and Hall/CRC.

Zhu X, 2006. Semi-supervised learning literature survey[J]. Computer Science, University of Wisconsin-Madison, 2(3):4.

|第三部分|

进阶模型

第11章 概率图模型

> 概率论只不过是把常识归纳为计算问题.
>
> ——皮埃尔-西蒙·拉普拉斯(Pierre-Simon Laplace)

概率图模型(Probabilistic Graphical Model, PGM),简称图模型(Graphical Model, GM),是指一种用图结构来描述多元随机变量之间条件独立关系的概率模型,从而给研究高维空间中的概率模型带来了很大的便捷性.

对于一个K维随机向量$\boldsymbol{X} = [X_1, X_2, \cdots, X_K]^{\top}$,其联合概率为高维空间中的分布,一般难以直接建模. 假设每个变量为离散变量并有M个取值,在不作任何独立假设条件下,则需要$M^K - 1$个参数才能表示其概率分布. 当$M = 2, K = 100$时,参数量约为10^{30},远远超出了目前计算机的存储能力.

在本书中,随机变量用斜体的大写字母表示,其取值用斜体的小写字母表示;随机向量用粗斜体的大写字母表示,其取值用粗斜体的小写字母表示.

一种有效减少参数量的方法是独立性假设. 一个K维随机向量$\boldsymbol{X}$的联合概率分解为K个条件概率的乘积,

$$p(\boldsymbol{x}) \triangleq P(\boldsymbol{X} = \boldsymbol{x}) \tag{11.1}$$

$$= \prod_{k=1}^{K} p(x_k | x_1, \cdots, x_{k-1}), \tag{11.2}$$

其中x_k表示变量X_k的取值. 如果某些变量之间存在条件独立,其参数量就可以大幅减少.

假设有四个二值变量X_1, X_2, X_3, X_4,在不知道这几个变量依赖关系的情况下,可以用一个联合概率表来记录每一种取值的概率$p(\boldsymbol{x}_{1:4})$,共需要$2^4 - 1 = 15$个参数. 假设在已知X_1时,X_2和X_3独立,即有

$$p(x_2 | x_1, x_3) = p(x_2 | x_1), \tag{11.3}$$

$$p(x_3 | x_1, x_2) = p(x_3 | x_1). \tag{11.4}$$

在已知X_2和X_3时，X_4也和X_1独立，即有

$$p(x_4|x_1,x_2,x_3)=p(x_4|x_2,x_3), \tag{11.5}$$

那么其联合概率$p(\boldsymbol{x})$可以分解为

$$p(\boldsymbol{x})=p(x_1)p(x_2|x_1)p(x_3|x_1,x_2)p(x_4|x_1,x_2,x_3), \tag{11.6}$$

$$=p(x_1)p(x_2|x_1)p(x_3|x_1)p(x_4|x_2,x_3), \tag{11.7}$$

即4个局部条件概率的乘积. 如果分别用4个表格来记录这4个条件概率的话，只需要$1+2+2+4=9$个独立参数.

当概率模型中的变量数量比较多时，其条件依赖关系也比较复杂. 我们可以使用图结构的方式将概率模型可视化，以一种直观、简单的方式描述随机变量之间的条件独立性，并可以将一个复杂的联合概率模型分解为一些简单条件概率模型的组合. 图11.1给出了上述例子中4个变量之间的条件独立性的图形化描述. 图中每个节点表示一个变量，每条连边表示变量之间的依赖关系.

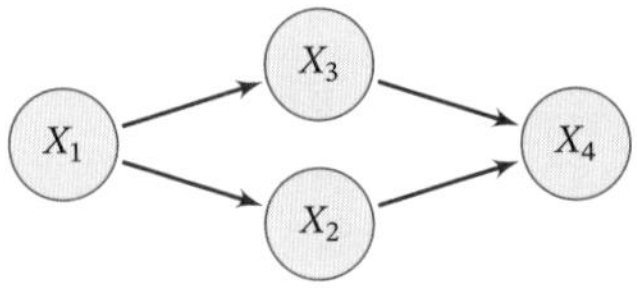

图 11.1 变量X_1,X_2,X_3,X_4之间条件独立性的图形化表示

图模型的基本问题 图模型有三个基本问题：

（1） 表示问题：对于一个概率模型，如何通过图结构来描述变量之间的依赖关系.

（2） 学习问题：图模型的学习包括图结构的学习和参数的学习. 在本章中，我们只关注在给定图结构时的参数学习，即参数估计问题.

（3） 推断问题：在已知部分变量时，计算其他变量的条件概率分布.

图模型与机器学习 很多机器学习模型都可以归结为概率模型，即建模输入和输出之间的条件概率分布. 因此，图模型提供了一种新的角度来解释机器学习模型，并且这种角度有很多优点，比如了解不同机器学习模型之间的联系，方便设计新模型等. 在机器学习中，图模型越来越多地用来设计和分析各种学习算法.

11.1 模型表示

图由一组节点和节点之间的边组成. 在概率图模型中，每个节点都表示一个随机变量（或一组随机变量），边表示这些随机变量之间的概率依赖关系.

常见的概率图模型可以分为两类：有向图模型和无向图模型.

（1）有向图模型使用有向非循环图（Directed Acyclic Graph，DAG）来描述变量之间的关系. 如果两个节点之间有连边，表示对应的两个变量为因果关系，即不存在其他变量使得这两个节点对应的变量条件独立.

（2）无向图模型使用无向图（Undirected Graph）来描述变量之间的关系. 每条边代表两个变量之间有概率依赖关系，但是并不一定是因果关系.

图11.2给出了两个代表性图模型（有向图和无向图）的示例，分别表示了四个变量$\{X_1, X_2, X_3, X_4\}$之间的依赖关系. 图中带阴影的节点表示可观测到的变量，不带阴影的节点表示隐变量，连边表示两变量间的条件依赖关系.

在本章后文中，节点、随机变量、变量的概念会经常混用. 每个节点对应一个随机变量.

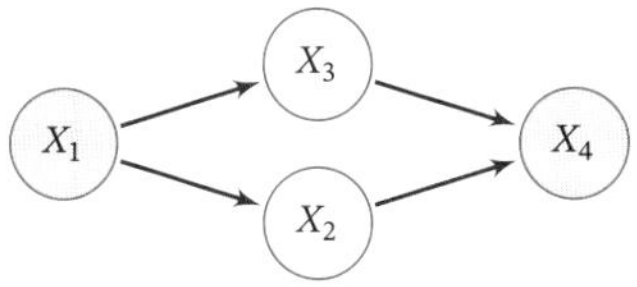

(a) 有向图：贝叶斯网络

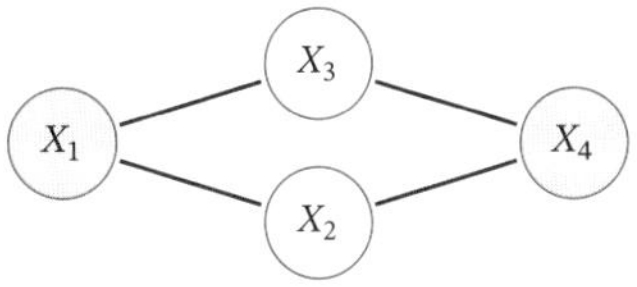

(b) 无向图：马尔可夫随机场

图 11.2 有向图和无向图示例

11.1.1 有向图模型

有向图模型（Directed Graphical Model），也称为贝叶斯网络（Bayesian Network）或信念网络（Belief Network，BN），是一类用有向图来描述随机向量概率分布的模型.

> **定义 11.1 – 贝叶斯网络：** 对于一个K维随机向量$\boldsymbol{X}$和一个有K个节点的有向非循环图G，G中的每个节点都对应一个随机变量，每个连接e_{ij}表示两个随机变量X_i和X_j之间具有非独立的因果关系. 令$\boldsymbol{X}_{\pi_k}$表示变量X_k的所有父节点变量集合，$P(X_k|\boldsymbol{X}_{\pi_k})$表示每个随机变量的局部条件概率分布（Local Conditional Probability Distribution）. 如果$\boldsymbol{X}$的联合概率分布可以分解为每个随机变量X_k的局部条件概率的连乘形式，即
>
> $$p(\boldsymbol{x}) = \prod_{k=1}^{K} p(x_k|\boldsymbol{x}_{\pi_k}), \tag{11.8}$$
>
> 那么$(G, \boldsymbol{X})$构成了一个贝叶斯网络.

条件独立性 在贝叶斯网络中，如果两个节点是直接连接的，它们肯定是非条件独立的，是直接因果关系. 父节点是“因”，子节点是“果”.

如果两个节点不是直接连接的，但可以由一条经过其他节点的路径来连接，那么这两个节点之间的条件独立性就比较复杂. 以三个节点的贝叶斯网络为例，给定三个节点 X_1、X_2、X_3，其中 X_1 和 X_3 是不直接连接的，通过节点 X_2 连接. 这三个节点之间可以有四种连接关系，如图11.3所示. 在图11.3a和图11.3b中，$X_1 \not\perp\!\!\!\perp X_3|\varnothing$，但 $X_1 \perp\!\!\!\perp X_3|X_2$；在图11.3c中，$X_1 \not\perp\!\!\!\perp X_3|\varnothing$，但 $X_1 \perp\!\!\!\perp X_3|X_2$；在图11.3d中，$X_1 \perp\!\!\!\perp X_3|\varnothing$，但 $X_1 \not\perp\!\!\!\perp X_3|X_2$.

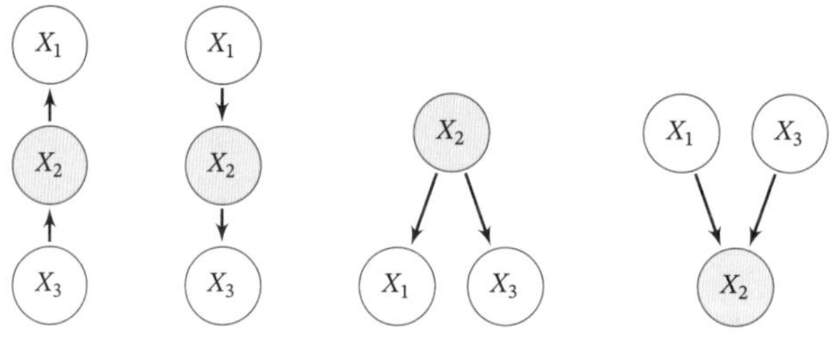

图 11.3 三个变量的依赖关系示例

参见习题11-1.

图11.3中的四种关系分别为：

（1）间接因果关系（图11.3a）：当 X_2 已知时，X_1 和 X_3 为条件独立，即 $X_1 \perp\!\!\!\perp X_3|X_2$.

（2）间接果因关系（图11.3b）：当 X_2 已知时，X_1 和 X_3 为条件独立，即 $X_1 \perp\!\!\!\perp X_3|X_2$.

（3）共因关系（图11.3c）：当 X_2 未知时，X_1 和 X_3 是不独立的；当 X_2 已知时，X_1 和 X_3 条件独立，即 $X_1 \perp\!\!\!\perp X_3|X_2$.

（4）共果关系（图11.3d）：当 X_2 未知时，X_1 和 X_3 是独立的；当 X_2 已知时，X_1 和 X_3 不独立，即 $X_1 \not\perp\!\!\!\perp X_3|X_2$.

局部马尔可夫性质 对一个更一般的贝叶斯网络，其局部马尔可夫性质为：每个随机变量在给定父节点的情况下，条件独立于它的非后代节点.

从公式(11.2)和公式(11.8)可得到. 参见习题11-2.

$$X_k \perp\!\!\!\perp Z|X_{\pi_k}, \tag{11.9}$$

其中 Z 为 X_k 的非后代变量.

11.1.2 常见的有向图模型

很多经典的机器学习模型可以使用有向图模型来描述，比如朴素贝叶斯分类器、隐马尔可夫模型、深度信念网络等.

11.1.2.1 Sigmoid 信念网络

为了减少模型参数，可以使用参数化模型来建模有向图模型中的条件概率分布. 一种简单的参数化模型为 Sigmoid 信念网络 [Neal, 1992].

更复杂的深度信念网络，参见第12.3节.

Sigmoid 信念网络（Sigmoid Belief Network，SBN）中的变量取值为 $\{0,1\}$. 对于变量 X_k 和它的父节点集合 π_k，其条件概率分布表示为

$$p(x_k = 1|\boldsymbol{x}_{\pi_k};\theta) = \sigma(\theta_0 + \sum_{x_i \in \boldsymbol{x}_{\pi_k}} \theta_i x_i), \tag{11.10}$$

其中 $\sigma(\cdot)$ 是 Logistic 函数，θ_i 是可学习的参数. 假设变量 X_k 的父节点数量为 M，如果使用表格来记录条件概率需要 2^M 个参数，如果使用参数化模型只需要 $M+1$ 个参数. 如果对不同的变量的条件概率都共享使用一个参数化模型，其参数数量又可以大幅减少.

值得一提的是，Sigmoid 信念网络与 Logistic 回归模型都采用 Logistic 函数来计算条件概率. 如果假设 Sigmoid 信念网络中只有一个叶子节点，其所有的父节点之间没有连接，且取值为实数，那么 Sigmoid 信念网络的网络结构和 Logistic 回归模型类似，如图11.4所示. 但是，这两个模型的区别在于，Logistic 回归模型中的 $\boldsymbol{x}$ 作为一种确定性的参数，而非变量. 因此，Logistic 回归模型只建模条件概率 $p(y|\boldsymbol{x})$，是一种判别模型；而 Sigmoid 信念网络建模联合概率 $p(\boldsymbol{x}, y)$，是一种生成模型.

Logistic 回归模型也经常被看作一种条件无向图模型.

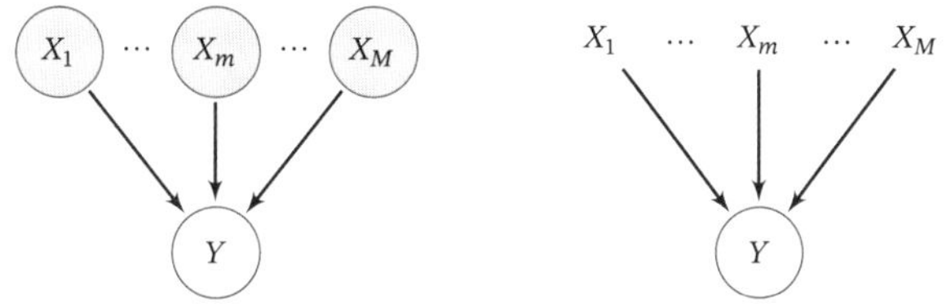

(a) 只有一层的简单 Sigmoid 信念网络 (b) Logistic 回归模型

图 11.4 Sigmoid 信念网络和 Logistic 回归模型的比较

11.1.2.2 朴素贝叶斯分类器

朴素贝叶斯（Naive Bayes，NB）分类器是一类简单的概率分类器，在强（朴素）独立性假设的条件下运用贝叶斯公式来计算每个类别的条件概率.

给定一个有 M 维特征的样本 $\boldsymbol{x}$ 和类别 y，类别 y 的条件概率为

$$p(y|\boldsymbol{x};\theta) = \frac{p(x_1,\cdots,x_M|y;\theta)p(y;\theta)}{p(x_1,\cdots,x_M)} \tag{11.11}$$

$$\propto p(x_1,\cdots,x_M|y;\theta)p(y;\theta), \tag{11.12}$$

其中 θ 为概率分布的参数.

在朴素贝叶斯分类器中,假设在给定 Y 的情况下,X_m 之间是条件独立的,即 $X_m \perp\!\!\!\perp X_k|Y, \forall m \neq k$. 图11.5给出了朴素贝叶斯分类器的图模型表示.

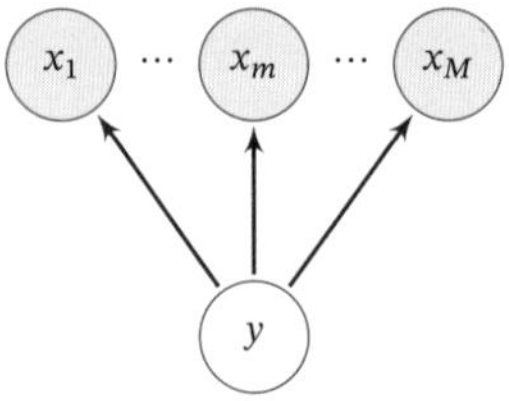

图 11.5 朴素贝叶斯模型

条件概率分布 $p(y|\boldsymbol{x})$ 可以分解为

$$p(y|\boldsymbol{x};\theta) \propto p(y|\theta_c)\prod_{m=1}^{M} p(x_m|y;\theta_m), \tag{11.13}$$

其中 θ_c 是 y 的先验概率分布的参数,θ_m 是条件概率分布 $p(x_m|y;\theta_m)$ 的参数. 若 x_m 为连续值,$p(x_m|y;\theta_m)$ 可以用高斯分布建模;若 x_m 为离散值,$p(x_m|y;\theta_m)$ 可以用多项分布建模.

虽然朴素贝叶斯分类器的条件独立性假设太强,但是在实际应用中,朴素贝叶斯分类器在很多任务上也能得到很好的结果,并且模型简单,可以有效防止过拟合.

11.1.2.3 隐马尔可夫模型

隐马尔可夫模型(Hidden Markov Model,HMM)[Baum et al., 1966] 是用来表示一种含有隐变量的马尔可夫过程.

图11.6给出隐马尔可夫模型的图模型表示,其中 $X_{1:T}$ 为可观测变量,$Y_{1:T}$ 为隐变量. 所有的隐变量构成一个马尔可夫链,每个可观测标量 X_t 依赖当前时刻的隐变量 Y_t.

马尔可夫链参见第D.3.1.1节.

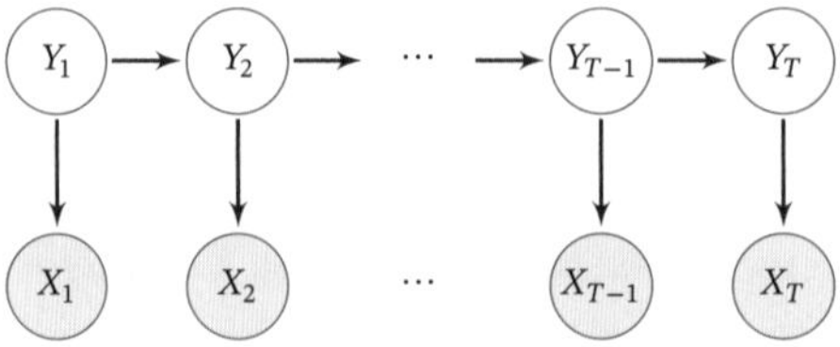

图 11.6 隐马尔可夫模型

隐马尔可夫模型的联合概率可以分解为

$$p(\boldsymbol{x},\boldsymbol{y};\theta) = \prod_{t=1}^{T} p(y_t|y_{t-1},\theta_s)p(x_t|y_t,\theta_t), \tag{11.14}$$

为了描述方便,这里用 $p(y_1|y_0)$ 表示 $p(y_1)$.

其中 $\boldsymbol{x}$ 和 $\boldsymbol{y}$ 分别为可观测变量和隐变量的取值，条件概率 $p(x_t|y_t,\theta_t)$ 称为输出概率，条件概率 $p(y_t|y_{t-1},\theta_s)$ 称为转移概率，θ_s 和 θ_t 分别表示两类条件概率的参数.

11.1.3 无向图模型

无向图模型，也称为马尔可夫随机场（Markov Random Field, MRF）或马尔可夫网络（Markov Network），是一类用无向图来描述一组具有局部马尔可夫性质的随机向量 $\boldsymbol{X}$ 的联合概率分布的模型.

> **定义 11.2 – 马尔可夫随机场：** 对于一个随机向量 $\boldsymbol{X}=[X_1,\cdots,X_K]^{\top}$ 和一个有 K 个节点的无向图 $G(\mathcal{V},\mathcal{E})$（可以存在循环），图 G 中的节点 k 表示随机变量 X_k，$1\leq k\leq K$. 如果 $(G,\boldsymbol{X})$ 满足局部马尔可夫性质，即一个变量 X_k 在给定它的邻居的情况下独立于所有其他变量，
>
> $$p(x_k|\boldsymbol{x}_{\setminus k})=p(x_k|\boldsymbol{x}_{\mathcal{N}(k)}), \tag{11.15}$$
>
> 其中 $\mathcal{N}(k)$ 为变量 X_k 的邻居集合，$\setminus k$ 为除 X_k 外其他变量的集合，那么 $(G,\boldsymbol{X})$ 就构成了一个马尔可夫随机场.

无向图的局部马尔可夫性质 无向图中的局部马尔可夫性质可以表示为

$$X_k \perp\!\!\!\perp \boldsymbol{X}_{\setminus\mathcal{N}(k),\setminus k} \mid \boldsymbol{X}_{\mathcal{N}(k)},$$

其中 $\boldsymbol{X}_{\setminus\mathcal{N}(k),\setminus k}$ 表示除 $\boldsymbol{X}_{\mathcal{N}(k)}$ 和 X_k 外的其他变量.

对于图11.2b中的 4 个变量，根据马尔可夫性质，可以得到 $X_1 \perp\!\!\!\perp X_4|X_2,X_3$ 和 $X_2 \perp\!\!\!\perp X_3|X_1,X_4$.

11.1.4 无向图模型的概率分解

团 由于无向图模型并不提供一个变量的拓扑顺序，因此无法用链式法则对 $p(\boldsymbol{x})$ 进行逐一分解. 无向图模型的联合概率一般以全连通子图为单位进行分解. 无向图中的一个全连通子图，称为团（Clique），即团内的所有节点之间都连边. 在图11.7所示的无向图中共有 7 个团，包括 $\{X_1,X_2\}$, $\{X_1,X_3\}$, $\{X_2,X_3\}$, $\{X_3,X_4\}$, $\{X_2,X_4\}$, $\{X_1,X_2,X_3\}$, $\{X_2,X_3,X_4\}$.

在所有团中，如果一个团不能被其他的团包含，这个团就是一个最大团（Maximal Clique）.

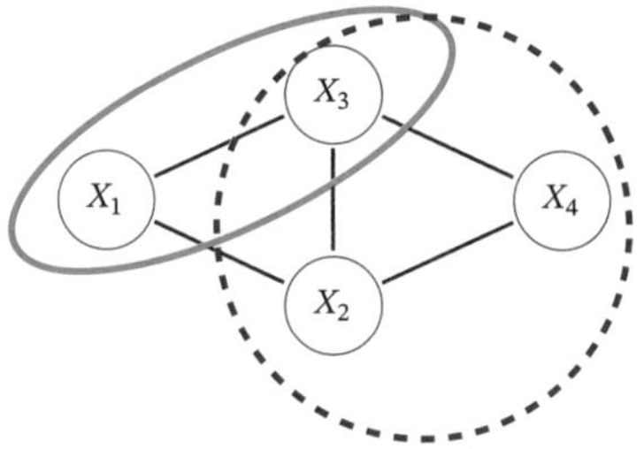

图 11.7 无向图模型中的团和最大团

因子分解 无向图中的联合概率可以分解为一系列定义在最大团上的非负函数的乘积形式.

> **定理 11.1 – Hammersley-Clifford 定理:** 如果一个分布 $p(\boldsymbol{x}) > 0$ 满足无向图 G 中的局部马尔可夫性质,当且仅当 $p(\boldsymbol{x})$ 可以表示为一系列定义在最大团上的非负函数的乘积形式,即
>
> $$p(\boldsymbol{x}) = \frac{1}{Z} \prod_{c \in \mathcal{C}} \phi_c(\boldsymbol{x}_c), \tag{11.16}$$
>
> 其中 $\mathcal{C}$ 为 G 中的最大团集合, $\phi_c(\boldsymbol{x}_c) \geq 0$ 是定义在团 c 上的势能函数(Potential Function), Z 是配分函数(Partition Function),用来将乘积归一化为概率形式:
>
> $$Z = \sum_{\boldsymbol{x} \in \mathcal{X}} \prod_{c \in \mathcal{C}} \phi_c(\boldsymbol{x}_c), \tag{11.17}$$
>
> 其中 $\mathcal{X}$ 为随机向量 X 的取值空间.

Hammersley-Clifford 定理的证明可以参考 [Koller et al., 2009]. 无向图模型与有向图模型的一个重要区别是有配分函数 Z. 配分函数的计算复杂度是指数级的,因此在推断和参数学习时都需要重点考虑.

配分函数的计算参见第11.3.1.2节.

吉布斯分布 公式(11.16)中定义的分布形式也称为吉布斯分布(Gibbs Distribution). 根据 Hammersley-Clifford 定理,无向图模型和吉布斯分布是一致的. 吉布斯分布一定满足马尔可夫随机场的条件独立性质,并且马尔可夫随机场的概率分布一定可以表示成吉布斯分布.

由于势能函数必须为正,因此我们一般定义为

$$\phi_c(\boldsymbol{x}_c) = \exp(-E_c(\boldsymbol{x}_c)), \tag{11.18}$$

这里的负号是遵从物理上习惯,即能量越低意味着概率越高.

其中 $E_c(\boldsymbol{x}_c)$ 为能量函数(Energy Function).

因此,无向图上定义的概率分布可以表示为

$$P(\boldsymbol{x}) = \frac{1}{Z}\prod_{c\in\mathcal{C}}\exp(-E_c(\boldsymbol{x}_c)) \tag{11.19}$$

$$= \frac{1}{Z}\exp\Big(\sum_{c\in\mathcal{C}} -E_c(\boldsymbol{x}_c)\Big). \tag{11.20}$$

这种形式的分布又称为玻尔兹曼分布(Boltzmann Distribution).任何一个无向图模型都可以用公式(11.20)来表示其联合概率.

玻尔兹曼分布参见第12.1节.

11.1.5 常见的无向图模型

很多经典的机器学习模型可以使用无向图模型来描述,比如对数线性模型(也叫最大熵模型)、条件随机场、玻尔兹曼机、受限玻尔兹曼机等.

玻尔兹曼机参见第12.1节.
受限玻尔兹曼机参见第12.2节.

11.1.5.1 对数线性模型

势能函数一般定义为

$$\phi_c(\boldsymbol{x}_c|\theta_c) = \exp\Big(\theta_c^{\mathsf{T}} f_c(\boldsymbol{x}_c)\Big), \tag{11.21}$$

其中函数 $f_c(\boldsymbol{x}_c)$ 为定义在 $\boldsymbol{x}_c$ 上的特征向量, θ_c 为权重向量. 这样联合概率 $p(\boldsymbol{x})$ 的对数形式为

$$\log p(\boldsymbol{x};\theta) = \sum_{c\in\mathcal{C}}\theta_c^{\mathsf{T}} f_c(\boldsymbol{x}_c) - \log Z(\theta), \tag{11.22}$$

其中 θ 代表所有势能函数中的参数 θ_c. 这种形式的无向图模型也称为对数线性模型(Log-Linear Model)或最大熵模型(Maximum Entropy Model)[Berger et al., 1996; Della Pietra et al., 1997]. 图11.8a所示是一个常用的最大熵模型.

如果用对数线性模型来建模条件概率 $p(y|\boldsymbol{x})$,

$$p(y|\boldsymbol{x};\theta) = \frac{1}{Z(\boldsymbol{x};\theta)}\exp\Big(\theta^{\mathsf{T}} f(\boldsymbol{x},y)\Big), \tag{11.23}$$

其中 $Z(\boldsymbol{x};\theta) = \sum_y \exp(\theta^{\mathsf{T}} f_y(\boldsymbol{x},y))$.

对数线性模型也称为条件最大熵模型或Softmax 回归模型.

Softmax 回归模型参见第3.3节.

11.1.5.2 条件随机场

条件随机场(Conditional Random Field, CRF)[Lafferty et al., 2001]是一种直接建模条件概率的无向图模型.

和条件最大熵模型不同,条件随机场建模的条件概率 $p(\boldsymbol{y}|\boldsymbol{x})$ 中, $\boldsymbol{y}$ 一般为随机向量, 因此需要对 $p(\boldsymbol{y}|\boldsymbol{x})$ 进行因子分解. 假设条件随机场的最大团集合为 $\mathcal{C}$,

其条件概率为

$$p(\boldsymbol{y}|\boldsymbol{x};\theta) = \frac{1}{Z(\boldsymbol{x};\theta)} \exp\Big(\sum_{c\in\mathcal{C}} \theta_c^{\mathrm{T}} f_c(\boldsymbol{x},\boldsymbol{y}_c)\Big), \tag{11.24}$$

其中 $Z(\boldsymbol{x};\theta)=\sum_{y}\exp(\sum_{c\in\mathcal{C}} f_c(\boldsymbol{x},\boldsymbol{y}_c)^{\mathrm{T}}\theta_c)$ 为归一化项.

一个最常用的条件随机场为图11.8b中所示的链式结构，称为线性链条件随机场（Linear-Chain CRF），其条件概率为

$$p(\boldsymbol{y}|\boldsymbol{x};\theta) = \frac{1}{Z(\boldsymbol{x};\theta)} \exp\Big(\sum_{t=1}^{T} \theta_1^{\mathrm{T}} f_1(\boldsymbol{x},y_t) + \sum_{t=1}^{T-1} \theta_2^{\mathrm{T}} f_2(\boldsymbol{x},y_t,y_{t+1})\Big), \tag{11.25}$$

其中 $f_1(\boldsymbol{x},y_t)$ 为状态特征，一般和位置 t 相关，$f_2(\boldsymbol{x},y_t,y_{t+1})$ 为转移特征，一般可以简化为 $f_2(y_t,y_{t+1})$ 并使用状态转移矩阵来表示.

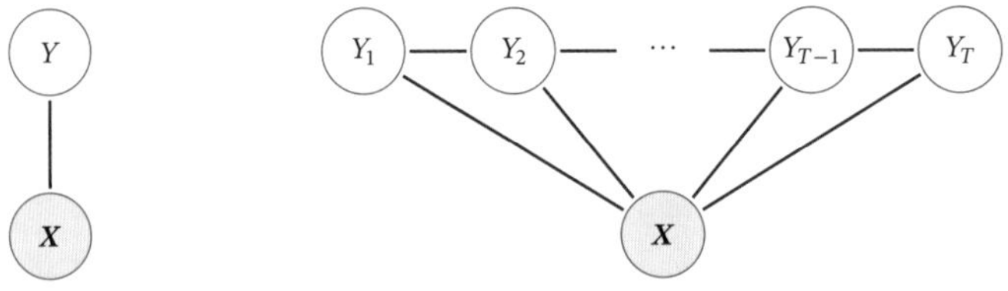

(a) 最大熵模型　　(b) 线性链的条件随机场

图 11.8 最大熵模型和线性链条件随机场

11.1.6 有向图和无向图之间的转换

有向图和无向图可以相互转换，但将无向图转为有向图通常比较困难. 在实际应用中，将有向图转为无向图更加重要，这样可以利用无向图上的精确推断算法，比如联合树算法（Junction Tree Algorithm）.

无向图模型可以表示有向图模型无法表示的一些依赖关系，比如循环依赖；但它不能表示有向图模型能够表示的某些关系，比如因果关系.

以图11.9a中的有向图为例，其联合概率分布可以分解为

$$p(\boldsymbol{x}) = p(x_1)p(x_2)p(x_3)p(x_4|x_1,x_2,x_3), \tag{11.26}$$

其中 $p(x_4|x_1,x_2,x_3)$ 和四个变量都相关. 如果要转换为无向图，需要将这四个变量都归属于一个团中. 因此，需要将 x_4 的三个父节点之间都加上连边，如图11.9b所示. 这个过程称为道德化（Moralization）. 转换后的无向图称为道德图（Moral Graph）. 在道德化的过程中，原来有向图的一些独立性会丢失，比如上面例子中 $X_1 \perp\!\!\!\perp X_2 \perp\!\!\!\perp X_3|\varnothing$ 在道德图中不再成立.

道德化的名称来源是：有共同儿子的父节点都必须结婚（即有连边）.

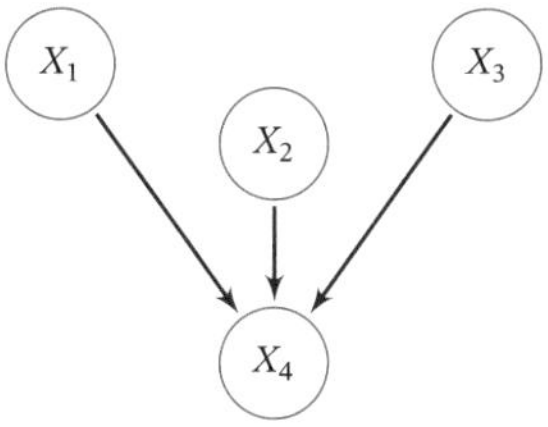

(a) 有向图

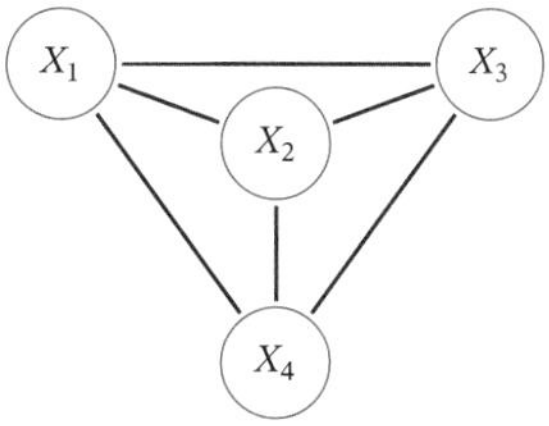

(b) 道德图

图 11.9 具有“共果关系”的有向图的道德化示例

11.2 学习

图模型的学习可以分为两部分：一是网络结构学习，即寻找最优的网络结构；二是网络参数估计，即已知网络结构，估计每个条件概率分布的参数.

网络结构学习比较困难，一般是由领域专家来构建. 本节只讨论在给定网络结构条件下的参数估计问题. 图模型的参数估计问题又分为不包含隐变量时的参数估计问题和包含隐变量时的参数估计问题.

11.2.1 不含隐变量的参数估计

如果图模型中不包含隐变量，即所有变量都是可观测的，那么网络参数一般可以直接通过最大似然来进行估计.

有向图模型　在有向图模型中，所有变量 $\boldsymbol{x}$ 的联合概率分布可以分解为每个随机变量 x_k 的局部条件概率 $p(x_k|x_{\pi_k};\theta_k)$ 的连乘形式，其中 θ_k 为第 k 个变量的局部条件概率的参数.

给定 N 个训练样本 $\mathcal{D}=\{\boldsymbol{x}^{(n)}\}_{n=1}^{N}$，其对数似然函数为

$$\mathcal{L}(\mathcal{D};\theta)=\frac{1}{N}\sum_{n=1}^{N}\log p(\boldsymbol{x}^{(n)};\theta) \tag{11.27}$$

$$=\frac{1}{N}\sum_{n=1}^{N}\sum_{k=1}^{K}\log p(x_k^{(n)}|x_{\pi_k}^{(n)};\theta_k), \tag{11.28}$$

其中 θ_k 为模型中的所有参数.

因为所有变量都是可观测的，最大化对数似然 $\mathcal{L}(\mathcal{D};\theta)$，只需要分别最大化每个变量的条件似然来估计其参数.

$$\theta_k=\arg\max\sum_{n=1}^{N}\log p(x_k^{(n)}|x_{\pi_k}^{(n)};\theta_k). \tag{11.29}$$

如果变量 $\boldsymbol{x}$ 是离散的，简单直接的方式是在训练集上统计每个变量的条件概率表. 但是条件概率表需要的参数比较多. 假设条件概率 $p(x_k|x_{\pi_k})$ 的父节点数量为 M，所有变量为二值变量，其条件概率表需要 2^M 个参数. 为了减少参数数量，可以使用参数化的模型，比如Sigmoid 信念网络. 如果变量 $\boldsymbol{x}$ 是连续的，可以使用高斯函数来表示条件概率分布，称为高斯信念网络. 在此基础上，还可以通过让所有的条件概率分布共享使用同一组参数来进一步减少参数的数量.

无向图模型　在无向图模型中，所有变量 $\boldsymbol{x}$ 的联合概率分布可以分解为定义在最大团上的势能函数的连乘形式. 以对数线性模型为例，

$$p(\boldsymbol{x};\theta) = \frac{1}{Z(\theta)} \exp\Big(\sum_{c\in\mathcal{C}} \theta_c^{\mathrm{T}} f_c(\boldsymbol{x}_c) \Big), \tag{11.30}$$

其中 $Z(\theta) = \sum_{\boldsymbol{x}} \exp(\sum_{c\in\mathcal{C}} \theta_c^{\mathrm{T}} f_c(\boldsymbol{x}_c))$.

给定 N 个训练样本 $\mathcal{D} = \{\boldsymbol{x}^{(n)}\}_{n=1}^N$，其对数似然函数为

$$\mathcal{L}(\mathcal{D};\theta) = \frac{1}{N}\sum_{n=1}^N \log p(\boldsymbol{x}^{(n)};\theta) \tag{11.31}$$

$$= \frac{1}{N}\sum_{n=1}^N \Big(\sum_{c\in\mathcal{C}} \theta_c^{\mathrm{T}} f_c(\boldsymbol{x}_c^{(n)}) \Big) - \log Z(\theta), \tag{11.32}$$

其中 θ_c 为定义在团 c 上的势能函数的参数.

采用梯度上升方法进行最大似然估计，$\mathcal{L}(\mathcal{D};\theta)$ 关于参数 θ_c 的偏导数为

$$\frac{\partial \mathcal{L}(\mathcal{D};\theta)}{\partial \theta_c} = \frac{1}{N}\sum_{n=1}^N \Big(f_c(\boldsymbol{x}_c^{(n)}) \Big) - \frac{\partial \log Z(\theta)}{\partial \theta_c} \tag{11.33}$$

其中

$$\frac{\partial \log Z(\theta)}{\partial \theta_c} = \sum_{\boldsymbol{x}} \frac{1}{Z(\theta)} \cdot \exp\Big(\sum_{c\in\mathcal{C}} \theta_c^{\mathrm{T}} f_c(\boldsymbol{x}_c) \Big) \cdot f_c(\boldsymbol{x}_c) \tag{11.34}$$

$$= \sum_{\boldsymbol{x}} p(\boldsymbol{x};\theta) f_c(\boldsymbol{x}_c) \triangleq \mathbb{E}_{\boldsymbol{x}\sim p(\boldsymbol{x};\theta)}\Big[f_c(\boldsymbol{x}_c) \Big]. \tag{11.35}$$

因此，

$$\frac{\partial \mathcal{L}(\mathcal{D};\theta)}{\partial \theta_c} = \frac{1}{N}\sum_{n=1}^N f_c(\boldsymbol{x}_c^{(n)}) - \mathbb{E}_{\boldsymbol{x}\sim p(\boldsymbol{x};\theta)}\Big[f_c(\boldsymbol{x}_c) \Big] \tag{11.36}$$

$$= \mathbb{E}_{\boldsymbol{x}\sim \tilde{p}(\boldsymbol{x})}\Big[f_c(\boldsymbol{x}_c) \Big] - \mathbb{E}_{\boldsymbol{x}\sim p(\boldsymbol{x};\theta)}\Big[f_c(\boldsymbol{x}_c) \Big], \tag{11.37}$$

其中 $\tilde{p}(\boldsymbol{x})$ 定义为经验分布（Empirical Distribution）. 由于在最优点时梯度为0，因此无向图的最大似然估计的优化目标等价于：对于每个团 c 上的特征 $f_c(\boldsymbol{x}_c)$，使得其在经验分布 $\tilde{p}(\boldsymbol{x})$ 下的期望等于其在模型分布 $p(\boldsymbol{x};\theta)$ 下的期望.

对比公式(11.29)和公式(11.37)可以看出,无向图模型的参数估计要比有向图更为复杂. 在有向图中,每个局部条件概率的参数是独立的;而在无向图中,所有的参数都是相关的,无法分解.

对于一般的无向图模型,公式(11.37)中的 $\mathbb{E}_{\boldsymbol{x}\sim p(\boldsymbol{x};\theta)}[f_c(\boldsymbol{x}_c)]$ 往往很难计算,因为涉及在联合概率空间 $p(\boldsymbol{x};\theta)$ 计算期望. 当模型变量比较多时,这个计算往往无法实现. 因此,无向图的参数估计通常采用近似的方法:1)利用采样来近似计算这个期望;2)采用坐标上升法,即固定其他参数,来优化一个势能函数的参数.

11.2.2 含隐变量的参数估计

如果图模型中包含隐变量,即有部分变量是不可观测的,就需要用EM算法进行参数估计.

11.2.2.1 EM 算法

在一个包含隐变量的图模型中,令 $\boldsymbol{X}$ 定义可观测变量集合,$\boldsymbol{Z}$ 定义隐变量集合,一个样本 $\boldsymbol{x}$ 的边际似然函数(Marginal Likelihood)为

$$p(\boldsymbol{x};\theta) = \sum_{\boldsymbol{z}} p(\boldsymbol{x},\boldsymbol{z};\theta), \tag{11.38}$$

其中 θ 为模型参数. 边际似然也称为证据(Evidence).

图11.10给出了带隐变量的贝叶斯网络的图模型结构,其中矩形表示其中的变量重复 N 次. 这种表示方法称为盘子表示法(Plate Notation),是图模型中表示重复变量的方法.

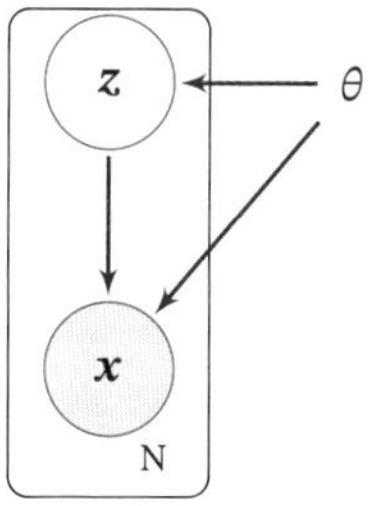

图 11.10 带隐变量的贝叶斯网络

给定 N 个训练样本 $\mathcal{D}=\{\boldsymbol{x}^{(n)}\}_{n=1}^N$,整个训练集的对数边际似然为

$$\mathcal{L}(\mathcal{D};\theta) = \frac{1}{N}\sum_{n=1}^{N}\log p(\boldsymbol{x}^{(n)};\theta) \tag{11.39}$$

$$= \frac{1}{N}\sum_{n=1}^{N}\log\sum_{\boldsymbol{z}} p(\boldsymbol{x}^{(n)},\boldsymbol{z};\theta). \tag{11.40}$$

通过最大化整个训练集的对数边际似然 $\mathcal{L}(\mathcal{D};\theta)$，可以估计出最优的参数 θ^*. 然而计算边际似然函数时涉及 $p(x)$ 的推断问题，需要在对数函数的内部进行求和（或积分）. 这样，当计算参数 θ 的梯度时，这个求和操作依然存在. 除非 $p(\boldsymbol{x},\boldsymbol{z};\theta)$ 的形式非常简单，否则这个求和难以直接计算.

为了计算 $\log p(\boldsymbol{x};\theta)$，我们引入一个额外的变分函数 $q(\boldsymbol{z})$，$q(\boldsymbol{z})$ 为定义在隐变量 $\boldsymbol{Z}$ 上的分布. 样本 $\boldsymbol{x}$ 的对数边际似然函数为

$$\log p(\boldsymbol{x};\theta) = \log \sum_{\boldsymbol{z}} q(\boldsymbol{z}) \frac{p(\boldsymbol{x},\boldsymbol{z};\theta)}{q(\boldsymbol{z})} \tag{11.41}$$

利用Jensen不等式，参见第D.2.7.1节.

$$\geq \sum_{\boldsymbol{z}} q(\boldsymbol{z}) \log \frac{p(\boldsymbol{x},\boldsymbol{z};\theta)}{q(\boldsymbol{z})} \tag{11.42}$$

$$\triangleq ELBO(q,\boldsymbol{x};\theta), \tag{11.43}$$

其中 $ELBO(q,\boldsymbol{x};\theta)$ 为对数边际似然函数 $\log p(\boldsymbol{x};\theta)$ 的下界，称为证据下界（Evidence Lower BOund，ELBO）.

公式(11.42)使用了Jensen不等式，即对于凹函数 g，$g(\mathbb{E}[X]) \geq \mathbb{E}[g(X)]$ 成立. 由Jensen不等式的性质可知，仅当 $q(\boldsymbol{z}) = p(\boldsymbol{z}|\boldsymbol{x};\theta)$ 时，对数边际似然函数 $\log p(\boldsymbol{x};\theta)$ 和其下界 $ELBO(q,\boldsymbol{x};\theta)$ 相等，即 $\log p(\boldsymbol{x};\theta) = ELBO(q,\boldsymbol{x};\theta)$.

参见习题11-4.

这样，最大化对数边际似然函数 $\log p(\boldsymbol{x};\theta)$ 的过程可以分解为两个步骤：

（1）先找到近似分布 $q(\boldsymbol{z})$ 使得 $\log p(\boldsymbol{x};\theta) = ELBO(q,\boldsymbol{x};\theta)$.

（2）再寻找参数 θ 最大化 $ELBO(q,\boldsymbol{x};\theta)$. 这就是期望最大化（Expectation-Maximum，EM）算法.

EM算法是含隐变量图模型的常用参数估计方法，通过迭代的方法来最大化边际似然. EM算法具体分为两个步骤：E步和M步. 这两步不断重复，直到收敛到某个局部最优解. 在第 t 步更新时，E步和M步分别为：

（1）E步（Expectation Step）：固定参数 θ_t，找到一个分布 $q_{t+1}(\boldsymbol{z})$ 使得证据下界 $ELBO(q,\boldsymbol{x};\theta_t)$ 等于 $\log p(\boldsymbol{x};\theta_t)$.

根据Jensen不等式的性质，$q(\boldsymbol{z}) = p(\boldsymbol{z}|\boldsymbol{x},\theta_t)$ 时，$ELBO(q,\boldsymbol{x};\theta_t)$ 最大. 因此在E步中，最理想的分布 $q(\boldsymbol{z})$ 是等于后验分布 $p(\boldsymbol{z}|\boldsymbol{x};\theta_t)$. 而计算后验分布 $p(\boldsymbol{z}|\boldsymbol{x};\theta_t)$ 是一个推断（Inference）问题. 如果 $\boldsymbol{z}$ 是有限的一维离散变量（比如混合高斯模型），$p(\boldsymbol{z}|\boldsymbol{x};\theta_t)$ 计算起来还比较容易；否则，$p(\boldsymbol{z}|\boldsymbol{x};\theta_t)$ 一般情况下很难计算，需要通过变分推断的方法来进行近似估计.

推断参见第11.3节.

变分推断参见第11.4节.

（2）M步（Maximization Step）：固定 $q_{t+1}(\boldsymbol{z})$，找到一组参数使得证据下界最大，即

$$\theta_{t+1} = \arg\max_{\theta} ELBO(q_{t+1},\boldsymbol{x};\theta). \tag{11.44}$$

这一步可以看作全观测变量图模型的参数估计问题,可以使用第11.2.1节中方法进行参数估计.

收敛性证明 假设在第 t 步时的模型参数为 θ_t,在 E 步时找到一个分布 $q_{t+1}(\boldsymbol{z})$ 使得 $\log p(\boldsymbol{x}|\theta_t) = ELBO(q,\boldsymbol{x};\theta_t)$. 在 M 步时固定 $q_{t+1}(\boldsymbol{z})$ 找到一组参数 θ_{t+1},使得 $ELBO(q_{t+1},\boldsymbol{x}|\theta_{t+1}) \geq ELBO(q_{t+1},\boldsymbol{x};\theta_t)$. 因此有

$$\log p(\boldsymbol{x};\theta_{t+1}) \geq ELBO(q_{t+1},\boldsymbol{x};\theta_{t+1}) \geq ELBO(q_{t+1},\boldsymbol{x};\theta_t) = \log p(\boldsymbol{x};\theta_t), \tag{11.45}$$

即每经过一次迭代,对数边际似然增加,即 $\log p(\boldsymbol{x};\theta_{t+1}) \geq \log p(\boldsymbol{x};\theta_t)$.

信息论的视角 对数边际似然 $\log p(\boldsymbol{x};\theta)$ 可以通过下面方式进行分解:

首先因为 $p(\boldsymbol{x},\boldsymbol{z};\theta) = p(\boldsymbol{z}|\boldsymbol{x};\theta)p(\boldsymbol{x};\theta)$,有 $\log p(\boldsymbol{x},\boldsymbol{z};\theta) = \log p(\boldsymbol{z}|\boldsymbol{x};\theta) + \log p(\boldsymbol{x};\theta)$,进一步有 $\log p(\boldsymbol{x};\theta) = \log p(\boldsymbol{x},\boldsymbol{z};\theta) - \log p(\boldsymbol{z}|\boldsymbol{x};\theta)$.

这样,对数边际似然 $\log p(\boldsymbol{x};\theta)$ 可以分解为

$$\log p(\boldsymbol{x};\theta) = \sum_{\boldsymbol{z}} q(\boldsymbol{z}) \log p(\boldsymbol{x};\theta) \tag{11.46}$$

$\sum_{\boldsymbol{z}} q(\boldsymbol{z}) = 1.$

$$= \sum_{\boldsymbol{z}} q(\boldsymbol{z})\Big(\log p(\boldsymbol{x},\boldsymbol{z};\theta) - \log p(\boldsymbol{z}|\boldsymbol{x};\theta)\Big) \tag{11.47}$$

$$= \sum_{\boldsymbol{z}} q(\boldsymbol{z}) \log \frac{p(\boldsymbol{x},\boldsymbol{z};\theta)}{q(\boldsymbol{z})} - \sum_{\boldsymbol{z}} q(\boldsymbol{z}) \log \frac{p(\boldsymbol{z}|\boldsymbol{x};\theta)}{q(\boldsymbol{z})} \tag{11.48}$$

$$= ELBO(q,\boldsymbol{x};\theta) + \mathrm{KL}(q(\boldsymbol{z})\|p(\boldsymbol{z}|\boldsymbol{x};\theta)), \tag{11.49}$$

其中 $\mathrm{KL}(q(\boldsymbol{z})\|p(\boldsymbol{z}|\boldsymbol{x};\theta))$ 为分布 $q(\boldsymbol{z})$ 和后验分布 $p(\boldsymbol{z}|\boldsymbol{x};\theta)$ 的 KL 散度.

参见第E.3.2节.

由于 $\mathrm{KL}(q(\boldsymbol{z})\|p(\boldsymbol{z}|\boldsymbol{x};\theta)) \geq 0$,因此 $ELBO(q,\boldsymbol{x};\theta)$ 为 $\log p(\boldsymbol{x};\theta)$ 的一个下界. 当且仅当 $q(\boldsymbol{z}) = p(\boldsymbol{z}|\boldsymbol{x};\theta)$ 时,$\mathrm{KL}(q(\boldsymbol{z})\|p(\boldsymbol{z}|\boldsymbol{x};\theta)) = 0$,$ELBO(q,\boldsymbol{x};\theta) = \log p(\boldsymbol{x};\theta)$.

图11.11为EM算法在第 t 步迭代时的示例.

(1)图11.11a表示第 t 步迭代时的初始状态.

此时参数为 θ_t,并且通常有 $\mathrm{KL}(q(\boldsymbol{z})\|p(\boldsymbol{z}|\boldsymbol{x};\theta_t)) > 0$.

(2)图11.11b表示 E 步更新.

固定参数 θ_t,找到分布 $q_{t+1}(\boldsymbol{z})$ 使得 $\mathrm{KL}(q_{t+1}(\boldsymbol{z})\|p(\boldsymbol{z}|\boldsymbol{x};\theta_t)) = 0$,这时证据下界 $ELBO(q_{t+1},\boldsymbol{x};\theta_t)$ 和 $\log p(\boldsymbol{x};\theta_t)$ 相等.

(3)图11.11c表示 M 步更新.

固定分布 $q_{t+1}(\boldsymbol{z})$,寻找参数 θ_{t+1} 使得证据下界 $ELBO(q_{t+1},\boldsymbol{x};\theta_{t+1})$ 最大. 由于这时通常 $\mathrm{KL}(q_{t+1}(\boldsymbol{z})\|p(\boldsymbol{z}|\boldsymbol{x};\theta_t)) > 0$,从而 $\log p(\boldsymbol{x};\theta_{t+1})$ 也变大.

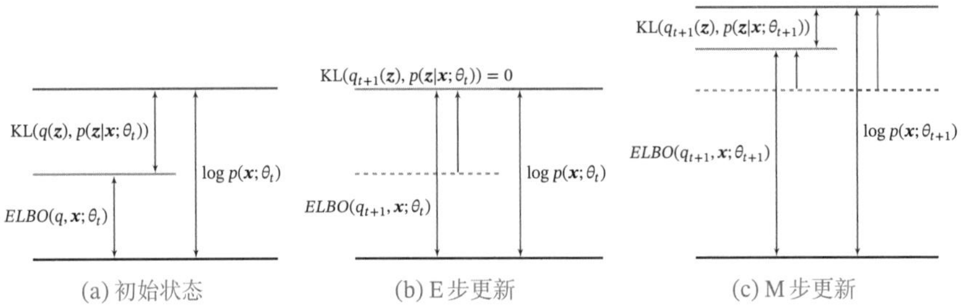

图 11.11 EM 算法在第 t 步迭代时的示例

11.2.2.2 高斯混合模型

本节介绍一个EM算法的应用例子:高斯混合模型.

高斯混合模型(Gaussian Mixture Model, GMM)是由多个高斯分布组成的模型,其总体密度函数为多个高斯密度函数的加权组合. 如果一个连续随机变量或连续随机向量的分布比较复杂, 那么我们通常可以用高斯混合模型来估计其分布情况.

不失一般性, 这里考虑一维的情况. 假设样本 x 是从 K 个高斯分布中的一个分布生成的,但是无法观测到具体由哪个分布生成. 我们引入一个隐变量 $z \in \{1, \cdots, K\}$ 来表示样本 x 来自于哪个高斯分布, z 服从多项分布:

$$p(z = k; \boldsymbol{\pi}) = \pi_k, \qquad 1 \le k \le K, \tag{11.50}$$

其中 $\boldsymbol{\pi} = [\pi_1, \pi_2, \cdots, \pi_K]$ 为多项分布的参数,并满足 $\pi_k \ge 0,\ \forall k, \sum_{k=1}^{K} \pi_k = 1$. π_k 表示样本 x 由第 k 个高斯分布生成的概率.

给定 $z = k$, 条件分布 $p(x|z = k)$ 为高斯分布:

$$p(x|z = k; \mu_k, \sigma_k) = \mathcal{N}(x; \mu_k, \sigma_k) \tag{11.51}$$

$$= \frac{1}{\sqrt{2\pi}\sigma_k} \exp\Big(-\frac{(x - \mu_k)^2}{2\sigma_k^2}\Big), \tag{11.52}$$

其中 μ_k 和 σ_k 分别为第 k 个高斯分布的均值和方差.

从高斯混合模型中生成一个样本 x 的过程可以分为两步:

(1) 首先根据多项分布 $p(z; \boldsymbol{\pi})$ 随机选取一个高斯分布.

(2) 假设选中第 k 个高斯分布(即 $z = k$), 再从高斯分布 $\mathcal{N}(x; \mu_k, \sigma_k)$ 中选取一个样本 x.

图11.12给出了高斯混合模型的图模型表示.

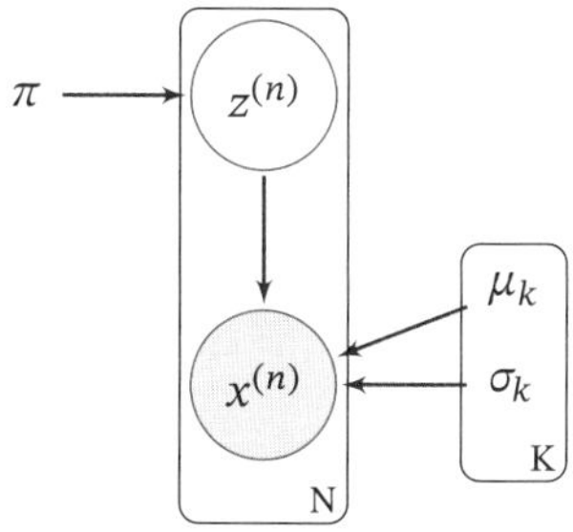

图 11.12 高斯混合模型

在高斯混合模型中，随机变量 x 的概率密度函数为

$$p(x)=\sum_{k=1}^{K}\pi_k\mathcal{N}(x;\mu_k,\sigma_k). \tag{11.53}$$

参数估计 给定 N 个由高斯混合模型生成的训练样本 $x^{(1)},x^{(2)},\cdots,x^{(N)}$，希望能学习其中的参数 $\pi_k,\mu_k,\sigma_k,1\le k\le K$. 由于我们无法观测样本 $x^{(n)}$ 是从哪个高斯分布生成的，因此无法直接用最大似然来进行参数估计.

对每个样本 $x^{(n)}$，其对数边际分布为

$$\log p(x^{(n)})=\log\sum_{z^{(n)}}p(z^{(n)})p(x^{(n)}|z^{(n)}) \tag{11.54}$$

$$=\log\sum_{k=1}^{K}\pi_k\mathcal{N}(x^{(n)};\mu_k,\sigma_k). \tag{11.55}$$

根据 EM 算法，参数估计可以分为两步进行迭代：

（1）E 步 先固定参数 μ,σ，计算后验分布 $p(z^{(n)}|x^{(n)})$，即

$$\gamma_{nk}\triangleq p(z^{(n)}=k|x^{(n)}) \tag{11.56}$$

$$=\frac{p(z^{(n)})p(x^{(n)}|z^{(n)})}{p(x^{(n)})} \tag{11.57}$$

$$=\frac{\pi_k\mathcal{N}(x^{(n)};\mu_k,\sigma_k)}{\sum_{k=1}^{K}\pi_k\mathcal{N}(x^{(n)};\mu_k,\sigma_k)}, \tag{11.58}$$

其中 γ_{nk} 定义了样本 $x^{(n)}$ 属于第 k 个高斯分布的后验概率.

（2）M 步 令 $q(z=k)=\gamma_{nk}$，训练集 $\mathcal{D}$ 的证据下界为

$$ELBO(\gamma,\mathcal{D};\pi,\mu,\sigma)=\sum_{n=1}^{N}\sum_{k=1}^{K}\gamma_{nk}\log\frac{p(x^{(n)},z^{(n)}=k)}{\gamma_{nk}} \tag{11.59}$$

$$=\sum_{n=1}^{N}\sum_{k=1}^{K}\gamma_{nk}\Big(\log\mathcal{N}(x^{(n)};\mu_k,\sigma_k)+\log\frac{\pi_k}{\gamma_{nk}}\Big) \tag{11.60}$$

$$= \sum_{n=1}^{N}\sum_{k=1}^{K}\gamma_{nk}\Big(\frac{-(x-\mu_k)^2}{2\sigma_k^2} - \log\sigma_k + \log\pi_k\Big) + C, \tag{11.61}$$

其中C为和参数无关的常数.

将参数估计问题转为优化问题:

$$\max_{\pi,\mu,\sigma} ELBO(\gamma, \mathcal{D}; \pi, \mu, \sigma), \tag{11.62}$$

$$\text{s.t.} \quad \sum_{k=1}^{K}\pi_k = 1.$$

利用拉格朗日乘数法来求解上面的等式约束优化问题, 分别求拉格朗日函数$ELBO(\gamma, \mathcal{D}; \pi, \mu, \sigma) + \lambda(\sum_{k=1}^{K}\pi_k - 1)$关于$\pi_k, \mu_k, \sigma_k$的偏导数,并令其等于0. 可得

$$\pi_k = \frac{N_k}{N}, \tag{11.63}$$

参见习题11-5.

$$\mu_k = \frac{1}{N_k}\sum_{n=1}^{N}\gamma_{nk}x^{(n)}, \tag{11.64}$$

$$\sigma_k^2 = \frac{1}{N_k}\sum_{n=1}^{N}\gamma_{nk}(x^{(n)} - \mu_k)^2, \tag{11.65}$$

其中

$$N_k = \sum_{n=1}^{N}\gamma_{nk}. \tag{11.66}$$

高斯混合模型的参数学习过程如算法11.1所示.

算法 11.1 高斯混合模型的参数学习过程

输入: 训练样本:$x^{(1)}, x^{(2)}, \cdots, x^{(N)}$;

1 随机初始化参数:$\pi_k, \mu_k, \sigma_k, 1 \le k \le K$;

2 **repeat**

// E步

3 固定参数,根据公式(11.58)计算$\gamma_{nk}, 1 \le k \le K, 1 \le n \le N$;

// M步

4 固定γ_{nk}, 根据公式(11.63)、公式(11.64)和公式(11.65), 计算π_k, μ_k, σ_k, $1 \le k \le K$;

5 **until** 对数边际分布$\sum_{n=1}^{N}\log p(x^{(n)})$收敛;

输出: $\pi_k, \mu_k, \sigma_k, 1 \le k \le K$

图11.13给出一个高斯混合模型训练过程的简单示例. 给定一组数据, 我们用两个高斯分布来估计这组数据的分布情况.

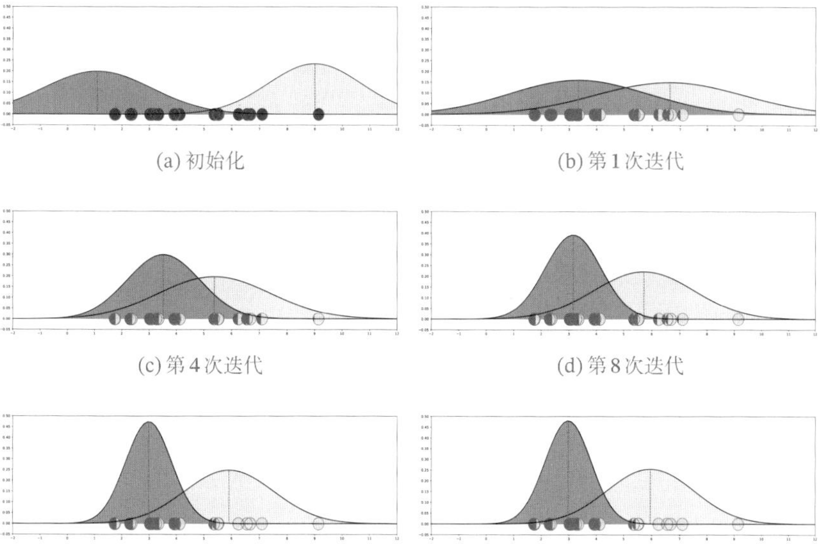

(a) 初始化　(b) 第 1 次迭代

(c) 第 4 次迭代　(d) 第 8 次迭代

(e) 第 12 次迭代　(f) 第 16 次迭代

图 11.13 高斯混合模型训练过程示例

11.3 推断

在图模型中，推断（Inference）是指在观测到部分变量 $\boldsymbol{e} = \{e_1, e_2, \cdots, e_M\}$ 时，计算其他变量的某个子集 $\boldsymbol{q} = \{q_1, q_2, \cdots, q_N\}$ 的条件概率 $p(\boldsymbol{q}|\boldsymbol{e})$.

假设一个图模型中，除了变量 $\boldsymbol{e}$、$\boldsymbol{q}$ 外，其余变量表示为 $\boldsymbol{z}$. 根据贝叶斯公式有

不失一般性，这里假设所有变量都为离散变量.

$$p(\boldsymbol{q}|\boldsymbol{e}) = \frac{p(\boldsymbol{q}, \boldsymbol{e})}{p(\boldsymbol{e})} \tag{11.67}$$

$$= \frac{\sum_{\boldsymbol{z}} p(\boldsymbol{q}, \boldsymbol{e}, \boldsymbol{z})}{\sum_{\boldsymbol{q}, \boldsymbol{z}} p(\boldsymbol{q}, \boldsymbol{e}, \boldsymbol{z})}. \tag{11.68}$$

因此，图模型的推断问题的关键为求任意一个变量子集的边际概率分布问题.

在图模型中，常用的推断算法可以分为精确推断算法和近似推断算法两类.

11.3.1 精确推断

精确推断（Exact Inference）算法是指可以计算出条件概率 $p(\boldsymbol{q}|\boldsymbol{e})$ 的精确解的算法.

11.3.1.1 变量消除法

以图11.2a的有向图为例，假设推断问题为计算后验概率 $p(x_1|x_4)$，需要计算两个边际概率 $p(x_1, x_4)$ 和 $p(x_4)$.

根据条件独立性假设,有

$$p(x_1, x_4) = \sum_{x_2, x_3} p(x_1)p(x_2|x_1)p(x_3|x_1)p(x_4|x_2, x_3), \tag{11.69}$$

假设每个变量取 K 个值,计算上面的边际分布需要 K^2 次加法以及 $K^2 \times 3$ 次乘法.

根据乘法的分配律,

$$ab + ac = a(b + c), \tag{11.70}$$

边际概率 $p(x_1, x_4)$ 可以写为

$$p(x_1, x_4) = p(x_1)\sum_{x_3} p(x_3|x_1)\sum_{x_2} p(x_2|x_1)p(x_4|x_2, x_3). \tag{11.71}$$

这样计算量可以减少到 $K^2 + K$ 次加法和 $K^2 + K + 1$ 次乘法.

这种方法是利用动态规划的思想,每次消除一个变量,来减少计算边际分布的计算复杂度,称为变量消除法(Variable Elimination Algorithm). 随着图模型规模的增长,变量消除法的收益越大.

变量消除法可以按照不同的顺序来消除变量. 比如上面的推断问题也可以按照 x_3, x_2 的消除顺序进行计算.

同理,边际概率 $p(x_4)$ 可以通过以下方式计算:

$$p(x_4) = \sum_{x_3}\sum_{x_2} p(x_4|x_2, x_3)\sum_{x_1} p(x_3|x_1)p(x_2|x_1)p(x_1). \tag{11.72}$$

变量消除法的一个缺点是在计算多个边际分布时存在很多重复的计算. 比如在上面的图模型中,计算边际概率 $p(x_4)$ 和 $p(x_3)$ 时很多局部的求和计算是一样的.

11.3.1.2 信念传播算法

信念传播(Belief Propagation, BP)算法, 也称为和积(Sum-Product)算法或消息传递(Message Passing)算法, 是将变量消除法中的和积(Sum-Product)操作看作消息(Message), 并保存起来, 这样可以节省大量的计算资源.

本节以无向图为例来介绍信念传播算法,但其同样适用于有向图.

我们先介绍链式结构上的信念传播算法.

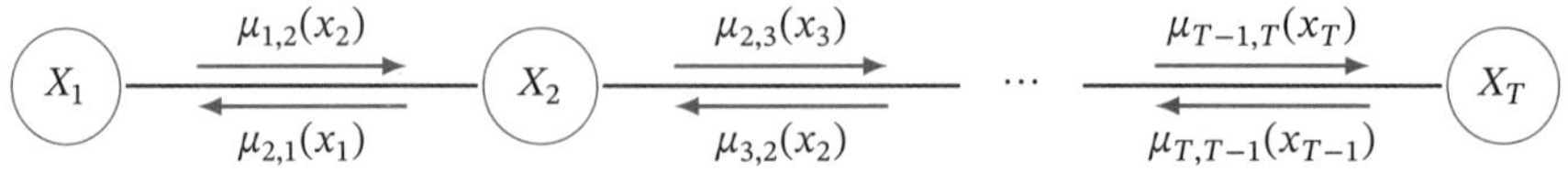

图 11.14 无向马尔可夫链的消息传递过程

以图11.14所示的无向马尔可夫链为例,其联合概率 $p(\boldsymbol{x})$ 为

$$p(\boldsymbol{x}) = \frac{1}{Z}\prod_{c\in\mathcal{C}} \phi_c(\boldsymbol{x}_c) \tag{11.73}$$

$$= \frac{1}{Z}\prod_{t=1}^{T-1} \phi(x_t, x_{t+1}) \tag{11.74}$$

其中 $\phi(x_t, x_{t+1})$ 是定义在团 (x_t, x_{t+1}) 上的势能函数.

第 t 个变量的边际概率 $p(x_t)$ 为

$$p(x_t) = \sum_{x_1}\cdots\sum_{x_{t-1}}\sum_{x_{t+1}}\cdots\sum_{x_T} p(\boldsymbol{x}) \tag{11.75}$$

$$= \frac{1}{Z}\sum_{x_1}\cdots\sum_{x_{t-1}}\sum_{x_{t+1}}\cdots\sum_{x_T}\prod_{t=1}^{T-1} \phi(x_t, x_{t+1}). \tag{11.76}$$

假设每个变量取 K 个值, 不考虑归一化项, 通过公式(11.76)计算边际分布需要 K^{T-1} 次加法以及 $K^{T-1}\times(T-1)$ 次乘法.

根据乘法的分配律,边际概率 $p(x_t)$ 可以通过下面方式进行计算:

$$\begin{aligned} p(x_t) &= \frac{1}{Z}\left(\sum_{x_1}\cdots\sum_{x_{t-1}}\prod_{j=1}^{t-1}\phi(x_j, x_{j+1})\right)\cdot\left(\sum_{x_{t+1}}\cdots\sum_{x_T}\prod_{j=t}^{T-1}\phi(x_j, x_{j+1})\right) \\ &= \frac{1}{Z}\left(\sum_{x_{t-1}}\phi(x_{t-1}, x_t)\cdots\left(\sum_{x_2}\phi(x_2, x_3)\left(\sum_{x_1}\phi(x_1, x_2)\right)\right)\right)\cdot \\ &\quad \left(\sum_{x_{t+1}}\phi(x_t, x_{t+1})\cdots\left(\sum_{x_{T-1}}\phi(x_{T-2}, x_{T-1})\left(\sum_{x_T}\phi(x_{T-1}, x_T)\right)\right)\right) \\ &= \frac{1}{Z}\mu_{t-1,t}(x_t)\mu_{t+1,t}(x_t), \end{aligned} \tag{11.77}$$

其中 $\mu_{t-1,t}(x_t)$ 定义为变量 X_{t-1} 向变量 X_t 传递的消息,定义为

$$\mu_{t-1,t}(x_t) \triangleq \sum_{x_{t-1}}\phi(x_{t-1}, x_t)\mu_{t-2,t-1}(x_{t-1}). \tag{11.78}$$

$\mu_{t+1,t}(x_t)$ 是变量 X_{t+1} 向变量 X_t 传递的消息,定义为

$$\mu_{t+1,t}(x_t) \triangleq \sum_{x_{t+1}}\phi(x_t, x_{t+1})\mu_{t+2,t+1}(x_{t+1}). \tag{11.79}$$

$\mu_{t-1,t}(x_t)$ 和 $\mu_{t+1,t}(x_t)$ 都可以递归计算. 因此,边际概率 $p(x_t)$ 的计算复杂度减少为 $O(TK^2)$. 如果要计算整个序列上所有变量的边际概率, 不需要将消息传递的过程重复 T 次,因为其中每两个相邻节点上的消息是相同的.

链式结构图模型的消息传递过程为:

（1） 依次计算前向传递的消息 $\mu_{t-1,t}(x_t), t = 1, \cdots, T-1$.

（2） 依次计算反向传递的消息 $\mu_{t+1,t}(x_t), t = T-1, \cdots, 1$.

（3） 在任意节点 t 上计算配分函数 Z,

$$Z = \sum_{x_t} \mu_{t-1,t}(x_t) \mu_{t+1,t}(x_t). \tag{11.80}$$

这样,我们可以通过公式(11.77)计算所有变量的边际概率.

树结构上的信念传播算法 信念传播算法也可以推广到具有树结构的图模型上. 如果一个有向图满足任意两个变量只有一条路径（忽略方向），且只有一个没有父节点的节点,那么这个有向图为树结构,其中唯一没有父节点的节点称为根节点. 如果一个无向图满足任意两个变量只有一条路径,那么这个无向图也为树结构. 在树结构的无向图中,任意一个节点都可以作为根节点.

树结构图模型的消息传递过程为：

（1） 从叶子节点到根节点依次计算并传递消息.

（2） 从根节点开始到叶子节点,依次计算并传递消息.

（3） 在每个节点上计算所有接收消息的乘积（如果是无向图还需要归一化）,就得到了所有变量的边际概率.

如果图结构中存在环路, 可以使用联合树算法（Junction Tree Algorithm）[Lauritzen et al., 1988] 来将图结构转换为无环图.

11.3.2 近似推断

在实际应用中,精确推断一般用于结构比较简单的推断问题. 当图模型的结构比较复杂时, 精确推断的计算开销会比较大. 此外, 如果图模型中的变量是连续的, 并且其积分函数没有闭式（Closed-Form）解, 那么也无法使用精确推断. 因此,在很多情况下也常常采用近似的方法来进行推断.

近似推断（Approximate Inference）主要有以下三种方法：

（1） 环路信念传播:当图模型中存在环路,使用信念传播算法时,消息会在环路中一直传递,可能收敛或不收敛. 环路信念传播（Loopy Belief Propagation, LBP）是在具有环路的图上依然使用信念传播算法, 即使得到不精确解, 在某些任务上也可以近似精确解.

（2） 变分推断: 图模型中有些变量的局部条件分布可能非常复杂, 或其积分无法计算. 变分推断（Variational Inference）是引入一个变分分布（通常是比较简单的分布）来近似这些条件概率, 然后通过迭代的方法进行计算. 首先是更新变分分布的参数来最小化变分分布和真实分布的差异（比如交叉熵或 KL 距离）,然后再根据变分分布来进行推断.

（3）采样法（Sampling Method）：通过模拟的方式来采集符合某个分布 $p(\boldsymbol{x})$ 的一些样本，并用这些样本来估计和分布 $p(\boldsymbol{x})$ 有关的运算，比如期望等.

我们在下面两节分别介绍变分推断和基于采样法的近似推断.

11.4 变分推断

变分法（Calculus Of Variations）是17世纪末发展起来的一个数学分支，主要研究变分问题，即泛函的极值问题.

函数（Function）是表示自变量到因变量的映射关系：$y = f(x)$. 而泛函（Functional）是函数的函数，即它的输入是函数，输出是实数：$F(f(x))$，一般称 $F(f(x))$ 为 $f(x)$ 的泛函，但是泛函要求 $f(x)$ 满足一定的边界条件，并且具有连续的二阶导数. 一个泛函的例子是熵，其输入是一个概率分布 $p(x)$，输出是该分布的不确定性.

概率分布可以看作一个函数. 熵的定义参见第E.1节.

传统的微积分通常可以用来寻找函数 $f(x)$ 的极值点，而变分法则是用来寻找一个函数 $f(x)$ 使得泛函 $F(f(x))$ 取得极大或极小值. 变方法的应用十分广泛，比如最大熵问题，即寻找一个概率分布，使得该概率分布的熵最大.

假设在一个贝叶斯模型中，$\boldsymbol{x}$ 为一组观测变量，$\boldsymbol{z}$ 为一组隐变量（参数也看作随机变量，包含在 $\boldsymbol{z}$ 中），我们的推断问题为计算条件概率密度 $p(\boldsymbol{z}|\boldsymbol{x})$. 根据贝叶斯公式，条件概率密度 $p(\boldsymbol{z}|\boldsymbol{x})$ 可以写为

不失一般性，这里假设 $\boldsymbol{x}$ 和 $\boldsymbol{z}$ 为连续随机向量.

$$p(\boldsymbol{z}|\boldsymbol{x}) = \frac{p(\boldsymbol{x},\boldsymbol{z})}{p(\boldsymbol{x})} = \frac{p(\boldsymbol{x},\boldsymbol{z})}{\int p(\boldsymbol{x},\boldsymbol{z})\mathrm{d}\boldsymbol{z}}. \tag{11.81}$$

对于很多模型来说，计算上面公式中的积分是不可行的，要么积分没有闭式解，要么是指数级的计算复杂度.

闭式解是指问题的解为闭式（closed-form）函数，从解的函数中就可以算出任何对应值. 闭式解也称为解析解，和数值解相对应.

变分推断（Variational Inference）是变分法在推断问题中的应用，是寻找一个简单分布 $q^*(\boldsymbol{z})$ 来近似条件概率密度 $p(\boldsymbol{z}|\boldsymbol{x})$，也称为变分贝叶斯（Variational Bayesian）. 这样，推断问题转换为一个泛函优化问题：

$$q^*(\boldsymbol{z}) = \underset{q(\boldsymbol{z})\in\mathcal{Q}}{\arg\min}\, \mathrm{KL}\big(q(\boldsymbol{z})\|p(\boldsymbol{z}|\boldsymbol{x})\big), \tag{11.82}$$

参见习题11-7.

其中 $\mathcal{Q}$ 为候选的概率分布族. 由于 $p(\boldsymbol{z}|\boldsymbol{x})$ 难以直接计算，因此我们不能直接优化上面公式的KL散度.

我们在EM算法中已经证明

EM算法参见第11.2.2.1节.

$$\log p(\boldsymbol{x}) = ELBO(q,\boldsymbol{x}) + \mathrm{KL}(q(\boldsymbol{z})\|p(\boldsymbol{z}|\boldsymbol{x})). \tag{11.83}$$

参见公式(11.49).

在EM算法的E步中，我们假设 $p(\boldsymbol{z}|\boldsymbol{x})$ 是可计算的，并让 $q(\boldsymbol{z}) = p(\boldsymbol{z}|\boldsymbol{x})$，这样 $ELBO(q, \boldsymbol{x})$ 等于 $\log p(\boldsymbol{x})$. 而变分推断可以看作EM算法的扩展版，主要处理不能精确推断 $p(\boldsymbol{z}|\boldsymbol{x})$ 的情况.

结合公式(11.82)和公式(11.83)，有

$$q^*(\boldsymbol{z}) = \underset{q(\boldsymbol{z})\in\mathcal{Q}}{\arg\min}\Big(\log p(\boldsymbol{x}) - ELBO(q, \boldsymbol{x})\Big) \tag{11.84}$$

$$= \underset{q(\boldsymbol{z})\in\mathcal{Q}}{\arg\max}\, ELBO(q, \boldsymbol{x}). \tag{11.85}$$

这样，公式(11.82)中优化问题转换为寻找一个简单分布 $q^*(\boldsymbol{z})$ 来最大化证据下界 $ELBO(q, \boldsymbol{x})$.

在变分推断中，候选分布族 $\mathcal{Q}$ 的复杂性决定了优化问题的复杂性. 一个通常的选择是平均场（mean-field）分布族，即 $\boldsymbol{z}$ 可以分拆为多组相互独立的变量. 概率密度 $q(\boldsymbol{z})$ 可以分解为

$$q(\boldsymbol{z}) = \prod_{m=1}^{M} q_m(\boldsymbol{z}_m), \tag{11.86}$$

其中 $\boldsymbol{z}_m$ 是隐变量的子集，可以是单变量，也可以是一组多元变量.

证据下界 $ELBO(q, \boldsymbol{x})$ 可以写为

$$ELBO(q, \boldsymbol{x}) = \int q(\boldsymbol{z}) \log \frac{p(\boldsymbol{x}, \boldsymbol{z})}{q(\boldsymbol{z})} \mathrm{d}\boldsymbol{z} \tag{11.87}$$

$$= \int q(\boldsymbol{z})\Big(\log p(\boldsymbol{x}, \boldsymbol{z}) - \log q(\boldsymbol{z})\Big)\mathrm{d}\boldsymbol{z} \tag{11.88}$$

$$= \int \prod_{m=1}^{M} q_m(\boldsymbol{z}_m)\Big(\log p(\boldsymbol{x}, \boldsymbol{z}) - \sum_{m=1}^{M} \log q_m(\boldsymbol{z}_m)\Big)\mathrm{d}\boldsymbol{z}. \tag{11.89}$$

假设只关心隐变量的子集 $\boldsymbol{z}_j$ 的近似分布 $q_j(\boldsymbol{z}_j)$，上式可以写为

这里 $q_m(\boldsymbol{z}_m)$ 用简写 q_m 表示.

const为一个常数.

$$ELBO(q, \boldsymbol{x}) = \int q_j \Big(\boxed{\int \prod_{m\neq j} q_m \log p(\boldsymbol{x}, \boldsymbol{z}) \mathrm{d}\boldsymbol{z}_m}\Big)\mathrm{d}\boldsymbol{z}_j - \int q_j \log q_j \mathrm{d}\boldsymbol{z}_j + \text{const} \tag{11.90}$$

$$= \int q_j \boxed{\log \tilde{p}(\boldsymbol{x}, \boldsymbol{z}_j)} \mathrm{d}\boldsymbol{z}_j - \int q_j \log q_j \mathrm{d}\boldsymbol{z}_j + \text{const}, \tag{11.91}$$

其中 $\tilde{p}(\boldsymbol{x}, \boldsymbol{z}_j)$ 可以看作一个关于 $\boldsymbol{z}_j$ 的未归一化的分布，并有

$$\log \tilde{p}(\boldsymbol{x}, \boldsymbol{z}_j) = \int \prod_{m\neq j} q_m \log p(\boldsymbol{x}, \boldsymbol{z}) \mathrm{d}\boldsymbol{z}_m \tag{11.92}$$

$$= \mathbb{E}_{q(z_{\setminus j})}[\log p(\boldsymbol{x}, \boldsymbol{z})] + \text{const}, \tag{11.93}$$

其中 $\boldsymbol{z}_{\setminus j}$ 为除变量子集 $\boldsymbol{z}_j$ 外的其他隐变量.

假设我们固定 $\boldsymbol{z}_{\setminus j}$ 不变,先优化 $q_j(\boldsymbol{z}_j)$ 使得 $ELBO(q, \boldsymbol{x})$ 最大. 根据公式(11.91), $ELBO(q, \boldsymbol{x})$ 可以看作 $-\text{KL}(q_j(\boldsymbol{z}_j)\|\tilde{p}(\boldsymbol{x}, \boldsymbol{z}_j))$ 加上一个常数. 因此,最小化 KL 散度 $\text{KL}(q_j(\boldsymbol{z}_j)\|\tilde{p}(\boldsymbol{x}, \boldsymbol{z}_j))$ 就等价于最大化公式(11.91),即最优的 $q_j^*(\boldsymbol{z}_j)$ 正比于对数联合概率密度 $\log p(\boldsymbol{x}, \boldsymbol{z})$ 的期望的指数:

$$q_j^*(\boldsymbol{z}_j) = \tilde{p}(\boldsymbol{x}, \boldsymbol{z}_j) \propto \exp\Big(\mathbb{E}_{q(z_{\setminus j})}[\log p(\boldsymbol{x}, \boldsymbol{z})]\Big), \tag{11.94}$$

其中期望是根据 $q(\boldsymbol{z}_{\setminus j})$ 计算的. 我们可以通过选择合适的 $q_m(\boldsymbol{z}_m), 1 \leq m \leq M$, 使得这个期望具有闭式解.

由于 $q_j^*(\boldsymbol{z}_j)$ 的计算要依赖于其他隐变量,我们可以用坐标上升法(Coordinate Ascent Algorithm)来迭代地优化每个 $q_j^*(\boldsymbol{z}_j), j = 1, \cdots, M$. 通过不断循环迭代地应用公式(11.94),证据下界 $ELBO(q, \boldsymbol{x})$ 会收敛到一个局部最优解.

变分推断通常和参数学习一起使用,比如应用在 EM 算法的 E 步中来近似条件分布 $p(\boldsymbol{z}|\boldsymbol{x})$. 在变分推断中,我们通常选择一些比较简单的分布 $q(\boldsymbol{z})$ 来近似推断 $p(\boldsymbol{z}|\boldsymbol{x})$. 当 $p(\boldsymbol{z}|\boldsymbol{x})$ 比较复杂时,近似效果不佳. 这时可以利用神经网络的强大拟合能力来近似 $p(\boldsymbol{z}|\boldsymbol{x})$,这种思想被应用在变分自编码器中.

变分自编码器参见第13.2节.

11.5 基于采样法的近似推断

在很多实际机器学习任务中,推断某个概率分布并不是最终目的,而是基于这个概率分布进一步计算并作出决策. 通常这些计算和期望相关.

采样也叫抽样.

不失一般性,假设要推断的概率分布为 $p(x)$,并基于 $p(x)$ 来计算函数 $f(x)$ 的期望:

在本节中,我们假设 x 为连续变量. 如果 x 是离散变量,可以将积分替换为求和.

$$\mathbb{E}_p[f(x)] = \int_x f(x)p(x)\mathrm{d}x. \tag{11.95}$$

当 $p(x)$ 比较复杂或难以精确推断时,我们可以通过采样法来近似计算期望 $\mathbb{E}_p[f(x)]$ 的解.

蒙特卡罗方法诞生于20世纪40年代美国的"曼哈顿计划",其名字来源于摩纳哥的一个以赌博业闻名的城市蒙特卡罗,象征概率.

11.5.1 采样法

采样法(Sampling Method)也称为蒙特卡罗方法(Monte Carlo Method)或统计模拟方法,是20世纪40年代中期提出的一种通过随机采样来近似估计一些计算问题数值解的方法. 随机采样指从给定概率密度函数 $p(x)$ 中抽取出符合其概率分布的样本.

由于电子计算机的出现和快速发展,这种方法作为一种独立方法被提出来,使得当时很多难以计算的问题都可以通过随机模拟的方法来进行估计.

数值解就是用数值方法求出解,给出一系列对应的自变量和解. 数值解和解析解或闭式解相对应.

为了计算公式(11.95)中的 $\mathbb{E}_p[f(x)]$, 我们可以通过数值解的方法来近似计算. 首先从 $p(x)$ 中独立抽取 N 个样本 $x^{(1)}, x^{(2)}, \cdots, x^{(N)}$, $f(x)$ 的期望可以用这 N 个样本的均值 $\bar{f}_N$ 来近似,即

$$\bar{f}_N = \frac{1}{N}\big(f(x^{(1)}) + \cdots + f(x^{(N)})\big). \tag{11.96}$$

根据大数定律,当 N 趋向于无穷大时,样本均值收敛于期望值.

$$\bar{f}_N \xrightarrow{P} \mathbb{E}_p[f(x)] \qquad 当 N \to \infty. \tag{11.97}$$

这就是采样法的理论依据.

采样法的一个最简单的应用例子是计算圆周率 π. 我们知道半径为 r 的圆的面积为 πr^2, 而直径为 $2r$ 的正方形的面积为 $4r^2$. 当我们用正方形去嵌套一个相切的圆时,它们的面积之比是 $\frac{1}{4}\pi$. 当不知道 π 时,我们无法计算圆的面积. 因此,需要通过模拟的方法来进行近似估计. 首先在正方形内部按均值采样的方式随机生成若干点,计算它们与圆心点的距离,从而判断它们是否落在圆的内部. 然后去统计落在圆内部的点占到所有点的比例. 当有足够的点时,这个比例应该接近于 $\frac{1}{4}\pi$,从而近似估算出 π 的值.

随机采样 采样法的难点是如何进行随机采样, 即如何让计算机生成满足概率密度函数 $p(x)$ 的样本. 我们知道, 计算机可以比较容易地随机生成一个在 $[0, 1]$ 区间上均布分布的样本 ξ. 如果要随机生成服从某个非均匀分布的样本,就需要一些间接的采样方法.

如果一个分布的概率密度函数为 $p(x)$, 其累积分布函数 $\mathrm{cdf}(x)$ 为连续的严格增函数,且存在逆函数 $\mathrm{cdf}^{-1}(y), y \in [0, 1]$,那么我们可以利用累积分布函数的逆函数来生成服从该随机分布的样本. 假设 ξ 是 $[0, 1]$ 区间上均匀分布的随机变量,则 $\mathrm{cdf}^{-1}(\xi)$ 服从概率密度函数为 $p(x)$ 的分布.

参见习题11-10.

$p(x) = \frac{1}{Z}\hat{p}(x)$, 其中 Z 为配分函数.

但当 $p(x)$ 非常复杂, 其累积分布函数的逆函数难以计算, 或者不知道 $p(x)$ 的精确值,只知道未归一化的分布 $\hat{p}(x)$ 时,就难以直接对 $p(x)$ 进行采样,往往需要使用一些间接的采样策略, 比如拒绝采样、重要性采样、马尔可夫链蒙特卡罗采样等. 这些方法一般是先根据一个比较容易采样的分布进行采样,然后通过一些策略来间接得到符合 $p(x)$ 分布的样本.

11.5.2 拒绝采样

拒绝采样（Rejection Sampling）是一种间接采样方法，也称为接受-拒绝采样（Acceptance-Rejection Sampling）.

假设原始分布 $p(x)$ 难以直接采样，我们可以引入一个容易采样的分布 $q(x)$，一般称为提议分布（Proposal Distribution），然后以某个标准来拒绝一部分的样本使得最终采集的样本服从分布 $p(x)$. 在拒绝采样中，已知未归一化的分布 $\hat{p}(x)$，我们需要构建一个提议分布 $q(x)$ 和一个常数 k，使得 $kq(x)$ 可以覆盖函数 $\hat{p}(x)$，即 $kq(x) \geq \hat{p}(x), \forall x$，如图11.15所示.

为简单起见，我们把概率密度函数为 $p(x)$ 的分布简称为分布 $p(x)$，下同.

提议分布在很多文献中也翻译为参考分布.

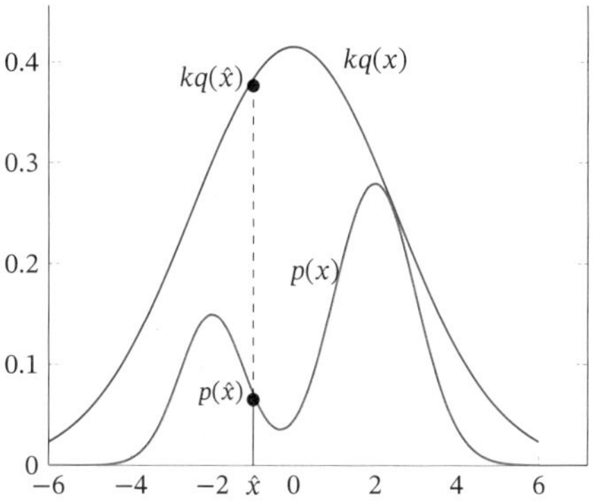

图 11.15 拒绝采样

对于每次抽取的样本 $\hat{x}$，计算接受概率（Acceptance Probability）：

$$\alpha(\hat{x}) = \frac{\hat{p}(\hat{x})}{kq(\hat{x})}, \tag{11.98}$$

并以概率 $\alpha(\hat{x})$ 来接受样本 $\hat{x}$. 拒绝采样的采样过程如算法11.2所示.

算法 11.2 拒绝采样的采样过程

```
输入: 提议分布 q(x), 常数 k, 样本集合 V = ∅;
repeat
    根据 q(x) 随机生成一个样本 x̂;
    计算接受概率 α(x̂);
    从 (0,1) 的均匀分布中随机生成一个值 z;
    if z ≤ α(x̂) then                    // 以 α(x̂) 的概率接受 x̂
        V = V ∪ {x̂};
    end
until 获得 N 个样本 (|V| = N);
输出: 样本集合 V
```

判断一个拒绝采样方法的好坏就是看其采样效率,即总体的接受率. 如果函数 $kq(x)$ 远大于原始分布函数 $\hat{p}(x)$,拒绝率会比较高,采样效率会非常不理想. 但要找到一个和 $\hat{p}(x)$ 比较接近的提议分布往往比较困难. 特别是在高维空间中,其采样率会非常低,导致很难应用到实际问题中.

11.5.3 重要性采样

如果采样的目的是计算分布 $p(x)$ 下函数 $f(x)$ 的期望,那么实际上抽取的样本不需要严格服从分布 $p(x)$. 也可以通过另一个分布,即提议分布 $q(x)$,直接采样并估计 $\mathbb{E}_p[f(x)]$.

函数 $f(x)$ 在分布 $p(x)$ 下的期望可以写为

$$\mathbb{E}_p[f(x)] = \int_x f(x)p(x)\mathrm{d}x \tag{11.99}$$

$$= \int_x f(x)\frac{p(x)}{q(x)}q(x)\mathrm{d}x \tag{11.100}$$

$$= \int_x f(x)w(x)q(x)\mathrm{d}x \tag{11.101}$$

$$= \mathbb{E}_q[f(x)w(x)]. \tag{11.102}$$

其中 $w(x)$ 称为重要性权重.

重要性采样(Importance Sampling)是通过引入重要性权重,将分布 $p(x)$ 下 $f(x)$ 的期望变为在分布 $q(x)$ 下 $f(x)w(x)$ 的期望,从而可以近似为

$$\hat{f}_N = \frac{1}{N}\left(f(x^{(1)})w(x^{(1)}) + \cdots + f(x^{(N)})w(x^{(N)})\right), \tag{11.103}$$

其中 $x^{(1)}, \cdots, x^{(N)}$ 为独立从 $q(x)$ 中随机抽取的点.

重要性采样也可以在只知道未归一化的分布 $\hat{p}(x)$ 的情况下计算函数 $f(x)$ 的期望.

$p(x) = \frac{\hat{p}(x)}{Z}$, Z 为配分函数.

$$\mathbb{E}_p[f(x)] = \int_x f(x)\frac{\hat{p}(x)}{Z}\mathrm{d}x \tag{11.104}$$

$$= \frac{\int_x \hat{p}(x)f(x)dx}{\int_x \hat{p}(x)\mathrm{d}x} \tag{11.105}$$

$$\approx \frac{\sum_{n=1}^{N} f(x^{(n)})\hat{w}(x^{(n)})}{\sum_{n=1}^{N} \hat{w}(x^{(n)})}, \tag{11.106}$$

其中 $\hat{w}(x) = \frac{\hat{p}(x)}{q(x)}$, $x^{(1)}, \cdots, x^{(N)}$ 为独立从 $q(x)$ 中随机抽取的点.

11.5.4 马尔可夫链蒙特卡罗方法

在高维空间中，拒绝采样和重要性采样的效率随空间维数的增加而指数降低. 马尔可夫链蒙特卡罗（Markov Chain Monte Carlo, MCMC）方法是一种更好的采样方法，可以很容易地对高维变量进行采样.

MCMC方法也有很多不同的具体采样方法，但其核心思想是将采样过程看作一个马尔可夫链.

马尔可夫链参见第D.3.1.1节.

$$\boldsymbol{x}_1, \boldsymbol{x}_2, \cdots, \boldsymbol{x}_{t-1}, \boldsymbol{x}_t, \boldsymbol{x}_{t+1}, \cdots$$

第 $t+1$ 次采样依赖于第 t 次抽取的样本 $\boldsymbol{x}_t$ 以及状态转移分布（即提议分布）$q(\boldsymbol{x}|\boldsymbol{x}_t)$. 如果这个马尔可夫链的平稳分布为 $p(\boldsymbol{x})$，那么在状态平稳时抽取的样本就服从 $p(\boldsymbol{x})$ 的分布.

MCMC方法的关键是如何构造出平稳分布为 $p(\boldsymbol{x})$ 的马尔可夫链，并且该马尔可夫链的状态转移分布 $q(\boldsymbol{x}|\boldsymbol{x}')$ 一般为比较容易采样的分布. 当 $\boldsymbol{x}$ 为离散变量时，$q(\boldsymbol{x}|\boldsymbol{x}')$ 可以是一个状态转移矩阵；当 $\boldsymbol{x}$ 为连续变量时，$q(\boldsymbol{x}|\boldsymbol{x}')$ 可以是参数密度函数，比如各向同性的高斯分布 $q(\boldsymbol{x}|\boldsymbol{x}') = \mathcal{N}(\boldsymbol{x}|\boldsymbol{x}', \sigma^2 I)$，其中 σ^2 为超参数.

使用MCMC方法进行采样时需要注意两点. 1）马尔可夫链需要经过一段时间的随机游走才能达到平稳状态，这段时间称为预烧期（Burn-in Period）. 预烧期内的采样点并不服从分布 $p(\boldsymbol{x})$，需要丢弃. 2）基于马尔可夫链抽取的相邻样本是高度相关的. 而在机器学习中，我们一般需要抽取的样本是独立同分布的. 为了使得抽取的样本之间独立，我们可以每间隔 M 次随机游走，抽取一个样本. 如果 M 足够大，可以认为抽取的样本是独立的.

11.5.4.1 Metropolis-Hastings 算法

Metropolis-Hastings 算法，简称MH算法，是一种应用广泛的MCMC方法. 假设马尔可夫链的状态转移分布（即提议分布）$q(\boldsymbol{x}|\boldsymbol{x}')$ 为一个比较容易采样的分布，其平稳分布往往不是 $p(\boldsymbol{x})$. 为此，MH算法引入拒绝采样的思想来修正提议分布，使得最终采样的分布为 $p(\boldsymbol{x})$.

在MH算法中，假设第 t 次采样的样本为 $\boldsymbol{x}_t$，首先根据提议分布 $q(\boldsymbol{x}|\boldsymbol{x}_t)$ 抽取一个样本 $\hat{\boldsymbol{x}}$，并以概率 $A(\hat{\boldsymbol{x}}, \boldsymbol{x}_t)$ 来接受 $\hat{\boldsymbol{x}}$ 作为第 $t+1$ 次的采样样本 $\boldsymbol{x}_{t+1}$，

$$A(\hat{\boldsymbol{x}}, \boldsymbol{x}_t) = \min\left(1, \frac{p(\hat{\boldsymbol{x}})q(\boldsymbol{x}_t|\hat{\boldsymbol{x}})}{p(\boldsymbol{x}_t)q(\hat{\boldsymbol{x}}|\boldsymbol{x}_t)}\right). \tag{11.107}$$

MH算法的采样过程如算法11.3所示.

在MH算法中，因为每次 $q(\boldsymbol{x}|\boldsymbol{x}_t)$ 随机生成一个样本 $\hat{\boldsymbol{x}}$，并以概率 $A(\hat{\boldsymbol{x}}, \boldsymbol{x}_t)$ 的方式接受，所以修正的马尔可夫链状态转移概率为

$$q'(\hat{\boldsymbol{x}}|\boldsymbol{x}_t) = q(\hat{\boldsymbol{x}}|\boldsymbol{x}_t)A(\hat{\boldsymbol{x}}, \boldsymbol{x}_t), \tag{11.108}$$

算法 11.3 Metropolis-Hastings算法的采样过程

输入: 提议分布 $q(\boldsymbol{x}|\boldsymbol{x}')$,采样间隔 M,样本集合 $\mathcal{V} = \varnothing$;

随机初始化 $\boldsymbol{x}_0, t = 0$;

repeat

  // 预热过程

  根据 $q(\boldsymbol{x}|\boldsymbol{x}_t)$ 随机生成一个样本 $\hat{\boldsymbol{x}}$;

  计算接受概率 $A(\hat{\boldsymbol{x}}, \boldsymbol{x}_t)$;

  从 $(0,1)$ 的均匀分布中随机生成一个值 z;

  if $z \le A(\hat{\boldsymbol{x}}, \boldsymbol{x}_t)$ **then** // 以 $A(\hat{\boldsymbol{x}}, \boldsymbol{x}_t)$ 的概率接受 $\hat{\boldsymbol{x}}$

    $\boldsymbol{x}_{t+1} = \hat{\boldsymbol{x}}$;

  else // 拒绝接受 $\hat{\boldsymbol{x}}$

    $\boldsymbol{x}_{t+1} = \boldsymbol{x}_t$;

  end

  $t{+}{+}$;

  if 未到平稳状态 **then** continue ;

  if $t \mod M = 0$ **then** // 采样过程,每隔 M 次采一个样本

    $\mathcal{V} = \mathcal{V} \cup \{\boldsymbol{x}_t\}$;

  end

until 获得 N 个样本 $(|\mathcal{V}| = N)$;

输出: 样本集合 $\mathcal{V}$

该修正的马尔可夫链可以达到平稳状态,且平稳分布为 $p(\boldsymbol{x})$.

细致平稳条件参见定理D.1.

证明. 根据马尔可夫链的细致平稳条件,有

$$
\begin{aligned}
p(\boldsymbol{x}_t)q'(\hat{\boldsymbol{x}}|\boldsymbol{x}_t) &= p(\boldsymbol{x}_t)q(\hat{\boldsymbol{x}}|\boldsymbol{x}_t)A(\hat{\boldsymbol{x}}, \boldsymbol{x}_t) && (11.109)\\
&= p(\boldsymbol{x}_t)q(\hat{\boldsymbol{x}}|\boldsymbol{x}_t)\min\left(1, \frac{p(\hat{\boldsymbol{x}})q(\boldsymbol{x}_t|\hat{\boldsymbol{x}})}{p(\boldsymbol{x}_t)q(\hat{\boldsymbol{x}}|\boldsymbol{x}_t)}\right) && (11.110)\\
&= \min\left(p(\boldsymbol{x}_t)q(\hat{\boldsymbol{x}}|\boldsymbol{x}_t), p(\hat{\boldsymbol{x}})q(\boldsymbol{x}_t|\hat{\boldsymbol{x}})\right) && (11.111)\\
&= p(\hat{\boldsymbol{x}})q(\boldsymbol{x}_t|\hat{\boldsymbol{x}})\min\left(\frac{p(\boldsymbol{x}_t)q(\hat{\boldsymbol{x}}|\boldsymbol{x}_t)}{p(\hat{\boldsymbol{x}})q(\boldsymbol{x}_t|\hat{\boldsymbol{x}})}, 1\right) && (11.112)\\
&= p(\hat{\boldsymbol{x}})q(\boldsymbol{x}_t|\hat{\boldsymbol{x}})A(\boldsymbol{x}_t, \hat{\boldsymbol{x}}) && (11.113)\\
&= p(\hat{\boldsymbol{x}})q'(\boldsymbol{x}_t|\hat{\boldsymbol{x}}). && (11.114)
\end{aligned}
$$

因此,$p(\boldsymbol{x})$ 是状态转移概率为 $q'(\hat{\boldsymbol{x}}|\boldsymbol{x}_t)$ 的马尔可夫链的平稳分布. □

11.5.4.2 Metropolis 算法

如果MH算法中的提议分布是对称的,即 $q(\hat{\boldsymbol{x}}|\boldsymbol{x}_t) = q(\boldsymbol{x}_t|\hat{\boldsymbol{x}})$,第 $t+1$ 次采样的接受率可以简化为

$$A(\hat{\boldsymbol{x}}, \boldsymbol{x}_t) = \min\left(1, \frac{p(\hat{\boldsymbol{x}})}{p(\boldsymbol{x}_t)}\right). \quad (11.115)$$

这种MCMC方法称为Metropolis算法.

11.5.4.3 吉布斯采样

吉布斯采样(Gibbs Sampling)是一种有效地对高维空间中的分布进行采样的MCMC方法,可以看作Metropolis-Hastings算法的特例. 吉布斯采样使用全条件概率(Full Conditional Probability)作为提议分布来依次对每个维度进行采样,并设置接受率为 $A = 1$.

对于一个 M 维的随机向量 $\boldsymbol{X} = [X_1, X_2, \cdots, X_M]^\top$,其第 m 个变量 X_m 的全条件概率为

$$p(x_m|\boldsymbol{x}_{\setminus m}) \triangleq P(X_m = x_m|X_{\setminus m} = \boldsymbol{x}_{\setminus m}) \quad (11.116)$$

$$= p(x_m|x_1, x_2, \cdots, x_{m-1}, x_{m+1}, \cdots, x_M), \quad (11.117)$$

其中 $\boldsymbol{x}_{\setminus m} = [x_1, x_2, \cdots, x_{m-1}, x_{m+1}, \cdots, x_M]^\top$ 表示除 X_m 外其他变量的取值.

吉布斯采样可以按照任意的顺序根据全条件分布依次对每个变量进行采样. 假设从一个随机的初始化状态 $\boldsymbol{x}^{(0)} = [x_1^{(0)}, x_2^{(0)}, \cdots, x_M^{(0)}]^\top$ 开始,按照下标顺序依次对 M 个变量进行采样.

$$x_1^{(1)} \sim p(x_1|x_2^{(0)}, x_3^{(0)}, \cdots, x_M^{(0)}), \quad (11.118)$$

$$x_2^{(1)} \sim p(x_2|x_1^{(1)}, x_3^{(0)} \cdots, x_M^{(0)}), \quad (11.119)$$

$$\vdots$$

$$x_M^{(1)} \sim p(x_M|x_1^{(1)}, x_2^{(1)} \cdots, x_{M-1}^{(1)}), \quad (11.120)$$

$$\vdots$$

$$x_1^{(t)} \sim p(x_1|x_2^{(t-1)}, x_3^{(t-1)}, \cdots, x_M^{(t-1)}), \quad (11.121)$$

$$x_2^{(t)} \sim p(x_2|x_1^{(t)}, x_3^{(t-1)} \cdots, x_M^{(t-1)}), \quad (11.122)$$

$$\vdots$$

$$x_M^{(t)} \sim p(x_M|x_1^{(t)}, x_2^{(t)} \cdots, x_{M-1}^{(t)}), \quad (11.123)$$

其中 $x_m^{(t)}$ 是第 t 次迭代时变量 X_m 的采样.

吉布斯采样的每单步采样也构成一个马尔可夫链. 假设每个单步(采样维度为第 m 维)的状态转移概率 $q(\boldsymbol{x}|\boldsymbol{x}')$ 为

$$q(\boldsymbol{x}|\boldsymbol{x}') = \begin{cases} \frac{p(x)}{p(x'_{\setminus m})} & \text{if} \quad \boldsymbol{x}_{\setminus m} = \boldsymbol{x}'_{\setminus m} \\ 0 & \text{otherwise,} \end{cases} \tag{11.124}$$

其中边际分布 $p(\boldsymbol{x}'_{\setminus m}) = \sum_{x'_m} p(\boldsymbol{x}')$, 等式 $\boldsymbol{x}_{\setminus m} = \boldsymbol{x}'_{\setminus m}$ 表示 $x_k = x'_k, \forall k \neq m$, 因此有 $p(\boldsymbol{x}'_{\setminus m}) = p(\boldsymbol{x}_{\setminus m})$, 并可以得到

$$p(\boldsymbol{x}')q(\boldsymbol{x}|\boldsymbol{x}') = p(\boldsymbol{x}')\frac{p(\boldsymbol{x})}{p(\boldsymbol{x}'_{\setminus i})} = p(\boldsymbol{x})\frac{p(\boldsymbol{x}')}{p(\boldsymbol{x}_{\setminus i})} = p(\boldsymbol{x})q(\boldsymbol{x}'|\boldsymbol{x}). \tag{11.125}$$

根据细致平稳条件, 公式(11.124)中定义的状态转移概率 $q(\boldsymbol{x}|\boldsymbol{x}')$ 的马尔可夫链的平稳分布为 $p(\boldsymbol{x})$. 随着迭代次数 t 的增加, 样本 $\boldsymbol{x}^{(t)} = [x_1^{(t)}, x_2^{(t)} \cdots, x_M^{(t)}]^{\mathrm{T}}$ 将收敛于概率分布 $p(\boldsymbol{x})$.

11.6 总结和深入阅读

概率图模型提供了一个用图形来描述概率模型的框架, 这种可视化方法使我们可以更加容易地理解复杂模型的内在性质. 目前, 概率图模型已经是一个非常庞大的研究领域, 涉及众多的模型和算法. 很多机器学习模型也都可以用概率图模型来描述. 图11.16给出了概率图模型所涵盖的内容.

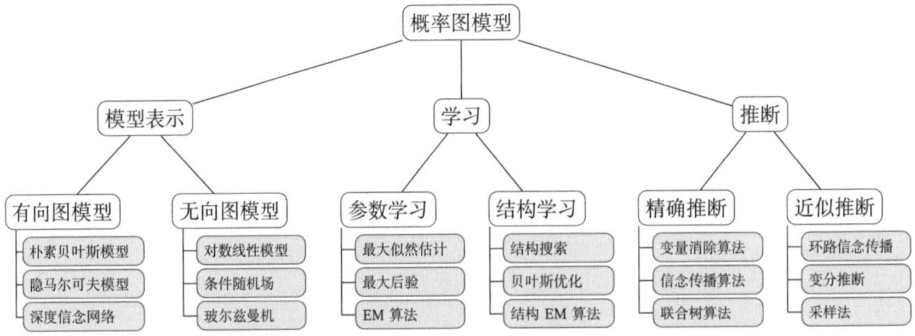

图 11.16 概率图模型所涵盖内容的简单概括

在本章中, 我们只介绍了部分内容. 要更全面深入地了解概率图模型, 可以阅读《Probabilistic Graphical Models: Principles and Techniques》[Koller et al., 2009]、《Probabilistic Reasoning in Intelligent Systems: Networks of Plausible Inference》[Pearl, 2014] 或《Pattern Recognition and Machine Learning》[Bishop, 2007] 中的相关章节.

概率图模型中最基本的假设是条件独立性. 图形化表示直观地描述了随机变量之间的条件独立性,有利于将复杂的概率模型分解为简单模型的组合,并更好地理解概率模型的表示、推断、学习等方法.

20世纪90年代末,概率图模型的研究逐步成熟. 到21世纪,图模型在机器学习、计算机视觉、自然语言处理等领域开始不断发展壮大. 其中比较有代表性的模型有:条件随机场 [Lafferty et al., 2001]、潜在狄利克雷分配(Latent Dirichlet Allocation)[Blei et al., 2003] 等. 此外,图模型的结构学习也一直是非常重要但极具挑战性的研究方向.

图模型与神经网络的关系 图模型和神经网络有着类似的网络结构,但两者也有很大的不同. 图模型的节点是随机变量,其图结构的主要功能是描述变量之间的依赖关系,一般是稀疏连接. 使用图模型的好处是可以有效地进行统计推断. 而神经网络中的节点是神经元,是一个计算节点. 图模型中的每个变量一般有着明确的解释,变量之间依赖关系一般是人工来定义. 而神经网络中的单个神经元则没有直观的解释. 如果将神经网络中每个神经元看作一个二值随机变量,那神经网络就变成一个 Sigmoid 信念网络.

神经网络是判别模型,直接用来分类. 而图模型不但可以是判别模型,也可以是生成模型. 生成模型不但可以用来生成样本,也可以通过贝叶斯公式用来做分类. 图模型的参数学习的目标函数为似然函数或条件似然函数,若包含隐变量则通常通过 EM 算法来求解. 而神经网络参数学习的目标函数为交叉熵或平方误差等损失函数.

目前,神经网络和概率图模型的结合越来越紧密. 一方面我们可以利用神经网络强大的表示能力和拟合能力来建模图模型中的推断问题(比如变分自编码器,第13.2节),生成问题(比如生成对抗网络,第13.3节),或势能函数(比如 LSTM+CRF 模型 [Lample et al., 2016; Ma et al., 2016]);另一方面可以利用图模型的算法来解决复杂结构神经网络中的学习和推断问题,比如图神经网络(Graph Neural Network,GNN)[Gilmer et al., 2017; Li et al., 2015; Scarselli et al., 2009] 和结构化注意力 [Kim et al., 2017].

习题

习题 11-1 根据贝叶斯网络的定义,证明图11.3中的四种因果关系.

习题 11-2 证明公式(11.9).

参见公式(11.9).

习题 11-3 根据公式(11.37),推导线性链条件随机场(参见公式(11.25))的参数更新公式.

习题 11-4 证明仅当 $q(\boldsymbol{z}) = p(\boldsymbol{z}|\boldsymbol{x};\theta)$ 时，对数边际似然函数 $\log p(\boldsymbol{x};\theta)$ 和其下界 $ELBO(q,\boldsymbol{x};\theta)$ 相等.

习题 11-5 在高斯混合分布的参数估计中，证明 M 步中的参数更新公式，即公式 (11.63)、公式 (11.64) 和公式 (11.65).

习题 11-6 考虑一个伯努利混合分布，即

$$p(x;\mu,\pi) = \sum_{k=1}^{K} \pi_k p(x;\mu_k), \tag{11.126}$$

其中 $p(x;\mu_k) = \mu_k^x(1-\mu_k)^{(1-x)}$ 为伯努利分布.

伯努利混合分布参见第D.2.1.1节.

给定一组训练集合 $D = \{x^{(1)}, x^{(2)}, \cdots, x^{(N)}\}$，若用 EM 算法来进行参数估计，推导其每步的参数更新公式.

习题 11-7 在变分推断的目标公式(11.82)中，试分析为什么使用的 KL 散度是 $\mathrm{KL}\big(q(\boldsymbol{z})\|p(\boldsymbol{z}|\boldsymbol{x})\big)$ 而不是 $\mathrm{KL}\big(p(\boldsymbol{z}|\boldsymbol{x})\|q(\boldsymbol{z})\big)$.

习题 11-8 在图11.2a的有向图中，分析按不同的消除顺序计算边际概率 $p(x_3)$ 时的计算复杂度.

习题 11-9 在树结构的图模型上应用信念传播算法时，推导其消息计算公式.

习题 11-10 证明若分布 $p(x)$ 存在累积分布函数的逆函数 $\mathrm{cdf}^{-1}(y), y \in [0,1]$，且随机变量 ξ 为 $[0,1]$ 区间上的均匀分布，则 $\mathrm{cdf}^{-1}(\xi)$ 服从分布 $p(x)$.

参见第11.5.1节.

参考文献

Baum L E, Petrie T, 1966. Statistical inference for probabilistic functions of finite state markov chains [J]. The annals of mathematical statistics, 37(6):1554-1563.

Berger A L, Pietra V J D, Pietra S A D, 1996. A maximum entropy approach to natural language processing[J]. Computational linguistics, 22(1):39-71.

Bishop C M, 2007. Pattern recognition and machine learning[M]. 5th edition. Springer.

Blei D M, Ng A Y, Jordan M I, 2003. Latent dirichlet allocation[J]. Journal of machine Learning research, 3(Jan):993-1022.

Della Pietra S, Della Pietra V, Lafferty J, 1997. Inducing features of random fields[J]. IEEE transactions on pattern analysis and machine intelligence, 19(4):380-393.

Gilmer J, Schoenholz S S, Riley P F, et al., 2017. Neural message passing for quantum chemistry[J]. arXiv preprint arXiv:1704.01212.

Kim Y, Denton C, Hoang L, et al., 2017. Structured attention networks[C]//Proceedings of 5th International Conference on Learning Representations.

Koller D, Friedman N, 2009. Probabilistic graphical models: principles and techniques[M]. MIT press.

Lafferty J D, McCallum A, Pereira F C N, 2001. Conditional random fields: Probabilistic models for segmenting and labeling sequence data[C]//Proceedings of the Eighteenth International Conference on Machine Learning.

Lample G, Ballesteros M, Subramanian S, et al., 2016. Neural architectures for named entity recognition[J]. arXiv preprint arXiv:1603.01360.

Lauritzen S L, Spiegelhalter D J, 1988. Local computations with probabilities on graphical structures and their application to expert systems[J]. Journal of the Royal Statistical Society. Series B (Methodological):157-224.

Li Y, Tarlow D, Brockschmidt M, et al., 2015. Gated graph sequence neural networks[J]. arXiv preprint arXiv:1511.05493.

Ma X, Hovy E, 2016. End-to-end sequence labeling via bi-directional lstm-cnns-crf[J]. arXiv preprint arXiv:1603.01354.

Neal R M, 1992. Connectionist learning of belief networks[J]. Artificial intelligence, 56(1):71-113.

Pearl J, 2014. Probabilistic reasoning in intelligent systems: networks of plausible inference[M]. Elsevier.

Scarselli F, Gori M, Tsoi A C, et al., 2009. The graph neural network model[J]. IEEE Transactions on Neural Networks, 20(1):61-80.

第 12 章　深度信念网络

计算的目的不在于数据，而在于洞察事物.

——理查德·卫斯里·汉明（Richard Wesley Hamming）

1968 年图灵奖获得者

对于一个复杂的数据分布，我们往往只能观测到有限的局部特征，并且这些特征通常会包含一定的噪声. 如果要对这个数据分布进行建模，就需要挖掘出可观测变量之间复杂的依赖关系，以及可观测变量背后隐藏的内部表示.

本章介绍一种可以有效学习变量之间复杂依赖关系的概率图模型（深度信念网络）以及两种相关的基础模型（玻尔兹曼机和受限玻尔兹曼机）. 深度信念网络中包含很多层的隐变量，可以有效地学习数据的内部特征表示，也可以作为一种有效的非线性降维方法. 这些学习到的内部特征表示包含了数据的更高级的、有价值的信息，因此十分有助于后续的分类和回归等任务.

玻尔兹曼机和深度信念网络都是生成模型，借助隐变量来描述复杂的数据分布. 作为概率图模型，玻尔兹曼机和深度信念网络的共同问题是推断和学习问题. 因为这两种模型都比较复杂，并且都包含隐变量，它们的推断和学习一般通过 MCMC 方法来进行近似估计. 这两种模型和神经网络有很强的对应关系，在一定程度上也称为随机神经网络（Stochastic Neural Network，SNN）.

12.1　玻尔兹曼机

玻尔兹曼机（Boltzmann Machine）是一个随机动力系统（Stochastic Dynamical System），每个变量的状态都以一定的概率受到其他变量的影响. 玻尔兹曼机可以用概率无向图模型来描述. 一个具有 K 个节点（变量）的玻尔兹曼机满足以下三个性质：

动力系统（Dynamical System）是数学上的一个概念，用来描述一个空间中所有点随时间的变化情况，比如钟摆晃动、水的流动等.

（1）每个随机变量是二值的，所有随机变量可以用一个二值的随机向量

$\boldsymbol{X} \in \{0,1\}^K$ 来表示，其中可观测变量表示为 $\boldsymbol{V}$，隐变量表示为 $\boldsymbol{H}$.

（2） 所有节点之间是全连接的. 每个变量 X_i 都依赖于所有其他变量 $\boldsymbol{X}_{\setminus i}$.

（3） 每两个变量之间的互相影响（$X_i \to X_j$ 和 $X_j \to X_i$）是对称的.

图12.1给出了一个包含3个可观测变量和3个隐变量的玻尔兹曼机.

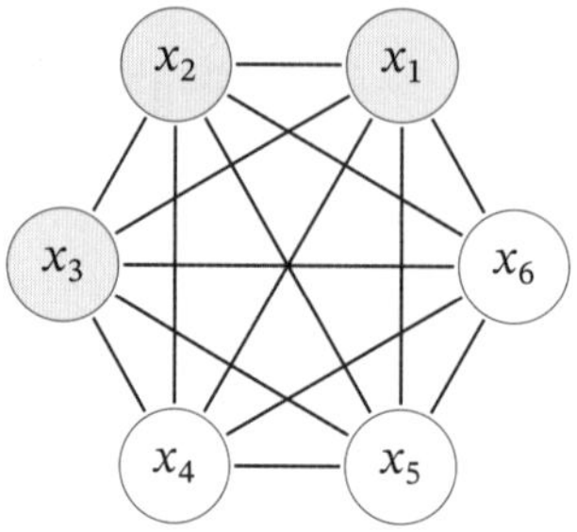

图 12.1 一个有六个变量的玻尔兹曼机

这也是玻尔兹曼机名称的由来. 为简单起见，这里我们把玻尔兹曼常数 k 吸收到温度 T 中. 玻尔兹曼分布取自其提出者、奥地利物理学家路德维希·玻尔兹曼（Ludwig Boltzmann，1844~1906），他在1868年研究热平衡气体的统计力学时首次提出了这一分布.

随机向量 $\boldsymbol{X}$ 的联合概率由玻尔兹曼分布得到，即

$$p(\boldsymbol{x}) = \frac{1}{Z}\exp\left(\frac{-E(\boldsymbol{x})}{T}\right), \tag{12.1}$$

其中 Z 为配分函数，T 表示温度，能量函数 $E(\boldsymbol{x})$ 的定义为

$$\begin{aligned} E(\boldsymbol{x}) &\triangleq E(\boldsymbol{X}=\boldsymbol{x}) \\ &= -\left(\sum_{i<j} w_{ij}\, x_i\, x_j + \sum_i b_i\, x_i\right), \end{aligned} \tag{12.2}$$

其中 w_{ij} 是两个变量 x_i 和 x_j 之间的连接权重，$x_i \in \{0,1\}$ 表示状态，b_i 是变量 x_i 的偏置.

如果两个变量 X_i 和 X_j 的取值都为1时，一个正的权重 $w_{ij} > 0$ 会使得玻尔兹曼机的能量下降，发生的概率变大；相反，一个负的权重会使得玻尔兹曼机的能量上升，发生的概率变小. 因此，如果令玻尔兹曼机中的每个变量 X_i 代表一个基本假设，其取值为1或0分别表示模型接受或拒绝该假设，那么变量之间连接的权重代表了两个假设之间的弱约束关系 [Ackley et al., 1985]. 连接权重为可正可负的实数. 一个正的连接权重表示两个假设可以互相支持. 也就是说，如果一个假设被接受，另一个也很可能被接受. 相反，一个负的连接权重表示两个假设不能同时被接受.

玻尔兹曼机可以用来解决两类问题. 一类是搜索问题：当给定变量之间的连接权重时，需要找到一组二值向量，使得整个网络的能量最低. 另一类是学习问题：当给定变量的多组观测值时，学习网络的最优权重.

数学小知识 | 玻尔兹曼分布

在统计力学中，玻尔兹曼分布（Boltzmann Distribution）是描述粒子处于特定状态下的概率，是关于状态能量与系统温度的函数. 一个粒子处于状态 α 的概率 p_α 是关于状态能量与系统温度的函数：

$$p_\alpha = \frac{1}{Z}\exp\left(\frac{-E_\alpha}{kT}\right), \tag{12.3}$$

其中 E_α 为状态 α 的能量，k 为玻尔兹曼常量，T 为系统温度，$\exp(\frac{-E_\alpha}{kT})$ 称为玻尔兹曼因子（Boltzmann Factor），是没有归一化的概率. Z 为归一化因子，通常称为配分函数（Partition Function），是对系统所有状态进行总和，$Z = \sum_\alpha \exp\left(\frac{-E_\alpha}{kT}\right)$.

玻尔兹曼分布的一个性质是两个状态的概率比仅仅依赖于两个状态能量的差值，即

$$\frac{p_\alpha}{p_\beta} = \exp\left(\frac{E_\beta - E_\alpha}{kT}\right). \tag{12.4}$$

12.1.1 生成模型

在玻尔兹曼机中，配分函数 Z 通常难以计算，因此，联合概率分布 $p(\boldsymbol{x})$ 一般通过 MCMC 方法来近似，生成一组服从 $p(\boldsymbol{x})$ 分布的样本. 本节介绍基于吉布斯采样的样本生成方法.

吉布斯采样参见第11.5.4.3节.

全条件概率 吉布斯采样需要计算每个变量 X_i 的全条件概率 $p(x_i|\boldsymbol{x}_{\setminus i})$，其中 $\boldsymbol{x}_{\setminus i}$ 表示除变量 X_i 外其他变量的取值.

定理 12.1 – 玻尔兹曼机中变量的全条件概率： 对于玻尔兹曼机中的一个变量 X_i，当给定其他变量 $\boldsymbol{x}_{\setminus i}$ 时，全条件概率 $p(x_i|\boldsymbol{x}_{\setminus i})$ 为

$$p(x_i = 1|\boldsymbol{x}_{\setminus i}) = \sigma\left(\frac{\sum_j w_{ij}x_j + b_i}{T}\right), \tag{12.5}$$

$$p(x_i = 0|\boldsymbol{x}_{\setminus i}) = 1 - p(x_i = 1|\boldsymbol{x}_{\setminus i}), \tag{12.6}$$

其中 $\sigma(\cdot)$ 为 Logistic 函数.

证明. 首先，保持其他变量 $\boldsymbol{x}_{\setminus i}$ 不变，改变变量 X_i 的状态，从 0（关闭）和 1（打开）之间的能量差异（Energy Gap）为

$$\Delta E_i(\boldsymbol{x}_{\setminus i}) = E(x_i = 0, \boldsymbol{x}_{\setminus i}) - E(x_i = 1, \boldsymbol{x}_{\setminus i}) \tag{12.7}$$

$$= \sum_j w_{ij} x_j + b_i, \tag{12.8}$$

其中 $w_{ii} = 0, \forall i$.

又根据玻尔兹曼机的定义可得

$$E(\boldsymbol{x}) = -T \log p(\boldsymbol{x}) - T \log Z. \tag{12.9}$$

因此有

$$\Delta E_i(\boldsymbol{x}_{\setminus i}) = -T \log p(x_i = 0, \boldsymbol{x}_{\setminus i}) - (-T \log p(x_i = 1, \boldsymbol{x}_{\setminus i})) \tag{12.10}$$

$$= T \log \frac{p(x_i = 1, \boldsymbol{x}_{\setminus i})}{p(x_i = 0, \boldsymbol{x}_{\setminus i})} \tag{12.11}$$

$$= T \log \frac{p(x_i = 1, |\boldsymbol{x}_{\setminus i})}{1 - p(x_i = 1|\boldsymbol{x}_{\setminus i})}. \tag{12.12}$$

结合公式(12.8)和公式(12.12),得到

$$p(x_i = 1|\boldsymbol{x}_{\setminus i}) = \frac{1}{1 + \exp\left(-\frac{\Delta E_i(\boldsymbol{x}_{\setminus i})}{T}\right)} \tag{12.13}$$

$$= \sigma\left(\frac{\sum_j w_{ij} x_j + b_i}{T}\right). \tag{12.14}$$

□

吉布斯采样 玻尔兹曼机的吉布斯采样过程为:随机选择一个变量 X_i,然后根据其全条件概率 $p(x_i|\boldsymbol{x}_{\setminus i})$ 来设置其状态,即以 $p(x_i = 1|\boldsymbol{x}_{\setminus i})$ 的概率将变量 X_i 设为 1,否则为 0. 在固定温度 T 的情况下,在运行足够时间之后,玻尔兹曼机会达到热平衡. 此时,任何全局状态的概率服从玻尔兹曼分布 $p(\boldsymbol{x})$,只与系统的能量有关,与初始状态无关.

当玻尔兹曼机达到热平衡时,并不意味其能量最低. 热平衡依然是在所有状态上的一个分布.

要使得玻尔兹曼机达到热平衡,其收敛速度和温度 T 相关. 当系统温度非常高 $T \to \infty$ 时, $p(x_i = 1|\boldsymbol{x}_{\setminus i}) \to 0.5$, 即每个变量状态的改变十分容易,每一种系统状态都是一样的,从而很快可以达到热平衡. 当系统温度非常低 $T \to 0$ 时,如果 $\Delta E_i(\boldsymbol{x}_{\setminus i}) > 0$,则 $p(x_i = 1|\boldsymbol{x}_{\setminus i}) \to 1$;如果 $\Delta E_i(\boldsymbol{x}_{\setminus i}) < 0$,则 $p(x_i = 1|\boldsymbol{x}_{\setminus i}) \to 0$,即有

$$x_i = \begin{cases} 1 & \text{if } \sum_j w_{ij} x_j + b_i \geq 0, \\ 0 & \text{otherwise}, \end{cases} \tag{12.15}$$

Hopfield 网络参见第8.6.1节.

因此,当 $T \to 0$ 时,随机性方法变成了确定性方法. 这时,玻尔兹曼机退化为一个 Hopfield 网络.

Hopfield 网络是一种确定性的动力系统，而玻尔兹曼机是一种随机性的动力系统. Hopfield 网络的每次状态更新都会使得系统的能量降低，而玻尔兹曼机则以一定的概率使得系统的能量上升. 图12.2给出了 Hopfield 网络和玻尔兹曼机在运行时系统能量变化的对比.

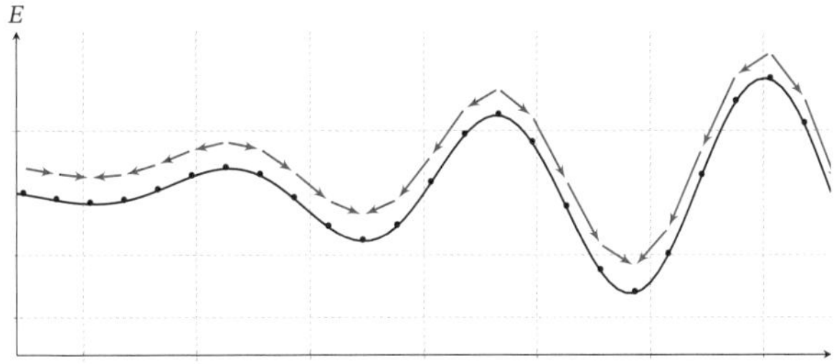

(a) Hopfield 网络

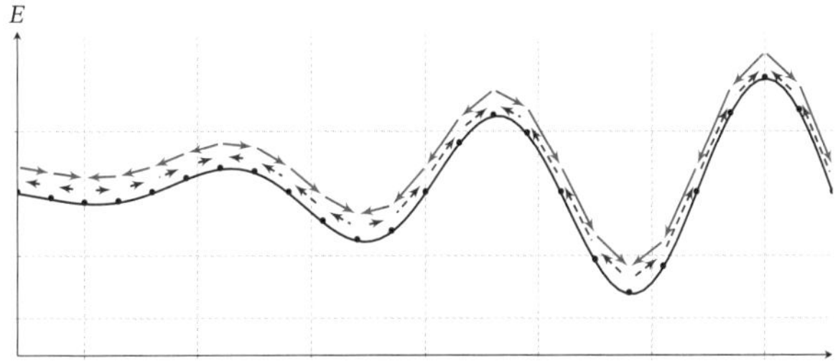

(b) 玻尔兹曼机

图 12.2 Hopfield 网络和玻尔兹曼机在运行时系统能量变化的对比

12.1.2 能量最小化与模拟退火

在一个动力系统中，找到一个状态使得系统能量最小是一个十分重要的优化问题. 如果这个动力系统是确定性的，比如 Hopfield 网络，一个简单（但是低效）的能量最小化方法是随机选择一个变量，在其他变量保持不变的情况下，将这个变量设为会导致整个网络能量更低的状态. 当每个变量 X_i 取值为 $\{0, 1\}$ 时，如果能量差异 $\Delta E_i(\boldsymbol{x}_{\setminus i})$ 大于 0，就设 $X_i = 1$，否则就设 $X_i = 0$.

特别地，离散状态的能量最小化是一个组合优化问题.

这种简单、确定性的方法在运行一定时间之后总是可以收敛到一个解. 但是这个解是局部最优的，不是全局最优的. 为了跳出局部最优，就必须允许“偶尔”可以将一个变量设置为使得能量变高的状态. 这样，我们就需要引入一定的随机性，我们以 $\sigma\left(\frac{\Delta E_i(\boldsymbol{x}_{\setminus i})}{T}\right)$ 的概率将变量 X_i 设为 1，否则设为 0. 这个过程和玻尔兹曼机的吉布斯采样过程十分类似.

局部最优在 Hopfield 网络中不是一个缺点. 相反，Hopfield 网络是通过利用局部最优点来存储信息.

要使得动力系统达到热平衡，温度 T 的选择十分关键. 一个比较好的折中方法是让系统刚开始在一个比较高的温度下运行达到热平衡，然后逐渐降低，直到系统在一个比较低的温度下运行达到热平衡. 这样我们就能够得到一个能量全局最小的分布. 这个过程被称为模拟退火（Simulated Annealing）[Kirkpatrick et al., 1983].

模拟退火是一种寻找全局最优的近似方法，其名字来自冶金学的专有名词"退火"，即将材料加热后再以一定的速度退火冷却，可以减少晶格中的缺陷. 固体中的内部粒子会停留在使内能有局部最小值的位置，加热时能量变大，粒子会变得无序并随机移动. 退火冷却时速度较慢，使得粒子在每个温度都达到平衡态. 最后在常温时，粒子以很大的概率达到内能比原先更低的位置. 可以证明，模拟退火算法所得解依概率收敛到全局最优解.

12.1.3 参数学习

不失一般性，假设一个玻尔兹曼机有 K 个变量，包括 K_v 个可观测变量 $\boldsymbol{v} \in \{0,1\}^{K_v}$ 和 K_h 个隐变量 $\boldsymbol{h} \in \{0,1\}^{K_h}$.

给定一组可观测的向量 $\mathcal{D} = \{\hat{\boldsymbol{v}}^{(1)}, \hat{\boldsymbol{v}}^{(2)}, \cdots, \hat{\boldsymbol{v}}^{(N)}\}$ 作为训练集，我们要学习玻尔兹曼机的参数 $\boldsymbol{W}$ 和 $\boldsymbol{b}$ 使得训练集中所有样本的对数似然函数最大. 训练集的对数似然函数定义为

$$\mathcal{L}(\mathcal{D}; \boldsymbol{W}, \boldsymbol{b}) = \frac{1}{N} \sum_{n=1}^{N} \log p(\hat{\boldsymbol{v}}^{(n)}; \boldsymbol{W}, b) \tag{12.16}$$

$$= \frac{1}{N} \sum_{n=1}^{N} \log \sum_{\boldsymbol{h}} p(\hat{\boldsymbol{v}}^{(n)}, \boldsymbol{h}; \boldsymbol{W}, \boldsymbol{b}) \tag{12.17}$$

$$= \frac{1}{N} \sum_{n=1}^{N} \log \frac{\sum_{\boldsymbol{h}} \exp\Big(-E(\hat{\boldsymbol{v}}^{(n)}, \boldsymbol{h})\Big)}{\sum_{\boldsymbol{v},\boldsymbol{h}} \exp\Big(-E(\boldsymbol{v}, \boldsymbol{h})\Big)}. \tag{12.18}$$

θ 为 $\boldsymbol{W}$ 或 $\boldsymbol{b}$.

对数似然函数 $\mathcal{L}(\mathcal{D}; \boldsymbol{W}, \boldsymbol{b})$ 对参数 θ 的偏导数为

$$\frac{\mathcal{L}(\mathcal{D}; \boldsymbol{W}, \boldsymbol{b})}{\partial \theta} = \frac{1}{N} \sum_{n=1}^{N} \frac{\partial}{\partial \theta} \log \sum_{\boldsymbol{h}} p(\hat{\boldsymbol{v}}^{(n)}, \boldsymbol{h}; \boldsymbol{W}, \boldsymbol{b}) \tag{12.19}$$

$$= \frac{1}{N} \sum_{n=1}^{N} \frac{\partial}{\partial \theta} \Big(\log \sum_{\boldsymbol{h}} \exp\big(-E(\hat{\boldsymbol{v}}^{(n)}, \boldsymbol{h})\big) - \log \sum_{\boldsymbol{v},\boldsymbol{h}} \exp\big(-E(\boldsymbol{v}, \boldsymbol{h})\big) \Big) \tag{12.20}$$

$$\begin{aligned} &= \frac{1}{N} \sum_{n=1}^{N} \sum_{\boldsymbol{h}} \frac{\exp\big(-E(\hat{\boldsymbol{v}}^{(n)}, \boldsymbol{h})\big)}{\sum_{\boldsymbol{h}} \exp\big(-E(\hat{\boldsymbol{v}}^{(n)}, \boldsymbol{h})\big)} \Big[-\frac{\partial E(\hat{\boldsymbol{v}}^{(n)}, \boldsymbol{h})}{\partial \theta} \Big] \\ &\quad - \sum_{\boldsymbol{v},\boldsymbol{h}} \frac{\exp\big(-E(\boldsymbol{v}, \boldsymbol{h})\big)}{\sum_{\boldsymbol{v},\boldsymbol{h}} \exp\big(-E(\boldsymbol{v}, \boldsymbol{h})\big)} \Big[-\frac{\partial E(\boldsymbol{v}, \boldsymbol{h})}{\partial \theta} \Big] \end{aligned} \tag{12.21}$$

$$= \frac{1}{N}\sum_{n=1}^{N}\sum_{\boldsymbol{h}} p(\boldsymbol{h}|\hat{\boldsymbol{v}}^{(n)})\Big[-\frac{\partial E(\hat{\boldsymbol{v}}^{(n)},\boldsymbol{h})}{\partial\theta}\Big] - \sum_{\boldsymbol{v},\boldsymbol{h}} p(\boldsymbol{v},\boldsymbol{h})\Big[-\frac{\partial E(\boldsymbol{v},\boldsymbol{h})}{\partial\theta}\Big] \tag{12.22}$$

$$= \mathbb{E}_{\hat{p}(\boldsymbol{v})}\mathbb{E}_{p(\boldsymbol{h}|\boldsymbol{v})}\Big[-\frac{\partial E(\boldsymbol{v},\boldsymbol{h})}{\partial\theta}\Big] - \mathbb{E}_{p(\boldsymbol{v},\boldsymbol{h})}\Big[-\frac{\partial E(\boldsymbol{v},\boldsymbol{h})}{\partial\theta}\Big], \tag{12.23}$$

其中 $\hat{p}(\boldsymbol{v})$ 表示可观测向量在训练集上的实际经验分布，$p(\boldsymbol{h}|\boldsymbol{v})$ 和 $p(\boldsymbol{v},\boldsymbol{h})$ 为在当前参数 $\boldsymbol{W},\boldsymbol{b}$ 条件下玻尔兹曼机的条件概率和联合概率.

根据公式(12.2)，$E(\boldsymbol{v},\boldsymbol{h}) = E(\boldsymbol{x}) = -\Big(\sum_{i<j} w_{ij}\,x_i\,x_j + \sum_i b_i\,x_i\Big)$. 因此，整个训练集的对数似然函数 $\mathcal{L}(\mathcal{D};\boldsymbol{W},\boldsymbol{b})$ 对每个权重 w_{ij} 和偏置 b_i 的偏导数为

$$\frac{\partial\mathcal{L}(\mathcal{D};\boldsymbol{W},\boldsymbol{b})}{\partial w_{ij}} = \mathbb{E}_{\hat{p}(\boldsymbol{v})}\mathbb{E}_{p(\boldsymbol{h}|\boldsymbol{v})}[x_i x_j] - \mathbb{E}_{p(\boldsymbol{v},\boldsymbol{h})}[x_i x_j], \tag{12.24}$$

$$\frac{\partial\mathcal{L}(\mathcal{D};\boldsymbol{W},\boldsymbol{b})}{\partial b_i} = \mathbb{E}_{\hat{p}(\boldsymbol{v})}\mathbb{E}_{p(\boldsymbol{h}|\boldsymbol{v})}[x_i] - \mathbb{E}_{p(\boldsymbol{v},\boldsymbol{h})}[x_i], \tag{12.25}$$

其中 $i,j\in[1,K]$. 这两个公式涉及计算配分函数和期望，很难精确计算. 对于一个 K 维的二值随机向量 $\boldsymbol{x}$，其取值空间大小为 2^K. 当 K 比较大时，配分函数以及期望的计算会十分耗时. 因此，玻尔兹曼机一般通过 MCMC 方法（如吉布斯采样）来进行近似求解.

以参数 w_{ij} 的梯度为例，公式(12.24)中第一项是在限定可观测变量 $\boldsymbol{v}$ 为训练样本的条件下 $x_i x_j$ 的期望. 为了近似这个期望，我们可以固定住可观测变量 $\boldsymbol{v}$，只对 $\boldsymbol{h}$ 进行吉布斯采样. 当玻尔兹曼机达到热平衡状态时，采样 $x_i x_j$ 的值. 在训练集上所有的训练样本上重复此过程，得到 $x_i x_j$ 的近似期望 $\langle x_i x_j\rangle_{\texttt{data}}$. 公式(12.25)中的第二项为玻尔兹曼机在没有任何限制条件下 $x_i x_j$ 的期望. 这时可以对所有变量进行吉布斯采样. 当玻尔兹曼机达到热平衡状态时，采样 $x_i x_j$ 的值，得到近似期望 $\langle x_i x_j\rangle_{\texttt{model}}$.

这样当采用梯度上升法时，权重 w_{ij} 可以用下面公式近似地更新：

$$w_{ij} \leftarrow w_{ij} + \alpha\Big(\langle x_i x_j\rangle_{\texttt{data}} - \langle x_i x_j\rangle_{\texttt{model}}\Big), \tag{12.26}$$

其中 $\alpha > 0$ 为学习率. 这个更新方法的一个特点是仅仅使用了局部信息. 也就是说，虽然我们优化目标是整个网络的能量最低，但是每个权重的更新只依赖于它连接的相关变量的状态. 这种学习方式和人脑神经网络的学习方式，赫布规则（Hebbian Rule，或 Hebb's Rule），十分类似.

玻尔兹曼机可以用在监督学习和无监督学习中. 在监督学习中，可观测的变量 $\boldsymbol{v}$ 又进一步可以分为输入和输出变量，隐变量则隐式地描述了输入和输出变量之间复杂的约束关系. 在无监督学习中，隐变量可以看作可观测变量的内部特征表示. 玻尔兹曼机也可以看作一种随机型的神经网络，是 Hopfield 神经网络的扩展，并且可以生成相应的 Hopfield 神经网络. 在没有时间限制时，玻尔兹曼机还可以用来解决复杂的组合优化问题.

12.2 受限玻尔兹曼机

全连接的玻尔兹曼机在理论上十分有趣，但是由于其复杂性，目前为止并没有被广泛使用. 虽然基于采样的方法在很大程度提高了学习效率，但是每更新一次权重，就需要网络重新达到热平衡状态，这个过程依然比较低效，需要很长时间. 在实际应用中，使用比较广泛的是一种带限制的版本，也就是受限玻尔兹曼机.

受限玻尔兹曼机因其结构最初称为簧风琴模型，2000年后受限玻尔兹曼机的名称才变得流行.

受限玻尔兹曼机（Restricted Boltzmann Machine，RBM）是一个二分图结构的无向图模型，如图12.3所示. 受限玻尔兹曼机中的变量也分为隐变量和可观测变量. 我们分别用可观测层和隐藏层来表示这两组变量. 同一层中的节点之间没有连接，而不同层一个层中的节点与另一层中的所有节点连接，这和两层的全连接神经网络的结构相同.

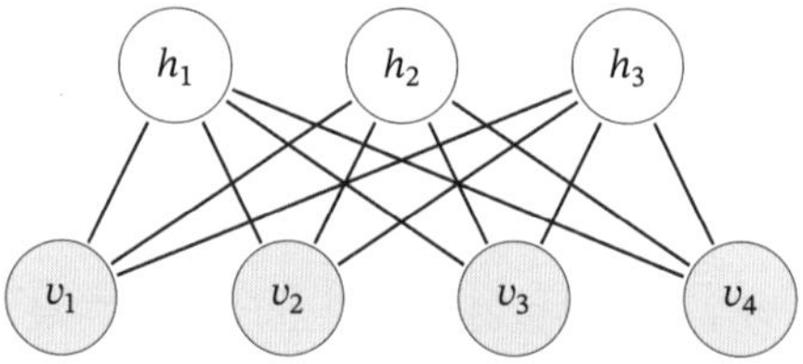

图 12.3 一个有7个变量的受限玻尔兹曼机

一个受限玻尔兹曼机由 K_v 个可观测变量和 K_h 个隐变量组成，其定义如下：

（1） 可观测的随机向量 $\boldsymbol{v} \in \mathbb{R}^{K_v}$.

（2） 隐藏的随机向量 $\boldsymbol{h} \in \mathbb{R}^{K_h}$.

（3） 权重矩阵 $\boldsymbol{W} \in \mathbb{R}^{K_v \times K_h}$，其中每个元素 w_{ij} 为可观测变量 v_i 和隐变量 h_j 之间边的权重.

（4） 偏置 $\boldsymbol{a} \in \mathbb{R}^{K_v}$ 和 $\boldsymbol{b} \in \mathbb{R}^{K_h}$，其中 a_i 为每个可观测的变量 v_i 的偏置，b_j 为每个隐变量 h_j 的偏置.

受限玻尔兹曼机的能量函数定义为

$$E(\boldsymbol{v}, \boldsymbol{h}) = -\sum_i a_i v_i - \sum_j b_j h_j - \sum_i \sum_j v_i w_{ij} h_j \tag{12.27}$$

$$= -\boldsymbol{a}^{\top}\boldsymbol{v} - \boldsymbol{b}^{\top}\boldsymbol{h} - \boldsymbol{v}^{\top}\boldsymbol{W}\boldsymbol{h}. \tag{12.28}$$

受限玻尔兹曼机的联合概率分布 $p(\boldsymbol{v}, \boldsymbol{h})$ 定义为

$$p(\boldsymbol{v}, \boldsymbol{h}) = \frac{1}{Z} \exp(-E(\boldsymbol{v}, \boldsymbol{h})) \tag{12.29}$$

$$= \frac{1}{Z} \exp(\boldsymbol{a}^{\top}\boldsymbol{v}) \exp(\boldsymbol{b}^{\top}\boldsymbol{h}) \exp(\boldsymbol{v}^{\top}\boldsymbol{W}\boldsymbol{h}), \tag{12.30}$$

其中 $Z = \sum_{\boldsymbol{v},\boldsymbol{h}} \exp(-E(\boldsymbol{v}, \boldsymbol{h}))$ 为配分函数.

12.2.1 生成模型

在给定受限玻尔兹曼机的联合概率分布 $p(\boldsymbol{h}, \boldsymbol{v})$ 后，可以通过吉布斯采样方法生成一组服从 $p(\boldsymbol{h}, \boldsymbol{v})$ 分布的样本.

吉布斯采样参见第11.5.4.3节.

全条件概率 吉布斯采样需要计算每个变量 V_i 和 H_j 的全条件概率. 受限玻尔兹曼机中同层的变量之间没有连接. 从无向图的性质可知，在给定可观测变量时，隐变量之间互相条件独立. 同样，在给定隐变量时，可观测变量之间也互相条件独立. 因此有

$$p(v_i|\boldsymbol{v}_{\setminus i}, \boldsymbol{h}) = p(v_i|\boldsymbol{h}), \tag{12.31}$$

$$p(h_j|\boldsymbol{v}, \boldsymbol{h}_{\setminus j}) = p(h_j|\boldsymbol{v}), \tag{12.32}$$

其中 $\boldsymbol{v}_{\setminus i}$ 为除变量 V_i 外其他可观测变量的取值，$\boldsymbol{h}_{\setminus j}$ 为除变量 H_j 外其他隐变量的取值. 因此，V_i 的全条件概率只需要计算 $p(v_i|\boldsymbol{h})$，而 H_j 的全条件概率只需要计算 $p(h_j|\boldsymbol{v})$.

定理 12.2 – 受限玻尔兹曼机中变量的条件概率： 在受限玻尔兹曼机中，每个可观测变量和隐变量的条件概率为

$$p(v_i = 1|\boldsymbol{h}) = \sigma\Big(a_i + \sum_j w_{ij} h_j\Big), \tag{12.33}$$

$$p(h_j = 1|\boldsymbol{v}) = \sigma\Big(b_j + \sum_i w_{ij} v_i\Big), \tag{12.34}$$

其中 σ 为 Logistic 函数.

证明. (1) 先计算 $p(h_j = 1|\boldsymbol{v})$. 可观测层变量 $\boldsymbol{v}$ 的边际概率为

$$P(\boldsymbol{v}) = \sum_{\boldsymbol{h}} P(\boldsymbol{v}, \boldsymbol{h}) = \frac{1}{Z} \sum_{\boldsymbol{h}} \exp(-E(\boldsymbol{v}, \boldsymbol{h})) \tag{12.35}$$

$$= \frac{1}{Z} \sum_{\boldsymbol{h}} \exp\Big(\boldsymbol{a}^{\mathsf{T}}\boldsymbol{v} + \sum_j b_j h_j + \sum_i \sum_j v_i w_{ij} h_j\Big) \tag{12.36}$$

$$= \frac{\exp(\boldsymbol{a}^{\mathsf{T}}\boldsymbol{v})}{Z} \sum_{\boldsymbol{h}} \exp\Big(\sum_j h_j(b_j + \sum_i w_{ij} v_i)\Big) \tag{12.37}$$

$$= \frac{\exp(\boldsymbol{a}^{\mathsf{T}}\boldsymbol{v})}{Z} \sum_{\boldsymbol{h}} \prod_j \exp\Big(h_j(b_j + \sum_i w_{ij} v_i)\Big) \tag{12.38}$$

$$= \frac{\exp(\boldsymbol{a}^{\mathsf{T}}\boldsymbol{v})}{Z} \sum_{h_1} \sum_{h_2} \cdots \sum_{h_n} \prod_j \exp\Big(h_j(b_j + \sum_i w_{ij} v_i)\Big) \tag{12.39}$$

利用分配律.

将 h_j 为0或1的取值代入计算.

$$= \frac{\exp(\boldsymbol{a}^{\top}\boldsymbol{v})}{Z} \prod_{j} \sum_{h_j} \exp\Big(h_j(b_j + \sum_i w_{ij}v_i)\Big) \tag{12.40}$$

$$= \frac{\exp(\boldsymbol{a}^{\top}\boldsymbol{v})}{Z} \prod_{j} \Big(1 + \exp(b_j + \sum_i w_{ij}v_i)\Big). \tag{12.41}$$

固定 $h_j = 1$ 时，$p(h_j = 1, \boldsymbol{v})$ 的边际概率为

$$p(h_j = 1, \boldsymbol{v}) = \frac{1}{Z} \sum_{\boldsymbol{h}, h_j = 1} \exp\left(-E(\boldsymbol{v}, \boldsymbol{h})\right) \tag{12.42}$$

$$= \frac{\exp(\boldsymbol{a}^{\top}\boldsymbol{v})}{Z} \prod_{k, k \neq j} \Big(1 + \exp(b_k + \sum_i w_{ik}v_i)\Big) \exp(b_j + \sum_i w_{ij}v_i). \tag{12.43}$$

由公式(12.41)和公式(12.43)，可以计算隐变量 h_j 的条件概率为

$$p(h_j = 1|\boldsymbol{v}) = \frac{p(h_i = 1, \boldsymbol{v})}{p(\boldsymbol{v})} \tag{12.44}$$

$$= \frac{\exp(b_j + \sum_i w_{ij}v_i)}{1 + \exp(b_j + \sum_i w_{ij}v_i)} \tag{12.45}$$

$$= \sigma\Big(b_j + \sum_i w_{ij}v_i\Big). \tag{12.46}$$

（2）同理，可观测变量 v_i 的条件概率 $p(v_i = 1|\boldsymbol{h})$ 为

$$p(v_i = 1|\boldsymbol{h}) = \sigma\Big(a_i + \sum_j w_{ij}h_j\Big). \tag{12.47}$$

□

公式(12.46)和公式(12.47)也可以写为向量形式，即

$$p(\boldsymbol{h} = \boldsymbol{1}|\boldsymbol{v}) = \sigma\left(\boldsymbol{W}^{\top}\boldsymbol{v} + \boldsymbol{b}\right), \tag{12.48}$$

$$p(\boldsymbol{v} = \boldsymbol{1}|\boldsymbol{h}) = \sigma\left(\boldsymbol{W}\boldsymbol{h} + \boldsymbol{a}\right). \tag{12.49}$$

吉布斯采样 在受限玻尔兹曼机的全条件概率中，可观测变量之间互相条件独立，隐变量之间也互相条件独立. 因此，受限玻尔兹曼机可以并行地对所有的可观测变量（或所有的隐变量）同时进行采样，从而可以更快地达到热平衡状态. 受限玻尔兹曼机的采样过程如下：

（1） 给定或随机初始化一个可观测的向量 $\boldsymbol{v}_0$，计算隐变量的概率，并从中采样一个隐向量 $\boldsymbol{h}_0$.

（2） 基于 $\boldsymbol{h}_0$，计算可观测变量的概率，并从中采样一个可观测的向量 $\boldsymbol{v}_1$.

（3） 重复 t 次后，获得 $(\boldsymbol{v}_t, \boldsymbol{h}_t)$.

（4） 当 $t \to \infty$ 时，$(\boldsymbol{v}_t, \boldsymbol{h}_t)$ 的采样服从 $p(\boldsymbol{v}, \boldsymbol{h})$ 分布.

图12.4也给出了上述过程的示例.

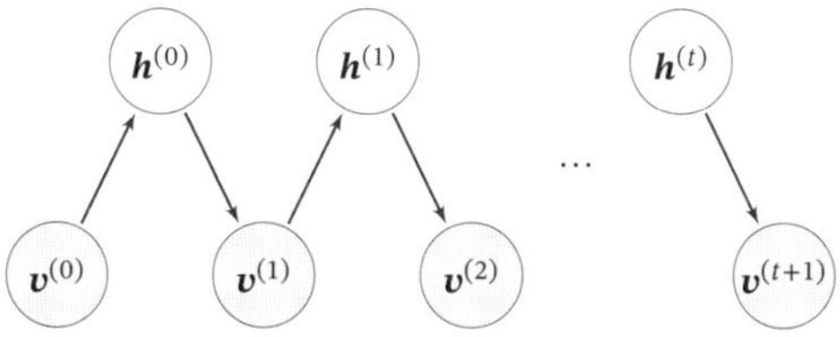

图 12.4 受限玻尔兹曼机的采样过程

12.2.2 参数学习

和玻尔兹曼机一样，受限玻尔兹曼机通过最大化似然函数来找到最优的参数 $\boldsymbol{W},\boldsymbol{a},\boldsymbol{b}$. 给定一组训练样本 $\mathcal{D}=\{\hat{\boldsymbol{v}}^{(1)},\hat{\boldsymbol{v}}^{(2)},\cdots,\hat{\boldsymbol{v}}^{(N)}\}$，其对数似然函数为

$$\mathcal{L}(\mathcal{D};\boldsymbol{W},\boldsymbol{a},\boldsymbol{b})=\frac{1}{N}\sum_{n=1}^{N}\log p(\hat{\boldsymbol{v}}^{(n)};\boldsymbol{W},\boldsymbol{a},\boldsymbol{b}). \tag{12.50}$$

和玻尔兹曼机类似，在受限玻尔兹曼机中，对数似然函数 $\mathcal{L}(\mathcal{D};\boldsymbol{W},\boldsymbol{b})$ 对参数 w_{ij},a_i,b_j 的偏导数为

参见公式(12.23).

$$\frac{\partial\mathcal{L}(\mathcal{D};\boldsymbol{W},\boldsymbol{a},\boldsymbol{b})}{\partial w_{ij}}=\mathbb{E}_{\hat{p}(\boldsymbol{v})}\mathbb{E}_{p(\boldsymbol{h}|\boldsymbol{v})}[v_ih_j]-\mathbb{E}_{p(\boldsymbol{v},\boldsymbol{h})}[v_ih_j], \tag{12.51}$$

$$\frac{\partial\mathcal{L}(\mathcal{D};\boldsymbol{W},\boldsymbol{a},\boldsymbol{b})}{\partial a_i}=\mathbb{E}_{\hat{p}(\boldsymbol{v})}\mathbb{E}_{p(\boldsymbol{h}|\boldsymbol{v})}[v_i]-\mathbb{E}_{p(\boldsymbol{v},\boldsymbol{h})}[v_i], \tag{12.52}$$

$$\frac{\partial\mathcal{L}(\mathcal{D};\boldsymbol{W},\boldsymbol{a},\boldsymbol{b})}{\partial b_j}=\mathbb{E}_{\hat{p}(\boldsymbol{v})}\mathbb{E}_{p(\boldsymbol{h}|\boldsymbol{v})}[h_j]-\mathbb{E}_{p(\boldsymbol{v},\boldsymbol{h})}[h_j], \tag{12.53}$$

参见习题12-3.

其中 $\hat{p}(\boldsymbol{v})$ 为训练数据集上 $\boldsymbol{v}$ 的实际分布.

公式(12.51)、公式(12.52)和公式(12.53)中都需要计算配分函数 Z 以及两个期望 $\mathbb{E}_{p(\boldsymbol{h}|\boldsymbol{v})}$ 和 $\mathbb{E}_{p(\boldsymbol{h},\boldsymbol{v})}$，因此很难计算，一般需要通过MCMC方法来近似计算.

首先，将可观测向量 $\boldsymbol{v}$ 设为训练样本中的值并固定，然后根据条件概率对隐向量 $\boldsymbol{h}$ 进行采样，这时受限玻尔兹曼机的值记为 $\langle\cdot\rangle_{\texttt{data}}$. 然后再不固定可观测向量 $\boldsymbol{v}$，通过吉布斯采样来轮流更新 $\boldsymbol{v}$ 和 $\boldsymbol{h}$. 当达到热平衡状态时，采集 $\boldsymbol{v}$ 和 $\boldsymbol{h}$ 的值，记为 $\langle\cdot\rangle_{\texttt{model}}$.

采用梯度上升方法时，参数 $\boldsymbol{W},\boldsymbol{a},\boldsymbol{b}$ 可以用下面公式近似地更新：

$$w_{ij}\leftarrow w_{ij}+\alpha\Big(\langle v_ih_j\rangle_{\texttt{data}}-\langle v_ih_j\rangle_{\texttt{model}}\Big), \tag{12.54}$$

$$a_i\leftarrow a_i+\alpha\Big(\langle v_i\rangle_{\texttt{data}}-\langle v_i\rangle_{\texttt{model}}\Big), \tag{12.55}$$

$$b_j\leftarrow b_j+\alpha\Big(\langle h_j\rangle_{\texttt{data}}-\langle h_j\rangle_{\texttt{model}}\Big), \tag{12.56}$$

其中 $\alpha>0$ 为学习率.

根据受限玻尔兹曼机的条件独立性,可以对可观测变量和隐变量进行分组轮流采样,如图12.4中所示. 这样,受限玻尔兹曼机的采样效率会比一般的玻尔兹曼机有很大提高,但一般还是需要通过很多步采样才可以采集到符合真实分布的样本.

12.2.2.1　对比散度学习算法

由于受限玻尔兹曼机的特殊结构,因此可以使用一种比吉布斯采样更有效的学习算法,即对比散度(Contrastive Divergence)[Hinton, 2002]. 对比散度算法仅需 k 步吉布斯采样.

为了提高效率,对比散度算法用一个训练样本作为可观测向量的初始值. 然后,交替对可观测向量和隐向量进行吉布斯采样,不需要等到收敛,只需要 k 步就足够了. 这就是CD-k算法. 通常,$k = 1$ 就可以学得很好. 对比散度的流程如算法12.1所示.

算法 12.1　单步对比散度算法

输入:训练集 $\{\hat{\boldsymbol{v}}^{(n)}\}_{n=1}^{N}$,学习率 α

1　初始化:$\boldsymbol{W} \leftarrow 0, \boldsymbol{a} \leftarrow 0, \boldsymbol{b} \leftarrow 0$;

2　**for** $t = 1 \cdots T$ **do**

3　　**for** $n = 1 \cdots N$ **do**

4　　　选取一个样本 $\hat{\boldsymbol{v}}^{(n)}$,用公式 (12.46) 计算 $p(\boldsymbol{h} = 1|\hat{\boldsymbol{v}}^{(n)})$,并根据这个分布采集一个隐向量 $\boldsymbol{h}$;

5　　　计算正向梯度 $\hat{\boldsymbol{v}}^{(n)}\boldsymbol{h}^{\mathsf{T}}$;

6　　　根据 $\boldsymbol{h}$,用公式 (12.47) 计算 $p(\boldsymbol{v} = 1|\boldsymbol{h})$,并根据这个分布采集重构的可见变量 $\boldsymbol{v}'$;

7　　　根据 $\boldsymbol{v}'$,重新计算 $p(\boldsymbol{h} = 1|\boldsymbol{v}')$ 并采样一个 $\boldsymbol{h}'$;

8　　　计算反向梯度 $\boldsymbol{v}'\boldsymbol{h}'^{\mathsf{T}}$;

　　　　// 更新参数

9　　　$\boldsymbol{W} \leftarrow \boldsymbol{W} + \alpha(\hat{\boldsymbol{v}}^{(n)}\boldsymbol{h}^{\mathsf{T}} - \boldsymbol{v}'\boldsymbol{h}'^{\mathsf{T}})$;

10　　$\boldsymbol{a} \leftarrow \boldsymbol{a} + \alpha(\hat{\boldsymbol{v}}^{(n)} - \boldsymbol{v}')$;

11　　$\boldsymbol{b} \leftarrow \boldsymbol{b} + \alpha(\boldsymbol{h} - \boldsymbol{h}')$;

12　　**end**

13　**end**

输出:$\boldsymbol{W}, \boldsymbol{a}, \boldsymbol{b}$

12.2.3　受限玻尔兹曼机的类型

在具体的不同任务中,需要处理的数据类型不一定都是二值的,也可能是连续值. 为了能够处理这些数据,就需要根据输入或输出的数据类型来设计新的能量函数.

一般来说,常见的受限玻尔兹曼机有以下三种:

(1)"伯努利-伯努利"受限玻尔兹曼机(Bernoulli-Bernoulli RBM, BB-RBM):上面介绍的可观测变量和隐变量都为二值类型的受限玻尔兹曼机.

(2)"高斯-伯努利"受限玻尔兹曼机(Gaussian-Bernoulli RBM, GB-RBM):可观测变量为高斯分布,隐变量为伯努利分布,其能量函数定义为

$$E(\boldsymbol{v},\boldsymbol{h})=\sum_i\frac{(v_i-\mu_i)^2}{2\sigma_i^2}-\sum_j b_jh_j-\sum_i\sum_j\frac{v_i}{\sigma_i}w_{ij}h_j, \tag{12.57}$$

其中每个可观测变量 v_i 服从 (μ_i,σ_i) 的高斯分布.

参见习题12-4.

(3)"伯努利-高斯"受限玻尔兹曼机(Bernoulli-Gaussian RBM, BG-RBM):可观测变量为伯努利分布,隐变量为高斯分布,其能量函数定义为

$$E(\boldsymbol{v},\boldsymbol{h})=-\sum_i a_iv_i+\sum_j\frac{(h_j-\mu_j)^2}{2\sigma_j^2}-\sum_i\sum_j v_iw_{ij}\frac{h_j}{\sigma_j}, \tag{12.58}$$

其中每个隐变量 h_j 服从 (μ_j,σ_j) 的高斯分布.

12.3 深度信念网络

深度信念网络(Deep Belief Network, DBN)是一种深层的概率有向图模型,其图结构由多层的节点构成. 每层节点的内部没有连接,相邻两层的节点之间为全连接. 网络的最底层为可观测变量,其他层节点都为隐变量. 最顶部的两层间的连接是无向的,其他层之间的连接是有向的. 图12.5给出了一个深度信念网络的示例.

和全连接的前馈神经网络结构相同.

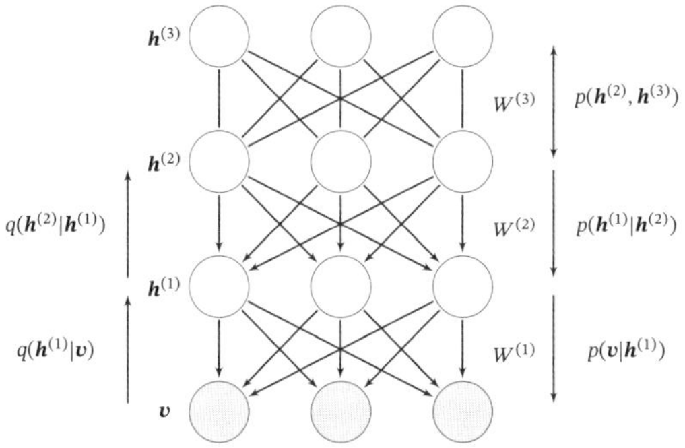

图 12.5 一个有4层结构的深度信念网络

对一个有 L 层隐变量的深度信念网络,令 $\boldsymbol{v}=\boldsymbol{h}^{(0)}$ 表示最底层(第0层)为可观测变量,$\boldsymbol{h}^{(1)},\cdots,\boldsymbol{h}^{(L)}$ 表示其余每层的变量. 顶部的两层是一个无向图,可以

看作一个受限玻尔兹曼机,用来产生 $p(\boldsymbol{h}^{(L-1)})$ 的先验分布. 除了最顶上两层外,每一层变量 $\boldsymbol{h}^{(l)}$ 依赖于其上面一层 $\boldsymbol{h}^{(l+1)}$,即

$$p(\boldsymbol{h}^{(l)}|\boldsymbol{h}^{(l+1)},\cdots,\boldsymbol{h}^{(L)}) = p(\boldsymbol{h}^{(l)}|\boldsymbol{h}^{(l+1)}), \tag{12.59}$$

其中 $l = \{0,\cdots,L-2\}$.

深度信念网络中所有变量的联合概率可以分解为

$$p(\boldsymbol{v},\boldsymbol{h}^{(1)},\cdots,\boldsymbol{h}^{(L)}) = p(\boldsymbol{v}|\boldsymbol{h}^{(1)})\left(\prod_{l=1}^{L-2} p(\boldsymbol{h}^{(l)}|\boldsymbol{h}^{(l+1)})\right)p(\boldsymbol{h}^{(L-1)},\boldsymbol{h}^{(L)}) \tag{12.60}$$

$$= \left(\prod_{l=0}^{L-1} p(\boldsymbol{h}^{(l)}|\boldsymbol{h}^{(l+1)})\right)p(\boldsymbol{h}^{(L-1)},\boldsymbol{h}^{(L)}), \tag{12.61}$$

其中 $p(\boldsymbol{h}^{(l)}|\boldsymbol{h}^{(l+1)})$ 为Sigmoid型条件概率分布,定义为

$$p(\boldsymbol{h}^{(l)}|\boldsymbol{h}^{(l+1)}) = \sigma\left(\boldsymbol{a}^{(l)} + \boldsymbol{W}^{(l+1)}\boldsymbol{h}^{(l+1)}\right), \tag{12.62}$$

其中 $\sigma(\cdot)$ 为按位计算的Logistic函数,$\boldsymbol{a}^{(l)}$ 为偏置参数,$\boldsymbol{W}^{(l+1)}$ 为权重参数. 这样,每一个层都可以看作一个Sigmoid信念网络.

Sigmoid信念网络参见第11.1.2.1节.

12.3.1 生成模型

深度信念网络是一个生成模型,可以用来生成符合特定分布的样本. 隐变量用来描述在可观测变量之间的高阶相关性. 假如训练数据服从分布 $p(\boldsymbol{v})$,通过训练得到一个深度信念网络.

在生成样本时,首先运行最顶层的受限玻尔兹曼机进行足够多次的吉布斯采样,在达到热平衡时生成样本 $\boldsymbol{h}^{(L-1)}$,然后依次计算下一层变量的条件分布并采样. 因为在给定上一层变量取值时,下一层的变量是条件独立的,所以可以独立采样. 这样,我们可以从第 $L-1$ 层开始,自顶向下进行逐层采样,最终得到可观测层的样本.

12.3.2 参数学习

深度信念网络最直接的训练方式是最大化可观测变量的边际分布 $p(\boldsymbol{v})$ 在训练集合上的似然. 但在深度信念网络中,隐变量 $\boldsymbol{h}$ 之间的关系十分复杂,由于"贡献度分配问题",很难直接学习. 即使对于简单的单层Sigmoid信念网络

$$p(v=1|\boldsymbol{h}) = \sigma\left(b + \boldsymbol{w}^{\mathsf{T}}\boldsymbol{h}\right), \tag{12.63}$$

在已知可观测变量时，其隐变量的联合后验概率 $p(\boldsymbol{h}|\boldsymbol{v})$ 不再互相独立，因此很难精确估计所有隐变量的后验概率. 早期深度信念网络的后验概率一般通过蒙特卡罗方法或变分方法来近似估计，但是效率比较低，从而导致其参数学习比较困难.

为了有效地训练深度信念网络，我们将每一层的Sigmoid信念网络转换为受限玻尔兹曼机. 这样做的好处是隐变量的后验概率是互相独立的，从而可以很容易地进行采样. 这样，深度信念网络可以看作由多个受限玻尔兹曼机从下到上进行堆叠，第 l 层受限玻尔兹曼机的隐层作为第 $l+1$ 层受限玻尔兹曼机的可观测层. 进一步地，深度信念网络可以采用逐层训练的方式来快速训练，即从最底层开始，每次只训练一层，直到最后一层 [Hinton et al., 2006].

逐层训练是能够有效训练深度模型的最早的方法.

深度信念网络的训练过程可以分为逐层预训练和精调两个阶段. 先通过逐层预训练将模型的参数初始化为较优的值，再通过传统学习方法对参数进行精调.

12.3.2.1 逐层预训练

在逐层预训练阶段，采用逐层训练的方式，将深度信念网络的训练简化为对多个受限玻尔兹曼机的训练. 图12.6给出了深度信念网络的逐层预训练过程.

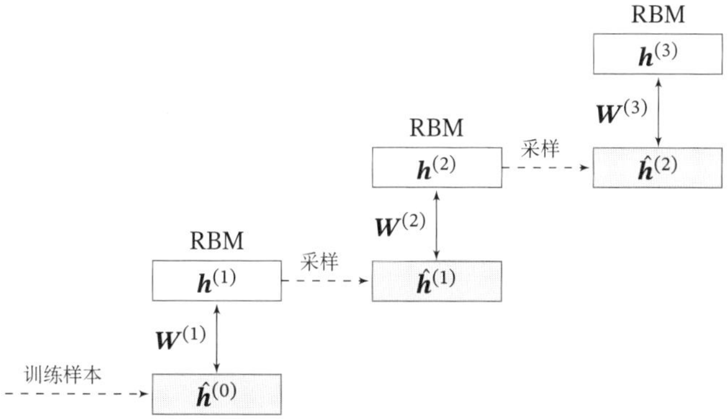

图 12.6 深度信念网络的逐层预训练过程

具体的逐层训练过程为自下而上依次训练每一层的受限玻尔兹曼机. 假设我们已经训练好了前 $l-1$ 层的受限玻尔兹曼机，那么可以计算隐变量自下而上的条件概率

$$p(\boldsymbol{h}^{(i)}|\boldsymbol{h}^{(i-1)}) = \sigma\left(\boldsymbol{b}^{(i)} + \boldsymbol{W}^{(i)}\boldsymbol{h}^{(i-1)}\right), \qquad 1 \le i \le (l-1) \tag{12.64}$$

其中 $\boldsymbol{b}^{(i)}$ 为第 i 层受限玻尔兹曼机的偏置，$\boldsymbol{W}^{(i)}$ 为连接权重. 这样，我们可以按照 $\boldsymbol{v} = \boldsymbol{h}^{(0)} \rightsquigarrow \boldsymbol{h}^{(1)} \rightsquigarrow \cdots \rightsquigarrow \boldsymbol{h}^{(l-1)}$ 的顺序生成一组 $\boldsymbol{h}^{(l-1)}$ 的样本，记为

$\hat{\boldsymbol{H}}^{(l-1)} = \{\hat{\boldsymbol{h}}^{(l,1)}, \cdots, \hat{\boldsymbol{h}}^{(l,M)}\}$. 然后,将 $\boldsymbol{h}^{(l-1)}$ 和 $\boldsymbol{h}^{(l)}$ 组成一个受限玻尔兹曼机,用 $\hat{\boldsymbol{H}}^{(l-1)}$ 作为训练集充分训练第 l 层的受限玻尔兹曼机.

算法12.2给出一种深度信念网络的逐层预训练方法. 大量的实践表明,逐层预训练可以产生非常好的参数初始值,从而极大地降低了模型的学习难度.

算法 12.2 深度信念网络的逐层预训练方法

输入: 训练集 $\{\hat{\boldsymbol{v}}^{(n)}\}_{n=1}^{N}$,学习率 α,深度信念网络层数 L,第 l 层权重 $\boldsymbol{W}^{(l)}$,第 l 层偏置 $\boldsymbol{a}^{(l)}$,第 l 层偏置 $\boldsymbol{b}^{(l)}$;

```
for l = 1 ··· L do
    初始化: W^(l) ← 0, a^(l) ← 0, b^(l) ← 0;
    从训练集中采样 ĥ^(0);
    for i = 1 ··· l − 1 do
        根据分布 p(h^(i) | ĥ^(i−1)) 采样 ĥ^(i);
    end
    将 ĥ^(l−1) 作为训练样本, 充分训练第 l 层受限玻尔兹曼机, 得到参数
      W^(l), a^(l), b^(l);
end
```

输出: $\{\boldsymbol{W}^{(l)}, \boldsymbol{a}^{(l)}, \boldsymbol{b}^{(l)}\}, 1 \le l \le L$

12.3.2.2 精调

经过预训练之后,再结合具体的任务(监督学习或无监督学习),通过传统的全局学习算法对网络进行精调(Fine-Tuning),使模型收敛到更好的局部最优点.

作为生成模型的精调 除了顶层的受限玻尔兹曼机,其他层之间的权重可以被分成向下的生成权重(Generative Weight)$\boldsymbol{W}$ 和向上的认知权重(Recognition Weight)$\boldsymbol{W}'$. 生成权重用来定义原始的生成模型,而认知权重用来计算反向(上行)的条件概率. 认知权重的初始值 $\boldsymbol{W}'^{(l)} = \boldsymbol{W}^{(l)\top}$.

深度信念网络一般采用 Contrastive Wake-Sleep 算法 [Hinton et al., 2006] 进行精调,其算法过程是:

(1) Wake 阶段:a)认知过程,通过外界输入(可观测变量)和向上的认知权重,计算每一层变量的上行的条件概率 $p(\boldsymbol{h}^{(l+1)}|\boldsymbol{h}^{(l)})$ 并采样. b)修改下行的生成权重使得每一层变量的下行的条件概率 $p(\boldsymbol{h}^{(l)}|\boldsymbol{h}^{(l+1)})$ 最大. 也就是"如果现实跟我想象的不一样,改变我的生成权重使得我想象的东西就是这样的".

(2) Sleep 阶段:a)生成过程,运行顶层的受限玻尔兹曼机并在达到热平衡时采样,然后通过向下的生成权重逐层计算每一层变量的下行的条件概率 $p(\boldsymbol{h}^{(l)}|\boldsymbol{h}^{(l+1)})$ 并采样. b)修改向上的认知权重使得上一层变量的上行的条件概

率 $p(\boldsymbol{h}^{(l+1)}|\boldsymbol{h}^{(l)})$ 最大. 也就是"如果梦中的景象不是我脑中的相应概念,改变我的认知权重使得这种景象在我看来就是这个概念".

（3） 交替进行Wake和Sleep过程,直到收敛.

作为判别模型的精调　深度信念网络的一个应用是作为深度神经网络的预训练模型,提供神经网络的初始权重. 这时只需要向上的认知权重,作为判别模型使用. 图12.7给出深度信念网络作为神经网络预训练模型的示例.

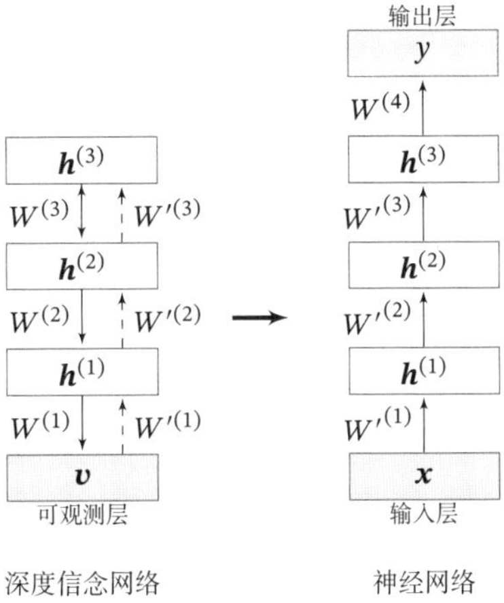

图 12.7　深度信念网络作为神经网络的预训练模型

具体的精调过程为:在深度信念网络的最顶层再增加一层输出层,然后使用反向传播算法对这些权重进行调优. 特别是在训练数据比较少时,预训练的作用非常大. 因为不恰当的初始化权重会显著影响最终模型的性能,而预训练获得的权重在权值空间中比随机权重更接近最优的权重,避免了反向传播算法因随机初始化权值参数而容易陷入局部最优和训练时间长的缺点. 这不仅提升了模型的性能,也加快了调优阶段的收敛速度 [Larochelle et al., 2007].

12.4　总结和深入阅读

玻尔兹曼机是Hopfield网络的随机化版本,最早由 Geoffrey Hinton 等人提出 [Hinton et al., 1984]. 玻尔兹曼机能够学习数据的内部表示,并且其参数学习的方式和赫布型学习十分类似. 没有任何约束的玻尔兹曼机因为过于复杂,难以应用在实际问题上. 通过引入一定的约束（即变为二分图）,受限玻尔兹曼机在特征抽取、协同过滤、分类等多个任务上得到了广泛的应用. 受限玻尔兹曼机最早由 [Smolensky, 1986] 提出,并命名为簧风琴. [Carreira-Perpinan et al., 2005] 提出了对比散度算法使得受限玻尔兹曼机的训练非常高效. 受限玻尔兹曼机一度变得非常流行，因为其作为深度信念网络的一部分，显著提高了语音识别的精度 [Dahl et al., 2012; Hinton et al., 2012]，并开启了深度学习的浪潮.

深度神经网络的误差反向传播算法存在梯度消失问题，因此在2006年以前，我们还无法有效地训练深度神经网络. [Hinton et al., 2006] 提出了深度信念网络，并通过逐层训练和精调可以有效地学习. [Salakhutdinov, 2015] 给出了深度信念网络可以逐层训练的理论依据. 深度信念网络的一个重要贡献是可以为一个深度神经网络提供较好的初始参数，从而使得训练深度神经网络变得可行. 深度信念网络也成为早期深度学习算法的主要框架之一.

典型的深度信念网络的隐变量是二值的，其后验为伯努利分布，[Welling et al., 2005] 提出一个改进，允许隐变量为其他类型，其后验分布为指数族分布. [Lee et al., 2009] 提出了卷积深度信念网络（Convolutional Deep Belief Network，CDBN），采用和卷积神经网络类似的结构，以便处理高维的图像特征. 通过基于卷积的受限玻尔兹曼机和概率最大汇聚操作，卷积深度信念网络也能够使用类似深度置信网络的训练方法进行训练.

和深度信念网络类似的一种深度概率模型是深度玻尔兹曼机（Deep Boltzmann Machine，DBM）[Salakhutdinov et al., 2010]. 深度玻尔兹曼机是由多层受限玻尔兹曼机堆叠而成，是真正的无向图模型，其联合概率是通过能量函数来定义. 和深度信念网络相比，深度玻尔兹曼机的学习和推断要更加困难.

除了深度信念网络之外，自编码器 [Bengio et al., 2007] 以及它的变体，比如稀疏自编码器 [Ranzato et al., 2006] 和去噪自编码器 [Vincent et al., 2008]，也可以用来作为深度神经网络的参数初始化，并可以得到和深度信念网络类似的效果. 随着人们对深度学习认识的加深，出现了很多更加便捷的训练深度神经网络的技术，比如 ReLU 激活函数、权重初始化、逐层归一化以及残差连接等，使得我们可以不需要预训练就能够训练一个非常深的神经网络.

优化算法参见第7.2节.

尽管深度信念网络作为一种深度学习模型已经很少使用，但其在深度学习发展进程中的贡献十分巨大，并且其理论基础为概率图模型，有非常好的解释性，依然是一种值得深入研究的模型.

习题

Metropolis 算法参见第11.5.4.2节.

习题 **12-1** 如果使用 Metropolis 算法对玻尔兹曼机进行采样，给出其提议分布的具体形式.

习题 **12-2** 在受限玻尔兹曼机中，证明公式 (12.47).

习题 12-3 在受限玻尔兹曼机中，证明公式(12.51)、公式(12.52)和公式(12.53)中参数的梯度.

习题 12-4 计算"高斯-伯努利"受限玻尔兹曼机和"伯努利-高斯"受限玻尔兹曼机的条件概率 $p(\boldsymbol{v}=1|\boldsymbol{h})$ 和 $p(\boldsymbol{h}=1|\boldsymbol{v})$.

习题 12-5 在受限玻尔兹曼机中，如果可观测变量服从多项分布，隐变量服务伯努利分布，可观测变量 v_i 的条件概率为

$$p(v_i=k|\boldsymbol{h})=\frac{\exp\left(a_i^{(k)}+\Sigma_j w_{ij}^{(k)}h_j\right)}{\Sigma_{k'=1}^{K}\exp\left(a_i^{(k')}+\Sigma_j w_{ij}^{(k')}h_j\right)}, \tag{12.65}$$

其中 $k\in[1,K]$ 为可观测变量的取值，$\boldsymbol{W}^{(k)}$ 和 $\boldsymbol{a}^{(k)}$ 为参数，请给出满足这个条件分布的能量函数.

习题 12-6 在深度信念网络中，试分析逐层训练背后的理论依据.

习题 12-7 分析深度信念网络和深度玻尔兹曼机之间的异同点.

参考文献

Ackley D H, Hinton G E, Sejnowski T J, 1985. A learning algorithm for boltzmann machines[J]. Cognitive science, 9(1):147-169.

Bengio Y, Lamblin P, Popovici D, et al., 2007. Greedy layer-wise training of deep networks[C]// Advances in neural information processing systems. 153-160.

Carreira-Perpinan M A, Hinton G E, 2005. On contrastive divergence learning.[C]//Aistats: volume 10. 33-40.

Dahl G E, Yu D, Deng L, et al., 2012. Context-dependent pre-trained deep neural networks for large-vocabulary speech recognition[J]. IEEE Transactions on audio, speech, and language processing, 20(1):30-42.

Hinton G E, 2002. Training products of experts by minimizing contrastive divergence[J]. Neural computation, 14(8):1771-1800.

Hinton G E, Sejnowski T J, Ackley D H, 1984. Boltzmann machines: Constraint satisfaction networks that learn[M]. Carnegie-Mellon University, Department of Computer Science Pittsburgh, PA.

Hinton G E, Osindero S, Teh Y W, 2006. A fast learning algorithm for deep belief nets[J]. Neural computation, 18(7):1527-1554.

Hinton G E, Deng L, Yu D, et al., 2012. Deep neural networks for acoustic modeling in speech recognition: The shared views of four research groups[J]. IEEE Signal Processing Magazine, 29 (6):82-97.

Kirkpatrick S, Gelatt C D, Vecchi M P, 1983. Optimization by simulated annealing[J]. science, 220 (4598):671-680.

Larochelle H, Erhan D, Courville A, et al., 2007. An empirical evaluation of deep architectures on problems with many factors of variation[C]//Proceedings of the 24th international conference on Machine learning. 473-480.

Lee H, Grosse R, Ranganath R, et al., 2009. Convolutional deep belief networks for scalable unsupervised learning of hierarchical representations[C]//Proceedings of the 26th annual international conference on machine learning. 609-616.

Ranzato M, Poultney C, Chopra S, et al., 2006. Efficient learning of sparse representations with an energy-based model[C]//Proceedings of the 19th International Conference on Neural Information Processing Systems. MIT Press: 1137-1144.

Salakhutdinov R, 2015. Learning deep generative models[J]. Annual Review of Statistics and Its Application, 2:361-385.

Salakhutdinov R, Larochelle H, 2010. Efficient learning of deep boltzmann machines[C]//Proceedings of the thirteenth international conference on artificial intelligence and statistics. 693-700.

Smolensky P, 1986. Information processing in dynamical systems: Foundations of harmony theory [R]. Dept Of Computer Science, Colorado Univ At Boulder.

Vincent P, Larochelle H, Bengio Y, et al., 2008. Extracting and composing robust features with denoising autoencoders[C]//Proceedings of the International Conference on Machine Learning. 1096-1103.

Welling M, Rosen-Zvi M, Hinton G E, 2005. Exponential family harmoniums with an application to information retrieval[C]//Advances in neural information processing systems. 1481-1488.

第13章 深度生成模型

我不能创造的东西，我就不了解.

——理查德·菲利普斯·费曼（Richard Phillips Feynman）

1965年诺贝尔物理奖获得者

概率生成模型（Probabilistic Generative Model），简称生成模型，是概率统计和机器学习领域的一类重要模型，指一系列用于随机生成可观测数据的模型. 假设在一个连续或离散的高维空间 $\mathcal{X}$ 中，存在一个随机向量 $\boldsymbol{X}$ 服从一个未知的数据分布 $p_r(\boldsymbol{x}), \boldsymbol{x} \in \mathcal{X}$. 生成模型是根据一些可观测的样本 $\boldsymbol{x}^{(1)}, \boldsymbol{x}^{(2)}, \cdots, \boldsymbol{x}^{(N)}$ 来学习一个参数化的模型 $p_\theta(\boldsymbol{x})$ 来近似未知分布 $p_r(\boldsymbol{x})$，并可以用这个模型来生成一些样本，使得"生成"的样本和"真实"的样本尽可能地相似. 生成模型通常包含两个基本功能：概率密度估计和生成样本（即采样）. 图13.1以手写体数字图像为例给出了生成模型的两个功能示例，其中左图表示手写体数字图像的真实分布 $p_r(\boldsymbol{x})$ 以及从中采样的一些"真实"样本，右图表示估计出了分布 $p_\theta(\boldsymbol{x})$ 以及从中采样的"生成"样本.

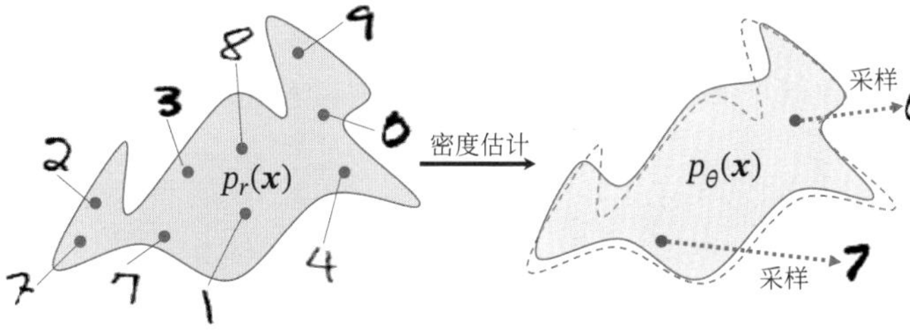

图 13.1 生成模型的两个功能

生成模型的应用十分广泛，可以用来建模不同的数据，比如图像、文本、声音等. 但对于一个高维空间中的复杂分布，密度估计和生成样本通常都不容易实现. 一是高维随机向量一般比较难以直接建模，需要通过一些条件独立性来简化模型，二是给定一个已建模的复杂分布，也缺乏有效的采样方法.

深度生成模型就是利用深度神经网络可以近似任意函数的能力来建模一个复杂分布 $p_r(\boldsymbol{x})$ 或直接生成符合分布 $p_r(\boldsymbol{x})$ 的样本. 本章先介绍概率生成模型的基本概念,然后介绍两种深度生成模型:变分自编码器和生成对抗网络.

13.1 概率生成模型

概率密度估计简称密度估计,参见第9.2节.

生成模型一般具有两个基本功能:密度估计和生成样本.

13.1.1 密度估计

给定一组数据 $\mathcal{D} = \{\boldsymbol{x}^{(n)}\}_{n=1}^{N}$,假设它们都是独立地从相同的概率密度函数为 $p_r(\boldsymbol{x})$ 的未知分布中产生的. 密度估计(Density Estimation)是根据数据集 $\mathcal{D}$ 来估计其概率密度函数 $p_\theta(\boldsymbol{x})$.

在机器学习中,密度估计是一类无监督学习问题. 比如在手写体数字图像的密度估计问题中,我们将图像表示为一个随机向量 $\boldsymbol{X}$,其中每一维都表示一个像素值. 假设手写体数字图像都服从一个未知的分布 $p_r(\boldsymbol{x})$,希望通过一些观测样本来估计其分布. 但是,手写体数字图像中不同像素之间存在复杂的依赖关系(比如相邻像素的颜色一般是相似的),很难用一个明确的图模型来描述其依赖关系,所以直接建模 $p_r(\boldsymbol{x})$ 比较困难. 因此,我们通常通过引入隐变量 $\boldsymbol{z}$ 来简化模型,这样密度估计问题可以转换为估计变量 $(\boldsymbol{x}, \boldsymbol{z})$ 的两个局部条件概率 $p_\theta(\boldsymbol{z})$ 和 $p_\theta(\boldsymbol{x}|\boldsymbol{z})$. 一般为了简化模型,假设隐变量 $\boldsymbol{z}$ 的先验分布为标准高斯分布 $\mathcal{N}(\boldsymbol{0}, \boldsymbol{I})$. 隐变量 $\boldsymbol{z}$ 的每一维之间都是独立的. 在这个假设下,先验分布 $p(\boldsymbol{z};\theta)$ 中没有参数. 因此,密度估计的重点是估计条件分布 $p(\boldsymbol{x}|\boldsymbol{z};\theta)$.

EM算法参见第11.2.2.1节.

如果要建模含隐变量的分布(如图13.2a),就需要利用EM算法来进行密度估计. 而在EM算法中,需要估计条件分布 $p(\boldsymbol{x}|\boldsymbol{z};\theta)$ 以及近似后验分布 $p(\boldsymbol{z}|\boldsymbol{x};\theta)$. 当这两个分布比较复杂时,我们可以利用神经网络来进行建模,这就是变分自编码器的思想.

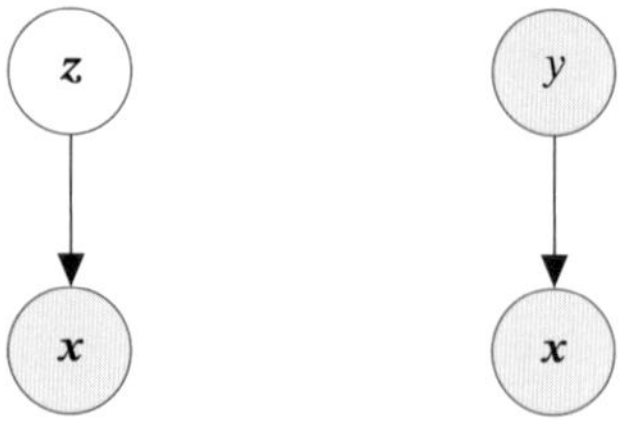

(a) 含隐变量的生成模型 (b) 带标签的生成模型

图 13.2 生成模型

13.1.2 生成样本

生成样本就是给定一个概率密度函数为 $p_\theta(\boldsymbol{x})$ 的分布，生成一些服从这个分布的样本，也称为采样. 我们在第11.5节中介绍了一些常用的采样方法.

采样方法参见第11.5节.

对于图13.2a中的图模型，在得到两个变量的局部条件概率 $p_\theta(\boldsymbol{z})$ 和 $p_\theta(\boldsymbol{x}|\boldsymbol{z})$ 之后，我们就可以生成数据 $\boldsymbol{x}$，具体过程可以分为两步进行：

（1） 根据隐变量的先验分布 $p_\theta(\boldsymbol{z})$ 进行采样，得到样本 $\boldsymbol{z}$.

（2） 根据条件分布 $p_\theta(\boldsymbol{x}|\boldsymbol{z})$ 进行采样，得到样本 $\boldsymbol{x}$.

为了便于采样，通常 $p_\theta(\boldsymbol{x}|\boldsymbol{z})$ 不能太过复杂. 因此，另一种生成样本的思想是从一个简单分布 $p(\boldsymbol{z}), \boldsymbol{z} \in \mathcal{Z}$（比如标准正态分布）中采集一个样本 $\boldsymbol{z}$，并利用一个深度神经网络 $g : \mathcal{Z} \to \mathcal{X}$ 使得 $g(\boldsymbol{z})$ 服从 $p_r(\boldsymbol{x})$. 这样，我们就可以避免密度估计问题，并有效降低生成样本的难度，这正是生成对抗网络的思想.

13.1.3 应用于监督学习

除了生成样本外，生成模型也可以应用于监督学习. 监督学习的目标是建模样本 $\boldsymbol{x}$ 和输出标签 y 之间的条件概率分布 $p(y|\boldsymbol{x})$. 根据贝叶斯公式，

$$p(y|\boldsymbol{x}) = \frac{p(\boldsymbol{x}, y)}{\sum_y p(\boldsymbol{x}, y)}. \tag{13.1}$$

我们可以将监督学习问题转换为联合概率分布 $p(\boldsymbol{x}, y)$ 的密度估计问题.

图13.2b给出了带标签的生成模型的图模型表示，可以用于监督学习. 在监督学习中，比较典型的生成模型有朴素贝叶斯分类器、隐马尔可夫模型.

参见第11.1.2节.

判别模型 和生成模型相对应的另一类监督学习模型是判别模型（Discriminative Model）. 判别模型直接建模条件概率分布 $p(y|\boldsymbol{x})$，并不建模其联合概率分布 $p(\boldsymbol{x}, y)$. 常见的判别模型有Logistic 回归、支持向量机、神经网络等. 由生成模型可以得到判别模型，但由判别模型得不到生成模型.

13.2 变分自编码器

13.2.1 含隐变量的生成模型

假设一个生成模型（如图13.3所示）中包含隐变量，即有部分变量是不可观测的，其中观测变量 $\boldsymbol{X}$ 是一个高维空间 $\mathcal{X}$ 中的随机向量，隐变量 $\boldsymbol{Z}$ 是一个相对低维的空间 $\mathcal{Z}$ 中的随机向量.

本章中，我们假设 $\boldsymbol{X}$ 和 $\boldsymbol{Z}$ 都是连续随机向量.

实线表示生成模型，虚线表示变分近似.

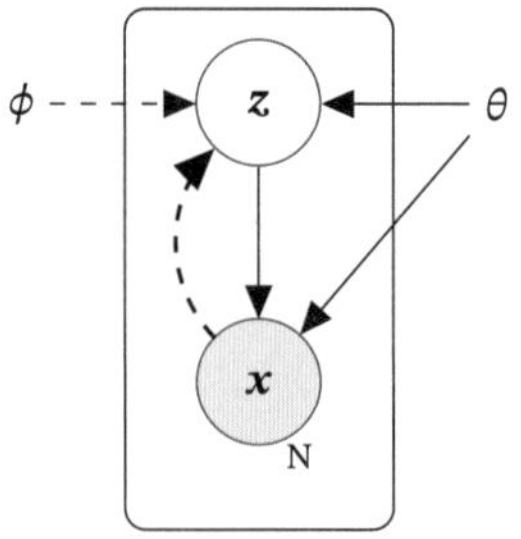

图 13.3 变分自编码器

这个生成模型的联合概率密度函数可以分解为

$$p(\boldsymbol{x}, \boldsymbol{z}; \theta) = p(\boldsymbol{x}|\boldsymbol{z}; \theta)p(\boldsymbol{z}; \theta), \tag{13.2}$$

其中 $p(\boldsymbol{z}; \theta)$ 为隐变量 $\boldsymbol{z}$ 先验分布的概率密度函数，$p(\boldsymbol{x}|\boldsymbol{z}; \theta)$ 为已知 $\boldsymbol{z}$ 时观测变量 $\boldsymbol{x}$ 的条件概率密度函数，θ 表示两个密度函数的参数. 一般情况下，我们可以假设 $p(\boldsymbol{z}; \theta)$ 和 $p(\boldsymbol{x}|\boldsymbol{z}; \theta)$ 为某种参数化的分布族，比如正态分布. 这些分布的形式已知，只是参数 θ 未知，可以通过最大化似然来进行估计.

给定一个样本 $\boldsymbol{x}$，其对数边际似然 $\log p(\boldsymbol{x}; \theta)$ 可以分解为

$$\log p(\boldsymbol{x}; \theta) = ELBO(q, \boldsymbol{x}; \theta, \phi) + \mathrm{KL}(q(\boldsymbol{z}; \phi), p(\boldsymbol{z}|\boldsymbol{x}; \theta)), \tag{13.3}$$

参见公式(11.49).

其中 $q(\boldsymbol{z}; \phi)$ 是额外引入的变分密度函数，其参数为 ϕ，$ELBO(q, \boldsymbol{x}; \theta, \phi)$ 为证据下界，

$$ELBO(q, \boldsymbol{x}; \theta, \phi) = \mathbb{E}_{\boldsymbol{z} \sim q(\boldsymbol{z}; \phi)}\left[\log \frac{p(\boldsymbol{x}, \boldsymbol{z}; \theta)}{q(\boldsymbol{z}; \phi)}\right]. \tag{13.4}$$

EM 算法参见第11.2.2.1节.

最大化对数边际似然 $\log p(\boldsymbol{x}; \theta)$ 可以用EM算法来求解. 在EM算法的每次迭代中，具体可以分为两步：

（1） E步：固定 θ，寻找一个密度函数 $q(\boldsymbol{z}; \phi)$ 使其等于或接近于后验密度函数 $p(\boldsymbol{z}|\boldsymbol{x}; \theta)$；

（2） M步：固定 $q(\boldsymbol{z}; \phi)$，寻找 θ 来最大化 $ELBO(q, \boldsymbol{x}; \theta, \phi)$.

不断重复上述两步骤，直到收敛.

在EM算法的每次迭代中，理论上最优的 $q(\boldsymbol{z}; \phi)$ 为隐变量的后验概率密度函数 $p(\boldsymbol{z}|\boldsymbol{x}; \theta)$，即

$$p(\boldsymbol{z}|\boldsymbol{x}; \theta) = \frac{p(\boldsymbol{x}|\boldsymbol{z}; \theta)p(\boldsymbol{z}; \theta)}{\int_z p(\boldsymbol{x}|\boldsymbol{z}; \theta)p(\boldsymbol{z}; \theta)d\boldsymbol{z}}. \tag{13.5}$$

后验概率密度函数 $p(\boldsymbol{z}|\boldsymbol{x}; \theta)$ 的计算是一个统计推断问题，涉及积分计算. 当隐变量 $\boldsymbol{z}$ 是有限的一维离散变量时，计算起来比较容易. 但在一般情况下，这个后验概

率密度函数是很难计算的，通常需要通过变分推断来近似估计. 在变分推断中，为了降低复杂度，通常会选择一些比较简单的分布 $q(\boldsymbol{z};\phi)$ 来近似推断 $p(\boldsymbol{z}|\boldsymbol{x};\theta)$. 当 $p(\boldsymbol{z}|\boldsymbol{x};\theta)$ 比较复杂时，近似效果不佳. 此外，概率密度函数 $p(\boldsymbol{x}|\boldsymbol{z};\theta)$ 一般也比较复杂，很难直接用已知的分布族函数进行建模.

变分推断参见第11.4节.

变分自编码器（Variational AutoEncoder，VAE）[Kingma et al., 2014] 是一种深度生成模型，其思想是利用神经网络来分别建模两个复杂的条件概率密度函数.

（1） 用神经网络来估计变分分布 $q(\boldsymbol{z};\phi)$，称为推断网络. 理论上 $q(\boldsymbol{z};\phi)$ 可以不依赖 $\boldsymbol{x}$. 但由于 $q(\boldsymbol{z};\phi)$ 的目标是近似后验分布 $p(\boldsymbol{z}|\boldsymbol{x};\theta)$，其和 $\boldsymbol{x}$ 相关，因此变分密度函数一般写为 $q(\boldsymbol{z}|\boldsymbol{x};\phi)$. 推断网络的输入为 $\boldsymbol{x}$，输出为变分分布 $q(\boldsymbol{z}|\boldsymbol{x};\phi)$.

（2） 用神经网络来估计概率分布 $p(\boldsymbol{x}|\boldsymbol{z};\theta)$，称为生成网络. 生成网络的输入为 $\boldsymbol{z}$，输出为概率分布 $p(\boldsymbol{x}|\boldsymbol{z};\theta)$.

将推断网络和生成网络合并就得到了变分自编码器的整个网络结构，如图13.4所示，其中实线表示网络计算操作，虚线表示采样操作.

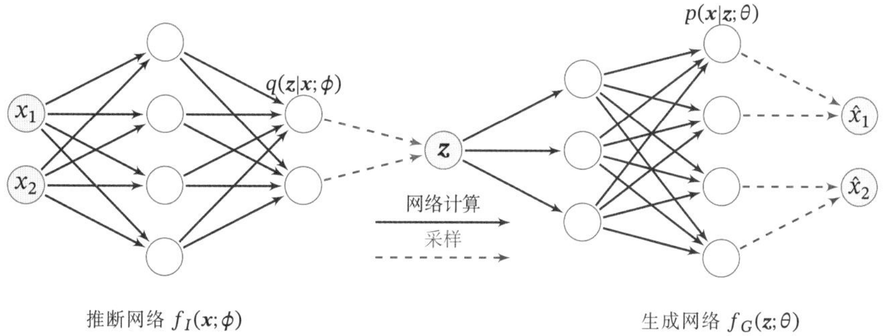

图 13.4 变分自编码器的网络结构

变分自编码器的名称来自于其整个网络结构和自编码器比较类似. 我们可以把推断网络看作"编码器"，将可观测变量映射为隐变量；把生成网络看作"解码器"，将隐变量映射为可观测变量. 然而，变分自编码器背后的原理和自编码器完全不同. 变分自编码器中的编码器和解码器的输出为分布（或分布的参数），而不是确定的编码.

自编码器参见第9.1.3节.

13.2.2 推断网络

为简单起见，假设 $q(\boldsymbol{z}|\boldsymbol{x};\phi)$ 是服从对角化协方差的高斯分布，

$$q(\boldsymbol{z}|\boldsymbol{x};\phi) = \mathcal{N}(\boldsymbol{z};\boldsymbol{\mu}_I,\boldsymbol{\sigma}_I^2\boldsymbol{I}), \tag{13.6}$$

其中$\boldsymbol{\mu}_I$和$\boldsymbol{\sigma}_I^2$是高斯分布的均值和方差,可以通过推断网络$f_I(\boldsymbol{x};\phi)$来预测.

$$\begin{bmatrix}\boldsymbol{\mu}_I \\ \boldsymbol{\sigma}_I^2\end{bmatrix} = f_I(\boldsymbol{x};\phi), \tag{13.7}$$

其中推断网络$f_I(\boldsymbol{x};\phi)$可以是一般的全连接网络或卷积网络,比如一个两层的神经网络,

$$\boldsymbol{h} = \sigma\big(\boldsymbol{W}^{(1)}\boldsymbol{x} + \boldsymbol{b}^{(1)}\big), \tag{13.8}$$

$$\boldsymbol{\mu}_I = \boldsymbol{W}^{(2)}\boldsymbol{h} + \boldsymbol{b}^{(2)}, \tag{13.9}$$

softplus$(x) = \log(1 + \mathrm{e}^x)$.

$$\boldsymbol{\sigma}_I^2 = \mathrm{softplus}\big(\boldsymbol{W}^{(3)}\boldsymbol{h} + \boldsymbol{b}^{(3)}\big), \tag{13.10}$$

其中ϕ代表所有的网络参数$\{\boldsymbol{W}^{(1)}, \boldsymbol{W}^{(2)}, \boldsymbol{W}^{(3)}, \boldsymbol{b}^{(1)}, \boldsymbol{b}^{(2)}, \boldsymbol{b}^{(3)}\}$,$\sigma$和softplus为激活函数. 这里使用softplus激活函数是由于方差总是非负的. 在实际实现中,也可以用一个线性层(不需要激活函数)来预测$\log(\boldsymbol{\sigma}_I^2)$.

推断网络的目标 推断网络的目标是使得$q(\boldsymbol{z}|\boldsymbol{x};\phi)$尽可能接近真实的后验$p(\boldsymbol{z}|\boldsymbol{x};\theta)$,需要找到一组网络参数$\phi^*$来最小化两个分布的KL散度,即

$$\phi^* = \arg\min_{\phi} \mathrm{KL}\Big(q(\boldsymbol{z}|\boldsymbol{x};\phi), p(\boldsymbol{z}|\boldsymbol{x};\theta)\Big). \tag{13.11}$$

然而,直接计算上面的KL散度是不可能的,因为$p(\boldsymbol{z}|\boldsymbol{x};\theta)$一般无法计算. 传统方法是利用采样或者变分法来近似推断. 基于采样的方法效率很低且估计也不是很准确,所以一般使用的是变分推断方法,即用简单的分布q去近似复杂的分布$p(\boldsymbol{z}|\boldsymbol{x};\theta)$. 但是,在深度生成模型中,$p(\boldsymbol{z}|\boldsymbol{x};\theta)$通常比较复杂,很难用简单分布去近似. 因此,我们需要找到一种间接计算方法.

变分推断参见第11.4节.

根据公式(13.3)可知,变分分布$q(\boldsymbol{z}|\boldsymbol{x};\phi)$与真实后验$p(\boldsymbol{z}|\boldsymbol{x};\theta)$的KL散度等于对数边际似然$\log p(\boldsymbol{x};\theta)$与其下界$ELBO(q,\boldsymbol{x};\theta,\phi)$的差,即

$$\mathrm{KL}(q(\boldsymbol{z}|\boldsymbol{x};\phi), p(\boldsymbol{z}|\boldsymbol{x};\theta)) = \log p(\boldsymbol{x};\theta) - ELBO(q,\boldsymbol{x};\theta,\phi), \tag{13.12}$$

可以看作EM算法中的E步.

因此,推断网络的目标函数可以转换为

$$\phi^* = \arg\min_{\phi} \mathrm{KL}\Big(q(\boldsymbol{z}|\boldsymbol{x};\phi), p(\boldsymbol{z}|\boldsymbol{x};\theta)\Big) \tag{13.13}$$

第一项与ϕ无关.

$$= \arg\min_{\phi} \log p(\boldsymbol{x};\theta) - ELBO(q,\boldsymbol{x};\theta,\phi) \tag{13.14}$$

$$= \arg\max_{\phi} ELBO(q,\boldsymbol{x};\theta,\phi), \tag{13.15}$$

即推断网络的目标转换为寻找一组网络参数ϕ^*使得证据下界$ELBO(q,\boldsymbol{x};\theta,\phi)$最大,这和变分推断中的转换类似.

参见公式(11.85).

13.2.3 生成网络

生成模型的联合分布 $p(\boldsymbol{x},\boldsymbol{z};\theta)$ 可以分解为两部分：隐变量 $\boldsymbol{z}$ 的先验分布 $p(\boldsymbol{z};\theta)$ 和条件概率分布 $p(\boldsymbol{x}|\boldsymbol{z};\theta)$.

先验分布 $p(\boldsymbol{z};\theta)$ 为简单起见，我们一般假设隐变量 $\boldsymbol{z}$ 的先验分布为各向同性的标准高斯分布 $\mathcal{N}(\boldsymbol{z}|\boldsymbol{0},\boldsymbol{I})$. 隐变量 $\boldsymbol{z}$ 的每一维之间都是独立的.

条件概率分布 $p(\boldsymbol{x}|\boldsymbol{z};\theta)$ 条件概率分布 $p(\boldsymbol{x}|\boldsymbol{z};\theta)$ 可以通过生成网络来建模. 为简单起见，我们同样用参数化的分布族来表示条件概率分布 $p(\boldsymbol{x}|\boldsymbol{z};\theta)$，这些分布族的参数可以用生成网络计算得到.

根据变量 $\boldsymbol{x}$ 的类型不同，可以假设 $p(\boldsymbol{x}|\boldsymbol{z};\theta)$ 服从不同的分布族.

（1）如果 $\boldsymbol{x}\in\{0,1\}^D$ 是 D 维的二值的向量，可以假设 $p(\boldsymbol{x}|\boldsymbol{z};\theta)$ 服从多变量的伯努利分布，即

$$p(\boldsymbol{x}|\boldsymbol{z};\theta)=\prod_{d=1}^{D}p(x_d|\boldsymbol{z};\theta) \tag{13.16}$$

$$=\prod_{d=1}^{D}\gamma_d^{x_d}(1-\gamma_d)^{(1-x_d)}, \tag{13.17}$$

其中 $\gamma_d\triangleq p(x_d=1|\boldsymbol{z};\theta)$ 为第 d 维分布的参数. 分布的参数 $\gamma=[\gamma_1,\cdots,\gamma_D]^{\mathrm{T}}$ 可以通过生成网络来预测.

（2）如果 $\boldsymbol{x}\in\mathbb{R}^D$ 是 D 维的连续向量，可以假设 $p(\boldsymbol{x}|\boldsymbol{z};\theta)$ 服从对角化协方差的高斯分布，即

$$p(\boldsymbol{x}|\boldsymbol{z};\theta)=\mathcal{N}(\boldsymbol{x};\boldsymbol{\mu}_G,\boldsymbol{\sigma}_G^2\boldsymbol{I}), \tag{13.18}$$

其中 $\boldsymbol{\mu}_G\in\mathbb{R}^D$ 和 $\boldsymbol{\sigma}_G\in\mathbb{R}^D$ 同样可以用生成网络 $f_G(\boldsymbol{z};\theta)$ 来预测.

生成网络的目标 生成网络 $f_G(\boldsymbol{z};\theta)$ 的目标是找到一组网络参数 θ^* 来最大化证据下界 $ELBO(q,\boldsymbol{x};\theta,\phi)$，即

可以看作EM算法中的M步.

$$\theta^*=\arg\max_{\theta}ELBO(q,\boldsymbol{x};\theta,\phi). \tag{13.19}$$

13.2.4 模型汇总

结合公式(13.15)和公式(13.19)，推断网络和生成网络的目标都为最大化证据下界 $ELBO(q,\boldsymbol{x};\theta,\phi)$. 因此，变分自编码器的总目标函数为

$$\max_{\theta,\phi}ELBO(q,\boldsymbol{x};\theta,\phi)=\max_{\theta,\phi}\mathbb{E}_{\boldsymbol{z}\sim q(\boldsymbol{z};\phi)}\left[\log\frac{p(\boldsymbol{x}|\boldsymbol{z};\theta)p(\boldsymbol{z};\theta)}{q(\boldsymbol{z};\phi)}\right] \tag{13.20}$$

$$= \max_{\theta,\phi} \mathbb{E}_{z\sim q(z|x;\phi)}\Big[\log p(\boldsymbol{x}|\boldsymbol{z};\theta)\Big] - \mathrm{KL}\Big(q(\boldsymbol{z}|\boldsymbol{x};\phi), p(\boldsymbol{z};\theta)\Big), \tag{13.21}$$

其中 $p(\boldsymbol{z};\theta)$ 为先验分布，θ 和 ϕ 分别表示生成网络和推断网络的参数.

从EM算法角度来看，变分自编码器优化推断网络和生成网络的过程，可以分别看作EM算法中的E步和M步. 但在变分自编码器中，这两步的目标合二为一，都是最大化证据下界. 此外，变分自编码器可以看作神经网络和贝叶斯网络的混合体. 贝叶斯网络中的所有节点都是随机变量. 在变分自编码器中，我们仅仅将隐藏编码对应的节点看成是随机变量，其他节点还是作为普通神经元. 这样，编码器变成一个变分推断网络，而解码器变成一个将隐变量映射到观测变量的生成网络.

我们分别来看公式(13.21)中的两项.

（1）通常情况下，公式(13.21)中第一项的期望 $\mathbb{E}_{z\sim q(z|x;\phi)}[\log p(\boldsymbol{x}|\boldsymbol{z};\theta)]$ 可以通过采样的方式近似计算. 对于每个样本 $\boldsymbol{x}$，根据 $q(\boldsymbol{z}|\boldsymbol{x};\phi)$ 采集 M 个 $\boldsymbol{z}^{(m)}, 1 \leq m \leq M$，有

$$\mathbb{E}_{z\sim q(z|x;\phi)}[\log p(\boldsymbol{x}|\boldsymbol{z};\theta)] \approx \frac{1}{M}\sum_{m=1}^{M} \log p(\boldsymbol{x}|\boldsymbol{z}^{(m)};\theta). \tag{13.22}$$

期望 $\mathbb{E}_{z\sim q(z|x;\phi)}[\log p(\boldsymbol{x}|\boldsymbol{z};\theta)]$ 依赖于参数 ϕ. 但在上面的近似中，这个期望变得和参数 ϕ 无关. 当使用梯度下降法来学习参数时，期望 $\mathbb{E}_{z\sim q(z|x;\phi)}[\log p(\boldsymbol{x}|\boldsymbol{z};\theta)]$ 关于参数 ϕ 的梯度为0. 这种情况是由于变量 $\boldsymbol{z}$ 和参数 ϕ 之间不是直接的确定性关系，而是一种"采样"关系. 这种情况可以通过两种方法解决：一种是再参数化，我们在下一节具体介绍；另一种是梯度估计的方法，具体参考第14.3节.

（2）公式(13.21)中第二项的KL散度通常可以直接计算. 特别是当 $q(\boldsymbol{z}|\boldsymbol{x};\phi)$ 和 $p(\boldsymbol{z};\theta)$ 都是正态分布时，它们的KL散度可以直接计算出闭式解.

给定 D 维空间中的两个正态分布 $\mathcal{N}(\boldsymbol{\mu}_1, \boldsymbol{\Sigma}_1)$ 和 $\mathcal{N}(\boldsymbol{\mu}_2, \boldsymbol{\Sigma}_2)$，其KL散度为

$$\begin{aligned}&\mathrm{KL}\Big(\mathcal{N}(\boldsymbol{\mu}_1, \boldsymbol{\Sigma}_1), \mathcal{N}(\boldsymbol{\mu}_2, \boldsymbol{\Sigma}_2)\Big)\\ &= \frac{1}{2}\Big(\mathrm{tr}(\boldsymbol{\Sigma}_2^{-1}\boldsymbol{\Sigma}_1) + (\boldsymbol{\mu}_2-\boldsymbol{\mu}_1)^\top \boldsymbol{\Sigma}_2^{-1}(\boldsymbol{\mu}_2-\boldsymbol{\mu}_1) - D + \log\frac{|\boldsymbol{\Sigma}_2|}{|\boldsymbol{\Sigma}_1|}\Big),\end{aligned} \tag{13.23}$$

矩阵的"迹"为主对角线（从左上方至右下方的对角线）上各个元素的总和.

其中 $\mathrm{tr}(\cdot)$ 表示矩阵的迹，$|\cdot|$ 表示矩阵的行列式.

这样，当 $p(\boldsymbol{z};\theta) = \mathcal{N}(\boldsymbol{z}; \boldsymbol{0}, \boldsymbol{I})$ 以及 $q(\boldsymbol{z}|\boldsymbol{x};\phi) = \mathcal{N}(\boldsymbol{z}; \boldsymbol{\mu}_I, \boldsymbol{\sigma}_I^2\boldsymbol{I})$ 时，

$$\begin{aligned}&\mathrm{KL}\Big(q(\boldsymbol{z}|\boldsymbol{x};\phi), p(\boldsymbol{z};\theta)\Big)\\ &= \frac{1}{2}\Big(\mathrm{tr}(\boldsymbol{\sigma}_I^2\boldsymbol{I}) + \boldsymbol{\mu}_I^\top\boldsymbol{\mu}_I - d - \log(|\boldsymbol{\sigma}_I^2\boldsymbol{I}|)\Big),\end{aligned} \tag{13.24}$$

其中 $\boldsymbol{\mu}_I$ 和 σ_I 为推断网络 $f_I(\boldsymbol{x};\phi)$ 的输出.

13.2.5 再参数化

再参数化（Reparameterization）是将一个函数 $f(\theta)$ 的参数 θ 用另外一组参数表示 $\theta = g(\vartheta)$，这样函数 $f(\theta)$ 就转换成参数为 ϑ 的函数 $\hat{f}(\vartheta) = f\big(g(\vartheta)\big)$. 再参数化通常用来将原始参数转换为另外一组具有特殊属性的参数. 比如当 θ 为一个很大的矩阵时，可以使用两个低秩矩阵的乘积来再参数化，从而减少参数量.

再参数化的另一个例子是逐层归一化，参见第7.5节.

在公式(13.21)中，期望 $\mathbb{E}_{z\sim q(z|x;\phi)}\Big[\log p(\boldsymbol{x}|\boldsymbol{z};\theta)\Big]$ 依赖于分布 q 的参数 ϕ. 但是，由于随机变量 $\boldsymbol{z}$ 采样自后验分布 $q(\boldsymbol{z}|\boldsymbol{x};\phi)$，它们之间不是确定性关系，因此无法直接求解 $\boldsymbol{z}$ 关于参数 ϕ 的导数. 这时，我们可以通过再参数化方法来将 $\boldsymbol{z}$ 和 ϕ 之间随机性的采样关系转变为确定性函数关系.

我们引入一个分布为 $p(\epsilon)$ 的随机变量 ϵ，期望 $\mathbb{E}_{z\sim q(z|x;\phi)}\Big[\log p(\boldsymbol{x}|\boldsymbol{z};\theta)\Big]$ 可以重写为

$$\mathbb{E}_{z\sim q(z|x;\phi)}\Big[\log p(\boldsymbol{x}|\boldsymbol{z};\theta)\Big] = \mathbb{E}_{\epsilon\sim p(\epsilon)}\Big[\log p(\boldsymbol{x}|g(\phi,\epsilon);\theta)\Big], \tag{13.25}$$

其中 $\boldsymbol{z} \triangleq g(\phi,\epsilon)$ 为一个确定性函数.

假设 $q(\boldsymbol{z}|\boldsymbol{x};\phi)$ 为正态分布 $N(\boldsymbol{\mu}_I, \boldsymbol{\sigma}_I^2\boldsymbol{I})$，其中 $\{\boldsymbol{\mu}_I, \sigma_I\}$ 是推断网络 $f_I(\boldsymbol{x};\phi)$ 的输出，依赖于参数 ϕ，我们可以通过下面方式来再参数化：

$$\boldsymbol{z} = \boldsymbol{\mu}_I + \boldsymbol{\sigma}_I \odot \epsilon, \tag{13.26}$$

参见习题13-1.

其中 $\epsilon \sim \mathcal{N}(\boldsymbol{0},\boldsymbol{I})$. 这样 $\boldsymbol{z}$ 和参数 ϕ 的关系从采样关系变为确定性关系，使得 $\boldsymbol{z} \sim q(\boldsymbol{z}|\boldsymbol{x};\phi)$ 的随机性独立于参数 ϕ，从而可以求 $\boldsymbol{z}$ 关于 ϕ 的导数.

13.2.6 训练

通过再参数化，变分自编码器可以通过梯度下降法来学习参数，从而提高变分自编码器的训练效率.

给定一个数据集 $\mathcal{D} = \{\boldsymbol{x}^{(n)}\}_{n=1}^N$，对于每个样本 $\boldsymbol{x}^{(n)}$，随机采样 M 个变量 $\epsilon^{(n,m)}, 1 \le m \le M$，并通过公式(13.26)计算 $\boldsymbol{z}^{(n,m)}$. 变分自编码器的目标函数近似为

$$\mathcal{J}(\phi,\theta|\mathcal{D}) = \sum_{n=1}^{N}\left(\frac{1}{M}\sum_{m=1}^{M}\log p(\boldsymbol{x}^{(n)}|\boldsymbol{z}^{(n,m)};\theta) - \mathrm{KL}\Big(q(\boldsymbol{z}|\boldsymbol{x}^{(n)};\phi), \mathcal{N}(\boldsymbol{z};\boldsymbol{0},\boldsymbol{I})\Big)\right). \tag{13.27}$$

如果采用随机梯度方法，每次从数据集中采集一个样本 $\boldsymbol{x}$ 和一个对应的随机变量 ϵ，并进一步假设 $p(\boldsymbol{x}|\boldsymbol{z};\theta)$ 服从高斯分布 $\mathcal{N}(\boldsymbol{x}|\boldsymbol{\mu}_G, \lambda\boldsymbol{I})$，其中 $\boldsymbol{\mu}_G = f_G(\boldsymbol{z};\theta)$ 是生成网络的输出，λ 为控制方差的超参数，则目标函数可以简化为

$$\mathcal{J}(\phi,\theta|\boldsymbol{x}) = -\frac{1}{2}\|\boldsymbol{x} - \boldsymbol{\mu}_G\|^2 - \lambda\,\mathrm{KL}\Big(\mathcal{N}(\boldsymbol{\mu}_I,\boldsymbol{\sigma}_I), \mathcal{N}(\boldsymbol{0},\boldsymbol{I})\Big), \tag{13.28}$$

参见习题13-2.

其中第一项可以近似看作输入 $\boldsymbol{x}$ 的重构正确性，第二项可以看作正则化项，λ 可以看作正则化系数. 这和自编码器在形式上非常类似，但它们的内在机理是完全不同的.

参见习题13-3.

变分自编码器的训练过程如图13.5所示，其中空心矩形表示"目标函数".

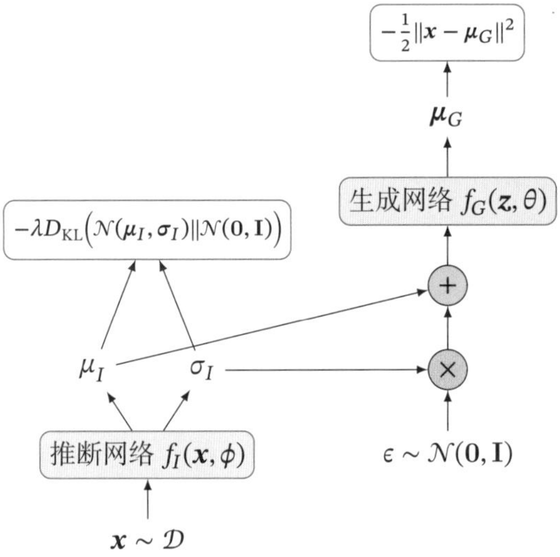

图 13.5 变分自编码器的训练过程

图13.6给出了在 MNIST 数据集上变分自编码器学习到的隐变量流形的可视化示例. 图13.6a是将训练集上每个样本 $\boldsymbol{x}$ 通过推断网络映射到 2 维的隐变量空间，图中的每个点表示 $\mathbb{E}[\boldsymbol{z}|\boldsymbol{x}]$，不同颜色表示不同的数字. 图13.6b是对 2 维的标准高斯分布上进行均匀采样得到不同的隐变量 $\boldsymbol{z}$，然后通过生成网络产生 $\mathbb{E}[\boldsymbol{x}|\boldsymbol{z}]$.

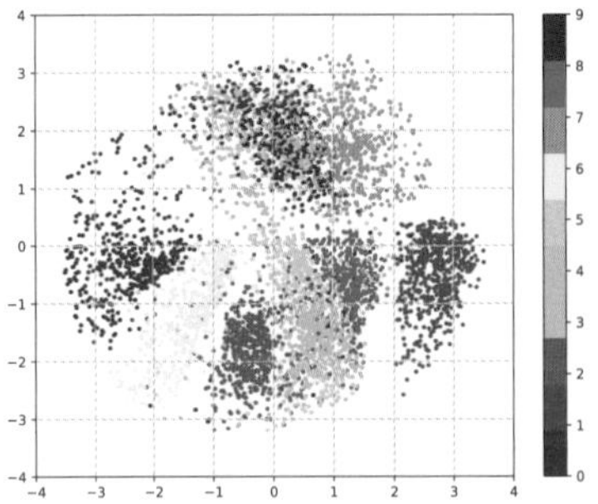

(a) 训练集上所有样本在隐空间上的投影

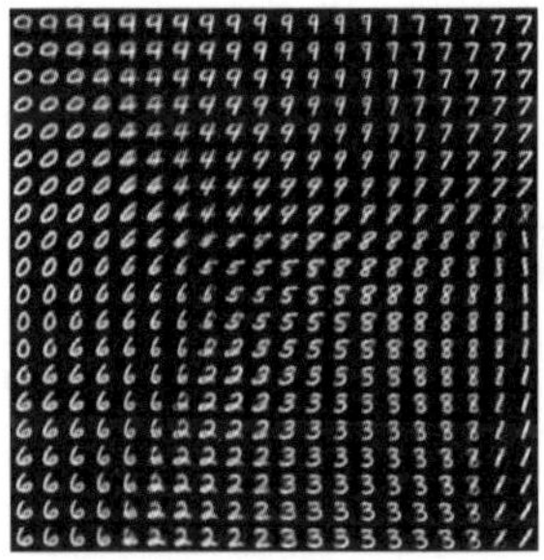

(b) 隐变量 $\boldsymbol{z}$ 在图像空间的投影

图 13.6 在 MNIST 数据集上变分自编码器学习到的隐变量流形的可视化示例

13.3 生成对抗网络

13.3.1 显式密度模型和隐式密度模型

之前介绍的深度生成模型，比如变分自编码器、深度信念网络等，都是显示地构建出样本的密度函数 $p(\boldsymbol{x};\theta)$，并通过最大似然估计来求解参数，称为显式密度模型（Explicit Density Model）．比如，变分自编码器的密度函数为 $p(\boldsymbol{x},\boldsymbol{z};\theta) = p(\boldsymbol{x}|\boldsymbol{z};\theta)p(\boldsymbol{z};\theta)$．虽然使用了神经网络来估计 $p(\boldsymbol{x}|\boldsymbol{z};\theta)$，但是我们依然假设 $p(\boldsymbol{x}|\boldsymbol{z};\theta)$ 为一个参数分布族，而神经网络只是用来预测这个参数分布族的参数．这在某种程度上限制了神经网络的能力．

如果只是希望有一个模型能生成符合数据分布 $p_r(\boldsymbol{x})$ 的样本，那么可以不显示地估计出数据分布的密度函数．假设在低维空间 $\mathcal{Z}$ 中有一个简单容易采样的分布 $p(\boldsymbol{z})$，$p(\boldsymbol{z})$ 通常为标准多元正态分布 $\mathcal{N}(\mathbf{0},\boldsymbol{I})$．我们用神经网络构建一个映射函数 $G:\mathcal{Z}\rightarrow\mathcal{X}$，称为生成网络．利用神经网络强大的拟合能力，使得 $G(\boldsymbol{z})$ 服从数据分布 $p_r(\boldsymbol{x})$．这种模型就称为隐式密度模型（Implicit Density Model）．所谓隐式模型就是指并不显式地建模 $p_r(\boldsymbol{x})$，而是建模生成过程．图13.7给出了隐式模型生成样本的过程．

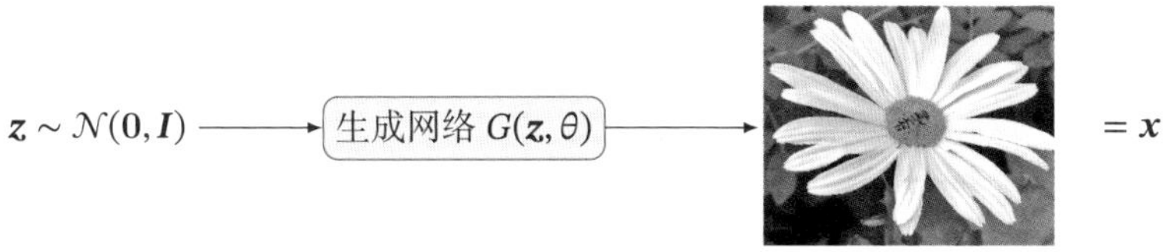

图 13.7 隐式模型生成样本的过程

13.3.2 网络分解

隐式密度模型的一个关键是如何确保生成网络产生的样本一定是服从真实的数据分布．既然我们不构建显式密度函数，就无法通过最大似然估计等方法来训练．生成对抗网络（Generative Adversarial Networks, GAN）[Goodfellow et al., 2014] 是通过对抗训练的方式来使得生成网络产生的样本服从真实数据分布．在生成对抗网络中，有两个网络进行对抗训练．一个是判别网络，目标是尽量准确地判断一个样本是来自于真实数据还是由生成网络产生；另一个是生成网络，目标是尽量生成判别网络无法区分来源的样本．这两个目标相反的网络不断地进行交替训练．当最后收敛时，如果判别网络再也无法判断出一个样本的来源，那么也就等价于生成网络可以生成符合真实数据分布的样本．生成对抗网络的流程图如图13.8所示．

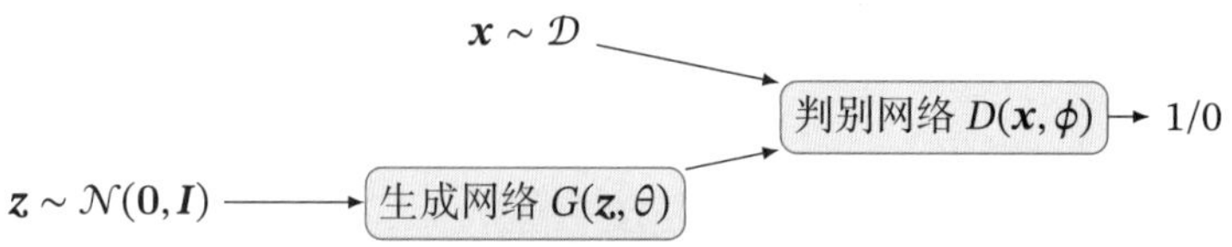

图 13.8 生成对抗网络的流程图

13.3.2.1 判别网络

判别网络（Discriminator Network）$D(\boldsymbol{x};\phi)$ 的目标是区分出一个样本 $\boldsymbol{x}$ 是来自于真实分布 $p_r(\boldsymbol{x})$ 还是来自于生成模型 $p_\theta(\boldsymbol{x})$，因此判别网络实际上是一个二分类的分类器. 用标签 $y = 1$ 来表示样本来自真实分布，$y = 0$ 表示样本来自生成模型，判别网络 $D(\boldsymbol{x};\phi)$ 的输出为 $\boldsymbol{x}$ 属于真实数据分布的概率，即

$$p(y = 1|\boldsymbol{x}) = D(\boldsymbol{x};\phi), \tag{13.29}$$

则样本来自生成模型的概率为 $p(y = 0|\boldsymbol{x}) = 1 - D(\boldsymbol{x};\phi)$.

给定一个样本 $(\boldsymbol{x}, y)$，$y = \{1, 0\}$ 表示其来自于 $p_r(\boldsymbol{x})$ 还是 $p_\theta(\boldsymbol{x})$，判别网络的目标函数为最小化交叉熵，即

$$\min_{\phi} -\Big(\mathbb{E}_{\boldsymbol{x}}\Big[y \log p(y = 1|\boldsymbol{x}) + (1 - y) \log p(y = 0|\boldsymbol{x})\Big]\Big). \tag{13.30}$$

假设分布 $p(\boldsymbol{x})$ 是由分布 $p_r(\boldsymbol{x})$ 和分布 $p_\theta(\boldsymbol{x})$ 等比例混合而成，即 $p(\boldsymbol{x}) = \frac{1}{2}\big(p_r(\boldsymbol{x}) + p_\theta(\boldsymbol{x})\big)$，则上式等价于

$$\max_{\phi} \mathbb{E}_{\boldsymbol{x} \sim p_r(\boldsymbol{x})}\Big[\log D(\boldsymbol{x};\phi)\Big] + \mathbb{E}_{\boldsymbol{x}' \sim p_\theta(\boldsymbol{x}')}\Big[\log(1 - D(\boldsymbol{x}';\phi))\Big] \tag{13.31}$$

$$= \max_{\phi} \mathbb{E}_{\boldsymbol{x} \sim p_r(\boldsymbol{x})}\Big[\log D(\boldsymbol{x};\phi)\Big] + \mathbb{E}_{\boldsymbol{z} \sim p(\boldsymbol{z})}\Big[\log\Big(1 - D\big(G(\boldsymbol{z};\theta);\phi\big)\Big)\Big], \tag{13.32}$$

其中 θ 和 ϕ 分别是生成网络和判别网络的参数.

13.3.2.2 生成网络

生成网络（Generator Network）的目标刚好和判别网络相反，即让判别网络将自己生成的样本判别为真实样本.

$$\max_{\theta}\Big(\mathbb{E}_{\boldsymbol{z} \sim p(\boldsymbol{z})}\Big[\log D\big(G(\boldsymbol{z};\theta);\phi\big)\Big]\Big) \tag{13.33}$$

$$= \min_{\theta}\Big(\mathbb{E}_{\boldsymbol{z} \sim p(\boldsymbol{z})}\Big[\log\Big(1 - D\big(G(\boldsymbol{z};\theta);\phi\big)\Big)\Big]\Big). \tag{13.34}$$

还有一种改进生成网络的梯度的方法是将真实样本和生成样本的标签互换，即生成样本的标签为1.

上面的这两个目标函数是等价的. 但是在实际训练时，一般使用前者，因为其梯度性质更好. 我们知道，函数 $\log(x)$，$x \in (0, 1)$ 在 x 接近1时的梯度要比接近0时的梯度小很多，接近“饱和”区间. 这样，当判别网络 D 以很高的概率认为生成网络 G 产生的样本是“假”样本，即 $\Big(1 - D\big(G(\boldsymbol{z};\theta);\phi\big)\Big) \to 1$，这时目标函数关于 θ 的梯度反而很小，从而不利于优化.

13.3.3 训练

和单目标的优化任务相比，生成对抗网络的两个网络的优化目标刚好相反. 因此生成对抗网络的训练比较难，往往不太稳定. 一般情况下，需要平衡两个网络的能力. 对于判别网络来说，一开始的判别能力不能太强，否则难以提升生成网络的能力. 但是，判别网络的判别能力也不能太弱，否则针对它训练的生成网络也不会太好. 在训练时需要使用一些技巧，使得在每次迭代中，判别网络比生成网络的能力强一些，但又不能强太多.

生成对抗网络的训练流程如算法13.1所示. 每次迭代时，判别网络更新K次而生成网络更新一次，即首先要保证判别网络足够强才能开始训练生成网络. 在实践中K是一个超参数，其取值一般取决于具体任务.

算法 13.1 生成对抗网络的训练过程

输入: 训练集$\mathcal{D}$，对抗训练迭代次数T，每次判别网络的训练迭代次数K，小批量样本数量M

随机初始化θ, ϕ;

for $t \leftarrow 1$ **to** T **do**

  // 训练判别网络$D(\boldsymbol{x};\phi)$

  for $k \leftarrow 1$ **to** K **do**

    // 采集小批量训练样本

    从训练集$\mathcal{D}$中采集M个样本$\{\boldsymbol{x}^{(m)}\}, 1 \le m \le M$;

    从分布$\mathcal{N}(\boldsymbol{0}, \boldsymbol{I})$中采集$M$个样本$\{\boldsymbol{z}^{(m)}\}, 1 \le m \le M$;

    使用随机梯度上升更新ϕ，梯度为

$$\frac{\partial}{\partial \phi}\left[\frac{1}{M}\sum_{m=1}^{M}\Big(\log D(\boldsymbol{x}^{(m)};\phi) + \log\big(1 - D(G(\boldsymbol{z}^{(m)};\theta);\phi)\big)\Big)\right];$$

  end

  // 训练生成网络$G(\boldsymbol{z};\theta)$

  从分布$\mathcal{N}(\boldsymbol{0}, \boldsymbol{I})$中采集$M$个样本$\{\boldsymbol{z}^{(m)}\}, 1 \le m \le M$;

  使用随机梯度上升更新θ，梯度为

$$\frac{\partial}{\partial \theta}\left[\frac{1}{M}\sum_{m=1}^{M} D\big(G(\boldsymbol{z}^{(m)};\theta), \phi\big)\right];$$

end

输出: 生成网络$G(\boldsymbol{z};\theta)$

13.3.4 一个生成对抗网络的具体实现：DCGAN

生成对抗网络是指一类采用对抗训练方式来进行学习的深度生成模型，其包含的判别网络和生成网络都可以根据不同的生成任务使用不同的网络结构.

本节介绍一个生成对抗网络的具体模型：深度卷积生成对抗网络（Deep Convolutional Generative Adversarial Network，DCGAN）[Radford et al., 2016]. 在DCGAN中，判别网络是一个传统的深度卷积网络，但使用了带步长的卷积来实现下采样操作，不用最大汇聚（pooling）操作；生成网络使用一个特殊的深度卷积网络来实现，如图13.9所示，使用微步卷积来生成 64×64 大小的图像. 第一层是全连接层，输入是从均匀分布中随机采样的100维向量 $\boldsymbol{z}$，输出是 $4\times4\times1024$ 的向量，重塑为 $4 \times 4 \times 1024$ 的张量；然后是四层的微步卷积，没有汇聚层.

微步卷积参见第5.5.1节.

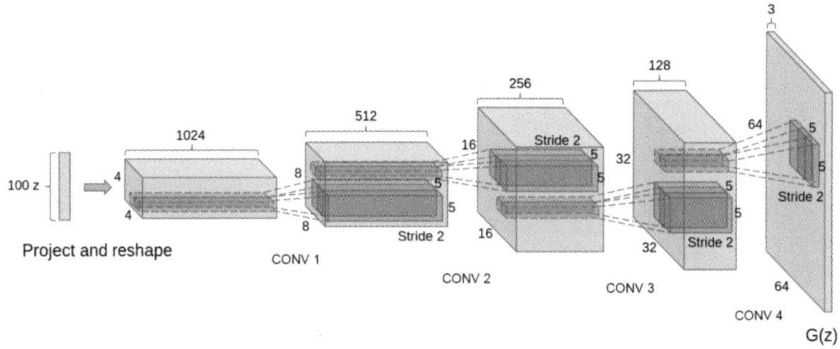

图 13.9 DCGAN中的生成网络（图片来源：[Radford et al., 2016]）

DCGAN的主要优点是通过一些经验性的网络结构设计使得对抗训练更加稳定. 比如：1）使用带步长的卷积（在判别网络中）和微步卷积（在生成网络中）来代替汇聚操作，以免损失信息；2）使用批量归一化；3）去除卷积层之后的全连接层；4）在生成网络中，除了最后一层使用Tanh激活函数外，其余层都使用ReLU函数；5）在判别网络中，都使用LeakyReLU激活函数.

13.3.5 模型分析

我们把判别网络和生成网络合并为一个整体，将整个生成对抗网络的目标函数看作最小化最大化游戏（Minimax Game）：

$$\min_{\theta}\max_{\phi}\Big(\mathbb{E}_{\boldsymbol{x}\sim p_r(\boldsymbol{x})}\Big[\log D(\boldsymbol{x};\phi)\Big]+\mathbb{E}_{\boldsymbol{x}\sim p_\theta(\boldsymbol{x})}\Big[\log\Big(1-D(\boldsymbol{x};\phi)\Big)\Big]\Big) \tag{13.35}$$

$$=\min_{\theta}\max_{\phi}\Big(\mathbb{E}_{\boldsymbol{x}\sim p_r(\boldsymbol{x})}\Big[\log D(\boldsymbol{x};\phi)\Big]+\mathbb{E}_{\boldsymbol{z}\sim p(\boldsymbol{z})}\Big[\log\Big(1-D\big(G(\boldsymbol{z};\theta);\phi\big)\Big)\Big]\Big). \tag{13.36}$$

因为之前提到的生成网络梯度问题，这个最小化最大化形式的目标函数一般用来进行理论分析，并不是实际训练时的目标函数.

假设 $p_r(\boldsymbol{x})$ 和 $p_\theta(\boldsymbol{x})$ 已知，则最优的判别器为

参见习题13-4.

$$D^\star(\boldsymbol{x}) = \frac{p_r(\boldsymbol{x})}{p_r(\boldsymbol{x}) + p_\theta(\boldsymbol{x})}. \tag{13.37}$$

将最优的判别器 $D^\star(\boldsymbol{x})$ 代入公式(13.35)，其目标函数变为

$$\mathcal{L}(G|D^\star) = \mathbb{E}_{\boldsymbol{x}\sim p_r(\boldsymbol{x})}\Big[\log D^\star(\boldsymbol{x})\Big] + \mathbb{E}_{\boldsymbol{x}\sim p_\theta(\boldsymbol{x})}\Big[\log(1 - D^\star(\boldsymbol{x}))\Big] \tag{13.38}$$

$$= \mathbb{E}_{\boldsymbol{x}\sim p_r(\boldsymbol{x})}\Big[\log \frac{p_r(\boldsymbol{x})}{p_r(\boldsymbol{x}) + p_\theta(\boldsymbol{x})}\Big] + \mathbb{E}_{\boldsymbol{x}\sim p_\theta(\boldsymbol{x})}\Big[\log \frac{p_\theta(\boldsymbol{x})}{p_r(\boldsymbol{x}) + p_\theta(\boldsymbol{x})}\Big] \tag{13.39}$$

$$= \mathrm{KL}(p_r, p_a) + \mathrm{KL}(p_\theta, p_a) - 2\log 2 \tag{13.40}$$

$$= 2\,\mathrm{JS}(p_r, p_\theta) - 2\log 2, \tag{13.41}$$

其中 $\mathrm{JS}(\cdot)$ 为 JS 散度，$p_a(\boldsymbol{x}) = \frac{1}{2}\Big(p_r(\boldsymbol{x}) + p_\theta(\boldsymbol{x})\Big)$ 为一个“平均”分布.

JS 散度参见第E.3.3节.

在生成对抗网络中，当判别网络为最优时，生成网络的优化目标是最小化真实分布 p_r 和模型分布 p_θ 之间的 JS 散度. 当两个分布相同时，JS 散度为 0，最优生成网络 $G^\star$ 对应的损失为 $\mathcal{L}(G^\star|D^\star) = -2\log 2$.

13.3.5.1 训练稳定性

使用 JS 散度来训练生成对抗网络的一个问题是当两个分布没有重叠时，它们之间的 JS 散度恒等于常数 $\log 2$. 对生成网络来说，目标函数关于参数的梯度为 0，即 $\frac{\partial \mathcal{L}(G|D^\star)}{\partial \theta} = 0$.

图13.10给出了生成对抗网络中的梯度消失问题的示例. 当真实分布 p_r 和模型分布 p_θ 没有重叠时，最优的判别器 $D^\star$ 对所有生成数据的输出都为 0，即 $D^\star(G(\boldsymbol{z};\theta)) = 0, \forall \boldsymbol{z}$. 因此，生成网络的梯度消失.

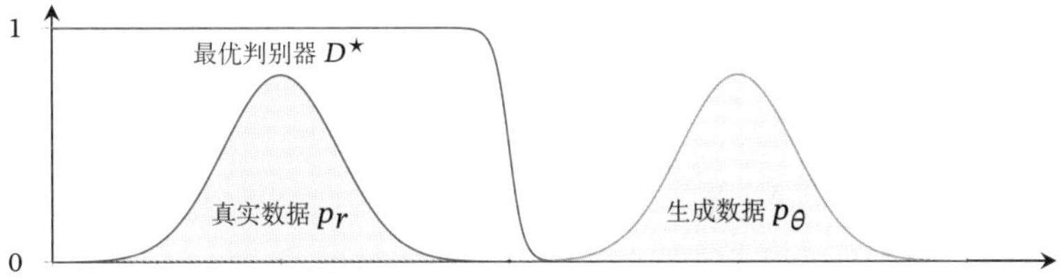

图 13.10 生成对抗网络中的梯度消失问题

因此，在实际训练生成对抗网络时，一般不会将判别网络训练到最优，只进行一步或多步梯度下降，使得生成网络的梯度依然存在. 另外，判别网络也不能太差，否则生成网络的梯度为错误的梯度. 但是，如何在梯度消失和梯度错误之间取得平衡并不是一件容易的事，这个问题使得生成对抗网络在训练时稳定性比较差.

13.3.5.2 模型坍塌

如果使用公式(13.33)作为生成网络的目标函数，将最优判别器 $D^\star$ 代入，可以得到

$$\mathcal{L}'(G|D^\star) = \mathbb{E}_{\boldsymbol{x}\sim p_\theta(\boldsymbol{x})}\Big[\log D^\star(\boldsymbol{x})\Big] \tag{13.42}$$

$$= \mathbb{E}_{\boldsymbol{x}\sim p_\theta(\boldsymbol{x})}\Big[\log \frac{p_r(\boldsymbol{x})}{p_r(\boldsymbol{x})+p_\theta(\boldsymbol{x})}\cdot\frac{p_\theta(\boldsymbol{x})}{p_\theta(\boldsymbol{x})}\Big] \tag{13.43}$$

$$= -\mathbb{E}_{\boldsymbol{x}\sim p_\theta(\boldsymbol{x})}\Big[\log \frac{p_\theta(\boldsymbol{x})}{p_r(\boldsymbol{x})}\Big] + \mathbb{E}_{\boldsymbol{x}\sim p_\theta(\boldsymbol{x})}\Big[\log \frac{p_\theta(\boldsymbol{x})}{p_r(\boldsymbol{x})+p_\theta(\boldsymbol{x})}\Big] \tag{13.44}$$

$$= -\mathrm{KL}(p_\theta, p_r) + \mathbb{E}_{\boldsymbol{x}\sim p_\theta(\boldsymbol{x})}\Big[\log\big(1-D^\star(\boldsymbol{x})\big)\Big] \tag{13.45}$$

根据公式(13.41)

$$= -\mathrm{KL}(p_\theta, p_r) + 2\,\mathrm{JS}(p_r, p_\theta) - 2\log 2 - \mathbb{E}_{\boldsymbol{x}\sim p_r(\boldsymbol{x})}\Big[\log D^\star(\boldsymbol{x})\Big], \tag{13.46}$$

其中后两项和生成网络无关. 因此

$$\arg\max_\theta \mathcal{L}'(G|D^\star) = \arg\min_\theta \mathrm{KL}(p_\theta, p_r) - 2\,\mathrm{JS}(p_r, p_\theta), \tag{13.47}$$

其中JS散度 $\mathrm{JS}(p_\theta, p_r) \in [0, \log 2]$ 为有界函数，因此生成网络的目标更多的是受逆向KL散度 $\mathrm{KL}(p_\theta, p_r)$ 影响，使得生成网络更倾向于生成一些更“安全”的样本，从而造成模型坍塌（Model Collapse）问题.

前向和逆向KL散度 因为KL散度是一种非对称的散度，在计算真实分布 p_r 和模型分布 p_θ 之间的KL散度时，按照顺序不同，有两种KL散度：前向KL散度（Forward KL divergence）$\mathrm{KL}(p_r, p_\theta)$ 和逆向KL散度（Reverse KL divergence）$\mathrm{KL}(p_\theta, p_r)$. 前向和逆向KL散度分别定义为

$$\mathrm{KL}(p_r, p_\theta) = \int p_r(\boldsymbol{x}) \log \frac{p_r(\boldsymbol{x})}{p_\theta(\boldsymbol{x})} \mathrm{d}\boldsymbol{x}, \tag{13.48}$$

$$\mathrm{KL}(p_\theta, p_r) = \int p_\theta(\boldsymbol{x}) \log \frac{p_\theta(\boldsymbol{x})}{p_r(\boldsymbol{x})} \mathrm{d}\boldsymbol{x}. \tag{13.49}$$

图13.11给出数据真实分布为一个高斯混合分布，模型分布为一个单高斯分布时，使用前向和逆向KL散度来进行模型优化的示例. 黑色曲线为真实分布 p_r 的等高线，红色曲线为模型分布 p_θ 的等高线.

在前向KL散度中，

（1）当 $p_r(\boldsymbol{x}) \to 0$ 而 $p_\theta(\boldsymbol{x}) > 0$ 时，$p_r(\boldsymbol{x}) \log \frac{p_r(\boldsymbol{x})}{p_\theta(\boldsymbol{x})} \to 0$. 不管 $p_\theta(\boldsymbol{x})$ 如何取值，都对前向KL散度的计算没有贡献.

（2）当 $p_r(\boldsymbol{x}) > 0$ 而 $p_\theta(\boldsymbol{x}) \to 0$ 时，$p_r(\boldsymbol{x}) \log \frac{p_r(\boldsymbol{x})}{p_\theta(\boldsymbol{x})} \to \infty$，前向KL散度会变得非常大.

因此，前向KL散度会鼓励模型分布 $p_\theta(\boldsymbol{x})$ 尽可能覆盖所有真实分布 $p_r(\boldsymbol{x}) > 0$ 的点，而不用回避 $p_r(\boldsymbol{x}) \approx 0$ 的点.

图 13.11 前向和逆向 KL 散度

在逆向 KL 散度中,

(1)当 $p_r(\boldsymbol{x}) \to 0$ 而 $p_\theta(\boldsymbol{x}) > 0$ 时,$p_\theta(\boldsymbol{x}) \log \frac{p_\theta(\boldsymbol{x})}{p_r(\boldsymbol{x})} \to \infty$. 即当 $p_r(\boldsymbol{x})$ 接近于 0,而 $p_\theta(\boldsymbol{x})$ 有一定的密度时,逆向 KL 散度会变得非常大.

(2)当 $p_\theta(\boldsymbol{x}) \to 0$ 时,不管 $p_r(\boldsymbol{x})$ 如何取值,$p_\theta(\boldsymbol{x}) \log \frac{p_\theta(\boldsymbol{x})}{p_r(\boldsymbol{x})} \to 0$.

因此,逆向 KL 散度会鼓励模型分布 $p_\theta(\boldsymbol{x})$ 尽可能避开所有真实分布 $p_r(\boldsymbol{x}) \approx 0$ 的点,而不需要考虑是否覆盖所有真实分布 $p_r(\boldsymbol{x}) > 0$ 的点.

13.3.6 改进模型

在生成对抗网络中,JS 散度不适合衡量生成数据分布和真实数据分布的距离. 由于通过优化交叉熵(JS 散度)训练生成对抗网络会导致训练稳定性和模型坍塌问题,因此要改进生成对抗网络,就需要改变其损失函数.

13.3.6.1 W-GAN

W-GAN 是一种通过用Wasserstein 距离替代JS散度来优化训练的生成对抗网络 [Arjovsky et al., 2017].

Wasserstein 距离也称为推土机距离,参见第E.3.4节.

对于真实分布 p_r 和模型分布 p_θ,它们的 1st-Wasserstein 距离为

$$\boldsymbol{W}^1(p_r, p_\theta) = \inf_{\gamma \sim \Gamma(p_r, p_\theta)} \mathbb{E}_{(\boldsymbol{x},\boldsymbol{y})\sim\gamma}\Big[\|\boldsymbol{x} - \boldsymbol{y}\|\Big], \tag{13.50}$$

其中 $\Gamma(p_r, p_\theta)$ 是边际分布为 p_r 和 p_θ 的所有可能的联合分布集合.

当两个分布没有重叠或者重叠非常少时,它们之间的 KL 散度为 $+\infty$,JS 散度为 $\log 2$,并不随着两个分布之间的距离而变化. 而 1st-Wasserstein 距离依然可以衡量两个没有重叠分布之间的距离.

两个分布 p_r 和 p_θ 的 1st-Wasserstein 距离通常难以直接计算,但是两个分布的 1st-Wasserstein 距离有一个对偶形式:

$$\boldsymbol{W}^1(p_r, p_\theta) = \sup_{\|f\|_L \le 1} \Big(\mathbb{E}_{\boldsymbol{x}\sim p_r}[f(\boldsymbol{x})] - \mathbb{E}_{\boldsymbol{x}\sim p_\theta}[f(\boldsymbol{x})]\Big), \tag{13.52}$$

数学小知识 | Lipschitz 连续函数

在数学中，对于一个实数函数 $f:\mathbb{R}\rightarrow\mathbb{R}$，如果满足函数曲线上任意两点连线的斜率一致有界，即任意两点的斜率都小于常数 $K>0$，

$$|f(x_1)-f(x_2)|\leq K|x_1-x_2|, \tag{13.51}$$

则函数 f 就称为K-Lipschitz 连续函数，K 称为 Lipschitz 常数.

Lipschitz 连续要求函数在无限的区间上不能有超过线性的增长. 如果一个函数可导，并满足 Lipschitz 连续，那么导数有界. 如果一个函数可导，并且导数有界，那么函数为 Lipschitz 连续.

其中 $f:\mathbb{R}^d\rightarrow\mathbb{R}$ 为 1-Lipschitz 函数，满足

$$\|f\|_L \triangleq \sup_{\boldsymbol{x}\neq\boldsymbol{y}}\frac{|f(\boldsymbol{x})-f(\boldsymbol{y})|}{|\boldsymbol{x}-\boldsymbol{y}|}\leq 1. \tag{13.53}$$

公式(13.52)称为Kantorovich-Rubinstein 对偶定理.

根据Kantorovich-Rubinstein对偶定理，两个分布 p_r 和 p_θ 之间的 1st-Wasserstein 距离可以转换为一个满足 1-Lipschitz 连续的函数在分布 p_r 和 p_θ 下期望的差的上界. 通常情况下，1-Lipschitz 连续的约束可以宽松为 K-Lipschitz 连续. 这样分布 p_r 和 p_θ 之间的 1st-Wasserstein 距离为

参见习题13-6.

$$\boldsymbol{W}^1(p_r,p_\theta)=\frac{1}{K}\sup_{\|f\|_L\leq K}\Big(\mathbb{E}_{\boldsymbol{x}\sim p_r}[f(\boldsymbol{x})]-\mathbb{E}_{\boldsymbol{x}\sim p_\theta}[f(\boldsymbol{x})]\Big). \tag{13.54}$$

评价网络 然而，要计算公式(13.54)中的上界也并不容易. 根据神经网络的通用近似定理，我们可以假设存在一个神经网络使得可以达到这个上界. 令 $f(\boldsymbol{x};\phi)$ 为一个神经网络，假设存在参数集合 Φ，对于所有的 $\phi\in\Phi$，$f(\boldsymbol{x};\phi)$ 为 K-Lipschitz 连续函数，那么公式（13.54）中的上界可以近似转换为

这里忽略了常数 $\frac{1}{K}$，并不影响网络的优化.

$$\max_{\phi\in\Phi}\Big(\mathbb{E}_{x\sim p_r}[f(\boldsymbol{x};\phi)]-\mathbb{E}_{x\sim p_\theta}[f(\boldsymbol{x};\phi)]\Big), \tag{13.55}$$

其中 $f(\boldsymbol{x};\phi)$ 称为评价网络（Critic Network）. 和标准 GAN 中的判别网络的值域为 $[0,1]$ 不同，评价网络 $f(\boldsymbol{x};\phi)$ 的最后一层为线性层，其值域没有限制. 这样只需要找到一个网络 $f(\boldsymbol{x};\phi)$ 使其在两个分布 p_r 和 p_θ 下的期望的差最大. 即对于真实样本，$f(\boldsymbol{x};\phi)$ 的打分要尽可能高；对于模型生成的样本，$f(\boldsymbol{x};\phi)$ 的打分要尽可能低.

为了使得 $f(\boldsymbol{x};\phi)$ 满足 K-Lipschitz 连续，一种近似的方法是限制参数的取值范围. 因为神经网络为连续可导函数，满足 K-Lipschitz 连续可以近似为其关于 $\boldsymbol{x}$

的偏导数的模 $\|\frac{\partial f(x;\phi)}{\partial x}\|$ 小于某个上界. 由于这个偏导数的大小一般和参数的取值范围相关, 我们可以通过限制参数 ϕ 的取值范围来近似, 令 $\phi \in [-c, c]$, c 为一个比较小的正数, 比如0.01.

生成网络 生成网络的目标是使得评价网络 $f(x;\phi)$ 对其生成样本的打分尽可能高, 即

$$\max_{\theta} \mathbb{E}_{z \sim p(z)}\Big[f\big(G(z;\theta);\phi\big)\Big]. \tag{13.56}$$

因为 $f(x;\phi)$ 为不饱和函数, 所以生成网络参数 θ 的梯度不会消失, 理论上解决了原始 GAN 训练不稳定的问题. 并且 W-GAN 中生成网络的目标函数不再是两个分布的比率, 在一定程度上缓解了模型坍塌问题, 使得生成的样本具有多样性.

算法13.2给出 W-GAN 的训练过程. 和原始 GAN 相比, W-GAN 的评价网络最后一层不使用Sigmoid 函数, 损失函数不取对数.

算法 13.2　W-GAN 的训练过程

输入: 训练集 $\mathcal{D}$, 对抗训练迭代次数 T, 每次评价网络的训练迭代次数 K, 小批量样本数量 M, 参数限制大小 c;

1　随机初始化 θ, ϕ;
2　**for** $t \leftarrow 1$ **to** T **do**
　　　// 训练评价网络 $f(x;\phi)$
3　　**for** $k \leftarrow 1$ **to** K **do**
　　　　　// 采集小批量训练样本
4　　　　从训练集 $\mathcal{D}$ 中采集 M 个样本 $\{x^{(m)}\}, 1 \le m \le M$;
5　　　　从分布 $\mathcal{N}(0, I)$ 中采集 M 个样本 $\{z^{(m)}\}, 1 \le m \le M$;
　　　　　// 计算评价网络参数 ϕ 的梯度
6　　　　$g_{\phi} = \dfrac{\partial}{\partial \phi}\Big[\dfrac{1}{M}\sum\limits_{m=1}^{M}\Big(f(x^{(m)};\phi) - f\big(G(z^{(m)};\theta);\phi\big)\Big)\Big]$;
7　　　　$\phi \leftarrow \phi + \alpha \cdot \text{RMSProp}(\phi, g_{\phi})$;　　　　　　// 使用RMSProp算法更新 ϕ
8　　　　$\phi \leftarrow \text{clip}(\phi, -c, c)$;　　　　　　　　　　　// 梯度截断
9　　**end**
　　　// 训练生成网络 $G(z;\theta)$
10　　从分布 $\mathcal{N}(0, I)$ 中采集 M 个样本 $\{z^{(m)}\}, 1 \le m \le M$;
　　　// 更新生成网络参数 θ
11　　$g_{\theta} = \dfrac{\partial}{\partial \theta}\Big[\dfrac{1}{M}\sum\limits_{m=1}^{M} f\big(G(z^{(m)};\theta);\phi\big)\Big]$;
12　　$\theta \leftarrow \theta + \alpha \cdot \text{RMSProp}(\theta, g_{\theta})$;　　　　　　// 使用RMSProp算法更新 θ
13　**end**
输出: 生成网络 $G(z;\theta)$

13.4 总结和深入阅读

深度生成模型是一种有机融合神经网络和概率图模型的生成模型，将神经网络作为一个概率分布的逼近器，可以拟合非常复杂的数据分布.

变分自编码器是一个非常典型的深度生成模型，利用神经网络的拟合能力来有效地解决含隐变量的概率模型中后验分布难以估计的问题 [Kingma et al., 2014; Rezende et al., 2014]. 变分自编码器的详尽介绍可以参考文献 [Doersch, 2016]. [Bowman et al., 2016] 进一步将变分自编码器应用于序列生成问题. 再参数化是变分自编码器的重要技巧. 对于离散变量的再参数化，可以使用 Gumbel-Softmax 方法 [Jang et al., 2017].

生成对抗网络 [Goodfellow et al., 2014] 是一个具有开创意义的深度生成模型，突破了以往的概率模型必须通过最大似然估计来学习参数的限制. 然而，生成对抗网络的训练通常比较困难. DCGAN[Radford et al., 2016] 是一个生成对抗网络的成功实现，可以生成十分逼真的自然图像. [Yu et al., 2017] 进一步在文本生成任务上结合生成对抗网络和强化学习来建立文本生成模型. 对抗生成网络的训练不稳定问题的一种有效解决方法是 W-GAN[Arjovsky et al., 2017]，通过用 Wasserstein 距离替代 JS 散度来进行训练.

虽然深度生成模型取得了巨大的成功，但是作为一种无监督模型，其主要的缺点是缺乏有效的客观评价，很难客观衡量不同模型之间的优劣.

习题

习题 13-1 对于一个分布为 $p_\theta(z)$ 的离散随机变量 z，以及函数 $f(z)$，如何计算期望 $\mathcal{L}(\theta) = \mathbb{E}_{z\sim p_\theta(z)}[f(z)]$ 关于分布参数 θ 的导数.

参见第13.2.5节.

习题 13-2 推导公式(13.28).

习题 13-3 通过分析公式(13.28)，给出变分自编码器和自编码器在内在机理上的不同之处.

习题 13-4 假设一个二分类问题，类别为 c_1 和 c_2，并有 $p(c_1) = p(c_2)$. 样本 $\boldsymbol{x}$ 在两个类的条件分布为 $p(\boldsymbol{x}|c_1)$ 和 $p(\boldsymbol{x}|c_2)$，一个分类器 $f(\boldsymbol{x}) = p(c_1|\boldsymbol{x})$ 用于预测一个样本 $\boldsymbol{x}$ 来自类别 c_1 的条件概率. 证明若采用交叉熵损失，

$$\mathcal{L}(f) = \mathbb{E}_{\boldsymbol{x}\sim p(\boldsymbol{x}|c_1)}\Big[\log f(\boldsymbol{x})\Big] + \mathbb{E}_{\boldsymbol{x}\sim p(\boldsymbol{x}|c_2)}\Big[\log\big(1 - f(\boldsymbol{x})\big)\Big], \tag{13.57}$$

参见公式(13.37).

则最优分类器 $f^\star(\boldsymbol{x})$ 为

$$f^\star(\boldsymbol{x}) = \frac{p(\boldsymbol{x}|c_1)}{p(\boldsymbol{x}|c_1) + p(\boldsymbol{x}|c_2)}. \tag{13.58}$$

习题 13-5 分析下面函数是否满足 Lipschitz 连续条件.

(1) $f:[-1,1]\to\mathbb{R}, f(x)=x^2$;

(2) $f:\mathbb{R}\to\mathbb{R}, f(x)=x^2$;

(3) $f:\mathbb{R}\to\mathbb{R}, f(x)=\sqrt{x^2+1}$;

(4) $f:[0,1]\to[0,1], f(x)=\sqrt{x}$.

习题 13-6 证明公式(13.54).

参考文献

Arjovsky M, Chintala S, Bottou L, 2017. Wasserstein GAN[J/OL]. CoRR, abs/1701.07875. http://arxiv.org/abs/1701.07875.

Bowman S R, Vilnis L, Vinyals O, et al., 2016. Generating sentences from a continuous space [C/OL]//Proceedings of the 20th SIGNLL Conference on Computational Natural Language Learning. 10-21. https://www.aclweb.org/anthology/K16-1002/.

Doersch C, 2016. Tutorial on variational autoencoders[J/OL]. CoRR, abs/1606.05908. http://arxiv.org/abs/1606.05908.

Goodfellow I, Pouget-Abadie J, Mirza M, et al., 2014. Generative adversarial nets[C]//Advances in Neural Information Processing Systems. 2672-2680.

Jang E, Gu S, Poole B, 2017. Categorical reparameterization with gumbel-softmax[C/OL]//Proceedings of 5th International Conference on Learning Representations. https://openreview.net/forum?id=rkE3y85ee.

Kingma D P, Welling M, 2014. Auto-encoding variational bayes[C/OL]//Proceedings of 2nd International Conference on Learning Representations. http://arxiv.org/abs/1312.6114.

Radford A, Metz L, Chintala S, 2016. Unsupervised representation learning with deep convolutional generative adversarial networks[C/OL]//Proceedings of 4th International Conference on Learning Representations. http://arxiv.org/abs/1511.06434.

Rezende D J, Mohamed S, Wierstra D, 2014. Stochastic backpropagation and approximate inference in deep generative models[J]. arXiv preprint arXiv:1401.4082.

Yu L, Zhang W, Wang J, et al., 2017. SeqGAN: Sequence generative adversarial nets with policy gradient[C]//Proceedings of Thirty-First AAAI Conference on Artificial Intelligence. 2852-2858.

第14章 深度强化学习

> 除了试图直接去建立一个可以模拟成人大脑的程序之外，为什么不试图建立一个可以模拟小孩大脑的程序呢？如果它接受适当的教育，就可能成长为成人的大脑.
>
> ——阿兰·图灵（Alan Turing）

在之前的章节中，我们主要关注监督学习，而监督学习一般需要一定数量的带标签的数据. 在很多的应用场景中，通过人工标注的方式来给数据打标签的方式往往行不通. 比如我们通过监督学习来训练一个模型可以自动下围棋，就需要将当前棋盘的状态作为输入数据，其对应的最佳落子位置（动作）作为标签. 训练一个好的模型就需要收集大量的不同棋盘状态以及对应动作. 这种做法实践起来比较困难，一是对于每一种棋盘状态，即使是专家也很难给出“正确”的动作，二是获取大量数据的成本往往比较高. 对于下棋这类任务，虽然我们很难知道每一步的“正确”动作，但是其最后的结果（即赢输）却很容易判断. 因此，如果可以通过大量的模拟数据，通过最后的结果（奖励）来倒推每一步棋的好坏，从而学习出“最佳”的下棋策略，这就是强化学习.

强化学习（Reinforcement Learning，RL），也叫增强学习，是指一类从（与环境）交互中不断学习的问题以及解决这类问题的方法. 强化学习问题可以描述为一个智能体从与环境的交互中不断学习以完成特定目标（比如取得最大奖励值）. 和深度学习类似，强化学习中的关键问题也是贡献度分配问题 [Minsky, 1961]，每一个动作并不能直接得到监督信息，需要通过整个模型的最终监督信息（奖励）得到，并且有一定的延时性.

贡献度分配问题即一个系统中不同的组件（component）对最终系统输出结果的贡献或影响.

强化学习也是机器学习中的一个重要分支. 强化学习和监督学习的不同在于，强化学习问题不需要给出“正确”策略作为监督信息，只需要给出策略的（延迟）回报，并通过调整策略来取得最大化的期望回报.

14.1 强化学习问题

本节介绍强化学习问题的基本定义和相关概念.

14.1.1 典型例子

强化学习广泛应用于很多领域,比如电子游戏、棋类游戏、迷宫类游戏、控制系统、推荐等.这里我们介绍几个比较典型的强化学习例子.

多臂赌博机问题 给定K个赌博机,拉动每个赌博机的拉杆(Arm),赌博机会按照一个事先设定的概率掉出一块钱或不掉钱.每个赌博机掉钱的概率不一样.多臂赌博机问题(Multi-Armed Bandit Problem)是指,给定有限的机会次数T,如何玩这些赌博机才能使得期望累积收益最大化.多臂赌博机问题在广告推荐、投资组合等领域有着非常重要的应用.

也称为K臂赌博机问题(K-Armed Bandit Problem).

悬崖行走问题 在一个网格世界(Grid World)中,每个格子表示一个状态.如图14.1所示的一个网格世界,每个状态为$(i,j), 1 \le i \le 7, 1 \le j \le 3$,其中格子$(2,1)$到$(6,1)$是悬崖(Cliff).有一个醉汉,从左下角的开始位置S,走到右下角的目标位置E.如果走到悬崖,醉汉会跌落悬崖并死去.醉汉可以选择行走的路线,即在每个状态时,选择行走的方向:上下左右.动作空间$\mathcal{A}=\{\uparrow,\downarrow,\leftarrow,\rightarrow\}$.但每走一步,都有一定的概率滑落到周围其他格子.醉汉的目标是如何安全地到达目标位置.

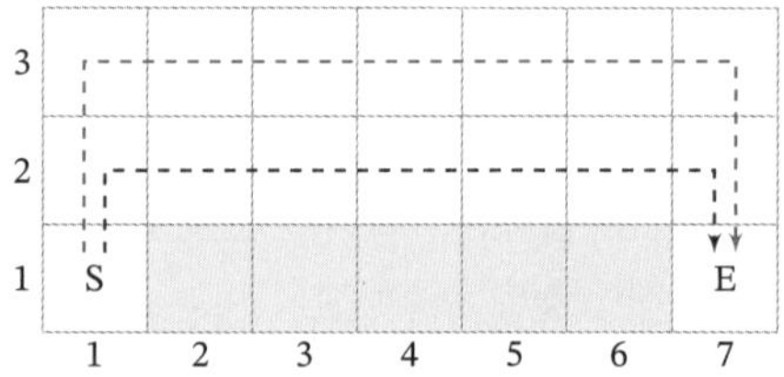

图 14.1 悬崖行走问题

14.1.2 强化学习定义

我们先描述强化学习的任务定义.

在强化学习中,有两个可以进行交互的对象:智能体和环境.

(1) 智能体(Agent)可以感知外界环境的状态(State)和反馈的奖励(Reward),并进行学习和决策.智能体的决策功能是指根据外界环境的状态来做出不同的动作(Action),而学习功能是指根据外界环境的奖励来调整策略.

（2）环境（Environment）是智能体外部的所有事物，并受智能体动作的影响而改变其状态，并反馈给智能体相应的奖励.

强化学习的基本要素包括：

（1）状态s是对环境的描述，可以是离散的或连续的，其状态空间为$\mathcal{S}$.

（2）动作a是对智能体行为的描述，可以是离散的或连续的，其动作空间为$\mathcal{A}$.

（3）策略$\pi(a|s)$是智能体根据环境状态s来决定下一步动作a的函数.

（4）状态转移概率$p(s'|s,a)$是在智能体根据当前状态s做出一个动作a之后，环境在下一个时刻转变为状态s'的概率.

（5）即时奖励$r(s,a,s')$是一个标量函数，即智能体根据当前状态s做出动作a之后，环境会反馈给智能体一个奖励，这个奖励也经常和下一个时刻的状态s'有关.

策略　智能体的策略（Policy）就是智能体如何根据环境状态s来决定下一步的动作a，通常可以分为确定性策略（Deterministic Policy）和随机性策略（Stochastic Policy）两种.

确定性策略是从状态空间到动作空间的映射函数$\pi:\mathcal{S}\rightarrow\mathcal{A}$. 随机性策略表示在给定环境状态时，智能体选择某个动作的概率分布.

$$\pi(a|s)\triangleq p(a|s), \tag{14.1}$$

$$\sum_{a\in\mathcal{A}}\pi(a|s)=1. \tag{14.2}$$

通常情况下，强化学习一般使用随机性策略. 随机性策略可以有很多优点：1）在学习时可以通过引入一定随机性更好地探索环境；2）随机性策略的动作具有多样性，这一点在多个智能体博弈时也非常重要. 采用确定性策略的智能体总是对同样的环境做出相同的动作，会导致它的策略很容易被对手预测.

参考利用-探索策略. 参见第14.2.2节.

14.1.3 马尔可夫决策过程

为简单起见，我们将智能体与环境的交互看作离散的时间序列. 智能体从感知到的初始环境s_0开始，然后决定做一个相应的动作a_0，环境相应地发生改变到新的状态s_1，并反馈给智能体一个即时奖励r_1，然后智能体又根据状态s_1做一个动作a_1，环境相应改变为s_2，并反馈奖励r_2. 这样的交互可以一直进行下去.

$$s_0,a_0,s_1,r_1,a_1,\cdots,s_{t-1},r_{t-1},a_{t-1},s_t,r_t,\cdots, \tag{14.3}$$

其中$r_t=r(s_{t-1},a_{t-1},s_t)$是第$t$时刻的即时奖励. 图14.2给出了智能体与环境的交互.

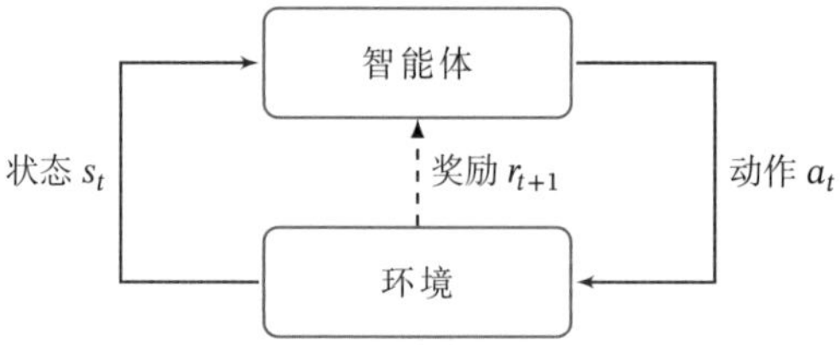

图 14.2 智能体与环境的交互

智能体与环境的交互过程可以看作一个马尔可夫决策过程（Markov Decision Process，MDP）.

马尔可夫过程参见第D.3.1节.

马尔可夫过程（Markov Process）是一组具有马尔可夫性质的随机变量序列 $s_0, s_1, \cdots, s_t \in \mathcal{S}$，其中下一个时刻的状态 s_{t+1} 只取决于当前状态 s_t，

$$p(s_{t+1}|s_t, \cdots, s_0) = p(s_{t+1}|s_t), \tag{14.4}$$

其中 $p(s_{t+1}|s_t)$ 称为状态转移概率，$\sum_{s_{t+1}\in\mathcal{S}} p(s_{t+1}|s_t) = 1$.

马尔可夫决策过程在马尔可夫过程中加入一个额外的变量：动作a，下一个时刻的状态 s_{t+1} 不但和当前时刻的状态 s_t 相关，而且和动作 a_t 相关，

$$p(s_{t+1}|s_t, a_t, \cdots, s_0, a_0) = p(s_{t+1}|s_t, a_t), \tag{14.5}$$

其中 $p(s_{t+1}|s_t, a_t)$ 为状态转移概率.

图14.3给出了马尔可夫决策过程的图模型表示.

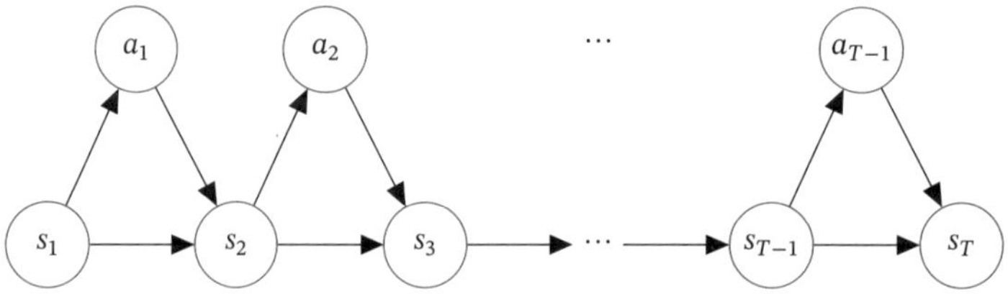

图 14.3 马尔可夫决策过程

给定策略 $\pi(a|s)$，马尔可夫决策过程的一个轨迹（Trajectory）

$$\tau = s_0, a_0, s_1, r_1, a_1, \cdots, s_{T-1}, a_{T-1}, s_T, r_T$$

的概率为

$$p(\tau) = p(s_0, a_0, s_1, a_1, \cdots) \tag{14.6}$$

$$= p(s_0)\prod_{t=0}^{T-1}\pi(a_t|s_t)p(s_{t+1}|s_t, a_t). \tag{14.7}$$

14.1.4 强化学习的目标函数

14.1.4.1 总回报

给定策略 $\pi(a|s)$，智能体和环境一次交互过程的轨迹 τ 所收到的累积奖励为总回报（Return）.

$$G(\tau) = \sum_{t=0}^{T-1} r_{t+1} \tag{14.8}$$

$$= \sum_{t=0}^{T-1} r(s_t, a_t, s_{t+1}). \tag{14.9}$$

假设环境中有一个或多个特殊的终止状态（Terminal State），当到达终止状态时，一个智能体和环境的交互过程就结束了. 这一轮交互的过程称为一个回合（Episode）或试验（Trial）. 一般的强化学习任务（比如下棋、游戏）都属于这种回合式任务（Episodic Task）.

如果环境中没有终止状态（比如终身学习的机器人），即 $T = \infty$，称为持续式任务（Continuing Task），其总回报也可能是无穷大. 为了解决这个问题，我们可以引入一个折扣率来降低远期回报的权重. 折扣回报（Discounted Return）定义为

$$G(\tau) = \sum_{t=0}^{T-1} \gamma^t r_{t+1}, \tag{14.10}$$

其中 $\gamma \in [0, 1]$ 是折扣率. 当 γ 接近于 0 时，智能体更在意短期回报；而当 γ 接近于 1 时，长期回报变得更重要.

14.1.4.2 目标函数

因为策略和状态转移都有一定的随机性，所以每次试验得到的轨迹是一个随机序列，其收获的总回报也不一样. 强化学习的目标是学习到一个策略 $\pi_\theta(a|s)$ 来最大化期望回报（Expected Return），即希望智能体执行一系列的动作来获得尽可能多的平均回报.

在持续式任务中，强化学习的优化目标也可以定义为 MDP 到达平稳分布时"即时奖励"的期望.

强化学习的目标函数为

$$\mathcal{J}(\theta) = \mathbb{E}_{\tau \sim p_\theta(\tau)}[G(\tau)] = \mathbb{E}_{\tau \sim p_\theta(\tau)}[\sum_{t=0}^{T-1} \gamma^t r_{t+1}], \tag{14.11}$$

参见习题14-1.

其中 θ 为策略函数的参数.

14.1.5 值函数

为了评估策略π的期望回报，我们定义两个值函数：状态值函数和状态-动作值函数.

14.1.5.1 状态值函数

策略π的期望回报可以分解为

$$\mathbb{E}_{\tau\sim p(\tau)}[G(\tau)] = \mathbb{E}_{s\sim p(s_0)}\left[\mathbb{E}_{\tau\sim p(\tau)}\Big[\sum_{t=0}^{T-1}\gamma^t r_{t+1}|\tau_{s_0}=s\Big]\right] \tag{14.12}$$

$$= \mathbb{E}_{s\sim p(s_0)}\left[V^\pi(s)\right], \tag{14.13}$$

其中$V^\pi(s)$称为状态值函数（State Value Function），表示从状态s开始，执行策略π得到的期望总回报

$$V^\pi(s) = \mathbb{E}_{\tau\sim p(\tau)}\Big[\sum_{t=0}^{T-1}\gamma^t r_{t+1}|\tau_{s_0}=s\Big], \tag{14.14}$$

其中τ_{s_0}表示轨迹τ的起始状态.

为了方便起见，我们用$\tau_{0:T}$来表示轨迹$s_0, a_0, s_1, \cdots, s_T$，用$\tau_{1:T}$来表示轨迹$s_1, a_1, \cdots, s_T$，因此有$\tau_{0:T} = s_0, a_0, \tau_{1:T}$.

根据马尔可夫性质，$V^\pi(s)$可展开得到

$$V^\pi(s) = \mathbb{E}_{\tau_{0:T}\sim p(\tau)}\left[r_1 + \gamma\sum_{t=1}^{T-1}\gamma^{t-1}r_{t+1}|\tau_{s_0}=s\right] \tag{14.15}$$

$$= \mathbb{E}_{a\sim\pi(a|s)}\mathbb{E}_{s'\sim p(s'|s,a)}\mathbb{E}_{\tau_{1:T}\sim p(\tau)}\left[r(s,a,s') + \gamma\sum_{t=1}^{T-1}\gamma^{t-1}r_{t+1}|\tau_{s_1}=s'\right] \tag{14.16}$$

$$= \mathbb{E}_{a\sim\pi(a|s)}\mathbb{E}_{s'\sim p(s'|s,a)}\left[r(s,a,s') + \gamma\mathbb{E}_{\tau_{1:T}\sim p(\tau)}\Big[\sum_{t=1}^{T-1}\gamma^{t-1}r_{t+1}|\tau_{s_1}=s'\Big]\right] \tag{14.17}$$

$$= \mathbb{E}_{a\sim\pi(a|s)}\mathbb{E}_{s'\sim p(s'|s,a)}\left[r(s,a,s') + \gamma V^\pi(s')\right]. \tag{14.18}$$

贝尔曼方程因其提出者、美国国家科学院院士、动态规划创始人理查德·贝尔曼（Richard Bellman，1920~1984）而得名，也叫作"动态规划方程".

公式(14.18)也称为贝尔曼方程（Bellman Equation），表示当前状态的值函数可以通过下个状态的值函数来计算.

如果给定策略$\pi(a|s)$，状态转移概率$p(s'|s,a)$和奖励$r(s,a,s')$，我们就可以通过迭代的方式来计算$V^\pi(s)$. 由于存在折扣率，迭代一定步数后，每个状态的值函数就会固定不变.

14.1.5.2 状态-动作值函数

公式(14.18)中的第二个期望是指初始状态为s并进行动作a，然后执行策略π得到的期望总回报，称为状态-动作值函数（State-Action Value Function）：

$$Q^\pi(s,a) = \mathbb{E}_{s'\sim p(s'|s,a)}\left[r(s,a,s') + \gamma V^\pi(s')\right], \tag{14.19}$$

状态-动作值函数也经常称为Q函数（Q-Function）.

状态值函数 $V^{\pi}(s)$ 是Q函数 $Q^{\pi}(s,a)$ 关于动作 a 的期望，即

$$V^{\pi}(s)=\mathbb{E}_{a\sim\pi(a|s)}[Q^{\pi}(s,a)]. \tag{14.20}$$

结合公式(14.19)和公式(14.20)，Q函数可以写为

$$Q^{\pi}(s,a)=\mathbb{E}_{s'\sim p(s'|s,a)}\Big[r(s,a,s')+\gamma\mathbb{E}_{a'\sim\pi(a'|s')}[Q^{\pi}(s',a')]\Big], \tag{14.21}$$

这是关于Q函数的贝尔曼方程.

14.1.5.3 值函数的作用

值函数可以看作对策略 π 的评估，因此我们就可以根据值函数来优化策略. 假设在状态 s，有一个动作 a^* 使得 $Q^{\pi}(s,a^*)>V^{\pi}(s)$，说明执行动作 a^* 的回报比当前的策略 $\pi(a|s)$ 要高，我们就可以调整参数使得策略中动作 a^* 的概率 $p(a^*|s)$ 增加.

14.1.6 深度强化学习

在强化学习中，一般需要建模策略 $\pi(a|s)$ 和值函数 $V^{\pi}(s)$, $Q^{\pi}(s,a)$. 早期的强化学习算法主要关注状态和动作都是离散且有限的问题，可以使用表格来记录这些概率. 但在很多实际问题中，有些任务的状态和动作的数量非常多. 比如围棋的棋局有 $3^{361}\approx10^{170}$ 种状态，动作（即落子位置）数量为361. 还有些任务的状态和动作是连续的. 比如在自动驾驶中，智能体感知到的环境状态是各种传感器数据，一般都是连续的. 动作是操作方向盘的方向（-90度$\sim$ 90度）和速度控制（$0\sim300$公里/小时），也是连续的.

为了有效地解决这些问题，我们可以设计一个更强的策略函数（比如深度神经网络），使得智能体可以应对复杂的环境，学习更优的策略，并具有更好的泛化能力.

深度强化学习（Deep Reinforcement Learning）是将强化学习和深度学习结合在一起，用强化学习来定义问题和优化目标，用深度学习来解决策略和值函数的建模问题，然后使用误差反向传播算法来优化目标函数. 深度强化学习在一定程度上具备解决复杂问题的通用智能，并在很多任务上都取得了很大的成功.

14.2 基于值函数的学习方法

值函数是对策略 π 的评估. 如果策略 π 有限（即状态数和动作数都有限），可以对所有的策略进行评估并选出最优策略π^*.

$$\forall s, \qquad \pi^* = \arg\max_{\pi} V^{\pi}(s). \tag{14.22}$$

但这种方式在实践中很难实现. 假设状态空间 $\mathcal{S}$ 和动作空间 $\mathcal{A}$ 都是离散且有限的，策略空间为 $|\mathcal{A}|^{|\mathcal{S}|}$，往往也非常大.

一种可行的方式是通过迭代的方法不断优化策略，直到选出最优策略. 对于一个策略 $\pi(a|s)$，其Q函数为 $Q^{\pi}(s,a)$，我们可以设置一个新的策略 $\pi'(a|s)$，

$$\pi'(a|s) = \begin{cases} 1 & \text{if } a = \arg\max_{\hat{a}} Q^{\pi}(s,\hat{a}), \\ 0 & \text{otherwise}, \end{cases} \tag{14.23}$$

即 $\pi'(a|s)$ 为一个确定性的策略，也可以直接写为

$$\pi'(s) = \arg\max_{a} Q^{\pi}(s,a). \tag{14.24}$$

如果执行 π'，会有

参见习题14-2.

$$\forall s, \qquad V^{\pi'}(s) \geq V^{\pi}(s). \tag{14.25}$$

根据公式(14.25)，我们可以通过下面方式来学习最优策略：先随机初始化一个策略，计算该策略的值函数，并根据值函数来设置新的策略，然后一直反复迭代直到收敛.

基于值函数的策略学习方法中最关键的是如何计算策略 π 的值函数，一般有动态规划或蒙特卡罗两种计算方式.

14.2.1 动态规划算法

从贝尔曼方程可知，如果知道马尔可夫决策过程的状态转移概率 $p(s'|s,a)$ 和奖励 $r(s,a,s')$，我们直接可以通过贝尔曼方程来迭代计算其值函数. 这种模型已知的强化学习算法也称为基于模型的强化学习（Model-Based Reinforcement Learning）算法，这里的模型就是指马尔可夫决策过程.

基于模型的强化学习，也叫作模型相关的强化学习，或有模型的强化学习.

在模型已知时，可以通过动态规划的方法来计算. 常用的方法主要有策略迭代算法和值迭代算法.

14.2.1.1 策略迭代算法

策略迭代（Policy Iteration）算法中，每次迭代可以分为两步：

（1）策略评估（Policy Evaluation）：计算当前策略下每个状态的值函数，即算法14.1中的3-6步. 策略评估可以通过贝尔曼方程（公式(14.18)）进行迭代计算 $V^{\pi}(s)$.

如果状态数有限，也可以通过直接求解贝尔曼方程来得到 $V^{\pi}(s)$.

（2）策略改进（Policy Improvement）：根据值函数来更新策略，即算法14.1中的7-8步.

策略迭代算法如算法14.1所示.

算法 14.1 策略迭代算法

输入: MDP 五元组：$\mathcal{S}, \mathcal{A}, P, r, \gamma$;

1 初始化：$\forall s, \forall a, \pi(a|s) = \frac{1}{|\mathcal{A}|}$;

2 **repeat**

  // 策略评估

3   **repeat**

4   根据贝尔曼方程（公式(14.18)），计算 $V^{\pi}(s), \forall s$;

5   **until** $\forall s, V^{\pi}(s)$ 收敛;

  // 策略改进

6   根据公式(14.19)，计算 $Q(s,a)$;

7   $\forall s, \pi(s) = \arg\max_a Q(s,a)$;

8 **until** $\forall s, \pi(s)$ 收敛;

输出: 策略 π

14.2.1.2 值迭代算法

策略迭代算法中的策略评估和策略改进是交替轮流进行，其中策略评估也是通过一个内部迭代来进行计算，其计算量比较大. 事实上，我们不需要每次计算出每次策略对应的精确的值函数，也就是说内部迭代不需要执行到完全收敛.

值迭代（Value Iteration）算法将策略评估和策略改进两个过程合并，来直接计算出最优策略. 最优策略 π^* 对应的值函数称为最优值函数，其中包括最优状态值函数$V^*(s)$和最优状态-动作值函数$Q^*(s,a)$，它们之间的关系为

$$V^*(s) = \max_a Q^*(s,a). \tag{14.26}$$

根据贝尔曼方程，我们可以通过迭代的方式来计算最优状态值函数 $V^*(s)$ 和最优状态-动作值函数 $Q^*(s,a)$：

$$V^*(s) = \max_a \mathbb{E}_{s' \sim p(s'|s,a)}\Big[r(s,a,s') + \gamma V^*(s')\Big], \tag{14.27}$$

参见习题14-3.

$$Q^*(s,a) = \mathbb{E}_{s'\sim p(s'|s,a)}\Big[r(s,a,s') + \gamma \max_{a'} Q^*(s',a')\Big], \tag{14.28}$$

这两个公式称为贝尔曼最优方程(Bellman Optimality Equation).

值迭代算法通过直接优化贝尔曼最优方程(见公式(14.27)),迭代计算最优值函数. 值迭代算法如算法14.2所示.

算法 14.2 值迭代算法

输入: MDP 五元组:$\mathcal{S},\mathcal{A},P,r,\gamma$;

初始化:$\forall s \in \mathcal{S}, V(s) = 0$;

repeat

  $\forall s, V(s) \leftarrow \max_a \mathbb{E}_{s'\sim p(s'|s,a)}\Big[r(s,a,s') + \gamma V(s')\Big]$;

until $\forall s, V(s)$ 收敛;

根据公式(14.19)计算 $Q(s,a)$;

$\forall s, \pi(s) = \arg\max_a Q(s,a)$;

输出: 策略 π

策略迭代算法 VS 值迭代算法 在策略迭代算法中,每次迭代的时间复杂度最大为 $O(|\mathcal{S}|^3|\mathcal{A}|^3)$,最大迭代次数为 $|\mathcal{A}|^{|\mathcal{S}|}$. 而在值迭代算法中,每次迭代的时间复杂度最大为 $O(|\mathcal{S}|^2|\mathcal{A}|)$,但迭代次数要比策略迭代算法更多.

策略迭代算法是根据贝尔曼方程来更新值函数,并根据当前的值函数来改进策略. 而值迭代算法是直接使用贝尔曼最优方程来更新值函数,收敛时的值函数就是最优的值函数,其对应的策略也就是最优的策略.

值迭代算法和策略迭代算法都需要经过非常多的迭代次数才能完全收敛. 在实际应用中,可以不必等到完全收敛. 这样,当状态和动作数量有限时,经过有限次迭代就可以收敛到近似最优策略.

基于模型的强化学习算法实际上是一种动态规划方法. 在实际应用中有以下两点限制:

(1)要求模型已知,即要给出马尔可夫决策过程的状态转移概率 $p(s'|s,a)$ 和奖励函数 $r(s,a,s')$. 但实际应用中这个要求很难满足. 如果我们事先不知道模型,那么可以先让智能体与环境交互来估计模型,即估计状态转移概率和奖励函数. 一个简单的估计模型的方法为 R-max [Brafman et al., 2002],通过随机游走的方法来探索环境. 每次随机一个策略并执行,然后收集状态转移和奖励的样本. 在收集一定的样本后,就可以通过统计或监督学习来重构出马尔可夫决策过程. 但是,这种基于采样的重构过程的复杂度也非常高,只能应用于状态数非常少的场合.

(2)效率问题,即当状态数量较多时,算法效率比较低. 但在实际应用中,很多问题的状态数量和动作数量非常多. 比如,围棋有 $19 \times 19 = 361$ 个位置,每个位置有黑子、白子或无子三种状态,整个棋局有 $3^{361} \approx 10^{170}$ 种状态. 动作(即落子位置)数量为 361. 不管是值迭代还是策略迭代,以当前计算机的计算能力,根本无法计算. 一种有效的方法是通过一个函数(比如神经网络)来近似计算值函数,以减少复杂度,并提高泛化能力.

参见第14.2.4节.

14.2.2 蒙特卡罗方法

在很多应用场景中, 马尔可夫决策过程的状态转移概率 $p(s'|s,a)$ 和奖励函数 $r(s,a,s')$ 都是未知的. 在这种情况下, 我们一般需要智能体和环境进行交互, 并收集一些样本, 然后再根据这些样本来求解马尔可夫决策过程最优策略. 这种模型未知, 基于采样的学习算法也称为模型无关的强化学习(Model-Free Reinforcement Learning)算法.

模型无关的强化学习也叫作无模型的强化学习.

Q 函数 $Q^{\pi}(s,a)$ 是初始状态为 s,并执行动作 a 后所能得到的期望总回报:

Q 函数的定义参见公式(14.19).

$$Q^{\pi}(s,a) = \mathbb{E}_{\tau \sim p(\tau)}[G(\tau_{s_0=s,a_0=a})], \tag{14.29}$$

其中 $\tau_{s_0=s,a_0=a}$ 表示轨迹 τ 的起始状态和动作为 s, a.

如果模型未知, Q 函数可以通过采样来进行计算, 这就是蒙特卡罗方法. 对于一个策略 π, 智能体从状态 s, 执行动作 a 开始, 然后通过随机游走的方法来探索环境, 并计算其得到的总回报. 假设我们进行 N 次试验, 得到 N 个轨迹 $\tau^{(1)}, \tau^{(2)}, \cdots, \tau^{(N)}$, 其总回报分别为 $G(\tau^{(1)}), G(\tau^{(2)}), \cdots, G(\tau^{(N)})$. Q 函数可以近似为

$$Q^{\pi}(s,a) \approx \hat{Q}^{\pi}(s,a) = \frac{1}{N}\sum_{n=1}^{N} G(\tau^{(n)}_{s_0=s,a_0=a}). \tag{14.30}$$

当 $N \to \infty$ 时, $\hat{Q}^{\pi}(s,a) \to Q^{\pi}(s,a)$.

在近似估计出 Q 函数 $\hat{Q}^{\pi}(s,a)$ 之后, 就可以进行策略改进. 然后在新的策略下重新通过采样来估计 Q 函数, 并不断重复, 直至收敛.

利用和探索 但在蒙特卡罗方法中, 如果采用确定性策略 π, 每次试验得到的轨迹是一样的, 只能计算出 $Q^{\pi}(s,\pi(s))$, 而无法计算其他动作 a' 的 Q 函数, 因此也无法进一步改进策略. 这样情况仅仅是对当前策略的利用(exploitation), 而缺失了对环境的探索(exploration), 即试验的轨迹应该尽可能覆盖所有的状态和动作, 以找到更好的策略.

这也可以看作一个多臂赌博机问题.

为了平衡利用和探索, 我们可以采用ϵ-贪心法(ϵ-greedy Method). 对于一

个目标策略π,其对应的ϵ-贪心法策略为

$$\pi^{\epsilon}(s)=\begin{cases}\pi(s), & \text{按概率}1-\epsilon,\\ \text{随机选择}\mathcal{A}\text{中的动作}, & \text{按概率}\epsilon.\end{cases} \tag{14.31}$$

这样,ϵ-贪心法将一个仅利用的策略转为带探索的策略. 每次选择动作$\pi(s)$的概率为$1-\epsilon+\frac{\epsilon}{|\mathcal{A}|}$,其他动作的概率为$\frac{\epsilon}{|\mathcal{A}|}$.

同策略 在蒙特卡罗方法中,如果采样策略是$\pi^{\epsilon}(s)$,不断改进策略也是$\pi^{\epsilon}(s)$而不是目标策略$\pi(s)$. 这种采样与改进策略相同(即都是$\pi^{\epsilon}(s)$)的强化学习方法叫作同策略(On-Policy)方法.

异策略 如果采样策略是$\pi^{\epsilon}(s)$,而优化目标是策略π,可以通过重要性采样,引入重要性权重来实现对目标策略π的优化. 这种采样与改进分别使用不同策略的强化学习方法叫作异策略(Off-Policy)方法.

重要性采样参见第11.5.3节.

14.2.3 时序差分学习方法

蒙特卡罗方法一般需要拿到完整的轨迹,才能对策略进行评估并更新模型,因此效率也比较低. 时序差分学习(Temporal-Difference Learning)方法是蒙特卡罗方法的一种改进,通过引入动态规划算法来提高学习效率[Sutton et al., 2018]. 时序差分学习方法是模拟一段轨迹,每行动一步(或者几步),就利用贝尔曼方程来评估行动前状态的价值.

当时序差分学习方法中每次更新的动作数为最大步数时,就等价于蒙特卡罗方法.

首先,将蒙特卡罗方法中Q函数$\hat{Q}^{\pi}(s,a)$的估计改为增量计算的方式,假设第N次试验后值函数$\hat{Q}^{\pi}_{N}(s,a)$的平均为

$$\hat{Q}^{\pi}_{N}(s,a)=\frac{1}{N}\sum_{n=1}^{N}G(\tau^{(n)}_{s_0=s,a_0=a}) \tag{14.32}$$

$$=\frac{1}{N}\Big(G(\tau^{(N)}_{s_0=s,a_0=a})+\sum_{n=1}^{N-1}G(\tau^{(n)}_{s_0=s,a_0=a})\Big) \tag{14.33}$$

$$=\frac{1}{N}\Big(G(\tau^{(N)}_{s_0=s,a_0=a})+(N-1)\hat{Q}^{\pi}_{N-1}(s,a)\Big) \tag{14.34}$$

$$=\hat{Q}^{\pi}_{N-1}(s,a)+\frac{1}{N}\Big(G(\tau^{(N)}_{s_0=s,a_0=a})-\hat{Q}^{\pi}_{N-1}(s,a)\Big), \tag{14.35}$$

其中$\tau_{s_0=s,a_0=a}$表示轨迹τ的起始状态和动作为s,a.

值函数$\hat{Q}^{\pi}(s,a)$在第N试验后的平均等于第$N-1$试验后的平均加上一个增量. 更一般性地,我们将权重系数$\frac{1}{N}$改为一个比较小的正数α. 这样每次采用一个新的轨迹$\tau_{s_0=s,a_0=a}$,就可以更新$\hat{Q}^{\pi}(s,a)$.

$$\hat{Q}^{\pi}(s,a)\leftarrow\hat{Q}^{\pi}(s,a)+\alpha\Big(G(\tau_{s_0=s,a_0=a})-\hat{Q}^{\pi}(s,a)\Big), \tag{14.36}$$

其中增量$\delta \triangleq G(\tau_{s_0=s,a_0=a}) - \hat{Q}^{\pi}(s,a)$称为蒙特卡罗误差，表示当前轨迹的真实回报$G(\tau_{s_0=s,a_0=a})$与期望回报$\hat{Q}^{\pi}(s,a)$之间的差距.

在公式(14.36)中，$G(\tau_{s_0=s,a_0=a})$为一次试验的完整轨迹所得到的总回报. 为了提高效率，可以借助动态规划的方法来计算$G(\tau_{s_0=s,a_0=a})$，而不需要得到完整的轨迹. 从s,a开始，采样下一步的状态和动作(s',a')，并得到奖励$r(s,a,s')$，然后利用贝尔曼方程来近似估计$G(\tau_{s_0=s,a_0=a})$，

贝尔曼方程参见公式(14.21).

$$
\begin{aligned}
G(\tau_{s_0=s,a_0=a,s_1=s',a_1=a'}) &= r(s,a,s') + \gamma G(\tau_{s_0=s',a_0=a'}) && (14.37)\\
&\approxeq r(s,a,s') + \gamma \hat{Q}^{\pi}(s',a'), && (14.38)
\end{aligned}
$$

其中$\hat{Q}^{\pi}(s',a')$是当前的Q函数的近似估计.

参见习题14-4.

结合公式(14.36)和公式(14.38)，有

$$
\hat{Q}^{\pi}(s,a) \leftarrow \hat{Q}^{\pi}(s,a) + \alpha\Big(r(s,a,s') + \gamma \hat{Q}^{\pi}(s',a') - \hat{Q}^{\pi}(s,a)\Big), \tag{14.39}
$$

因此，更新$\hat{Q}^{\pi}(s,a)$只需要知道当前状态s和动作a、奖励$r(s,a,s')$、下一步的状态s'和动作a'. 这种策略学习方法称为SARSA算法（State Action Reward State Action，SARSA）[Rummery et al., 1994].

SARSA算法的学习过程如算法14.3所示，其采样和优化的策略都是π^{ϵ}，因此是一种同策略算法. 为了提高计算效率，我们不需要对环境中所有的s,a组合进行穷举，并计算值函数. 只需要将当前的探索(s,a,r,s',a')中s',a'作为下一次估计的起始状态和动作.

算法 14.3 SARSA：一种同策略的时序差分学习算法

```
输入: 状态空间 S，动作空间 A，折扣率 γ，学习率 α
∀s,∀a，随机初始化 Q(s,a); 根据 Q 函数构建策略 π;
repeat
    初始化起始状态 s; 选择动作 a = π^ϵ(s) ;        // π^ϵ(s) 参见公式(14.31)
    repeat
        执行动作 a，得到即时奖励 r 和新状态 s';
        在状态 s'，选择动作 a' = π^ϵ(s');
        Q(s,a) ← Q(s,a) + α(r + γQ(s',a') − Q(s,a));   // 更新Q函数
        π(s) = arg max_{a∈|A|} Q(s,a);                // 更新策略
        s ← s', a ← a';
    until s 为终止状态;
until ∀s,a, Q(s,a) 收敛;
输出: 策略 π(s)
```

时序差分学习是强化学习的主要学习方法，其关键步骤就是在每次迭代中优化 Q 函数来减少现实 $r+\gamma Q(s',a')$ 和预期 $Q(s,a)$ 的差距. 这和动物学习的机制十分相像. 在大脑神经元中，多巴胺的释放机制和时序差分学习十分吻合. [Schultz, 1998] 的一个实验中，通过监测猴子大脑释放的多巴胺浓度，发现如果猴子获得比预期更多的果汁，或者在没有预想到的时间喝到果汁，多巴胺释放大增. 如果没有喝到本来预期的果汁，多巴胺的释放就会大减. 多巴胺的释放，来自对于实际奖励和预期奖励的差异，而不是奖励本身.

多巴胺是一种神经传导物质，传递开心、兴奋有关的信息.

时序差分学习方法和蒙特卡罗方法的主要不同为：蒙特卡罗方法需要一条完整的路径才能知道其总回报，也不依赖马尔可夫性质；而时序差分学习方法只需要一步，其总回报需要通过马尔可夫性质来进行近似估计.

14.2.3.1 Q学习

Q学习（Q-Learning）算法 [Watkins et al., 1992] 是一种异策略的时序差分学习方法. 在Q学习中，Q函数的估计方法为

事实上，Q学习算法被提出的时间更早，SARSA算法是Q学习算法的改进.

$$Q(s,a) \leftarrow Q(s,a) + \alpha\Big(r + \gamma \max_{a'} Q(s',a') - Q(s,a)\Big), \tag{14.40}$$

相当于让 $Q(s,a)$ 直接去估计最优状态值函数 $Q^*(s,a)$.

与SARSA算法不同，Q学习算法不通过 π^ϵ 来选下一步的动作 a'，而是直接选最优的Q函数，因此更新后的Q函数是关于策略 π 的，而不是策略 π^ϵ 的.

算法14.4给出了Q学习的学习过程.

算法 14.4 Q学习：一种异策略的时序差分学习算法

输入: 状态空间 $\mathcal{S}$，动作空间 $\mathcal{A}$，折扣率 γ，学习率 α

$\forall s, \forall a$，随机初始化 $Q(s,a)$；根据Q函数构建策略 π；

repeat

  初始化起始状态 s；

  repeat

    在状态 s，选择动作 $a=\pi^\epsilon(s)$；

    执行动作 a，得到即时奖励 r 和新状态 s'；

    $Q(s,a) \leftarrow Q(s,a) + \alpha\Big(r + \gamma \max_{a'} Q(s',a') - Q(s,a)\Big)$； // 更新Q函数

    $s \leftarrow s'$；

  until s 为终止状态；

until $\forall s, a, Q(s,a)$ 收敛；

输出: 策略 $\pi(s) = \arg\max_{a\in|\mathcal{A}|} Q(s,a)$

14.2.4 深度Q网络

为了在连续的状态和动作空间中计算值函数 $Q^{\pi}(s,a)$，我们可以用一个函数 $Q_{\phi}(\boldsymbol{s},\boldsymbol{a})$ 来表示近似计算，称为值函数近似（Value Function Approximation）.

$$Q_{\phi}(\boldsymbol{s},\boldsymbol{a}) \approx Q^{\pi}(s,a), \tag{14.41}$$

其中 $\boldsymbol{s},\boldsymbol{a}$ 分别是状态 s 和动作 a 的向量表示；函数 $Q_{\phi}(\boldsymbol{s},\boldsymbol{a})$ 通常是一个参数为 ϕ 的函数，比如神经网络，输出为一个实数，称为Q网络（Q-network）.

如果动作为有限离散的 M 个动作 $a_1,\cdots,a_M$，我们可以让Q网络输出一个 M 维向量，其中第 m 维表示 $Q_{\phi}(\boldsymbol{s},a_m)$，对应值函数 $Q^{\pi}(s,a_m)$ 的近似值.

$$Q_{\phi}(\boldsymbol{s}) = \begin{bmatrix} Q_{\phi}(\boldsymbol{s},a_1) \\ \vdots \\ Q_{\phi}(\boldsymbol{s},a_M) \end{bmatrix} \approx \begin{bmatrix} Q^{\pi}(s,a_1) \\ \vdots \\ Q^{\pi}(s,a_M) \end{bmatrix}. \tag{14.42}$$

我们需要学习一个参数 ϕ 来使得函数 $Q_{\phi}(\boldsymbol{s},\boldsymbol{a})$ 可以逼近值函数 $Q^{\pi}(s,a)$. 如果采用蒙特卡罗方法，就直接让 $Q_{\phi}(\boldsymbol{s},\boldsymbol{a})$ 去逼近平均的总回报 $\hat{Q}^{\pi}(s,a)$；如果采用时序差分学习方法，就让 $Q_{\phi}(\boldsymbol{s},\boldsymbol{a})$ 去逼近 $\mathbb{E}_{\boldsymbol{s}',\boldsymbol{a}'}[r+\gamma Q_{\phi}(\boldsymbol{s}',\boldsymbol{a}')]$.

以Q学习为例，采用随机梯度下降，目标函数为

$$\mathcal{L}(s,a,s'|\phi) = \Big(r + \gamma \max_{a'} Q_{\phi}(\boldsymbol{s}',\boldsymbol{a}') - Q_{\phi}(\boldsymbol{s},\boldsymbol{a})\Big)^2, \tag{14.43}$$

其中 $\boldsymbol{s}',\boldsymbol{a}'$ 是下一时刻的状态 s' 和动作 a' 的向量表示.

然而，这个目标函数存在两个问题：一是目标不稳定，参数学习的目标依赖于参数本身；二是样本之间有很强的相关性. 为了解决这两个问题，[Mnih et al., 2015] 提出了一种深度Q网络（Deep Q-Networks, DQN）. 深度Q网络采取两个措施：一是目标网络冻结（Freezing Target Networks），即在一个时间段内固定目标中的参数，来稳定学习目标；二是经验回放（Experience Replay），即构建一个经验池（Replay Buffer）来去除数据相关性. 经验池是由智能体最近的经历组成的数据集.

经验回放可以形象地理解为在回忆中学习.

训练时，随机从经验池中抽取样本来代替当前的样本用来进行训练. 这样，就打破了和相邻训练样本的相似性，避免模型陷入局部最优. 经验回放在一定程度上类似于监督学习. 先收集样本，然后在这些样本上进行训练. 深度Q网络的

学习过程如算法14.5所示.

算法 14.5 带经验回放的深度Q网络

输入: 状态空间 $\mathcal{S}$,动作空间 $\mathcal{A}$,折扣率 γ,学习率 α,参数更新间隔 C;

初始化经验池 $\mathcal{D}$,容量为 N;

随机初始化 Q 网络的参数 ϕ;

随机初始化目标 Q 网络的参数 $\hat{\phi}=\phi$;

repeat

  初始化起始状态 s;

  repeat

    在状态 s,选择动作 $a=\pi^{\epsilon}$;

    执行动作 a,观测环境,得到即时奖励 r 和新的状态 s';

    将 s,a,r,s' 放入 $\mathcal{D}$ 中;

    从 $\mathcal{D}$ 中采样 ss,aa,rr,ss';

$$y=\begin{cases} rr, & ss'\text{为终止状态}, \\ rr+\gamma\max_{a'} Q_{\hat{\phi}}(\mathrm{ss}',\boldsymbol{a}'), & \text{否则} \end{cases};$$

    以 $\left(y-Q_{\phi}(\boldsymbol{ss},\boldsymbol{aa})\right)^2$ 为损失函数来训练 Q 网络;

    $s\leftarrow s'$;

    每隔 C 步,$\hat{\phi}\leftarrow\phi$;

  until s 为终止状态;

until $\forall s,a,Q_{\phi}(\boldsymbol{s},\boldsymbol{a})$ 收敛;

输出: Q 网络 $Q_{\phi}(\boldsymbol{s},\boldsymbol{a})$

整体上,在基于值函数的学习方法中,策略一般为确定性策略. 策略优化通常都依赖于值函数,比如贪心策略 $\pi(s)=\arg\max_a Q(s,a)$. 最优策略一般需要遍历当前状态s下的所有动作,并找出最优的 $Q(s,a)$. 当动作空间离散但是很大时,遍历求最大需要很高的时间复杂度;当动作空间是连续的并且 $Q(s,a)$ 非凸时,也很难求解出最佳的策略.

14.3 基于策略函数的学习方法

强化学习的目标是学习到一个策略$\pi_\theta(a|s)$来最大化期望回报. 一种直接的方法是在策略空间直接搜索来得到最佳策略,称为策略搜索(Policy Search). 策略搜索本质是一个优化问题,可以分为基于梯度的优化和无梯度优化. 策略搜索和基于值函数的方法相比,策略搜索可以不需要值函数,直接优化策略. 参数化的策略能够处理连续状态和动作,可以直接学出随机性策略.

策略梯度(Policy Gradient)是一种基于梯度的强化学习方法. 假设 $\pi_\theta(a|s)$ 是一个关于 θ 的连续可微函数,我们可以用梯度上升的方法来优化参数 θ 使得目

标函数$\mathcal{J}(\theta)$最大.

目标函数$\mathcal{J}(\theta)$参见公式(14.11).

目标函数$\mathcal{J}(\theta)$关于策略参数θ的导数为

$$\frac{\partial \mathcal{J}(\theta)}{\partial \theta} = \frac{\partial}{\partial \theta} \int p_\theta(\tau) G(\tau) \mathrm{d}\tau \tag{14.44}$$

$$= \int \left(\frac{\partial}{\partial \theta} p_\theta(\tau) \right) G(\tau) \mathrm{d}\tau \tag{14.45}$$

$$= \int p_\theta(\tau) \left(\frac{1}{p_\theta(\tau)} \frac{\partial}{\partial \theta} p_\theta(\tau) \right) G(\tau) \mathrm{d}\tau \tag{14.46}$$

$$= \int p_\theta(\tau) \left(\frac{\partial}{\partial \theta} \log p_\theta(\tau) \right) G(\tau) \mathrm{d}\tau \tag{14.47}$$

$$= \mathbb{E}_{\tau \sim p_\theta(\tau)} \left[\frac{\partial}{\partial \theta} \log p_\theta(\tau) G(\tau) \right], \tag{14.48}$$

其中$\frac{\partial}{\partial \theta} \log p_\theta(\tau)$为函数$\log p_\theta(\tau)$关于$\theta$的偏导数. 从公式(14.48)中可以看出,参数$\theta$优化的方向是使得总回报$G(\tau)$越大的轨迹$\tau$的概率$p_\theta(\tau)$也越大.

$\frac{\partial}{\partial \theta} \log p_\theta(\tau)$可以进一步分解为

$$\frac{\partial}{\partial \theta} \log p_\theta(\tau) = \frac{\partial}{\partial \theta} \log \left(p(s_0) \prod_{t=0}^{T-1} \pi_\theta(a_t|s_t) p(s_{t+1}|s_t, a_t) \right) \tag{14.49}$$

$$= \frac{\partial}{\partial \theta} \left(\log p(s_0) + \sum_{t=0}^{T-1} \log \pi_\theta(a_t|s_t) + \sum_{t=0}^{T-1} \log p(s_{t+1}|s_t, a_t) \right) \tag{14.50}$$

$$= \sum_{t=0}^{T-1} \frac{\partial}{\partial \theta} \log \pi_\theta(a_t|s_t). \tag{14.51}$$

可以看出,$\frac{\partial}{\partial \theta} \log p_\theta(\tau)$是和状态转移概率无关,只和策略函数相关.

因此,策略梯度$\frac{\partial \mathcal{J}(\theta)}{\partial \theta}$可写为

$$\frac{\partial \mathcal{J}(\theta)}{\partial \theta} = \mathbb{E}_{\tau \sim p_\theta(\tau)} \left[\left(\sum_{t=0}^{T-1} \frac{\partial}{\partial \theta} \log \pi_\theta(a_t|s_t) \right) G(\tau) \right] \tag{14.52}$$

$G(\tau) = \sum_{t=0}^{T-1} \gamma^t r_{t+1}$.

$$= \mathbb{E}_{\tau \sim p_\theta(\tau)} \left[\left(\sum_{t=0}^{T-1} \frac{\partial}{\partial \theta} \log \pi_\theta(a_t|s_t) \right) \left(G(\tau_{0:t}) + \gamma^t G(\tau_{t:T}) \right) \right] \tag{14.53}$$

$$= \mathbb{E}_{\tau \sim p_\theta(\tau)} \left[\sum_{t=0}^{T-1} \left(\frac{\partial}{\partial \theta} \log \pi_\theta(a_t|s_t) \gamma^t G(\tau_{t:T}) \right) \right], \tag{14.54}$$

时刻t之前的回报和时刻t之后的动作无关,参见习题14-6.

其中$G(\tau_{t:T})$为从时刻t作为起始时刻收到的总回报

$$G(\tau_{t:T}) = \sum_{t'=t}^{T-1} \gamma^{t'-t} r_{t'+1}. \tag{14.55}$$

14.3.1 REINFORCE算法

公式(14.54)中，期望可以通过采样的方法来近似．根据当前策略π_θ，通过随机游走的方式来采集多个轨迹$\tau^{(1)}, \tau^{(2)}, \cdots, \tau^{(N)}$，其中每一条轨迹$\tau^{(n)} = s_0^{(n)}, a_0^{(n)}, s_1^{(n)}, a_1^{(n)}, \cdots$. 这样,策略梯度$\frac{\partial \mathcal{J}(\theta)}{\partial \theta}$可以写为

$$\frac{\partial \mathcal{J}(\theta)}{\partial \theta} \approx \frac{1}{N} \sum_{n=1}^{N} \left(\sum_{t=0}^{T-1} \frac{\partial}{\partial \theta} \log \pi_\theta(a_t^{(n)} | s_t^{(n)}) \gamma^t G_{\tau_{t:T}^{(n)}} \right). \tag{14.56}$$

结合随机梯度上升算法,我们可以每次采集一条轨迹,计算每个时刻的梯度并更新参数,这称为REINFORCE算法[Williams, 1992],如算法14.6所示.

算法 14.6 REINFORCE算法

输入: 状态空间$\mathcal{S}$,动作空间$\mathcal{A}$,可微分的策略函数$\pi_\theta(a|s)$,折扣率γ,学习率α;

随机初始化参数θ;

repeat

  根据策略$\pi_\theta(a|s)$生成一条轨迹:$\tau = s_0, a_0, s_1, a_1, \cdots, s_{T-1}, a_{T-1}, s_T$;

  for t=0 **to** T **do**

    计算$G(\tau_{t:T})$;

    $\theta \leftarrow \theta + \alpha \gamma^t G(\tau_{t:T}) \frac{\partial}{\partial \theta} \log \pi_\theta(a_t | s_t)$;   // 更新策略函数参数

  end

until π_θ 收敛;

输出: 策略π_θ

14.3.2 带基准线的REINFORCE算法

REINFORCE算法的一个主要缺点是不同路径之间的方差很大，导致训练不稳定,这是在高维空间中使用蒙特卡罗方法的通病. 一种减少方差的通用方法是引入一个控制变量. 假设要估计函数f的期望,为了减少f的方差,我们引入一个已知期望的函数g,令

$$\hat{f} = f - \alpha(g - \mathbb{E}[g]). \tag{14.57}$$

因为$\mathbb{E}[\hat{f}] = \mathbb{E}[f]$,我们可以用$\hat{f}$的期望来估计函数$f$的期望,同时利用函数$g$来减小$\hat{f}$的方差.

函数$\hat{f}$的方差为

$$\mathrm{var}(\hat{f}) = \mathrm{var}(f) - 2\alpha\,\mathrm{cov}(f, g) + \alpha^2\,\mathrm{var}(g), \tag{14.58}$$

其中 var(·) 和 cov(·, ·) 分别表示方差和协方差.

如果要使得 $\text{var}(\hat{f})$ 最小，令 $\frac{\partial \text{var}(\hat{f})}{\partial \alpha} = 0$，得到

$$\alpha = \frac{\text{cov}(f, g)}{\text{var}(g)}. \tag{14.59}$$

因此，

$$\text{var}(\hat{f}) = \Big(1 - \frac{\text{cov}(f, g)^2}{\text{var}(g)\,\text{var}(f)}\Big)\text{var}(f) \tag{14.60}$$

$$= \Big(1 - \text{corr}(f, g)^2\Big)\text{var}(f), \tag{14.61}$$

其中 $\text{corr}(f, g)$ 为函数 f 和 g 的相关性. 如果相关性越高，则 $\hat{f}$ 的方差越小.

带基准线的 REINFORCE 算法 在每个时刻 t，其策略梯度为

$$\frac{\partial \mathcal{J}_t(\theta)}{\partial \theta} = \mathbb{E}_{s_t}\Big[\mathbb{E}_{a_t}\big[\gamma^t G(\tau_{t:T}) \frac{\partial}{\partial \theta}\log \pi_\theta(a_t|s_t)\big]\Big]. \tag{14.62}$$

为了减小策略梯度的方差，我们引入一个和 a_t 无关的基准函数 $b(s_t)$，

$$\frac{\partial \hat{\mathcal{J}}_t(\theta)}{\partial \theta} = \mathbb{E}_{s_t}\Big[\mathbb{E}_{a_t}\big[\gamma^t\Big(G(\tau_{t:T}) - b(s_t)\Big) \frac{\partial}{\partial \theta}\log \pi_\theta(a_t|s_t)\big]\Big]. \tag{14.63}$$

因为 $b(s_t)$ 和 a_t 无关，有

$$\mathbb{E}_{a_t}\Big[b(s_t)\frac{\partial}{\partial \theta}\log \pi_\theta(a_t|s_t)\Big] = \int_{a_t}\Big(b(s_t)\frac{\partial}{\partial \theta}\log \pi_\theta(a_t|s_t)\Big)\pi_\theta(a_t|s_t)\mathrm{d}a_t \tag{14.64}$$

$$= \int_{a_t} b(s_t)\frac{\partial}{\partial \theta}\pi_\theta(a_t|s_t)da_t \tag{14.65}$$

$$= \frac{\partial}{\partial \theta}b(s_t)\int_{a_t}\pi_\theta(a_t|s_t)\mathrm{d}a_t \tag{14.66}$$

$\int_{a_t}\pi_\theta(a_t|s_t)\mathrm{d}a_t = 1.$

$$= \frac{\partial}{\partial \theta}\big(b(s_t)\cdot 1\big) = 0. \tag{14.67}$$

因此，$\frac{\partial \hat{\mathcal{J}}_t(\theta)}{\partial \theta} = \frac{\partial \mathcal{J}_t(\theta)}{\partial \theta}$.

为了有效减小方差，$b(s_t)$ 和 $G(\tau_{t:T})$ 越相关越好，一个很自然的选择是令 $b(s_t)$ 为值函数 $V^{\pi_\theta}(s_t)$. 但是由于值函数未知，我们可以用一个可学习的函数 $V_\phi(s_t)$ 来近似值函数，目标函数为

$$\mathcal{L}(\phi|s_t, \pi_\theta) = \Big(V^{\pi_\theta}(s_t) - V_\phi(s_t)\Big)^2, \tag{14.68}$$

其中 $V^{\pi_\theta}(s_t) = \mathbb{E}[G(\tau_{t:T})]$ 也用蒙特卡罗方法进行估计. 采用随机梯度下降法，参数 ϕ 的梯度为

$$\frac{\partial \mathcal{L}(\phi|s_t, \pi_\theta)}{\partial \phi} = -\Big(G(\tau_{t:T}) - V_\phi(s_t)\Big)\frac{\partial V_\phi(s_t)}{\partial \phi}. \tag{14.69}$$

策略函数参数 θ 的梯度为

$$\frac{\partial \hat{\mathcal{J}}_t(\theta)}{\partial \theta} = \mathbb{E}_{s_t}\left[\mathbb{E}_{a_t}\left[\gamma^t\Big(G(\tau_{t:T}) - V_\phi(s_t)\Big)\frac{\partial}{\partial \theta}\log \pi_\theta(a_t|s_t)\right]\right]. \tag{14.70}$$

算法14.7给出了带基准线的REINFORCE算法.

算法 14.7 带基准线的REINFORCE算法

输入: 状态空间 $\mathcal{S}$, 动作空间 $\mathcal{A}$, 可微分的策略函数 $\pi_\theta(a|s)$, 可微分的状态值函数 $V_\phi(s)$, 折扣率 γ, 学习率 α, β;

随机初始化参数 θ, ϕ;
repeat
  根据策略 $\pi_\theta(a|s)$ 生成一条轨迹: $\tau = s_0, a_0, s_1, a_1, \cdots, s_{T-1}, a_{T-1}, s_T$;
  for $t=0$ **to** T **do**
    计算 $G(\tau_{t:T})$;
    $\delta \leftarrow G(\tau_{t:T}) - V_\phi(s_t)$;
    $\phi \leftarrow \phi + \beta\delta\frac{\partial}{\partial\phi}V_\phi(s_t)$; // 更新值函数参数
    $\theta \leftarrow \theta + \alpha\gamma^t\delta\frac{\partial}{\partial\theta}\log\pi_\theta(a_t|s_t)$; // 更新策略函数参数
  end
until π_θ 收敛;

输出: 策略 π_θ

14.4 演员-评论员算法

在REINFORCE算法中, 每次需要根据一个策略采集一条完整的轨迹, 并计算这条轨迹上的回报. 这种采样方式的方差比较大, 学习效率也比较低. 我们可以借鉴时序差分学习的思想, 使用动态规划方法来提高采样的效率, 即从状态 s 开始的总回报可以通过当前动作的即时奖励 $r(s, a, s')$ 和下一个状态 s' 的值函数来近似估计.

参见第14.2.3节.

演员-评论员算法 (Actor-Critic Algorithm) 是一种结合策略梯度和时序差分学习的强化学习方法. 其中演员 (Actor) 是指策略函数 $\pi_\theta(a|s)$, 即学习一个策略来得到尽量高的回报, 评论员 (Critic) 是指值函数 $V_\phi(s)$, 对当前策略的值函数进行估计, 即评估演员的好坏. 借助于值函数, 演员-评论员算法可以进行单步更新参数, 不需要等到回合结束才进行更新.

在演员-评论员算法中的策略函数 $\pi_\theta(s, a)$ 和值函数 $V_\phi(s)$ 都是待学习的函数, 需要在训练过程中同时学习.

假设从时刻 t 开始的回报 $G(\tau_{t:T})$, 我们用下面公式近似计算:

$$\hat{G}(\tau_{t:T}) = r_{t+1} + \gamma V_\phi(s_{t+1}), \tag{14.71}$$

其中 s_{t+1} 是 $t+1$ 时刻的状态，r_{t+1} 是即时奖励.

在每步更新中，分别进行策略函数 $\pi_\theta(s,a)$ 和值函数 $V_\phi(s)$ 的学习. 一方面，更新参数 ϕ 使得值函数 $V_\phi(s_t)$ 接近于估计的真实回报 $\hat{G}(\tau_{t:T})$，即

$$\min_\phi \Big(\hat{G}(\tau_{t:T}) - V_\phi(s_t)\Big)^2, \tag{14.72}$$

另一方面，将值函数 $V_\phi(s_t)$ 作为基线函数来更新参数 θ，减少策略梯度的方差，即

$$\theta \leftarrow \theta + \alpha\gamma^t \Big(\hat{G}(\tau_{t:T}) - V_\phi(s_t)\Big)\frac{\partial}{\partial\theta}\log \pi_\theta(a_t|s_t). \tag{14.73}$$

在每步更新中，演员根据当前的环境状态 s 和策略 $\pi_\theta(a|s)$ 去执行动作 a，环境状态变为 s'，并得到即时奖励 r. 评论员（值函数 $V_\phi(s)$）根据环境给出的真实奖励和之前标准下的打分 $(r+\gamma V_\phi(s'))$，来调整自己的打分标准，使得自己的评分更接近环境的真实回报. 演员则跟据评论员的打分，调整自己的策略 π_θ，争取下次做得更好. 开始训练时，演员随机表演，评论员随机打分. 通过不断的学习，评论员的评分越来越准，演员的动作越来越好.

算法14.8给出了演员-评论员算法的训练过程.

参见习题14-7.

算法 14.8 演员-评论员算法

输入: 状态空间 $\mathcal{S}$，动作空间 $\mathcal{A}$，可微分的策略函数 $\pi_\theta(a|s)$，可微分的状态值函数 $V_\phi(s)$，折扣率 γ，学习率 $\alpha > 0, \beta > 0$;

随机初始化参数 θ, ϕ;

repeat

  初始化起始状态 s; $\lambda = 1$;

  repeat

    在状态 s，选择动作 $a = \pi_\theta(a|s)$;

    执行动作 a，得到即时奖励 r 和新状态 s';

    $\delta \leftarrow r + \gamma V_\phi(s') - V_\phi(s)$;

    $\phi \leftarrow \phi + \beta\delta\frac{\partial}{\partial\phi}V_\phi(s)$; // 更新值函数参数

    $\theta \leftarrow \theta + \alpha\lambda\delta\frac{\partial}{\partial\theta}\log\pi_\theta(a|s)$; // 更新策略函数参数

    $\lambda \leftarrow \gamma\lambda$;

    $s \leftarrow s'$;

  until s 为终止状态;

until θ 收敛;

输出: 策略 π_θ

虽然带基准线的REINFORCE算法也同时学习策略函数和值函数，但是它并不是一种演员-评论员算法. 因为其中值函数只是用作基线函数以减少方差，并不用来估计回报（即评论员的角色）.

14.5 总结和深入阅读

强化学习是一种十分吸引人的机器学习方法，通过智能体不断与环境进行交互，并根据经验调整其策略来最大化其长远的所有奖励的累积值. 相比其他机器学习方法，强化学习更接近生物学习的本质，可以应对多种复杂的场景，从而更接近通用人工智能系统的目标.

强化学习和监督学习的区别在于：1）强化学习的样本通过不断与环境进行交互产生，即试错学习，而监督学习的样本由人工收集并标注；2）强化学习的反馈信息只有奖励，并且是延迟的，而监督学习需要明确的指导信息（每一个状态对应的动作）.

现代强化学习可以追溯到两个来源：一个是心理学中的行为主义理论，即有机体如何在环境给予的奖励或惩罚的刺激下，逐步形成对刺激的预期，产生能获得最大利益的习惯性行为；另一个是控制论领域的最优控制问题，即在满足一定约束条件下，寻求最优控制策略，使得性能指标取极大值或极小值.

强化学习的算法非常多，大体上可以分为基于值函数的方法（包括动态规划、时序差分学习等）、基于策略函数的方法（包括策略梯度等）以及融合两者的方法. 不同算法之间的关系如图14.4所示.

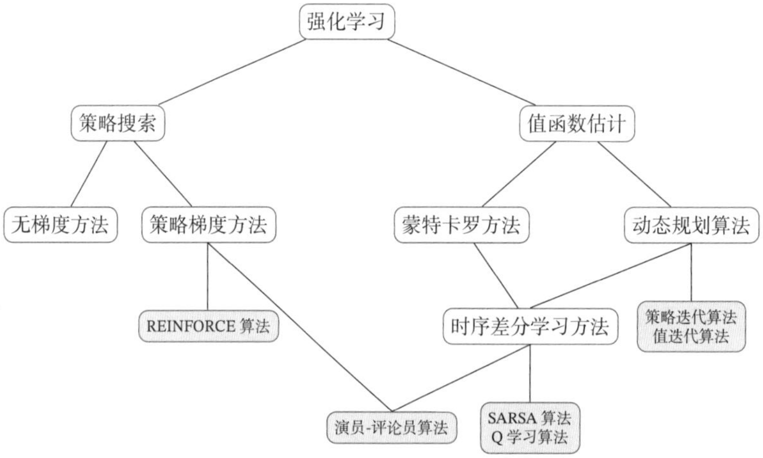

图 14.4 不同强化学习算法之间的关系

一般而言，基于值函数的方法在策略更新时可能会导致值函数的改变比较大，对收敛性有一定影响，而基于策略函数的方法在策略更新时更加更平稳些. 但后者因为策略函数的解空间比较大，难以进行充分的采样，导致方差较大，并容易收敛到局部最优解. 演员-评论员算法通过融合两种方法，取长补短，有着更好的收敛性.

这些不同的强化学习算法的优化步骤都可以分为3步:1)执行策略,生成样本;2)估计回报;3)更新策略.表14.1给出了4种典型的强化学习算法(SARSA、Q学习、REINFORCE、演员-评论员算法)优化步骤的比较.

表 14.1 4种强化学习算法优化步骤的比较

算法	步骤
SARSA	(1)执行策略,生成样本:s, a, r, s', a' (2)估计回报:$Q(s,a) \leftarrow Q(s,a) + \alpha\Big(r + \gamma Q(s',a') - Q(s,a)\Big)$ (3)更新策略:$\pi(s) = \arg\max_{a\in\lvert\mathcal{A}\rvert} Q(s,a)$
Q学习	(1)执行策略,生成样本:s, a, r, s' (2)估计回报:$Q(s,a) \leftarrow Q(s,a) + \alpha\Big(r + \gamma \max_{a'} Q(s',a') - Q(s,a)\Big)$ (3)更新策略:$\pi(s) = \arg\max_{a\in\lvert\mathcal{A}\rvert} Q(s,a)$
REINFORCE	(1)执行策略,生成样本:$\tau = s_0, a_0, s_1, a_1, \cdots$ (2)估计回报:$G(\tau) = \sum_{t=0}^{T-1} r_{t+1}$ (3)更新策略:$\theta \leftarrow \theta + \sum_{t=0}^{T-1}\Big(\frac{\partial}{\partial\theta}\log\pi_\theta(a_t\lvert s_t)\gamma^t G(\tau_{t:T})\Big)$
演员-评论员	(1)执行策略,生成样本:s, a, s', r (2)估计回报:$G(s) = r + \gamma V_\phi(s')$ $\phi \leftarrow \phi + \beta\Big(G(s) - V_\phi(s)\Big)\frac{\partial}{\partial\phi}V_\phi(s)$ (3)更新策略:$\lambda \leftarrow \gamma\lambda$ $\theta \leftarrow \theta + \alpha\lambda\Big(G(s) - V_\phi(s)\Big)\frac{\partial}{\partial\theta}\log\pi_\theta(a\lvert s)$

强化学习的主要参考文献为《Reinforcement Learning: An Introduction》[Sutton et al., 2018].

在深度强化学习方面, DeepMind的Mnih et al.在2013年提出了第一个强化学习和深度学习结合的模型:深度Q网络(DQN)[Mnih et al., 2015].虽然DQN模型相对比较简单,只是面向有限的动作空间,但依然在Atari游戏上取得了很大的成功,超越了人类水平.之后,深度强化学习开始快速发展.一些基于DQN的改进包括双Q网络[Van Hasselt et al., 2016]、优先级经验回放[Schaul et al., 2015]、决斗网络[Wang et al., 2015]等.

目前,深度强化学习更多是同时使用策略网络和值网络来近似策略函数和值函数.在演员-评论员算法的基础上,[Silver et al., 2014]将策略梯度的思想推广到确定性的策略上,提出了确定性策略梯度(Deterministic Policy Gradient,

DPG）算法. 策略函数为状态到动作的映射 $a = \pi_\theta(s)$. 采用确定性策略的一个好处是方差会变得很小，提高收敛性. 确定性策略的缺点是对环境的探索不足，这可以通过异策略的方法解决. [Lillicrap et al., 2015] 进一步在DPG算法的基础上，利用DQN来估计值函数，提出深度确定性策略梯度（Deep Deterministic Policy Gradient，DDPG）算法. DDPG算法可以适合连续的状态和动作空间. [Mnih et al., 2016] 利用分布式计算的思想提出了异步优势的演员-评论员（Asynchronous Advantage Actor-Critic, A3C）算法. 在A3C算法中，有多个并行的环境，每个环境中都有一个智能体执行各自的动作并计算累计的参数梯度. 在一定步数后进行累计，利用累计的参数梯度去更新所有智能体共享的全局参数. 因为不同环境中的智能体可以使用不同的探索策略，会导致经验样本之间的相关性较小，所以能够提高学习效率.

除了本章中介绍的标准强化学习问题之外，还存在一些更加泛化的强化学习问题.

部分可观测马尔可夫决策过程 部分可观测马尔可夫决策过程（Partially Observable Markov Decision Processes，POMDP）是一个马尔可夫决策过程的泛化. POMDP依然具有马尔可夫性质，但是假设智能体无法感知环境的状态 s，只能知道部分观测值 o. 比如在自动驾驶中，智能体只能感知传感器采集的有限的环境信息.

POMDP可以用一个7元组描述：$(\mathcal{S}, \mathcal{A}, T, R, \Omega, \mathcal{O}, \gamma)$，其中 $\mathcal{S}$ 表示状态空间，为隐变量，$\mathcal{A}$ 为动作空间，$T(s'|s,a)$ 为状态转移概率，R 为奖励函数，$\Omega(o|s,a)$ 为观测概率，$\mathcal{O}$ 为观测空间，γ 为折扣系数.

逆向强化学习 强化学习的基础是智能体可以和环境进行交互，得到奖励. 但在某些情况下，智能体无法从环境得到奖励，只有一组轨迹示例（Demonstration）. 比如在自动驾驶中，我们可以得到司机的一组轨迹数据，但并不知道司机在每个时刻得到的即时奖励. 虽然我们可以用监督学习来解决，称为行为克隆. 但行为克隆只是学习司机的行为，并没有深究司机行为的动机.

逆向强化学习（Inverse Reinforcement Learning, IRL）就是指一个不带奖励的马尔可夫决策过程，通过给定的一组专家（或教师）的行为轨迹示例来逆向估计出奖励函数 $r(s,a,s')$ 来解释专家的行为，然后再进行强化学习.

分层强化学习 分层强化学习（Hierarchical Reinforcement Learning，HRL）是指将一个复杂的强化学习问题分解成多个小的、简单的子问题 [Barto et al., 2003]，每个子问题都可以单独用马尔可夫决策过程来建模. 这样，我们可以将智能体的策略分为高层次策略和低层次策略，高层次策略根据当前状态决定如何执行低层次策略. 这样，智能体就可以解决一些非常复杂的任务.

习题

习题 14-1 让一个智能体通过强化学习来学习走迷宫，如果智能体走出迷宫，奖励为 +1，其他状态奖励为 0. 智能体的目标是最大化期望回报. 当折扣率 $\gamma = 1$ 时，智能体是否能学会走迷宫的技巧？如何改进？

参见公式(14.11).

习题 14-2 证明公式(14.25).

习题 14-3 证明公式(14.27)和公式(14.28)会收敛到最优解.

习题 14-4 比较证明公式(14.21)和公式(14.38)的不同之处.

习题 14-5 分析 SARSA 算法和 Q 学习算法的不同.

习题 14-6 证明公式(14.54).

习题 14-7 在演员-评论员算法和生成对抗网络中都有两个可学习的模型，其中一个模型用来评估另一个模型的质量. 请分析演员-评论员算法和生成对抗网络在学习方式上的异同点.

参考文献

Barto A G, Mahadevan S, 2003. Recent advances in hierarchical reinforcement learning[J]. Discrete Event Dynamic Systems, 13(4):341-379.

Brafman R I, Tennenholtz M, 2002. R-max – a general polynomial time algorithm for near-optimal reinforcement learning[J]. Journal of Machine Learning Research, 3(Oct):213-231.

Lillicrap T P, Hunt J J, Pritzel A, et al., 2015. Continuous control with deep reinforcement learning [J]. arXiv preprint arXiv:1509.02971.

Minsky M, 1961. Steps toward artificial intelligence[J]. Proceedings of the IRE, 49(1):8-30.

Mnih V, Kavukcuoglu K, Silver D, et al., 2015. Human-level control through deep reinforcement learning[J]. Nature, 518(7540):529-533.

Mnih V, Badia A P, Mirza M, et al., 2016. Asynchronous methods for deep reinforcement learning [C]//Proceedings of International Conference on Machine Learning. 1928-1937.

Rummery G A, Niranjan M, 1994. On-line q-learning using connectionist systems[R]. Department of Engineering, University of Cambridge.

Schaul T, Quan J, Antonoglou I, et al., 2015. Prioritized experience replay[J]. arXiv preprint arXiv:1511.05952.

Schultz W, 1998. Predictive reward signal of dopamine neurons[J]. Journal of neurophysiology, 80 (1):1-27.

Silver D, Lever G, Heess N, et al., 2014. Deterministic policy gradient algorithms[C]//Proceedings of International Conference on Machine Learning. 387-395.

Sutton R S, Barto A G, 2018. Reinforcement learning: An introduction[M]. MIT press.

Van Hasselt H, Guez A, Silver D, 2016. Deep reinforcement learning with double q-learning[C]// AAAI. 2094-2100.

Wang Z, Schaul T, Hessel M, et al., 2015. Dueling network architectures for deep reinforcement learning[J]. arXiv preprint arXiv:1511.06581.

Watkins C J, Dayan P, 1992. Q-learning[J]. Machine learning, 8(3):279-292.

Williams R J, 1992. Simple statistical gradient-following algorithms for connectionist reinforcement learning[J]. Machine learning, 8(3-4):229-256.

第15章　序列生成模型

人类语言似乎是一种独特的现象，在动物世界中没有显著类似的存在.

——诺姆·乔姆斯基（Noam Chomsky）
美国语言学家、哲学家

在深度学习的应用中，有很多数据是以序列的形式存在，比如声音、语言、视频、DNA序列或者其他的时序数据等. 以自然语言为例，一个句子可以看作符合一定自然语言规则的词（word）的序列. 在认知心理学上有一个经典的实验，让一个人看下面两个句子：

这里假定语言的最基本单位为词（word），当然也可以为字或字母（character）.

面包上涂黄油，
面包上涂袜子.

后一个句子在人脑进行语义整合时需要更多的处理时间，说明后一个句子更不符合自然语言规则. 这些语言规则包含非常复杂的语法和语义的组合关系，我们很难显式地建模这些规则. 为了有效地描述自然语言规则，我们可以从统计的角度来建模. 将一个长度为 T 的文本序列看作一个随机事件 $X_{1:T} = \langle X_1, \cdots, X_T \rangle$，其中每个位置上的变量 X_t 的样本空间为一个给定的词表（vocabulary）$\mathcal{V}$，整个序列 $\boldsymbol{x}_{1:T}$ 的样本空间为 $|\mathcal{V}|^T$. 在某种程度上，自然语言也确实有很多随机因素. 比如当我们称赞一个人漂亮时，可以说"美丽""帅"或者"好看"等. 当不指定使用场合时，这几个词可以交替使用，具体使用哪个词相当于一个随机事件. 一个文本序列的概率大小可以用来评估它符合自然语言规则的程度.

给定一个序列样本 $\boldsymbol{x}_{1:T} = x_1, x_2, \cdots, x_T$，其概率是 T 个词的联合概率：

在本章中，我们用 X_t 表示位置 t 上的随机变量，$\boldsymbol{x}_{1:T}$ 表示一个序列样本，x_t 表示一个序列样本在位置 t 上的值.

$$p(\boldsymbol{x}_{1:T}) \triangleq P(\boldsymbol{X}_{1:T} = \boldsymbol{x}_{1:T}) \tag{15.1}$$

$$= P(X_1 = x_1, X_2 = x_2, \cdots, X_T = x_T). \tag{15.2}$$

和一般的概率模型类似，序列概率模型有两个基本问题. 1）概率密度估计：给定一组序列数据，估计这些数据背后的概率分布；2）样本生成：从已知的序列分布中生成新的序列样本.

不失一般性，本章以自然语言为例来介绍序列概率模型.

序列数据一般可以通过概率图模型来建模序列中不同变量之间的依赖关系. 本章主要介绍在序列数据上经常使用的一种模型：自回归生成模型（AutoRegressive Generative Model）.

15.1 序列概率模型

序列数据有两个特点：1）样本是变长的；2）样本空间非常大. 对于一个长度为 T 的序列，其样本空间为 $|\mathcal{V}|^T$. 因此，我们很难用已知的概率模型来直接建模整个序列的概率.

根据概率的乘法公式，序列 $\boldsymbol{x}_{1:T}$ 的概率可以写为

$$p(\boldsymbol{x}_{1:T}) = p(x_1)p(x_2|x_1)p(x_3|\boldsymbol{x}_{1:2})\cdots p\big(x_t|\boldsymbol{x}_{1:(t-1)}\big) \tag{15.3}$$

$$= \prod_{t=1}^{T} p\big(x_t|\boldsymbol{x}_{1:(t-1)}\big), \tag{15.4}$$

其中 $x_t \in \mathcal{V}, t \in \{1, \cdots, T\}$ 为词表 $\mathcal{V}$ 中的一个词，$p(x_1|x_0) = p(x_1)$.

因此，序列数据的概率密度估计问题可以转换为单变量的条件概率估计问题，即给定 $\boldsymbol{x}_{1:(t-1)}$ 时 x_t 的条件概率 $p(x_t|\boldsymbol{x}_{1:(t-1)})$.

给定一个包含 N 个序列数据的数据集 $\mathcal{D} = \{\boldsymbol{x}^{(n)}_{1:T_n}\}_{n=1}^{N}$，序列概率模型需要学习一个模型 $p_\theta(x|\boldsymbol{x}_{1:(t-1)})$ 来最大化整个数据集的对数似然函数，即

$$\max_\theta \sum_{n=1}^{N} \log p_\theta\big(\boldsymbol{x}^{(n)}_{1:T_n}\big) = \max_\theta \sum_{n=1}^{N}\sum_{t=1}^{T_n} \log p_\theta\big(x_t^{(n)}|\boldsymbol{x}^{(n)}_{1:(t-1)}\big). \tag{15.5}$$

在这种序列模型方式中，每一步都需要将前面的输出作为当前步的输入，是一种自回归（AutoRegressive）的方式. 因此这一类模型也称为自回归生成模型（AutoRegressive Generative Model）.

自回归模型参见第6.1.2节.

由于 $X_t \in \mathcal{V}$ 为离散变量，我们可以假设条件概率 $p_\theta\big(x_t|\boldsymbol{x}_{1:(t-1)}\big)$ 服从多项分布，然后通过不同的模型来估计. 本章主要介绍两种比较主流的自回归生成模型：N 元统计模型和深度序列模型.

多项分布参见第D.2.2.1节.

15.1.1 序列生成

一旦通过最大似然估计训练了模型 $p_\theta(x|\boldsymbol{x}_{1:(t-1)})$，就可以通过时间顺序来生成一个完整的序列样本. 令 $\hat{x}_t$ 为在第 t 步根据分布 $p_\theta(x|\hat{\boldsymbol{x}}_{1:(t-1)})$ 生成的词，

$$\hat{x}_t \sim p_\theta(x|\hat{\boldsymbol{x}}_{1:(t-1)}), \tag{15.6}$$

其中 $\hat{\boldsymbol{x}}_{1:(t-1)} = \hat{x}_1, \cdots, \hat{x}_{t-1}$ 为前面 $t-1$ 步中生成的前缀序列.

自回归的方式可以生成一个无限长度的序列. 为了避免这种情况，通常会设置一个特殊的符号 $\langle EOS \rangle$ 来表示序列的结束. 在训练时，每个序列样本的结尾都加上符号 $\langle EOS \rangle$. 在测试时，一旦生成了符号 $\langle EOS \rangle$，就中止生成过程.

束搜索 当使用自回归模型生成一个最可能的序列时，生成过程是一种从左到右的贪婪式搜索过程. 在每一步都生成最可能的词，

$$\hat{x}_t = \arg\max_{x \in \mathcal{V}} p_\theta(x|\hat{\boldsymbol{x}}_{1:(t-1)}), \tag{15.7}$$

其中 $\hat{\boldsymbol{x}}_{1:(t-1)} = \hat{x}_1, \cdots, \hat{x}_{t-1}$ 为前面 $t-1$ 步中生成的前缀序列.

这种贪婪式的搜索方式是次优的，生成的序列 $\hat{\boldsymbol{x}}_{1:T}$ 并不保证是全局最优的.

$$\prod_{t=1}^{T} \max_{x_t \in \mathcal{V}} p_\theta(x_t|\hat{\boldsymbol{x}}_{1:(t-1)}) \le \max_{\boldsymbol{x}_{1:T} \in \mathcal{V}^T} \prod_{t=1}^{T} p_\theta(x|\boldsymbol{x}_{1:(t-1)}). \tag{15.8}$$

一种常用的减少搜索错误的启发式方法是束搜索（Beam Search）. 在每一步中，生成 K 个最可能的前缀序列，其中 K 为束的大小（Beam Size），是一个超参数. 图15.1给出了一个束搜索过程的示例，其中词表 $\mathcal{V} = \{A, B, C\}$，束大小为 2.

束搜索也经常称为集束搜索或柱搜索.

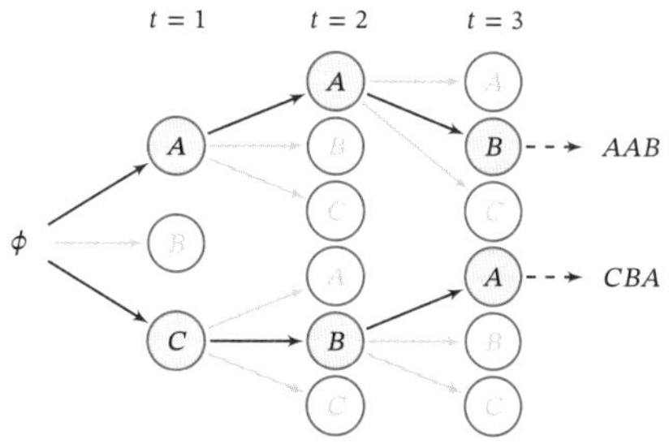

图 15.1 束搜索过程示例

束搜索的过程如下：在第 1 步时，生成 K 个最可能的词；在后面每一步中，从 $K|\mathcal{V}|$ 个候选输出中选择 K 个最可能的序列.

参见习题15-5.

束的大小 K 越大，束搜索的复杂度越高，但越有可能生成最优序列. 在实际应用中，束搜索可以通过调整束大小 K 来平衡计算复杂度和搜索质量之间的优先级.

15.2 N元统计模型

由于数据稀疏问题，当t比较大时，依然很难估计条件概率$p(x_t|\boldsymbol{x}_{1:(t-1)})$. 一个简化的方法是N元模型（N-Gram Model），假设每个词x_t只依赖于其前面的$N-1$个词（N阶马尔可夫性质），即

马尔可夫性质参见第D.3.1节.

$$p(x_t|\boldsymbol{x}_{1:(t-1)}) = p(x_t|\boldsymbol{x}_{(t-N+1):(t-1)}). \tag{15.9}$$

当$N=1$时，称为一元（Unigram）模型；当$N=2$时，称为二元（Bigram）模型，以此类推.

一元模型 当$N=1$时，序列$\boldsymbol{x}_{1:T}$中每个词都和其他词独立，和它的上下文无关. 每个位置上的词都是从多项分布独立生成的. 在多项分布中，$\theta=[\theta_1,\cdots,\theta_{|\mathcal{V}|}]$为词表中每个词被抽取的概率.

多项分布参见第D.2.2.1节.

在一元模型中，序列$\boldsymbol{x}_{1:T}$的概率可以写为

$$p(\boldsymbol{x}_{1:T};\theta) = \prod_{t=1}^{T} p(x_t) = \prod_{k=1}^{|\mathcal{V}|} \theta_k^{m_k}, \tag{15.10}$$

其中m_k为词表中第k个词v_k在序列中出现的次数. 公式(15.10)和标准多项分布的区别是没有多项式系数，因为这里词的顺序是给定的.

给定一组训练集$\{\boldsymbol{x}_{1:T_n}^{(n)}\}_{n=1}^{N'}$，其对数似然函数为：

$$\log \prod_{n=1}^{N'} p(\boldsymbol{x}_{1:T_n}^{(n)};\theta) = \log \prod_{k=1}^{|\mathcal{V}|} \theta_k^{m_k} \tag{15.11}$$

$$= \sum_{k=1}^{|\mathcal{V}|} m_k \log \theta_k, \tag{15.12}$$

其中m_k为第k个词在整个训练集中出现的次数.

这样，一元模型的最大似然估计可以转化为约束优化问题：

$$\max_{\theta} \quad \sum_{k=1}^{|\mathcal{V}|} m_k \log \theta_k \tag{15.13}$$

$$\text{s.t.} \quad \sum_{k=1}^{|\mathcal{V}|} \theta_k = 1. \tag{15.14}$$

拉格朗日乘子参见第C.3节.

引入拉格朗日乘子λ，定义拉格朗日函数$\Lambda(\theta,\lambda)$为

$$\Lambda(\theta,\lambda) = \sum_{k=1}^{|\mathcal{V}|} m_k \log \theta_k + \lambda\left(\sum_{k=1}^{|\mathcal{V}|} \theta_k - 1\right). \tag{15.15}$$

令

$$\frac{\partial \Lambda(\theta,\lambda)}{\partial \theta_k} = \frac{m_k}{\theta_k} + \lambda = 0, \qquad k = 1, 2, \cdots, |\mathcal{V}| \tag{15.16}$$

$$\frac{\partial \Lambda(\theta,\lambda)}{\partial \lambda} = \sum_{k=1}^{|\mathcal{V}|} \theta_k - 1 = 0. \tag{15.17}$$

求解上述方程得到$\lambda = -\sum_{k=1}^{|V|} m_k$，进一步得到

$$\theta_k = \frac{m_k}{\sum_{k'=1}^{|\mathcal{V}|} m_{k'}} = \frac{m_k}{\bar{m}}, \tag{15.18}$$

其中$\bar{m} = \sum_{k'=1}^{|\mathcal{V}|} m_{k'}$为文档集合的长度. 因此，最大似然估计等价于频率估计.

N元模型 同理，N元模型中的条件概率$p(x_t|\boldsymbol{x}_{(t-N+1):(t-1)})$也可以通过最大似然函数得到

$$p(x_t|\boldsymbol{x}_{(t-N+1):(t-1)}) = \frac{\mathrm{m}(\boldsymbol{x}_{(t-N+1):t})}{\mathrm{m}(\boldsymbol{x}_{(t-N+1):(t-1)})}, \tag{15.19}$$

参见习题15-1.

其中$\mathrm{m}(\boldsymbol{x}_{(t-N+1):t})$为$\boldsymbol{x}_{(t-N+1):t}$在数据集中出现的次数.

N元模型广泛应用于各种自然语言处理问题，如语音识别、机器翻译、拼音输入法、字符识别等. 通过N元模型，我们可以计算一个序列的概率，从而判断该序列是否符合自然语言的语法和语义规则.

平滑技术 N元模型的一个主要问题是数据稀疏问题. 数据稀疏问题在基于统计的机器学习中是一个常见的问题，主要是由于训练样本不足而导致密度估计不准确. 在一元模型中，如果一个词v在训练数据集中不存在，就会导致任何包含v的句子的概率都为0. 同样在N元模型中，当一个N元组合在训练数据集中不存在时，包含这个组合的句子的概率为0.

数据稀疏问题最直接的解决方法就是增加训练数据集的规模，但其边际效益会随着数据集规模的增加而递减. 以自然语言为例，大多数自然语言都服从Zipf定律（Zipf's Law）："在一个给定自然语言数据集中，一个单词出现的频率与它在频率表里的排名成反比. 出现频率最高的单词的出现频率大约是出现频率第二位的单词的2倍，大约是出现频率第三位的单词的3倍."因此，在自然语言中大部分的词都是低频词，很难通过增加数据集来避免数据稀疏问题.

Zipf定律是美国语言学家George K. Zipf提出的实验定律.

数据稀疏问题的一种解决方法是平滑技术（Smoothing），即给一些没有出现的词组合赋予一定先验概率. 平滑技术是N元模型中一项必不可少的技术，比如加法平滑的计算公式为

$$p(x_t|\boldsymbol{x}_{(t-N+1):(t-1)}) = \frac{\mathrm{m}(\boldsymbol{x}_{(t-N+1):t}) + \delta}{\mathrm{m}(\boldsymbol{x}_{(t-N+1):(t-1)}) + \delta|\mathcal{V}|}, \tag{15.20}$$

其中 $\delta \in (0,1]$ 为常数. $\delta = 1$ 时，称为加1平滑.

除了加法平滑，还有很多平滑技术，比如Good-Turing平滑、Kneser-Ney平滑等，其基本思想都是增加低频词的频率，而降低高频词的频率.

参见习题15-2.

15.3 深度序列模型

深度序列模型（Deep Sequence Model）是指利用神经网络模型来估计条件概率 $p_\theta(x_t|\boldsymbol{x}_{1:(t-1)})$. 假设一个神经网络 $f(\cdot;\theta)$，其输入为历史信息 $\tilde{h}_t = \boldsymbol{x}_{1:(t-1)}$，输出为词表 $\mathcal{V}$ 中的每个词 $v_k(1 \le k \le |\mathcal{V}|)$ 出现的概率，并满足

$$\sum_{k=1}^{|\mathcal{V}|} f_k(\boldsymbol{x}_{1:(t-1)};\theta) = 1, \tag{15.21}$$

其中 θ 表示网络参数. 条件概率 $p_\theta(x_t|\boldsymbol{x}_{1:(t-1)})$ 可以从神经网络的输出中得到：

$$p_\theta(x_t|\boldsymbol{x}_{1:(t-1)}) = f_{k_{x_t}}(\boldsymbol{x}_{1:(t-1)};\theta), \tag{15.22}$$

其中 k_{x_t} 为 x_t 在词表 $\mathcal{V}$ 中的索引.

15.3.1 模型结构

深度序列模型一般可以分为三个模块：嵌入层、特征层、输出层.

这里的层泛指神经网络模块（Module），可以由一个或多个神经层组成.

15.3.1.1 嵌入层

令 $\tilde{h}_t = \boldsymbol{x}_{1:(t-1)}$ 表示输入的历史信息，一般为符号序列. 由于神经网络模型一般要求输入形式为实数向量，因此为了使得神经网络模型能处理符号数据，需要将这些符号转换为向量形式. 一种简单的转换方法是通过一个嵌入表（Embedding Lookup Table）来将每个符号直接映射成向量表示. 嵌入表也称为嵌入矩阵或查询表. 图15.2是嵌入矩阵的示例.

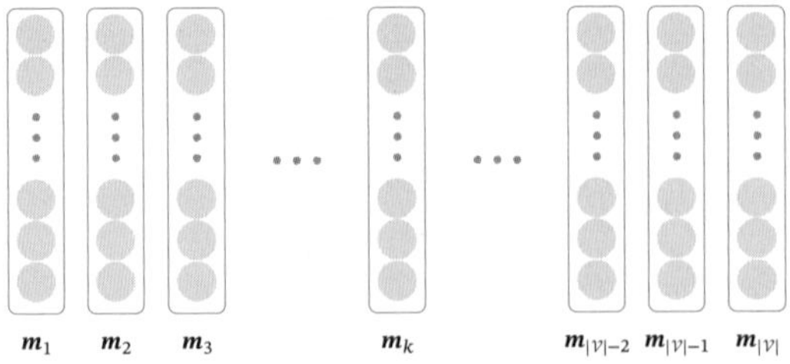

图 15.2 嵌入矩阵

令 $M \in \mathbb{R}^{D_x \times |\mathcal{V}|}$ 为嵌入矩阵，其中第 k 列向量 $\boldsymbol{m}_k \in \mathbb{R}^{D_x}$ 表示词表中第 k 个词对应的向量表示. 假设词 x_t 对应词表中的索引为 k，则其 one-hot 向量表示为 $\delta_t \in \{0,1\}^{|\mathcal{V}|}$，即第 k 维为 1，其余为 0 的 $|\mathcal{V}|$ 维向量. 词 x_t 对应的向量表示为

$$\boldsymbol{e}_t = M\delta_t = \boldsymbol{m}_k. \tag{15.23}$$

通过上面的映射可以得到序列 $x_{1:(t-1)}$ 对应的向量序列 $\boldsymbol{e}_1, \cdots, \boldsymbol{e}_{t-1}$.

15.3.1.2 特征层

特征层用于从输入向量序列 $\boldsymbol{e}_1, \cdots, \boldsymbol{e}_{t-1}$ 中提取特征，输出为一个可以表示历史信息的向量 $\boldsymbol{h}_t$.

特征层可以通过不同类型的神经网络（比如前馈神经网络和循环神经网络等）来实现. 常见的网络类型有以下三种：

（1）简单平均

历史信息的向量 $\boldsymbol{h}_t$ 为前面 $t-1$ 个词向量的平均，即

$$\boldsymbol{h}_t = \sum_{i=1}^{t-1} \alpha_i \boldsymbol{e}_i, \tag{15.24}$$

其中 α_i 为每个词的权重.

权重 α_i 可以和位置 i 及其表示 $\boldsymbol{e}_i$ 相关，也可以无关. 为简单起见，可以设置 $\alpha_i = \frac{1}{t-1}$. 权重 α_i 也可以通过注意力机制来动态计算.

注意力机制参见第8.2节.

参见习题15-3.

（2）前馈神经网络

前馈神经网络要求输入的大小是固定的. 因此，和 N 元模型类似，假设历史信息只包含前面 $N-1$ 个词. 首先将这 $N-1$ 个词向量 $\boldsymbol{e}_{t-N+1}, \cdots, \boldsymbol{e}_{t-1}$ 拼接成一个 $D_x \times (N-1)$ 维的向量 $\boldsymbol{h}'$，即

N 为超参数.

$$\boldsymbol{h}' = \boldsymbol{e}_{t-N+1} \oplus \cdots \oplus \boldsymbol{e}_{t-1}, \tag{15.25}$$

其中 $\oplus$ 表示向量拼接操作.

然后将 $\boldsymbol{h}'$ 输入到由前馈神经网络构成的隐藏层，最后一层隐藏层的输出 $\boldsymbol{h}_t$，即

$$\boldsymbol{h}_t = \mathrm{g}(\boldsymbol{h}'; \theta_g), \tag{15.26}$$

其中 $\mathrm{g}(\cdot; \theta_g)$ 可以为全连接的前馈神经网络或卷积神经网络，θ_g 为网络参数.

为了增加特征的多样性和提高模型训练效率，前馈神经网络中也可以包含跳层连接（Skip-Layer Connection）[Bengio et al., 2003]，比如

$$\boldsymbol{h}_t = \boldsymbol{h}' \oplus \mathrm{g}(\boldsymbol{h}'; \theta_g). \tag{15.27}$$

跳层连接是指前馈神经网络中的某一神经层可以接受来自非相邻的低层信息，其思想和残差网络中的直连边并不完全一样. 残差网络参见第5.4.4节.

（3）循环神经网络

和前馈神经网络不同，循环神经网络可以接受变长的输入序列，依次接受输入 $\boldsymbol{e}_1, \cdots, \boldsymbol{e}_{t-1}$，得到时刻 t 的隐藏状态

$$\boldsymbol{h}_t = \mathrm{g}(\boldsymbol{h}_{t-1}, \boldsymbol{e}_t; \theta_g), \tag{15.28}$$

其中 $\mathrm{g}(\cdot)$ 为一个非线性函数，θ_g 为循环神经网络的参数，$\boldsymbol{h}_0 = 0$.

前馈神经网络模型和循环神经网络模型的不同之处在于循环神经网络利用隐藏状态来记录以前所有时刻的信息，而前馈神经网络只能接受前 $N-1$ 个时刻的信息.

15.3.1.3 输出层

输出层一般使用Softmax分类器，接受历史信息的向量表示 $\boldsymbol{h}_t \in \mathbb{R}^{D_h}$，输出为词表中每个词的后验概率，输出大小为 $|\mathcal{V}|$.

$$\boldsymbol{o}_t = \mathrm{softmax}(\hat{\boldsymbol{o}}_t) \tag{15.29}$$

$$= \mathrm{softmax}(\boldsymbol{W}\boldsymbol{h}_t + \boldsymbol{b}), \tag{15.30}$$

其中输出向量 $\boldsymbol{o}_t \in (0,1)^{|\mathcal{V}|}$ 为预测的概率分布，第 k 维是词表中第 k 个词出现的条件概率；$\hat{\boldsymbol{o}}_t$ 是未归一化的得分向量；$\boldsymbol{W} \in \mathbb{R}^{|\mathcal{V}| \times D_h}$ 是最后一层隐藏层到输出层直接的权重矩阵，$\boldsymbol{b} \in \mathbb{R}^{|\mathcal{V}|}$ 为偏置.

图15.3给出了两种不同的深度序列模型，图15.3a为前馈神经网络模型（虚线边为可选的跳层连接），图15.3b为循环神经网络模型.

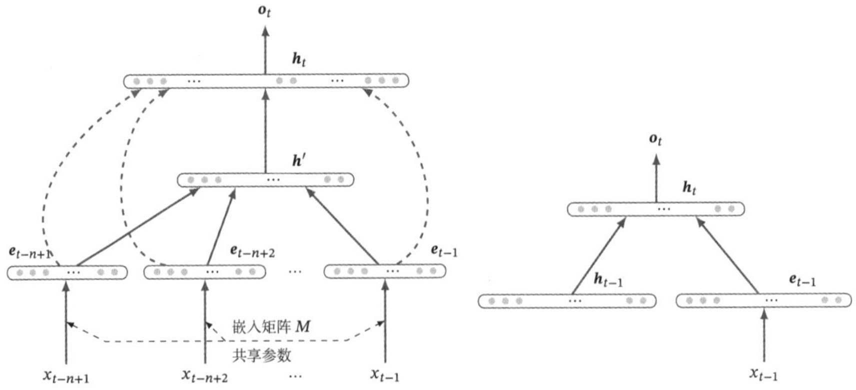

(a) 前馈神经网络模型 (b) 循环神经网络模型

图 15.3 深度序列模型

15.3.2 参数学习

给定一个训练序列 $\boldsymbol{x}_{1:T}$，深度序列模型的训练目标是找到一组参数 θ 使得对数似然函数最大.

简要起见，这里忽略了正则化项.

$$\log p_\theta(\boldsymbol{x}_{1:T}) = \sum_{t=1}^{T} \log p_\theta\big(x_t | \boldsymbol{x}_{1:(t-1)}\big), \tag{15.31}$$

其中 θ 表示网络中的所有参数，包括嵌入矩阵 M 以及神经网络的权重和偏置.

网络参数一般通过梯度上升法来学习，

$$\theta \leftarrow \theta + \alpha \frac{\partial \log p_\theta(\boldsymbol{x}_{1:T})}{\partial \theta}, \tag{15.32}$$

其中 α 为学习率.

15.4 评价方法

构造一个序列生成模型后，需要有一个度量来评价其好坏.

15.4.1 困惑度

给定一个测试文本集合，一个好的序列生成模型应该使得测试集合中句子的联合概率尽可能高.

困惑度（Perplexity）是信息论中的一个概念，可以用来衡量一个分布的不确定性. 对于离散随机变量 $X \in \mathcal{X}$，其概率分布为 $p(x)$，困惑度为

$$2^{\boldsymbol{H}(p)} = 2^{-\sum_{x\in\mathcal{X}} p(x) \log_2 p(x)}, \tag{15.33}$$

其中 $\boldsymbol{H}(p)$ 为分布 p 的熵.

困惑度也可以用来衡量两个分布之间差异. 对于一个未知的数据分布 $p_r(x)$ 和一个模型分布 $p_\theta(x)$，我们从 $p_r(x)$ 中采样出一组测试样本 $x^{(1)}, \cdots, x^{(N)}$，模型分布 $p_\theta(x)$ 的困惑度为

$$2^{\boldsymbol{H}(\tilde{p}_r, p_\theta)} = 2^{-\frac{1}{N}\sum_{n=1}^{N} \log_2 p_\theta(x^{(n)})}, \tag{15.34}$$

其中 $\boldsymbol{H}(\tilde{p}_r, p_\theta)$ 为样本的经验分布 $\tilde{p}_r$ 与模型分布 p_θ 之间的交叉熵，也是所有样本上的负对数似然函数.

困惑度可以衡量模型分布与样本经验分布之间的契合程度. 困惑度越低则两个分布越接近. 因此，模型分布 $p_\theta(x)$ 的好坏可以用困惑度来评价.

假设测试集合有 N 个独立同分布的序列 $\{\boldsymbol{x}_{1:T_n}^{(n)}\}_{n=1}^{N}$. 我们可以用模型 $p_\theta(\boldsymbol{x})$ 对每个序列计算其概率 $p_\theta(\boldsymbol{x}_{1:T_n}^{(n)})$，整个测试集的联合概率为

$$\prod_{n=1}^{N} p_\theta(\boldsymbol{x}_{1:T_n}^{(n)}) = \prod_{n=1}^{N}\prod_{t=1}^{T_n} p_\theta(x_t^{(n)}|\boldsymbol{x}_{1:(t-1)}^{(n)}). \tag{15.35}$$

模型 $p_\theta(\boldsymbol{x})$ 的困惑度定义为

$$\mathrm{PPL}(\theta) = 2^{-\frac{1}{T}\sum_{n=1}^{N}\log_2 p_\theta\left(\boldsymbol{x}_{1:T_n}^{(n)}\right)} \tag{15.36}$$

$$= 2^{-\frac{1}{T}\sum_{n=1}^{N}\sum_{t=1}^{T_n}\log_2 p_\theta\left(x_t^{(n)}|\boldsymbol{x}_{1:(t-1)}^{(n)}\right)} \tag{15.37}$$

$$= \left(\prod_{n=1}^{N}\prod_{t=1}^{T_n} p_\theta\left(x_t^{(n)}|\boldsymbol{x}_{1:(t-1)}^{(n)}\right)\right)^{-1/T}, \tag{15.38}$$

其中 $T = \sum_{n=1}^{N} T_n$ 为测试数据集中序列的总长度. 可以看出，困惑度为每个词条件概率 $p_\theta\left(x_t^{(n)}|\boldsymbol{x}_{1:(t-1)}^{(n)}\right)$ 的几何平均数的倒数. 测试集中所有序列的概率越大，困惑度越小，模型越好.

几何平均数是一种求数值平均数的方法，计算公式为：$\bar{x} = \sqrt[n]{\prod_{t=1}^{n} x_t}$.

假设一个序列模型赋予每个词出现的概率均等，即 $p_\theta\left(x_t^{(n)}|\boldsymbol{x}_{1:(t-1)}^{(n)}\right) = \frac{1}{|\mathcal{V}|}$，则该模型的困惑度为 $|\mathcal{V}|$. 以英语为例，N元模型的困惑度范围一般为 $50 \sim 1000$.

15.4.2 BLEU算法

BLEU（BiLingual Evaluation Understudy）算法是一种衡量模型生成序列和参考序列之间的N元词组（N-Gram）重合度的算法，最早用来评价机器翻译模型的质量，目前也广泛应用在各种序列生成任务中.

令 $\boldsymbol{x}$ 为从模型分布 p_θ 中生成的一个候选（Candidate）序列，$\boldsymbol{s}^{(1)}, \cdots, \boldsymbol{s}^{(K)}$ 为从真实数据分布中采集的一组参考（Reference）序列，$\mathcal{W}$ 为从生成的候选序列中提取所有N元组合的集合，这些N元组合的精度（Precision）

$$P_N(\boldsymbol{x}) = \frac{\sum\limits_{w\in\mathcal{W}} \min\left(c_w(\boldsymbol{x}), \max\limits_{k=1}^{K} c_w(\boldsymbol{s}^{(k)})\right)}{\sum\limits_{w\in\mathcal{W}} c_w(\boldsymbol{x})}, \tag{15.39}$$

其中 $c_w(\boldsymbol{x})$ 是N元组合 w 在生成序列 $\boldsymbol{x}$ 中出现的次数，$c_w(\boldsymbol{s}^{(k)})$ 是N元组合 w 在参考序列 $\boldsymbol{s}^{(k)}$ 中出现的次数. N元组合的精度 $P_N(\boldsymbol{x})$ 是计算生成序列中的N元组合有多少比例在参考序列中出现.

由于精度只衡量生成序列中的N元组合是否在参考序列中出现，生成序列越短，其精度会越高，因此可以引入长度惩罚因子(Brevity Penalty). 如果生成序

列的长度短于参考序列，就对其进行惩罚.

$$b(\boldsymbol{x}) = \begin{cases} 1 & \text{if} \quad l_x > l_s \\ \exp\left(1 - l_s/l_x\right) & \text{if} \quad l_x \le l_s \end{cases} \tag{15.40}$$

其中 l_x 为生成序列 $\boldsymbol{x}$ 的长度，l_s 为参考序列的最短长度.

BLEU 算法是通过计算不同长度的 N 元组合（$N = 1, 2, \cdots$）的精度，并进行几何加权平均而得到.

$$\text{BLEU-N}(\boldsymbol{x}) = b(\boldsymbol{x}) \times \exp\Big(\sum_{N=1}^{N'} \alpha_N \log P_N\Big), \tag{15.41}$$

其中 N' 为最长 N 元组合的长度，α_N 为不同 N 元组合的权重，一般设为 $\frac{1}{N'}$. BLEU 算法的值域范围是 $[0, 1]$，越大表明生成的质量越好. 但是 BLEU 算法只计算精度，而不关心召回率（即参考序列里的 N 元组合是否在生成序列中出现）.

参见习题15-4.

15.4.3 ROUGE 算法

ROUGE（Recall-Oriented Understudy for Gisting Evaluation）算法最早应用于文本摘要领域. 和 BLEU 算法类似，但 ROUGE 算法计算的是召回率（Recall）.

令 $\boldsymbol{x}$ 为从模型分布 p_θ 中生成的一个候选序列，$\boldsymbol{s}^{(1)}, \cdots, \boldsymbol{s}^{(K)}$ 为从真实数据分布中采样出的一组参考序列，$\mathcal{W}$ 为从参考序列中提取 N 元组合的集合，ROUGE-N 算法的定义为

$$\text{ROUGE-N}(\boldsymbol{x}) = \frac{\sum_{k=1}^{K} \sum_{w \in \mathcal{W}} \min\Big(c_w(\boldsymbol{x}), c_w\big(\boldsymbol{s}^{(k)}\big)\Big)}{\sum_{k=1}^{K} \sum_{w \in \mathcal{W}} c_w\big(\boldsymbol{s}^{(k)}\big)}, \tag{15.42}$$

其中 $c_w(\boldsymbol{x})$ 是 N 元组合 w 在生成序列 $\boldsymbol{x}$ 中出现的次数，$c_w(\boldsymbol{s}^{(k)})$ 是 N 元组合 w 在参考序列 $\boldsymbol{s}^{(k)}$ 中出现的次数.

15.5 序列生成模型中的学习问题

使用最大似然估计来学习自回归序列生成模型时，会存在以下三个主要问题：曝光偏差问题、训练目标不一致问题和计算效率问题. 下面我们分别介绍这三个问题以及解决方法.

15.5.1 曝光偏差问题

在自回归生成模型中，第 t 步的输入为模型生成的前缀序列 $\hat{\boldsymbol{x}}_{1:(t-1)}$. 而在训练时，我们使用的前缀序列是训练集中的真实数据 $\boldsymbol{x}_{1:(t-1)}$，而不是模型预测的 $\hat{\boldsymbol{x}}_{1:(t-1)}$. 这种学习方式也称为教师强制（Teacher Forcing）[Williams et al., 1989].

协变量偏移问题参见第10.4.2节.

这种教师强制的学习方式存在协变量偏移问题. 在训练时，每步的输入 $\boldsymbol{x}_{1:(t-1)}$ 来自于真实数据分布 $p_r(\boldsymbol{x}_{1:(t-1)})$；而在测试时，每步的输入 $\hat{\boldsymbol{x}}_{1:(t-1)}$ 来自于模型分布 $p_\theta(\boldsymbol{x}_{1:(t-1)})$. 由于模型分布 $p_\theta(\boldsymbol{x}_{1:(t-1)})$ 和真实数据分布 $p_r(\boldsymbol{x}_{1:(t-1)})$ 并不严格一致，因此存在协变量偏移问题. 一旦在预测前缀 $\hat{\boldsymbol{x}}_{1:(t-1)}$ 的过程中存在错误，会导致错误传播，使得后续生成的序列也会偏离真实分布. 这个问题称为曝光偏差（Exposure Bias）问题.

计划采样 为了缓解曝光偏差问题，我们可以在训练时混合使用真实数据和模型生成数据. 在第 t 步时，模型随机使用真实数据 x_{t-1} 或前一步生成的词 $\hat{x}_{t-1}$ 作为输入.

令 $\epsilon \in [0,1]$ 为一个控制替换率的超参数，在每一步时，以 ϵ 的概率使用真实数据 x_{t-1}，以 $1-\epsilon$ 的概率使用生成数据 $\hat{x}_{t-1}$. 当令 $\epsilon = 1$ 时，训练和最大似然估计一样，使用真实数据；当令 $\epsilon = 0$ 时，训练时全部使用模型生成数据.

直觉上，如果一开始训练时的 ϵ 过小，模型相当于在噪声很大的数据上训练，会导致模型性能变差，并且难以收敛. 因此，一个较好的策略是在训练初期赋予 ϵ 较大的值，随着训练次数的增加逐步减小 ϵ 的取值. 这种策略称为计划采样（Scheduled Sampling）[Bengio et al., 2015].

令 ϵ_i 为在第 i 次迭代时的替换率，在计划采样中可以通过下面几种方法来逐步减小 ϵ 的取值.

（1） 线性衰减：$\epsilon_i = \max(\epsilon, k - ci)$，其中 ϵ 为最小的替换率，k 和 c 分别为初始值和衰减率.

（2） 指数衰减：$\epsilon_i = k^i$，其中 $k < 1$ 为初始替换率.

（3） 逆 Sigmoid 衰减：$\epsilon_i = k/(k + \exp(i/k))$，其中 $k \geq 1$ 来控制衰减速度.

计划采样的一个缺点是过度纠正，即在每一步中不管输入如何选择，目标输出依然是来自于真实数据. 这可能使得模型预测一些不正确的序列. 比如一个真实的序列是"吃饭"，如果在第一步生成时使用模型预测的词是"喝"，模型就会强制记住"喝饭"这个不正确的序列.

15.5.2 训练目标不一致问题

序列生成模型的好坏通常采用和任务相关的指标来进行评价，比如BLEU、ROUGE等. 然而，在训练时通常是使用最大似然估计来优化模型，这导致训练目标和评价方法不一致. 并且这些评价指标一般都是不可微的，无法直接使用基于梯度的方法来进行优化.

基于强化学习的序列生成 为了可以直接优化评价目标，我们可以将自回归序列生成看作一种马尔可夫决策过程，并使用强化学习的方法来进行训练.

参见第14.1.3节.

在第t步，动作a_t可以看作从词表中选择一个词，策略为$\pi_\theta(a|s_t)$，其中状态s_t为之前步骤中生成的前缀序列$\boldsymbol{x}_{1:(t-1)}$. 我们可以把一个序列$\boldsymbol{x}_{1:T}$看作马尔可夫决策过程的一个轨迹（trajectory）：

$$\tau = \{s_1, a_1, s_2, a_2, ..., s_T, a_T\}. \tag{15.43}$$

轨迹τ的概率为

$$p_\theta(\tau) = \prod_{t=1}^{T} \pi_\theta\big(a_t = x_t | s_t = \boldsymbol{x}_{1:(t-1)}\big), \tag{15.44}$$

其中状态转移概率$p\big(s_t = \boldsymbol{x}_{1:t-1} | s_{t-1} = \boldsymbol{x}_{1:(t-2)}, a_{t-1} = x_{t-1}\big) = 1$是确定性的，可以被忽略.

强化学习的目标是学习一个策略$\pi_\theta(a|s_t)$使得期望回报最大，

$$\mathcal{J}(\theta) = \mathbb{E}_{\tau \sim p_\theta(\tau)}[G(\tau)] \tag{15.45}$$

$$= \mathbb{E}_{\boldsymbol{x}_{1:T} \sim p_\theta(\boldsymbol{x}_{1:T})}[G(\boldsymbol{x}_{1:T})], \tag{15.46}$$

其中$G(\boldsymbol{x}_{1:T})$为序列$\boldsymbol{x}_{1:T}$的总回报，可以为BLEU、ROUGE或其他评价指标.

这样，序列生成问题就转换为强化学习问题，其策略函数$\pi_\theta(a|s_t)$可以通过REINFORCE算法或演员-评论员算法来进行学习. 为了改进强化学习的效率，策略函数$\pi_\theta(a|s_t)$一般会通过最大似然估计来进行预训练.

基于强化学习的序列生成模型不但可以解决训练和评价目标不一致问题，也可以有效地解决曝光偏差问题.

15.5.3 计算效率问题

序列生成模型的输出层为词表中所有词的条件概率，需要Softmax归一化. 当词表比较大时，计算效率比较低.

在第t步时，前缀序列为$\tilde{h}_t = \boldsymbol{x}_{1:(t-1)}$，词$x_t$的条件概率为

$$p_\theta(x_t|\tilde{h}_t) = \text{softmax}\Big(s(x_t, \tilde{h}_t; \theta)\Big) \tag{15.47}$$

$s(x_t, \tilde{h}_t; \theta) = [\hat{\boldsymbol{o}}_t]_{k_{x_t}}$，$\hat{\boldsymbol{o}}_t$为未归一化的网络输出，$k_{x_t}$为$x_t$在词表$\mathcal{V}$中的索引，参见公式(15.29).

$$= \frac{\exp\left(s(x_t, \tilde{h}_t; \theta)\right)}{\sum_{v\in\mathcal{V}} \exp\left(s(v, \tilde{h}_t; \theta)\right)}, \tag{15.48}$$

$$= \frac{\exp\left(s(x_t, \tilde{h}_t; \theta)\right)}{Z(\tilde{h}_t; \theta)}, \tag{15.49}$$

配分函数参见第11.1.4节.

其中$s(x_t, \tilde{h}_t; \theta)$为未经过Softmax归一化的得分函数，$Z(\tilde{h}_t; \theta)$为配分函数（Partition Function）：

$$Z(\tilde{h}_t; \theta) = \sum_{v\in\mathcal{V}} \exp\left(s(v, \tilde{h}_t; \theta)\right). \tag{15.50}$$

配分函数的计算需要对词表中所有的词v计算$s(v, \tilde{h}_t; \theta)$并求和. 当词表比较大时，计算开销非常大. 比如在自然语言中，词表$\mathcal{V}$的规模一般在1万到10万之间. 在训练时，每个样本都要计算一次配分函数，这样每一轮迭代需要计算T次配分函数（T为训练文本长度），导致整个训练过程变得十分耗时. 因此在实践中，我们通常采用一些近似估计的方法来加快训练速度. 常用的方法可以分为两类：1）层次化的Softmax方法，将标准Softmax函数的扁平结构转换为层次化结构；2）基于采样的方法，通过采样来近似计算更新梯度.

本节介绍三种加速训练速度的方法：层次化Softmax、重要性采样和噪声对比估计.

15.5.3.1　层次化 Softmax

我们先来考虑使用两层的树结构来组织词表，即将词表中的词分成K组，并且每一个词只能属于一个分组，每组大小为$\frac{|\mathcal{V}|}{K}$. 假设词w所属的组为$c(w)$，则

$$p(w|\tilde{h}) = p(w, c(w)|\tilde{h}) \tag{15.51}$$

$$= p(w|c(w), \tilde{h})p(c(w)|\tilde{h}), \tag{15.52}$$

其中$p(c(w)|\tilde{h})$是给定历史信息$\tilde{h}$条件下，类$c(w)$的后验概率，$p(w|c(w), \tilde{h})$是给定历史信息$\tilde{h}$和类$c(w)$条件下，词w的后验概率. 因此，一个词的概率可以分解为两个概率$p(w|c(w), \tilde{h})$和$p(c(w)|\tilde{h})$的乘积，它们可以分别利用神经网络来估计，这样计算Softmax函数时分别只需要做$\frac{|\mathcal{V}|}{K}$和K次求和，从而大大提高了Softmax函数的计算速度.

一般对于词表大小$|\mathcal{V}|$，我们将词平均分到$\sqrt{|\mathcal{V}|}$个分组中，每组$\sqrt{|\mathcal{V}|}$个词. 这样通过一层的分组，我们可以将Softmax计算加速$\frac{1}{2}\sqrt{|\mathcal{V}|}$倍. 比如当词表大小为$40,000$时，将词表中所有词分到200组，每组200个词. 这样只需要计算两次200类的Softmax，比直接计算$40,000$类的Softmax加快100倍.

为了进一步降低Softmax函数的计算复杂度，我们可以使用更深层的树结构来组织词汇表. 假设用二叉树来组织词表中的所有词，二叉树的叶子节点代表

词表中的词,非叶子节点表示不同层次上的类别. 图15.4给出了平衡二叉树和霍夫曼编码二叉树的示例.

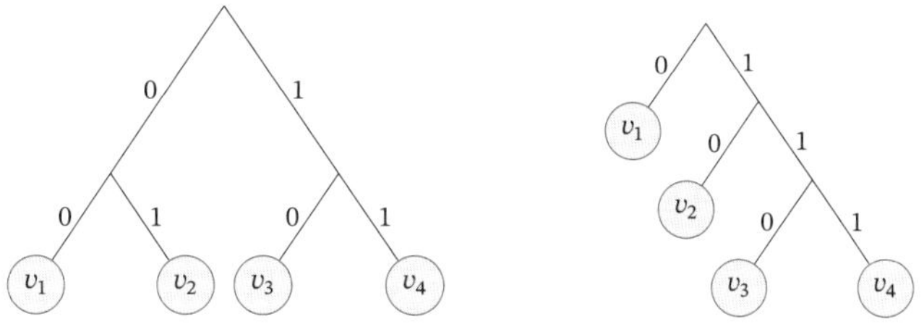

(a) 平衡树 (b) 霍夫曼编码树

图 15.4 层次化树结构

如果我们将二叉树上所有左连边标记为0,右连边标记为1. 每一个词可以用根节点到它所在的叶子之间路径上的标记来进行编码. 图15.4a中所示的四个词的编码分别为:

$$v_1 = 00, \qquad v_2 = 01, \qquad v_3 = 10, \qquad v_4 = 11. \tag{15.53}$$

假设词 v 在二叉树上从根节点到其所在叶子节点的路径长度为 M,其编码可以表示一个位向量(bit vector):$[b_1, \cdots, b_M]^\top$. 词 v 的条件概率为

$$P(v|\tilde{h}) = p\big(b_1, \cdots, b_M|\tilde{h}\big) \tag{15.54}$$

$$= \prod_{m=1}^{M} p\big(b_m|b_1, \cdots, b_{m-1}, \tilde{h}\big), \tag{15.55}$$

$$= \prod_{m=1}^{M} p\big(b_m|b_{m-1}, \tilde{h}\big). \tag{15.56}$$

由于 $b_m \in \{0, 1\}$ 为二值变量,可以将 $p(b_m|b_{m-1}, \tilde{h})$ 看作二分类问题,使用 Logistic 回归来进行预测:

$$p(b_m = 1|b_{m-1}, \tilde{h}) = \sigma\big(\boldsymbol{w}_{n(b_{m-1})}^\top \boldsymbol{h} + \boldsymbol{b}_{n(b_{m-1})}\big), \tag{15.57}$$

其中 $n(b_{m-1})$ 为词 v 在树 T 上的路径上的第 $m-1$ 个节点.

若使用平衡二叉树来进行分组,则条件概率估计可以转换为 $\log_2|\mathcal{V}|$ 个二分类问题. 这时原始预测模型中的 Softmax 函数可以用 Logistic 函数代替,计算效率可以加速 $\frac{|\mathcal{V}|}{\log_2|\mathcal{V}|}$ 倍.

将词表中的词按照树结构进行组织,有以下几种转换方式:

WordNet是按照词义来组织的英语词汇知识库，由普林斯顿大学研发.

霍夫曼编码是David Huffman于1952年发明的一种用于无损数据压缩的熵编码算法. 熵编码参见第E.1.2节.

（1）利用人工整理的词汇层次结构，比如利用WordNet[Miller, 1995]系统中的“IS-A”关系（即上下位关系）. 例如,“狗”是“动物”的下位词. 因为WordNet的层次化结构不是二叉树,因此需要通过进一步聚类来转换为二叉树.

（2）使用霍夫曼编码（Huffman Coding）. 霍夫曼编码对出现概率高的词使用较短的编码，出现概率低的词使用较长的编码. 因此训练速度会更快. 霍夫曼编码的算法如算法15.1所示.

算法 15.1 霍夫曼编码树构建算法

输入: 词表: $\mathcal{V}$

初始化:为每个词v建立一个叶子节点,其概率为词的出现频率;

将所有的叶子节点放入集合$\mathcal{S}$中;

while $|\mathcal{S}| > 1$ **do**

  从集合$\mathcal{S}$中选择两个概率最低的节点n_1和n_2;

  构建一个新节点n',并将n_1和n_2作为n'的左右子节点;

  新节点n'的概率为n_1和n_2的概率之和;

  将新节点n'加入集合$\mathcal{S}$中,并把n_1和n_2从集合$\mathcal{S}$中移除;

end

集合$\mathcal{S}$中最后一个节点为n;

输出: 以n为根节点的二叉树T

15.5.3.2 重要性采样

另一种提高训练效率的方法是基于采样的方法，即通过采样来近似计算训练时的梯度.

参见第11.5节.

用随机梯度上升来更新参数θ时，第t个样本$(\tilde{h}_t, x_t)$的目标函数关于θ的梯度为

$$\frac{\partial \log p_\theta(x_t|\tilde{h}_t)}{\partial \theta} = \frac{\partial s(x_t, \tilde{h}_t; \theta)}{\partial \theta} - \frac{\partial \log\left(\sum_v \exp\left(s(v, \tilde{h}_t; \theta)\right)\right)}{\partial \theta} \tag{15.58}$$

$$= \frac{\partial s(x_t, \tilde{h}_t; \theta)}{\partial \theta} - \frac{1}{\sum_v \exp\left(s(v, \tilde{h}_t; \theta)\right)} \frac{\partial \sum_v \exp\left(s(v, \tilde{h}_t; \theta)\right)}{\partial \theta} \tag{15.59}$$

$$= \frac{\partial s(x_t, \tilde{h}_t; \theta)}{\partial \theta} - \sum_v \frac{1}{\sum_w \exp\left(s(w, \tilde{h}_t; \theta)\right)} \frac{\partial \exp\left(s(v, \tilde{h}_t; \theta)\right)}{\partial \theta} \tag{15.60}$$

$$= \frac{\partial s(x_t, \tilde{h}_t; \theta)}{\partial \theta} - \boxed{\sum_v \frac{\exp\left(s(v, \tilde{h}_t; \theta)\right)}{\sum_w \exp\left(s(w, \tilde{h}_t; \theta)\right)}} \frac{\partial s(v, \tilde{h}_t; \theta)}{\partial \theta} \tag{15.61}$$

$$= \frac{\partial s(x_t, \tilde{h}_t; \theta)}{\partial \theta} - \boxed{\sum_v p_\theta(v|\tilde{h}_t)} \frac{\partial s(v, \tilde{h}_t; \theta)}{\partial \theta} \tag{15.62}$$

$$= \frac{\partial s(x_t, \tilde{h}_t; \theta)}{\partial \theta} - \boxed{\mathbb{E}_{p_\theta(v|\tilde{h}_t)}}\left[\frac{\partial s(v, \tilde{h}_t; \theta)}{\partial \theta}\right]. \tag{15.63}$$

公式(15.63)中最后一项是计算 $\frac{\partial}{\partial\theta}s(v,\tilde{h}_t;\theta)$ 在分布 $p_\theta(v|\tilde{h}_t)$ 下的期望. 从公式(15.61)中可以看出，在计算每个样本的梯度时需要在整个词表上计算两次求和. 一次是求配分函数 $\sum_w \exp\big(s(w,\tilde{h}_t;\theta)\big)$，另一次是计算所有词的梯度的期望 $\mathbb{E}[\frac{\partial}{\partial\theta}s(v,\tilde{h}_t;\theta)]$. 由于自然语言中的词表都比较大，训练速度会非常慢.

为了提高训练效率，可以用采样方法来近似地估计公式(15.63)中的期望. 但是我们不能直接根据分布 $p_\theta(v|\tilde{h}_t)$ 进行采样，因为直接采样需要先计算分布 $p_\theta(v|\tilde{h}_t)$，而这正是我们希望避免的.

重要性采样是用一个容易采样的提议分布 q 来近似估计分布 p.

重要性采样参见第11.5.3节.

公式(15.63)中最后一项可以写为

$$\mathbb{E}_{p_\theta(v|\tilde{h}_t)}\left[\frac{\partial s(v,\tilde{h}_t;\theta)}{\partial\theta}\right] = \sum_{v\in\mathcal{V}} p_\theta(v|\tilde{h}_t)\frac{\partial s(v,\tilde{h}_t;\theta)}{\partial\theta} \tag{15.64}$$

$$= \sum_{v\in\mathcal{V}} q(v|\tilde{h}_t)\frac{p_\theta(v|\tilde{h}_t)}{q(v|\tilde{h}_t)}\frac{\partial s(v,\tilde{h}_t;\theta)}{\partial\theta} \tag{15.65}$$

$$= \mathbb{E}_{q(v|\tilde{h}_t)}\left[\frac{p_\theta(v|\tilde{h}_t)}{q(v|\tilde{h}_t)}\frac{\partial s(v,\tilde{h}_t;\theta)}{\partial\theta}\right]. \tag{15.66}$$

这样，原始分布 $p_\theta(v|\tilde{h}_t)$ 上的期望转换为提议分布 $q(v|\tilde{h}_t)$ 上的期望. 提议分布 q 需要尽可能和 $p_\theta(v|\tilde{h}_t)$ 接近，并且从 $q(v|\tilde{h}_t)$ 采样的代价要比较小. 在实践中，提议分布 $q(v|\tilde{h}_t)$ 可以采用N元模型的分布函数.

根据分布 $q(v|\tilde{h}_t)$ 独立采样 K 个样本 $v_1,\cdots,v_K$ 来近似求解公式(15.66)，即

$$\mathbb{E}_{p_\theta(v|\tilde{h}_t)}\left[\frac{\partial s(v,\tilde{h}_t;\theta)}{\partial\theta}\right] \approx \frac{1}{K}\sum_{k=1}^{K}\frac{p_\theta(v_k|\tilde{h}_t)}{q(v_k|\tilde{h}_t)}\frac{\partial s(v_k,\tilde{h}_t;\theta)}{\partial\theta}. \tag{15.67}$$

在公式(15.67)中，依然需要计算每一个抽取样本的概率 $p_\theta(v_k|\tilde{h}_t)$，即

$$p_\theta(v_k|\tilde{h}_t) = \frac{s(v_k,\tilde{h}_t;\theta)}{Z(\tilde{h}_t)}, \tag{15.68}$$

其中配分函数 $Z(\tilde{h}_t) = \sum_w \exp\big(s(w,\tilde{h}_t;\theta)\big)$ 需要在所有样本上计算 $s(w,\tilde{h}_t;\theta)$ 并求和. 为了避免这种情况，我们也使用重要性采样来计算配分函数 $Z(\tilde{h}_t)$，即

$$Z(\tilde{h}_t) = \sum_w \exp\big(s(w,\tilde{h}_t;\theta)\big) \tag{15.69}$$

$$= \sum_w q(w|\tilde{h}_t)\frac{1}{q(w|\tilde{h}_t)}\exp\big(s(w,\tilde{h}_t;\theta)\big) \tag{15.70}$$

$$= \mathbb{E}_{q(w|\tilde{h}_t)}\left[\frac{1}{q(w|\tilde{h}_t)}\exp\big(s(w,\tilde{h}_t;\theta)\big)\right] \tag{15.71}$$

$$\approx \frac{1}{K}\sum_{k=1}^{K}\frac{1}{q(v_k|\tilde{h}_t)}\exp\big(s(v_k,\tilde{h}_t;\theta)\big) \tag{15.72}$$

通过采样近似估计.

$$= \frac{1}{K}\sum_{k=1}^{K}\frac{\exp\left(s(v_k,\tilde{h}_t;\theta)\right)}{q(v_k|\tilde{h}_t)} \tag{15.73}$$

$$= \frac{1}{K}\sum_{k=1}^{K} r(v_k), \tag{15.74}$$

其中 $r(v_k) = \frac{\exp\left(s(v_k,\tilde{h}_t;\theta)\right)}{q(v_k|\tilde{h}_t)}$，$q(v_k|\tilde{h}_t)$ 为提议分布．为了提高效率，可以和公式(15.67)中的提议分布设为一致，并复用在上一步中抽取的样本．

在近似估计了配分函数以及梯度期望之后，公式(15.67)可写为

$$\mathbb{E}_{p_\theta(v|\tilde{h}_t)}\left[\frac{\partial s(v,\tilde{h}_t;\theta)}{\partial\theta}\right] \approx \frac{1}{K}\sum_{k=1}^{K}\frac{p_\theta(v_k|\tilde{h}_t)}{q(v_k|\tilde{h}_t)}\frac{\partial s(v_k,\tilde{h}_t;\theta)}{\partial\theta} \tag{15.75}$$

$$= \frac{1}{K}\sum_{k=1}^{K}\frac{\exp\left(s(v_k,\tilde{h}_t;\theta)\right)}{Z(\tilde{h}_t)}\frac{1}{q(v_k|\tilde{h}_t)}\frac{\partial s(v_k,\tilde{h}_t;\theta)}{\partial\theta} \tag{15.76}$$

$$= \frac{1}{K}\sum_{k=1}^{K}\frac{1}{Z(\tilde{h}_t)}r(v_k)\frac{\partial s(v_k,\tilde{h}_t;\theta)}{\partial\theta} \tag{15.77}$$

$$\approx \sum_{k=1}^{K}\frac{r(v_k)}{\sum_{k=1}^{K}r(v_k)}\frac{\partial s(v_k,\tilde{h}_t;\theta)}{\partial\theta} \tag{15.78}$$

$$= \frac{1}{\sum_{k=1}^{K}r(v_k)}\sum_{k=1}^{K}r(v_k)\frac{\partial s(v_k,\tilde{h}_t;\theta)}{\partial\theta}. \tag{15.79}$$

将公式(15.79)代入公式(15.63)，得到每个样本目标函数关于 θ 的梯度可以近似为

$$\frac{\partial\log p_\theta(x_t|\tilde{h}_t)}{\partial\theta} = \frac{\partial s(x_t,\tilde{h}_t;\theta)}{\partial\theta} - \frac{1}{\sum_{k=1}^{K}r(v_k)}\sum_{k=1}^{K}r(v_k)\frac{\partial s(v_k,\tilde{h}_t;\theta)}{\partial\theta}, \tag{15.80}$$

其中 $v_1,\cdots,v_K$ 是根据提议分布 $q(v|\tilde{h}_t)$ 从词表 $\mathcal{V}$ 中采样的词．和公式(15.63)相比，重要性采样相当于采样了一个词表的子集 $\mathcal{V}' = \{v_1,\cdots,v_K\}$，然后在这个子集上求梯度 $\frac{\partial s(v_k,\tilde{h};\theta)}{\partial\theta}$ 的期望；公式(15.63)中分布 $p_\theta(v|\tilde{h}_t)$ 被 $r(v_k)$ 所替代．这样目标函数关于 θ 的梯度就避免了在词表上对所有词进行计算，只需要计算较少的抽取的样本．采样的样本数量 K 越大，近似越接近正确值．在实际应用中，K 取 100 左右就能够以足够高的精度对期望做出估计．通过重要性采样的方法，训练速度可以加速 $\frac{|\mathcal{V}|}{K}$ 倍．

重要性采样的思想和算法都比较简单，但其效果依赖于提议分布 $q(v|\tilde{h}_t)$ 的选取．如果 $q(v|\tilde{h}_t)$ 选取不合适，会造成梯度估计非常不稳定．在实践中，提议分布 $q(v|\tilde{h}_t)$ 经常使用一元模型的分布函数．虽然直观上 $q(v|\tilde{h}_t)$ 采用N元模型更加

准确,但使用复杂的N元模型分布并不能改进性能,原因是N元模型的分布和神经网络模型估计的分布之间有很大的差异 [Bengio et al., 2008].

15.5.3.3 噪声对比估计

除重要性采样外,噪声对比估计(Noise-Contrastive Estimation, NCE)也是一种常用的近似估计梯度的方法.

噪声对比估计是将密度估计问题转换为二分类问题,从而降低计算复杂度 [Gutmann et al., 2010]. 噪声对比估计的思想在我们日常生活中十分常见. 比如我们教小孩认识"苹果",往往会让小孩从一堆各式各样的水果中找出哪个是"苹果". 通过不断的对比和纠错,最终小孩会知道"苹果"的特征,并很容易识别出"苹果".

噪声对比估计的数学描述如下:假设有三个分布,第一个是需要建模的真实数据分布 $p_r(x)$;第二个是模型分布 $p_\theta(x)$,并期望调整模型参数 θ 使得 $p_\theta(x)$ 可以拟合真实数据分布 $p_r(x)$;第三个是噪声分布 $q(x)$,用来对比学习. 给定一个样本 x,如果 x 是从 $p_r(x)$ 中抽取的,则称为真实样本,如果 x 是从 $q(x)$ 中抽取的,则称为噪声样本. 为了判断样本 x 是真实样本还是噪声样本,引入一个判别函数 D.

噪声对比估计是通过调整模型 $p_\theta(x)$ 使得判别函数 D 很容易分辨出样本 x 来自哪个分布. 令 $y \in \{1,0\}$ 表示一个样本 x 是真实样本或噪声样本,其条件概率为

$$p(x|y=1) = p_\theta(x), \tag{15.81}$$

$$p(x|y=0) = q(x). \tag{15.82}$$

一般噪声样本的数量要比真实样本大很多. 为了提高近似效率,我们近似假设噪声样本的数量是真实样本的 K 倍,即 y 的先验分布满足

$$p(y=0) = Kp(y=1). \tag{15.83}$$

根据贝叶斯公式,样本 x 来自于真实数据分布的后验概率为

$$\begin{aligned} p(y=1|x) &= \frac{p(x|y=1)p(y=1)}{p(x|y=1)p(y=1) + p(x|y=0)p(y=0)} && (15.84)\\ &= \frac{p_\theta(x)p(y=1)}{p_\theta(x)p(y=1) + q(x)kp(y=1)} && (15.85)\\ &= \frac{p_\theta(x)}{p_\theta(x) + Kq(x)}. && (15.86) \end{aligned}$$

相反,样本 x 来自于噪声分布的后验概率为 $p(y=0|x) = 1 - p(y=1|x)$.

从真实分布 $p_r(x)$ 中抽取 N 个样本 $x_1, \cdots, x_N$,将其类别设为 $y=1$,然后从噪声分布中抽取 KN 个样本 $x'_1, \cdots, x'_{KN}$,将其类别设为 $y=0$. 噪声对比估计的

目标是将真实样本和噪声样本区别开来，可以看作一个二分类问题. 噪声对比估计的损失函数为

$$\mathcal{L}(\theta) = -\frac{1}{N(K+1)}\left(\sum_{n=1}^{N}\log p(y=1|x_n) + \sum_{n=1}^{KN}\log p(y=0|x'_n)\right). \tag{15.87}$$

通过不断采样真实样本和噪声样本，并用梯度下降法，可以学习参数 θ 使得 $p_\theta(x)$ 逼近于真实分布 $p_r(x)$.

噪声对比估计相当于用判别式的准则 $\mathcal{L}(\theta)$ 来训练一个生成式模型 $p_\theta(x)$，使得判别函数 D 很容易分辨出样本 x 来自哪个分布，其思想与生成对抗网络类似. 不同之处在于，在噪声对比估计中的判别函数 D 是通过贝叶斯公式计算得到，而生成对抗网络的判别函数 D 是一个需要学习的神经网络.

生成对抗网络参见第13.3节.

基于噪声对比估计的序列模型　在计算序列模型的条件概率时，我们也可以利用噪声对比估计的思想来提高计算效率 [Mnih et al., 2013, 2012]. 在序列模型中需要建模的分布是 $p_\theta(v|\tilde{h})$，原则上噪声分布 $q(v|\tilde{h})$ 应该是依赖于历史信息 $\tilde{h}$ 的条件分布，但实践中一般使用和历史信息无关的分布 $q(v)$，比如一元模型的分布.

$p_\theta(v|\tilde{h})$ 的计算参见公式(15.48).

给定历史信息 $\tilde{h}$，我们需要判断词表中每一个词 v 是来自于真实分布还是噪声分布. 令

$$p(y=1|v,\tilde{h}) = \frac{p_\theta(v|\tilde{h})}{p_\theta(v|\tilde{h}) + Kq(v)}. \tag{15.88}$$

$\tilde{h}_t = \boldsymbol{x}_{1:(t-1)}$.

对于一个训练序列 $\boldsymbol{x}_{1:T}$，将 $\{(\tilde{h}_t, x_t)\}_{t=1}^{T}$ 作为真实样本. 对于每一个 x_t，从噪声分布中抽取 K 个噪声样本 $\{x'_{t,1},\cdots,x'_{t,K}\}$. 噪声对比估计的目标函数是

为简单起见，这里省略了系数 $\frac{1}{T(K+1)}$.

$$\mathcal{L}(\theta) = -\sum_{t=1}^{T}\left(\log p(y=1|x_t,\tilde{h}_t) + \sum_{k=1}^{K}\log\left(1-p(y=1|x'_{t,k},\tilde{h}_t)\right)\right). \tag{15.89}$$

虽然通过噪声对比估计，将一个 $|\mathcal{V}|$ 类的分类问题转换为一个二分类问题，但是依然需要计算 $p_\theta(v|\tilde{h})$，其中仍然涉及配分函数的计算. 为了避免计算配分函数，我们将负对数配分函数 $-\log Z(\tilde{h};\theta)$ 作为一个可学习的参数 $z_{\tilde{h}}$（即每一个 $\tilde{h}$ 对应一个参数），这样条件概率 $p_\theta(v|\tilde{h})$ 重新定义为

$$p_\theta(v|\tilde{h}) = \exp\left(s(v,\tilde{h};\theta)\right)\exp(z_{\tilde{h}}). \tag{15.90}$$

噪声对比估计方法的一个特点是会促使未归一化分布 $\exp\left(s(v,\tilde{h};\theta)\right)$ 自己学习到一个近似归一化的分布，并接近真实的数据分布 $p_r(v|\tilde{h})$ [Gutmann et al., 2010]. 也就是说，学习出来的 $\exp(z_{\tilde{h}}) \approx 1$. 这样可以直接令 $\exp(z_{\tilde{h}}) = 1, \forall\tilde{h}$，并

用未归一化的分布 $\exp\big(s(v,\tilde{h};\theta)\big)$ 来代替 $p_\theta(v|\tilde{h})$. 直接令 $\exp(z_{\tilde{h}})=1$ 不会影响模型的性能. 因为神经网络有大量的参数，这些参数足以让模型学习到一个近似归一化的分布 [Mnih et al., 2012].

公式(15.88)可以写为

$$p(y=1|v,\tilde{h}) = \frac{\exp\big(s(v,\tilde{h};\theta)\big)}{\exp\big(s(v,\tilde{h};\theta)\big)+Kq(v)} \tag{15.91}$$

$$= \frac{1}{1+\frac{Kq(v)}{\exp\left(s(v,\tilde{h};\theta)\right)}} \tag{15.92}$$

$$= \frac{1}{1+\exp\Big(-s(v,\tilde{h};\theta)+\log\big(Kq(v)\big)\Big)} \tag{15.93}$$

$$= \frac{1}{1+\exp(-(\Delta s(v,\tilde{h};\theta)))} \tag{15.94}$$

$$= \sigma(\Delta s(v,\tilde{h};\theta)), \tag{15.95}$$

其中 σ 为 Logistic 函数，$\Delta s(v,\tilde{h};\theta)=s(v,\tilde{h};\theta)-\log(Kq(v))$ 为模型打分（未归一化分布）与放大的噪声分布之间的差.

在噪声对比估计中，噪声分布 $q(v)$ 的选取也十分关键. 首先是从 $q(v)$ 中采样要十分容易. 另外，$q(v)$ 要和真实数据分布 $p_r(v|\tilde{h})$ 比较接近，否则分类问题就变得十分容易，不需要学习到一个接近真实分布的 $p_\theta(v|\tilde{h})$ 就可以分出数据来源了. 对自然语言的序列模型，$q(v)$ 取一元模型的分布是一个很好的选择. 每次迭代噪声样本的个数 K 取值在 $25\sim100$ 左右.

总结　基于采样的方法并不改变模型的结构，只是近似计算参数梯度. 在训练时可以显著提高模型的训练速度，但是在测试阶段依然需要计算配分函数. 而基于层次化 Softmax 的方法改变了模型的结构，在训练和测试时都可以加快计算速度.

15.6 序列到序列模型

在序列生成任务中，有一类任务是序列到序列生成任务，即输入一个序列，生成另一个序列，比如机器翻译、语音识别、文本摘要、对话系统、图像标题生成等.

序列到序列（Sequence-to-Sequence，Seq2Seq）是一种条件的序列生成问题，给定一个序列 $\boldsymbol{x}_{1:S}$，生成另一个序列 $\boldsymbol{y}_{1:T}$. 输入序列的长度 S 和输出序列的长度 T 可以不同. 比如在机器翻译中，输入为源语言，输出为目标语言. 图15.5给出了基于循环神经网络的序列到序列机器翻译示例，其中 ⟨EOS⟩ 表示输入序列的结束，虚线表示用上一步的输出作为下一步的输入.

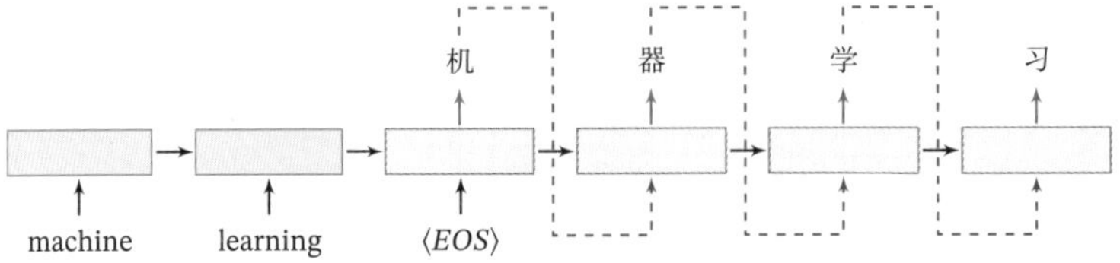

图 15.5 基于循环神经网络的序列到序列机器翻译

序列到序列模型的目标是估计条件概率

$$p_\theta(\boldsymbol{y}_{1:T}|\boldsymbol{x}_{1:S}) = \prod_{t=1}^{T} p_\theta(y_t|\boldsymbol{y}_{1:(t-1)}, \boldsymbol{x}_{1:S}), \tag{15.96}$$

其中 $\boldsymbol{y}_t \in \mathcal{V}$ 为词表 $\mathcal{V}$ 中的某个词.

给定一组训练数据 $\{(\boldsymbol{x}_{S_n}, \boldsymbol{y}_{T_n})\}_{n=1}^{N}$，我们可以使用最大似然估计来训练模型参数

$$\hat{\theta} = \arg\max_{\theta} \sum_{n=1}^{N} \log p_\theta(\boldsymbol{y}_{1:T_n}|\boldsymbol{x}_{1:S_n}). \tag{15.97}$$

一旦训练完成，模型就可以根据一个输入序列 $\boldsymbol{x}$ 来生成最可能的目标序列

$$\hat{\boldsymbol{y}} = \arg\max_{\boldsymbol{y}} p_{\hat{\theta}}(\boldsymbol{y}|\boldsymbol{x}), \tag{15.98}$$

具体的生成过程可以通过贪婪方法或束搜索来完成.

和一般的序列生成模型类似，条件概率 $p_\theta(y_t|\boldsymbol{y}_{1:(t-1)}, \boldsymbol{x}_{1:S})$ 可以使用各种不同的神经网络来实现. 这里我们介绍三种主要的序列到序列模型：基于循环神经网络的序列到序列模型、基于注意力的序列到序列模型、基于自注意力的序列到序列模型.

15.6.1 基于循环神经网络的序列到序列模型

实现序列到序列的最直接方法是使用两个循环神经网络来分别进行编码和解码，也称为编码器-解码器（Encoder-Decoder）模型.

编码器 首先使用一个循环神经网络 f_{enc} 来编码输入序列 $\boldsymbol{x}_{1:S}$ 得到一个固定维数的向量 $\boldsymbol{u}$，$\boldsymbol{u}$ 一般为编码循环神经网络最后时刻的隐状态.

$$\boldsymbol{h}_t^{\text{enc}} = f_{\text{enc}}(\boldsymbol{h}_{t-1}^{\text{enc}}, \boldsymbol{e}_{x_{t-1}}, \theta_{\text{enc}}), \qquad \forall t \in [1:S], \tag{15.99}$$

$$\boldsymbol{u} = \boldsymbol{h}_S^{\text{enc}}, \tag{15.100}$$

其中 $f_{\text{enc}}(\cdot)$ 为编码循环神经网络,可以为LSTM或GRU,其参数为 θ_{enc},$\boldsymbol{e}_x$ 为词 x 的词向量.

解码器 在生成目标序列时,使用另外一个循环神经网络 f_{dec} 来进行解码. 在解码过程的第 t 步时,已生成前缀序列为 $\boldsymbol{y}_{1:(t-1)}$. 令 $\boldsymbol{h}_t^{\text{dec}}$ 表示在网络 f_{dec} 的隐状态,$\boldsymbol{o}_t \in (0,1)^{|\mathcal{V}|}$ 为词表中所有词的后验概率,则

$$\boldsymbol{h}_0^{\text{dec}} = \boldsymbol{u}, \tag{15.101}$$

$$\boldsymbol{h}_t^{\text{dec}} = f_{\text{dec}}(\boldsymbol{h}_{t-1}^{\text{dec}}, \boldsymbol{e}_{y_{t-1}}, \theta_{\text{dec}}), \tag{15.102}$$

$$\boldsymbol{o}_t = g(\boldsymbol{h}_t^{\text{dec}}, \theta_o), \tag{15.103}$$

其中 $f_{\text{dec}}(\cdot)$ 为解码循环神经网络,$g(\cdot)$ 为最后一层为Softmax函数的前馈神经网络,θ_{dec} 和 θ_o 为网络参数,$\boldsymbol{e}_y$ 为 y 的词向量,y_0 为一个特殊符号,比如 $\langle EOS \rangle$.

基于循环神经网络的序列到序列模型的缺点是:1)编码向量 $\boldsymbol{u}$ 的容量问题,输入序列的信息很难全部保存在一个固定维度的向量中;2)当序列很长时,由于循环神经网络的长程依赖问题,容易丢失输入序列的信息.

长程依赖问题参见第6.5节.

15.6.2 基于注意力的序列到序列模型

注意力机制参见第8.2节.

为了获取更丰富的输入序列信息,我们可以在每一步中通过注意力机制来从输入序列中选取有用的信息.

基于注意力的序列到序列生成过程见 https://nndl.github.io/v/sgm-seq2seq

在解码过程的第 t 步时,先用上一步的隐状态 $\boldsymbol{h}_{t-1}^{\text{dec}}$ 作为查询向量,利用注意力机制从所有输入序列的隐状态 $\boldsymbol{H}^{\text{enc}} = [\boldsymbol{h}_1^{\text{enc}}, \cdots, \boldsymbol{h}_S^{\text{enc}}]$ 中选择相关信息

$$\boldsymbol{c}_t = \text{att}(\boldsymbol{H}^{\text{enc}}, \boldsymbol{h}_{t-1}^{\text{dec}}) = \sum_{i=1}^{S} \alpha_i \boldsymbol{h}_i^{\text{enc}} \tag{15.104}$$

$$= \sum_{i=1}^{S} \text{softmax}\Big(s(\boldsymbol{h}_i^{\text{enc}}, \boldsymbol{h}_{t-1}^{\text{dec}})\Big) \boldsymbol{h}_i^{\text{enc}} \tag{15.105}$$

其中 $s(\cdot)$ 为注意力打分函数.

注意力打分函数可以有多种选择,参见第8.2节.

然后,将从输入序列中选择的信息 $\boldsymbol{c}_t$ 也作为解码器 $f_{\text{dec}}(\cdot)$ 在第 t 步时的输入,得到第 t 步的隐状态

$$\boldsymbol{h}_t^{\text{dec}} = f_{\text{dec}}(\boldsymbol{h}_{t-1}^{\text{dec}}, [\boldsymbol{e}_{y_{t-1}}; \boldsymbol{c}_t], \theta_{\text{dec}}). \tag{15.106}$$

最后,将 $\boldsymbol{h}_t^{\text{dec}}$ 输入到分类器 $g(\cdot)$ 中来预测词表中每个词出现的概率.

15.6.3 基于自注意力的序列到序列模型

除长程依赖问题外，基于循环神经网络的序列到序列模型的另一个缺点是无法并行计算. 为了提高并行计算效率以及捕捉长距离的依赖关系，我们可以使用自注意力模型（Self-Attention Model）来建立一个全连接的网络结构. 本节介绍一个目前非常成功的基于自注意力的序列到序列模型：Transformer [Vaswani et al., 2017].

自注意力模型参见第8.3节.

15.6.3.1 自注意力

对于一个向量序列 $\boldsymbol{H}=[\boldsymbol{h}_1,\cdots,\boldsymbol{h}_T]\in\mathbb{R}^{D_h\times T}$，首先用自注意力模型来对其进行编码，即

$$\text{self-att}(\boldsymbol{Q},\boldsymbol{K},\boldsymbol{V})=\boldsymbol{V}\,\text{softmax}\Big(\frac{\boldsymbol{K}^{\mathsf{T}}\boldsymbol{Q}}{\sqrt{D_k}}\Big), \tag{15.107}$$

$$\boldsymbol{Q}=\boldsymbol{W}_q\boldsymbol{H},\boldsymbol{K}=\boldsymbol{W}_k\boldsymbol{H},\boldsymbol{V}=\boldsymbol{W}_v\boldsymbol{H}, \tag{15.108}$$

其中 D_k 是输入矩阵 $\boldsymbol{Q}$ 和 $\boldsymbol{K}$ 中列向量的维度，$\boldsymbol{W}_q\in\mathbb{R}^{D_k\times D_h}$，$\boldsymbol{W}_k\in\mathbb{R}^{D_k\times D_h}$，$\boldsymbol{W}_v\in\mathbb{R}^{D_v\times D_h}$ 为三个投影矩阵.

15.6.3.2 多头自注意力

自注意力模型可以看作在一个线性投影空间中建立 $\boldsymbol{H}$ 中不同向量之间的交互关系. 为了提取更多的交互信息，我们可以使用多头自注意力（Multi-Head Self-Attention），在多个不同的投影空间中捕捉不同的交互信息. 假设在 M 个投影空间中分别应用自注意力模型，有

$$\text{MultiHead}(\boldsymbol{H})=\boldsymbol{W}_o[\text{head}_1;\cdots;\text{head}_M], \tag{15.109}$$

$$\text{head}_m=\text{self-att}(\boldsymbol{Q}_m,\boldsymbol{K}_m,\boldsymbol{V}_m), \tag{15.110}$$

$$\forall m\in\{1,\cdots,M\},\quad \boldsymbol{Q}_m=\boldsymbol{W}_q^m\boldsymbol{H},\boldsymbol{K}=\boldsymbol{W}_k^m\boldsymbol{H},\boldsymbol{V}=\boldsymbol{W}_v^m\boldsymbol{H}, \tag{15.111}$$

其中 $\boldsymbol{W}_o\in\mathbb{R}^{D_h\times Md_v}$ 为输出投影矩阵，$\boldsymbol{W}_q^m\in\mathbb{R}^{D_k\times D_h}$，$\boldsymbol{W}_k^m\in\mathbb{R}^{D_k\times D_h}$，$\boldsymbol{W}_v^m\in\mathbb{R}^{D_v\times D_h}$ 为投影矩阵，$m\in\{1,\cdots,M\}$.

15.6.3.3 基于自注意力模型的序列编码

对于一个序列 $\boldsymbol{x}_{1:T}$，我们可以构建一个含有多层多头自注意力模块的模型来对其进行编码. 由于自注意力模型忽略了序列 $\boldsymbol{x}_{1:T}$ 中每个 $\boldsymbol{x}_t$ 的位置信息，因此需要在初始的输入序列中加入位置编码（Positional Encoding）来进行修正. 对于一个输入序列 $\boldsymbol{x}_{1:T}\in\mathbb{R}^{D\times T}$，令

$$\boldsymbol{H}^{(0)}=[\boldsymbol{e}_{x_1}+\boldsymbol{p}_1,\cdots,\boldsymbol{e}_{x_T}+\boldsymbol{p}_T], \tag{15.112}$$

其中 $\boldsymbol{e}_{x_t} \in \mathbb{R}^D$ 为词 x_t 的嵌入向量表示，$\boldsymbol{p}_t \in \mathbb{R}^D$ 为位置 t 的向量表示，即位置编码. $\boldsymbol{p}_t$ 可以作为可学习的参数，也可以通过下面方式进行预定义：

$$\boldsymbol{p}_{t,2i} = \sin(t/10000^{2i/D}), \tag{15.113}$$

$$\boldsymbol{p}_{t,2i+1} = \cos(t/10000^{2i/D}), \tag{15.114}$$

参见习题15-7.

其中 $\boldsymbol{p}_{t,2i}$ 表示第 t 个位置的编码向量的第 $2i$ 维，D 是编码向量的维度.

给定第 $l-1$ 层的隐状态 $\boldsymbol{H}^{(l-1)}$，第 l 层的隐状态 $\boldsymbol{H}^{(l)}$ 可以通过一个多头自注意力模块和一个非线性的前馈网络得到. 每次计算都需要残差连接以及层归一化操作. 具体计算为

$$\boldsymbol{Z}^{(l)} = \text{norm}\Big(\boldsymbol{H}^{(l-1)} + \text{MultiHead}\big(\boldsymbol{H}^{(l-1)}\big)\Big), \tag{15.115}$$

$$\boldsymbol{H}^{(l)} = \text{norm}\Big(\boldsymbol{Z}^{(l)} + \text{FFN}(\boldsymbol{Z}^{(l)})\Big), \tag{15.116}$$

其中 norm(·) 表示层归一化，FFN(·) 表示逐位置的前馈神经网络（Position-wise Feed-Forward Network），是一个简单的两层网络. 对于输入序列中每个位置上向量 $\boldsymbol{z} \in \boldsymbol{Z}^{(l)}$，

层归一化参见第7.5.2节.

$$\text{FFN}(\boldsymbol{z}) = \boldsymbol{W}_2 \text{ReLu}(\boldsymbol{W}_1 \boldsymbol{z} + \boldsymbol{b}_1) + \boldsymbol{b}_2, \tag{15.117}$$

其中 $\boldsymbol{W}_1, \boldsymbol{W}_2, \boldsymbol{b}_1, \boldsymbol{b}_2$ 为网络参数.

基于自注意力模型的序列编码可以看作一个全连接的前馈神经网络，第 l 层的每个位置都接受第 $l-1$ 层的所有位置的输出. 不同的是，其连接权重是通过注意力机制动态计算得到.

15.6.3.4 Transformer 模型

Transformer模型 [Vaswani et al., 2017] 是一个基于多头自注意力的序列到序列模型，其整个网络结构可以分为两部分：

基于Transformer的序列到序列生成过程见 https://nndl.github.io/v/sgm-seq2seq

（1）编码器只包含多层的多头自注意力（Multi-Head Self-Attention）模块，每一层都接受前一层的输出作为输入. 编码器的输入为序列 $\boldsymbol{x}_{1:S}$，输出为一个向量序列 $\boldsymbol{H}^{\text{enc}} = [\boldsymbol{h}_1^{\text{enc}}, \cdots, \boldsymbol{h}_S^{\text{enc}}]$. 然后，用两个矩阵将 $\boldsymbol{H}^{\text{enc}}$ 映射到 $\boldsymbol{K}^{\text{enc}}$ 和 $\boldsymbol{V}^{\text{enc}}$ 作为键值对供解码器使用，即

$$\boldsymbol{K}^{\text{enc}} = \boldsymbol{W}_k' \boldsymbol{H}^{\text{enc}}, \tag{15.118}$$

$$\boldsymbol{V}^{\text{enc}} = \boldsymbol{W}_v' \boldsymbol{H}^{\text{enc}}, \tag{15.119}$$

其中 $\boldsymbol{W}_k'$ 和 $\boldsymbol{W}_v'$ 为线性映射的参数矩阵.

（2）解码器是通过自回归的方式来生成目标序列. 和编码器不同，解码器由以下三个模块构成：

y_0 为一个特殊符号.

为了提高训练效率，这里的自注意力模型实际上是掩蔽自注意力，即阻止每个位置看到它右边的词.

a）掩蔽自注意力模块：第 t 步时，先使用自注意力模型对已生成的前缀序列 $\boldsymbol{y}_{0:(t-1)}$ 进行编码得到 $\boldsymbol{H}^{\text{dec}} = [\boldsymbol{h}_1^{\text{dec}}, \cdots, \boldsymbol{h}_t^{\text{dec}}]$.

b）解码器到编码器注意力模块：将 $\boldsymbol{h}_t^{\text{dec}}$ 进行线性映射得到 $\boldsymbol{q}_t^{\text{dec}}$. 将 $\boldsymbol{q}_t^{\text{dec}}$ 作为查询向量，通过键值对注意力机制来从输入 $(\boldsymbol{K}^{\text{enc}}, \boldsymbol{V}^{\text{enc}})$ 中选取有用的信息.

c）逐位置的前馈神经网络：使用一个前馈神经网络来综合得到所有信息.

将上述三个步骤重复多次，最后通过一个全连接前馈神经网络来计算输出概率. 图15.6给出了 Transformer 的网络结构示例，其中 $N\times$ 表示重复 N 次，“Add & Norm” 表示残差连接和层归一化. 在训练时，为了提高效率，我们通常将右移的目标序列（Right-Shifted Output）$\boldsymbol{y}_{0:(T-1)}$ 作为解码器的输入，即在第 t 个位置的输入为 y_{t-1}. 在这种情况下，可以通过一个掩码（Mask）来阻止每个位置选择其后面的输入信息. 这种方式称为掩蔽自注意力（Masked Self-Attention）.

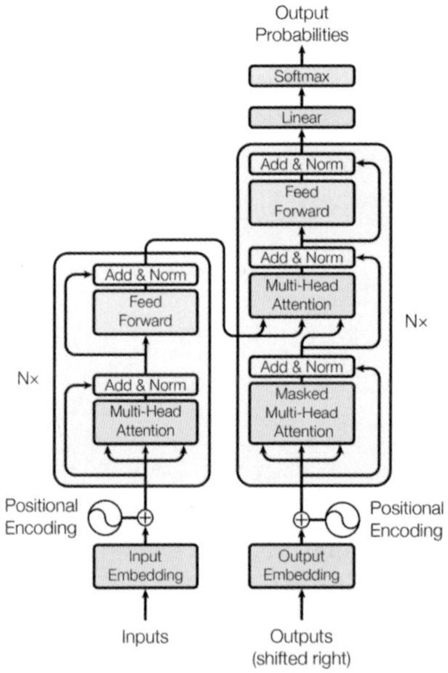

图 15.6 Transformer 网络结构（图片来源 [Vaswani et al., 2017]）

15.7 总结和深入阅读

序列生成模型主要解决序列数据的密度估计和生成问题，是一种在实际应用中十分重要的模型. 目前主流的序列生成模型都是自回归生成模型.

最早的深度序列模型是神经网络语言模型. [Bengio et al., 2003] 最早提出了基于前馈神经网络的语言模型，随后 [Mikolov et al., 2010] 利用循环神经网络来实现语言模型. [Oord et al., 2016] 针对语音合成任务提出了 WaveNet，可以生成接近自然人声的语音.

为了解决曝光偏差问题，[Venkatraman et al., 2014] 提出了 DAD（Data As Demonstrator）算法，即在训练时混合使用真实数据和模型生成的数据，[Bengio et al., 2015] 进一步使用课程学习（Curriculum Learning）控制使用两种数据的比例. [Ranzato et al., 2015] 将序列生成看作强化学习问题，并使用最大似然估计来预训练模型，并逐步将训练目标由最大似然估计切换为最大期望回报. [Yu et al., 2017] 进一步利用生成对抗网络的思想来进行文本生成.

由于深度序列模型在输出层使用Softmax进行归一化，因此计算代价很高. 为了提高效率，[Bengio et al., 2008] 提出了利用重要性采样来加速Softmax的计算，[Mnih et al., 2013] 提出了噪声对比估计来计算非归一化的条件概率，[Morin et al., 2005] 使用了层次化Softmax函数来近似扁平的Softmax函数.

在众多的序列生成任务中，序列到序列生成是一种十分重要的任务类型. [Sutskever et al., 2014] 开创性地使用基于循环神经网络的序列到序列模型来进行机器翻译，[Bahdanau et al., 2014] 使用注意力模型来改进循环神经网络的长程依赖问题，[Gehring et al., 2017] 提出了基于卷积神经网络的序列到序列模型. 目前最成功的序列到序列模型是全连接的自注意力模型，比如 Transformer[Vaswani et al., 2017].

Texar[1]是一个非常好的序列生成框架，提供了很多主流的序列生成模型.

习题

习题 15-1 证明公式(15.19).

习题 15-2 通过文献了解N元模型中Good-Turing平滑、Kneser-Ney平滑的原理.

习题 15-3 试通过注意力机制来动态计算公式(15.24)中的权重.

习题 15-4 给定一个生成序列“The cat sat on the mat”和两个参考序列“The cat is on the mat”“The bird sat on the bush”，分别计算 BLEU-N 和 ROUGE-N 得分（$N = 1$或$N = 2$时）.

习题 15-5 描述束搜索的实现算法.

习题 15-6 根据公式(15.89)和公式(15.95)，计算噪声对比估计的参数梯度，并分析其和重要性采样中参数梯度（见公式(15.80)）的异同点.

习题 15-7 证明公式(15.113)和公式(15.114)中位置编码可以刻画一个序列中任意两个词之间的相对距离.

[1] https://github.com/asyml/texar

参考文献

Bahdanau D, Cho K, Bengio Y, 2014. Neural machine translation by jointly learning to align and translate[J]. ArXiv e-prints.

Bengio S, Vinyals O, Jaitly N, et al., 2015. Scheduled sampling for sequence prediction with recurrent neural networks[C]//Advances in Neural Information Processing Systems. 1171-1179.

Bengio Y, Senécal J S, 2008. Adaptive importance sampling to accelerate training of a neural probabilistic language model[J]. IEEE Transactions on Neural Networks, 19(4):713-722.

Bengio Y, Ducharme R, Vincent P, 2003. A neural probabilistic language model[J]. Journal of Machine Learning Research, 3:1137-1155.

Gehring J, Auli M, Grangier D, et al., 2017. Convolutional sequence to sequence learning[C]//Proceedings of the 34th International Conference on Machine Learning. 1243-1252.

Gutmann M, Hyvärinen A, 2010. Noise-contrastive estimation: A new estimation principle for unnormalized statistical models.[C]//AISTATS.

Mikolov T, Karafiát M, Burget L, et al., 2010. Recurrent neural network based language model.[C]//Interspeech: volume 2. 3.

Miller G A, 1995. Wordnet: a lexical database for english[J]. Communications of the ACM, 38(11): 39-41.

Mnih A, Kavukcuoglu K, 2013. Learning word embeddings efficiently with noise-contrastive estimation[C]//Advances in Neural Information Processing Systems. 2265-2273.

Mnih A, Teh Y W, 2012. A fast and simple algorithm for training neural probabilistic language models[J]. arXiv preprint arXiv:1206.6426.

Morin F, Bengio Y, 2005. Hierarchical probabilistic neural network language model[C]//Aistats: volume 5. 246-252.

Oord A v d, Dieleman S, Zen H, et al., 2016. Wavenet: A generative model for raw audio[J]. arXiv preprint arXiv:1609.03499.

Ranzato M, Chopra S, Auli M, et al., 2015. Sequence level training with recurrent neural networks [J]. arXiv preprint arXiv:1511.06732.

Sutskever I, Vinyals O, Le Q V, 2014. Sequence to sequence learning with neural networks[C]//Advances in Neural Information Processing Systems. 3104-3112.

Vaswani A, Shazeer N, Parmar N, et al., 2017. Attention is all you need[C]//Advances in Neural Information Processing Systems. 6000-6010.

Venkatraman A, Boots B, Hebert M, et al., 2014. Data as demonstrator with applications to system identification[C]//ALR Workshop, NIPS.

Williams R J, Zipser D, 1989. A learning algorithm for continually running fully recurrent neural networks[J]. Neural computation, 1(2):270-280.

Yu L, Zhang W, Wang J, et al., 2017. SeqGAN: Sequence generative adversarial nets with policy gradient[C]//Proceedings of Thirty-First AAAI Conference on Artificial Intelligence. 2852-2858.

|附　　录|

数学基础

附录A　线性代数

线性代数主要包含向量、向量空间（或称线性空间）以及向量的线性变换和有限维的线性方程组.

A.1　向量和向量空间

A.1.1　向量

标量（Scalar）是一个实数，只有大小，没有方向. 标量一般用斜体小写英文字母 a, b, c 来表示. 向量（Vector）是由一组实数组成的有序数组，同时具有大小和方向. 一个 N 维向量 $\boldsymbol{a}$ 是由 N 个有序实数组成，表示为

$$\boldsymbol{a} = [a_1, a_2, \cdots, a_N], \tag{A.1}$$

其中 a_n 称为向量 $\boldsymbol{a}$ 的第 n 个分量，或第 n 维. 向量符号一般用黑斜体小写英文字母 $\boldsymbol{a}, \boldsymbol{b}, \boldsymbol{c}$，或小写希腊字母 α, β, γ 等来表示.

A.1.2　向量空间

向量空间（Vector Space），也称线性空间（Linear Space），是指由向量组成的集合，并满足以下两个条件：

（1） 向量加法+：向量空间 $\mathcal{V}$ 中的两个向量 $\boldsymbol{a}$ 和 $\boldsymbol{b}$，它们的和 $\boldsymbol{a}+\boldsymbol{b}$ 也属于空间 $\mathcal{V}$；

（2） 标量乘法·：向量空间 $\mathcal{V}$ 中的任一向量 $\boldsymbol{a}$ 和任一标量 c，它们的乘积 $c \cdot \boldsymbol{a}$ 也属于空间 $\mathcal{V}$.

欧氏空间　一个常用的线性空间是欧氏空间（Euclidean Space）. 一个定义在实数域上的欧式空间通常表示为 $\mathbb{R}^N$，其中 N 为空间维度（Dimension）. 欧氏空间中的向量加法和标量乘法定义为：

$$[a_1, a_2, \cdots, a_N] + [b_1, b_2, \cdots, b_N] = [a_1 + b_1, a_2 + b_2, \cdots, a_N + b_N], \tag{A.2}$$

$$c \cdot [a_1, a_2, \cdots, a_N] = [ca_1, ca_2, \cdots, ca_N], \tag{A.3}$$

其中 $a, b, c \in \mathbb{R}$ 为标量.

线性子空间 向量空间 $\mathcal{V}$ 的线性子空间 $\mathcal{U}$ 是 $\mathcal{V}$ 的一个子集，并且满足向量空间的条件（向量加法和标量乘法）.

线性无关 线性空间 $\mathcal{V}$ 中的 M 个向量 $\{\boldsymbol{v}_1, \boldsymbol{v}_2, \cdots, \boldsymbol{v}_M\}$，如果对任意的一组标量 $\lambda_1, \lambda_2, \cdots, \lambda_M$，满足 $\lambda_1\boldsymbol{v}_1 + \lambda_2\boldsymbol{v}_2 + \cdots + \lambda_M\boldsymbol{v}_M = 0$，则必然 $\lambda_1 = \lambda_2 = \cdots = \lambda_M = 0$，那么 $\{\boldsymbol{v}_1, \boldsymbol{v}_2, \cdots, \boldsymbol{v}_M\}$ 是线性无关的，也称为线性独立的.

基向量 N 维向量空间 $\mathcal{V}$ 的基（Base）$\mathcal{B} = \{\boldsymbol{e}_1, \boldsymbol{e}_2, \cdots, \boldsymbol{e}_N\}$ 是 $\mathcal{V}$ 的有限子集，其元素之间线性无关. 向量空间 $\mathcal{V}$ 中所有的向量都可以按唯一的方式表达为 $\mathcal{B}$ 中向量的线性组合. 对任意 $v \in \mathcal{V}$，存在一组标量 $(\lambda_1, \lambda_2, \cdots, \lambda_N)$ 使得

$$\boldsymbol{v} = \lambda_1\boldsymbol{e}_1 + \lambda_2\boldsymbol{e}_2 + \cdots + \lambda_N\boldsymbol{e}_N, \tag{A.4}$$

其中基 $\mathcal{B}$ 中的向量称为基向量（Base Vector）. 如果基向量是有序的，则标量 $(\lambda_1, \lambda_2, \cdots, \lambda_N)$ 称为向量 $\boldsymbol{v}$ 关于基 $\mathcal{B}$ 的坐标（Coordinate）.

N 维空间 $\mathcal{V}$ 的一组标准基（Standard Basis）为

$$\boldsymbol{e}_1 = [1, 0, 0, \cdots, 0], \tag{A.5}$$

$$\boldsymbol{e}_2 = [0, 1, 0, \cdots, 0], \tag{A.6}$$

$$\cdots \tag{A.7}$$

$$\boldsymbol{e}_N = [0, 0, 0, \cdots, 1], \tag{A.8}$$

$\mathcal{V}$ 中的任一向量 $\boldsymbol{v} = [v_1, v_2, \cdots, v_N]$ 可以唯一地表示为

$$[v_1, v_2, \cdots, v_N] = v_1\boldsymbol{e}_1 + v_2\boldsymbol{e}_2 + \cdots + v_N\boldsymbol{e}_N, \tag{A.9}$$

$v_1, v_2, \cdots, v_N$ 也称为向量 $\boldsymbol{v}$ 的笛卡尔坐标（Cartesian Coordinate）.

向量空间中的每个向量可以看作一个线性空间中的笛卡尔坐标.

内积 一个 N 维线性空间中的两个向量 $\boldsymbol{a}$ 和 $\boldsymbol{b}$，其内积（Inner Product）为

$$\langle \boldsymbol{a}, \boldsymbol{b} \rangle = \sum_{n=1}^{N} a_n b_n. \tag{A.10}$$

内积也称为点积（Dot Product）或标量积（Scalar Product）.

正交 如果向量空间中两个向量的内积为 0，则它们正交（Orthogonal）. 如果向量空间中一个向量 $\boldsymbol{v}$ 与子空间 $\mathcal{U}$ 中的每个向量都正交，那么向量 $\boldsymbol{v}$ 和子空间 $\mathcal{U}$ 正交.

A.1.3 范数

范数（Norm）是一个表示向量"长度"的函数，为向量空间内的所有向量赋予非零的正长度或大小. 对于一个 N 维向量 $\boldsymbol{v}$，一个常见的范数函数为 ℓ_p 范数，

$$\ell_p(\boldsymbol{v}) \equiv \|\boldsymbol{v}\|_p = \left(\sum_{n=1}^{N} |v_n|^p\right)^{1/p}, \tag{A.11}$$

其中 $p \geq 0$ 为一个标量的参数. 常用的 p 的取值有 $1, 2, \infty$ 等.

ℓ_1 范数　ℓ_1 范数为向量的各个元素的绝对值之和.

$$\|\boldsymbol{v}\|_1 = \sum_{n=1}^{N} |v_n|. \tag{A.12}$$

ℓ_2 范数　ℓ_2 范数为向量的各个元素的平方和再开平方.

$$\|\boldsymbol{v}\|_2 = \sqrt{\sum_{n=1}^{N} v_n^2} = \sqrt{\boldsymbol{v}^{\top}\boldsymbol{v}}. \tag{A.13}$$

ℓ_2 范数又称为Euclidean 范数或者Frobenius 范数. 从几何角度，向量也可以表示为从原点出发的一个带箭头的有向线段，其 ℓ_2 范数为线段的长度，也常称为向量的模.

ℓ_∞ 范数　ℓ_∞ 范数为向量的各个元素的最大绝对值，

$$\|\boldsymbol{v}\|_\infty = \max\{v_1, v_2, \cdots, v_N\}. \tag{A.14}$$

图A.1给出了常见范数的示例，其中红线表示不同范数的 $\ell_p = 1$ 的点.

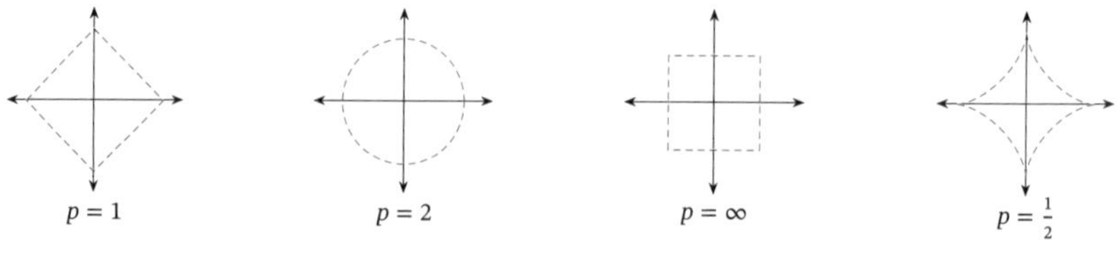

图 A.1　常见的范数

A.1.4 常见的向量

全0向量指所有元素都为0的向量，用 $\boldsymbol{0}$ 表示. 全0向量为笛卡尔坐标系中的原点.

全1向量指所有元素都为1的向量,用$\mathbf{1}$表示.

one-hot向量为有且只有一个元素为1,其余元素都为0的向量. one-hot向量是在数字电路中的一种状态编码,指对任意给定的状态,状态寄存器中只有1位为1,其余位都为0.

A.2 矩阵

A.2.1 线性映射

线性映射(Linear Mapping)是指从线性空间$\mathcal{X}$到线性空间$\mathcal{Y}$的一个映射函数$f: \mathcal{X} \to \mathcal{Y}$,并满足:对于$\mathcal{X}$中任何两个向量$\boldsymbol{u}$和$\boldsymbol{v}$以及任何标量$c$,有

从线性空间$\mathcal{X}$到其自身的线性映射,称为线性变换(Linear Transformation).

$$f(\boldsymbol{u}+\boldsymbol{v}) = f(\boldsymbol{u}) + f(\boldsymbol{v}), \tag{A.15}$$

$$f(c\boldsymbol{v}) = cf(\boldsymbol{v}). \tag{A.16}$$

两个有限维欧氏空间的映射函数$f: \mathbb{R}^N \to \mathbb{R}^M$可以表示为

$$\boldsymbol{y} = \boldsymbol{A}\boldsymbol{x} \triangleq \begin{bmatrix} a_{11}x_1 + a_{12}x_2 + \cdots + a_{1N}x_N \\ a_{21}x_1 + a_{22}x_2 + \cdots + a_{2N}x_N \\ \vdots \\ a_{M1}x_1 + a_{M2}x_2 + \cdots + a_{MN}x_N \end{bmatrix}, \tag{A.17}$$

其中$\boldsymbol{A}$是一个由M行N列个元素排列成的矩形阵列,称为$M \times N$的矩阵(Matrix):

$$\boldsymbol{A} = \begin{bmatrix} a_{11} & a_{12} & \cdots & a_{1N} \\ a_{21} & a_{22} & \cdots & a_{2N} \\ \vdots & \vdots & \ddots & \vdots \\ a_{M1} & a_{M2} & \cdots & a_{MN} \end{bmatrix}. \tag{A.18}$$

向量$\boldsymbol{x} \in \mathbb{R}^N$和$\boldsymbol{y} \in \mathbb{R}^M$为两个空间中的向量. $\boldsymbol{x}$和$\boldsymbol{y}$可以分别表示为$N \times 1$的矩阵和$M \times 1$的矩阵:

$$\boldsymbol{x} = \begin{bmatrix} x_1 \\ x_2 \\ \vdots \\ x_N \end{bmatrix}, \quad \boldsymbol{y} = \begin{bmatrix} y_1 \\ y_2 \\ \vdots \\ y_M \end{bmatrix}. \tag{A.19}$$

如果没有特别说明，本书默认向量为列向量.

这种表示形式称为列向量，即只有一列的矩阵.

为简化书写、方便排版起见，本书约定行向量（即$1 \times N$的矩阵）用逗号隔离的向量$[x_1, x_2, \cdots, x_N]$表示；列向量用分号隔开的向量$\boldsymbol{x} = [x_1; x_2; \cdots; x_N]$表示，或用行向量的转置$[x_1, x_2, \cdots, x_N]^{\top}$表示.

矩阵$\boldsymbol{A} \in \mathbb{R}^{M \times N}$定义了一个从空间$\mathbb{R}^N$到空间$\mathbb{R}^M$的线性映射. 一个矩阵$\boldsymbol{A}$从左上角数起的第$m$行第$n$列上的元素称为第$m, n$项，通常记为$[\boldsymbol{A}]_{mn}$或$a_{mn}$.

A.2.2 仿射变换

仿射变换（Affine Transformation）是指通过一个线性变换和一个平移，将一个向量空间变换成另一个向量空间的过程.

令$\boldsymbol{A} \in \mathbb{R}^{N \times N}$为$N \times N$的实数矩阵，$\boldsymbol{x} \in \mathbb{R}^N$是$N$维向量空间中的点，仿射变换可以表示为

$$\boldsymbol{y} = \boldsymbol{A}\boldsymbol{x} + \boldsymbol{b}, \tag{A.20}$$

其中$\boldsymbol{b} \in \mathbb{R}^N$为平移项. 当$\boldsymbol{b} = 0$时，仿射变换就退化为线性变换.

仿射变换可以实现线性空间中的旋转、平移、缩放变换. 仿射变换不改变原始空间的相对位置关系，具有以下性质. 1）共线性（Collinearity）不变：在同一条直线上的三个或三个以上的点，在变换后依然在一条直线上；2）比例不变：不同点之间的距离比例在变换后不变；3）平行性不变：两条平行线在转换后依然平行；4）凸性不变：一个凸集（Convex Set）在转换后依然是凸的.

A.2.3 矩阵操作

加 如果$\boldsymbol{A}$和$\boldsymbol{B}$都为$M \times N$的矩阵，则$\boldsymbol{A}$和$\boldsymbol{B}$的加也是$M \times N$的矩阵，其每个元素是A和B相应元素相加，即

$$[\boldsymbol{A} + \boldsymbol{B}]_{mn} = a_{mn} + b_{mn}. \tag{A.21}$$

乘积 假设有两个矩阵$\boldsymbol{A}$和$\boldsymbol{B}$分别表示两个线性映射$g : \mathbb{R}^K \to \mathbb{R}^M$和$f : \mathbb{R}^N \to \mathbb{R}^K$，则其复合线性映射

$$(g \circ f)(\boldsymbol{x}) = g(f(\boldsymbol{x})) = g(\boldsymbol{B}\boldsymbol{x}) = \boldsymbol{A}(\boldsymbol{B}\boldsymbol{x}) = (\boldsymbol{A}\boldsymbol{B})\boldsymbol{x}, \tag{A.22}$$

其中$\boldsymbol{AB}$表示矩阵$\boldsymbol{A}$和$\boldsymbol{B}$的乘积，定义为

$$[\boldsymbol{AB}]_{mn} = \sum_{k=1}^{K} a_{mk} b_{kn}. \tag{A.23}$$

两个矩阵的乘积仅当第一个矩阵的列数和第二个矩阵的行数相等时才能定义. 如$\boldsymbol{A}$是$M\times K$矩阵和$\boldsymbol{B}$是$K\times N$矩阵,则乘积$\boldsymbol{AB}$是一个$M\times N$的矩阵.

矩阵的乘法满足结合律和分配律:

（1）结合律:$(\boldsymbol{AB})\boldsymbol{C}=\boldsymbol{A}(\boldsymbol{BC})$,

（2）分配律:$(\boldsymbol{A}+\boldsymbol{B})\boldsymbol{C}=\boldsymbol{AC}+\boldsymbol{BC}$,$\boldsymbol{C}(\boldsymbol{A}+\boldsymbol{B})=\boldsymbol{CA}+\boldsymbol{CB}$.

转置 $M\times N$的矩阵$\boldsymbol{A}$的转置（Transposition）是一个$N\times M$的矩阵,记为$\boldsymbol{A}^{\top}$,$\boldsymbol{A}^{\top}$的第m行第n列的元素是原矩阵$\boldsymbol{A}$的第n行第m列的元素,

$$[\boldsymbol{A}^{\top}]_{mn}=[\boldsymbol{A}]_{nm}. \tag{A.24}$$

Hadamard积 矩阵$\boldsymbol{A}$和矩阵$\boldsymbol{B}$的Hadamard积（Hadamard Product）也称为逐点乘积,为$\boldsymbol{A}$和$\boldsymbol{B}$中对应的元素相乘.

$$[\boldsymbol{A}\odot\boldsymbol{B}]_{mn}=a_{mn}b_{mn}. \tag{A.25}$$

一个标量c与矩阵$\boldsymbol{A}$乘积为$\boldsymbol{A}$的每个元素是$\boldsymbol{A}$的相应元素与c的乘积

$$[c\boldsymbol{A}]_{mn}=ca_{mn}. \tag{A.26}$$

Kronecker积 如果$\boldsymbol{A}$是$M\times N$的矩阵,$\boldsymbol{B}$是$S\times T$的矩阵,那么它们的Kronecker积（Kronecker Product）是一个$MS\times NT$的矩阵:

$$[\boldsymbol{A}\otimes\boldsymbol{B}]=\begin{bmatrix} a_{11}\boldsymbol{B} & a_{12}\boldsymbol{B} & \cdots & a_{1N}\boldsymbol{B} \\ a_{21}\boldsymbol{B} & a_{22}\boldsymbol{B} & \cdots & a_{2N}\boldsymbol{B} \\ \vdots & \vdots & \ddots & \vdots \\ a_{M1}\boldsymbol{B} & a_{M2}\boldsymbol{B} & \cdots & a_{MN}\boldsymbol{B} \end{bmatrix}. \tag{A.27}$$

外积 两个向量$\boldsymbol{a}\in\mathbb{R}^M$和$\boldsymbol{b}\in\mathbb{R}^N$的外积（Outer Product）是一个$M\times N$的矩阵,定义为

外积通常看作矩阵的Kronecker积的一种特例,但两者并不等价.

$\otimes$既可以表示Kronecker积,也可以表示外积,其具体含义不同一般需要在上下文中说明.

$$\boldsymbol{a}\otimes\boldsymbol{b}=\begin{bmatrix} a_1b_1 & a_1b_2 & \dots & a_1b_N \\ a_2b_1 & a_2b_2 & \dots & a_2b_N \\ \vdots & \vdots & \ddots & \vdots \\ a_Mb_1 & a_Mb_2 & \dots & a_Mb_N \end{bmatrix}=\boldsymbol{ab}^{\top}, \tag{A.28}$$

其中$[\boldsymbol{a}\otimes\boldsymbol{b}]_{mn}=a_mb_n$.

向量化 矩阵的向量化（Vectorization）是将矩阵表示为一个列向量. 令 $\boldsymbol{A} = [a_{ij}]_{M\times N}$，向量化算子 vec(·) 定义为

$$\mathrm{vec}(\boldsymbol{A}) = [a_{11}, a_{21}, \cdots, a_{M1}, a_{12}, a_{22}, \cdots, a_{M2}, \cdots, a_{1N}, a_{2N}, \cdots, a_{MN}]^{\mathsf{T}}.$$

迹 方块矩阵 $\boldsymbol{A}$ 的对角线元素之和称为它的迹（Trace），记为 $tr(\boldsymbol{A})$. 尽管矩阵的乘法不满足交换律，但它们的迹相同，即 $tr(\boldsymbol{AB}) = tr(\boldsymbol{BA})$.

行列式 方块矩阵 $\boldsymbol{A}$ 的行列式是一个将其映射到标量的函数，记作 $\det(\boldsymbol{A})$ 或 $|\boldsymbol{A}|$. 行列式可以看作有向面积或体积的概念在欧氏空间中的推广. 在 N 维欧氏空间中，行列式描述的是一个线性变换对“体积”所造成的影响.

一个 $N \times N$ 的方块矩阵 $\boldsymbol{A}$ 的行列式定义为：

$$\det(\boldsymbol{A}) = \sum_{\sigma\in S_N} \mathrm{sgn}(\sigma) \prod_{n=1}^{N} a_{n,\sigma(n)} \tag{A.29}$$

其中 S_N 是 $\{1, 2, \cdots, N\}$ 的所有排列的集合，σ 是其中一个排列，$\sigma(n)$ 是元素 n 在排列 σ 中的位置，$\mathrm{sgn}(\sigma)$ 表示排列 σ 的符号差，定义为

$$\mathrm{sgn}(\sigma) = \begin{cases} 1 & \sigma\text{中的逆序对有偶数个} \\ -1 & \sigma\text{中的逆序对有奇数个} \end{cases} \tag{A.30}$$

其中逆序对的定义为：在排列 σ 中，如果有序数对 (i, j) 满足 $1 \leq i < j \leq N$ 但 $\sigma(i) > \sigma(j)$，则其为 σ 的一个逆序对.

秩 一个矩阵 $\boldsymbol{A}$ 的列秩是 $\boldsymbol{A}$ 的线性无关的列向量数量，行秩是 $\boldsymbol{A}$ 的线性无关的行向量数量. 一个矩阵的列秩和行秩总是相等的，简称为秩（Rank）.

一个 $M \times N$ 的矩阵 $\boldsymbol{A}$ 的秩最大为 $\min(M, N)$. 若 $\mathrm{rank}(\boldsymbol{A}) = \min(M, N)$，则称矩阵为满秩的. 如果一个矩阵不满秩，说明其包含线性相关的列向量或行向量，其行列式为 0.

两个矩阵的乘积 $\boldsymbol{AB}$ 的秩 $\mathrm{rank}(\boldsymbol{AB}) \leq \min\Big(\mathrm{rank}(\boldsymbol{A}), \mathrm{rank}(\boldsymbol{B})\Big)$.

范数 矩阵的范数有很多种形式，其中常用的 ℓ_p 范数定义为

$$\|\boldsymbol{A}\|_p = \Big(\sum_{m=1}^{M}\sum_{n=1}^{N} |a_{mn}|^p\Big)^{1/p}. \tag{A.31}$$

A.2.4 矩阵类型

对称矩阵 对称矩阵（Symmetric Matrix）指其转置等于自己的矩阵，即满足 $\boldsymbol{A} = \boldsymbol{A}^{\mathsf{T}}$.

对角矩阵 对角矩阵(Diagonal Matrix)是一个主对角线之外的元素皆为0的矩阵. 一个对角矩阵$\boldsymbol{A}$满足

$$[\boldsymbol{A}]_{mn}=0 \quad \forall m,n\in\{1,\cdots,N\}, \text{and } m\neq n. \tag{A.32}$$

对角矩阵通常指方块矩阵,但有时也指矩形对角矩阵(Rectangular Diagonal Matrix),即一个$M\times N$的矩阵,其除a_{ii}之外的元素都为0. 一个$N\times N$的对角矩阵$\boldsymbol{A}$也可以记为$\mathrm{diag}(\boldsymbol{a})$,$\boldsymbol{a}$为一个$N$维向量,并满足

$$[\boldsymbol{A}]_{nn}=a_n. \tag{A.33}$$

$N\times N$的对角矩阵$\boldsymbol{A}=\mathrm{diag}(\boldsymbol{a})$和$N$维向量$\boldsymbol{b}$的乘积为一个$N$维向量

$$\boldsymbol{A}\boldsymbol{b}=\mathrm{diag}(\boldsymbol{a})\boldsymbol{b}=\boldsymbol{a}\odot\boldsymbol{b}, \tag{A.34}$$

其中$\odot$表示按元素乘积,即$[\boldsymbol{a}\odot\boldsymbol{b}]_n=a_nb_n, 1\leq n\leq N$.

单位矩阵 单位矩阵(Identity Matrix)是一种特殊的对角矩阵,其主对角线元素为1,其余元素为0. N阶单位矩阵$\boldsymbol{I}_N$,是一个$N\times N$的方块矩阵,可以记为$I_N=\mathrm{diag}(1,1,\cdots,1)$.

一个$M\times N$的矩阵A和单位矩阵的乘积等于其本身,即

$$\boldsymbol{A}\boldsymbol{I}_N=\boldsymbol{I}_M\boldsymbol{A}=\boldsymbol{A}. \tag{A.35}$$

逆矩阵 对于一个$N\times N$的方块矩阵$\boldsymbol{A}$,如果存在另一个方块矩阵$\boldsymbol{B}$使得

$$\boldsymbol{A}\boldsymbol{B}=\boldsymbol{B}\boldsymbol{A}=\boldsymbol{I}_N, \tag{A.36}$$

其中$\boldsymbol{I}_N$为单位阵,则称$\boldsymbol{A}$是可逆的. 矩阵$\boldsymbol{B}$称为矩阵$\boldsymbol{A}$的逆矩阵(Inverse Matrix),记为$\boldsymbol{A}^{-1}$.

一个方阵的行列式等于0当且仅当该方阵不可逆.

正定矩阵 对于一个$N\times N$的对称矩阵$\boldsymbol{A}$,如果对于所有的非零向量$\boldsymbol{x}\in\mathbb{R}^N$都满足

$$\boldsymbol{x}^{\top}\boldsymbol{A}\boldsymbol{x}>0, \tag{A.37}$$

则$\boldsymbol{A}$为正定矩阵(Positive-Definite Matrix). 如果$\boldsymbol{x}^{\top}\boldsymbol{A}\boldsymbol{x}\geq 0$,则$\boldsymbol{A}$是半正定矩阵(Positive-Semidefinite Matrix).

正交矩阵 如果一个$N\times N$的方块矩阵$\boldsymbol{A}$的逆矩阵等于其转置矩阵,即

$$\boldsymbol{A}^{\top}=\boldsymbol{A}^{-1}, \tag{A.38}$$

则$\boldsymbol{A}$为正交矩阵(Orthogonal Matrix).

正交矩阵满足$\boldsymbol{A}^{\top}\boldsymbol{A}=\boldsymbol{A}\boldsymbol{A}^{\top}=\boldsymbol{I}_N$,即正交矩阵的每一行(列)向量和自身的内积为1,和其他行(列)向量的内积为0.

Gram 矩阵 向量空间中一组向量 $\boldsymbol{a}_1, \boldsymbol{a}_2, \cdots, \boldsymbol{a}_N$ 的Gram矩阵(Gram Matrix)$\boldsymbol{G}$是内积的对称矩阵,其元素 $[\boldsymbol{G}]_{mn} = \boldsymbol{a}_m^{\top}\boldsymbol{a}_n$.

A.2.5 特征值与特征向量

对一个$N \times N$的矩阵$\boldsymbol{A}$,如果存在一个标量λ和一个非零向量$\boldsymbol{v}$满足

$$\boldsymbol{A}\boldsymbol{v} = \lambda\boldsymbol{v}, \tag{A.39}$$

则λ和$\boldsymbol{v}$分别称为矩阵$\boldsymbol{A}$的特征值(Eigenvalue)和特征向量(Eigenvector).

当用矩阵$\boldsymbol{A}$对它的特征向量$\boldsymbol{v}$进行线性映射时,得到的新向量只是在$\boldsymbol{v}$的长度上缩放λ倍. 给定一个矩阵的特征值,其对应的特征向量的数量是无限多的. 令$\boldsymbol{u}$和$\boldsymbol{v}$是矩阵$\boldsymbol{A}$的特征值λ对应的特征向量,则$\alpha\boldsymbol{u}$和$\boldsymbol{u}+\boldsymbol{v}$也是特征值$\lambda$对应的特征向量.

α为任意实数.

如果矩阵$\boldsymbol{A}$是一个$N \times N$的实对称矩阵,则存在实数$\lambda_1, \cdots, \lambda_N$,以及$N$个互相正交的单位向量$\boldsymbol{v}_1, \cdots, \boldsymbol{v}_N$,使得$\boldsymbol{v}_n$为矩阵$\boldsymbol{A}$的特征值为$\lambda_n$的特征向量($1 \le n \le N$).

单位向量$\boldsymbol{v}$的模为1,即$\boldsymbol{v}^{\top}\boldsymbol{v} = 1$.

A.2.6 矩阵分解

一个矩阵通常可以用一些比较"简单"的矩阵来表示,称为矩阵分解(Matrix Decomposition, or Matrix Factorization).

A.2.6.1 特征分解

一个$N \times N$的方块矩阵$\boldsymbol{A}$的特征分解(Eigendecomposition)定义为

$$\boldsymbol{A} = \boldsymbol{Q}\boldsymbol{\Lambda}\boldsymbol{Q}^{-1}, \tag{A.40}$$

其中$\boldsymbol{Q}$为$N \times N$的方块矩阵,其每一列都为$\boldsymbol{A}$的特征向量,$\boldsymbol{\Lambda}$为对角矩阵,其每一个对角元素分别为$\boldsymbol{A}$的一个特征值.

如果$\boldsymbol{A}$为实对称矩阵,那么其不同特征值对应的特征向量相互正交. $\boldsymbol{A}$可以被分解为

$$\boldsymbol{A} = \boldsymbol{Q}\boldsymbol{\Lambda}\boldsymbol{Q}^{\top}, \tag{A.41}$$

其中$\boldsymbol{Q}$为正交矩阵.

A.2.6.2 奇异值分解

一个$M \times N$的矩阵$\boldsymbol{A}$的奇异值分解(Singular Value Decomposition, SVD)定义为

$$\boldsymbol{A} = \boldsymbol{U}\boldsymbol{\Sigma}\boldsymbol{V}^{\top}, \tag{A.42}$$

其中 $\boldsymbol{U}$ 和 $\boldsymbol{V}$ 分别为 $M\times M$ 和 $N\times N$ 的正交矩阵，$\boldsymbol{\Sigma}$ 为 $M\times N$ 的矩形对角矩阵. $\boldsymbol{\Sigma}$ 对角线上的元素称为奇异值（Singular Value），一般按从大到小排列.

根据公式(A.42)，$\boldsymbol{A}\boldsymbol{A}^{\top}=\boldsymbol{U}\boldsymbol{\Sigma}\boldsymbol{V}^{\top}\boldsymbol{V}\boldsymbol{\Sigma}\boldsymbol{U}^{\top}=\boldsymbol{U}\boldsymbol{\Sigma}^{2}\boldsymbol{U}^{\top}$，$\boldsymbol{A}^{\top}\boldsymbol{A}=\boldsymbol{V}\boldsymbol{\Sigma}\boldsymbol{U}^{\top}\boldsymbol{U}\boldsymbol{\Sigma}\boldsymbol{V}^{\top}=\boldsymbol{V}\boldsymbol{\Sigma}^{2}\boldsymbol{V}^{\top}$. 因此，$\boldsymbol{U}$ 和 $\boldsymbol{V}$ 分别为 $\boldsymbol{A}\boldsymbol{A}^{\top}$ 和 $\boldsymbol{A}^{\top}\boldsymbol{A}$ 的特征向量，$\boldsymbol{A}$ 的非零奇异值为 $\boldsymbol{A}\boldsymbol{A}^{\top}$ 或 $\boldsymbol{A}^{\top}\boldsymbol{A}$ 的非零特征值的平方根.

由于一个大小为 $M\times N$ 的矩阵 $\boldsymbol{A}$ 可以表示空间 $\mathbb{R}^{N}$ 到空间 $\mathbb{R}^{M}$ 的一种线性映射，因此奇异值分解相当于将这个线性映射分解为3个简单操作. 1）先使用 $\boldsymbol{V}$ 在原始空间中进行坐标旋转. 2）用 $\boldsymbol{\Sigma}$ 对旋转后的每一维进行缩放. 如果 $M>N$，则补 $M-N$ 个0；相反，如果 $M<N$，则舍去最后的 $N-M$ 维. 3）使用 $\boldsymbol{U}$ 进行再一次的坐标旋转.

一个向量 $\boldsymbol{x}\in\mathbb{R}^{N}$ 左乘一个正交矩阵 $\boldsymbol{U}\in\mathbb{R}^{N\times N}$，可以看作对 $\boldsymbol{x}$ 进行坐标旋转，即 $\boldsymbol{U}$ 中的行向量构成一组正交基向量.

令 K 为矩阵 $\boldsymbol{A}$ 的非零奇异值的数量，矩阵 $\boldsymbol{A}$ 可以写为

矩阵 $\boldsymbol{A}$ 的非零奇异值数量等于矩阵的秩，即 $K=\mathrm{rank}(\boldsymbol{A})<\min(M,N)$.

$$\boldsymbol{A}=\sum_{k=1}^{K}\sigma_k\boldsymbol{u}_k\boldsymbol{v}_k^{\top},\tag{A.43}$$

$$=\boldsymbol{U}_K\boldsymbol{\Sigma}_K\boldsymbol{V}_K^{\top},\tag{A.44}$$

其中 $\boldsymbol{U}_K=[\boldsymbol{u}_1,\cdots,\boldsymbol{u}_K]$ 和 $\boldsymbol{V}_K=[\boldsymbol{v}_1,\cdots,\boldsymbol{v}_K]$ 分别为 $M\times K$ 和 $N\times K$ 的矩阵，$\boldsymbol{\Sigma}_K=\mathrm{diag}(\sigma_1,\cdots,\sigma_K)$ 为 $K\times K$ 的对角矩阵. 公式(A.44)也称为紧凑的奇异值分解（Compact SVD）. 如果令 $K<rank(\boldsymbol{A})$，并舍去小的奇异值，则公式(A.44)也称为截断的奇异值分解（Truncated SVD）. 在实际应用中，通常使用截断的奇异值分解来提高计算效率，但是截断的奇异值分解只是一种近似的矩阵分解，不能精确重构出原始矩阵.

附录B　微积分

微积分（Calculus）是研究函数的微分（Differentiation）、积分（Integration）及其相关应用的数学分支.

B.1　微分

B.1.1　导数

导数（Derivative）是微积分学中重要的基础概念.

对于定义域和值域都是实数域的函数 $f: \mathbb{R} \to \mathbb{R}$，若 $f(x)$ 在点 x_0 的某个邻域 Δx 内，极限

$$f'(x_0) = \lim_{\Delta x \to 0} \frac{f(x_0 + \Delta x) - f(x_0)}{\Delta x} \tag{B.1}$$

存在，则称函数 $f(x)$ 在点 x_0 处可导，$f'(x_0)$ 称为其导数，或导函数，也可以记为 $\frac{\mathrm{d}f(x_0)}{\mathrm{d}x}$.

在几何上，导数可以看作函数曲线上的切线斜率. 图B.1给出了一个函数导数的可视化示例，其中函数 $g(x)$ 的斜率为函数 $f(x)$ 在点 x 的导数，$\Delta y = f(x + \Delta x) - f(x)$.

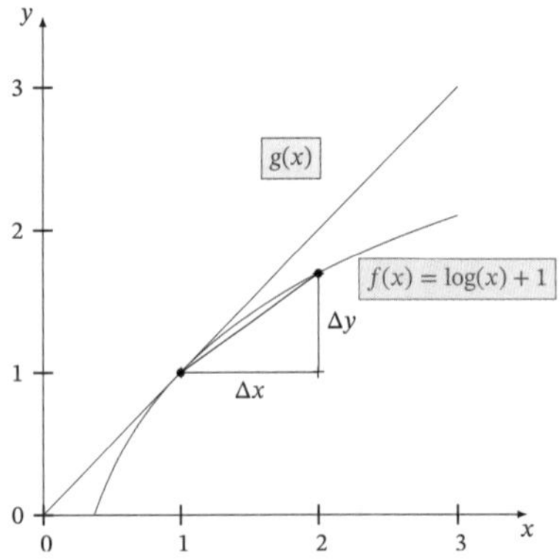

图 B.1　函数 $f(x) = \log(x) + 1$ 的导数

表B.1给出了几个常见函数的导数.

表 B.1 几个常见函数的导数

函数	函数形式	导数
常函数	$f(x)=C$,其中 C 为常数	$f'(x)=0$
幂函数	$f(x)=x^r$,其中 r 是非零实数	$f'(x)=rx^{r-1}$
指数函数	$f(x)=\exp(x)$	$f'(x)=\exp(x)$
对数函数	$f(x)=\log(x)$	$f'(x)=\frac{1}{x}$

高阶导数 对一个函数的导数继续求导，可以得到高阶导数. 函数 $f(x)$ 的导数 $f'(x)$ 称为一阶导数,$f'(x)$ 的导数称为二阶导数,记为 $f''(x)$、$f^{(2)}(x)$ 或 $\frac{\mathrm{d}^2 f(x)}{\mathrm{d}x^2}$.

偏导数 对于一个多元变量函数 $f:\mathbb{R}^D\rightarrow\mathbb{R}$,它的偏导数(Partial Derivative)是关于其中一个变量 x_i 的导数,而保持其他变量固定,可以记为 $f'_{x_i}(\boldsymbol{x})$,$\nabla_{x_i} f(\boldsymbol{x})$,$\frac{\partial f(\boldsymbol{x})}{\partial x_i}$ 或 $\frac{\partial}{\partial x_i}f(\boldsymbol{x})$.

B.1.2 微分

给定一个连续函数，计算其导数的过程称为微分(Differentiation). 若函数 $f(x)$ 在其定义域包含的某区间内每一个点都可导,那么也可以说函数 $f(x)$ 在这个区间内可导. 如果一个函数 $f(x)$ 在定义域中的所有点都存在导数，则 $f(x)$ 为可微函数(Differentiable Function). 可微函数一定连续,但连续函数不一定可微. 例如,函数 $|x|$ 为连续函数,但在点 $x=0$ 处不可导.

B.1.3 泰勒公式

泰勒公式(Taylor's Formula)是一个函数 $f(x)$ 在已知某一点的各阶导数值的情况之下，可以用这些导数值做系数构建一个多项式来近似函数在这一点的邻域中的值.

如果函数 $f(x)$ 在 a 点处 n 次可导($n\geq 1$),在一个包含点 a 的区间上的任意 x,都有

$$
\begin{aligned}
f(x)=f(a)&+\frac{1}{1!}f'(a)(x-a)+\frac{1}{2!}f^{(2)}(a)(x-a)^2+\cdots\\
&+\frac{1}{n!}f^{(n)}(a)(x-a)^n+R_n(x),
\end{aligned}
\tag{B.2}
$$

其中 $f^{(n)}(a)$ 表示函数 $f(x)$ 在点 a 的 n 阶导数.

上面公式中的多项式部分称为函数 $f(x)$ 在 a 处的 n 阶泰勒展开式，剩余的 $R_n(x)$ 是泰勒公式的余项,是 $(x-a)^n$ 的高阶无穷小.

B.2 积分

积分（Integration）是微分的逆过程，即如何从导数推算出原函数. 积分通常可以分为定积分（Definite Integral）和不定积分（Indefinite Integral）.

积分符号 $\int$ 为一个拉长的字母 S，表示求和（Sum），和 $\boldsymbol{\Sigma}$ 有类似的意义.

函数 $f(x)$ 的不定积分可以写为

$$F(x) = \int f(x)\mathrm{d}x, \tag{B.3}$$

其中 $F(x)$ 称为 $f(x)$ 的原函数或反导函数，$\mathrm{d}x$ 表示积分变量为 x. 当 $f(x)$ 是 $F(x)$ 的导数时，$F(x)$ 是 $f(x)$ 的不定积分. 根据导数的性质，一个函数 $f(x)$ 的不定积分是不唯一的. 若 $F(x)$ 是 $f(x)$ 的不定积分，$F(x)+C$ 也是 $f(x)$ 的不定积分，其中 C 为一个常数.

给定一个变量为 x 的实值函数 $f(x)$ 和闭区间 $[a,b]$，定积分可以理解为在坐标平面上由函数 $f(x)$，垂直直线 $x=a$，$x=b$ 以及 x 轴围起来的区域的带符号的面积，记为

$$\int_a^b f(x)\mathrm{d}x. \tag{B.4}$$

带符号的面积表示 x 轴以上的面积为正，x 轴以下的面积为负.

积分的严格定义有很多种，最常见的积分定义之一为黎曼积分（Riemann Integral）. 对于闭区间 $[a,b]$，我们定义 $[a,b]$ 的一个分割为此区间中取一个有限的点列

$$a = x_0 < x_1 < x_2 < \ldots < x_N = b.$$

这些点将区间 $[a,b]$ 分割为 N 个子区间 $[x_{n-1},x_n]$，其中 $1 \le n \le N$. 每个区间取出一个点 $t_n \in [x_{n-1},x_n]$ 作为代表.

在这个分割上，函数 $f(x)$ 的黎曼和定义为

$$\sum_{n=1}^{N} f(t_n)(x_n - x_{n-1}), \tag{B.5}$$

即所有子区间的带符号面积之和.

不同分割的黎曼和不同. 当 $\lambda = \max_{n=1}^{N}(x_n - x_{n-1})$ 足够小时，如果所有的黎曼和都趋于某个极限，那么这个极限就叫作函数 $f(x)$ 在闭区间 $[a,b]$ 上的黎曼积分. 图B.2给出了不同分割的黎曼和示例，其中 N 表示分割的子区间数量.

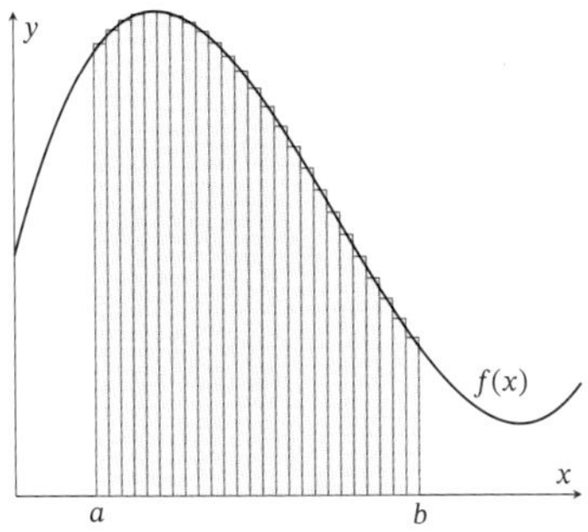

(a) $N = 25$

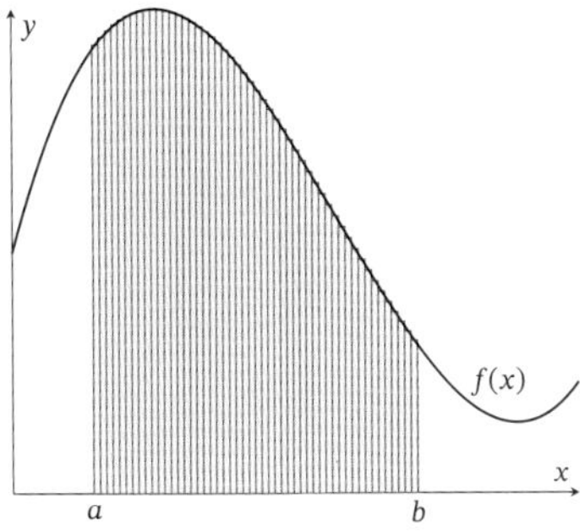

(b) $N = 50$

图 B.2 不同分割的黎曼和示例

B.3 矩阵微积分

为了书写简便，我们通常把单个函数对多个变量或者多元函数对单个变量的偏导数写成向量和矩阵的形式，使其可以被当成一个整体处理. 矩阵微积分（Matrix Calculus）是多元微积分的一种表达方式，即使用矩阵和向量来表示因变量每个成分关于自变量每个成分的偏导数[1].

矩阵微积分的表示通常有两种符号约定：分子布局（Numerator Layout）和分母布局（Denominator Layout）. 两者的区别是一个标量关于一个向量的导数是写成列向量还是行向量.

除特别说明外，本书默认采用分母布局.

标量关于向量的偏导数 对于 M 维向量 $\boldsymbol{x} \in \mathbb{R}^M$ 和函数 $y = f(\boldsymbol{x}) \in \mathbb{R}$，则 y 关于 $\boldsymbol{x}$ 的偏导数为

$$\text{分母布局} \qquad \frac{\partial y}{\partial \boldsymbol{x}} = [\frac{\partial y}{\partial x_1}, \cdots, \frac{\partial y}{\partial x_M}]^{\mathrm{T}} \qquad \in \mathbb{R}^{M\times 1}, \tag{B.6}$$

$$\text{分子布局} \qquad \frac{\partial y}{\partial \boldsymbol{x}} = [\frac{\partial y}{\partial x_1}, \cdots, \frac{\partial y}{\partial x_M}] \qquad \in \mathbb{R}^{1\times M}. \tag{B.7}$$

在分母布局中，$\frac{\partial y}{\partial \boldsymbol{x}}$ 为列向量；而在分子布局中，$\frac{\partial y}{\partial \boldsymbol{x}}$ 为行向量.

向量关于标量的偏导数 对于标量 $x \in \mathbb{R}$ 和函数 $\boldsymbol{y} = f(x) \in \mathbb{R}^N$，则 $\boldsymbol{y}$ 关于 x 的偏导数为

$$\text{分母布局} \qquad \frac{\partial \boldsymbol{y}}{\partial x} = [\frac{\partial y_1}{\partial x}, \cdots, \frac{\partial y_N}{\partial x}] \qquad \in \mathbb{R}^{1\times N}, \tag{B.8}$$

$$\text{分子布局} \qquad \frac{\partial \boldsymbol{y}}{\partial x} = [\frac{\partial y_1}{\partial x}, \cdots, \frac{\partial y_N}{\partial x}]^{\mathrm{T}} \qquad \in \mathbb{R}^{N\times 1}. \tag{B.9}$$

在分母布局中，$\frac{\partial \boldsymbol{y}}{\partial x}$ 为行向量；而在分子布局中，$\frac{\partial \boldsymbol{y}}{\partial x}$ 为列向量.

---

[1] 详细的矩阵微积分可以参考https://en.wikipedia.org/wiki/Matrix_calculus.

向量关于向量的偏导数 对于 M 维向量 $\boldsymbol{x} \in \mathbb{R}^M$ 和函数 $\boldsymbol{y} = f(\boldsymbol{x}) \in \mathbb{R}^N$，则 $f(\boldsymbol{x})$ 关于 $\boldsymbol{x}$ 的偏导数（分母布局）为

$$\frac{\partial f(\boldsymbol{x})}{\partial \boldsymbol{x}} = \begin{bmatrix} \frac{\partial y_1}{\partial x_1} & \cdots & \frac{\partial y_N}{\partial x_1} \\ \vdots & \ddots & \vdots \\ \frac{\partial y_1}{\partial x_M} & \cdots & \frac{\partial y_N}{\partial x_M} \end{bmatrix} \in \mathbb{R}^{M \times N}, \tag{B.10}$$

雅可比矩阵通常采用分子布局.

称为函数 $f(\boldsymbol{x})$ 的雅可比矩阵（Jacobian Matrix）的转置.

对于 M 维向量 $\boldsymbol{x} \in \mathbb{R}^M$ 和函数 $y = f(\boldsymbol{x}) \in \mathbb{R}$，则 $f(\boldsymbol{x})$ 关于 $\boldsymbol{x}$ 的二阶偏导数（分母布局）为

$$\boldsymbol{H} = \frac{\partial^2 f(\boldsymbol{x})}{\partial \boldsymbol{x}^2} = \begin{bmatrix} \frac{\partial^2 y}{\partial x_1^2} & \cdots & \frac{\partial^2 y}{\partial x_1 \partial x_M} \\ \vdots & \ddots & \vdots \\ \frac{\partial^2 y}{\partial x_M \partial x_1} & \cdots & \frac{\partial^2 y}{\partial x_M^2} \end{bmatrix} \in \mathbb{R}^{M \times M}, \tag{B.11}$$

称为函数 $f(\boldsymbol{x})$ 的Hessian 矩阵，也写作 $\nabla^2 f(\boldsymbol{x})$，其中第 m, n 个元素为 $\frac{\partial^2 y}{\partial x_m \partial x_n}$.

B.3.1 导数法则

复合函数的导数的计算可以通过以下法则来简化.

B.3.1.1 加（减）法则

若 $\boldsymbol{x} \in \mathbb{R}^M$，$\boldsymbol{y} = f(\boldsymbol{x}) \in \mathbb{R}^N$，$\boldsymbol{z} = g(\boldsymbol{x}) \in \mathbb{R}^N$，则

$$\frac{\partial (\boldsymbol{y} + \boldsymbol{z})}{\partial \boldsymbol{x}} = \frac{\partial \boldsymbol{y}}{\partial \boldsymbol{x}} + \frac{\partial \boldsymbol{z}}{\partial \boldsymbol{x}} \quad \in \mathbb{R}^{M \times N}. \tag{B.12}$$

B.3.1.2 乘法法则

（1）若 $\boldsymbol{x} \in \mathbb{R}^M$，$\boldsymbol{y} = f(\boldsymbol{x}) \in \mathbb{R}^N$，$\boldsymbol{z} = g(\boldsymbol{x}) \in \mathbb{R}^N$，则

$$\frac{\partial \boldsymbol{y}^\top \boldsymbol{z}}{\partial \boldsymbol{x}} = \frac{\partial \boldsymbol{y}}{\partial \boldsymbol{x}} \boldsymbol{z} + \frac{\partial \boldsymbol{z}}{\partial \boldsymbol{x}} \boldsymbol{y} \quad \in \mathbb{R}^M. \tag{B.13}$$

（2）若 $\boldsymbol{x} \in \mathbb{R}^M$，$\boldsymbol{y} = f(\boldsymbol{x}) \in \mathbb{R}^S$，$\boldsymbol{z} = g(\boldsymbol{x}) \in \mathbb{R}^T$，$\boldsymbol{A} \in \mathbb{R}^{S \times T}$ 和 $\boldsymbol{x}$ 无关，则

$$\frac{\partial \boldsymbol{y}^\top \boldsymbol{A} \boldsymbol{z}}{\partial \boldsymbol{x}} = \frac{\partial \boldsymbol{y}}{\partial \boldsymbol{x}} \boldsymbol{A} \boldsymbol{z} + \frac{\partial \boldsymbol{z}}{\partial \boldsymbol{x}} \boldsymbol{A}^\top \boldsymbol{y} \quad \in \mathbb{R}^M. \tag{B.14}$$

（3）若 $\boldsymbol{x} \in \mathbb{R}^M$，$y = f(\boldsymbol{x}) \in \mathbb{R}$，$\boldsymbol{z} = g(\boldsymbol{x}) \in \mathbb{R}^N$，则

$$\frac{\partial y \boldsymbol{z}}{\partial \boldsymbol{x}} = y \frac{\partial \boldsymbol{z}}{\partial \boldsymbol{x}} + \frac{\partial y}{\partial \boldsymbol{x}} \boldsymbol{z}^\top \quad \in \mathbb{R}^{M \times N}. \tag{B.15}$$

B.3.1.3 链式法则

链式法则（Chain Rule）是在微积分中求复合函数导数的一种常用方法.

（1）若 $x \in \mathbb{R}$，$\boldsymbol{y} = g(x) \in \mathbb{R}^M$，$\boldsymbol{z} = f(\boldsymbol{y}) \in \mathbb{R}^N$，则

$$\frac{\partial \boldsymbol{z}}{\partial x} = \frac{\partial \boldsymbol{y}}{\partial x}\frac{\partial \boldsymbol{z}}{\partial \boldsymbol{y}} \quad \in \mathbb{R}^{1\times N}. \tag{B.16}$$

（2）若 $\boldsymbol{x} \in \mathbb{R}^M$，$\boldsymbol{y} = g(\boldsymbol{x}) \in \mathbb{R}^K$，$\boldsymbol{z} = f(\boldsymbol{y}) \in \mathbb{R}^N$，则

$$\frac{\partial \boldsymbol{z}}{\partial \boldsymbol{x}} = \frac{\partial \boldsymbol{y}}{\partial \boldsymbol{x}}\frac{\partial \boldsymbol{z}}{\partial \boldsymbol{y}} \quad \in \mathbb{R}^{M\times N}. \tag{B.17}$$

（3）若 $\boldsymbol{X} \in \mathbb{R}^{M\times N}$ 为矩阵，$\boldsymbol{y} = g(\boldsymbol{X}) \in \mathbb{R}^K$，$z = f(\boldsymbol{y}) \in \mathbb{R}$，则

$$\frac{\partial z}{\partial x_{ij}} = \frac{\partial \boldsymbol{y}}{\partial x_{ij}}\frac{\partial z}{\partial \boldsymbol{y}} \quad \in \mathbb{R}. \tag{B.18}$$

B.4 常见函数的导数

这里我们介绍本书中常用的几个函数.

B.4.1 向量函数及其导数

对一个向量 $\boldsymbol{x}$ 有

$$\frac{\partial \boldsymbol{x}}{\partial \boldsymbol{x}} = \boldsymbol{I}, \tag{B.19}$$

$$\frac{\partial \|\boldsymbol{x}\|^2}{\partial \boldsymbol{x}} = 2\boldsymbol{x}, \tag{B.20}$$

$$\frac{\partial \boldsymbol{A}\boldsymbol{x}}{\partial \boldsymbol{x}} = \boldsymbol{A}^{\top}, \tag{B.21}$$

$$\frac{\partial \boldsymbol{x}^{\top}\boldsymbol{A}}{\partial \boldsymbol{x}} = \boldsymbol{A}. \tag{B.22}$$

B.4.2 按位计算的向量函数及其导数

假设一个函数 $f(x)$ 的输入是标量 x. 对于一组 K 个标量 $x_1, \cdots, x_K$，我们可以通过 $f(x)$ 得到另外一组 K 个标量 $z_1, \cdots, z_K$，

$$z_k = f(x_k), \qquad \forall k = 1, \cdots, K \tag{B.23}$$

为了简便起见，我们定义 $\boldsymbol{x} = [x_1, \cdots, x_K]^{\top}$，$\boldsymbol{z} = [z_1, \cdots, z_K]^{\top}$，

$$\boldsymbol{z} = f(\boldsymbol{x}), \tag{B.24}$$

其中 $f(\boldsymbol{x})$ 是按位运算的,即 $[f(\boldsymbol{x})]_k = f(x_k)$.

当 x 为标量时, $f(x)$ 的导数记为 $f'(x)$. 当输入为 K 维向量 $\boldsymbol{x} = [x_1, \cdots, x_K]^\top$ 时,其导数为一个对角矩阵.

i, j 为矩阵元素的下标.

$$\frac{\partial f(\boldsymbol{x})}{\partial \boldsymbol{x}} = \left[\frac{\partial f(x_j)}{\partial x_i}\right]_{K\times K} \tag{B.25}$$

$$= \begin{bmatrix} f'(x_1) & 0 & \cdots & 0 \\ 0 & f'(x_2) & \cdots & 0 \\ \vdots & \vdots & \ddots & \vdots \\ 0 & 0 & \cdots & f'(x_K) \end{bmatrix} \tag{B.26}$$

$$= \mathrm{diag}(f'(\boldsymbol{x})). \tag{B.27}$$

B.4.2.1 Logistic 函数

Logistic 函数是一种常用的 S 型函数,是比利时数学家 Pierre François Verhulst 在 1844 年~1845 年研究种群数量的增长模型时提出命名的,最初作为一种生态学模型.

Logistic 函数定义为

$$\mathrm{logistic}(x) = \frac{L}{1 + \exp(-K(x - x_0))}, \tag{B.28}$$

其中 $\exp(\cdot)$ 函数表示自然对数, x_0 是中心点, L 是最大值, K 是曲线的倾斜度. 图B.3给出了几种不同参数的 Logistic 函数曲线. 当 x 趋向于 $-\infty$ 时, logistic(x) 接近于 0;当 x 趋向于 $+\infty$ 时, logistic(x) 接近于 L.

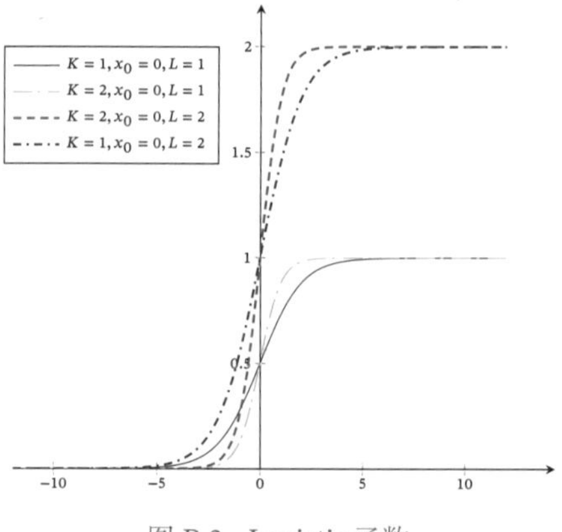

图 B.3 Logistic 函数

当参数为 $(k = 1, x_0 = 0, L = 1)$ 时, Logistic 函数称为标准 Logistic 函数,记

为 $\sigma(x)$.

$$\sigma(x) = \frac{1}{1+\exp(-x)}. \tag{B.29}$$

标准 Logistic 函数在机器学习中使用得非常广泛，经常用来将一个实数空间的数映射到 $(0,1)$ 区间.

标准 Logistic 函数的导数为

$$\sigma'(x) = \sigma(x)\big(1-\sigma(x)\big). \tag{B.30}$$

当输入为 K 维向量 $\boldsymbol{x} = [x_1, \cdots, x_K]^{\top}$ 时，其导数为

$$\sigma'(\boldsymbol{x}) = \operatorname{diag}\Big(\sigma(\boldsymbol{x}) \odot (1-\sigma(\boldsymbol{x}))\Big). \tag{B.31}$$

B.4.2.2 Softmax 函数

Softmax 函数可以将多个标量映射为一个概率分布. 对于 K 个标量 $x_1, \cdots, x_K$，Softmax 函数定义为

$$z_k = \operatorname{softmax}(x_k) = \frac{\exp(x_k)}{\sum_{i=1}^{K}\exp(x_i)}. \tag{B.32}$$

这样，我们可以将 K 个标量 $x_1, \cdots, x_K$ 转换为一个分布：$z_1, \cdots, z_K$，满足

$$z_k \in (0,1), \qquad \forall k, \tag{B.33}$$

$$\sum_{k=1}^{K} z_k = 1. \tag{B.34}$$

为了简便起见，用 K 维向量 $\boldsymbol{x} = [x_1; \cdots; x_K]$ 来表示 Softmax 函数的输入，Softmax 函数可以简写为

$$\begin{aligned}
\hat{\boldsymbol{z}} &= \operatorname{softmax}(\boldsymbol{x}) && \text{(B.35)}\\
&= \frac{1}{\sum_{k=1}^{K}\exp(x_k)}\begin{bmatrix}\exp(x_1)\\ \vdots \\ \exp(x_K)\end{bmatrix} && \text{(B.36)}\\
&= \frac{\exp(\boldsymbol{x})}{\sum_{k=1}^{K}\exp(x_k)} && \text{(B.37)}\\
&= \frac{\exp(\boldsymbol{x})}{\mathbf{1}_K^{\top}\exp(\boldsymbol{x})}, && \text{(B.38)}
\end{aligned}$$

其中 $\mathbf{1}_K = [1, \cdots, 1]_{K\times 1}$ 是 K 维的全 1 向量.

Softmax 函数的导数为

$$\frac{\partial\,\mathrm{softmax}(\boldsymbol{x})}{\partial \boldsymbol{x}} = \frac{\partial\left(\frac{\exp(\boldsymbol{x})}{\mathbf{1}_K^\top \exp(\boldsymbol{x})}\right)}{\partial \boldsymbol{x}} \tag{B.39}$$

$$= \frac{1}{\mathbf{1}_K^\top \exp(\boldsymbol{x})}\frac{\partial \exp(\boldsymbol{x})}{\partial \boldsymbol{x}} + \frac{\partial\left(\frac{1}{\mathbf{1}_K^\top \exp(\boldsymbol{x})}\right)}{\partial \boldsymbol{x}}\left(\exp(\boldsymbol{x})\right)^\top \tag{B.40}$$

$$= \frac{\mathrm{diag}\left(\exp(\boldsymbol{x})\right)}{\mathbf{1}_K^\top \exp(\boldsymbol{x})} - \left(\frac{1}{(\mathbf{1}_K^\top \exp(\boldsymbol{x}))^2}\right)\frac{\partial\left(\mathbf{1}_K^\top \exp(\boldsymbol{x})\right)}{\partial \boldsymbol{x}}\left(\exp(\boldsymbol{x})\right)^\top \tag{B.41}$$

$\mathrm{diag}\left(\exp(\boldsymbol{x})\right)\mathbf{1}_K = \exp(\boldsymbol{x})$.

$$= \frac{\mathrm{diag}\left(\exp(\boldsymbol{x})\right)}{\mathbf{1}_K^\top \exp(\boldsymbol{x})} - \left(\frac{1}{(\mathbf{1}_K^\top \exp(\boldsymbol{x}))^2}\right)\mathrm{diag}\left(\exp(\boldsymbol{x})\right)\mathbf{1}_K\left(\exp(\boldsymbol{x})\right)^\top \tag{B.42}$$

$$= \frac{\mathrm{diag}\left(\exp(\boldsymbol{x})\right)}{\mathbf{1}_K^\top \exp(\boldsymbol{x})} - \left(\frac{1}{(\mathbf{1}_K^\top \exp(\boldsymbol{x}))^2}\right)\exp(\boldsymbol{x})\left(\exp(\boldsymbol{x})\right)^\top \tag{B.43}$$

$$= \mathrm{diag}\left(\frac{\exp(\boldsymbol{x})}{\mathbf{1}_K^\top \exp(\boldsymbol{x})}\right) - \frac{\exp(\boldsymbol{x})}{\mathbf{1}_K^\top \exp(\boldsymbol{x})}\frac{\left(\exp(\boldsymbol{x})\right)^\top}{\mathbf{1}_K^\top \exp(\boldsymbol{x})} \tag{B.44}$$

$$= \mathrm{diag}\left(\mathrm{softmax}(\boldsymbol{x})\right) - \mathrm{softmax}(\boldsymbol{x})\,\mathrm{softmax}(\boldsymbol{x})^\top. \tag{B.45}$$

附录 C 数学优化

数学优化（Mathematical Optimization）问题，也叫最优化问题，是指在一定约束条件下，求解一个目标函数的最大值（或最小值）问题.

数学优化问题的定义为：给定一个目标函数（也叫代价函数）$f : \mathcal{A} \to \mathbb{R}$，寻找一个变量（也叫参数）$\boldsymbol{x}^* \in \mathcal{D} \subset \mathcal{A}$，使得对于所有 $\mathcal{D}$ 中的 $\boldsymbol{x}$，都满足 $f(\boldsymbol{x}^*) \leq f(\boldsymbol{x})$（最小化）；或者 $f(\boldsymbol{x}^*) \geq f(\boldsymbol{x})$（最大化），其中 $\mathcal{D}$ 为变量 $\boldsymbol{x}$ 的约束集，也叫可行域；$\mathcal{D}$ 中的变量被称为是可行解.

C.1 数学优化的类型

C.1.1 离散优化和连续优化

根据输入变量 $\boldsymbol{X}$ 的值域是否为实数域，数学优化问题可以分为离散优化问题和连续优化问题.

C.1.1.1 离散优化问题

离散优化（Discrete Optimization）问题是目标函数的输入变量为离散变量，比如为整数或有限集合中的元素. 离散优化问题主要有两个分支：

（1）组合优化（Combinatorial Optimization）：其目标是从一个有限集合中找出使得目标函数最优的元素. 在一般的组合优化问题中，集合中的元素之间存在一定的关联，可以表示为图结构. 典型的组合优化问题有旅行商问题、最小生成树问题、图着色问题等. 很多机器学习问题都是组合优化问题，比如特征选择、聚类问题、超参数优化问题以及结构化学习（Structured Learning）中标签预测问题等.

（2）整数规划（Integer Programming）：输入变量 $\boldsymbol{x} \in \mathbb{Z}^D$ 为整数向量. 常见的整数规划问题通常为整数线性规划（Integer Linear Programming，ILP）. 整数线性规划的一种最直接的求解方法是：1）去掉输入必须为整数的限制，将原问题转换为一般的线性规划问题，这个线性规划问题为原问题的松弛问题；2）求得相应松弛问题的解；3）把松弛问题的解四舍五入到最接近的整数. 但是这种方法得到的解一般都不是最优的，因为原问题的最优解不一定在松弛问题最优解的附近. 另外，这种方法得到的解也不一定满足约束条件.

离散优化问题的求解一般都比较困难,优化算法的复杂度都比较高.

C.1.1.2 连续优化问题

连续优化(Continuous Optimization)问题是目标函数的输入变量为连续变量 $\boldsymbol{x} \in \mathbb{R}^D$,即目标函数为实函数. 本节后面的内容主要以连续优化为主.

C.1.2 无约束优化和约束优化

在连续优化问题中,根据是否有变量的约束条件,可以将优化问题分为无约束优化问题和约束优化问题.

最优化问题一般可以表示为求最小值问题. 求 $f(\boldsymbol{x})$ 最大值等价于求 $-f(\boldsymbol{x})$ 的最小值.

无约束优化(Unconstrained Optimization)问题的可行域通常为整个实数域 $\mathcal{D} = \mathbb{R}^D$,可以写为

$$\min_{\boldsymbol{x}} \quad f(\boldsymbol{x}), \tag{C.1}$$

其中 $\boldsymbol{x} \in \mathbb{R}^D$ 为输入变量,$f : \mathbb{R}^D \to \mathbb{R}$ 为目标函数.

拉格朗日乘数法参见第C.3节.

约束优化(Constrained Optimization)问题中变量 $\boldsymbol{x}$ 需要满足一些等式或不等式的约束. 约束优化问题通常使用拉格朗日乘数法来进行求解.

C.1.3 线性优化和非线性优化

如果在公式(C.1)中, 目标函数和所有的约束函数都为线性函数, 则该问题为线性规划(Linear Programming)问题. 相反, 如果目标函数或任何一个约束函数为非线性函数,则该问题为非线性规划(Nonlinear Programming)问题.

在非线性优化问题中,有一类比较特殊的问题是凸优化(Convex Optimization)问题. 在凸优化问题中, 变量 $\boldsymbol{x}$ 的可行域为凸集(Convex Set), 即对于集合中任意两点, 它们的连线全部位于集合内部. 目标函数 f 也必须为凸函数, 即满足

$$f\Big(\alpha\boldsymbol{x} + (1-\alpha)\boldsymbol{y}\Big) \le \alpha f(\boldsymbol{x}) + (1-\alpha) f(\boldsymbol{y}), \ \forall \alpha \in [0,1]. \tag{C.2}$$

凸优化问题是一种特殊的约束优化问题,需满足目标函数为凸函数,并且等式约束函数为线性函数,不等式约束函数为凸函数.

C.2 优化算法

优化问题一般都可以通过迭代的方式来求解:通过猜测一个初始的估计 $\boldsymbol{x}_0$, 然后不断迭代产生新的估计 $\boldsymbol{x}_1, \boldsymbol{x}_2, \cdots \boldsymbol{x}_t$, 希望 $\boldsymbol{x}_t$ 最终收敛到期望的最优解 $\boldsymbol{x}^*$.

一个好的优化算法应该是在一定的时间或空间复杂度下能够快速准确地找到最优解. 同时,好的优化算法受初始猜测点的影响较小,通过迭代能稳定地找到最优解 $\boldsymbol{x}^*$ 的邻域,然后迅速收敛于 $\boldsymbol{x}^*$.

优化算法中常用的迭代方法有线性搜索和置信域方法等. 线性搜索的策略是寻找方向和步长,具体算法有梯度下降法、牛顿法、共轭梯度法等.

本书中只介绍梯度下降法.

C.2.1 全局最小解和局部最小解

对于很多非线性优化问题,会存在若干个局部最小值(Local Minima),其对应的解称为局部最小解(Local Minimizer). 局部最小解 $\boldsymbol{x}^*$ 定义为:存在一个 $\delta > 0$,对于所有的满足 $\|\boldsymbol{x} - \boldsymbol{x}^*\| \leq \delta$ 的 $\boldsymbol{x}$,都有 $f(\boldsymbol{x}^*) \leq f(\boldsymbol{x})$. 也就是说,在 $\boldsymbol{x}^*$ 的邻域内,所有的函数值都大于或者等于 $f(\boldsymbol{x}^*)$.

局部最小解也称为局部最小值点,或更一般性地称为局部最优解.

对于所有的 $\boldsymbol{x} \in \mathcal{D}$,都有 $f(\boldsymbol{x}^*) \leq f(\boldsymbol{x})$ 成立,则 $\boldsymbol{x}^*$ 为全局最小解(Global Minimizer).

全局最小解也称为全局最小值点,或更一般性地称为全局最优解.

求局部最小解一般是比较容易的,但很难保证其为全局最小解. 对于线性规划或凸优化问题,局部最小解就是全局最小解.

要确认一个点 $\boldsymbol{x}^*$ 是否为局部最小解,通过比较它的邻域内有没有更小的函数值是不现实的. 如果函数 $f(\boldsymbol{x})$ 是二次连续可微的,我们可以通过检查目标函数在点 $\boldsymbol{x}^*$ 的梯度 $\nabla f(\boldsymbol{x}^*)$ 和 Hessian 矩阵 $\nabla^2 f(\boldsymbol{x}^*)$ 来判断.

Hessian 矩阵参见公式(B.11).

定理 C.1 – 局部最小解的一阶必要条件: 如果 $\boldsymbol{x}^*$ 为局部最小解并且函数 f 在 $\boldsymbol{x}^*$ 的邻域内一阶可微,则在 $\nabla f(\boldsymbol{x}^*) = 0$.

证明. 如果函数 $f(\boldsymbol{x})$ 是连续可微的,根据泰勒公式(Taylor's Formula),函数 $f(\boldsymbol{x})$ 的一阶展开可以近似为

$$f(\boldsymbol{x}^* + \Delta\boldsymbol{x}) = f(\boldsymbol{x}^*) + \Delta\boldsymbol{x}^\top \nabla f(\boldsymbol{x}^*), \tag{C.3}$$

假设 $\nabla f(\boldsymbol{x}^*) \neq 0$,则可以找到一个 $\Delta\boldsymbol{x}$(比如 $\Delta\boldsymbol{x} = -\alpha\nabla f(\boldsymbol{x}^*)$,$\alpha$ 为很小的正数),使得

$$f(\boldsymbol{x}^* + \Delta\boldsymbol{x}) - f(\boldsymbol{x}^*) = \Delta\boldsymbol{x}^\top \nabla f(\boldsymbol{x}^*) \leq 0. \tag{C.4}$$

这和局部最小的定义矛盾. □

函数 $f(\boldsymbol{x})$ 的一阶偏导数为 0 的点也称为驻点(Stationary Point)或临界点(Critical Point). 驻点不一定为局部最小解.

定理 C.2 – 局部最小解的二阶必要条件： 如果 $\boldsymbol{x}^*$ 为局部最小解并且函数 f 在 $\boldsymbol{x}^*$ 的邻域内二阶可微，则在 $\nabla f(\boldsymbol{x}^*) = 0$，$\nabla^2 f(\boldsymbol{x}^*)$ 为半正定矩阵.

证明. 如果函数 $f(\boldsymbol{x})$ 是二次连续可微的，函数 $f(\boldsymbol{x})$ 的二阶展开可以近似为

$$f(\boldsymbol{x}^* + \Delta\boldsymbol{x}) = f(\boldsymbol{x}^*) + \Delta\boldsymbol{x}^\top \nabla f(\boldsymbol{x}^*) + \frac{1}{2}\Delta\boldsymbol{x}^\top(\nabla^2 f(\boldsymbol{x}^*))\Delta\boldsymbol{x}. \tag{C.5}$$

由一阶必要性定理可知 $\nabla f(\boldsymbol{x}^*) = 0$，则

$$f(\boldsymbol{x}^* + \Delta\boldsymbol{x}) - f(\boldsymbol{x}^*) = \frac{1}{2}\Delta\boldsymbol{x}^\top(\nabla^2 f(\boldsymbol{x}^*))\Delta\boldsymbol{x} \geq 0. \tag{C.6}$$

即 $\nabla^2 f(\boldsymbol{x}^*)$ 为半正定矩阵. □

C.2.2 梯度下降法

梯度下降法（Gradient Descent Method），也叫作最速下降法（Steepest Descend Method），经常用来求解无约束优化的最小值问题.

对于函数 $f(\boldsymbol{x})$，如果 $f(\boldsymbol{x})$ 在点 $\boldsymbol{x}_t$ 附近是连续可微的，那么 $f(\boldsymbol{x})$ 下降最快的方向是 $f(\boldsymbol{x})$ 在 $\boldsymbol{x}_t$ 点的梯度方向的反方向.

根据泰勒一阶展开公式，有

$$f(\boldsymbol{x}_{t+1}) = f(\boldsymbol{x}_t + \Delta\boldsymbol{x}) \approx f(\boldsymbol{x}_t) + \Delta\boldsymbol{x}^\top \nabla f(\boldsymbol{x}_t). \tag{C.7}$$

要使得 $f(\boldsymbol{x}_{t+1}) < f(\boldsymbol{x}_t)$，就得使 $\Delta\boldsymbol{x}^\top \nabla f(\boldsymbol{x}_t) < 0$. 我们取 $\Delta\boldsymbol{x} = -\alpha\nabla f(\boldsymbol{x}_t)$. 如果 $\alpha > 0$ 为一个够小数值时，那么 $f(\boldsymbol{x}_{t+1}) < f(\boldsymbol{x}_t)$ 成立.

这样我们就可以从一个初始值 $\boldsymbol{x}_0$ 出发，通过迭代公式

$$\boldsymbol{x}_{t+1} = \boldsymbol{x}_t - \alpha_t \nabla f(\boldsymbol{x}_t),\ t \geq 0. \tag{C.8}$$

生成序列 $\boldsymbol{x}_0, \boldsymbol{x}_1, \boldsymbol{x}_2, \ldots$ 使得

$$f(\boldsymbol{x}_0) \geq f(\boldsymbol{x}_1) \geq f(\boldsymbol{x}_2) \geq \cdots \tag{C.9}$$

如果顺利的话，序列 $(\boldsymbol{x}_n)$ 收敛到局部最小解 $\boldsymbol{x}^*$. 注意，每次迭代步长 α 可以改变，但其取值必须合适，如果过大就不会收敛，如果过小则收敛速度太慢.

梯度下降法的过程如图C.1所示. 曲线是等高线（水平集），即函数 f 为不同常数的集合构成的曲线. 红色的箭头指向该点梯度的反方向（梯度方向与通过该点的等高线垂直）. 沿着梯度下降方向，将最终到达函数 f 值的局部最小解.

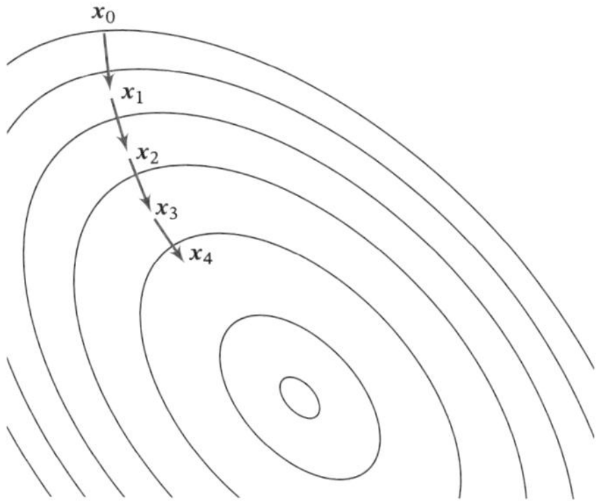

图 C.1 梯度下降法

梯度下降法为一阶收敛算法,当靠近局部最小解时梯度变小,收敛速度会变慢,并且可能以"之字形"的方式下降. 如果目标函数为二阶连续可微,我们可以采用牛顿法. 牛顿法(Newton's method)为二阶收敛算法,收敛速度更快,但是每次迭代需要计算 Hessian 矩阵的逆矩阵,复杂度较高.

相反,如果我们要求解一个最大值问题,就需要向梯度正方向迭代进行搜索,逐渐接近函数的局部最大解,这个过程则被称为梯度上升法(Gradient Ascent Method).

C.3 拉格朗日乘数法与KKT条件

拉格朗日乘数法(Lagrange Multiplier)是一种有效求解约束优化问题的优化方法.

以数学家约瑟夫·拉格朗日命名.

约束优化问题可以表示为

$$\begin{aligned} \min_{\boldsymbol{x}} \quad & f(\boldsymbol{x}) \\ \text{s.t.} \quad & h_m(\boldsymbol{x}) = 0, \quad m = 1, \dots, M \\ & g_n(\boldsymbol{x}) \leq 0, \quad n = 1, \dots, N \end{aligned} \tag{C.10}$$

其中 $h_m(\boldsymbol{x})$ 为等式约束函数,$g_n(\boldsymbol{x})$ 为不等式约束函数. $\boldsymbol{x}$ 的可行域为

$$\mathcal{D} = \text{dom}(f) \cap \bigcap_{m=1}^{M} \text{dom}(h_m) \cap \bigcap_{n=1}^{N} \text{dom}(g_n) \subseteq \mathbb{R}^D, \tag{C.11}$$

其中 $\text{dom}(f)$ 是函数 f 的定义域.

C.3.1 等式约束优化问题

如果公式(C.10)中只有等式约束,我们可以构造一个拉格朗日函数$\Lambda(\boldsymbol{x}, \lambda)$

$$\Lambda(\boldsymbol{x}, \lambda) = f(\boldsymbol{x}) + \sum_{m=1}^{M} \lambda_m h_m(\boldsymbol{x}), \tag{C.12}$$

其中λ为拉格朗日乘数,可以是正数或负数. 如果$f(\boldsymbol{x}^*)$是原始约束优化问题的局部最优值,那么存在一个λ^*使得$(\boldsymbol{x}^*, \lambda^*)$为拉格朗日函数$\Lambda(\boldsymbol{x}, \lambda)$的驻点. 因此,只需要令$\frac{\partial \Lambda(\boldsymbol{x},\lambda)}{\partial \boldsymbol{x}} = 0$和$\frac{\partial \Lambda(\boldsymbol{x},\lambda)}{\partial \lambda} = 0$,得到

$$\nabla f(\boldsymbol{x}) + \sum_{m=1}^{M} \lambda_m \nabla h_m(\boldsymbol{x}) = 0, \tag{C.13}$$

$$h_m(\boldsymbol{x}) = 0, \qquad \forall m = 1, \cdots, M. \tag{C.14}$$

上面方程组的解即为原始问题的可能解. 因为驻点不一定是最小解,所以在实际应用中需根据具体问题来验证是否为最小解.

拉格朗日乘数法是将一个有D个变量和M个等式约束条件的最优化问题转换为一个有$D + M$个变量的函数求驻点的问题. 拉格朗日乘数法所得的驻点会包含原问题的所有最小解,但并不保证每个驻点都是原问题的最小解.

C.3.2 不等式约束优化问题

对于公式(C.10)中定义的一般约束优化问题,其拉格朗日函数为

$$\Lambda(\boldsymbol{x}, \boldsymbol{a}, \boldsymbol{b}) = f(\boldsymbol{x}) + \sum_{m=1}^{M} a_m h_m(\boldsymbol{x}) + \sum_{n=1}^{N} b_n g_n(\boldsymbol{x}), \tag{C.15}$$

不等式约束优化问题中的拉格朗日乘数也称为KKT乘数.

其中$\boldsymbol{a} = [a_1, \cdots, a_M]^{\mathrm{T}}$为等式约束的拉格朗日乘数,$\boldsymbol{b} = [b_1, \cdots, b_N]^{\mathrm{T}}$为不等式约束的拉格朗日乘数.

当约束条件不满足时,有$\max_{\boldsymbol{a},\boldsymbol{b}} \Lambda(\boldsymbol{x}, \boldsymbol{a}, \boldsymbol{b}) = \infty$;当约束条件满足时并且$\boldsymbol{b} \geq 0$时,$\max_{\boldsymbol{a},\boldsymbol{b}} \Lambda(\boldsymbol{x}, \boldsymbol{a}, \boldsymbol{b}) = f(\boldsymbol{x})$. 因此,原始约束优化问题等价于

$$\min_{\boldsymbol{x}} \max_{\boldsymbol{a},\boldsymbol{b}} \quad \Lambda(\boldsymbol{x}, \boldsymbol{a}, \boldsymbol{b}), \tag{C.16}$$

$$\text{s.t.} \quad \boldsymbol{b} \geq 0, \tag{C.17}$$

这个 min-max 优化问题称为主问题(Primal Problem).

对偶问题　主问题的优化一般比较困难，我们可以通过交换 min-max 的顺序来简化. 定义拉格朗日对偶函数为

$$\Gamma(\boldsymbol{a},\boldsymbol{b}) = \inf_{\boldsymbol{x}\in\mathcal{D}} \Lambda(\boldsymbol{x},\boldsymbol{a},\boldsymbol{b}). \tag{C.18}$$

$\Gamma(\boldsymbol{a},\boldsymbol{b})$ 是一个凹函数，即使 $f(\boldsymbol{x})$ 是非凸的.

当 $\boldsymbol{b} \geq 0$ 时，对于任意的 $\tilde{\boldsymbol{x}} \in \mathcal{D}$，有

$$\Gamma(\boldsymbol{a},\boldsymbol{b}) = \inf_{\boldsymbol{x}\in\mathcal{D}} \Lambda(\boldsymbol{x},\boldsymbol{a},\boldsymbol{b}) \leq \Lambda(\tilde{\boldsymbol{x}},\boldsymbol{a},\boldsymbol{b}) \leq f(\tilde{\boldsymbol{x}}), \tag{C.19}$$

令 $\boldsymbol{p}^*$ 是原问题的最优值，则有

$$\Gamma(\boldsymbol{a},\boldsymbol{b}) \leq \boldsymbol{p}^*, \tag{C.20}$$

即拉格朗日对偶函数 $\Gamma(\boldsymbol{a},\boldsymbol{b})$ 为原问题最优值的下界.

优化拉格朗日对偶函数 $\Gamma(\boldsymbol{a},\boldsymbol{b})$ 并得到原问题的最优下界，称为拉格朗日对偶问题（Lagrange Dual Problem）.

$$\max_{\boldsymbol{a},\boldsymbol{b}} \quad \Gamma(\boldsymbol{a},\boldsymbol{b}), \tag{C.21}$$

$$\text{s.t.} \quad \boldsymbol{b} \geq 0. \tag{C.22}$$

拉格朗日对偶函数为凹函数，因此拉格朗日对偶问题为凸优化问题.

令 $\boldsymbol{d}^*$ 表示拉格朗日对偶问题的最优值，则有 $\boldsymbol{d}^* \leq \boldsymbol{p}^*$，这个性质称为弱对偶性（Weak Duality）. 如果 $\boldsymbol{d}^* = \boldsymbol{p}^*$，这个性质称为强对偶性（Strong Duality）.

当强对偶性成立时，令 $\boldsymbol{x}^*$ 和 $\boldsymbol{a}^*, \boldsymbol{b}^*$ 分别是原问题和对偶问题的最优解，那么它们满足以下条件：

$$\nabla f(\boldsymbol{x}^*) + \sum_{m=1}^{M} a_m^* \nabla h_m(\boldsymbol{x}^*) + \sum_{n=1}^{N} b_n^* \nabla g_n(\boldsymbol{x}^*) = 0, \tag{C.23}$$

$$h_m(\boldsymbol{x}^*) = 0, \qquad m = 1, \cdots, M \tag{C.24}$$

$$g_n(\boldsymbol{x}^*) \leq 0, \qquad n = 1, \cdots, N \tag{C.25}$$

$$b_n^* g_n(\boldsymbol{x}^*) = 0, \qquad n = 1, \cdots, N \tag{C.26}$$

$$b_n^* \geq 0, \qquad n = 1, \cdots, N \tag{C.27}$$

这 5 个条件称为不等式约束优化问题的KKT 条件（Karush-Kuhn-Tucker Condition）. KKT 条件是拉格朗日乘数法在不等式约束优化问题上的泛化. 当原问题是凸优化问题时，满足 KKT 条件的解也是原问题和对偶问题的最优解.

在 KKT 条件中，需要关注的是公式(C.26)，称为互补松弛（Complementary Slackness）条件. 如果最优解 $\boldsymbol{x}^*$ 出现在不等式约束的边界上 $g_n(\boldsymbol{x}) = 0$，则 $b_n^* > 0$；如果最优解 $\boldsymbol{x}^*$ 出现在不等式约束的内部 $g_n(\boldsymbol{x}) < 0$，则 $b_n^* = 0$. 互补松弛条件说明当最优解出现在不等式约束的内部，则约束失效.

附录D　概率论

概率论主要研究大量随机现象中的数量规律,其应用十分广泛,几乎遍及各个领域.

D.1　样本空间

样本空间是一个随机试验所有可能结果的集合. 例如, 如果抛掷一枚硬币, 那么样本空间就是集合{正面, 反面}. 如果投掷一个骰子, 那么样本空间就是$\{1,2,3,4,5,6\}$. 随机试验中的每个可能结果称为样本点.

有些试验有两个或多个可能的样本空间. 例如, 从52张扑克牌中随机抽出一张,样本空间可以是数字(A到K),也可以是花色(黑桃,红桃,梅花,方块). 如果要完整地描述一张牌,就需要同时给出数字和花色,这时样本空间可以通过构建上述两个样本空间的笛卡儿乘积来得到.

数学小知识 | 笛卡儿乘积

在数学中,两个集合$\mathcal{X}$和$\mathcal{Y}$的笛卡儿乘积(Cartesian product),又称直积,在集合论中表示为$\mathcal{X}\times\mathcal{Y}$,是所有可能的有序对组成的集合,其中有序对的第一个对象是$\mathcal{X}$中的元素,第二个对象是$\mathcal{Y}$中的元素.

$$\mathcal{X}\times\mathcal{Y}=\{\langle x,y\rangle \mid x\in\mathcal{X}\wedge y\in\mathcal{Y}\}.$$

比如在扑克牌的例子中,如果集合$\mathcal{X}$是13个元素的点数集合{A, K, Q, J, 10, 9, 8, 7, 6, 5, 4, 3, 2},而集合$\mathcal{Y}$是4个元素的花色集合{♠,♥,♦,♣},则这两个集合的笛卡儿积是有52个元素的标准扑克牌的集合{(A, ♠), (K, ♠), ..., (2, ♠), (A, ♥), ..., (3, ♣), (2, ♣)}.

D.2　事件和概率

随机事件(或简称事件)指的是一个被赋予概率的事物集合,也就是样本空间中的一个子集. 概率(Probability)表示一个随机事件发生的可能性大小,为0到1之间的实数. 比如,一个0.5的概率表示一个事件有50%的可能性发生.

对于一个机会均等的抛硬币动作来说，其样本空间为“正面”或“反面”. 我们可以定义各个随机事件，并计算其概率. 比如，

（1）{正面}，其概率为0.5.

（2）{反面}，其概率为0.5.

（3）空集$\varnothing$，不是正面也不是反面，其概率为0.

（4）{正面 | 反面}，不是正面就是反面，其概率为1.

D.2.1 随机变量

在随机试验中，试验的结果可以用一个数X来表示，这个数X是随着试验结果的不同而变化的，是样本点的一个函数. 我们把这种数称为随机变量（Random Variable）. 例如，随机掷一个骰子，得到的点数就可以看成一个随机变量X，X的取值为$\{1, 2, 3, 4, 5, 6\}$.

如果随机掷两个骰子，整个事件空间Ω可以由36个元素组成：

$$\Omega = \{(i, j) | i = 1, \dots, 6; j = 1, \dots, 6\}. \tag{D.1}$$

一个随机事件也可以定义多个随机变量. 比如在掷两个骰子的随机事件中，可以定义随机变量X为获得的两个骰子的点数和，也可以定义随机变量Y为获得的两个骰子的点数差. 随机变量X可以有11个整数值，而随机变量Y只有6个整数值.

$$X(i, j) \quad := \quad i + j, \quad x = 2, 3, \dots, 12, \tag{D.2}$$

$$Y(i, j) \quad := \quad | i - j |, \quad y = 0, 1, 2, 3, 4, 5. \tag{D.3}$$

其中i, j分别为两个骰子的点数.

D.2.1.1 离散随机变量

如果随机变量X所可能取的值为有限可列举的，有N个有限取值

一般用大写的字母表示一个随机变量，用小字字母表示该变量的某一个具体的取值.

$$\{x_1, \cdots, x_N\},$$

则称X为离散随机变量.

要了解X的统计规律，就必须知道它取每种可能值x_n的概率，即

$$P(X = x_n) = p(x_n), \qquad \forall n \in \{1, \cdots, N\} \tag{D.4}$$

其中$p(x_1), \cdots, p(x_N)$称为离散随机变量X的概率分布（Probability Distribution）或分布，并且满足

$$\sum_{n=1}^{N} p(x_n) = 1, \tag{D.5}$$

$$p(x_n) \geq 0, \qquad \forall n \in \{1, \cdots, N\}. \tag{D.6}$$

常见的离散随机变量的概率分布有：

伯努利分布　在一次试验中，事件 A 出现的概率为 μ，不出现的概率为 $1-\mu$. 若用变量 X 表示事件 $\boldsymbol{A}$ 出现的次数，则 X 的取值为 0 和 1，其相应的分布为

$$p(x) = \mu^x (1-\mu)^{(1-x)}, \tag{D.7}$$

这个分布称为伯努利分布（Bernoulli Distribution），又名两点分布或者 0-1 分布.

"二项分布"名称的来源是由于其定义形式为二项式 $(p+q)^N$ 的展示式中的第 k 项.

二项分布　在 N 次伯努利试验中，若以变量 X 表示事件 A 出现的次数，则 X 的取值为 $\{0, \cdots, N\}$，其相应的分布为二项分布（Binomial Distribution）.

$$P(X=k) = \binom{N}{k} \mu^k (1-\mu)^{N-k}, \qquad k = 0, \cdots, N, \tag{D.8}$$

其中 $\binom{N}{k}$ 为二项式系数，表示从 N 个元素中取出 k 个元素而不考虑其顺序的组合的总数.

数学小知识 | 排列组合

排列组合是组合学最基本的概念.

排列是指从给定个数的元素中取出指定个数的元素进行排序. N 个不同的元素可以有 $N!$ 种不同的排列方式，即 N 的阶乘.

$$N! \triangleq N \times (N-1) \times \cdots \times 3 \times 2 \times 1.$$

如果从 N 个元素中取出 k 个元素，这 k 个元素的排列总数为

$$P_N^k \triangleq N \times (N-1) \times \cdots \times (N-k+1) = \frac{N!}{(N-k)!}.$$

组合则是指从给定个数的元素中仅仅取出指定个数的元素，不考虑排序. 从 N 个元素中取出 k 个元素，这 k 个元素可能出现的组合数为

$$C_N^k \triangleq \binom{N}{k} = \frac{P_N^k}{k!} = \frac{N!}{k!(N-k)!}.$$

D.2.1.2 连续随机变量

与离散随机变量不同，一些随机变量 X 的取值是不可列举的，由全部实数或者由一部分区间组成，比如

$$X = \{x | a \leq x \leq b\}, \quad -\infty < a < b < \infty,$$

则称 X 为连续随机变量. 连续随机变量的值是不可数及无穷尽的.

对于连续随机变量 X, 它取一个具体值 x_i 的概率为 0, 这和离散随机变量截然不同. 因此用列举连续随机变量取某个值的概率来描述这种随机变量不但做不到, 也毫无意义.

连续随机变量 X 的概率分布一般用概率密度函数(Probability Density Function, PDF) $p(x)$ 来描述. $p(x)$ 为可积函数, 并满足

$$\int_{-\infty}^{+\infty} p(x)\mathrm{d}x = 1, \tag{D.9}$$

$$p(x) \geq 0. \tag{D.10}$$

给定概率密度函数 $p(x)$, 便可以计算出随机变量落入某一个区域的概率. 令 $\mathcal{R}$ 表示 x 的非常小的邻近区域, $|\mathcal{R}|$ 表示 $\mathcal{R}$ 的大小, 则 $p(x)|\mathcal{R}|$ 可以反映随机变量处于区域 $\mathcal{R}$ 的概率大小.

常见的连续随机变量的概率分布有:

均匀分布 若 a, b 为有限数, $[a, b]$ 上的均匀分布(Uniform Distribution)的概率密度函数定义为

$$p(x) = \begin{cases} \frac{1}{b-a}, & a \leq x \leq b \\ 0, & x < a 或 x > b \end{cases} \tag{D.11}$$

正态分布 正态分布(Normal Distribution), 又名高斯分布(Gaussian Distribution), 是自然界最常见的一种分布, 并且具有很多良好的性质, 在很多领域都有非常重要的影响力, 其概率密度函数为

$$p(x) = \frac{1}{\sqrt{2\pi}\sigma} \exp\Big(-\frac{(x-\mu)^2}{2\sigma^2}\Big), \tag{D.12}$$

其中 $\sigma > 0$, μ 和 σ 均为常数. 若随机变量 X 服从一个参数为 μ 和 σ 的概率分布, 简记为

$$X \sim \mathcal{N}(\mu, \sigma^2). \tag{D.13}$$

当 $\mu = 0, \sigma = 1$ 时, 称为标准正态分布(Standard Normal Distribution).

图D.1a和D.1b分别显示了均匀分布和正态分布的概率密度函数.

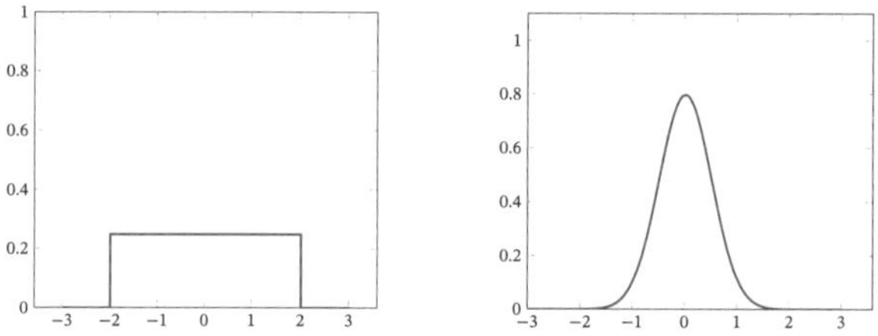

(a) 均匀分布　　(b) 正态分布

图 D.1 连续随机变量的概率密度函数

D.2.1.3 累积分布函数

对于一个随机变量X，其累积分布函数（Cumulative Distribution Function, CDF）是随机变量X的取值小于等于x的概率.

$$\mathrm{cdf}(x) = P(X \le x). \tag{D.14}$$

以连续随机变量X为例,累积分布函数定义为

$$\mathrm{cdf}(x) = \int_{-\infty}^{x} p(t)\,\mathrm{d}t, \tag{D.15}$$

其中$p(x)$为概率密度函数. 图D.2给出了标准正态分布的概率密度函数和累计分布函数.

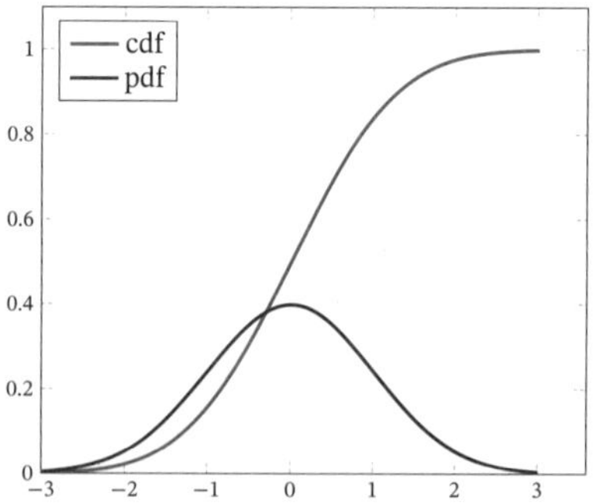

图 D.2 标准正态分布的概率密度函数和累计分布函数

D.2.2 随机向量

随机向量是指一组随机变量构成的向量. 如果$X_1, X_2, \cdots, X_K$为K个随机变量,那么称$\boldsymbol{X} = [X_1, X_2, \cdots, X_K]$为一个$K$维随机向量. 随机向量也分为离散随机向量和连续随机向量.

一维随机向量即随机变量.

D.2.2.1 离散随机向量

离散随机向量的联合概率分布(Joint Probability Distribution)为

$$P(X_1 = x_1, X_2 = x_2, \cdots, X_K = x_K) = p(x_1, x_2, \cdots, x_K),$$

其中 $x_k \in \Omega_k$ 为变量 X_k 的取值,Ω_k 为变量 X_k 的样本空间.

和离散随机变量类似,离散随机向量的概率分布满足

$$p(x_1, x_2, \cdots, x_K) \geq 0, \qquad \forall x_1 \in \Omega_1, x_2 \in \Omega_2, \cdots, x_K \in \Omega_K \tag{D.16}$$

$$\sum_{x_1 \in \Omega_1} \sum_{x_2 \in \Omega_2} \cdots \sum_{x_K \in \Omega_K} p(x_1, x_2, \cdots, x_K) = 1. \tag{D.17}$$

多项分布 一个最常见的离散向量概率分布为多项分布(Multinomial Distribution).多项分布是二项分布在随机向量的推广.假设一个袋子中装了很多球,总共有 K 个不同的颜色.我们从袋子中取出 N 个球.每次取出一个球时,就在袋子中放入一个同样颜色的球.这样保证同一颜色的球在不同试验中被取出的概率是相等的.令 $\boldsymbol{X}$ 为一个 K 维随机向量,每个元素 $X_k(k = 1, \cdots, K)$ 为取出的 N 个球中颜色为 k 的球的数量,则 X 服从多项分布,其概率分布为

$$p(x_1, \dots, x_K | \boldsymbol{\mu}) = \frac{N!}{x_1! \cdots x_K!} \mu_1^{x_1} \cdots \mu_K^{x_K}, \tag{D.18}$$

其中 $\boldsymbol{\mu} = [\mu_1, \cdots, \mu_K]^{\mathrm{T}}$ 分别为每次抽取的球的颜色为 $1, \cdots, K$ 的概率;$x_1, \cdots, x_K$ 为非负整数,并且满足 $\sum_{k=1}^{K} x_k = N$.

多项分布的概率分布也可以用gamma函数表示:

$$p(x_1, \cdots, x_K | \boldsymbol{\mu}) = \frac{\Gamma(\sum_k x_k + 1)}{\prod_k \Gamma(x_k + 1)} \prod_{k=1}^{K} \mu_k^{x_k}, \tag{D.19}$$

其中 $\Gamma(z) = \int_0^{\infty} \frac{t^{z-1}}{\exp(t)} \mathrm{d}t$ 为gamma函数.这种表示形式和狄利克雷分布类似,而狄利克雷分布可以作为多项分布的共轭先验.

狄利克雷分布参见第D.2.2.2节.

D.2.2.2 连续随机向量

一个 K 维连续随机向量 $\boldsymbol{X}$ 的联合概率密度函数(Joint Probability Density Function)满足

$$p(\boldsymbol{x}) = p(x_1, \cdots, x_K) \geq 0, \tag{D.20}$$

$$\int_{-\infty}^{+\infty} \cdots \int_{-\infty}^{+\infty} p(x_1, \cdots, x_K) \mathrm{d}x_1 \cdots \mathrm{d}x_K = 1. \tag{D.21}$$

多元正态分布 使用最广泛的连续随机向量分布为多元正态分布（Multivariate Normal Distribution），也称为多元高斯分布（Multivariate Gaussian Distribution）. 若 K 维随机向量 $\boldsymbol{X} = [X_1, \dots, X_K]^\top$ 服从 K 元正态分布，其密度函数为

$$p(\boldsymbol{x}) = \frac{1}{(2\pi)^{K/2}|\boldsymbol{\Sigma}|^{1/2}} \exp\Big(-\frac{1}{2}(\boldsymbol{x}-\boldsymbol{\mu})^\top \boldsymbol{\Sigma}^{-1}(\boldsymbol{x}-\boldsymbol{\mu})\Big), \tag{D.22}$$

其中 $\boldsymbol{\mu} \in \mathbb{R}^K$ 为多元正态分布的均值向量，$\boldsymbol{\Sigma} \in \mathbb{R}^{K\times K}$ 为多元正态分布的协方差矩阵，$|\boldsymbol{\Sigma}|$ 表示 $\boldsymbol{\Sigma}$ 的行列式.

各项同性高斯分布 如果一个多元高斯分布的协方差矩阵简化为 $\boldsymbol{\Sigma} = \sigma^2 \boldsymbol{I}$，即每一个维随机变量都独立并且方差相同，那么这个多元高斯分布称为各向同性高斯分布（Isotropic Gaussian Distribution）.

狄利克雷分布 如果一个 K 维随机向量 $\boldsymbol{X}$ 服从狄利克雷分布（Dirichlet Distribution），其密度函数为

$$p(\boldsymbol{x}|\boldsymbol{\alpha}) = \frac{\Gamma(\alpha_0)}{\Gamma(\alpha_1)\cdots\Gamma(\alpha_K)} \prod_{k=1}^{K} x_k^{\alpha_k - 1}, \tag{D.23}$$

其中 $\boldsymbol{\alpha} = [\alpha_1, \dots, \alpha_K]^\top$ 为狄利克雷分布的参数.

D.2.3 边际分布

不失一般性，这里以二维随机向量进行讨论，这些结论在多维时依然成立.

对于二维离散随机向量 (X, Y)，假设 X 取值空间为 Ω_x，Y 取值空间为 Ω_y，其联合概率分布满足

$$p(x, y) \geq 0, \qquad \sum_{x\in\Omega_x}\sum_{y\in\Omega_y} p(x, y) = 1. \tag{D.24}$$

对于联合概率分布 $p(x, y)$，我们可以分别对 x 和 y 进行求和.

（1）对于固定的 x，

$$\sum_{y\in\Omega_y} p(x, y) = p(x). \tag{D.25}$$

（2）对于固定的 y，

$$\sum_{x\in\Omega_x} p(x, y) = p(y). \tag{D.26}$$

由离散随机向量 (X, Y) 的联合概率分布，对 Y 的所有取值进行求和得到 X 的概率分布；而对 X 的所有取值进行求和得到 Y 的概率分布. 这里 $p(x)$ 和 $p(y)$ 就称为 $p(x, y)$ 的边际分布（Marginal Distribution）.

对于二维连续随机向量(X, Y)，其边际分布为

$$p(x) = \int_{-\infty}^{+\infty} p(x, y)\mathrm{d}y, \tag{D.27}$$

$$p(y) = \int_{-\infty}^{+\infty} p(x, y)\mathrm{d}x. \tag{D.28}$$

一个二元正态分布的边际分布仍为正态分布.

D.2.4 条件概率分布

对于离散随机向量(X, Y)，已知$X = x$的条件下，随机变量$Y = y$的条件概率（Conditional Probability）为

$$p(y|x) \triangleq P(Y = y|X = x) = \frac{p(x, y)}{p(x)}. \tag{D.29}$$

这个公式定义了随机变量Y关于随机变量X的条件概率分布（Conditional Probability Distribution），简称条件分布.

对于二维连续随机向量(X, Y)，已知$X = x$的条件下，随机变量$Y = y$的条件概率密度函数（Conditional Probability Density Function）为

$$p(y|x) = \frac{p(x, y)}{p(x)}. \tag{D.30}$$

同理，已知$Y = y$的条件下，随机变量$X = x$的条件概率密度函数为

$$p(x|y) = \frac{p(x, y)}{p(y)}. \tag{D.31}$$

D.2.5 贝叶斯定理

通过公式(D.30)和(D.31)，两个条件概率$p(y|x)$和$p(x|y)$之间的关系为

$$p(y|x) = \frac{p(x|y)p(y)}{p(x)}. \tag{D.32}$$

这个公式称为贝叶斯定理（Bayes' Theorem），或贝叶斯公式.

D.2.6 独立与条件独立

对于两个离散（或连续）随机变量X和Y，如果其联合概率（或联合概率密度函数）$p(x, y)$满足

$$p(x, y) = p(x)p(y), \tag{D.33}$$

则称 X 和 Y 互相独立（Independence），记为 $X \perp\!\!\!\perp Y$.

对于三个离散（或连续）随机变量 X、Y 和 Z，如果条件概率（或联合概率密度函数）$p(x, y|z)$ 满足

$$p(x, y|z) = p(x|z)p(y|z), \tag{D.34}$$

则称在给定变量 Z 时，X 和 Y 条件独立（Conditional Independence），记为 $X \perp\!\!\!\perp Y|Z$.

D.2.7 期望和方差

期望 对于 N 个取值的离散变量 X，其概率分布为 $p(x_1), \cdots, p(x_N)$，X 的期望（Expectation）定义为

$$\mathbb{E}[X] = \sum_{n=1}^{N} x_n p(x_n). \tag{D.35}$$

对于连续随机变量 X，概率密度函数为 $p(x)$，其期望定义为

$$\mathbb{E}[X] = \int_{\mathbb{R}} x p(x) \, \mathrm{d}x. \tag{D.36}$$

方差 随机变量 X 的方差（Variance）用来定义它的概率分布的离散程度：

$$\mathrm{var}(X) = \mathbb{E}\Big[\big(X - \mathbb{E}[X]\big)^2\Big]. \tag{D.37}$$

随机变量 X 的方差也称为它的二阶矩. $\sqrt{\mathrm{var}(X)}$ 则称为 X 的根方差或标准差.

协方差 两个连续随机变量 X 和 Y 的协方差（Covariance）用来衡量两个随机变量的分布之间的总体变化性，定义为

$$\mathrm{cov}(X, Y) = \mathbb{E}\Big[\big(X - \mathbb{E}[X]\big)\big(Y - \mathbb{E}[Y]\big)\Big], \tag{D.38}$$

这里的线性相关和线性代数中的线性相关含义不同.

协方差经常也用来衡量两个随机变量之间的线性相关性. 如果两个随机变量的协方差为 0，那么称这两个随机变量是线性不相关. 两个随机变量之间没有线性相关性，并非表示它们之间是独立的，可能存在某种非线性的函数关系. 反之，如果 X 与 Y 是统计独立的，那么它们之间的协方差一定为 0.

协方差矩阵 两个 M 和 N 维的连续随机向量 $\boldsymbol{X}$ 和 $\boldsymbol{Y}$，它们的协方差（Covariance）为 $M \times N$ 的矩阵，定义为

$$\mathrm{cov}(\boldsymbol{X}, \boldsymbol{Y}) = \mathbb{E}\Big[\big(\boldsymbol{X} - \mathbb{E}[\boldsymbol{X}]\big)\big(\boldsymbol{Y} - \mathbb{E}[\boldsymbol{Y}]\big)^{\mathsf{T}}\Big]. \tag{D.39}$$

协方差矩阵 $\mathrm{cov}(\boldsymbol{X},\boldsymbol{Y})$ 的第 (m,n) 个元素等于随机变量 X_m 和 Y_n 的协方差. 两个随机向量的协方差 $\mathrm{cov}(\boldsymbol{X},\boldsymbol{Y})$ 与 $\mathrm{cov}(\boldsymbol{Y},\boldsymbol{X})$ 互为转置关系.

如果两个随机向量的协方差矩阵为对角矩阵，那么称这两个随机向量是无关的.

单个随机向量 $\boldsymbol{X}$ 的协方差矩阵定义为

$$\mathrm{cov}(\boldsymbol{X}) = \mathrm{cov}(\boldsymbol{X},\boldsymbol{X}). \tag{D.40}$$

D.2.7.1 Jensen 不等式

如果 X 是随机变量，g 是凸函数，则

$$g\left(\mathbb{E}[X]\right) \leq \mathbb{E}\left[g(X)\right]. \tag{D.41}$$

等式当且仅当 X 是一个常数或 g 是线性时成立，这个性质称为Jensen 不等式.

特别地，对于凸函数 g 定义域上的任意两点 x_1、x_2 和一个标量 $\lambda \in [0,1]$，有

$$g\big(\lambda x_1 + (1-\lambda)x_2\big) \leq \lambda g(x_1) + (1-\lambda)g(x_2), \tag{D.42}$$

即凸函数 g 上的任意两点的连线位于这两点之间函数曲线的上方.

D.2.7.2 大数定律

大数定律（Law of Large Numbers）是指 N 个样本 $X_1,\cdots,X_N$ 是独立同分布的，即 $\mathbb{E}[X_1]=\cdots=\mathbb{E}[X_N]=\mu$，那么其均值

$$\bar{X}_N = \frac{1}{N}(X_1+\cdots+X_N), \tag{D.43}$$

收敛于期望值 μ，即

$$\bar{X}_N \to \mu \qquad \text{for} \qquad N \to \infty. \tag{D.44}$$

D.3 随机过程

随机过程（Stochastic Process）是一组随机变量 X_t 的集合，其中 t 属于一个索引（index）集合 $\mathcal{T}$. 索引集合 $\mathcal{T}$ 可以定义在时间域或者空间域，但一般为时间域，以实数或正数表示. 当 t 为实数时，随机过程为连续随机过程；当 t 为整数时，为离散随机过程. 日常生活中的很多例子包括股票的波动、语音信号、身高的变化等都可以看作随机过程. 常见的和时间相关的随机过程模型包括伯努利过程、随机游走（Random Walk）、马尔可夫过程等. 和空间相关的随机过程通常称为随机场（Random Field）. 比如一张二维的图片，每个像素点（变量）通过空间的位置进行索引，这些像素就组成了一个随机过程.

D.3.1 马尔可夫过程

马尔可夫性质 在随机过程中，马尔可夫性质（Markov Property）是指一个随机过程在给定现在状态及所有过去状态情况下，其未来状态的条件概率分布仅依赖于当前状态. 以离散随机过程为例，假设随机变量 $X_0, X_1, \cdots, X_T$ 构成一个随机过程. 这些随机变量的所有可能取值的集合被称为状态空间（State Space）. 如果 X_{t+1} 对于过去状态的条件概率分布仅是 X_t 的一个函数，则

$$P(X_{t+1} = x_{t+1} | X_{0:t} = x_{0:t}) = P(X_{t+1} = x_{t+1} | X_t = x_t), \tag{D.45}$$

其中 $X_{0:t}$ 表示变量集合 $X_0, X_1, \cdots, X_t$，$x_{0:t}$ 为在状态空间中的状态序列.

马尔可夫性质也可以描述为给定当前状态时，将来的状态与过去状态是条件独立的.

D.3.1.1 马尔可夫链

离散时间的马尔可夫过程也称为马尔可夫链（Markov Chain）. 如果一个马尔可夫链的条件概率

$$P(X_{t+1} = s | X_t = s') = m_{ss'}, \tag{D.46}$$

只和状态 s 和 s' 相关，和时间 t 无关，则称为时间同质的马尔可夫链（Time-Homogeneous Markov Chain），其中 $m_{ss'}$ 称为状态转移概率. 如果状态空间大小 K 是有限的，状态转移概率可以用一个矩阵 $\boldsymbol{M} \in \mathbb{R}^{K \times K}$ 表示，称为状态转移矩阵（Transition Matrix），其中元素 m_{ij} 表示状态 s_i 转移到状态 s_j 的概率.

平稳分布 假设状态空间大小为 K，向量 $\boldsymbol{\pi} = [\pi_1, \cdots, \pi_K]^{\mathrm{T}}$ 为状态空间中的一个分布，满足 $0 \leq \pi_k \leq 1$ 和 $\sum_{k=1}^{K} \pi_k = 1$.

对于状态转移矩阵为 $\boldsymbol{M}$ 的时间同质的马尔可夫链，若存在一个分布 $\boldsymbol{\pi}$ 满足

$$\boldsymbol{\pi} = \boldsymbol{M}\boldsymbol{\pi}, \tag{D.47}$$

则称分布 $\boldsymbol{\pi}$ 为该马尔可夫链的平稳分布（Stationary Distribution）. 根据特征向量的定义可知，$\boldsymbol{\pi}$ 为矩阵 $\boldsymbol{M}$ 的（归一化）的对应特征值为 1 的特征向量.

如果一个马尔可夫链的状态转移矩阵 $\boldsymbol{M}$ 满足所有状态可遍历性以及非周期性，那么对于任意一个初始状态分布 $\boldsymbol{\pi}^{(0)}$，在经过一定时间的状态转移之后，都会收敛到平稳分布，即

$$\boldsymbol{\pi} = \lim_{T \to \infty} \boldsymbol{M}^T \boldsymbol{\pi}^{(0)}. \tag{D.48}$$

定理 D.1 – 细致平稳条件（Detailed Balance Condition）： 给定一个状态空间中的分布 $\boldsymbol{\pi} \in [0,1]^K$，如果一个状态转移矩阵为 $\boldsymbol{M} \in \mathbb{R}^{K\times K}$ 的马尔可夫链满足

$$\pi_i m_{ij} = \pi_j m_{ji}, \quad \forall 1 \le i, j \le K \tag{D.49}$$

则该马尔可夫链经过一定时间的状态转移后一定会收敛到分布 $\boldsymbol{\pi}$.

细致平稳条件只是马尔可夫链收敛的充分条件，不是必要条件. 细致平稳条件保证了从状态 i 转移到状态 j 的数量和从状态 j 转移到状态 i 的数量相一致，互相抵消，所以数量不发生改变.

D.3.2 高斯过程

高斯过程（Gaussian Process）也是一种应用广泛的随机过程模型. 假设有一组连续随机变量 $X_0, X_1, \cdots, X_T$，如果由这组随机变量构成的任一有限集合

$$X_{t_1,\cdots,t_N} = [X_{t_1}, \cdots, X_{t_N}]^\top, \quad 1 \le N \le T$$

都服从一个多元正态分布，那么这组随机变量为一个随机过程. 高斯过程也可以定义为：如果 $X_{t_1,\cdots,t_N}$ 的任一线性组合都服从一元正态分布，那么这组随机变量为一个随机过程.

高斯过程回归 高斯过程回归（Gaussian Process Regression）是利用高斯过程来对一个函数分布进行建模. 和机器学习中参数化建模（比如贝叶斯线性回归）相比，高斯过程是一种非参数模型，可以拟合一个黑盒函数，并给出拟合结果的置信度 [Rasmussen, 2003].

假设一个未知函数 $f(\boldsymbol{x})$ 服从高斯过程，且为平滑函数. 如果两个样本 $\boldsymbol{x}_1, \boldsymbol{x}_2$ 比较接近，那么对应的 $f(\boldsymbol{x}_1), f(\boldsymbol{x}_2)$ 也比较接近. 假设从函数 $f(\boldsymbol{x})$ 中采样有限个样本 $\boldsymbol{X} = [\boldsymbol{x}_1, \boldsymbol{x}_2, \cdots, \boldsymbol{x}_N]$，这 N 个点服从一个多元正态分布，

$$[f(\boldsymbol{x}_1), f(\boldsymbol{x}_2), \cdots, f(\boldsymbol{x}_N)]^\top \sim \mathcal{N}\Big(\boldsymbol{\mu}(X), \boldsymbol{K}(X, X)\Big), \tag{D.50}$$

其中 $\boldsymbol{\mu}(\boldsymbol{X}) = [\boldsymbol{\mu}(\boldsymbol{x}_1), \boldsymbol{\mu}(\boldsymbol{x}_2), \cdots, \boldsymbol{\mu}(\boldsymbol{x}_N)]^\top$ 是均值向量，$\boldsymbol{K}(\boldsymbol{X}, \boldsymbol{X}) = [k(\boldsymbol{x}_i, \boldsymbol{x}_j)]_{N\times N}$ 是协方差矩阵，$k(\boldsymbol{x}_i, \boldsymbol{x}_j)$ 为核函数，可以衡量两个样本的相似度.

在高斯过程回归中，一个常用的核函数是平方指数（Squared Exponential）核函数：

在支持向量机中，平方指数核函数也叫高斯核函数或径向基函数. 为了避免混淆，这里称为平方指数核函数.

$$k(\boldsymbol{x}_i, \boldsymbol{x}_j) = \exp\left(\frac{-\|\boldsymbol{x}_i - \boldsymbol{x}_j\|^2}{2l^2}\right), \tag{D.51}$$

其中 l 为超参数. 当 $\boldsymbol{x}_i$ 和 $\boldsymbol{x}_j$ 越接近,其函数值越大,表明 $f(\boldsymbol{x}_i)$ 和 $f(\boldsymbol{x}_j)$ 越相关.

假设 $f(\boldsymbol{x})$ 的一组带噪声的观测值为 $\{(\boldsymbol{x}_n, y_n)\}_{n=1}^N$,其中 $y_n \sim \mathcal{N}(f(\boldsymbol{x}_n), \sigma^2)$ 为 $f(x_n)$ 的观测值,服从正态分布,σ 为噪声方差.

对于一个新的样本点 $\boldsymbol{x}^*$, 我们希望预测 $f(\boldsymbol{x}^*)$ 的观测值 y^*. 令向量 $\boldsymbol{y} = [y_1, y_2, \cdots, y_N]^{\top}$ 为已有的观测值,根据高斯过程的假设,$[\boldsymbol{y}; y^*]$ 满足

$$\begin{bmatrix} \boldsymbol{y} \\ y^* \end{bmatrix} \sim \mathcal{N}\left(\begin{bmatrix} \boldsymbol{\mu}(\boldsymbol{X}) \\ \boldsymbol{\mu}(\boldsymbol{x}^*) \end{bmatrix}, \begin{bmatrix} \boldsymbol{K}(\boldsymbol{X}, \boldsymbol{X}) + \sigma^2 \boldsymbol{I} & \boldsymbol{K}(\boldsymbol{x}^*, \boldsymbol{X})^{\top} \\ \boldsymbol{K}(\boldsymbol{x}^*, \boldsymbol{X}) & k(\boldsymbol{x}^*, \boldsymbol{x}^*) \end{bmatrix}\right), \tag{D.52}$$

其中 $\boldsymbol{K}(\boldsymbol{x}^*, \boldsymbol{X}) = [k(\boldsymbol{x}^*, \boldsymbol{x}_1), \cdots, k(\boldsymbol{x}^*, \boldsymbol{x}_n)]$.

根据上面的联合分布,y^* 的后验分布为

$$p(y^* | \boldsymbol{X}, \boldsymbol{y}) = \mathcal{N}(\hat{\boldsymbol{\mu}}, \hat{\sigma}^2), \tag{D.53}$$

其中均值 $\hat{\boldsymbol{\mu}}$ 和方差 $\hat{\sigma}$ 为

$$\hat{\boldsymbol{\mu}} = \boldsymbol{K}(\boldsymbol{x}^*, \boldsymbol{X})(\boldsymbol{K}(\boldsymbol{X}, \boldsymbol{X}) + \sigma^2 \boldsymbol{I})^{-1}(\boldsymbol{y} - \boldsymbol{\mu}(\boldsymbol{X})) + \boldsymbol{\mu}(\boldsymbol{x}^*), \tag{D.54}$$

$$\hat{\sigma}^2 = k(\boldsymbol{x}^*, \boldsymbol{x}^*) - \boldsymbol{K}(\boldsymbol{x}^*, \boldsymbol{X})(\boldsymbol{K}(\boldsymbol{X}, \boldsymbol{X}) + \sigma^2 \boldsymbol{I})^{-1} \boldsymbol{K}(\boldsymbol{x}^*, \boldsymbol{X})^{\top}. \tag{D.55}$$

从公式 (D.54) 可以看出, 均值函数 $\boldsymbol{\mu}(\boldsymbol{x})$ 可以近似地互相抵消. 在实际应用中,一般假设 $\boldsymbol{\mu}(\boldsymbol{x}) = 0$,均值 $\hat{\boldsymbol{\mu}}$ 可以简化为

$$\hat{\boldsymbol{\mu}} = K(\boldsymbol{x}^*, \boldsymbol{X})(K(\boldsymbol{X}, \boldsymbol{X}) + \sigma^2 \boldsymbol{I})^{-1} \boldsymbol{y}. \tag{D.56}$$

高斯过程回归可以认为是一种有效的贝叶斯优化方法, 广泛地应用于机器学习中.

附录E　信息论

信息论（Information Theory）是数学、物理、统计、计算机科学等多个学科的交叉领域. 信息论是由克劳德·香农最早提出的，主要研究信息的量化、存储和通信等方法. 这里，“信息”是指一组消息的集合. 假设在一个噪声通道上发送消息，我们需要考虑如何对每一个信息进行编码、传输以及解码，使得接收者可以尽可能准确地重构出消息.

克劳德·香农(Claude Shannon,1916~2001)，美国数学家、电子工程师和密码学家，被誉为信息论的创始人.

在机器学习相关领域，信息论也有着大量的应用. 比如特征抽取、统计推断、自然语言处理等.

E.1　熵

熵（Entropy）最早是物理学的概念，用于表示一个热力学系统的无序程度. 在信息论中，熵用来衡量一个随机事件的不确定性.

E.1.1　自信息和熵

自信息（Self Information）表示一个随机事件所包含的信息量. 一个随机事件发生的概率越高，其自信息越低. 如果一个事件必然发生，其自信息为0.

对于一个随机变量X（取值集合为$\mathcal{X}$，概率分布为$p(x), x \in \mathcal{X}$），当$X = x$时的自信息$I(x)$定义为

$$I(x) = -\log p(x). \tag{E.1}$$

在自信息的定义中，对数的底可以使用2、自然常数e或是10. 当底为2时，自信息的单位为bit；当底为e时，自信息的单位为nat.

对于分布为$p(x)$的随机变量X，其自信息的数学期望，即熵$H(X)$定义为

$H(X)$也经常写作$H(p)$.

$$H(X) = \mathbb{E}_X[I(x)] \tag{E.2}$$

$$= \mathbb{E}_X[-\log p(x)] \tag{E.3}$$

$$= -\sum_{x\in\mathcal{X}} p(x)\log p(x), \tag{E.4}$$

其中当$p(x_i) = 0$时，我们定义$0\log 0 = 0$，这与极限一致，$\lim_{p\to 0+} p\log p = 0$.

熵越高,则随机变量的信息越多;熵越低,则随机变量的信息越少. 如果变量 X 当且仅当在 x 时 $p(x)=1$,则熵为0. 也就是说,对于一个确定的信息,其熵为0,信息量也为0. 如果其概率分布为一个均匀分布,则熵最大.

假设一个随机变量 X 有三种可能值 x_1,x_2,x_3,不同概率分布对应的熵如下:

$p(x_1)$	$p(x_2)$	$p(x_3)$	熵
1	0	0	0
$\frac{1}{2}$	$\frac{1}{4}$	$\frac{1}{4}$	$\frac{3}{2}\log 2$
$\frac{1}{3}$	$\frac{1}{3}$	$\frac{1}{3}$	$\log 3$

E.1.2 熵编码

信息论的研究目标之一是如何用最少的编码表示传递信息. 假设我们要传递一段文本信息,这段文本中包含的符号都来自于一个字母表 $\boldsymbol{A}$,我们就需要对字母表 $\boldsymbol{A}$ 中的每个符号进行编码. 以二进制编码为例,我们常用的ASCII码就是用固定的8bits来编码每个字母. 但这种固定长度的编码方案不是最优的. 一种高效的编码原则是字母的出现概率越高,其编码长度越短. 比如对字母 a,b,c 分别编码为0,10,110.

给定一串要传输的文本信息,其中字母 x 的出现概率为 $p(x)$,其最佳编码长度为 $-\log_2 p(x)$,整段文本的平均编码长度为 $-\sum_x p(x)\log_2 p(x)$,即底为2的熵.

在对分布 $p(x)$ 的符号进行编码时,熵 $H(p)$ 也是理论上最优的平均编码长度,这种编码方式称为熵编码(Entropy Encoding).

由于每个符号的自信息通常都不是整数,因此在实际编码中很难达到理论上的最优值. 霍夫曼编码(Huffman Coding)和算术编码(Arithmetic Coding)是两种最常见的熵编码技术.

霍夫曼编码参见算法15.1.

E.1.3 联合熵和条件熵

对于两个离散随机变量 X 和 Y,假设 X 取值集合为 $\mathcal{X}$;Y 取值集合为 $\mathcal{Y}$,其联合概率分布满足为 $p(x,y)$,则

X 和 Y 的联合熵(Joint Entropy)为

$$H(X,Y)=-\sum_{x\in\mathcal{X}}\sum_{y\in\mathcal{Y}}p(x,y)\log p(x,y). \tag{E.5}$$

X 和 Y 的条件熵（Conditional Entropy）为

$$H(X|Y) = -\sum_{x\in\mathcal{X}}\sum_{y\in\mathcal{Y}} p(x,y)\log p(x|y) \tag{E.6}$$

$$= -\sum_{x\in\mathcal{X}}\sum_{y\in\mathcal{Y}} p(x,y)\log \frac{p(x,y)}{p(y)}. \tag{E.7}$$

根据其定义，条件熵也可以写为

$$H(X|Y) = H(X,Y) - H(Y). \tag{E.8}$$

E.2 互信息

互信息（Mutual Information）是衡量已知一个变量时，另一个变量不确定性的减少程度. 两个离散随机变量 X 和 Y 的互信息定义为

$$I(X;Y) = \sum_{x\in\mathcal{X}}\sum_{y\in\mathcal{Y}} p(x,y)\log \frac{p(x,y)}{p(x)\,p(y)}. \tag{E.9}$$

互信息的一个性质为

$$I(X;Y) = H(X) - H(X|Y) \tag{E.10}$$

$$= H(Y) - H(Y|X). \tag{E.11}$$

如果变量 X 和 Y 互相独立，它们的互信息为零.

E.3 交叉熵和散度

E.3.1 交叉熵

对于分布为 $p(x)$ 的随机变量，熵 $H(p)$ 表示其最优编码长度. 交叉熵（Cross Entropy）是按照概率分布 q 的最优编码对真实分布为 p 的信息进行编码的长度，定义为

$$H(p,q) = \mathbb{E}_p[-\log q(x)] \tag{E.12}$$

$$= -\sum_{x} p(x)\log q(x). \tag{E.13}$$

在给定 p 的情况下，如果 q 和 p 越接近，交叉熵越小；如果 q 和 p 越远，交叉熵就越大.

E.3.2　KL 散度

KL 散度（Kullback-Leibler Divergence），也叫KL 距离或相对熵(Relative Entropy)，是用概率分布 q 来近似 p 时所造成的信息损失量. KL 散度是按照概率分布 q 的最优编码对真实分布为 p 的信息进行编码，其平均编码长度（即交叉熵）$H(p,q)$ 和 p 的最优平均编码长度（即熵）$H(p)$ 之间的差异. 对于离散概率分布 p 和 q，从 q 到 p 的 KL 散度定义为

$$\mathrm{KL}(p,q) = H(p,q) - H(p) \tag{E.14}$$

$$= \sum_{x} p(x) \log \frac{p(x)}{q(x)}, \tag{E.15}$$

其中为了保证连续性，定义 $0 \log \frac{0}{0} = 0, 0 \log \frac{0}{q} = 0$.

KL 散度总是非负的，$\mathrm{KL}(p,q) \geq 0$，可以衡量两个概率分布之间的距离. KL 散度只有当 $p = q$ 时，$\mathrm{KL}(p,q) = 0$. 如果两个分布越接近，KL 散度越小；如果两个分布越远，KL 散度就越大. 但 KL 散度并不是一个真正的度量或距离，一是 KL 散度不满足距离的对称性，二是 KL 散度不满足距离的三角不等式性质.

E.3.3　JS 散度

JS 散度（Jensen-Shannon Divergence）是一种对称的衡量两个分布相似度的度量方式，定义为

$$\mathrm{JS}(p,q) = \frac{1}{2}\mathrm{KL}(p,m) + \frac{1}{2}\mathrm{KL}(q,m), \tag{E.16}$$

其中 $m = \frac{1}{2}(p+q)$.

JS 散度是 KL 散度一种改进. 但两种散度都存在一个问题，即如果两个分布 p,q 没有重叠或者重叠非常少时，KL 散度和 JS 散度都很难衡量两个分布的距离.

E.3.4　Wasserstein 距离

Wasserstein 距离（Wasserstein Distance）也用于衡量两个分布之间的距离. 对于两个分布 q_1, q_2，p^{th}-Wasserstein 距离定义为

$$W_p(q_1,q_2) = \left(\inf_{\gamma(x,y)\in\Gamma(q_1,q_2)} \mathbb{E}_{(x,y)\sim\gamma(x,y)}[d(x,y)^p] \right)^{\frac{1}{p}}, \tag{E.17}$$

其中 $\Gamma(q_1,q_2)$ 是边际分布为 q_1 和 q_2 的所有可能的联合分布集合，$d(x,y)$ 为 x 和 y 的距离，比如 ℓ_p 距离等.

如果将两个分布看作两个土堆，联合分布 $\gamma(x,y)$ 看作从土堆 q_1 的位置 x 到土堆 q_2 的位置 y 的搬运土的数量，并有

$$\sum_x \gamma(x,y) = q_2(y), \tag{E.18}$$

$$\sum_y \gamma(x,y) = q_1(x). \tag{E.19}$$

q_1 和 q_2 为 $\gamma(x,y)$ 的两个边际分布.

$\mathbb{E}_{(x,y)\sim\gamma(x,y)}[d(x,y)^p]$ 可以理解为在联合分布 $\gamma(x,y)$ 下把形状为 q_1 的土堆搬运到形状为 q_2 的土堆所需的工作量，

$$\mathbb{E}_{(x,y)\sim\gamma(x,y)}[d(x,y)^p] = \sum_{(x,y)} \gamma(x,y)d(x,y)^p, \tag{E.20}$$

其中从土堆 q_1 中的点 x 到土堆 q_2 中的点 y 的移动土的数量和距离分别为 $\gamma(x,y)$ 和 $d(x,y)^p$. 因此，Wasserstein 距离可以理解为搬运土堆的最小工作量，也称为推土机距离（Earth-Mover's Distance，EMD）. 图E.1给出了两个离散变量分布的Wasserstein 距离示例. 图E.1c中同颜色方块表示在分布 q_1 中为相同位置.

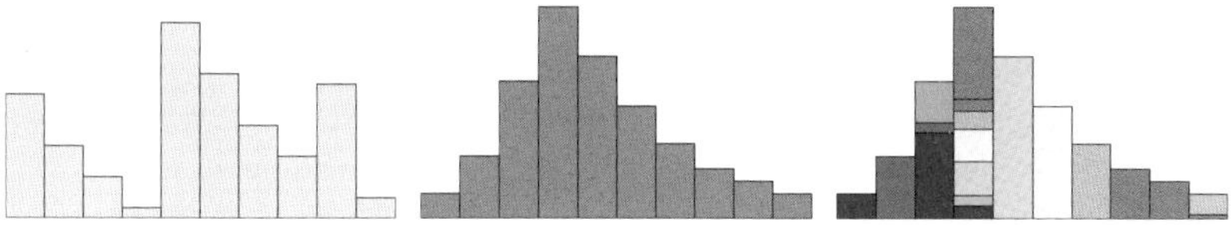

(a) $q_1(x)$ (b) $q_2(x)$ (c) q_1 到 q_2 最优的运输方案

图 E.1 Wasserstein 距离示例

Wasserstein 距离相比 KL 散度和 JS 散度的优势在于：即使两个分布没有重叠或者重叠非常少，Wasserstein 距离仍然能反映两个分布的远近.

对于 $\mathbb{R}^D$ 空间中的两个高斯分布 $p = \mathcal{N}(\boldsymbol{\mu}_1, \boldsymbol{\Sigma}_1)$ 和 $q = \mathcal{N}(\boldsymbol{\mu}_2, \boldsymbol{\Sigma}_2)$，它们的 2nd-Wasserstein 距离为

$$W_2(p,q) = \|\boldsymbol{\mu}_1 - \boldsymbol{\mu}_2\|_2^2 + \operatorname{tr}\left(\boldsymbol{\Sigma}_1 + \boldsymbol{\Sigma}_2 - 2\left(\boldsymbol{\Sigma}_2^{1/2}\boldsymbol{\Sigma}_1\boldsymbol{\Sigma}_2^{1/2}\right)^{1/2}\right). \tag{E.21}$$

当两个分布的方差为 0 时，2nd-Wasserstein 距离等价于欧氏距离.

E.4 总结和深入阅读

本章比较简略地介绍了本书所需要的数学基础知识. 若要深入了解这些知识，可以参考这些数学分支的专门书籍.

关于线性代数的知识可以参考《Introduction to Linear Algebra》[Strang, 2016]、《Differential Equations and Linear Algebra》[Strang, 2014] 或《Introduction to Applied Linear Algebra: Vectors, Matrices, and Least Squares》[Boyd et al., 2018].

关于微积分的知识，可以参考《Calculus》[Stewart, 2011] 或《Thomas' Calculus》[Thomas et al., 2005].

关于数学优化的知识，可以参考《Numerical Optimization》[Nocedal et al., 2006] 和《Convex Optimization》[Boyd et al., 2014].

关于概率论的知识，可以参考《数理统计学教程》[陈希孺, 2009b] 或《概率论与数理统计》[陈希孺, 2009a].

关于信息论的知识，可以参考《Information Theory, Inference, and Learning Algorithms》[MacKay, 2003] 或《Elements of Information Theory》[Cover et al., 2006].

参考文献

陈希孺, 2009. 概率论与数理统计[M]. 中国科学技术大学出版社.

陈希孺, 2009. 数理统计学教程[M]. 中国科学技术大学出版社.

Boyd S, Vandenberghe L, 2018. Introduction to applied linear algebra: vectors, matrices, and least squares[M/OL]. Cambridge university press. http://vmls-book.stanford.edu/.

Boyd S P, Vandenberghe L, 2014. Convex optimization[M/OL]. Cambridge University Press. https://web.stanford.edu/%7Eboyd/cvxbook/.

Cover T M, Thomas J A, 2006. Elements of information theory[M/OL]. 2nd edition. Wiley. http://www.elementsofinformationtheory.com/.

MacKay D J C, 2003. Information theory, inference, and learning algorithms[M]. Cambridge University Press.

Nocedal J, Wright S J, 2006. Numerical optimization[M]. 2nd edition. Springer.

Rasmussen C E, 2003. Gaussian processes in machine learning[C/OL]//Bousquet O, von Luxburg U, Rätsch G. Lecture Notes in Computer Science: volume 3176 Advanced Lectures on Machine Learning, ML Summer Schools 2003, Canberra, Australia, February 2-14, 2003, Tübingen, Germany, August 4-16, 2003, Revised Lectures. Springer: 63-71. https://doi.org/10.1007/978-3-540-28650-9_4.

Stewart J, 2011. Calculus[M]. Cengage Learning.

Strang G, 2014. Differential equations and linear algebra[M/OL]. Wellesley-Cambridge Press. http://math.mit.edu/dela.

Strang G, 2016. Introduction to linear algebra[M/OL]. 5th edition. Wellesley-Cambridge Press. http://math.mit.edu/linearalgebra.

Thomas G B, Weir M D, Hass J, et al., 2005. Thomas' calculus[M]. Addison-Wesley.

索　引